引汉济渭工程技术丛书

三河口水利枢纽

主编　董鹏　魏克武　刘红玉

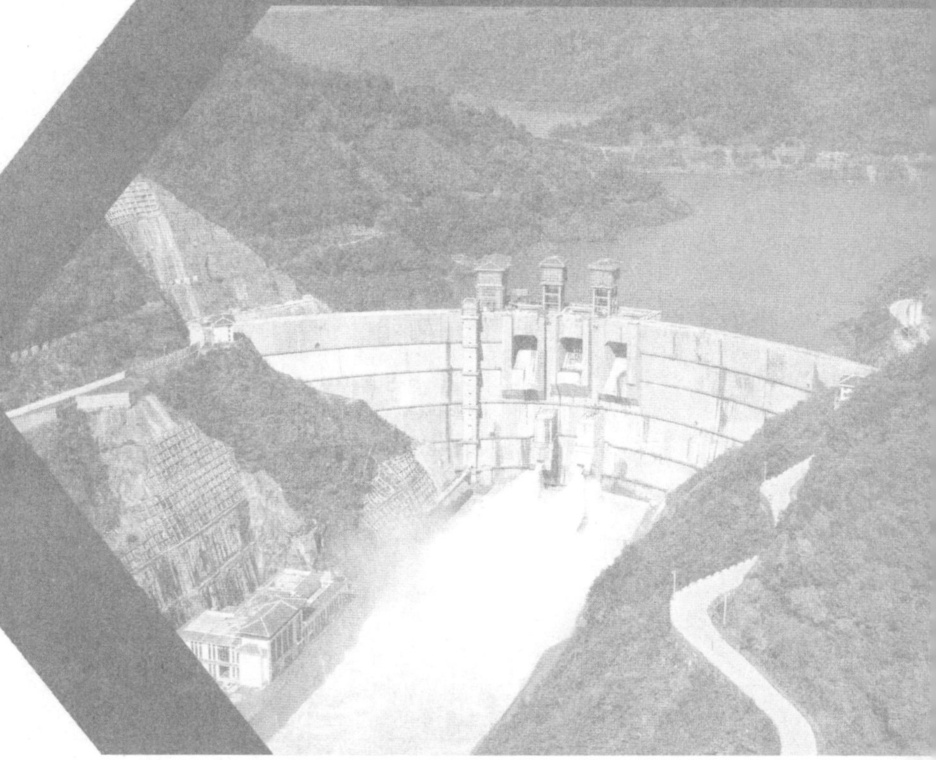

·北京·

内 容 提 要

三河口水利枢纽大坝为碾压混凝土拱坝，是目前国内第二高的碾压混凝土双曲拱坝。全书共分十章，包括绪论、气象与水文、工程地质、工程规划与枢纽布置、碾压混凝土拱坝体形设计与稳定计算、碾压混凝土材料性能与配合比设计、混凝土拱坝施工、供水系统与厂房、金属结构、大坝安全监测与成果等内容。

本书图表数据翔实、内容覆盖全面，对水利工程建设具有很强的指导意义。可供水利水电工程设计、施工、管理技术人员使用，也可作为普通读者了解水利工程建设的入门读物。

图书在版编目（CIP）数据

三河口水利枢纽 / 董鹏，魏克武，刘红玉主编. -- 北京 : 中国水利水电出版社，2023.12
（引汉济渭工程技术丛书）
ISBN 978-7-5226-0655-2

Ⅰ. ①三… Ⅱ. ①董… ②魏… ③刘… Ⅲ. ①水利枢纽－水利工程－设计－陕西 Ⅳ. ①TV632.41

中国版本图书馆CIP数据核字(2022)第070797号

书　　名	引汉济渭工程技术丛书 **三河口水利枢纽** SANHEKOU SHUILI SHUNIU
作　　者	主编　董　鹏　魏克武　刘红玉
出版发行	中国水利水电出版社 （北京市海淀区玉渊潭南路1号D座　100038） 网址：www.waterpub.com.cn E-mail：sales@mwr.gov.cn 电话：（010）68545888（营销中心）
经　　售	北京科水图书销售有限公司 电话：（010）68545874、63202643 全国各地新华书店和相关出版物销售网点
排　　版	中国水利水电出版社微机排版中心
印　　刷	北京印匠彩色印刷有限公司
规　　格	184mm×260mm　16开本　28.5印张　706千字　8插页
版　　次	2023年12月第1版　2023年12月第1次印刷
印　　数	0001—1500册
定　　价	**236.00**元

《引汉济渭工程技术丛书》
编辑委员会

《三河口水利枢纽》
编辑委员会

顾　　问： 陈祖煜

主　　编： 董　鹏　魏克武　刘红玉

副主编： 石亚龙　苏　岩　焦小琦　张　鹏

编写人员名单

章　　名	编　写　人　员
第 1 章　绪论	毛拥政、苏　岩
第 2 章　气象与水文	金勇睿
第 3 章　工程地质	张兴安
第 4 章　工程规划与枢纽布置	董　鹏、毛拥政
第 5 章　碾压混凝土拱坝体形设计与稳定计算	赵　玮、程汉鼎
第 6 章　碾压混凝土材料性能与配合比设计	王　栋、施有林、张晓明
第 7 章　混凝土拱坝施工	李晓峰、张俊宏、王云涛、刘天云、罗　畅
第 8 章　供水系统与厂房	党　力、秦民生、张晓晗
第 9 章　金属结构	董旭荣、许泽斌、段传广
第 10 章　大坝安全监测与成果	王佐荣、韩　伟、刘桂荣

总序一

引汉济渭工程的开工建设是陕西省的一件大事，也是中国水利史上的一件大事，在国家水资源战略布局中占有重要且不可替代的地位。引汉济渭工程是破解陕西省水资源短缺和时空分布不平衡，实现全省南北统筹、丰枯相济、多元保障的重大国家水资源战略工程，也是陕西有史以来投资规模最大、受益范围最广、供水量最大的跨流域调水工程。工程设计每年从汉江流域调水15亿m^3到渭河流域，通过水权置换，还可间接辐射陕北地区，为陕北能源化工基地争取黄河取水指标。工程的实施，既可补给关中、解渴陕北，又可调剂陕南，实现区域江、河、库、渠水系的联通、联控、联调，使水资源得到合理配置，达到关中可留水、陕北可引水、陕南可防水的战略目标。对于优化陕西省水资源配置，保障关中城市群、西安国家中心城市建设和国家能源安全，促进渭河流域生态保护和高质量发展具有重要的作用和意义。

引汉济渭工程穿越了中国南北地理分界线秦岭，连通了汉江流域和渭河流域，在长江和黄河之间新增了一条重要的连接通道。与引汉济渭工程相比，南水北调东、中线工程虽然极大地缓解了海河流域和淮河流域的水资源供需矛盾，但黄河流域由于其下游"地上河"的特点，无法利用到南水北调东、中线工程的"一滴水"。西线工程能够给黄河供水，但尚在论证中，即使未来通水了，依然无法解决黄河最大支流——渭河的供水问题，引汉济渭工程可有效补充南水北调工程对黄河中下游，特别是渭河流域的水资源保障，成为国家南水北调工程的重要补充。此外，引汉济渭受水区范围在关中平原，其退水进入渭河，再从潼关汇入黄河，退水的流程较南水北调东、中线工程长500km以上，其单方水的生态环境、输沙效用大大增加，潜在的重复利用次数也大大增加。引汉济渭工程因此也成为国家水资源战略布局和国家水网建设的重要一环，对建设南北调配、东西互济的国家水网格局，扭转东中西南北方发展不平衡问题，保障区域和国家水安全，具有重大的国家层面的战略意义，对促进黄河流域的生态保护和丝绸之路经济带起点高质量发展具有重要的支撑和保障作用。

本着建设千年工程的目标，我有幸从工程前期论证、勘察设计一直到工程建设都参与其中，先后四次到过引汉济渭工程所在地。早在2010年工程前期论证过程中，便牵头开展了《引汉济渭工程关键技术研究计划》，梳理出了工程建设过程中可能遇到的重大关键技术问题，尤其是首次从底部穿越世界十大山脉之一的秦岭，面临着一系列的世界级技术难题，如深埋超长隧洞精准贯通、超长距离施工通风、大埋深隧洞的高地应力、高地热、高耐磨性硬岩、软岩变形等带来的岩爆、高温、突涌水（泥）等一系列复杂的施工地质问题。其他还有高碾压混凝土拱坝温控问题；高扬程、大流量的泵站参数优化及机组整合问题；还需要解决与南水北调中线工程竞争用水的挑战，以及水文预报、工程调蓄、优化配置、运行调度等方面的极端难题，工程综合施工难度世界罕见。2016年第十八届中国科学技术协会年会期间，全国政协委员、水利部原副部长、中国水利学会理事长胡四一带队，我受邀牵头组织中国水利学会、中国水利水电科学研究院、南水北调工程建设委员会等单位的18位专家形成调研专家组，深入工程现场，开展了为期4天的“引汉济渭水资源优化配置保护及工程施工关键技术”专题调研，针对工程建设遇到的问题提出科学的建议和意见，专家组一致认为引汉济渭工程的管理与施工技术都处于国内前端，引汉济渭公司以精准管理为抓手，通过科技创新应用，严控安全质量，加强环保水保，有力地促进了工程建设顺利开展。2016年，我还参与组建了引汉济渭公司“院士专家工作站”和“博士后科研工作站（创新基地）”。

引汉济渭公司高度重视工程建设过程中技术难题的攻关，依托“院士专家工作站”和“博士后科研工作站（创新基地）”等科研平台，引入国内一流科研单位和知名大学走产学研道路，组织科研、设计、施工、监理、咨询等单位，攻坚克难，形成了一批先进的技术成果，积累了丰富的施工管理经验，确保了工程安全顺利建设。引汉济渭工程在深埋超长隧洞等方面挑战了当前工程技术的极限，体现了人类智慧的伟大力量。引汉济渭工程以中国力量为主体兴建，体现了中华民族坚韧顽强的民族性格，就像昆仑—秦岭是中华大地的脊梁一样。

引汉济渭工程三河口水利枢纽已于2021年2月正式下闸蓄水，同年12月首台机组并网发电，98.3km的秦岭输水隧洞于2022年2月实现全线贯通。

引汉济渭工程的建设者们，全面、系统地总结了工程勘察设计、工程建设管理以及科研攻关、信息化等新技术应用的成功经验，编写出版了这套技术丛书。引汉济渭工程的建设堪称跨流域调水工程的典范，这套丛书的出版，也必将为国家推进南水北调西线工程及其他引调水工程提供重要的借鉴和参考。

中国水利水电科学研究院

教授级高工、中国工程院院士

2022年3月

总序二

在引汉济渭秦岭输水隧洞工程贯通之际，又欣闻《引汉济渭工程技术丛书》即将陆续出版，我内心充满期待。与引汉济渭工程结缘始于2017年初春的一次施工现场考察，我第一次进入秦岭输水隧洞，身处地面几百米以下，体验了高温高湿，切身感受到施工的艰难，更被隧洞施工面临的岩爆、涌水、超长距离通风等一系列地质灾害和技术难题所震撼。身为一名陕西人，我被这项造福三秦乃至全国的跨流域调水工程的魅力所吸引，此后，在与引汉济渭公司的多次合作交流过程中，深深被引汉济渭工程建设者的勇气和智慧所触动。引汉济渭工程建设者不仅在完成一项举世瞩目的工程，同时也将管理之美、科技之美、文化之美融入其中。

引汉济渭工程是可与都江堰、郑国渠、灵渠相媲美的，是非常了不起的现代调水工程，其建设有多项世界第一。工程点多线长面广，地质环境复杂，生态敏感性极强，多项技术超过现有规范。尤其是引汉济渭工程的“大动脉”——98.3km的秦岭输水隧洞，是人类第一次穿越秦岭底部，最大埋深2012m，具有高围岩强度、高石英含量、高温湿、强岩爆、强涌水、长距离独头施工的“三高两强一长”的突出特点，施工中既面临条件上的难度也存在技术上的瓶颈，为现场施工带来巨大的威胁和挑战。在超长距离隧洞施工中遇到岩爆、涌水、硬岩三种地质灾害中的任何一个都是非常困难的，秦岭输水隧洞TBM施工时多种地质灾害叠加发生，综合施工难度世界罕见。

引汉济渭公司高度重视并大力投入科研创新力量，这种决心令人敬佩。工程开建前公司顶层设计，瞄准难题深入攻关，汇聚优秀的科研团队和建设人才，在工程建设和管理方面应用科技和创新不断应对挑战，相关科研成果在工程建设中得到了成功应用，成效显著。如提出了超长隧洞TBM法和钻爆法新的施工通风成套技术体系，创造了钻爆法无轨运输施工通风距离7.2km、TBM法独头掘进施工通风距离16.5km的新纪录，还牵头编制并发布了陕西地方标准《水工隧洞施工通风技术规范》（DB61/T 1417—2021）；秦岭输水隧洞施工中遇到了4000余次岩爆事件，为现场施工带来巨大的安全威胁，为此，引汉济渭公司开展科研攻关，深入研究岩爆预测及防治技术，不仅做到了秦岭输水隧洞施工没有发生一般及以上安全生产事故的好成绩，其牵头完成的“引汉济渭隧洞施工岩爆预警与防治”成果还获得了第十二届中国岩石力学与工程学会科学技术进步一等奖。应该说，引汉济渭工程在坚持科技创新、攻克众多难题方面发挥了示范引领作用。

智能建造是未来工程建设的必然选择方向，三河口水利枢纽率先引入基于BIM技术的“1+10”智能建造监管系统，对大坝建设全过程的关键信息进行智能采集、统一集成、实时分析与智能监控，提高了整个枢纽区的数字化管理水平。无人驾驶碾压混凝土筑坝和摊铺技术首次使用在三河口水利枢纽和黄金峡水利枢纽工程上，实现水利工程建设的新四化：电气化、数字化、网络化、智能化，意义重大，该举措不仅保障了大坝的碾压施工质量，还为水利工程智能化施工开创了先河。

引汉济渭公司以打造智慧引汉济渭为目标，全面推进工程管理数字化、信息化、智能化，促进水利工程建设与现代信息化技术深度融合，从设计到施工实现智能化全过程覆盖，成为行业示范的支撑引领。此外，引汉济渭工程建设坚持全生命周期可持续发展，对于维护环境和谐、社会和谐、发展和谐、文化和谐毫不松懈，将工程建设、科学技术和人文艺术高度融合，为社会做出巨大贡献。引汉济渭工程为水利工程的建设积累了难能可贵的经验，必将载入水利建设史册。

为总结引汉济渭工程建设成果、分享引汉济渭工程建设经验，引汉济渭公司邀请中国科学院陈祖煜院士作为《引汉济渭工程技术丛书》总顾问，策划了《秦岭输水隧洞》《三河口水利枢纽》等分册，从多个维度全面展现工程建设中采用的新技术、新方法、新理念、新思维。编纂过程中，又汇聚了众多科研院所的力量，将工程问题进行了凝练和升华，使丛书具有较高的学术价值和推广应用价值，对今后南水北调工程乃至我国水利建设将具有很好的借鉴作用，对大中专院校师生、工程技术人员、科研人员也极有参考价值。

引汉济渭工程一期已经接近尾声，二期、三期工程相继开展，我为家乡这项惠民惠秦工程尽绵薄之力而有幸，为引汉济渭人建设这样的水利工程而感到骄傲，也为丛书的出版而欣喜。

清华大学教授、中国工程院院士 張建民

2022年3月

前言

在过去的十几年间，几乎所有参加过引汉济渭工程技术审查、咨询和施工建设的专家都认为，这一横穿秦岭的跨流域调水工程无论就其规模还是综合难度都是世界级的，必将载入当代中国水利发展史册。为了更好地总结引汉济渭工程建设的经验，我们组织了直接参与引汉济渭工程勘察、规划、设计、施工、管理及科研的人员，分专题编写出版《引汉济渭工程技术丛书》，以期和水利同行进行技术交流，为国内类似工程建设提供一些有益的参考和借鉴。

三河口水利枢纽为引汉济渭工程的核心项目之一，是引汉济渭工程重要水源，并具有水量调节能力。该工程位于调水线路的中间位置，是整个工程的调蓄中枢。枢纽位于秦岭山区峡谷地带，坝址位于佛坪县与宁陕县境交界处的子午河中游峡谷段。该工程由拦河大坝、泄洪放空系统、坝后引水系统、抽水发电厂房和连接洞等组成，主要功能包括供水、抽水、发电和调节流域径流等。拦河大坝为碾压混凝土双曲拱坝，最大坝高 141.5m，是国内已建成同类型第二高坝。水库总库容 7.1 亿 m^3，调节库容 6.6 亿 m^3，死库容 0.23 亿 m^3。发电引水设计流量 72.71m^3/s，总装机容量 60MW，其中常规水轮发电机组 40MW，可逆式机组 20MW。泵站年平均抽水量 1.078 亿 m^3，装机容量 24MW。引水设计最大流量 70m^3/s，下游生态放水设计流量 2.71m^3/s。项目前期工作和实施期间，在国家部委、院士专家、陕西省发展改革委、陕西省水利厅等单位和个人提供的支持和帮助下，三河口水利枢纽成功地采用了创新的设计方案，应用了先进的 BIM 技术，优化了拱坝建基面，将可逆机组和常规水轮机组合并布置，施工中采用的混凝土无人碾压技术、全生命周期工程信息管理系统等先进技术达到了国内领先水平。

本书以三河口水利枢纽设计、施工为研究对象，主要分析了工程建设中的重点和难点，为水利工程建设总结经验。内容包括：第 1 章绪论，第 2 章气象与水文，第 3 章工程地质，第 4 章工程规划与枢纽布置，第 5 章碾压混凝土拱坝体形设计与稳定计算，第 6 章碾压混凝土材料性能与配合比设计，第 7 章混凝土拱坝施工，第 8 章供水系统与厂房，第 9 章金属结构，第 10 章大坝安全监测与成果。本书聚焦技术难题，资料丰富，内容翔实。编写者历经两年，多方收集文献资料，征求各方面意见，不断修改完善书稿。在编写过程中，西安理工大学、陕西省水利电力勘测设计研究院、中国水利水电第八工程局、中国水利水电第四工程局、四川二滩国际工程咨询有限责任公司等单位提供了大力支持与协助。中国工程院王浩院士和张建民院士多年来一直关注并深度参与引汉济渭工程建设，此次又欣然为丛书作序。西安理工大学李炎隆、张野、邱文、李维妹、陈金桥、闵恺艺、刘航飞、李文旭、殷乔刚、杨莹等人，在编写过程中给予了鼎力支持与宝贵指导。引汉济渭工程凝结了众多水利工作者的努力，本丛书也是集体力量的结晶。在此，我们向所有付出辛劳的单位和个人表示衷心感谢。

由于编者的认知水平仍有局限，书中难免存在不足之处，我们真诚地希望相关专家学者、技术人员及广大读者提出宝贵的批评和建议，以便我们进一步完善。

编者

2023 年 10 月

目录

第1章 绪 论

1.1 工程背景

1.1.1 引汉济渭工程概况

关中-天水经济区是《国家西部大开发"十一五"规划》中确定的西部大开发三大重点经济区之一，是我国西部智力资源最密集、工业基础较好、基础设施完备和城市化程度较高的地区之一。2009年6月，国务院正式颁布了《关中-天水经济区发展规划》，提出将把关中-天水经济区打造成为全国内陆型经济开发开放的战略高地、全国先进制造业重要基地、全国现代农业高技术产业基地和彰显华夏文明的历史文化基地。

关中地区是陕西省政治、经济、文化活动的核心区域，集中了全省64%的人口、56%的耕地、72%的灌溉面积和82%的国内生产总值。但区内自产水资源量严重不足，人均水资源量仅为304m^3，相当于全国平均水平的14%，低于国际上公认的水资源极度贫乏标准（人均低于500m^3），属严重缺水地区。渭河是关中地区经济社会用水的主要水源，随着区内经济社会的发展，渭河来水量不断减少。据预测，区内经济社会对水资源需求的增长和天然水资源量衰减的趋势仍然不会改变，而现状区内水资源开发利用潜力十分有限。

近年来，关中地区经济社会快速发展，对水资源的需求不断增加，造成该地区地表水、地下水资源过度开发利用。渭河沿岸以城市为中心的地下水严重超采区面积达595km^2；城乡之间、工业与农业之间水资源供需矛盾突出，关中地区每年失灌面积达到400万亩，一些企业水源不足，处于停产或半停产状态；与此同时，渭河流域许多支流及干流出现河道断流、水污染加剧等水环境问题，不仅对渭河流域，也对黄河下游的经济社会发展、生态与环境带来不利影响。为保障和支撑关中地区经济社会可持续发展、改善区域生态环境、实现水资源的合理配置，国务院1999年批复的《渭河流域重点治理规划》（国发〔1999〕12号）提出建设自汉江引水至渭河的引汉济渭工程。

引汉济渭工程是从陕南地区水资源相对富裕的汉江流域调水进入缺水严重的渭河关中地区，缓解渭河流域关中地区水资源短缺问题，改善渭河流域生态环境而兴建的重大基础建设项目。引汉济渭工程由调水工程和输配水工程组成，调水工程由三大部分组成（图1.1），即黄金峡水利枢纽、三河口水利枢纽和秦岭输水隧洞（黄三段和越岭段）工程。引汉济渭调水工程首部黄金峡水利枢纽位于汉江上游陕西省汉中市洋县境内，尾部秦岭输水隧洞越岭段出口位于西安市周至县渭河二级支流、黑河一级支流黄池沟内。

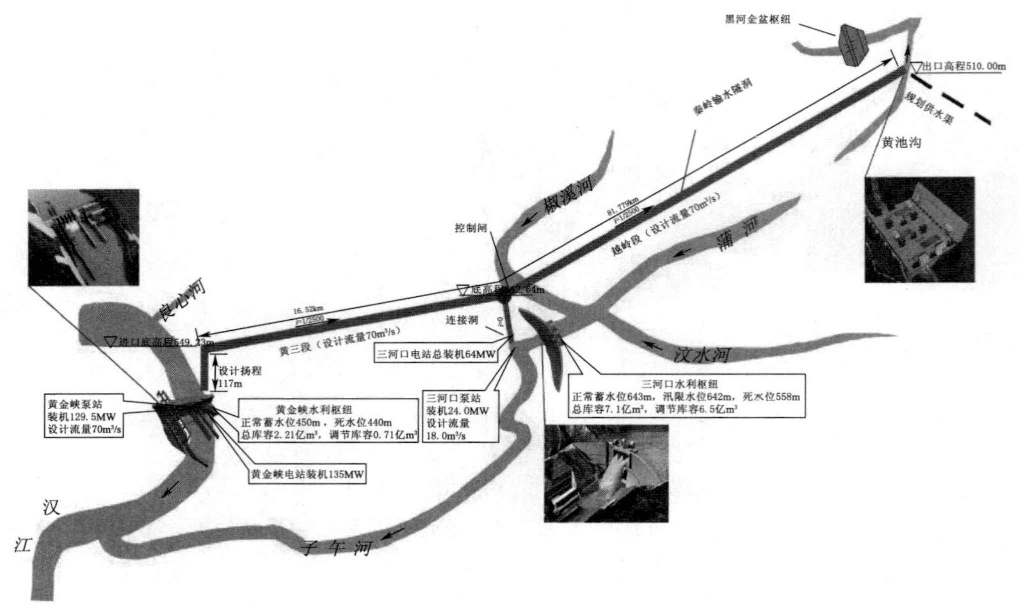

图 1.1　引汉济渭工程总体布置图

工程规划从汉江调水 15 亿 m³，在满足汉江下游用水的前提下进行调水。引汉济渭工程优先利用干流黄金峡水利枢纽抽水水量。将黄金峡泵站抽水流量通过秦岭输水隧洞直接输水至关中，当黄金峡泵站抽水大于关中需水时，通过三河口水利枢纽抽水进入三河口水库存蓄；当黄金峡水量不能满足关中需水时，从三河口水库放水至秦岭输水隧洞补充。

黄金峡水利枢纽：位于陕南汉中盆地以东的洋县境内汉江干流黄金峡峡谷段，坝址在石泉水电站库尾良心沟下游 0.5km 处，是引汉济渭工程的“龙头”。多年平均调水量 9.69 亿 m³；主要任务是拦蓄河水，壅高水位，以供水为主，兼顾发电，改善水运条件；枢纽由水库工程、泵站工程、水电站工程等组成。水库拦河坝为混凝土重力坝，最大坝高 68m，总库容 2.21 亿 m³，调节库容 0.71 亿 m³，正常蓄水位 450m，汛限水位 448m，死水位 440m；泵站工程位于水库坝后，其主要任务是从黄金峡水库抽水并将其提升至秦岭输水隧洞黄三段进水口处，多年平均抽水量 9.66 亿 m³，泵站设计流量为 70m³/s，设计净扬程 112.5m，设计扬程 117m，安装 7 台水泵电动机组，单机设计流量 11.67m³/s，配套电机功率 18.5MW，泵站总装机功率 129.5MW，年耗用电量 3.26 亿 kW·h；水电站工程利用水库水位与下泄河道水量进行发电，装机容量 135MW，多年平均发电量 3.87 亿 kW·h。

秦岭输水隧洞：起点为汉江干流黄金峡水利枢纽的泵站抽水池，出口位于秦岭北麓渭河支流的黑河金盆水库下游黄池沟。其主要任务是将汉江流域调出的河水输送至渭河的黄池沟，输水方式采用明流无压方案，隧洞全长为 98.299km，多年平均输水量 15 亿 m³，设计流量为 70m³/s。秦岭输水隧洞由黄三段和越岭段两部分组成。

黄三段：起点接黄金峡泵站出水池，终点位于三河口水利枢纽坝后约 300m 处右岸的控制闸。其主要任务是将汉江干流黄金峡水库泵站提升的调水量输送至隧洞的控制闸处。

该段洞线长 16.52km，多年平均输水量 9.69 亿 m^3，起点底高程 549.23m，终点底高程 542.64m。

越岭段：起点接输水隧洞控制闸，终点位于渭河支流的黑河金盆水库下游黄池沟。主要任务是将汉江干流直供水量、经三河口水库调蓄后的汉江水以及三河口水库调节本流域的水量自流输送至关中地区黄池沟的配水工程。该段洞线长 81.779km，起点底高程 542.64m，终点底高程 510.00m。

1.1.2 三河口水利枢纽工程

三河口水利枢纽是引汉济渭工程的重要水源之一，也是整个引汉济渭工程中具有较大水量调节能力的核心项目。枢纽位于整个引汉济渭工程调水线路的中间位置，是整个工程的调蓄中枢。地处佛坪县与宁陕县境交界、汉江一级支流子午河中游峡谷段，坝址位于大河坝镇三河口村下游约 2km 处，公路里程北距西安市约 170km，南距汉中市约 120km，东距安康市约 140km，北距佛坪县城约 36km，东距宁陕县城约 55km，南距安康市石泉县城约 53km，西距洋县县城约 60km。

三河口水利枢纽主要由拦河大坝、泄洪放空系统、坝后引水系统、抽水发电厂房和连接洞等组成。水库总库容为 7.1 亿 m^3，调节库容 6.5 亿 m^3，死库容 0.23 亿 m^3；设计抽水流量为 $18m^3/s$，发电引水设计流量 $72.71m^3/s$，抽水采用 2 台可逆式机组，发电除采用 2 台常规水轮发电机组外，还与抽水共用 2 台可逆式机组。发电总装机容量为 64MW，其中常规水轮发电机组 40MW，可逆式机组 24MW，年平均抽水量 0.59 亿 m^3，年平均发电量 1.325 亿 kW·h；引水（送入输水洞）设计最大流量 $70m^3/s$，下游生态放水设计流量 $2.71m^3/s$。

枢纽大坝为碾压混凝土拱坝，最大坝高 141.5m，按 1 级建筑物设计，抽水发电建筑物、泄水消能防冲建筑物为 2 级建筑物，其他次要建筑均按 3 级设计，临时建筑物按 4 级设计；大坝按Ⅶ度地震设防，其他建筑物按Ⅵ度地震设防，地震峰值加速度为 0.146g，地震动反应谱特征周期为 0.57s。枢纽大坝设计洪水标准为 500 年一遇，校核洪水标准为 2000 年一遇，抽水发电系统及连接洞按 100 年一遇洪水标准设计，200 年一遇洪水标准校核；泄水建筑物下游消能防冲按 50 年一遇洪水设计，200 年一遇洪水进行校核。各水工建筑物洪水标准及相应流量见表 1.1。

表 1.1　水工建筑物洪水标准及相应流量

水工建筑物	建筑物级别	设计洪水		校核洪水	
		重现期/年	洪峰流量/(m^3/s)	重现期/年	洪峰流量/(m^3/s)
拦河大坝（混凝土拱坝）	1	500	7430	2000	9210
泄水建筑物消能防冲	2	50	4560	200	6280
连接洞	1	50	4560	200	6280
厂房	2	50	4560	200	6280

水库大坝采用碾压混凝土拱坝，大坝泄洪采用坝身表、底孔相结合的泄洪方式，并在大坝下游设 200m 长的消力塘消能，以保证大坝泄洪安全；坝后引抽水发电厂房设置在大

坝下游右岸，引水进口设置于坝身上，通过压力钢管连接；在电站尾水池和秦岭输水隧洞控制闸之间设置连接洞，以满足枢纽和秦岭输水隧洞之间引抽水的要求；同时在满足水库功能的基础上，为便于水库检修和河道生态环境的要求，在电站尾水池内增设了退水闸和生态放水管等建筑物。

碾压混凝土拱坝体形采用抛物线双曲拱坝，拱坝坝顶高程为646.00m，坝底高程504.50m，最大坝高141.5m，坝顶宽9.0m，坝底拱冠厚36.604m。坝顶上游弧长472.153m，最大中心角92.04°，位于602.00m高程；最小中心角49.48°，位于504.50m高程。坝体中心线方位NE52°34′03″，拱圈中心轴线在拱冠处，最大曲率半径在左岸为204.209m，在右岸为201.943m，最小曲率半径在左岸为105.187m，在右岸为100.269m；大坝宽高比2.87，厚高比0.26。

1.2　碾压混凝土拱坝发展现状

拱坝是固接于基岩的空间壳体结构，坝体结构既有拱作用又有梁作用，其承受的荷载一部分通过拱的作用传递到两岸坝肩，另一部分通过竖直梁的作用传到坝底基岩。与其他坝型相比，拱坝具有造价低、超载能力强和抗震能力强等特点，被广泛应用在高山峡谷中。对于拱坝，坝体因混凝土水化热而产生温度裂缝是制约拱坝进一步发展的关键因素，而将碾压混凝土应用于拱坝建设是对拱坝施工方式的一次重大变革。碾压混凝土可大大地降低水泥的水化热，从而有效地减少拱坝产生的温度裂缝，并且施工较为快捷，建设成本投资低。1981年，日本建成了第一座碾压混凝土坝——岛地川坝（坝高89m）。我国从1978年开始研究碾压混凝土筑坝技术，1993年建成我国第一座碾压混凝土拱坝——普定拱坝（坝高75m），它的建成为碾压混凝土拱坝的建设提供了技术参考与经验，推动了百米级碾压混凝土拱坝的建设与发展[1]。

20世纪以来，随着科学研究的深入、计算水平的提高、筑坝理论的进一步完善以及实践经验的不断积累，拱坝建设逐渐由低、厚拱坝向高、薄拱坝发展[2]。现今我国是世界范围内建设拱坝数量最多、建设拱坝体形最薄且最高的国家，其中建设在北盘江上游的万家口子拱坝坝高为167.5m，是目前世界上最高的碾压混凝土双曲拱坝[3]，此外我国还建设有世界上最薄的百米级高碾压混凝土薄拱坝——云龙河三级碾压混凝土拱坝。该坝建设在湖北省清江中游一级支流上，坝高为135m，厚高比为0.14[4]。我国已建或在建100m以上的拱坝见表1.2。

当前，我国从碾压混凝土材料性能、施工工艺、坝体分缝、温控防裂等方面开展了研究，将碾压混凝土筑坝技术向前推进了一大步。在混凝土材料热力学特性方面，研究者通过物理实验、数值模拟等手段，从优化混凝土配合比、完善混凝土材料的力学性能展开研究，以期降低混凝土的水化热，提高碾压混凝土的抗裂、抗冻、耐久性以及层间结合性能。研究方向主要集中在四个方面：

（1）降低碾压混凝土的绝热温升及温升速率。包括掺用矿物掺合料、选用低热或中热水泥等。目前碾压混凝土中常掺用粉煤灰、矿渣等辅助性胶凝材料，经过众多工程的试验研究和实际应用，粉煤灰掺量已达到60%甚至更多，在保证混凝土后期强度和耐久性的

表 1.2 我国已建或在建 100m 以上拱坝

坝名	建成年份	河流	省(自治区、直辖市)	类型	坝高/m	坝长/m	坝身体积/(10^3m^3)	库容/(10^3m^3)	建库目的	装机容量/MW
小湾	2012	澜沧江	云南	抛物线型混凝土双曲拱坝	292	922.74	7050	15132000	HCIN	4200
二滩	1999	雅砻江	四川	抛物线型混凝土双曲拱坝	240	774.73	4140	5800000	HCS	3300
构皮滩	2013	乌江	贵州	混凝土重力拱坝	232.5	553	2420	6451000	HNCIS	3000
德基	1974	大甲溪	台湾	混凝土双曲薄拱坝	180	290	456	232000	HICRS	234
龙羊峡	1989	黄河	青海	混凝土重力拱坝	178	1226	1749	27630000	CHSFR	1280
乌江渡	1983	乌江	贵州	混凝土重力拱坝	165	395	1865	2140000	CH	630
东风	1995	乌江	贵州	抛物线型混凝土双曲薄拱坝	162	263	425.6	1025000	HCS	510
东江	1992	耒水	湖南	混凝土双曲薄壳拱坝	157	438	1516	9148000	ICHFNRS	500
李家峡	1997	黄河	青海	三心圆混凝土双曲拱坝	155	414.39	750	1650000	HC	2000
隔河岩	1995	清江	湖北	混凝土重力拱坝	151	653.5	3060	3400000	HCN	1212
白山	1986	第二松花江	吉林	混凝土三心圆重力拱坝	149.5	677	2140	6431000	HC	1500
江口	2003	芙蓉江	重庆	椭圆曲线混凝土双曲拱坝	140	380.71	667	505000	HC	300
洞坪	2006	忠建河	湖北	拱坝	134	267	403.5	336000	H	102
沙牌	2002	草坡河	四川	三心圆碾压混凝土单拱坝	132	250.25	392	18000	H	36
翡翠	1987	北势溪	台湾	混凝土双曲拱坝	122.5	510	710	106000	SH	70
藤子沟	2006	龙河	重庆	混凝土双曲拱坝	117	339	610	193000	H	70
雾社	1959	雾社溪	台湾	混凝土重力拱坝	114.6	205	328.8	146000	H	20.7
石门子	2002	塔西河	新疆	碾压混凝土双曲薄拱坝	110	176.5	211	80000	ICH	64
招徕河	2005	招徕河	湖北	碾压混凝土双曲拱坝	107	206	254.7	70330	HIS	36
华光潭一级	2005	分水江	浙江	抛物线双曲拱坝	104	227.14	150	82600	HC	60
群英	1971	大沙河	河南	砌石重力单曲拱坝	103.5	154.28	252.3	20000	IC	1

续表

坝 名	建成年份	河 流	省(自治区、直辖市)	类 型	坝高/m	坝长/m	坝身体积/(10^3m^3)	库容/(10^3m^3)	建库目的	装机容量/MW
紧水滩	1992	大溪	浙江	混凝土三心双曲拱坝	102	350.6	300	1393000	CHN	300
下会坑	2002	花厅河	江西	砌石双曲拱坝	101	264.6	180.8	35290	HI	16
蔺河口	2002	岚河	陕西	碾压混凝土三心圆双曲拱坝	100	311	293	147000	HI	72
溪洛渡	2015	金沙江	四川	混凝土抛物线双曲拱坝	285.5	698.1	6657	12670000	HC	12600
锦屏一级	2013	雅砻江	四川	混凝土抛物线双曲拱坝	305	552.2	4800	7760000	HC	3600
大岗山	2014	大渡河	四川	混凝土抛物线双曲拱坝	210	525.69	3200	742000	H	2600
白莲崖	2008	漫水河	安徽	碾压混凝土抛物线双曲拱坝	105	421.9	370	451000	HS	50
万家口子	2012	革香河	云南	碾压混凝土抛物线双曲拱坝	167.5	413.2	730	220000	H	160
天花板	2010	牛栏江	云南	碾压混凝土抛物线双曲拱坝	107	159	280	65700	H	180
三里坪	2011	南河	湖北	碾压混凝土抛物线双曲拱坝	141	284.6	448	472000	HC	70
善泥坡	2014	北盘江	贵州	碾压混凝土抛物线双曲拱坝	119	212.2	350	85000	H	185.5
彭水	2007	乌江	重庆	碾压混凝土拱型重力坝	116.5	325.5	2650	518000	HNC	1750
立洲	2015	木里河	四川	碾压混凝土抛物线双曲拱坝	138	201.82	380	186900	H	355
大花水	2010	清水河	贵州	碾压混凝土抛物线双曲拱坝	134.5	287.56	702	123000	H	180
罗坡坝	2009	冷水河	湖北	碾压混凝土抛物线双曲拱坝	112	172	16	87000	H	30
云龙河三级	2009	云龙河	湖北	碾压混凝土三心圆双曲拱坝	139	161.5	180	43800	H	30
白鹤滩	2021	金沙江	云南	双曲拱坝	289	727	—	20510000	H	13050
乌东德	2020	金沙江	云南	双曲拱坝	265	—	—	7298000	H	1200
拉西瓦	2011	黄河	青海	双曲拱坝	250	459.64	2560	105600	H	4200
石门坎	2011	把边江	云南	碾压混凝土双曲拱坝	111	297	2680	197000	H	130

注 建库目的含义：I灌溉，C防洪，H发电，S供水，N航运，F养鱼，R旅游，X其他。

基础上，有效地降低了混凝土的绝热温升，减缓了放热速率，改善了混凝土早期的热力学性能[5]。此外，科研工作者围绕石粉掺量与碾压混凝土性能改善进行了大量的研究[6-10]，同时还开展了火山灰[11]、凝灰岩[12]、铁尾矿粉[13]、灰渣[14]、辉绿岩[15]作为矿物掺合料的适用性研究。

(2) 降低碾压混凝土自生体积变形或补偿混凝土降温时段的收缩变形。混凝土初凝后，从流态变为弹塑性及固态时，自身会产生收缩变形，这种体积收缩和混凝土降温时产生的收缩变形相叠加，会增加内部拉应力，加剧混凝土开裂的风险。选用收缩性小的骨料（如石灰岩骨料）或含有膨胀矿物成分的水泥是解决该问题的有效途径。一些学者采用外掺 MgO 水泥，使其产生微膨胀来补偿降温时段混凝土产生的收缩应变，取得了一定的效果[16-18]。然而大掺量 MgO 水泥的安定性问题，仍需开展深入研究[19]。相关研究表明掺入镁渣的干缩变形抑制效应明显强于粉煤灰[20]。

(3) 提高碾压混凝土的极限拉伸值和抗拉强度。许多学者从降低弹性模量、提高徐变性能、增加极限拉伸值和抗拉强度等方面入手来提高混凝土的抗裂能力。但弹性模量等参数与混凝土骨料关系密切，在水利工程中，骨料选择余地十分有限[21]。

(4) 全级配及多级配混凝土的应用。为解决或降低碾压混凝土温控难度，百色水利枢纽大坝采用准三级配碾压混凝土[22]；云南昆明红坡水库大坝采用三级配全断面碾压混凝土筑坝技术，坝面和坝体未采取专门的防渗措施，仅靠自身防渗挡水，运行效果良好；四级配碾压混凝土筑坝技术在沙沱水电站中得到成功应用[23]。另外，在采用碾压混凝土替代下部基础大体积常态混凝土方面也开展了有益的尝试[24]。

在施工工艺方面。目前我国的碾压混凝土筑坝已从气候温和地区发展到严寒地区，坝体断面也已从“金包银”过渡到全断面碾压。由于受坝高、地形条件、施工条件等因素的影响，混凝土入仓方式由自卸汽车、皮带机、塔带机等逐步向真空溜管、缆机等发展或多种入仓方式联合使用[25-26]。此外，长期以来，碾压层厚一般为 30cm，黄花寨[27]、马堵山[28]等工程开展 50～100cm 不同厚层的碾压试验，未取得理想的结果；官地水电站在不改变碾压层厚 30cm 的情况下，强约束区升程由 1.5m 提高至 3m，弱约束区和自由区每一升程则提高至 4.5～6m[29]，随着碾压设备和质量检测技术的发展，有望实现更大层厚及升程的碾压施工技术。

在坝体分缝方面。分缝是大体积混凝土防裂的重要手段，有学者认为 RCC 坝可以少分缝，甚至不分缝[30]。而且温度下降到稳定温度需要几十年的时间，因此难以进行并缝灌浆，所以目前为止的 RCC 坝都未设纵缝，而是采用通仓浇筑。早期 RCC 坝一般不设横缝，少数设置了诱导缝的，间距也达 100m 以上，如坑口、龙门滩、荣地等大坝，虽然坝顶长度达到了 120～150m，但未设横缝及诱导缝；天生桥二级、棉花滩、汾河二库等的诱导缝间距达 70～90m。目前碾压混凝土重力坝分缝已与常态混凝土坝相近，缝间距大多在 20～25m 之间，因此碾压混凝土重力坝不再专门设置诱导缝，个别坝段因引水孔洞、泄洪设施等布置要求，横缝间距可放宽到 35～40m。

在温控防裂仿真分析及智能监控方面。温控防裂仿真计算及反馈分析：在设计阶段，通过计算分析提出温控指标和温控措施，以反馈设计、指导施工；在施工阶段，通过现场跟踪计算分析和监测资料的对比研究，对现场出现的温控关键技术问题进行专题分析，对坝体浇筑高温区和高应力区进行预评估，通过各种温控措施的优化和浇筑进度的调整，进一步规避坝体开裂风险，对现场施工和温控防裂起到了重要的指导作用；另外，根据大坝的实际浇筑进度、温控措施、实际的边界条件等适时调整温控指标，使其更加符合大坝浇筑和温控防裂的实际情况，更有效指导施工；在运行阶段，利用现场较长序列的温度、应力、应变监测资料，进行温度场和应力场的反馈分析，评估大坝运行阶段的开裂风险[31]。信息化、数字化、智能化温度控制技术是近几年混凝土坝施工领域新的技术进展[32]，采用现代传感技术、互联物联技术、仿真模拟技术和自动控制技术相结合，形成“传感—互联—分析—控制”四位一体的智能监控技术，实现原材料预冷、混凝土拌和及运输、入仓及摊铺碾压（振捣）、通水冷却及表面养护的全过程、全要素自动管理，提高施工质量及施工管理水平，避免裂缝产生，并可节约温控费用。此项技术已经在锦屏一级、溪洛渡、鲁地拉、黄登水电站、丰满等碾压混凝土坝建设中得到广泛应用[33]。然而，施工期温度应力控制导致的坝体裂缝防控依然是RCC坝建设中最为关键的问题，这在严寒、干旱地区及高坝建设中显得尤其重要。

1.3 三河口水利枢纽工程主要难点和关键技术

1.3.1 主要难点

三河口碾压混凝土拱坝上游采用二级配混凝土作为防渗层，坝体采用三级配混凝土，最大坝高为141.5m，是坝高为陕西省第一的碾压混凝土双曲拱坝，在国内仅次于云南万家口子水利枢纽，其坝高达到167.5m。作为国内已建成第二高碾压混凝土双曲拱坝，在施工中遇到了很多技术难题。

1. 工程运行条件及空间布置

三河口水利枢纽工程地处秦岭山区峡谷地带，为多年调节的“核心”水库，既有供水、抽水、发电的任务，还兼顾调节流域径流和黄金峡水库入库水量，工程运行条件复杂。枢纽位于相对顺直的峡谷段，引汉济渭工程的系统需求导致右岸建筑物众多，施工场地狭窄，枢纽布置和施工总布置成为工程关键技术问题。

2. 工程施工、高边坡开挖和坝体分缝设计及温度控制

坝址所处河段为V形河谷，宽高比2.82，大坝高141.5m，是目前国内在建碾压混凝土拱坝第二高坝，工程应力控制、坝肩稳定、分缝设计问题需进行深入研究。此外，碾压混凝土方量大、坝身布置建筑物多，坝体的快速施工、坝体裂缝控制以及温度控制都具有很高的技术难度。

3. 大流量、高消能率、宽运行范围供水阀的选型与设计

根据工程规划的需要，在水泵水轮机和常规水轮机都不能发电时，需采用高水头、大流量、高消能率的调流调压阀。库水位在高水位594～643m之间时，由于供水流量小，机组发电受阻，供水阀最大设计流量6m^3/s，最小设计流量2m^3/s；当库水位在低水位544～594m之间时，机组发电受阻，供水阀最大设计流量31m^3/s，最小设计流量2m^3/s。该调流调压阀从设计流量、管径、消能水头在国内已建成的工程内均属前列，设计与加工制造都有很高的难度。

4. 小容量、高水头变幅可逆式水轮机机组设计

为了满足引汉济渭工程调水任务、实现设计水平年调水系统供水保证率95%，依据水文规划专业调节计算成果，确定三河口泵站抽水流量为18m³/s。三河口水库水位变幅高达85m，扬程范围为死水位558m至正常蓄水位643m。通过调研，国内外无满足小流量、大水头变幅的可逆机组型号，需进行自主研制。

1.3.2 关键技术与创新点

1.3.2.1 关键技术

1. 碾压混凝土拱坝施工技术

三河口碾压混凝土拱坝是目前国内第二高的碾压混凝土双曲拱坝，坝高141.5m，综合施工难度极高，因此在三河口水利枢纽大坝施工过程中，对碾压混凝土性质开展了大量的试验，施工单位成功获取22.6m碾压混凝土长芯，为世界第一的碾压混凝土拱坝长芯。同时，对大体积温度控制也进行了科学论证，针对坝区干湿两季分明、冬季昼夜温差大的气候特点，低温季节浇筑时，采用蓄热法施工；高温季节时，根据“坝体混凝土温控分区图”严格控制浇筑温度。

2. 可逆机组布置形式

三河口水利枢纽工程需要既向秦岭输水隧洞供水，同时又需要实现黄金峡多余水量的调蓄，需要机组既有发电功能，又兼具抽水功能，而且供水发电流量远大于抽水流量，采用常规机组和可逆机组混合的运行模式可以实现这一需求。因此需要设计可逆机组和常规水轮机组的合并布置形式，并通过技术方案比较对其进行论证。

3. 大坝进水口及底孔门槽一期直埋技术

三河口水利枢纽大坝工程进水口门（栅）槽埋件及泄洪放空底孔事故门槽埋件均采用一期直埋技术。门槽埋件一期直埋技术是指门槽埋件借助于门槽云车进行调整加固，从而控制门槽埋件安装精度，以实现门槽埋件安装随土建跟仓上升的快速施工方法。门槽云车是一种能够自移动的钢架支撑体，云车可通过自身的刚度来支撑门槽浇筑混凝土的侧压力；可通过自身的顶紧装置来顶紧门槽埋件，防止埋件移位；可通过自身的提升机构在门槽埋件安装中随门槽混凝土升仓而逐渐爬升。

4. 碾压混凝土拱坝高落差和大跨度“满管溜槽＋高速皮带机”新式入仓技术

大坝高程576.00m以上混凝土浇筑，采用“满管溜槽＋高速皮带机”新式入仓技术。新混凝土入仓方式单日入仓能力达到4700m³，单小时可突破300m³，入仓能力的提升为大坝碾压混凝土大仓面施工提供了坚实的基础。且该入仓方式避免了混凝土在高落差下出现骨料分离等质量问题。新工艺的研究、应用实现了大坝混凝土的快速浇筑，施工质量、安全得到良好控制。

5. 碾压混凝土大坝配合比设计及碾压工艺

通过三河口水利枢纽碾压混凝土大坝中混凝土配合比的试验研究，总结该特殊地区碾压混凝土大坝中配合比设计中各原材料参数选择的经验。结果表明：优化组合大坝碾压混凝土配合比中的水泥、骨料、粉煤灰、外加剂、单位用水量等主要参数可提高混凝土各项物理性能指标，在满足相关设计文件和规范要求的条件下，保证混凝土质量，降低水泥用量，节约成本。开展大坝碾压混凝土现场工艺试验，检验碾压混凝土的各项力学性能是否满足设计要求，检验碾压机具等的运行可靠性和配套性，确定碾压混凝土运输时间、入仓VC值、摊铺厚度、碾压层厚、碾压速度、碾压遍数、水胶比、压实度等技术参数，用以指导主坝碾压混凝土的施工，有效地保证了大坝碾压混凝土的施工质量。

1.3.2.2 创新技术

1. 应用了无人驾驶碾压智能筑坝技术，保证了碾压混凝土质量和筑坝效率

传统人工大坝碾压技术由于人为因素易出现碾压不精准的弊端，进而对大坝质量产生影响。引汉济渭工程项目部与清华大学合作开展无人驾驶碾压智能筑坝技术的研究和运用，提前预设参数程序，同步收集分析数据，施工现场管理人员根据碾压任务，规划无人驾驶碾压区域，用GPS测量区域4个角点，监控中心管理人员根据碾压任务调度碾压机。无人驾驶碾压机根据作业区域确定碾压搭接尺度、自动规划碾压路径、自主碾压就位，有力保证了碾压混凝土质量和筑坝效率。

2. 建立了全国首例“1+10”全过程施工信息智能管理系统

三河口水利枢纽工程建设中，建立了全国首例“1+10”全过程施工信息智能管理系统，在1个枢纽施工智能化监管平台下，统一协调施工安全、进度、浇筑信息、温度控制、碾压、灌浆及加浆振捣质量和变形监测、施工跟踪反演分析等10个施工管理子系统，通过10个子系统的搭建，可实现对大坝建设全过程施工安全、施工进度、浇筑信息、碾压质量、温度控制和变形监测等信息的智能采集、统一集成、实时分析与智能监控。实现海量施工质量、施工安全等各类监控数据的自动获取，确保数据的“实时、有效、准确和完整”，有效确保了大坝安全质量，开创业内先河。

3. 三河口水利枢纽BIM技术的应用

三河口采用了抽水机组和常规水轮发电机组共用厂房方案，机电设备众多。为满足项目设计要求和提高设计效率，明确了利用BIM技术解决工程设计中面临的技术问题。BIM技术融合了三维建模技术、数据存储及访问技术、信息集成技术与仿真分析等，有效提升了项目的标准化、智能化和自动化，为项目的差错检查、三维分析、技术展示提供更真实、直观的评估平台，为业主及施工方提供了更加直观简洁的工程管理平台，为全生命周期的管理提供了准确的数据支撑平台。

参 考 文 献

[1] 李春敏，刘树坤. 我国RCC厚层碾压筑坝技术概述 [J]. 水利水电技术，2012，43 (9)：43-45，49.

[2] 邓铭江. 严寒地区碾压混凝土筑坝技术及工程实践 [J]. 水力发电学报，2016，35 (9)：111-120.

[3] 周献文. 普定水电站碾压混凝土拱坝及防渗研究 [J]. 水力发电学报，1998 (2)：11-21.

[4] 吴建勇，周益宏. 万家口子水电站碾压混凝土坝内观测仪器安装埋设过程控制 [J]. 红水河，2020，39 (3)：109-111.

[5] 董福品，朱伯芳. 碾压混凝土坝温度徐变应力的研究 [J]. 水利水电技术，1987 (10)：22-30.

[6] 詹候全，李光伟. 大理岩石粉特性及其在碾压混凝土中的应用 [J]. 水电站设计，2013，29 (1)：118-120.

[7] 冯微，钟少全，黄少华．天然粗砂破碎在碾压混凝土坝中的研究与应用 [J]．混凝土，2012 (10)：132-136.

[8] 王立华，刘佳，詹镇峰．人工砂中石粉含量对碾压混凝土性能的影响 [J]．混凝土，2014 (4)：115-118.

[9] 蔡胜华，陈文卓，张杰．石粉含量对大坝碾压混凝土性能的影响 [J]．水力发电，2013，39 (6)：74-76.

[10] 张勇，董芸，李响．掺石粉与石屑砂对碾压混凝土工作性和强度的影响 [J]．中国水能及电气化，2015 (6)：57-61.

[11] 毕亚丽，彭乃中，冀培民，等．掺粉煤灰与天然火山灰碾压混凝土性能对比试验 [J]．长江科学院院报，2012，29 (6)：74-78.

[12] 葛诗贤，程升明．凝灰岩制备碾压混凝土人工砂石骨料的难点与措施 [J]．水电与新能源，2015 (1)：63-65.

[13] 王铁强．铁尾矿粉在承德双峰寺碾压混凝土坝中的应用 [J]．南水北调与水利科技，2015，13 (1)：148-152.

[14] 张虹，叶新，董海英，等．电厂灰渣在大坝碾压混凝土中的应用研究 [J]．人民长江，2015，46 (7)：92-94.

[15] 刘鲁强．百色水利枢纽辉绿岩骨料碾压混凝土应用研究 [J]．水利水电技术，2013，44 (7)：64-68.

[16] 杨忠义，黄绪通．提高碾压混凝土抗裂性研究 [J]．水力发电，1997 (4)：18-20.

[17] 李光伟．长期荷载下的碾压混凝土变形特性 [J]．水电站设计，1997，13 (4)：72-78.

[18] 徐安，曾力，刘刚．MgO 对碾压混凝土抗裂性能的影响研究 [J]．水力发电学报，2015，34 (10)：20-26.

[19] 李金友，苏怀智，储冬冬．MgO 微膨胀混凝土筑坝技术述评 [J]．水电能源科学，2013，30 (6)：78-81.

[20] 崔自治，李姗姗，张程，等．镁渣粉煤灰复合混凝土的干燥收缩特性 [J]．水力发电学报，2015，34 (10)：14-19.

[21] 朱伯芳．混凝土坝温度控制与防止裂缝的现状与展望 [J]．水利学报，2006，37 (12)：1424-1432.

[22] 刘鲁强．准三级配碾压混凝土的研究与应用 [J]．混凝土，2014 (1)：147-149.

[23] 吴元东．沙沱水电站四级配碾压混凝土拌和物性能试验研究 [J]．贵州水力发电，2008，22 (6)：56-58.

[24] 魏雄伟，王海胜，崔鹏飞．枕头坝一级水电站碾压混凝土应用研究 [J]．人民长江，2014，45 (24)：34-36.

[25] 卿笃兴，宋亦农，周洁．龙滩碾压混凝土围堰设计与施工 [J]．水力发电，2006，32 (9)：68-70.

[26] 陈能平，龙起煌．北盘江光照水电站 200m 级碾压混凝土重力坝筑坝特点与创新 [J]．水利水电技术，2013，44 (8)：32-35.

[27] 李春敏，刘树坤．黄花寨水电站碾压混凝土坝大层厚现场试验成果及启示 [J]．水利水电技术，2007，38 (4)：39-43.

[28] 李春敏，刘树坤，谢彦辉，等．马堵山水电站厚层碾压混凝土现场试验及检测仪器对比测试成果 [J]．水利水电技术，2009，40 (11)：59-67.

[29] 汪卫兵，马志峰，车军．官地水电站碾压混凝土坝温控技术研究 [J]．水利水电技术，2014，45 (8)：98-100.

[30] 王进廷，王吉焕，刘毅，等．二滩拱坝运行期坝体温度场反馈分析 [J]．水力发电学报，2008，27 (2)：65-70.

[31] 杨艳．无横缝碾压混凝土拱坝封拱温度的研究 [J]．中国水运（下半月），2009，9 (4)：

139 - 141.

[32] 张国新，李松辉，刘毅，等. 大体积混凝土防裂智能监控系统［J］. 水利水电科技进展，2015，35（5）：83 - 88.

[33] 张国新，李松辉，刘毅，等. 混凝土坝温控防裂智能监控系统及其工程应用［J］. 水利水电技术，2014，45（1）：96 - 102.

第2章 气象与水文

2.1 概述

流域水文气象特性分析是水利工程规划建设、水资源优化配置和人类社会可持续发展的重要条件，准确可靠的流域径流预报信息对实现水电能源及其互联电力系统的安全、稳定和经济运行以及促进社会经济可持续发展具有深远的战略意义。流域梯级电站的建成投运使得流域水文过程演化规律和时空格局发生了巨大的改变，尤其是水利工程胁迫下自然径流的破碎化，给径流系统的高精度模拟和预测带来了巨大挑战，对流域水文气象特性分析和径流非线性综合预报的相关研究提出了更高要求[1]。

全球气候变暖和人类活动的强烈影响下极端天气事件频发，联合国政府间气候变化专门委员会（IPCC）在第五次评估报告[2]中指出，1880—2012 年间全球地表平均气温大约升高了 0.85℃，且这种增长趋势在未来相当长一段时间内会持续增长；全球年平均降水量也有所增加，这种增加主要体现在区域降水上。气温和降水时空分布的剧烈变化，必然会导致流域水循环系统运行机制的改变，从而使流域径流变化加剧。张建云等[3]分析了 1950—2004 年我国六大流域包括长江、珠江、黄河、淮河、海河以及松辽流域的年际径流变化趋势，研究结果表明我国六大流域的径流量均有所减少，且气候变化对这些流域的径流过程的形成产生一定的影响。王金星等[4]分析了 1950—2004 年我国六大流域的径流年内分配变化趋势，研究结果表明我国大部分江河年内径流分配十分不均匀，且这种分配不均匀性随着时间变化加剧。NILSSON 等[5]在其 2013 年的研究成果中指出，由于流域建坝的影响，全球范围内大约 59％的河流系统径流过程发生了较大改变。

为了分析水文气象特性及其变化趋势，国内外学者相继提出了展示原始水文气象数据机理特性的探索性数据分析方法[6]、分析时间序列变化趋势的数理统计检验方法[7]和将信号分解为不同子序列以展示其周期特性的时频分析[8-9]等趋势分析方法。探索性数据分析方法侧重于原始数据本身的展示，一般利用图、表和汇总统计量作为基本工具，获得时间序列所有变量的分布情况以及包括均值、最小（大）值、中位数、方差、上下四分位数和异常值等数据信息。数理统计方法主要包括线性回归检验[10-11]、MK 秩次检验法[12]、滑动平均法、线性倾向估计法和 Sen's 斜率估计法等。线性回归检验是一种参数检验方法，用于检验两个变量间是否存在线性变化趋势。线性回归检验要求因变量满足正态分布和误差项满足独立同分布假设，且线性回归趋势线易受少数异常值的干扰。MK 秩次检验法是一种基于秩的统计非参数检验方法，对数据变量的分布没有假设要求，也不受少数异常值的干扰。自 KENDALL[13]于 1975 年在 Mann 关于秩相关研究方法的基础上提出 MK 检验，

MK 检验在水文气象趋势变化检验中得到了广泛的应用。叶磊等[14]分别运用单变量和多变量 MK 秩次检验法对长江上游 6 个主要水文控制站点的洪峰、洪量和径流等水文要素进行趋势变化分析；张海荣等[15]运用 MK 检验对金沙江流域 1966—2010 年的降水和径流变化进行了非一致性分析。李海川等[16]以澜沧江流域为例，采用 MK 秩次检验法对其 1958—2015 年气温、降水的空间分布、年内分配及演变趋势进行了深入分析。Sen's 斜率估计法[17]是一种定量计算趋势变化幅度的方法，可以表示时间序列平均变化率，揭示趋势变化的强度。滑动平均法类似于低通滤波器，主要用于对数据进行平滑，其基本原理是通过对连续时间段内的变量值逐项求取平均值，从而消除周期变动和随机波动的影响，显现出序列的长期发展方向和变化趋势。郭瑜[18]运用滑动平均法分析了河南省近 49 年来降水和气温的变化特征。

时频分析法主要包括小波变换[19-20]和经验模态分解（EMD）[21-22]等方法，其主要原理是将信号分解成一个揭示原始信号长期趋势变化的低频分量和多个揭示原始信号周期特征的高频分量。小波变换通过控制信号的伸缩和平移对信号进行多分辨率分解，得到时间序列的高频和低频成分。高频成分可以判断时间序列的周期性，低频成分可以判断时间序列的长期变化趋势。刘宇峰等[23]基于汾河流域的径流量和输沙量资料，借助小波分析方法研究了降水、径流与输沙序列的多时间尺度特征及它们的耦合关系。丁志宏等[24]运用 CEEMDAN 方法分析了黄河源区唐乃亥水文站多年长时间年径流过程的复杂年际变化特征。

近年来水文气象学者多采用多种方法结合的综合分析方法分析流域水文气象要素变化趋势，这些方法可以互为补充并互相验证比较，以更加深刻地认识水文气象要素的演变规律。Pandey 等运用线性回归检验、MK 秩次检验和离散小波变换分析了印度月、年和季风降雨时间序列的变化趋势；李景保等[25]运用 MK 检验趋势突变检验法、累积距平法和 Morlet 复小波分析法分析了三口河系径流演变特征；唐雄朋等[26]采用累积距平法、MK 秩次检验法和小波分析法综合分析了沱沱河流域 1961—2010 年以来的气温、降水和径流深序列年际变化特征。郝振纯等[27]结合 MK 秩次检验法和小波分析法对黑河上游莺落峡站流域水文气象资料进行趋势显著性分析并分析水文气象要素的周期及能量变化。张晓晓等[28]基于白龙江流域水文资料，采用 MK 秩次检验法和小波分析法研究了白龙江水文气象要素的变化特征。安宝军等[29]采用滑动平均法、累积距平法、MK 秩次检验法、小波分析法等方法对沣河流域 1965—2016 年降水和径流的变化特征进行了分析。

流域水循环系统内部水文气象要素受人类活动和流域下垫面等多种因素的影响，呈现出强非平稳等非线性特征。探索性数据分析方法、统计检验方法和时频分析方法各具优缺点，单一方法不足以应对变化环境下水文气象要素的变化趋势分析和时空格局探索，有必要综合多种方法的优缺点并在借鉴经典方法的基础上创新和发展新型有效的流域水文气象趋势分析方法，以更为准确地掌握流域气象水文过程的时空演变规律[1]。

2.2　流域概况及相关测站分布情况

2.2.1　流域概况

子午河系汉江上游北岸的一级支流，地理位置北纬 33°18′～33°44′，东经 107°51′～

108°30′，分属宁陕县、佛坪县管辖。河流上游由汶水河、蒲河、椒溪河汇合而成，主源汶水河发源于宁陕、周至、户县三县交界的秦岭南麓，由东北向西南流经宁陕县境内，在宁陕县与佛坪县交界处与蒲河、椒溪河汇合后称子午河，汇合后由北流向南，在两河口附近有堰坪河汇入，继续流向西南，于石泉县三花石乡白沙渡附近入汉江。河流全长161km，流域面积3010km²，河道平均比降5.44‰，流域呈扇形。

子午河流域地势北高南低，主峰秦岭梁海拔2965m，流域主要为土石山区，植被良好，林木茂密，森林覆盖率达70%，水土流失轻微。20世纪80年代后，由于经济的发展，佛坪县县城附近局部林木遭到破坏，水土流失增加，造成椒溪河佛坪县城以下河流的含沙量有所增大。

子午河流域无其他水利水电工程。三河口水库坝址位于子午河三河口以下约2km处，坝址以上河长108km，控制流域面积2186km²，占全流域的72.6%，坝址处河床高程525.00m（黄海高程）。

2.2.2 测站分布情况

子午河流域1963年3月设立两河口水文站，邻近酉水河1958年8月设立酉水街水文站，溢水河1958年6月设立长滩村水文站，湑水河1940年1月设立升仙村水文站，各站位置如图2.1所示，观测项目有水位、流量、泥沙、降水、蒸发等，资料情况见表2.1。另外，为满足三河口水库工程建设需要，2010年4月在水库大坝下游设立大河坝水文站，观测项目有水位、流量、降水。

子午河流域自1959年起，先后设立了四亩地、钢铁、筒车湾、龙草坪、火地塘、十亩地、新厂街、菜子坪、黄草坪、兴坪等雨量站，各雨量站的位置如图2.1所示，资料情

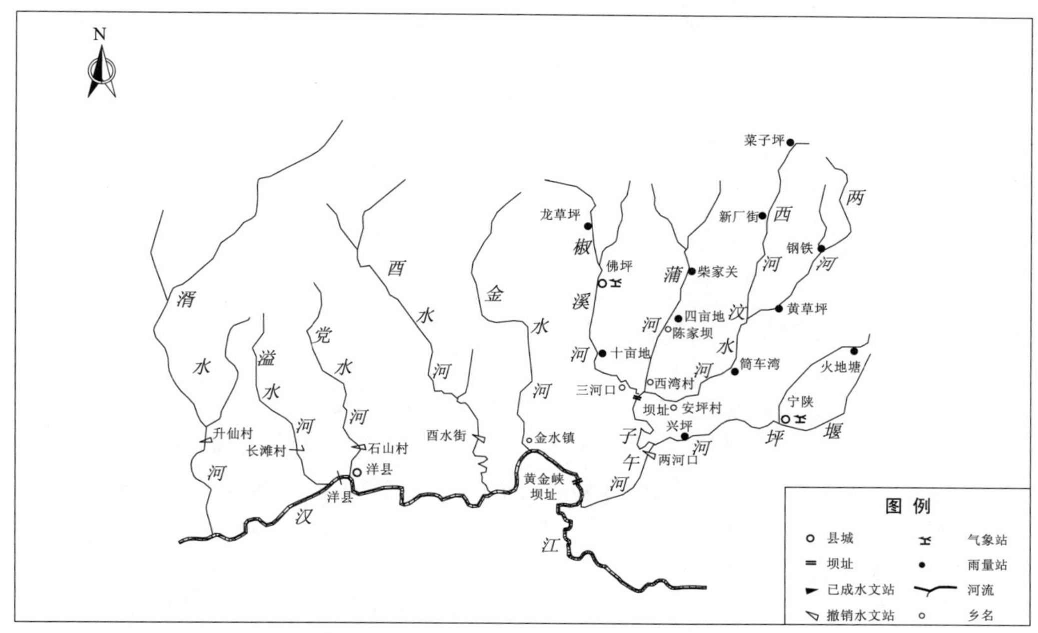

图2.1 子午河及邻近流域水文站网分布示意图

况见表2.2。

表2.1　　子午河及邻近流域水文站基本情况

河流	测站	流域面积/km²	地理位置		设站时间	资料年限	观测项目
			东经	北纬			
子午河	两河口	2816	108°4′	33°16′	1963年3月	1964—2010年（1977—1980年仅观测水位）	水位、流量、泥沙、降水、蒸发等
酉水河	酉水街	911	107°46′	33°17′	1958年8月	1959—2010年	水位、流量、泥沙、降水、蒸发等
湑水河	升仙村	2143	107°16′	33°16′	1940年1月	1950—2010年	水位、流量、泥沙、降水、蒸发等
溢水河	长滩村	237	107°26′	33°16′	1958年6月	1959—2010年	水位、流量、泥沙、降水等
子午河	大河坝	2186	108°3′	33°21′	2010年4月	2011—2012年	水位、流量、降水等

表2.2　　子午河流域雨量站

河流	站名	观测地点	地理位置		设站年份	资料年限
			北纬	东经		
蒲河	四亩地	宁陕县四亩地乡四亩地	33°29′	108°07′	1959	1959—2010年
两河	钢铁	宁陕县钢铁乡上两河	33°16′	108°23′	1965	1965—2010年
汶水河	筒车湾	宁陕县筒车湾乡筒车湾	33°24′	108°13′	1967	1967—2010年
椒溪河	龙草坪	佛坪县龙草坪乡龙草坪	33°38′	107°58′	1980	1980—1989年
长安河	火地塘	宁陕县老城乡火地塘	33°26′	108°27′	1977	1977—2010年
椒溪河	十亩地	佛坪县十亩地乡十亩地	33°23′	108°02′	1978	1978—1989年
西河	新厂街	宁陕县新厂街乡新厂街	33°39′	108°17′	1980	1980—2010年
西河	菜子坪	宁陕县新厂街乡菜子坪	33°45′	108°19′	1980	1980—1988年
两河	黄草坪	宁陕县皇冠乡黄草坪	33°30′	108°18′	1980	1980—1997年
堰坪河	兴坪	石泉县兴坪乡斩龙垭	33°18′	108°10′	1980	1980—2010年

2.3　气象水文分析

子午河流域属北亚热带湿润、半湿润气候区，四季分明，夏无酷热，冬无严寒，春季升温迅速、间有“倒春寒”现象，秋凉湿润多连阴雨。三河口水库坝址附近无气象观测资料，气象特性借用宁陕县气象站（观测场海拔高度802.4m）实测资料。据该站1961—2010年资料统计，多年平均气温12.3℃，极端最高气温37.4℃，最低气温−16.4℃；多年平均降水量903mm，多年平均蒸发量1209.2mm，多年平均风速1.2m/s，风向多SSW，多年平均年最大风速9.1m/s，最大风速12.3m/s，风向SSW，土层冻结期为11月到次年3月，最大冻土深度为13cm。各气象要素见表2.3。

表 2.3　宁陕县气象站 1961—2010 年气象要素特征值

月份	平均气温/℃	极端最高气温/℃	极端最低气温/℃	平均相对湿度/%	平均日照时数/h	平均风速/(m/s)	平均降水量/mm	平均蒸发量/mm
1	0.8	17.2	−13.0	72	98.6	1.1	6.4	43.8
2	3.1	22.3	−10.7	71	88.2	1.2	10.3	56.8
3	7.6	29.7	−8.5	70	112.4	1.3	26.6	94.0
4	13.2	33.0	−4.4	72	141.9	1.3	57.6	131.0
5	17.2	34.0	2.4	76	167.9	1.3	91.6	149.1
6	20.9	36.3	5.7	77	180.0	1.2	97.7	156.0
7	23.3	37.4	11.8	83	188.7	1.0	193.4	163.3
8	22.5	35.9	10.0	84	190.6	1.0	152.6	153.2
9	17.8	36.0	4.5	86	120.4	1.0	145.1	97.1
10	12.6	29.0	−4.2	86	107.6	1.0	82.4	71.1
11	6.9	25.9	−8.1	81	96.4	1.1	32.0	52.0
12	2.1	17.7	−16.4	75	97.6	1.0	7.7	41.8
全年	12.3	37.4	−16.4	78	1590.3	1.1	903.4	1209.2

2.4 设计成果合理性分析

2.4.1 径流

1. 径流特性

子午河的径流主要由降雨形成，水情随降雨的变化而变化，河流的水量汛期主要由降雨补给，枯水季节依靠稳定的地下水补给。径流具有年际变化较大，年内分配不均的特点。据两河口站 1964—2010 年 47 年实测资料统计，多年平均径流量 10.9 亿 m^3，最大年径流量 24.1 亿 m^3，最小年径流量 4.39 亿 m^3，分别约为平均值的 2.21 倍和 0.40 倍；丰水期 7—10 月 4 个月径流量占年径流量的 67.3%，枯水期 11 月至次年 3 月 5 个月径流量仅占年径流的 12.1%，实测最大流量为 6270m^3/s，最小流量为 0.125m^3/s。根据子午河的径流特性，将每年的 7 月至次年 6 月划分为一个水文年。

三河口水库坝址径流计算选择两河口站作为设计依据站，以湑水河升仙村站、酉水河酉水街站为参证站。径流系列采用 1954—2010 年 57 年。两河口、酉水街、升仙村站以上均无水利水电工程，上游属秦岭山区，人烟稀少，生活、灌溉用水量小，可不进行还原。

2. 资料系列的插补延长

根据邻近流域的水文资料情况，两河口站的年径流分两段插补延长。

(1) 1959—1963 年、1977—1980 年。根据 1964—2010 年两河口站与酉水街站实测同步年径流资料，分析子午河两河口站年径流-酉水河酉水街站年径流相关关系，见式 (2.1)；相关系数为 0.92，如图 2.2 所示。

$$W_{两} = 2.1344W_{酉} + 2.1848 \tag{2.1}$$

(2) 1954—1958 年。西水街水文站无 1959 年以前资料，可根据两河口站与升仙村站年径流相关关系插补，见式 (2.2)；相关系数为 0.9，如图 2.3 所示。

$$W_{两} = 0.9057W_{升} + 1.8870 \tag{2.2}$$

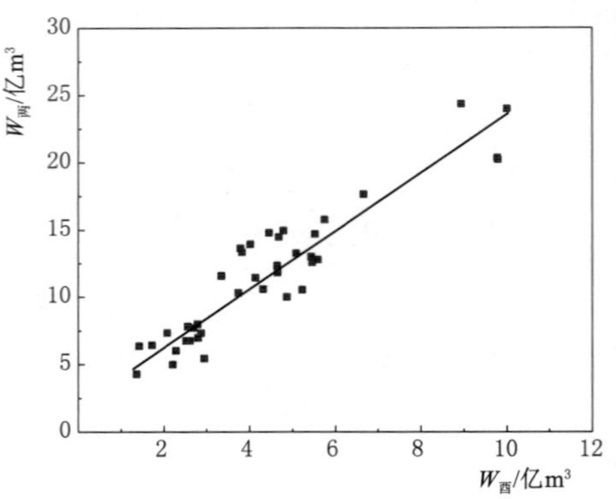

图 2.2　子午河两河口站年径流-西水河西水街站年径流相关图

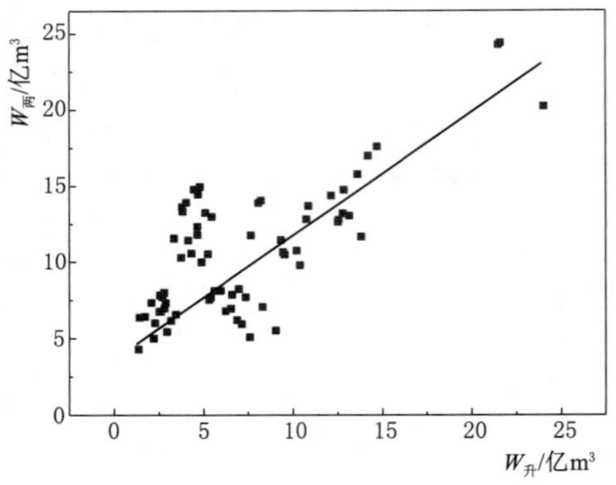

图 2.3　子午河两河口站年径流-湑水河升仙村站水文站年径流相关图

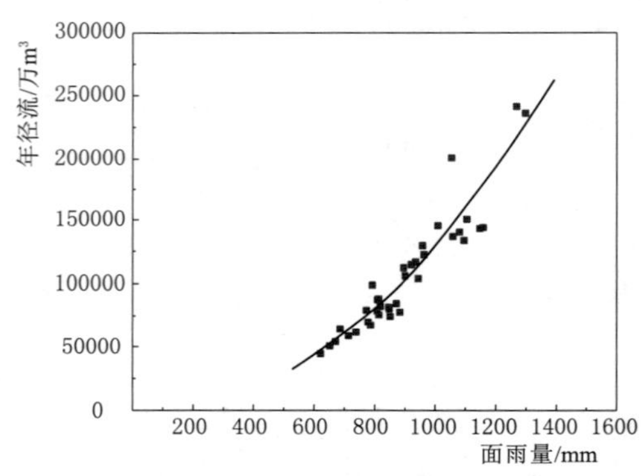

图 2.4　子午河两河口站年径流-面雨量相关图

3. 两河口站年径流与降水关系

两河口站以上雨量站多设于 20 世纪 60 年代后期，因此采用两河口以上流域的降水资料仅限于对 1977—1980 年四年径流资料的插补，分析两河口站 1964—1976 年、1981—2010 年年径流-面雨量相关关系，见式 (2.3)；相关系数为 0.95，如图 2.4 所示。

$$W_{两} = 0.0477P_{两}^{2.1434} \tag{2.3}$$

两河口站 1954—1963 年资料仍按邻近参证站资料插补，组成 1954—2010 年系列，系列统计参数见表 2.4。

表 2.4　不同方法插补延长两河口站年径流统计参数对比

插补方法	插补年份	参证站	相关系数	统计参数		备注
				均值/亿 m³	C_v（计算）	
用邻近流域年径流插补延长	1959—1963 1977—1980	西水街	0.92	11.3	0.41	采用
	1954—1958	升仙村	0.90			
用本流域降水插补延长	1977—1980	本流域降水	0.95	11.2	0.41	
	1959—1963	西水街	0.92			
	1954—1958	升仙村	0.90			

4. 系列的代表性分析

插补延长后两河口站共有 56 年的径流系列，于总体而言，样本数量有限，径流系列的代表性可从以下两方面分析[30]：

（1）统计参数的稳定性分析。逆序累加计算年径流系列的均值、C_v，并点绘其过程线，如图2.5所示，随着系列的增加，均值和C_v均趋于稳定，当系列增加到40年左右时，均值稳定在10.4亿～12.1亿m^3，C_v稳定在0.38～0.41之间。

（2）径流的丰枯变化分析。图2.6为年径流过程线和差积曲线图。从图中可以看出，56年系列包含两个丰水段（1954—1964年、1979—1990年）、两个枯水段（1965—1978年、1991—2010年），其中丰水段23年、枯水段33年，且系列中有丰水年组、平水年组、枯水年组及丰水年、平水年、枯水年。由以上分析可知，子午河两河口站1954—2010年径流系列具有较好的代表性。

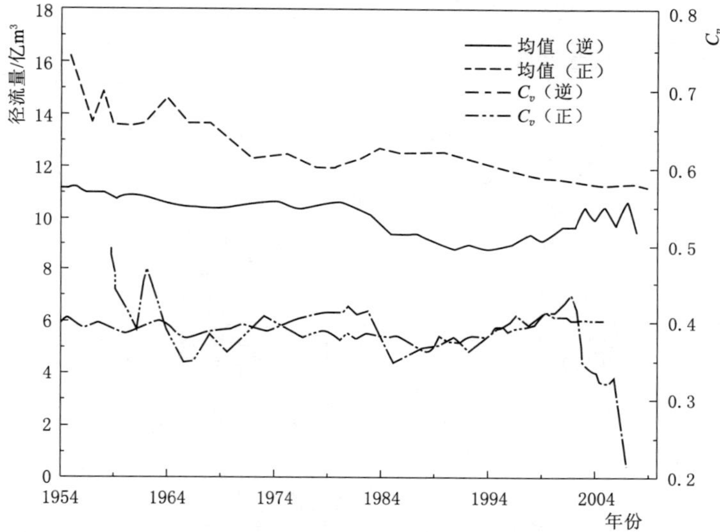

图2.5　子午河两河口站年径流正逆序均值、C_v过程线

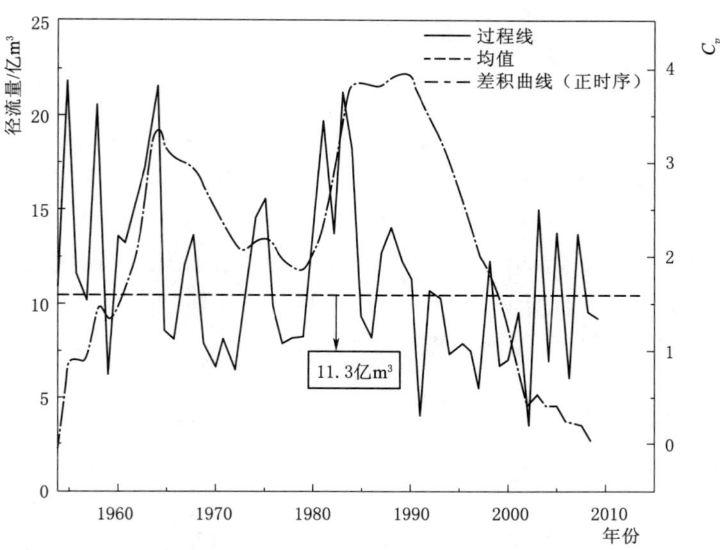

图2.6　子午河两河口年径流过程线和差积曲线

5. 年径流分析

（1）两河口站年径流计算。根据两河口站 1954—2010 年 56 年（水文年）径流系列进行频率计算，按矩法估算统计参数的初始值，采用 P-Ⅲ型曲线适线，适线后子午河两河口站年径流量频率曲线如图 2.7 所示，两河口站年径流计算成果见表 2.5。

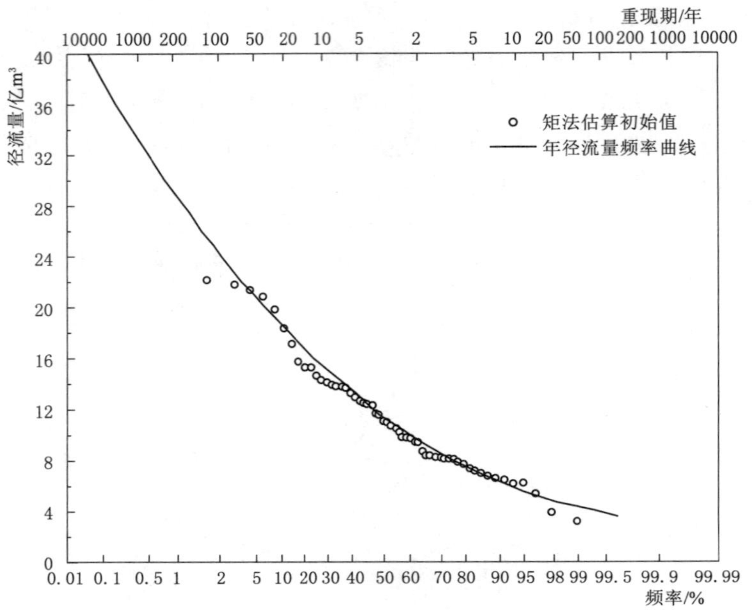

图 2.7　子午河两河口站年径流量频率曲线

表 2.5　　**两河口站年径流计算成果**

年径流均值	C_v	C_s/C_v	不同频率年径流/亿 m³						
			$P=10\%$	$P=20\%$	$P=25\%$	$P=50\%$	$P=75\%$	$P=90\%$	$P=95\%$
10.8	0.46	2.50	18.30	15.10	14.10	10.30	7.48	5.60	4.74

（2）三河口水库坝址年径流计算。三河口水库坝址的年径流是将两河口站年径流按面积比拟法，采用降雨修正计算得到。两河口站以上流域面雨量采用钢铁、龙草坪、火地塘、筒车湾、四亩地、两河口、宁陕七站的算术平均值计算，两河口站 1964—2010 年以上流域多年平均降雨量为 898mm。三河口水库以上流域面雨量采用钢铁、龙草坪、筒车湾、四亩地四站的算术平均值计算，三河口水库以上 1964—2010 年流域多年平均面雨量为 891mm。三河口水库坝址年径流计算成果见表 2.6。

表 2.6　　**三河口水库坝址年径流计算成果**

年径流均值/亿 m³	C_v	C_s/C_v	不同频率年径流/亿 m³						
			$P=10\%$	$P=20\%$	$P=25\%$	$P=50\%$	$P=75\%$	$P=90\%$	$P=95\%$
8.32	0.46	2.50	14.10	11.70	10.80	7.95	5.76	4.31	3.64

6. 径流年内分配

三河口水库坝址径流的年内旬分配系数采用两河口站径流的年内旬分配系数计算，缺测年份采用插补延长时相应的邻近酉水街站、升仙村站径流的年内旬分配系数计算，表2.7为三河口水库坝址多年平均月径流量统计。

表2.7　　三河口水库坝址多年平均月径流量

月　份	7	8	9	10	11	12	1	2	3	4	5	6	合计
径流量/亿 m^3	1.77	1.45	1.59	1.04	0.41	0.20	0.14	0.11	0.19	0.44	0.67	0.69	8.70
流量/(m^3/s)	66.10	54.10	61.30	38.80	15.80	7.47	5.23	4.55	7.09	17.0	25.0	26.6	329.04
各月占比/%	20.09	16.66	18.63	11.79	4.80	2.27	1.59	1.38	2.15	5.17	7.60	8.08	100

7. 枯水径流

(1) 日平均最小流量、最小流量。根据两河口站1964—2010年实测流量资料统计，两河口站实测最小流量为0.125m^3/s，日平均最小流量为0.18m^3/s，月平均最小流量为1.58m^3/s。计算到三河口水库坝址为：最小流量0.10m^3/s，日平均最小流量0.14m^3/s，月平均最小流量1.23m^3/s。

(2) 最枯月径流分析计算。根据三河口水库坝址1954—2010年逐年、月流量系列，对最枯月流量进行频率计算，频率曲线如图2.8所示，不同频率最枯月径流量见表2.8。

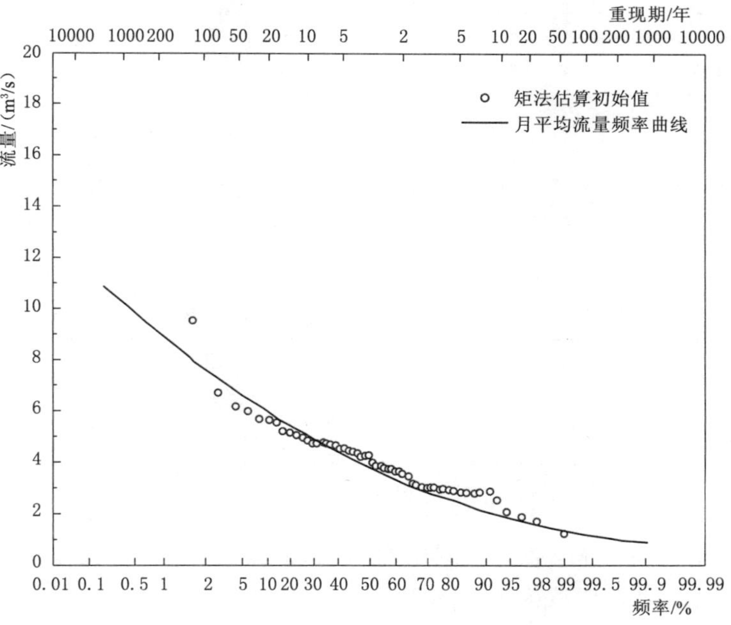

图2.8　三河口水库坝址最枯月平均流量频率曲线

表2.8　　三河口水库坝址不同频率最枯月径流量

月径流均值/m^3	C_v	C_s/C_v	不同频率月径流量/m^3					
			$P=5\%$	$P=20\%$	$P=50\%$	$P=80\%$	$P=90\%$	$P=95\%$
3.80	0.35	3.00	6.61	5.03	3.74	2.80	2.42	2.17

2.4.2 洪水

1. 暴雨洪水特性

子午河的洪水是由暴雨形成的，暴雨的特性决定着洪水特性。流域内暴雨最早发生在4月，最迟出现在11月，但量级和强度较大的暴雨一般发生在6—9月。暴雨分为雷暴雨和霖雨两种，雷暴雨多发生在夏季，一般为地形雨，笼罩面积小，历时短，强度大，常造成局部地区大洪水；霖雨一般为秋季大面积连阴雨，历时长，雨强均匀，造成大面积洪水的机会较多[4]。

子午河流域的暴雨特性决定着该河的洪水最早出现在4月，但洪峰流量较小，年最大洪水一般出现在6—10月，大洪水主要出现在6—9月，11月由于受霖雨的影响，亦有洪水发生。洪水具有峰高、量大的特点，峰型多呈单峰，双峰和复峰相对较少，一次洪水过程4～6d，主峰历时2～4d。

据两河口站1963—2011年49年实测洪水资料统计，单峰占71.1%，双峰和复峰占28.9%，一次洪水过程4～6d，实测最大洪峰流量6270m^3/s，最大24h洪量2.418亿m^3，年最大洪峰各月出现统计见表2.9。

表2.9　子午河两河口站年最大洪峰各月出现统计

出现时间	6月	7月	8月	9月	10月	11月	合计
年最大洪峰流量出现的次数	3	16	9	11	5	1	45
各月占比/%	6.7	35.6	20.0	24.4	11.1	2.2	100.0

2. 历史洪水和重现期

子午河两河口段洪水调查整编成果见表2.10。三河口段近百年来的最大洪水发生在2002年6月9日，其洪峰流量为5700m^3/s。将2002年大洪水的重现期确定为100年，1925年大洪水的重现期确定为50年。

表2.10　子午河两河口段洪水调查整编成果

年　份	2002	1925	2007
流量/(m^3/s)	6270	4800	3860
可靠程度	可靠（实测）	较可靠	可靠（实测）

3. 洪水资料

设计依据站为两河口水文站，资料系列为1963—2011年。洪峰流量采用固定时段独立选取年最大值的方法，时段为24h、72h。

4. 洪水资料的插补延长

子午河两河口站1963—2011年洪水资料中，除1977—1980年测站附近修建裁弯取直工程，仅观测水位，无流量测验资料外，其余年份均有流量观测资料。对1977—1980年洪峰流量、时段洪量进行插补延长。

(1) 洪峰流量的插补延长。根据两河口站实测水位-流量关系对1977—1980年洪峰流量进行插补延长，其插补成果见表2.11。

表 2.11　　两河口站 1977—1980 年洪峰流量插补成果

年　份	1977	1978	1979	1980
最高水位/m	543.96	548.99	544.88	548.70
洪峰流量/（m^3/s）	200	2800	260	2550

注　插补得到的子午河两河口站 1980 年洪水的洪峰流量为 2550m^3/s，与《陕西省洪水调查资料》汇编中调查到的洪峰流量 2550m^3/s 相同。

（2）时段洪量的插补延长。两河口站时段洪量采用该站峰、量关系进行插补延长，其相关方程见表 2.12，相关图如图 2.9 和图 2.10 所示。

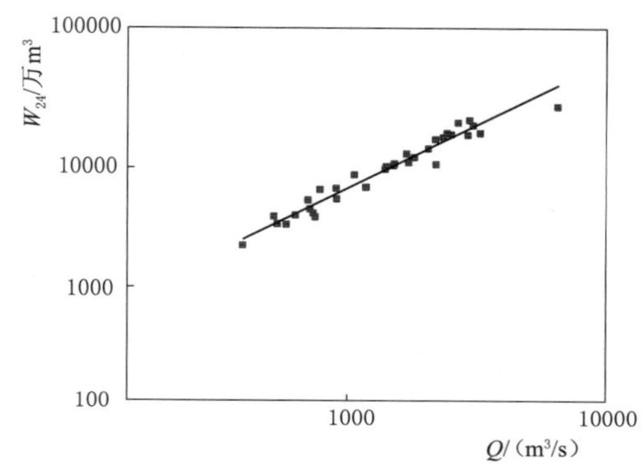

图 2.9　子午河两河口站年最大 24h 洪量-年最大洪峰流量相关图

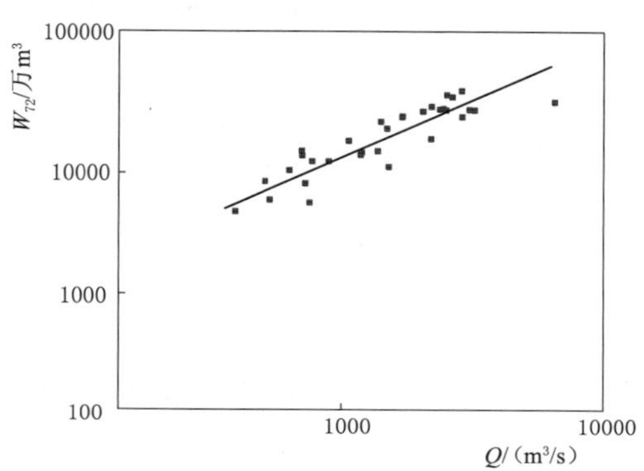

图 2.10　子午河两河口站年最大 72h 洪量-年最大洪峰流量相关图

表 2.12　　两河口站年最大 24h 和 72h 洪量-洪峰流量相关计算

相　关　量	相　关　方　程	相　关　系　数
年最大 24h 洪量-年最大洪峰流量	$W_{24}=11.78\times Q_m\times 0.9063$	$r=0.97$
年最大 72h 洪量-年最大洪峰流量	$W_{72}=44.70\times Q_m\times 0.8011$	$r=0.90$

据上述方程插补得到 1925 年调查洪水、1977—1980 年各年最大 24h 和 72h 洪量，其成果见表 2.13。

表 2.13　　两河口站 1925 年调查洪水、1977—1980 年 W_{24}、W_{72} 插补延长成果

年份	洪峰流量/（m^3/s）	W_{24}/万m^3	W_{72}/万m^3	年份	洪峰流量/（m^3/s）	W_{24}/万m^3	W_{72}/万m^3
1925	4800	25545	39750	1979	260	1818	3845
1977	200	1434	3116	1980	2550	14399	23948
1978	2800	15673	25812				

5. 设计洪水

（1）两河口站设计洪水。根据插补延长后的两河口站 1963—2011 年 49 年年最大洪峰流量，加入 1925 年洪水按不连续系列进行计算。计算时，将 2002 年、1925 年洪水作为特大值处理，重现期分别为 100 年、50 年，统一排序计算经验频率，采用矩法估算统计参数初始值，采用P-Ⅲ型曲线适线，适线后统计参数和频率曲线如图2.11所示。

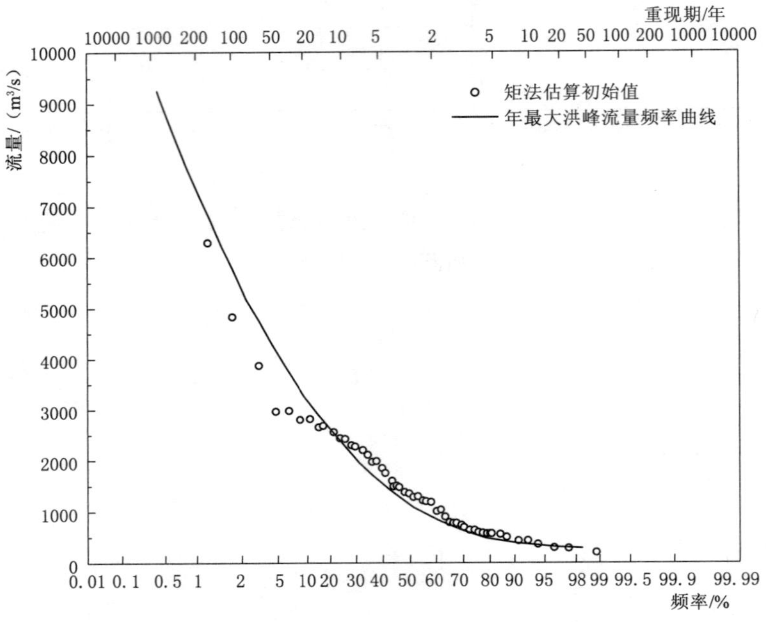

图2.11 子午河两河口站年最大洪峰流量频率曲线

24h、72h洪量频率计算：洪量计算采用1963—2011年49年洪量系列，鉴于1925年、2002年洪量不大，直接加入按连序系列计算，统计参数的初值仍按矩法估算，采用P-Ⅲ型曲线适线，适线统计参数和频率曲线如图2.12和图2.13所示。

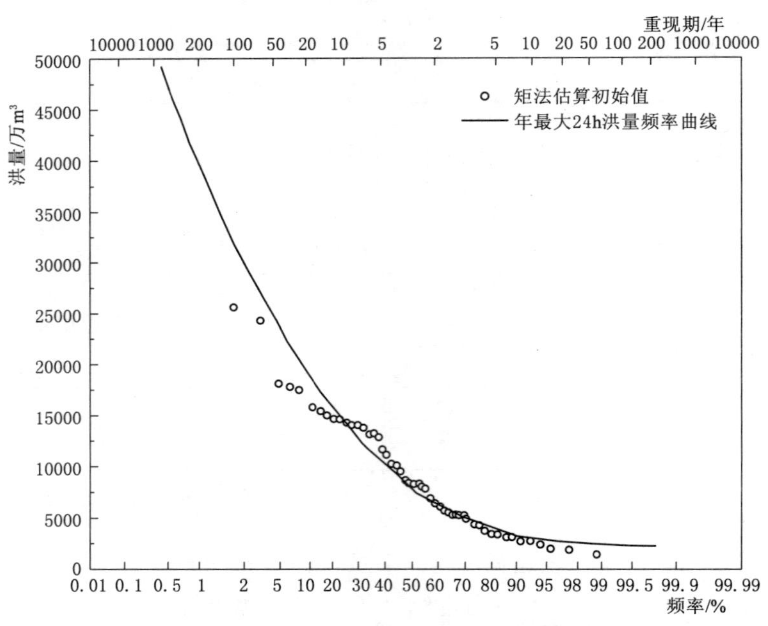

图2.12 子午河两河口站年最大24h洪量频率曲线

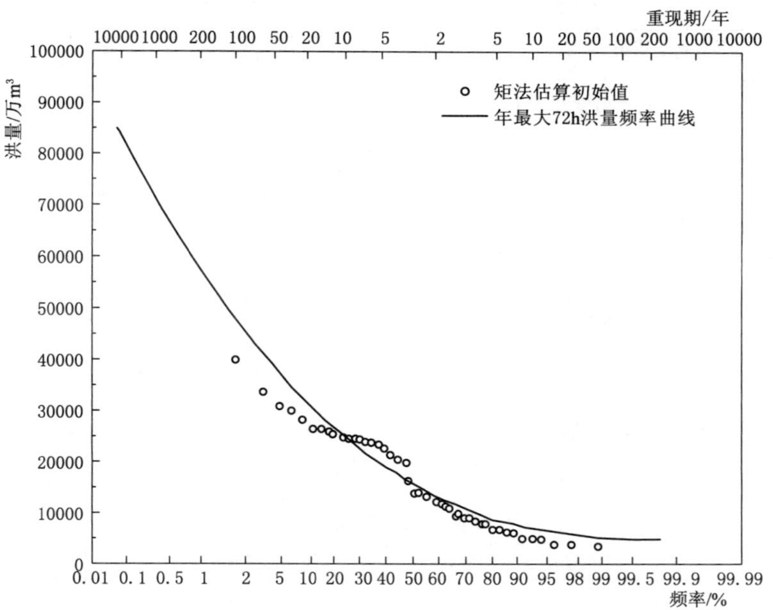

图 2.13 子午河两河口站年最大 72h 洪量频率曲线

根据以上统计参数计算不同频率的洪峰流量、24h 洪量、72h 洪量，见表 2.14。

表 2.14 两河口站不同频率洪峰流量、时段洪量计算成果

P/%		0.02	0.05	0.1	0.2	0.33	0.5	1	2	5	10	20
洪水特征量	Q_m/(m³/s)	12300	10900	9830	8790	8030	7430	6410	5400	4090	3120	2190
	W_{24}/亿 m³	6.42	5.73	5.21	4.69	4.31	4.00	3.49	2.97	2.30	1.80	1.31
	W_{72}/亿 m³	8.60	7.77	7.15	6.52	6.06	5.69	5.05	4.42	3.57	2.92	2.26

（2）三河口水库坝址设计洪水。三河口水库坝址的设计洪峰流量、24h 洪量、72h 洪量采用两河口站的设计洪峰流量和时段洪量按面积比拟法计算，洪峰流量的面积比指数采用 2/3，洪量取 1.0。计算结果见表 2.15。

表 2.15 三河口水库坝址不同频率洪峰流量、时段洪量计算成果

P/%		0.02	0.05	0.1	0.2	0.33	0.5	1	2	5	10	20
洪水特征量	Q_m/(m³/s)	10400	9210	8300	7430	6780	6280	5420	4560	3460	2640	1850
	W_{24}/亿 m³	4.98	4.45	4.04	3.64	3.35	3.11	2.71	2.31	1.79	1.40	1.02
	W_{72}/亿 m³	6.68	6.03	5.55	5.06	4.70	4.42	3.92	3.43	2.77	2.27	1.75

（3）设计洪水和可研阶段成果比较。表 2.16 为三河口水库坝址初设和可研阶段设计洪水计算成果比较表。从表中可以看出，除了三河口水库坝址初设阶段比可研阶段设计洪水洪峰成果大 3.1%以外，不同时段洪量统计参数的计算值基本一致。

表 2.16　　三河口水库坝址初设和可研阶段设计洪水计算成果比较

设计阶段	统计参数适线值			洪水特征量							
	洪峰流量均值/(m^3/s)	C_v	C_s/C_v	P/%	0.02	0.05	0.1	0.2	0.33	0.5	1
初设	1290	0.83	3.0	Q_m/(m^3/s)	10400	9210	8300	7430	6780	6280	5420
可研	1250	0.83	3.0		10050	8870	8030	7180	6560	6070	5240
初设	0.713	0.75	3.0	W_{24}/亿 m^3	4.98	4.45	4.04	3.64	3.35	3.11	2.71
可研	0.708	0.75	3.0		4.95	4.42	4.01	3.62	3.32	3.09	2.69
初设	1.265	0.60	3.0	W_{72}/亿 m^3	6.68	6.03	5.55	5.06	4.70	4.42	3.92
可研	1.265	0.60	3.0		6.68	6.03	5.55	5.06	4.70	4.42	3.92

注　采用初设成果。

6. 设计洪水过程线

（1）典型洪水过程线的选择。选择 2002 年 6 月 9 日、1983 年 7 月 21 日和 2007 年 8 月 7 日三场洪水过程作为典型洪水过程，其特征值见表 2.17。

表 2.17　　三场典型洪水过程特征值

时　间	洪峰流量/(m^3/s)	24h 洪量/亿 m^3	72h 洪量/亿 m^3
1983 年 7 月 21 日	2970	1.482	2.416
2002 年 6 月 9 日	6270	2.418	2.826
2007 年 8 月 9 日	3860	1.644	2.227

（2）设计洪水过程线。设计洪水过程线采用分时段同频率控制放大。典型洪水分别按洪峰和 W_{24}、W_{72} 不同系数分时段放大，然后进行修匀，使其洪量满足设计洪量，计算得到三河口水库坝址不同频率的设计洪水过程线，如图 2.14 所示。

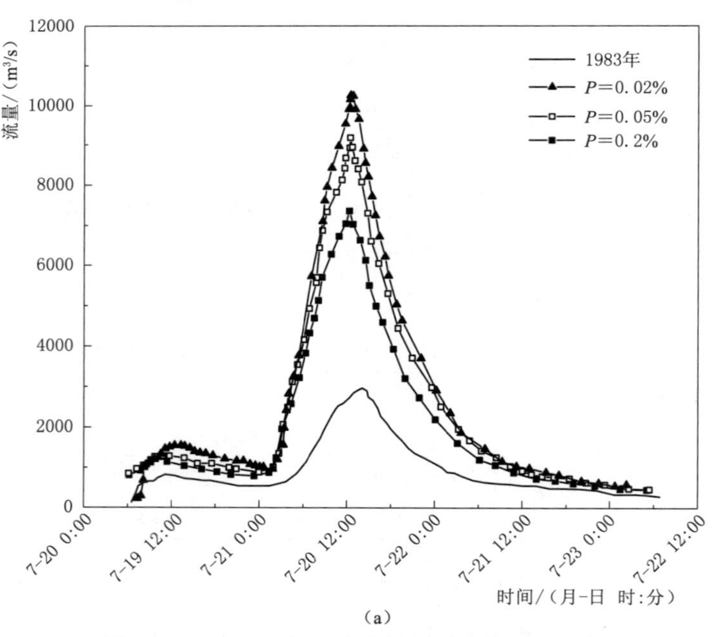

图 2.14（一）　三河口水库坝址设计洪水过程线

（a）1983 年典型

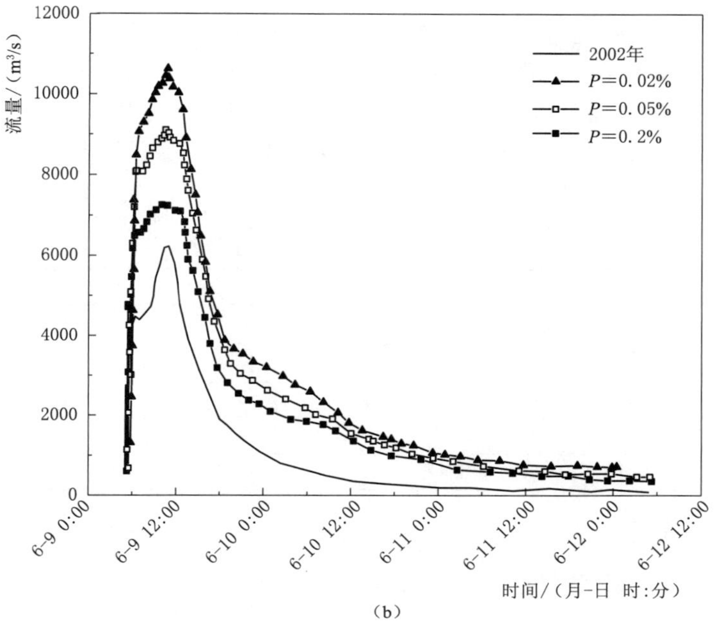

(b)

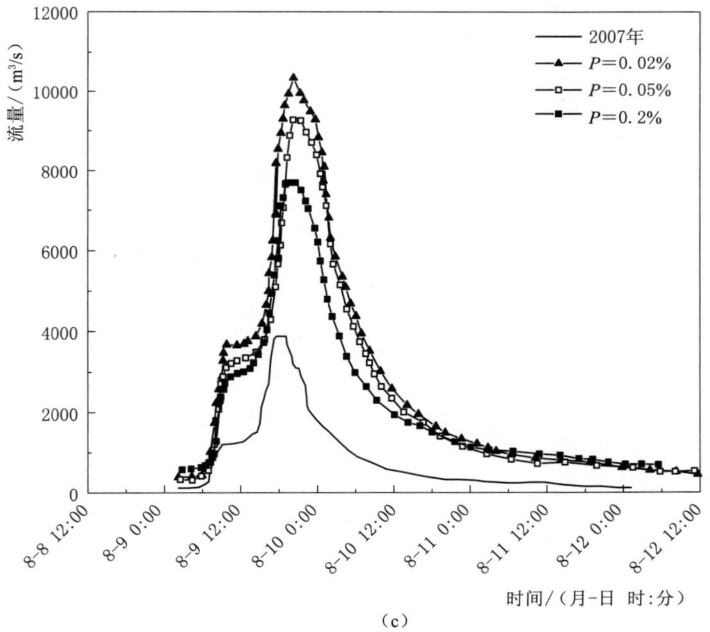

(c)

图 2.14（二） 三河口水库坝址设计洪水过程线

(b) 2002 年典型；(c) 2007 年典型

7. 施工分期设计洪水

设计依据站为两河口站，资料系列为 1963—2010 年（其中缺 1977—1980 年）。

(1) 时段的划分。根据子午河的洪水特性和施工组织设计的要求，需计算 10 月至次年5月、11月至次年5月、11月至次年3月洪水。汛期6—10月采用全年最大洪水成果，本节只计算10月至次年5月、11月至次年5月、11月至次年3月洪水。

（2）施工分期设计洪水计算。分期洪水洪峰流量的选样，采用不跨期选取年最大值的方法。根据两河口站10月至次年5月、11月至次年5月、11月至次年3月洪峰流量系列进行频率计算，按矩法初估统计参数初始值，采用P-Ⅲ型曲线适线，其成果见表2.18，频率曲线如图2.15～图2.17所示。

表2.18　　子午河两河口站施工分期设计洪水计算成果

分期	使用期	统计参数			洪峰流量/(m^3/s)		
		洪水洪峰流量均值/(m^3/s)	C_v	C_s/C_v	$P=5\%$	$P=10\%$	$P=20\%$
10月至次年5月	10月11日至次年5月20日	548	1.1	2.5	1760	1280	831
11月至次年5月	11月11日至次年5月20日	285	1.0	2.5	859	641	433
11月至次年3月	11月11日至次年3月20日	72.3	2.5	2.5	350	170	56

三河口水库坝址10月至次年5月、11月至次年5月、11月至次年3月设计洪水，根据两河口站设计洪峰流量成果，按面积比拟法计算，面积比指数取2/3，计算结果见表2.19。

表2.19　　三河口水库坝址施工分期设计洪水计算成果

分期	使用期	洪峰流量/(m^3/s)		
		$P=5\%$	$P=10\%$	$P=20\%$
10月至次年5月	10月11日至次年5月20日	1490	1080	700
11月至次年5月	11月11日至次年5月20日	725	541	366
11月至次年3月	11月11日至次年3月20日	296	144	47

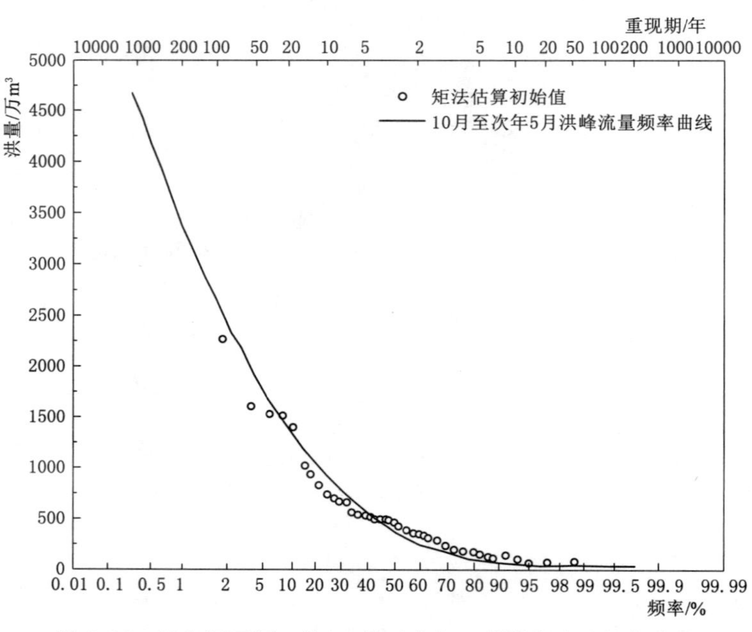

图2.15　子午河两河口站10月至次年5月洪峰流量频率曲线

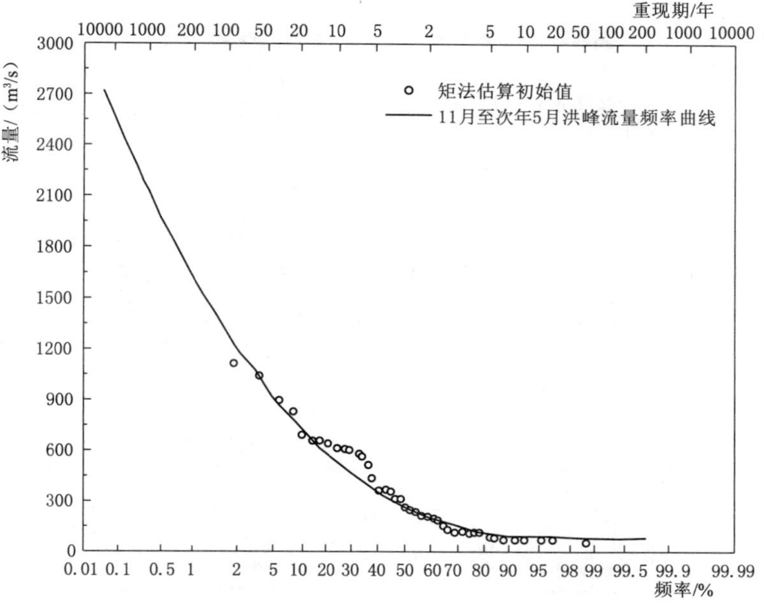

图 2.16 子午河两河口站 11 月至次年 5 月洪峰流量频率曲线

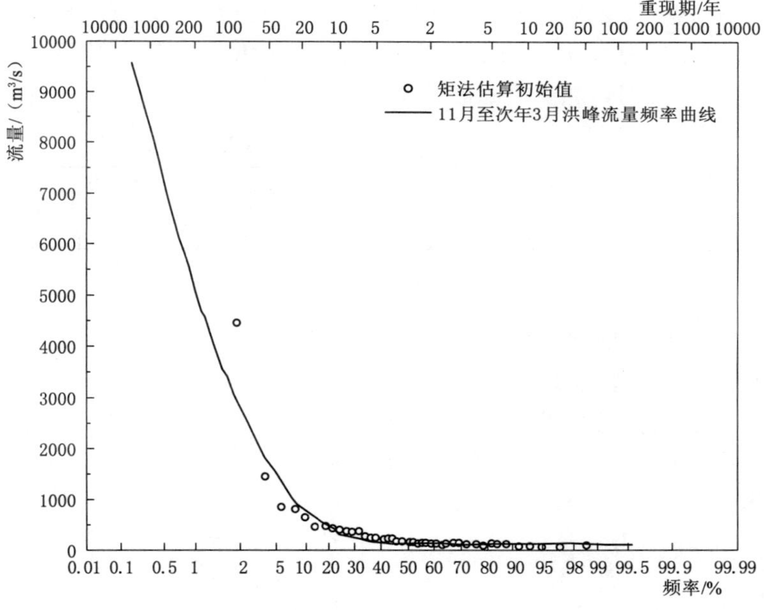

图 2.17 子午河两河口站 11 月至次年 3 月洪峰流量频率曲线

2.4.3 泥沙

子午河属山溪性河流，流域内植被良好，水流清澈，河流悬移质含沙量小。泥沙主要来源于暴雨对流域地表的冲蚀，具有大水大沙、年际变化较大、年内分配不均、泥沙主要集中在汛期的几场大洪水中、沙量比水量更集中的特点。据两河口站1963—2010年48年悬移质输沙量资料统计，多年平均悬移质输沙量53.5万t，年最大输沙量533万t，最小年输沙量0.70万t；多年平均含沙量0.491kg/m³，最大含沙量58.2kg/m³，最小含沙量为0。

1. 悬移质

（1）悬移质输沙量。设计依据站为两河口站，资料系列为1963—2010年共48年。依据两河口水文站1963—2010年48年资料计算，两河口站多年平均悬移质输沙量为53.5万t。三河口坝址悬移质输沙量采用两河口站悬移质输沙量按面积比拟法计算。经计算，其多年平均值为41.49万t。三河口水库坝址悬移质泥沙的年内月分配采用两河口站实测悬移质年内月分配系数计算，计算结果见表2.20。

表2.20　　三河口坝址多年平均悬移质年内月分配

月份	1	2	3	4	5	6	7	8	9	10	11	12	合计
输沙量/万t	0	0	0.01	0.27	1.12	9.45	11.75	11.00	5.37	2.45	0.07	0	41.49
百分比/%	0	0	0.02	0.65	2.71	22.77	28.32	26.51	12.94	5.91	0.17	0	100

（2）悬移质泥沙颗粒级配。三河口水库坝址附近无悬移质泥沙颗粒级配观测资料，其下游的两河口站有2004—2005年、2007—2010年观测资料。三河口坝址悬移质泥沙颗粒级配借用两河口站资料分析，根据两河口站实测悬移质泥沙颗粒级配资料计算，两河口站悬移质泥沙的中数粒径为0.013mm、平均粒径为0.050mm、最大粒径为1.0mm，悬移质泥沙颗粒级配见表2.21，颗粒级配曲线如图2.18所示。

表2.21　　子午河两河口站悬移质颗粒级配

粒径/mm	0.005	0.010	0.025	0.050	0.100	0.250	0.500	1.000
小于某粒径沙重的百分数/%	28.9	44.0	62.9	75.7	84.0	96.9	99.6	100

2. 推移质

子午河及邻近流域无推移质观测资料。根据子午河流域的实际情况，并结合陕西省长江流域已成水库等水利工程的观测资料，泥沙推悬比取0.2，计算得到三河口坝址多年平均推移质输沙量为8.30万t，三河口水库坝址悬移质与推移质之和为49.8万t。

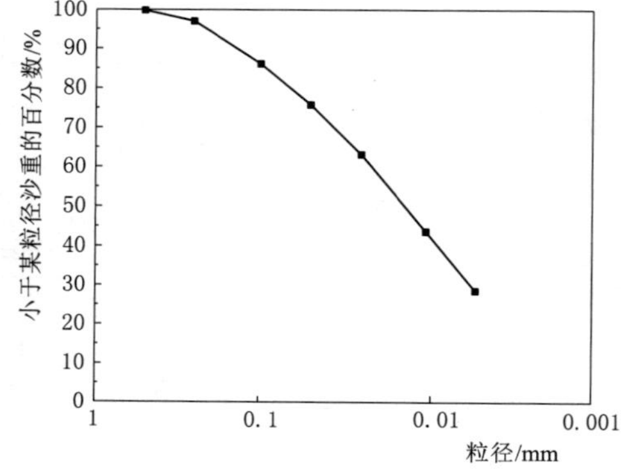

图2.18　子午河两河口站悬移质泥沙颗粒级配曲线

2.4.4　蒸发

参证站选择西水河西水街站，资料年限为1960—2010年。1960—1997年主要采用80cm口径套盆式蒸发皿观测（1961—1963年、1965年采用ϕ20cm、ϕ80cm口径蒸发皿混合

观测)；1998—2010年采用E601观测。三河口水库水面蒸发折减系数采用距设计流域较近的酉水街站的水面蒸发折减系数。根据酉水河酉水街水文站1960—2010年实测蒸发资料计算，酉水街站多年平均水面蒸发量为588.8mm，三河口水库水面蒸发直接采用酉水街站计算成果，水面蒸发量年内月分配见表2.22。

表2.22　　三河口水库多年平均年、月蒸发量

月份	1	2	3	4	5	6	7	8	9	10	11	12	全年
蒸发量/mm	19.2	25.0	35.6	47.3	66.6	78.4	77.6	84.1	56.5	44.2	32.2	22.1	588.8
百分比/%	3.26	4.25	6.05	8.03	11.31	13.32	13.18	14.27	9.60	7.51	5.47	3.75	100

从表2.22看出，三河口水库蒸发量8月最大，1月最小，5—8月4个月蒸发量占全年蒸发量的52.08%，11月至次年2月4个月蒸发量仅占全年蒸发量的16.73%。

2.5 小结

子午河系汉江北岸的一级支流，干流上设有两河口水文站，与子午河相邻的酉水河流域设有酉水街水文站，同为汉江北岸一级支流的湑水河设有升仙村水文站，子午河流域还设有四亩地、钢铁、筒车湾、龙草坪、火地塘、十亩地、新厂街、菜子坪、黄草坪、兴坪等雨量站。水文站、雨量站有50年以上的水位、流量、泥沙、降水、蒸发等整编资料，满足本工程水文分析计算要求。水文分析计算成果如下：

(1) 利用邻近流域径流资料将两河口站径流资料插补延长，计算得到三河口坝址多年平均径流量为8.70亿m^3，径流频率为10%、20%、25%、50%、75%、90%和95%时，径流量分别为14.1亿m^3、11.7亿m^3、10.8亿m^3、7.95亿m^3、5.76亿m^3、4.31亿m^3和3.64亿m^3。

(2) 两河口水文站有1963年以来48年的洪水实测资料，对不同时期分别进行了历史洪水调查工作，通过对实测资料和历史洪水调查成果的复核分析，得到三河口坝址不同频率洪峰流量、时段洪量。

(3) 据两河口水文站1963—2010年48年实测悬移质输沙量资料，多年平均悬移质输沙量为53.5万t，悬移质输沙量按面积比拟法计算为41.5万t。子午河及邻近流域无推移质观测资料，故水库坝址处的推移质按泥沙推悬比0.2估算，则水库坝址处推移质的多年平均输沙量为8.30万t，其多年平均悬移质与推移质之和49.8万t。

(4) 水面蒸发计算采用邻近流域酉水街站1960—2010年51年蒸发观测资料为依据进行计算。经计算多年平均水面蒸发量为588.8mm。

参考文献

[1] 彭甜. 流域水文气象特性分析及径流非线性综合预报研究 [J]. 武汉：华中科技大学，2018.

[2] ALEXANDER L, ALLEN S, BINDOFF N L. Climate change 2013: the physical science basis-summary for policymakers [J]. Intergovernmental Panel on Climate Change, 2013.

[3] 张建云，章四龙，王金星，等. 近 50 年来中国六大流域年际径流变化趋势研究 [J]. 水科学进展，2007，18 (2)：230 - 234.

[4] 王金星，张建云，李岩，等. 近 50 年来中国六大流域径流年内分配变化趋势 [J]. 水科学进展，2008 (5)：656 - 661.

[5] NILSSON C，REIDY C A，DYNESIUS M，et al. Fragmentation and flow regulation of the world's large river systems [J]. Science，2005，308 (5720)：405.

[6] TUKEY J W. EDA：Exploratory data analysis [J]. Journal of the American Statistical Association，1977，28 (1)：258 - 264.

[7] ANGHILERI D，PIANOSI F，SONCINI - SESSA R. Trend detection in seasonal data：from hydrology to water resources [J]. Journal of Hydrology，2014，511 (4)：171 - 179.

[8] 王文圣，丁晶，向红莲. 小波分析在水文学中的应用研究及展望 [J]. 水科学进展，2002，13 (4)：515 - 520.

[9] 王红瑞，叶乐天，刘昌明，等. 水文序列小波周期分析中存在的问题及改进方式 [J]. 自然科学进展，2006，16 (8)：1002 - 1008.

[10] MENGISTU D，BEWKET W，LAL R. Recent spatiotemporal temperature and rainfall variability and trends over the Upper Blue Nile River Basin，Ethiopia [J]. International Journal of Climatology，2014，34 (7)：2278 - 2292.

[11] FEIDAS H. Trend analysis of air temperature time series in Greece and their relationship with circulation using surface and satellite data：recent trends and an update to 2013 [J]. Theoretical and Applied Climatology，2017，129 (3)：1383 - 1406.

[12] 冶运涛，梁犁丽，龚家国，等. 长江上游流域降水结构时空演变特性 [J]. 水科学进展，2014，25 (2)：164 - 171.

[13] KENDALL M G. Rank correlation methods [J]. British Journal of Psychology，1990，25 (1)：86 (1).

[14] 叶磊，周建中，曾小凡，等. 水文多变量趋势分析的应用研究 [J]. 水文，2014，34 (6)：33 - 39.

[15] 张海荣，周建中，曾小凡，等. 金沙江流域降水和径流时空演变的非一致性分析 [J]. 水文，2015，35 (6)：90 - 96.

[16] 李海川，王国庆，郝振纯，等. 澜沧江流域水文气象要素变化特征分析 [J]. 水资源与水工程学报，2017，28 (4)：21 - 27，34.

[17] 汪攀，刘毅敏. Sen's 斜率估计与 Mann - Kendall 法在设备运行趋势分析中的应用 [J]. 武汉科技大学学报，2014，37 (6)：454 - 457，472.

[18] 郭瑜. 河南省近 49 年来降水和气温变化特征研究 [J]. 郑州：郑州大学，2012.

[19] 康磊，刘世荣，刘宪钊. 岷江上游水文气象因子多尺度周期性分析 [J]. 生态学报，2016，36 (5)：1253 - 1262.

[20] 刘力. 三峡流域径流特性分析及预测研究 [D]. 武汉：华中科技大学，2009.

[21] WANG W C，XU D M，CHAU K W，et al. Improved annual rainfall - runoff forecasting using PSO - SVM model based on EEMD [J]. Journal of Hydroinformatics，2013，15 (4)：1377 - 1390.

[22] WANG W C，KWOKWING C，XU D M，et al. Improving forecasting accuracy of annual runoff time series using ARIMA based on EEMD decomposition [J]. Water Resources Management，2015，29 (8)：2655 - 2675.

[23] 刘宇峰，孙虎，原志华. 基于小波分析的汾河河津站径流与输沙的多时间尺度特征 [J]. 地理科学，2012，32 (6)：764 - 770.

[24] 丁志宏，张金萍，赵焱. 基于 CEEMDAN 的黄河源区年径流量多时间尺度变化特征研究 [J]. 海河水利，2016 (6)：1 - 6.

[25] 李景保，吴文嘉，徐志，等. 长江中游荆南三口河系径流演变特征及趋势预测 [J]. 长江流域资源

与环境，2017，26（9）：1456－1465.

［26］ 唐雄朋，吕海深．沱沱河流域水文气象要素变化特征分析［J］．水电能源科学，2016，34（12）：37－40.

［27］ 郝振纯，袁伟，陈新美，等．黑河上游水文气象要素变化规律分析［J］．水电能源科学，2013，31（7）：5－8，107.

［28］ 张晓晓，张钰，徐浩杰．1961—2010年白龙江上游水文气象要素变化规律分析［J］．干旱区资源与环境，2015，29（2）：172－178.

［29］ 安宝军，周维博，夏伟，等．沣河流域水文气象要素变化特征分析［J］．水利与建筑工程学报，2019，17（1）：239－243.

［30］ 金光炎．水文频率分布模型的异同性与参数估计问题［J］．水科学进展，2010，21（4）：466－470.

第3章 工 程 地 质

3.1 概述

水利水电工程建设是人类利用自然、改造自然的活动。利用自然、改造自然的前提是必须充分了解自然条件。在水利水电工程中，环境地质评价是极其重要的一环。在施工前，必须做出详细的地质勘察，查明建筑地区的工程地质条件可能出现的工程地质作用，以勘察结果为特征，保证工程的安全性和经济性[1]。

地质勘察中需探查建筑物所在区域内的地形地貌特征及地貌单元的种类；查明水工建筑物地基岩土层的类型、分布及物理力学性能；勘测溶洞、软弱夹层等影响工程稳定性的地质现象；查明地下水的水位、地层的渗透性和地表径流条件。

水利水电工程常常建设在山地、河谷、丘陵地带，区域内地貌特征复杂，对建筑物的稳定性造成很大影响。比如在黄土高原黄土覆盖面积广，厚度大，地表不断侵蚀，塑造出独有的沟谷地貌[2-3]；而我国西南地区受地质构造影响常常出现岩溶地貌[4]，很大程度影响地基的承载能力。

地质勘探方法有地球物理勘探、钻探和坑探。物理勘测技术包括重磁勘探技术、电流及电磁勘测技术、地震勘测技术等[5]。不同物理勘探方法原理各不相同，可勘探深度也不相同，重力勘测一般在数百米，电磁法勘测深度可达到1000m以上，各种方法都是通过地质体的自身性质反映出不同的特征[6]。

钻探和坑探是采用钻探机械进行钻进，可直接显示建筑物布置范围和影响深度内的工程地质条件，是水利工程地质勘察的重要手段，能够分析复杂的地基条件。利用岩心能分析深部岩体的物理力学性质，包括岩体完整性、抗压强度等，也能分析研究岩石类别，岩体断层、裂隙等结构面的分布特征。钻孔电视常用于钻孔勘探中获取孔壁的影像数据，能观测地质体中各种特征及构造，还能观测和定量出岩层的走向、倾角等信息，常结合岩心数据共同分析研究地质状况。

定量评价工程地质条件和工程地质问题，是工程地质勘察的重要组成部分，定量评价的基础首先需获取工程地质设计和施工参数。岩体完整评价和强度等力学性能分析是水工岩体质量评价的两个重要内容。

力学指标常利用岩土试验获取，手段包括原位测试和实验室试验。室内试验包括岩、土体样品的物理力学性质、水理性质等。现场原位测试包括触探试验、原位直剪试验、压水试验等[7]，压水试验是测量岩土体渗透性能的可靠方法[8]。随着统计学和智能算法的发展，已有学者利用智能算法对岩体力学性能建立线性或非线性的计算模型[9-11]，也有学者

应用神经网络[12]、贝叶斯等智能算法预测岩石单轴抗压强度[13]，并取得较好的结果。

岩体完整性系数（K_v）反映了岩体结构类型、岩体完整性、结构面发育程度等，该系数采用岩体纵波速度与岩石纵波速度比值的平方表征[14]。在传统地勘中，也常采用岩石质量指标（RQD）[15]反映岩体的完整性。RQD指标虽然定义简单，但其自身也具有较大劣势，不能准确反映所有岩体的完整性。学者在实际工程中总结出RMR[16]、Q体系[17]、BQ体系[18]等多因素评价体系，并逐渐对相关体系进行完善和改进。钻孔声波[19-20]、对穿声波[21]和地震波测试[22]也是评价岩体完整性的重要方法。但实际应用中，声波波速会受到多种因素影响，K_v值定量分析也是基于工程经验和统计结果。岩体完整性评价体系中，获取整个工程中岩体的某些完整性参数往往工作量较大，或难于获取，目前已有学者从数字驱动方向对岩体完整性进行研究[23-24]。如将岩体P波波速、岩体体积节理数等作为评价岩体完整性指标的特征参数，将岩体的完整性作为输出的目标参数，建立输出目标参数与输入的特征参数间的计算模型，包括线性或非线性模型、机器学习算法预测模型等[25-28]。随着数字图像处理和深度学习的发展，有学者从钻孔图像中提取钻孔图像特征，分析钻孔图像中岩体完整性[29-30]。将深度学习模型应用于钻孔平硐图像，可以提取图像中的有效信息，如节理数、裂隙范围、结构面产状等[31-32]。

在未来工程地质的研究中，随着计算机、遥感和自动化等行业的发展，地质勘察机械要求具有更广的适用性和更高的勘察效率，能更准确获取地质参数。岩、土体工程理论体系还要进一步发展，面向便捷化和智能化。环境工程地质也将得到迅速发展，例如水库诱发地震、库岸崩塌、坝体溃决及引发的环境问题，需要在原有的研究方法上加入多尺度智能算法，引入新的研究理论和分析机制，建立更全面的环境工程地质分析模型。区域地壳稳定性关乎工程的安全与稳定，目前需要进一步加强对影响和制约水利工程稳定性的地质因素研究，建立这些因素的获取、分析和定量方法，结合监测、遥感、深部探测、绘图技术等应用研究，提高区域稳定性影响因素的测量精度并建立起因素时空变化模型。

水利工程面对可能发生的复杂工程地质问题，在未来从理论到设计实践、从预测到防治，都需要做出进一步的研究，需要与多学科进行联合，解决复杂地质问题。

三河口水利枢纽位于佛坪县大河坝镇东北约3.8km的子午河峡谷段，属秦岭中段南麓中低山区。本章对工程地质条件、地质参数、坝址坝轴线选址关键地质问题进行简要概括，对区域地质中断裂构造、库区岩性和主要地质现象进行说明，并对坝址区进行详细的地质勘查，包括地形地貌、地层岩性、地质构造、岩体风化卸荷和水文地质条件、岩溶发育特征和地应力特征；综合考虑岩体强度、岩体结构、完整性等多种因素，对坝基和坝区岩体的结构和结构面进行分类分析，通过室内物理实验获得岩体物理参数；对坝型和坝线进行比选，综合分析推荐坝线的坝基和左右坝肩的地质问题，推荐挡水建筑采用拱坝，并根据坝线地质条件选择中坝线为选定坝线，解决选址中的关键工程地质问题。

3.2 工程地质条件概况

3.2.1 区域地质

工程区域跨越了两个一级大地构造单元区，位于秦岭褶皱系及扬子准地台，南与松潘—甘孜褶皱系接邻，北与华北准地台接邻。工程区内断裂主要以近东西向断裂为主，根据断裂构造规模，区域内断裂分为：区域性深大断裂（Ⅰ级构造）、近场区主要断裂（Ⅱ级构造）、一般断层（Ⅲ级构造）及小规模断层（Ⅳ级构造）。主要发育区域性深大断裂（Ⅰ级构造）5条；近场区主要断裂（Ⅱ级构造）9条；工程区一般断层（Ⅲ级构造）27条；复式背斜6个，复式向斜6个。

工程区位于秦岭基岩山区，构造运动以整体上升为主，晚更新世以来断裂不活动，历史和现代震级小，遭受的地震影响烈度低，区域结构稳定性好。参照《中国地震动参数区划图》以及《陕西省引汉济渭工程地震安全性评价工作报告》的结论分析：三河口水利枢纽50年超越概率10%的情况下，地震动峰值加速度为0.062g，特征周期为0.53s，对应地震基本烈度为Ⅵ度；100年超越概率2%的情况下，地震动峰值加速度为0.146g，特征周期为0.57s，相应地震烈度为Ⅶ度。因此，工程地震设防分类为重点设防类。

3.2.2 水库区工程地质

水库区位于秦岭南部的中低山区，为V形峡谷地貌，植被丰茂。河流两岸山势陡峻，冲沟发育，总体趋势为北高南低。水库区由子午河三条支流椒溪河、蒲河、汶水河组成，在坝址上游2.0km的三河口处交汇。按正常蓄水位643m计算，椒溪河、蒲河、汶水河回水长度分别为19.21km、13.37km 、27.79km，三河口下游子午河段回水长度为2.17km。

库区岩性可分为三大类，即变质岩、岩浆岩、第四系松散堆积物。岩性主要为奥陶系上统-志留系（O_3-S）云母片岩为主，夹条带状薄层结晶灰岩和大理岩；泥盆系中统公馆组（D_2gn），结晶灰岩夹大理岩；志留系下统梅子垭组变质砂岩段（Sm_m^{SS}）、二云片岩、结晶灰岩夹大理岩。其中印支期侵入岩（γ_5^1）岩性为花岗岩，主要分布于蒲河竹园子以上河段及汶水河上游张家梁以北库尾段。在三河口一带分布有花岗伟晶岩脉和石英岩脉。第四系地层主要堆积于河床、漫滩及残留阶地部位，岸坡平缓地带及坡脚多有崩坡积分布。库区的物理地质现象主要为滑坡和崩塌体，分别位于椒溪河上的黄泥咀（1号滑坡）、三河口（2号滑坡）及子午河上的柳树沟口对岸（3号滑坡），均为第四系松散堆积物滑坡。一般低于正常库水位，岸坡局部零星存在危岩体，分布高程一般低于700.00m，规模较小。

水库区地质构造较复杂，断裂构造较发育，通过库区的断裂有：西岔河-三河口-狮子坝断裂（F_{i5-1}、F_{i5-2}），四亩地-十亩地断层（F_{19}），西岔河-三河口（西湾）-老人寨断层（F_{3-1}、F_{3-2}、F_{3-3}、F_{3-4}、F_{3-5}、F_{3-6}）。据库区地质测绘发现延伸数米到数十米的小断层30条，断层带一般宽度为0.3～0.8m，以走向40°～65°和65°～75°为主。

库区可溶岩主要为大理岩及结晶灰岩，岩溶形态多以溶隙、溶孔为主，溶洞甚少。回水范围内可溶岩分布区岩溶发育程度较弱，连通性差。水库区地下水按含水层岩性可分为孔隙潜水、基岩裂隙水和岩溶水三种类型。基岩裂隙水主要含水层为浅表强～弱风化岩体，多以下降泉的形式出露于河谷两岸向河流排泄，大部分泉水出露高程650.00～1000.00m，高于正常蓄水位，库区地下水分水岭均高于正常库水位，地下水主要补给来源为大气降水；岩溶水含水层主要为结晶灰岩、大理岩，地下水的分布特征受裂隙及岩溶发育程度控制，连通性较差，富水性小且不均一；孔隙潜水主要分布于椒溪河、蒲河、汶水河河漫滩及两岸残留一级、二级阶地堆积地层中，含水层主要为砂砾石及块石、碎石，水量丰富。

3.2.3 坝址区工程地质

三河口水库坝址位于佛坪县大河坝镇东北约 3.8km 的子午河峡谷段，属秦岭中段南麓中低山区，子午河在坝址区流向 SW52°，河流比降约 3.0‰～4.5‰。河谷呈 V 形发育，两岸地形基本对称，自然边坡坡度 35°～50°，大部分区域基岩裸露。坝址附近河床高程 524.80～526.50m，谷底宽 79～87m，河床覆盖层厚度 5.8～11.8m[33]。

坝址区基岩为志留系下统梅子垭组变质砂岩段（Sm^{SS}）变质砂岩、结晶灰岩，局部夹有大理岩及印支期侵入花岗伟晶岩脉、石英岩脉。大理岩与变质砂岩及结晶灰岩多呈切层分布或断层接触；伟晶岩脉、石英岩脉与围岩（结晶灰岩及变质砂岩）一般多呈紧密接触关系。沟谷及坡面断续覆盖有第四系人工堆积、冲积、冲洪积、坡洪积及崩坡积松散堆积物。

坝址区发育一小型倾伏穹隆背斜构造，褶曲核部位于中坝线下游 120m 处。背斜轴向 315°～332°，两翼产状近于对称，靠近核部倾角较小，翼部倾角变大，靠近背斜轴部断层、纵向剪性裂隙及横向张性裂隙发育。

根据地质编录，坝基的构造类型有断层、侵蚀带及裂隙三种类型，分述如下。

1. 断层

根据地质编录，坝基附近发育的断层特征见表 3.1，图 3.1 为断层走向玫瑰图。根据表 3.1 可知：坝基附近消力塘边坡共发育断层 66 条，初设阶段揭示的地面断层 Xf_{13}、Xf_{11}、f_{14}、f_{44}、f_{57}、f_{60} 断层破碎带宽度大于 50cm，坝基开挖阶段新发现的 Sf_6（初设 $PD_{20}f_1$）破碎带宽度 20～60cm，其余断层规模很小，破碎带宽度一般 5～40cm，多为逆断层；断层以中高倾角为主，多在 50°～85°之间，无倾角小于 30°的断层。

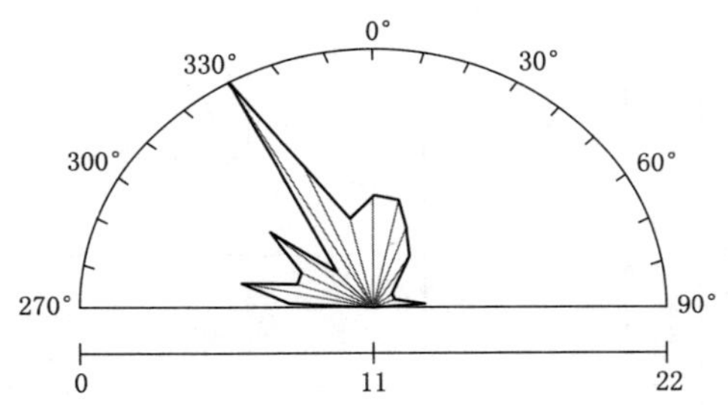

图 3.1 坝基附近断层走向玫瑰图

由图 3.1 可知断层按走向可分为四组：①走向 270°～290°（倾向 SW），倾角 60°～80°；②走向 300°～320°（倾向 NE/SW），倾角 68°～72°；③走向 330°～350°（倾向 NE），倾角 60°～70°；④走向 10°～30°（倾向 NW），倾角 60°～80°。

2. 侵蚀带

根据地质编录，坝基附近发育有蚀变带 6 条，其发育特征见表 3.2，蚀变带主要出露于 570.00m 高程以上区域，产状无规律，推测认为主要是受岩体矿物密集、风化及构造共同影响产生的。

3. 裂隙

坝基岩体裂隙发育，在开挖之后对坝基附近裂隙进行了分部位统计，左、右岸及河床裂隙走向玫瑰图如图 3.2～图 3.6 所示。

由图 3.2 可知：左岸坝基主要发育有四组裂隙，各组裂隙特征见表 3.3。由图 3.3 可知：左岸坝基主要发育四组缓倾角裂隙，分别为：①走向 290°～310°，倾角 15°～25°（最

表 3.1　坝基附近出露断层特征

出露位置	编号	产状	性质	断层带宽度/cm	影响带宽度/cm	断层带特征	延伸长度/m
左坝肩高程 646.00m 以上	Sf_1	115°∠80°	逆	10	未见有	充填锈黄色碎裂岩及断层泥	>60
贯穿左岸坝基上下游，坝基段出露高程约 640.00m	Sf_2（初设 $PD_{22}f_6$、$PD_{12}f_2$）	185°∠75°	逆	10～20	未见有	充填锈黄色碎裂岩及断层泥	>100
左坝肩高程 646.00～706.00m	Sf_3	140°∠80°	平移-逆	2～10	局部有，宽约 1m	充填碎裂岩及断层泥，在高程 666.00m 以上发育影响带，向下断层宽度渐变为裂隙状	>80
左坝肩上游至 602.00m 高程坝基上游边坡	Sf_4	222°∠68°	逆	10～30	未见有	充填锈黄色碎裂岩及断层泥	>80
左岸拱肩槽上游边坡，出露高程 623.00～646.00m	Sf_4分支	190°∠73°	逆	10～30	未见有	充填锈黄色碎裂岩及断层泥	20
左岸拱肩槽上游边坡，出露高程 602.00～646.00m	Sf_5	60°∠70°	逆	5～10	未见有	充填锈黄色岩屑及断层泥	>60
贯穿左岸坝基，坝基段出露高程 560.00～600.00m	Sf_6（初设 $PD_{20}f_1$）	上游坡 245°∠60°	逆	10～20	宽 0.5～1m	充填锈黄色碎裂岩及断层泥	>200
		坝基 270°∠56°		20～60	不明显		
		下游坡 260°～285°∠40°～50°		20～40	宽约 1m		
		在消力塘边坡上，260°∠60°		20～40	局部有，宽 2～5m		
左岸坝基，出露高程 580.00～605.00m	Sf_7	60°∠65°	逆	5～10	未见有	充填锈黄色碎裂岩及断层泥	>10
	Sf_7分支	70°∠33°			未见有		
贯穿左岸坝基上下游，坝基段出露高程约 590.00m	Sf_8	195°∠65°	逆	5～10	未见有	充填锈黄色岩屑及薄层泥质	>60
左岸拱肩槽上游边坡，出露高程 575.00～580.00m	Sf_9	80°∠60°	逆	5～10	未见有	充填锈黄色碎裂岩及断层泥，潮湿，有渗水现象	>20

续表

出露位置	编号	产状	性质	断层带宽度/cm	影响带宽度/cm	断层带特征	延伸长度/m
左岸拱肩槽下游	f_{60}	70°∠80°	逆	50～150	未见有	在边坡上部断层带发育较宽，充填锈黄色碎裂岩及断层泥；向下至551.00m高程渐变为两个平行的小断层，中间所夹岩体较完整；至521.00m高程基本已尖灭	>100
消力塘左岸边坡	Xf_6	165°∠55°	逆	5～20	未见有	充填锈黄色碎裂岩及断层泥，面起伏粗糙，向上游渐变为裂隙	>20
	Xf_{14}	150°∠90°	逆	3	未见有	充填锈黄色碎裂岩及断层泥	>20
	Xf_4	70°∠80°	逆	5～10	未见有	充填锈黄色碎裂岩及断层泥，面平直	>15
	Xf_5	90°∠90°	逆	5	未见有	充填锈黄色碎裂岩及断层泥，面平直	>15
	Xf_{15}	25°∠80°	逆	3	未见有	充填锈黄色碎裂岩及断层泥，面平直	>15
	Xf_7	195°∠70°	逆	3～5	未见有	充填锈黄色碎裂岩及断层泥，面平直	>15
	Xf_8	270°∠60°	逆	5～10	未见有	充填锈黄色碎裂岩及断层泥，面平直	>30
	f_{61}	185°∠80°	逆	3～5	未见有	充填锈黄色碎裂岩及断层泥，面平直	>30
	Xf_{15}（初设 f_{58}）	25°∠80°	逆	10～15	未见有	充填锈黄色碎裂岩及薄层断层泥，面平直	>30
	Xf_{16}	235°∠35°	逆	5～15	未见有	充填锈黄色碎裂岩及薄层断层泥，面平直	>40
	Xf_{17}	285°∠65°	逆	5～10	未见有	充填锈黄色碎裂岩及薄层断层泥，面平直	>30
消力塘右岸边坡	Xf_1	210°∠70°	逆	2～5	未见有	充填锈黄色碎裂岩及断层泥，面平直，向坡上部渐变为裂隙状	>20
	Xf_2	190°∠75°	逆	3～10	未见有	充填锈黄色碎裂岩及断层泥，面平直，向坡上部渐变为裂隙状	>20
	Xf_3	40°∠80°	逆	10～100	未见有	充填锈黄色碎裂岩及断层泥，面平直，向坡上部渐变为裂隙状	>20

续表

出露位置	编号	产状	性质	断层带宽度/cm	影响带宽度/cm	断层带特征	延伸长度/m
消力塘右岸边坡	Xf_9	310°∠82°	逆	5～40	未见有	充填灰黑色碎裂岩及断层泥，面平直无影响带，向上游渐变为裂隙状	＞30
	Xf_{10}	275°∠50°	逆	10～30	未见有	充填灰黑色碎裂岩及断层泥，面平直，向上游渐变为裂隙状	＞30
	Xf_{11}	285°∠45°	逆	30～100	未见有	充填灰黑色碎裂岩及断层泥，面平直，向上游渐变为裂隙状	＞30
	Xf_{12}	110°∠50°	逆	20～30	未见有	充填锈黄色碎裂岩及断层泥，面平直	＞10
	Xf_{13}	210°∠55°	逆	20～30	未见有	充填锈黄色碎裂岩及断层泥，面平直无影响带，向上游渐变为裂隙状	＞20
右坝肩高程 646.00m 以上边坡	Sf_{502}	上部 356°∠70°	逆	5～20	未见有	充填锈黄色碎裂岩及断层泥	＞100
		中部 35°∠80°		10～40	未见有	充填碎粉岩及断层泥	
		下部 3°∠67°		10～20	未见有	充填锈黄色碎裂岩及断层泥	
	Sf_{503}	60°∠80°	逆	20～50	高程 706.00m 以下有，宽 1～1.5m	充填灰白色碎裂岩及断层泥，影响带岩体破碎	＞100
右坝肩高程 704.00m 以上边坡	Sf_{504}	60°∠80°	逆	5～20	未见有	充填锈黄色碎裂岩及断层泥	＞10
右坝肩高程 686.00m 以上边坡	Sf_{501}	上部 60°∠80°，下部 67°∠50°	逆	5～15	未见有	充填锈黄色碎裂岩及断层泥	＞80
	Sf_{505}	67°∠50°	逆	5～20	未见有	充填锈黄色碎裂岩及断层泥	＞50
	Sf_{506}	290°∠80°	逆	10～30	未见有	充填锈黄色碎裂岩及断层泥	10

续表

出露位置	编号	产状	性质	断层带宽度/cm	影响带宽度/cm	断层带特征	延伸长度/m
右坝肩坝基及拱肩槽下游边坡，坝基段出露高程602.00～646.00m	Sf_{507}	上部 195°∠80°	逆	5～30	宽约 0.5m	充填锈黄色碎裂岩及断层泥	>120
		下部 200°∠70°		20～30	最宽处 2m		
右坝肩坝基及拱肩槽下游边坡，坝基段出露高程615.00～623.00m	分支 Sf_{507}	210°∠35°～45°	逆	10～30	不明显	充填锈黄色碎裂岩及断层泥	>50
右坝肩拱肩槽上游边坡，出露高程 581.00～623.00m	Sf_{508}	200°∠80°	逆	5～20	未见有	充填锈黄色碎裂岩及断层泥	>20
右坝肩拱肩槽下游边坡，出露高程 595.00～610.00m	Sf_{509}	300°∠80°	逆	10～30	未见有	充填锈黄色岩屑及断层泥	>15
贯穿右坝肩拱肩槽上游边坡及坝基，坝基段出露高程约 575.00m	初设 f_{57} （Sf_{510}）	坝基 285°～295°∠60°～67°	逆	10～30	不明显	充填锈黄色碎裂岩及断层泥	>240
		消力塘右岸 304°∠55°～65°		50～60	未见有	分为平行的两个滑面，滑面间距0.5m左右，中间岩体较完整	
右坝肩拱肩槽上游边坡，出露高程 575.00～605.00m	Sf_{511}	70°∠60°	逆	10～30	未见有	充填锈黄色碎裂岩及断层泥	>10
右坝肩拱肩槽下游边坡，出露高程 561.00～590.00m	Sf_{512}	105°∠85°	逆	10～20	未见有	充填灰黑色碎裂岩及断层泥	>10
贯穿右岸坝基上下游，坝基段出露高程 535.00～555.00m	f_{14}	上游坡面 235°∠77°	逆	5～100	不明显	充填灰黑色碎裂岩及断层泥，在局部有影响带宽 0.9m	>80
		右坝基 260°∠70°		30～90	宽 1.7m		
		右消力塘坡面 280°∠66°		20	宽 0.5m		
河床段坝基偏右岸，贯穿河床段坝基上下游	Sf_{11}	130°∠85°	逆	20～60	不明显	面平直，河床段的断带内以灰黑色泥质为主，断带夹碎裂岩影响带大多不明显，仅下游基坑边有一定宽度	>100

续表

出露位置	编号	产状	性质	断层带宽度/cm	影响带宽度/cm	断层带特征	延伸长度/m
河床坝段，坝基上游至坝基中部	Sf_{12}	170°∠60°	逆	5～30	不明显	充填灰黑色碎裂岩夹断层泥质，面平直	>40
河床坝段，与河流平行，未贯穿左右岸边界	Sf_{13}	250°∠65°	逆	30～50	局部有，宽约1m	沿一条深灰黑色的变质砂岩带，在层内发育，砂岩层理本身很密集，呈片状排列，致密，断层发育其中，产状与层理一致，带内岩体以碎裂岩为主，与常见碎裂岩不同，较致密。上下盘面可见灰黑色断层泥质层，厚度1～2cm	60
从左岸到右岸横跨坝基，左、右岸末端位于拱肩槽上游边坡，两岸坝基段出露在高程541.00m以下，河床段出露于坝基中下游	f_{45}（左岸为Sf_{10}，河床段坝基与f_{44}合并，右岸为Sf_{514}）	左岸整体260°∠65°～80°，局部70°∠80°	逆	5～20	530.00m高程以上，0.6～0.8m	充填锈黄色或灰黑色碎裂岩及断层泥，潮湿，有渗水现象；在局部影响带宽度较大，断层上下盘岩体破碎	>250
		河床坝段240°∠68°		5～30	0.6～0.8m	充填灰黑色碎裂岩及断层泥，局部有影响带宽2.0m	
		右岸上游坡面220°∠75°		5～30	不明显	充填灰黑色碎裂岩及断层泥，局部有影响带宽0.6m	
		右坝基240°∠68°		20～30	局部0.6m		
左岸出露于高程541.00m马道以下的上游坡面及坝基，河床段出露于坝基中下游；右岸出露于高程541.00m以下坝基	f_{44}	左岸238°～245°∠68°～75°	逆	20～30	局部有，0.6～1.0m	充填灰黑色碎裂岩	>200
		河床坝段225°∠70°		5～30	大部有，0.6～0.8m	充填灰黑色碎裂岩及断层泥	
		右岸225°～230°∠65～70°		50～180	局部有，0.6m	充填灰黑色碎裂岩	

表 3.2 坝基蚀变带特征

位置	名称	倾向	倾角	长度/m	宽度/m	充填物	分布位置及其他特征
左岸	J115	335°	20°	约 30	0.2～1.0	浅黄色或杂色蚀变物，蚀变物手易掰碎，手捻后大部呈粗砂状，并含少量稍坚固的砾状核	出露于建基面高程 585.20～592.40m，在空间上近水平展布，在近于平切坝基（但未完全穿过坝基面）后遇断层 Sf_7 消失，向坝下游推测将至下游冲沟附近，或遇 f_{60} 断层尖灭
左岸	J146	65°	66°	>50	0.2～0.4	浅黄色或杂色蚀变物，蚀变物手易掰碎，手捻后大部呈粗砂状，并含少量稍坚固的砾状核	出露于建基面高程 583.00～567.00m 间
右岸	J590	210°～245°	55°～75°	约 12	多数 0.2～0.5，最大 1.0	深褐色变质砂岩蚀变物	出露于坝基高程 595.00～602.00m 的建基面中间，走向与拱肩槽斜交，带内蚀变物的岩质较软
右岸	J591	160°～180°	45°～65°	约 17	0.3～0.6	深褐色变质砂岩蚀变物	出露于坝基高程 602.00～612.00m 的建基面中间，走向与拱肩槽斜交，带内蚀变物的岩质较软
右岸	J612	60°	65°	约 20	多数 0.5～1.0，最大 1.5	深褐色变质砂岩蚀变物	出露于坝基高程 598.00～608.00m 的建基面中间，走向与拱肩槽斜交，带内蚀变物的岩质较软
右岸	J3	70°	59°	约 15	0.05	深褐色变质砂岩蚀变物	出露于坝基高程 573.00～579.00m 的建基面中间，走向与拱肩槽轴线近平行，带内蚀变物的岩质较软

发育)；②走向 340°～350°，倾角 20°～30°；③走向 0～20°，倾角 25°～35°；④走向 60°～70°，倾角 10°～20°。缓倾角裂隙综合建议连通率为 31%。

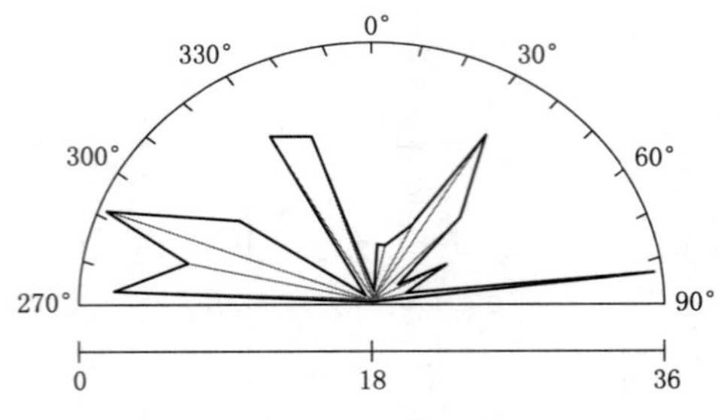

图 3.2　左岸坝基裂隙走向玫瑰图

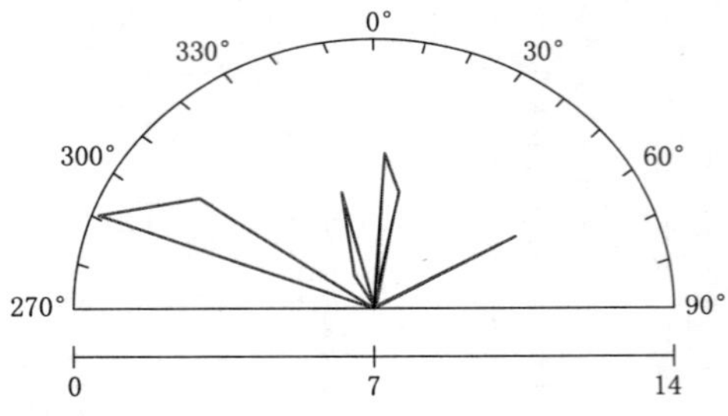

图 3.3　左岸坝基缓倾角（<35°）裂隙走向玫瑰图

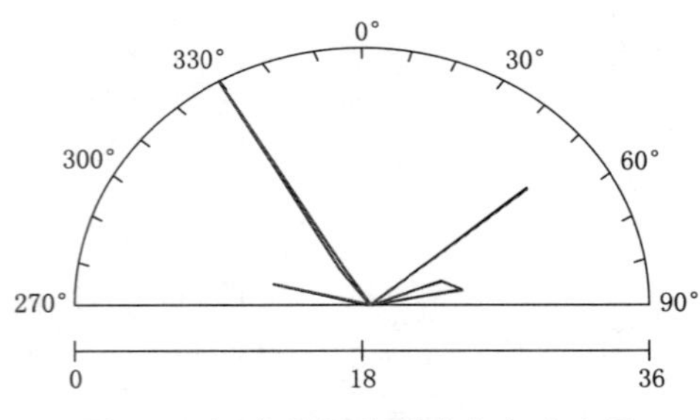

图 3.4　河床段坝基裂隙走向玫瑰图

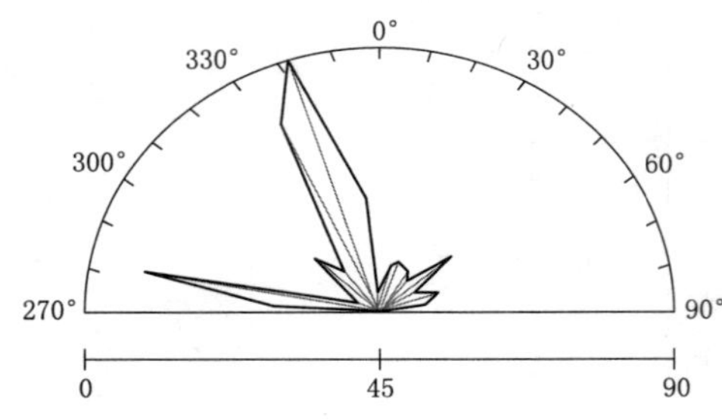

图 3.5　右岸坝基裂隙走向玫瑰图

表 3.3　　左岸坝基优势裂隙特征

组别	走向	倾向	倾角	宽度/mm	简　要　描　述	连通率
1	270°～310°	NE 或 SW	65°～85°	≤1	以该组裂隙最为发育，裂面有黄色铁锈斑，无充填或钙质充填，裂面较平直，大多闭合，为剪性裂隙，裂隙发育间距 0.3～1.0m，延伸较长，10m 左右	53%
2	330°～350°	NE 或 SW	62°～80°	≤2	部分裂面有黄色铁锈斑，无充填或钙质充填，裂面较平直，大多闭合，为剪性裂隙，裂隙发育间距 0.3～1.0m，延伸较长，10m 左右	46%
3	20°～50°	NW	75°～83°	≤1	部分裂面有黄色铁锈斑，无充填或钙质充填，裂面较平直，大多闭合，为剪性裂隙，裂隙发育间距 0.5～1.5m，延伸较长，大于 5m	35%
4	80°～90°	SSE	70°～80°	≤2	部分裂面有黄色铁锈斑，常见摩擦产生的岩粉胶着，裂面较平直、光滑，大多闭合，为剪性裂隙，裂隙发育间距 0.8～1.6m，延伸较长，10m 左右。据地质测绘，此组裂隙在左岸 561.00m 高程以下，常见水平方向错距在 0.5～1.0m	40%

由图 3.4 可知：河床坝基主要发育三组裂隙，分别为：①走向 320°～340°，倾角 60°～75°，该组裂隙最发育，宽一般 1～3mm，部分裂面有黄色铁锈斑（局部区域浸染严重），

无充填或钙质充填，裂面较平直，大多闭合，为剪性裂隙，裂隙发育间距 0.3～1.0m，延伸较长，10m 左右，连通率 48%；②走向 50°～60°，倾角 75°～85°，宽一般 1～3mm，裂面有黄色铁锈斑，无充填或钙质充填，裂面较平直，大多闭合，为剪性裂隙，裂隙发育间距 0.3～1.0m，延伸较长，10m 左右，连通率 36%；③走向 70°～90°，倾角 55°～75°，宽一般 1～3mm，部分裂面有黄色铁锈斑，无充填或钙质充填，裂面较平直，大多闭合，为剪性裂隙，裂隙发育间距 0.3～1.0m，延伸较长，10m 左右，连通率 26%。基本为高倾角裂隙，缓倾角裂隙仅发现一条，总体缓倾向右岸弧形面，倾角 15°～20°。

右岸坝基主要发育有三组裂隙，各组裂隙特征见表 3.4。由图 3.6 可知：右岸坝基主要发育三组缓倾角裂隙，分别为：①走向 50°～60°，倾角 20°～30°（最发育）；②走向 280°～290°，倾角 10°～20°；③走向 30°～40°，倾角 15°～25°。缓倾角裂隙综合建议连通率 40%。

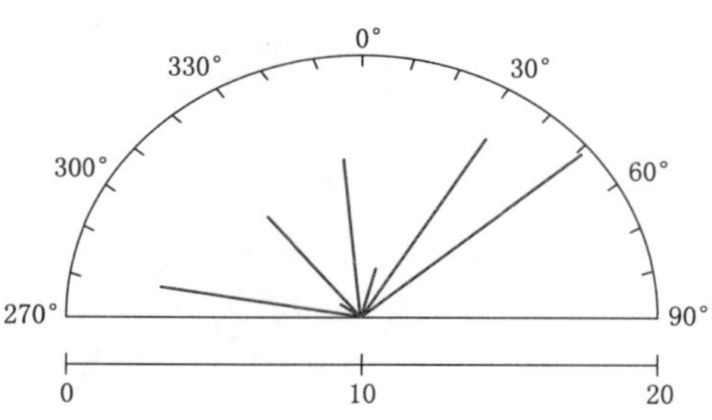

图 3.6 右岸坝基缓倾角（<35°）裂隙走向玫瑰图

表 3.4 右岸坝基优势裂隙特征

组别	走向	倾向	倾角	宽度/mm	简要描述	连通率
1	270°～290°	SSW	60°～80°	≤3	以该组裂隙最为发育，裂面有黄色铁锈斑，无充填或钙质充填，裂面较平直，大多闭合，为剪性裂隙，裂隙发育间距 0.3～1.0m，延伸较长，10m 左右	43%
2	330°～350°	NE 或 SW	60°～80°	≤2	裂面有黄色铁锈斑，无充填或钙质充填，裂面较平直，大多闭合，为剪性裂隙，裂隙发育间距 0.3～1.0m，延伸较长，10m 左右	38%
3	50°～60°	SE	20°～30°	≤1	裂面有黄色铁锈斑，无充填或钙质充填，裂面较平直，大多闭合，为剪性裂隙，裂隙发育间距 0.5～1.5m，延伸较长，大于 5m	30%

三河口坝基工程地质剖面图如图 3.7 所示。

坝址区地下水类型主要为第四系松散堆积层孔隙潜水和基岩裂隙水两种类型。第四系孔隙潜水分布于河谷漫滩及低级阶地上，主要接受大气降雨补给，向河流排泄；基岩裂隙水分布于河谷基岩强-弱风化带裂隙中，主要受大气降雨补给，向河流或沟谷以下降泉形式排泄。两岸地下水位远高于河床，呈现山高水高的特征。环境水对混凝土及钢筋混凝土结构中的钢筋无腐蚀性，对钢结构有弱腐蚀性。

根据河床抽水试验[34]获得的数据，河床砂卵石层渗透系数 $K=62\text{m/d}$，部分断层破碎带为糜棱岩夹断层泥，渗透系数为 2.82×10^{-3}～3.54m/s，属中等～强透水性。

根据坝址区钻孔压水试验成果可以看出，坝址区强风化及弱风化上部岩体透水率一般大于 10Lu，多为强～中等透水性，弱风化岩体下部及微风化上部岩体透水率一般在 1.5～9.5Lu 之间，多为弱透水性，微风化岩体下部多为微透水性，微透水层埋深一般在 75～130m。

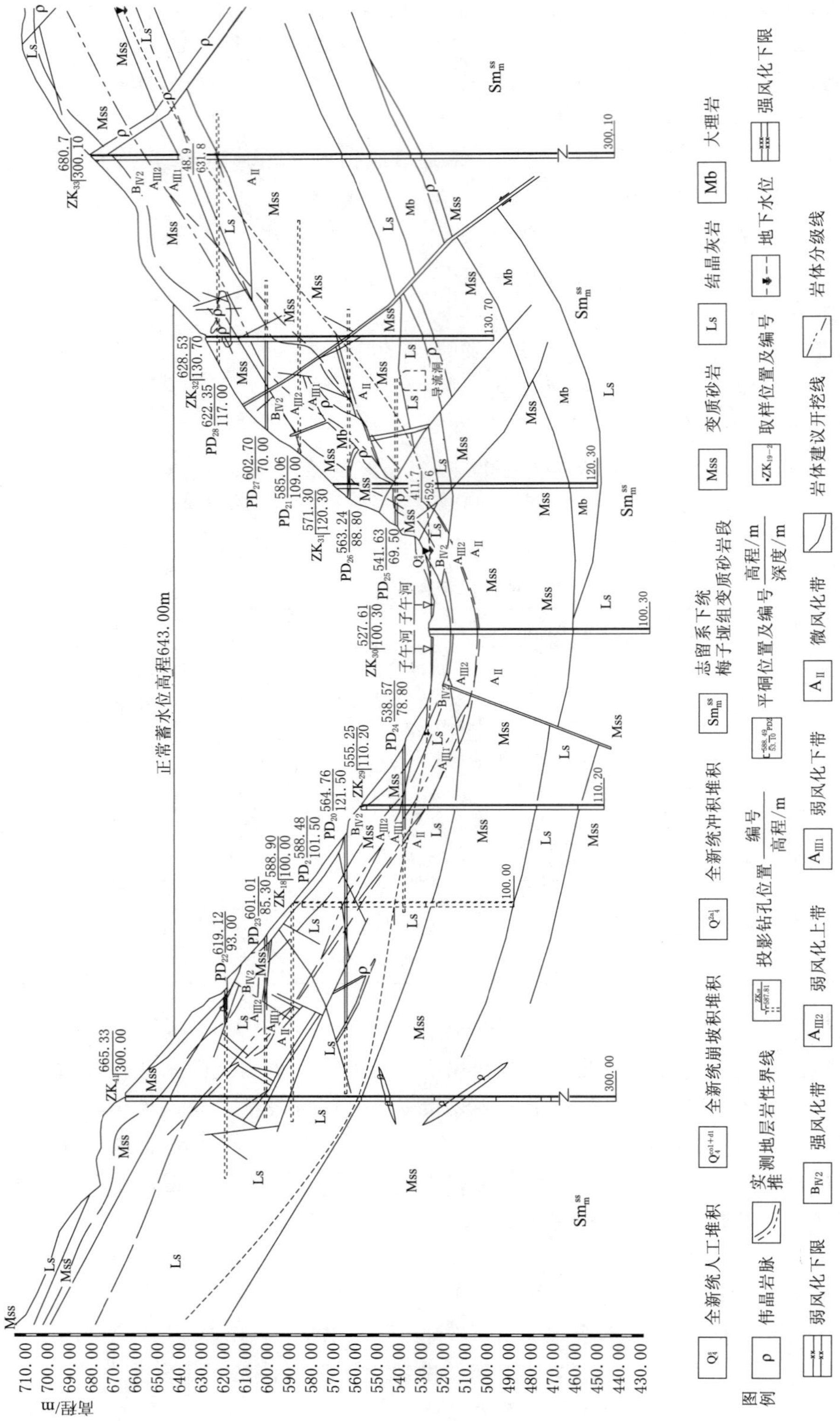

图例

Q_4^{s} 全新统人工堆积　Q_4^{col+dl} 全新统崩坡积堆积　Q_4^{al} 全新统冲积堆积　Sm_m^{ss} 志留系下统梅子垭组变质砂岩段　Mss 变质砂岩　Ls 结晶灰岩　Mb 大理岩

ρ 伟晶岩脉　实测/推测地层岩性界线　投影钻孔位置 编号/高程/m　平硐位置及编号 高程/m / 深度/m　取样位置及编号　地下水位　强风化下限

弱风化下限　B_{IV2} 强风化带　A_{III2} 弱风化上带　A_{III1} 弱风化下带　A_{II} 微风化带　岩体建议开挖线　岩体分级线

图3.7　三河口坝基工程地质剖面图

坝址区建筑物周围分布的可溶岩有大理岩及结晶灰岩，与非可溶岩变质砂岩呈互层状结构。可溶岩地层中无明显的溶洞，岩溶类型特征主要表现为溶蚀裂隙。溶隙多沿可溶岩与非可溶岩接触面及两组构造张性裂隙发育，一般延伸不大于10m，溶隙宽度小于2cm。坝址区可溶岩地层中岩溶发育程度轻微，连通性差，对工程无明显影响。

通过钻孔内水压致裂法地应力测试及地应力场的回归分析，坝址区地应力具有如下特征：

(1) 坝址区应力场以水平应力为主导。其中河床孔测试部位岩体最大水平主应力量值范围在5.2～13.9MPa之间，最小水平主应力在3.6～10.2MPa之间。左右岸两侧孔应力分布规律基本相同，其最大水平主应力在2.1～11.1MPa之间，最小水平主应力在1.8～7.2MPa之间。在河床高程520.00～525.00m附近岩体存在应力集中现象。

(2) 河床高程附近及以上测点地应力方位受局部地形控制。河床以上岩体最大水平主应力方位与子午河及山体走势（N51°E）基本平行。河床高程岩体最大水平主应力方位与子午河及山体走势大角度相交。深部岩体最大水平主应力方位集中分布在NNE向，与工程区域NS向的构造方向及坝址区张性断层走向接近，同时，与坝址区压扭性断层走向成大角度相交。

(3) 由回归结果可知，两岸边坡的应力分布符合一般边坡应力分布规律。在河谷边坡附近，最大主应力一定范围内发生调整，最大主应力越接近坡面，其方向越趋于同坡面平行，而最小主应力则越趋于同坡面垂直，河谷底部出现了明显的应力集中现象，断层及影响带的应力值有所降低。

3.3　工程地质重要参数编录

3.3.1　坝基岩体结构分类及工程地质分类

岩体结构面的工程地质分级是进一步深入研究结构面特性的基础。主要基于谷德振先生1979年提出的5级划分方案[35]和《水利水电工程地质勘察规范》(GB 50487—2008）相关规定，结合工程区特征，根据结构面的延伸长度、切割深度、破碎带宽度、力学效应及其工程地质意义，对三河口坝址区结构面进行级别划分。由分类结果可以看出，强风化岩体一般为碎裂-散体状结构，弱风化上带岩体一般为镶嵌-中厚层状结构，弱风化下带岩体一般为中厚层状结构，微风化岩体一般为次块状结构。坝址区岩体结构面规模分级及充填分类见表3.5。

表3.5　坝址区岩体结构面规模分级及充填分类表

<table>
<tr><th>规模分级（代号）</th><th>力学性质分类</th><th>综合代号</th><th>出露规模</th><th>填充特征</th></tr>
<tr><td rowspan="2">控制性断层（Ⅰ）</td><td rowspan="2">岩屑夹泥型</td><td>I_1</td><td rowspan="2">延伸长度大于200m，或断层破碎带宽度大于1m。该组影响带宽度一般3～8m</td><td>充填断层角砾岩、糜棱岩</td></tr>
<tr><td>I_2</td><td>充填断层角砾岩、糜棱岩及断层泥</td></tr>
</table>

续表

规模分级（代号）	力学性质分类	综合代号	出 露 规 模	填 充 特 征
贯穿性断层（Ⅱ）	岩块岩屑型	$Ⅱ_1$	延伸长度 100～200m，或断层破碎带宽度 0.5～1m。该级影响带宽度一般 1～5m	充填断层角砾岩、糜棱岩
	岩屑夹泥型	$Ⅱ_2$		充填断层角砾岩、糜棱岩及断层泥
一般性断层（Ⅲ）	岩块岩屑型（1）	$Ⅲ_1$	延伸长度小于 100m，或断层破碎带宽度小于 0.5m。该级影响带断层小于 3m	充填断层角砾岩、糜棱岩
	岩屑夹泥型（2）	$Ⅲ_2$		充填断层角砾岩、糜棱岩及断层泥
裂隙类结构面（Ⅳ）	无充填型（1）	$Ⅳ_1$	延伸长度小于 15m，或破碎带宽度 0.1～0.3m	无充填，裂隙面平直光滑，多闭合
	钙质充填型（2）	$Ⅳ_2$	延伸长度小于 15m，或破碎带宽度 0.1～0.3m	钙质充填，裂隙面平直光滑
	岩屑充填型（3）	$Ⅳ_3$	延伸长度小于 15m，或破碎带宽度 0.3～0.5m	岩屑充填，裂隙面平直粗糙
岩脉接触带（Ⅴ）	伟晶岩脉接触带	$Ⅴ_1$		以紧密接触为主，局部为裂隙或断层接触
	大理岩接触带	$Ⅴ_2$		
	石英岩脉接触带	$Ⅴ_3$		

综合考虑岩体强度、岩体结构、完整性、波速及钻孔岩心 RQD[36-37] 等多种因素，结合三河口水利枢纽工程的实际特点，采用《水利水电工程地质勘察规范》(GB 50487—2008）的坝基岩体工程分类标准对坝区岩体进行分级，强风化岩体属 $B_{Ⅳ2}$类坝基工程岩体，弱风化上带属 $A_{Ⅲ2}$类坝基工程岩体，弱风化下带属 $A_{Ⅲ1}$类坝基工程岩体，微风化岩体属 $A_{Ⅱ}$类坝基工程岩体。

3.3.2　岩体（石）与土的物理力学性质

岩体的物理力学特征特别是岩体的变形特征及强度特征是拱坝设计和进行坝肩稳定性分析的重要依据，也是建基岩体工程地质特征评价的基础。为了获得三河口坝址区岩体的物理力学特征，针对坝址区不同平硐、不同钻孔中的变质砂岩、结晶灰岩、大理岩、伟晶岩脉等各类岩性、不同风化程度的岩体开展了一系列岩石室内物理力学试验、现场岩体力学原位试验。主要勘探点如图 3.8 所示。

各个勘察阶段在坝址区累计取岩样 58 组，试验项目有物理性质、单轴抗压强度、抗剪试验、变形试验等，岩体抗压强度建议值见表 3.6。

表 3.6　　坝址区岩体抗压强度指标建议值

岩　性	风化程度	饱和单轴抗压强度/MPa	软化系数
变质砂岩	弱风化上带	67	0.67
	弱风化下带	88	0.83
	微风化	108	0.78

续表

岩　性	风化程度	饱和单轴抗压强度/MPa	软化系数
结晶灰岩	弱风化上带	65	0.82
	弱风化下带	83.6	0.77
	微风化	108.4	0.76
大理岩	弱风化上带	66	0.85
	弱风化下带	71.3	0.77
伟晶岩脉	微风化	73.8	0.76

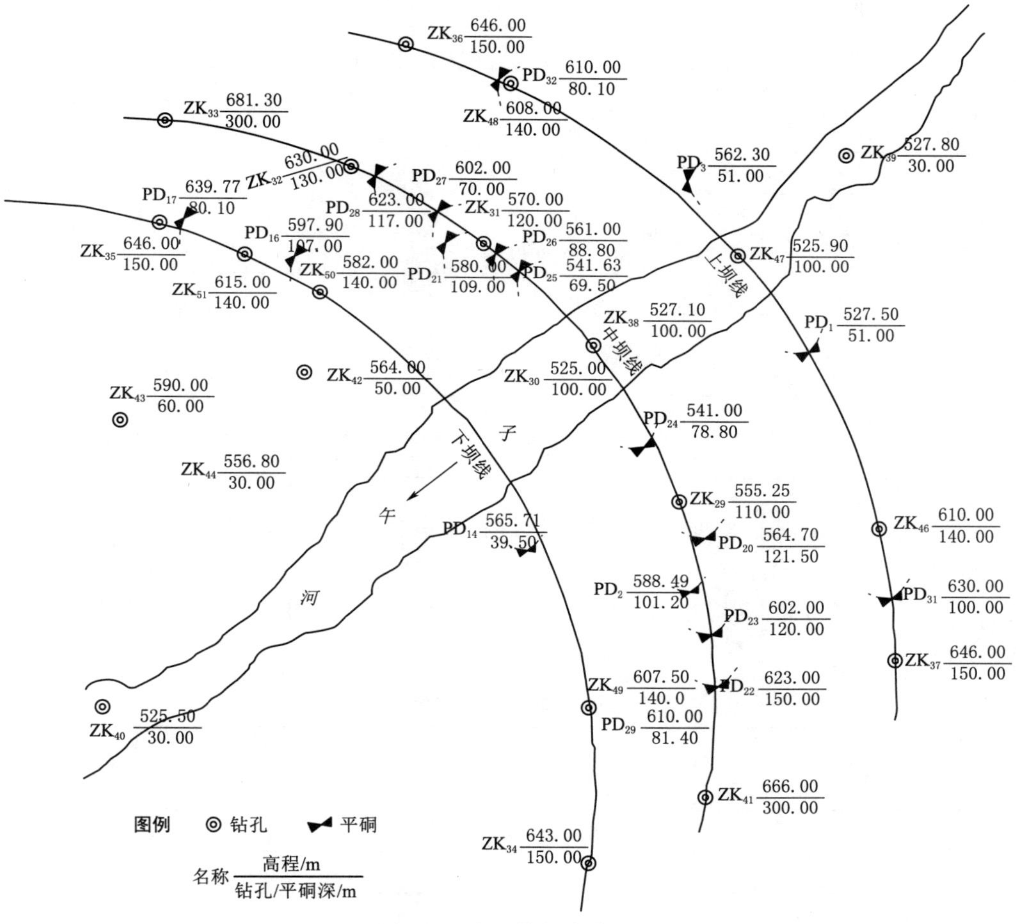

图 3.8　主要勘探点位置

坝址区钻孔及平硐均进行了声波波速测试，测试成果统计见表 3.7。参照《水利水电工程地质勘察规范》(GB 50487—2008)，并结合三河口水利枢纽工程地质特点，确定坝址区不同风化带的划分标准为：强风化变质砂岩及结晶灰岩岩体纵波速度 $V_p=1000\sim2450$m/s，弱风化上带变质砂岩及结晶灰岩岩体纵波速度 $V_p=2400\sim4100$m/s，弱风化下带变质砂岩及结晶灰岩岩体纵波速度 $V_p=3800\sim5100$m/s，微风化变质砂岩及结晶灰岩

岩体纵波速度 V_p>4300m/s，强风化大理岩岩体纵波速度 V_p=1000～1900m/s，弱风化上带大理岩岩体纵波速度 V_p=2700～3900m/s，弱风化下带大理岩岩体纵波速度 V_p=3300～4000m/s，微风化大理岩岩体纵波速度 V_p>4800m/s。相应的完整性系数 K_v 分别为：强风化岩体 0.18～0.22，弱风化上带岩体 0.35～0.38，弱风化上带岩体 0.53～0.59，微风化岩体 0.74～0.80。

表 3.7　坝址区岩体声波波速测试成果汇总

岩性名称	风化程度	纵波速度 V_p/(m/s)			完整性系数 K_v	
		总体区间值	集中分布区间值	平均值	集中分布区间值	平均值
变质砂岩	强风化	986～3077	1050～2450	1700	0.08～0.28	0.20
	弱风化上带	1991～4375	2400～3900	3200	0.26～0.61	0.36
	弱风化下带	3528～4826	3800～4800	4200	0.36～0.75	0.57
	微风化	3846～5800	4300～5500	4800	0.63～0.99	0.74
结晶灰岩	强风化	793～2788	1000～1600	1500	0.08～0.28	0.22
	弱风化上带	2367～4248	2500～4100	3300	0.23～0.59	0.38
	弱风化下带	3075～5200	3900～5100	4300	0.49～0.76	0.59
	微风化	4154～5300	4500～5300	4850	0.61～0.99	0.76
大理岩	强风化	1000～2597	1000～1900	1400	0.04～0.25	0.18
	弱风化上带	2469～4167	2700～3900	3100	0.14～0.44	0.35
	弱风化下带	3125～4626	3300～4000	3800	0.38～0.64	0.53
	微风化	3846～5800	4800～5500	5000	0.64～0.99	0.80

各个勘察阶段在坝址区两岸平硐内累计进行了岩体原位变形及抗剪试验 36 组，混凝土与岩体抗剪试验 12 组，在坝址区 7 个钻孔内测试弹性模量 61 个点。裂隙及主要岩脉接触带进行中型剪试验共 25 组。坝址区岩体原位变形试验平均值见表 3.8，岩体抗剪试验成果统计见表 3.9，结构面中型剪试验成果统计见表 3.10。

表 3.8　坝址区岩体原位变形试验平均值

岩　性	测试类型	风化程度	变形模量平均值 E_0/GPa		弹性模量平均值 E_d/GPa	
			垂直	水平	垂直	水平
结晶灰岩	平硐原位测试	弱风化上带	8.17	9.79	14.41	14.77
		弱风化下带	13.85	18.57	20.23	29.93
		微风化	24.02		37.86	
	钻孔原位测试	弱风化上带	10.20		17.93	
		弱风化下带	13.80		21.35	
		微风化	18.80		29.30	
变质砂岩	平硐原位测试	弱风化上带	8.58	7.41	21.50	13.57
		弱风化下带	11.90	17.90	23.10	28.70
		微风化	18.00	22.00	24.10	36.60

续表

岩 性	测试类型	风化程度	变形模量平均值 E_0/GPa		弹性模量平均值 E_d/GPa	
			垂直	水平	垂直	水平
变质砂岩	钻孔原位测试	弱风化上带	14.70		23.30	
		弱风化下带	15.11		24.37	
		微风化	18.20		31.70	
大理岩	平硐原位测试	弱风化下带	5.26		9.43	
伟晶岩脉	平硐原位测试	弱风化上带	7.77		10.51	
		弱风化下带及微风化	20.00		26.90	

表 3.9　　坝址区岩体抗剪试验平均值

岩 性	风化程度	岩体与岩体				混凝土与岩体			
		抗剪断		抗剪		抗剪断		抗剪	
		f'	c'/MPa	f	c/MPa	f'	c'/MPa	f	c/MPa
结晶灰岩	弱风化上带	1.18	1.06	0.95	0.90	1.22	0.97	0.90	0.56
	弱风化下带	1.12	1.43	0.73	0.72	1.21	1.05	0.90	0.54
	微风化	1.58	2.29	1.06	1.09	1.24	1.21	0.92	0.57
变质砂岩	弱风化上带	1.19	2.00	1.09	0.52	0.93	1.22	0.60	0.32
	弱风化下带	1.43	1.25	0.88	0.78	1.10	1.07	0.62	0.36
	微风化	1.58	2.29	1.06	1.09	1.17	1.12	0.82	0.53

表 3.10　　坝址区结构面中型剪试验成果统计

结构面	填充/接触特征	统计类型	初剪强度		摩擦强度	
			f'	c'/MPa	f	c/MPa
裂隙	无充填	平均值	0.88	0.73	0.68	0.22
		小值平均值	0.70	0.52	0.56	0.15
	钙质充填	平均值	0.74	0.50	0.60	0.21
		小值平均值	0.68	0.48	0.42	0.17
	岩屑充填	平均值	0.68	0.23	0.47	0.14
		小值平均值	0.61	0.16	0.41	0.10
大理岩接触带	紧密接触	平均值	1.28	1.62	0.84	0.42
	裂隙接触	平均值	1.04	0.23	0.78	0.15
伟晶岩脉	裂隙接触	平均值	0.81	0.46	0.71	0.28
	紧密接触	平均值	1.48	0.97	0.90	0.28

施工开挖阶段，在坝基不同部位取岩块样进行了室内试验，试验结果见表 3.11。

表 3.11　　坝址区开挖岩体室内试验结果统计

岩性及风化	试验组数	比重 Δs	干密度 ρ_d/(g/cm^3)	饱和密度 ρ_b/(g/cm^3)	吸水率 ω_a/%	饱和吸水率 ω_s/%	饱水系数 K_s	显孔隙率 n_0/%	干燥单轴抗压强度 R_d/MPa	饱和单轴抗压强度 R_b/MPa	软化系数 K_r	饱和变形模量 E/GPa	饱和泊松比 μ
微风化大理岩	1	2.72	2.69	2.70	0.33	0.38	0.85	1.03	78.1	57.4	0.74	87.3	0.32
	2	2.71	2.69	2.70	0.29	0.33	0.87	0.88	73.8	52.1	0.71	70.0	0.35
	平均值	2.71	2.69	2.70	0.31	0.36	0.86	0.96	75.9	54.7	0.73	78.6	0.34
微风化变质砂岩	1	2.82	2.79	2.80	0.28	0.31	0.92	0.86	157.4	118.8	0.75	74.5	0.27
	2	2.95	2.93	2.94	0.17	0.20	0.85	0.59	115.9	96.8	0.84	79.5	0.33
	3	2.81	2.79	2.80	0.22	0.23	0.96	0.64	111.2	84.5	0.76	82.9	0.29
	4	2.85	2.80	2.81	0.59	0.61	0.97	1.68	136.3	98.8	0.72	46.1	0.26
	5	2.91	2.88	2.89	0.28	0.31	0.92	0.89	119.8	97.8	0.82	47.6	0.20
	6	2.88	2.85	2.86	0.36	0.40	0.90	1.14	97.9	88.5	0.90	55.2	0.27
	平均值	2.87	2.84	2.85	0.32	0.34	0.92	0.97	123.1	97.5	0.80	64.3	0.27
	大值均值	2.91	2.89	2.90	0.48	0.51	0.95	1.41	146.9	105.1	0.85	79.0	0.29
	小值均值	2.83	2.79	2.80	0.24	0.26	0.89	0.75	111.2	89.9	0.74	49.6	0.24
	标准差	0.05	0.05	0.05	0.14	0.14	0.04	0.37	19.1	10.8	0.06	15.2	0.04
	变异系数	0.017	0.018	0.018	0.430	0.397	0.044	0.380	0.160	0.110	0.077	0.240	0.140
微风化结晶灰岩	1	2.72	2.70	2.71	0.36	0.41	0.88	1.11	65.9	52.7	0.80	64.3	0.24
	2	2.88	2.85	2.86	0.38	0.41	0.94	1.16	108.6	75.5	0.70	51.3	0.23
	平均值	2.80	2.77	2.79	0.37	0.41	0.91	1.14	87.2	64.1	0.75	57.8	0.24
伟晶岩脉	1	2.73	2.71	2.72	0.30	0.34	0.90	0.91	74.4	56.4	0.76	62.3	0.30
	2	2.74	2.71	2.72	0.36	0.40	0.90	1.09	70.6	61.0	0.86	42.8	0.26
	平均值	2.74	2.71	2.72	0.33	0.37	0.90	1.00	72.5	58.7	0.81	52.6	0.28
弱风化上带变质砂岩	1	2.79	2.74	2.77	0.78	0.83	0.95	2.23	128.7	99.7	0.77	53.1	0.19
弱风化下带变质砂岩	1	2.88	2.85	2.86	0.36	0.40	0.90	1.14	97.9	88.5	0.90	55.2	0.27

施工图与初设阶段岩体比重及饱和抗压强度对比见表 3.12，由表 3.12 可知：除微风化大理岩、微风化结晶灰岩较初设成果偏低外，其余岩体试验成果施工图略大于初设。分析认为微风化大理岩、微风化结晶灰岩较低的原因有如下几个方面：①样品试验数量少，均只有 2 组；②样品受爆破开挖影响较大，大理岩样品在河床坝基未开挖至预定高程时采取，受爆破影响大。

表 3.12　施工图与初设阶段岩体比重及饱和抗压强度对比

岩性及风化	勘察阶段	比重 Δs	饱和单轴抗压强度 R_b/MPa
微风化大理岩	施工图	2.71	54.7
	初设	2.70	71.3
微风化变质砂岩	施工图	2.87	97.5
	初设	2.83	95.1
弱风化上带变质砂岩	施工图	2.79	99.7
	初设	2.80	67.0
弱风化下带变质砂岩	施工图	2.88	88.5
	初设	2.84	83.6
微风化结晶灰岩	施工图	2.80	64.1
	初设	2.83	108.4
伟晶岩脉	施工图	2.74	58.7
	初设	2.61	55.0

综合分析认为：岩体物理力学与前期勘察结论基本一致；根据编录成果、地区原位试验的经验值及与纵波速度的相关性综合确定的坝基各部位综合变形模量见表 3.13。

表 3.13　坝基各部位岩体变形模量建议值

<table>
<tr><th rowspan="2">位置</th><th rowspan="2">高程/m</th><th colspan="5">综合变形模量/GPa</th></tr>
<tr><th>断层及影响带、裂隙密集带</th><th>蚀变带</th><th>A_{II}类岩体</th><th>$A_{\mathrm{III}1}$岩体</th><th>$A_{\mathrm{III}2}$类岩体</th></tr>
<tr><td>左岸</td><td>646.00～505.00</td><td rowspan="5">1.0～1.3</td><td rowspan="5">1.5</td><td>15.0</td><td>10.0</td><td>4.5</td></tr>
<tr><td>河床坝基</td><td>—</td><td>15.0～18.0</td><td>10.0</td><td>4.5</td></tr>
<tr><td rowspan="3">右岸</td><td>646.00～602.00</td><td>12.0～15.0</td><td>6.0～8.0</td><td>3.0～3.5</td></tr>
<tr><td>602.00～565.00</td><td>15</td><td>8.0～10.0</td><td>3.5～4.0</td></tr>
<tr><td>565.00～505.00</td><td>15.0</td><td>10.0</td><td>4.5</td></tr>
</table>

综合岩石室内试验、岩体原位试验及物探波速测试成果，坝址区岩体力学参数及主要结构面力学参数建议值见表 3.14。同时根据《水利水电工程地质勘察规范》(GB 50487—2008) 的原则，围岩工程地质分类应以控制围岩稳定的岩石强度、岩体完整程度、结构面状态、地下水和主要结构面产状等五项因素之和的总评分为基本依据，围岩强度应力比为限定依据。工程区地下洞室围岩工程地质分类及物理力学参数建议值见表 3.15。

表 3.14　坝址区岩体力学参数及主要结构面力学参数建议值

岩性	风化程度/结构面类型	饱和容重 ρ_b /(kN/m³)	岩石饱和抗压强度 R_b/MPa	岩体抗拉强度 R_t/MPa	混凝土与岩体				岩体与岩体				泊松比 μ	承载力 f_k/MPa
					抗剪断强度		抗剪强度		抗剪断强度		抗剪强度			
					f'	c'/MPa	f	c/MPa	f'	c'/MPa	f	c/MPa		
大理岩	弱风化上带	27	62	0.8	0.85	0.95	0.65	0.6	0.9	0.95	0.6	0.65	0.34	2
	弱风化下带	27.1	66	1	1	1.1	0.7	0.65	0.95	1.1	0.7	0.65	0.3	4
	微风化	27	71.3	1.3	1.1	1.2	0.75	0.7	1.3	1.7	0.75	0.7	0.26	4.5
结晶灰岩	弱风化上带	27	65	0.9	0.95	0.9	0.65	0.6	1	1.1	0.75	0.7	0.33	2.2
	弱风化下带	28.4	83.6	1	1	1.1	0.7	0.65	1.1	1.4	0.95	0.9	0.3	4.5
	微风化	28.3	108.4	1.2	1.1	1.15	0.8	0.7	1.4	1.9	1.1	1	0.25	6.0
变质砂岩	弱风化上带	28	67	0.9	0.85	0.9	0.65	0.5	1.1	1.2	0.8	0.6	0.33	2.3
	弱风化下带	28.4	83.6	1.2	1	1	0.7	0.6	1.2	1.4	0.85	0.8	0.3	4
	微风化	28.3	95.1	1.4	1.15	1.2	0.75	0.7	1.4	1.5	0.87	0.85	0.27	5.5
伟晶岩脉	微风化	26.1	55	1	0.9	1	0.65	0.6	0.8	0.6	0.65	0.6	0.29	3.5
断层破碎带	岩块岩屑型（1）								0.45	0.08	0.3	0.2		
	岩屑夹泥型（2）								0.35	0.05	0.25	0.15		
剪性裂隙	无充填（1）								0.6	0.15	0.5	0.4		
	钙质充填（2）								0.55	0.1	0.45	0.3		
	岩屑充填（3）								0.5	0.08	0.4	0.3		
蚀变带									0.45	0.08	0.3	0.2		

表 3.15 工程区地下洞室围岩工程地质分类及物理力学参数建议值

岩性	风化程度	岩质类型	岩石强度评分 A		完整程度评分 B		结构面状态评分 C		地下水评分 D			主要结构面产状评分 E					围岩总评分 T	围岩强度应力比 S	围岩分类	单位弹性抗力系数 K_0 /(MPa/cm)		坚固系数 f	
			单轴饱和抗压强度 R_b/MPa	评分	完整性系数 K_v	评分	结构面状态	评分	渗水、滴水 T'	淋雨、线状 T'	评分	倾角	与洞轴线夹角	洞顶评分	测壁评分	评分				有压洞	无压洞	有压洞	无压洞
变质砂岩	强	中硬岩	30～40	14	0.1～0.28	8	岩屑充填	12	34		−8	70°～45°	60°～90°	−2	−2	−4	22	0.8	Ⅴ	3	1	1	0.5
	弱	坚硬岩	67～88	25	0.26～0.75	19	平直光滑	21	65		−6	70°～45°	60°～90°	−2	−2	−4	55	4.7	Ⅲ	30	10	5	3
	微	坚硬岩	108	30	0.63～0.99	30	平直光滑	21	81		−1	>70°	60°～90°	0	−2	−2	78	10.9	Ⅱ	65	18	8	5
结晶灰岩	强	中硬岩	33～44	15	0.08～0.28	8	岩屑充填	12	35		−8	70°～45°	60°～90°	−2	−2	−4	23	0.9	Ⅴ	3	1	1	0.5
	弱	坚硬岩	65～83.6	25	0.23～0.76	19	平直光滑	21	65		−6	70°～45°	60°～90°	−2	−2	−4	55	4.6	Ⅲ	35	10	5	3
	微	坚硬岩	108.4	30	0.61～0.99	29	平直光滑	21	80		−1	>70°	60°～90°	0	−2	−2	77	10.8	Ⅱ	65	18	8	5
大理岩	强	中硬岩	30～40	14	0.04～0.25	7	岩屑充填	12	33		−8	70°～45°	60°～90°	−2	−2	−4	21	0.6	Ⅴ	3	1	1	0.5
	弱	坚硬岩	66～71.3	23	0.24～0.76	19	平直光滑	21	63		−6	70°～45°	60°～90°	−2	−2	−4	53	4.3	Ⅲ	25	10	4	3
	微	坚硬岩	94.7	28	0.64～0.99	30	平直光滑	21	79		−1	>70°	60°～90°	0	−2	−2	75	9.6	Ⅱ	60	18	6	5
构造岩		软质岩	—	—	0.12	5	平直光滑含泥	8		13	−15	>70°	60°～90°	0	−2	−2	−1		Ⅴ	0.8		0.4	

3.4 坝址、坝轴线选址的关键地质问题

3.4.1 坝型及坝线选择

位于佛坪县与宁陕县交界的子午河中游有一段狭谷河段，是兴建三河口水利枢纽工程较为理想的场址。该段河谷为 V 形，谷底宽度约 40～65m，正常蓄水位 643.00m 对应的河谷宽高比为 2.7～3.2，两岸山体雄厚，自然岸坡稳定。坝基岩体主要为结晶灰岩及变质砂岩，二者的力学性质及变形模量相近，岩体坚硬、较完整，具有较高的抗压强度及抗剪强度；弱风化岩体坝基工程地质分类为 $A_{Ⅲ2}$～$A_{Ⅲ1}$类；两岸微风化岩体水平埋深一般为 30～65m，为 $A_{Ⅱ}$ 类坝基工程岩体，属较好的高混凝土坝建基岩体。因此，仅对混凝土重力坝与拱坝坝型进行比选[38]。

两类坝型坝线附近的小型断层、裂隙均比较发育，主要断层走向与河流均呈大角度相交，发育的缓倾角断层量少且规模较小，坝基及两坝肩整体抗滑稳定性较好，局部存在抗滑稳定不利结构面，对拱坝坝肩及重力坝坝基（肩）抗滑稳定有一定影响，但经过必要的工程处理后可以建坝，不属于制约因素。拱坝比重力坝工程量小，工期较短，能早日发挥拦洪效益，总体经济效益好。

综合分析认为，坝址区具有修建重力坝及拱坝的基本地质条件，综合地形条件及坝基开挖处理工程量，推荐采用拱坝。

可行性研究阶段选取 200m 范围内的基岩峡谷区进行比选。选择了上、中、下三条拱坝坝线进行比选，间隔距离不大于 80m，三者地质条件相当。其中上坝轴线距中坝线约 76m，下坝轴线距中坝线约 65m。

从基岩组成上看，三条坝线岩体主要以变质砂岩和结晶灰岩为主，但上坝线分布有大面积大理岩，下坝线存在多条伟晶岩脉，岩相变化相对较大，且弱风化的大理岩与伟晶岩脉变形模量相对较低，而中坝线岩脉分布面积相对较小，岩性相对单一；下坝线距离下游穹窿褶曲较近，受其影响小，构造发育，风化卸荷深度相对较大，同时上坝线拱座及抗力体上发育 f_{44} 断层，为横跨河谷断层，规模较大，破碎带宽度 2.5～3.0m，影响带宽度 6～8m，对拱座变形影响较大。综合分析认为中坝线地质条件优于上、下坝线，推荐中坝线为选定坝线。

3.4.2 推荐坝线的工程地质条件及评价

分别从地形条件、河床覆盖层厚度、基岩岩性、风化卸荷特征、地质构造及组合抗滑稳定性、坝基及坝肩的变形特征、岩体渗透条件等方面，对推荐拱坝坝线的主要工程地质条件及地质问题进行了对比分析。

拱坝中坝线河床宽约 68m，上覆砂卵石厚度 5～8.5m。坝基岩体上部以变质砂岩为主，下部为结晶灰岩。基岩面以下强风化岩体下限深度 1.0～2.0m，属 $B_{Ⅳ2}$类坝基工程岩体；弱风化上带下限深度 6～12m，坝基岩体工程地质分类属 $A_{Ⅲ2}$类；弱风化下带下限深度 10.0～16.0m，坝基岩体工程地质分类属 $A_{Ⅲ1}$类；微风化岩体属 $A_{Ⅱ}$ 类坝基工程岩体。

河谷坝基岩体结构较完整，裂隙不发育，推测左岸下游断层 f_{60} 斜穿至河床坝轴线，该断层产状倾向 88°∠80°，破碎带宽 0.6～1.0m，影响带宽约 3～5m。

左坝肩高程 655.00m 以下表面覆盖崩坡积碎石土，厚度 0.5～7m。下伏基岩主要由变质砂岩及结晶灰岩组成，局部夹透镜体状伟晶岩脉。卸荷带水平宽度一般小于 14m，强风化岩体下限水平宽度 10～19m，垂直深度 12～18m，属 $B_{Ⅳ2}$ 类坝基工程岩体；高程 577.00m 以上，岩体完整性较差，声波波速变化大，且偏低，弱风化分带不明显，弱风化岩体下限水平宽度 40～53m，垂直深度 30～40m，属 $A_{Ⅲ2}$ 类坝基工程岩体；高程 577.00m 以下，弱风化上带岩体完整性较差，下限水平宽度 32～46m，垂直深度 16～25m，属 $A_{Ⅲ2}$ 类坝基工程岩体，弱风化下带岩体较完整，下限水平宽度 43～50m，垂直深度 25～31m，属 $A_{Ⅲ1}$ 类坝基工程岩体；微风化岩体较完整，属 $A_{Ⅱ}$ 类坝基工程岩体。左坝肩未见地面出露较大断层，复核下游 f_{59} 断层未穿越中坝线，距离坝线 15～20m 处尖灭。距坝轴线上游约 15～25m 处发育断层 f_{44}，另外平硐内发育多条小规模断层，存在 5 组发育的裂隙。

右坝肩基岩裸露，主要由变质砂岩组成，局部为结晶灰岩，夹透镜状伟晶岩脉及石英脉。卸荷带水平宽度小于 13m，强风化岩体下限水平宽度 8～19m，垂直深度 10～15m，属 $B_{Ⅳ2}$ 类坝基工程岩体；弱风化上带岩体下限水平宽度 17～41m，垂直深度 22～36m，岩体完整性较差，声波波速变化很大，且偏低，属 $A_{Ⅲ2}$ 类坝基工程岩体；弱风化下带岩体下限水平宽度 24～65m，垂直深度 30～49m，岩体较完整，属 $A_{Ⅲ1}$ 类坝基工程岩体；微风化岩体较完整，属 $A_{Ⅱ}$ 类坝基工程岩体。右坝肩断层较发育，坝轴线附近共发育 f_{13}、f_{14}、f_{57}、f_{44}、f_{46} 等五条地面断层，另外平硐内揭示多条小规模断层，发育 4 组裂隙。

根据以上坝址区地质勘察分析结果，针对坝基（肩）抗滑稳定问题、坝基岩体变形问题、坝基（肩）开挖边坡稳定性、坝基（肩）渗透破坏进行如下分析。

拱坝左坝肩整体抗滑稳定性较好，局部抗滑稳定性较差，经分析，拱座及下游抗力体存在 6 个小规模的不稳定块体，主要分布于拱座高程 550.00～630.00m 区域的 L4、L5 块体，其侧滑面及底滑面均由平硐断层构成，该部分块体采取专项抗滑措施处理，其余块体做常规抗滑处理。

右坝肩存在贯穿坝线至下游河床的侧滑面断层 f_{57}、f_{14}，尤其 f_{57} 断层构成侧滑面的块体 R2、R3 规模相对较大，且部分位于建基面以下，高程 541.00～615.00m 间抗滑稳定性较差。针对位于拱座高程 541.00～615.00m 区域、建基面以下的断层与断层组合块体 R2、R3、R4、R5 采取了专项抗滑处理措施。

坝基以变质砂岩为主，无软弱夹层，岩体抗剪强度高。虽上游河床发育的断层 f_{44} 可构成后缘拉裂面，但河床未发现顺河向断层，裂隙不发育，河床坝基缓倾角裂隙亦不发育，下游无大的风化深槽构成临空面。综合分析认为河谷坝基不存在不利于坝基抗滑稳定的组合，坝基基本不存在抗滑稳定问题。

库区坝基岩体以变质砂岩为主，弱风化及微风化岩体均为坚硬岩，坝基无软弱夹层及较大规模的断层分布，因此坝基不易受大坝荷载作用而出现较大的压缩变形及不均匀变形。

两坝肩岩体由变质砂岩及结晶灰岩组成，局部穿插伟晶岩脉，弱风化下带及微风化岩体变形模量较高，且差别不大，在大坝荷载作用下，不会因岩性差异而产生较大压缩变形及不均匀变形。然而两坝肩发育多条地面断层及多条平硐断层，断层破碎带及影响带岩体力学强度和变形模量显著降低，因此断层破碎带及影响带可能产生压缩变形，导致坝肩局部不均匀变形。根据上述情况，两坝肩采取固结灌浆加固处理措施，对规模较大的断层破碎带及影响带，应进行部分挖除并回填混凝土。

两坝肩发育有断层及4～5组裂隙，断层的组合大部分倾向与自然边坡相反，对自然边坡整体稳定有利，但对结合槽开挖边坡稳定不利，在施工中进行加强处理。断层与裂隙的组合易形成对自然边坡及结合槽侧向边坡局部稳定不利的块体，因此开挖时采取临时喷锚措施。

坝基砂卵石层开挖坡比为：水上1∶1.25～1∶1.5，水下1∶1.5～1∶2；岩体开挖坡比为：强风化岩体1∶1，弱风化上部岩体1∶0.75，弱风化下部1∶0.5，微风化1∶0.3。

坝基岩体为变质砂岩及结晶灰岩，结构较完整，产生渗透破坏的可能性小。但坝基及两坝肩发育断层f_{13}、f_{14}、f_{57}、f_{60}、f_{61}，斜穿坝轴线，断层破碎带属中等透水至强透水性；在正常蓄水位643.00m时，各断层坝线上下游水力梯度均大于允许坡降，将产生渗透破坏，破坏形式为混合型。应针对上述断层加强防渗处理措施。

根据《混凝土拱坝设计规范》(SL 282—2018）的有关规定，建议防渗帷幕深入相对隔水层3～5m，防渗下限按$q<1$Lu控制时，中坝线防渗帷幕深度：左岸地面以下垂直深度为80～120m，水平宽度为160～170m；河床基岩面以下为80～85m；右岸地面以下垂直深度为85～140m，水平宽度为150～190m。

根据地质勘察结果，对坝基建基面、河床坝基岩体、两坝肩建基面选择提出如下建议：

综合坝基（肩）岩体的声波纵波速度、完整性系数、变形模量及弹性模量等工程地质特性指标，并参照同类工程的建基标准，确定三河口水利枢纽工程坝基建基面量化标准，见表3.16。

表3.16　推荐坝线坝基（肩）岩体选择标准

纵波速度 V_p /(m/s)		完整性系数 K_v	岩体变形模量 E_0/GPa	岩体弹性模量 E_e/GPa	坝基岩体选择
声波	地震波				
≥4300	≥4100	0.65～0.70	≥15.0	≥22	$A_{Ⅱ}$类坝基岩体，可直接作为坝基岩体，但对局部影响稳定的不利结构面组合需要处理
≥3800	≥3600	0.6～0.7	≥10.0	≥18	$A_{Ⅲ1}$类坝基岩体，可作为坝肩部位或其他次要部位利用岩体，但需处理
≥3500	≥3000	0.4～0.6	≥6.5	≥12	$A_{Ⅲ2}$类坝基岩体，可作为坝肩顶部可利用岩体，但需处理
<3500	<3000	<0.4	2.5～5.0	<12	$A_{Ⅲ2}$～$B_{Ⅳ2}$类坝基岩体，不宜作为坝基，应予以清除

河床基岩以变质砂岩及结晶灰岩为主，弱风化岩体为$A_{Ⅲ2}$类岩体，不宜作为河谷段坝基岩体，应予以清除；微风化岩体为$A_{Ⅱ}$类岩体，可直接作为建基面基础。建议建基面置

于 504.80m 高程以下的微风化岩体内，基岩面以下开挖深度 13～15m，并对 f_{60} 断层进行专门处理，河谷坝基建基面高程依据开挖岩体完整程度进行调整[39]。

两坝肩建基面主要置于微风化 $A_{Ⅱ}$ 类岩体中，坝肩顶部可利用部分弱风化下带 $A_{Ⅲ1}$ 类岩体。地质建议：两坝肩 2/3 坝高以下，建基面置于微风化 $A_{Ⅱ}$ 类岩体中；2/3 坝高以上，建基面置于弱风化下带 $A_{Ⅲ1}$ 类岩体下部，并应对贯穿坝线的断层（如 f_{13}、f_{14}、f_{57}）进行专门处理[40]。

3.5　河谷坝基建基面优化及料场选择

3.5.1　建基面优化思路与技术路线

加强施工地质编录，对河谷段坝基 506.00m 高程以上的开挖情况积极跟进编录，获取岩性变化、构造发育程度等基础资料。

进行现场测试，在优化段坝基上、下游边界布置钻孔，孔底高程控制到 495.00m，以查明地层岩性、风化特征、地质构造等地质条件。

利用钻孔进行孔内波速测试及孔内电视工作，查明坝基岩体结构面发育情况及波速数据。

对钻孔进行第二次波速测试，第二次波速测试孔口高程为 506.00m 左右，根据两次波速测试成果对比情况，研究 506.00m 高程附近爆破开挖影响对岩体的扰动程度，确定爆破影响带的范围。

利用钻孔进行电磁波跨孔 CT 工作，查明钻孔之间坝基岩体的完整性程度。

进行跨孔波速测试，进一步查明坝基岩体完整性程度及波速情况、爆破松动范围。

综合钻孔 RQD、波速成果、孔内电视、电磁波跨孔 CT 等资料，对坝基岩体质量进行预测性划分。

结合坝基岩体质量、地应力特征、坝基岩体渗透性特征、爆破影响带范围，并结合类似工程经验，提出地质建议的坝基开挖建基面。

2016 年 4 月中旬，大坝开挖至 515.00m，首先进行了钻探工作，孔底至高程 495.00m，并对钻孔进行了声波波速及孔内电视测试；5 月下旬，大坝开挖至 506.00m，对前面的钻孔进行了第二次声波波速测试，各个钻孔实施了电磁波跨孔 CT 测试；7 月上旬，进行了跨孔波速测试。河谷段坝基优化钻孔平面布置示意如图 3.9 所示。

1. *岩体结构特征*

根据孔内电视摄像成果钻孔岩心，对各钻孔岩体结构进行划分，见表 3.17。由表 3.17 可知：河谷坝段岩体结构以厚层、中厚层状结构为主，局部断裂构造及裂隙发育区段为互层结构。

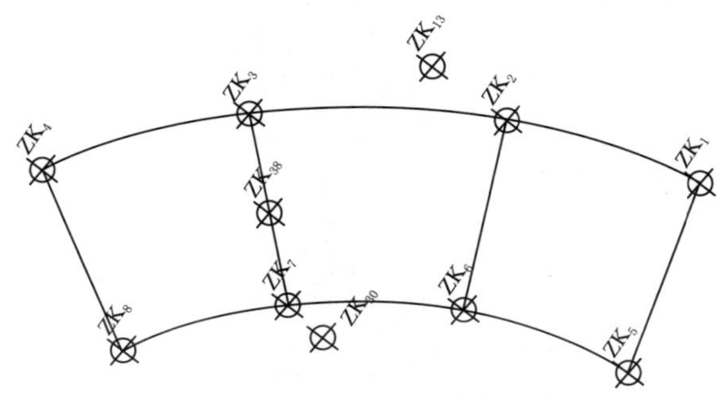

图 3.9　河谷段坝基优化钻孔平面布置示意图

表 3.17 河谷坝段钻孔岩体结构分类

钻孔编号	孔口高程/m	孔深/m	相应高程/m	岩 体 结 构
ZK_1	515.53	1.0～11.0	514.53～504.50	互层～中厚层状结构
		11.5～20.0	504.03～495.53	厚层状结构
ZK_2	515.74	1.0～6.2	514.74～509.54	互层～中厚层状结构
		6.2～20.0	509.54～495.74	厚层状结构为主，局部中厚层状
ZK_3	515.20	1.0～9.4	513.00～505.60	互层～中厚层状结构
		9.4～20.0	505.60～495.20	厚层状结构
ZK_4	515.35	1.0～7.4	514.35～506.00	中厚层状结构为主，局部互层状
		11.1～20.0	506.00～495.35	厚层状结构
ZK_5	515.24	1.0～6.0	514.24～509.24	互层～中厚层状结构
		6.0～18.0	509.24～497.24	厚层状结构为主，局部互层状
		18.0～20.0	497.24～495.24	互层～中厚层状结构
ZK_6	515.85	1.0～12.2	514.85～503.65	互层～中厚层状结构
		12.2～14.6	503.65～501.25	厚层状结构
		14.6～17.6	501.25～498.25	互层结构
		17.6～20.0	498.25～495.85	中厚层状结构
ZK_7	515.31	1.0～3.8	514.31～511.50	互层～中厚层状结构
		3.8～9.4	511.50～505.90	中厚～厚层状结构
		9.4～20.0	505.90～495.31	厚层状结构为主，局部中厚层状
ZK_8	515.92	1.0～4.0	514.92～511.92	中厚层状结构
		4.0～18.0	511.92～497.92	厚层状结构
		18.0～19.6	497.92～496.32	互层结构

2. 岩体波速特征

ZK_1～ZK_8 钻孔进行了孔内声波波速测试，对各钻孔波速成果按高程分段进行统计，见表 3.18。

表 3.18 各钻孔波速成果统计

钻孔编号	高程范围/m	区间值/(m/s)	平均值/(m/s)	大值均值/(m/s)	小值均值/(m/s)	综合波速值/(m/s)	综合完整性系数	波速<4300m/s	点数占比/%
ZK_1	514.00～504.50	2174～5405	3904	4511	3214	3500	0.36	32	68.1
	504.50～495.00	4000～5405	5235	5348	4873	5100	0.77	1	2.0
ZK_2	515.00～509.70	1198～5000	2731	4067	1752	2700	0.22	22	84.6
	509.70～495.70	3509～5405	4847	5208	4431	4600	0.63	7	9.8
ZK_3	514.60～505.60	1504～5405	3572	4395	2533	3500	0.36	30	69.7
	505.60～494.20	4000～5405	5091	5308	4846	4900	0.71	2	3.5

续表

钻孔编号	高程范围/m	区间值/(m/s)	平均值/(m/s)	大值均值/(m/s)	小值均值/(m/s)	综合波速值/(m/s)	综合完整性系数	波速<4300m/s	点数占比/%
ZK_4	514.30～505.80	2128～5405	4306	4835	3497	3900	0.45	17	40.0
	505.80～495.30	4444～5405	5122	5291	4867	5050	0.76	0	0
ZK_5	514.50～509.00	1653～5405	4211	5112	3240	3820	0.43	14	51.8
	509.00～503.00	4255～5405	4994	5233	4539	4800	0.68	2	6.0
	503.00～495.00	1527～5405	4166	4922	2957	4000	0.48	15	35.9
ZK_6	513.60～503.60	1333～5405	3026	4055	2180	2800	0.23	43	84.3
	503.60～501.00	4348～5405	4979	5180	4575	4900	0.71	5	20.0
	501.00～495.00	1471～5405	3569	4504	2367	3000	0.27	21	65.6
ZK_7	514.50～511.50	1785～5405	3733	4822	2644	3500	0.36	9	64.3
	511.50～505.00	3571～5405	4881	5247	4209	4700	0.66	7	20.6
	505.00～495.00	2985～5405	4853	5176	4288	4600	0.63	6	13.6
ZK_8	515.00～511.70	2174～5263	3390	4504	2833	3100	0.29	7	77.8
	511.70～498.00	4167～5405	5039	5265	4724	4850	0.70	2	3.0
	498.00～495.00	1639～5000	3356	4639	2500	2900	0.25	7	10.0

河床开挖至505.5m附近时，河床进行了15组跨孔波速测试，各测线上部均存在低波速区，分析为爆破松动带，大部分侧线下部波速值高且稳定，表明坝基下部岩体完整性较好；部分测线下部波速值低于4000m/s，分析认为该类测试附近均发育有断层，受构造影响下部岩体完整性较差。

3. 电磁波CT特征

ZK_1～ZK_8钻孔进行了跨孔电磁波CT测试，文中展示ZK_2～ZK_6和ZK_4～ZK_8的CT成果图如图3.10和图3.11所示，图中纵坐标表示两钻孔的深度，横坐标表示两钻孔

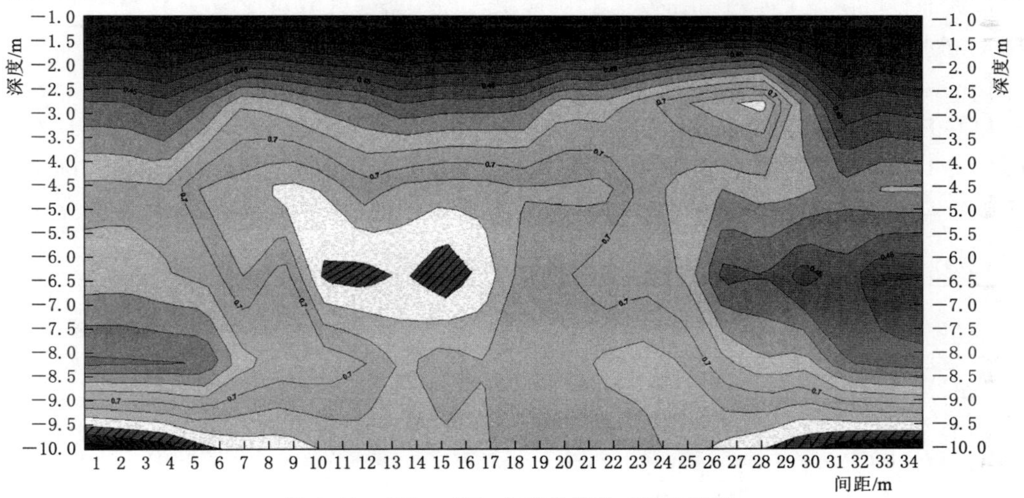

图3.10 ZK_2～ZK_6电磁波跨孔CT成果图

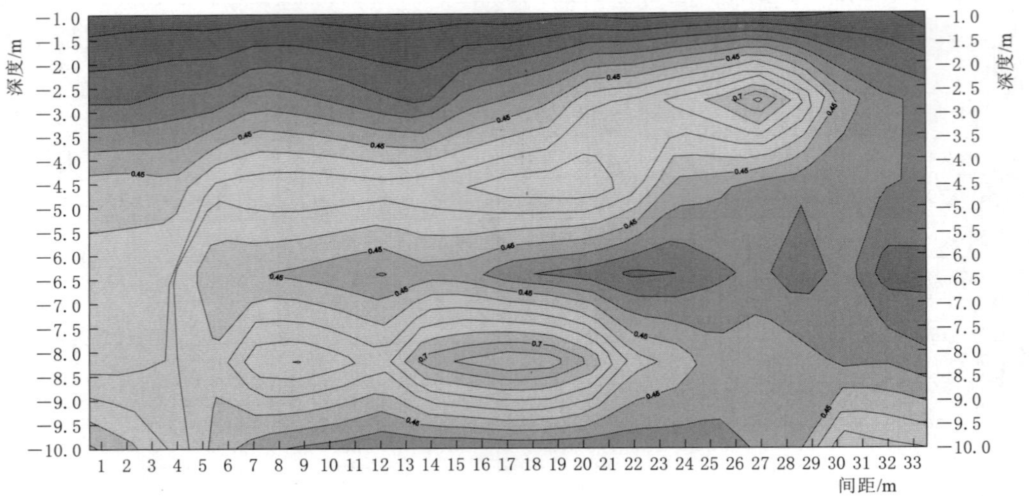

图 3.11　ZK$_4$～ZK$_8$ 电磁波跨孔 CT 成果图

间的水平距离。综合跨孔 CT 成果、跨孔波速测试及地质编录，有如下结论：

大部分测线衰减系数较小，衰减系数值大的区域仅局部有分布，表明坝基岩体完整性整体较好。衰减系数值大的破碎岩体区域主要分布高程为 498.50～500.70m，对建基面的优化不构成制约，但应加强固结灌浆处理。

垂直河流方向上，河谷坝段上游边界的坝基岩体完整性要好于下游边界，表现为 ZK$_1$～ZK$_4$ 钻孔的衰减系数整体较 ZK$_5$～ZK$_8$ 要低。分析认为产生这种现象的原因在于下游边界地表距断层 f$_{44}$、f$_{45}$ 较近，断层又倾向下游，受构造影响较大。

平行河流方向上，靠近左右岸的坝基岩体完整性要好于中间的岩体，表现为左岸边界 ZK$_1$～ZK$_5$、右岸边界 ZK$_4$～ZK$_8$ 衰减系数明显低于河床部分的 ZK$_2$～ZK$_5$、ZK$_3$～ZK$_6$。

根据部分电磁波 CT 与跨孔波速对比成果，图中 区域对应波速不大于 3300m/s， 区域对应波速在 3300～3900m/s 之间。

4. 爆破对坝基岩体的影响深度

坝基开挖至高程 515.00m 左右，对坝基钻孔进行了第一次波速测试；在大坝开挖至 506.00m 时，对坝基钻孔进行第二次波速测试，通过对比两次波速测试成果，确定各钻孔爆破影响深度，见表 3.19。

表 3.19　　钻孔爆破影响深度

钻孔编号	孔口高程/m	爆破影响下限高程/m	爆破影响深度/m	钻孔编号	孔口高程/m	爆破影响下限高程/m	爆破影响深度/m
ZK$_1$	505.59	503.53	2.06	ZK$_5$	505.96	504.24	1.72
ZK$_2$	505.22	503.14	2.08	ZK$_6$	505.53	504.25	1.28
ZK$_3$	505.76	504.80	0.96	ZK$_7$	505.42	503.71	1.71
ZK$_4$	505.92	504.15	1.77	ZK$_8$	505.90	505.32	0.58

河床坝基进行了15组跨孔波速测试，每个孔的波速孔深曲线上均存在突变现象，具体表现为上部波速较低，某孔深以下波速突然增加，跨孔测试波速与孔深典型曲线如图3.12所示，分析认为波速突变处即为爆破影响下限，各跨孔爆破影响深度见表3.20。

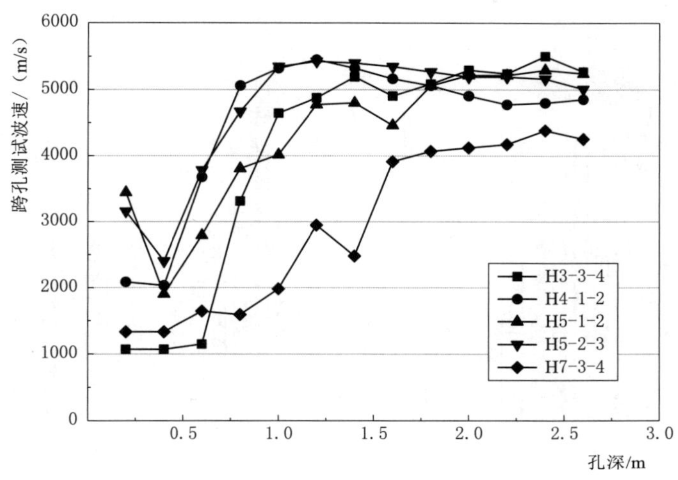

图3.12 跨孔测试波速与孔深典型曲线图

表3.20 **跨孔测试爆破影响深度**

跨孔测试编号	爆破影响深度/m	爆破影响下限高程/m	跨孔测试编号	爆破影响深度/m	爆破影响下限高程/m
H1-1-2	0.4	505.10	H10-1-2	0.8	504.70
H2-1-2	1.2	504.30	H10-2-3	0.8	504.70
H2-2-3	0.8	504.70	H10-3-4	1.0	504.50
H3-1-2	1.8	503.70	H11-1-2	0.3	505.20
H3-2-3	1.4	504.10	H11-2-3	1.4	504.10
H3-3-4	0.8	504.70	H11-3-4	0.8	504.70
H4-1-2	0.6	504.90	H12-1-2	1.4	504.10
H5-1-2	0.8	504.70	H13-1-2	0.6	504.90
H5-2-3	0.6	504.90	H13-2-3	2.0	503.50
H7-3-4	1.4	504.10	H13-3-4	0.4	505.10
H8-1-2	2.0	503.50	H14-1-2	0.3	505.20
H9-1-2	1.4	504.10	H15-1-2	0.6	504.90

注 跨孔测试孔口高程均在505.50m左右。

爆破影响深度直方图如图3.13所示，爆破影响下限高程直方图如图3.14所示。由图3.13可知，河床坝基爆破开挖影响深度下限高程在504.00～504.50m。

根据上述成果，当建基高程选择 504.00～504.50m 以下时，建基面以下岩体整体较完整，以厚层状结构为主，声波波速 $V_p \geqslant 4300\text{m/s}$，岩体透水率小于 5Lu，RQD 为 56%～83%，岩体大部分为 A_{II} 类，且大部分位于开挖爆破影响范围以外，为相对较好的建基面高程。工程最终选择河谷坝基建基面高程为 504.50m。

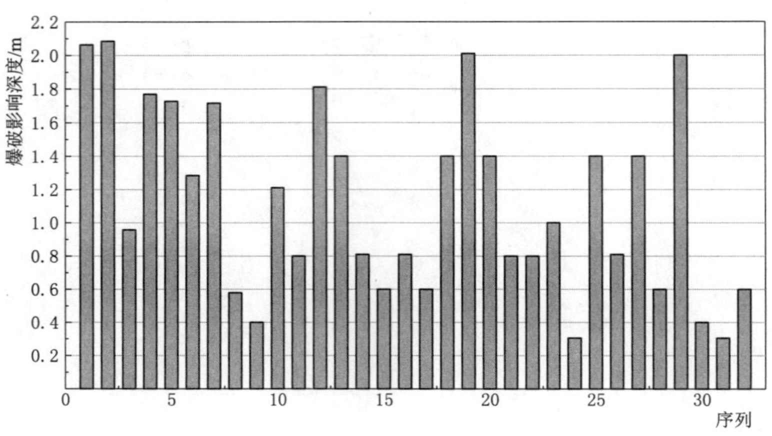

图 3.13　爆破影响深度直方图

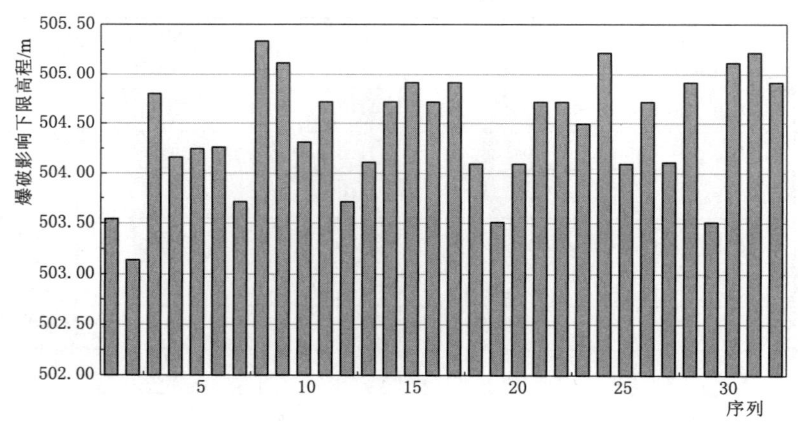

图 3.14　爆破影响下限高程直方图

3.5.2　料场概况及选定情况

三河口水利枢纽工程需要的天然建材有天然混凝土骨料、人工混凝土骨料及块石料、防渗土料几大类。

勘察阶段对天然骨料共选择了五个砂砾料场，坝址上游三个料场，编号分别为八子台

I_1号料场、椒溪河I_3号料场、三河口I_4号料场；坝址下游两个料场，编号分别为艾心村I_5号料场、两河口I_7号料场。勘察阶段选择了四个石料场，其中三个石料场作为人工骨料的料源，一个料场作为块石料源，编号依次为黄草坡II_1号石料场、二郎砭II_3号人工骨料场、柳树沟II_5号人工骨料场、柳木沟II_6号人工骨料场。勘察阶段对防渗土料场选择了一个，位置在坝上游的三河口村，编号为III_1号。勘察阶段设计院对混凝土天然骨料及人工骨料都进行了勘察工作，2011 年 6 月 19—20 日召开了引汉济渭三河口水利枢纽工程施工组织设计专题论证会，与会专家认为天然骨料场存在位置分布比较分散、超粒径含量偏高、各料场砂砾平衡度差，且主要在水下开采等不利条件，提出三河口碾压混凝土坝的骨料拟采用以人工骨料为主的方案。

选择二郎砭料场（硅质板岩）作为人工骨料主料场，柳树沟料场（变质砂岩）作为备用人工骨料场，并进行了勘察工作。在 2012 年 7 月由江河水利水电咨询中心组织的技术咨询会上，专家认为二郎砭、柳树沟人工骨料场石料均存在潜在碱-硅酸反应，属活性骨料，因此专家建议寻找不具碱活性的料源。

根据区域地层分布特征，工程区有较大范围的印支期花岗岩分布，根据相关经验，花岗岩不具碱活性，因此最终选定距坝址运距 9.0km 的柳木沟混合花岗岩作为人工骨料场。根据试验成果该料场无碱活性，人工轧制粗骨料除作为强度大于 C60 的混凝土（Ⅰ类混凝土）时压碎值偏大，其余指标均符合规范对粗骨料的要求；人工轧制细骨料的质量，除了细度模数偏大，其余指标均符合规范对细骨料的质量要求。

本工程的块石料的设计需求量较少，与人工骨料料源采用同一个料场，原岩的质量技术指标可满足块石料的要求。

3.6 小结

根据三河口水利枢纽的地质勘查，对工程地质条件、地质参数、坝址坝轴线选址关键地质问题三个部分进行了概况说明。具体结果如下：

在区域地质中，主要发育深大断裂（一级构造）5 条；近场区主要断裂（二级构造）9 条，工程区主要断层（三级构造）27 条，复式背斜 6 个，复式向斜 6 个；库区岩性可分为变质岩、岩浆岩、第四系松散堆积物，主要地质现象为滑坡和崩塌体；确定地形地貌、地层岩性、地质构造、岩体风化卸荷、水文地质条件、岩溶发育特征和地应力特征；综合考虑岩体强度、岩体结构、完整性、波速及钻孔岩心 RQD 等多种因素，对坝基和坝区岩体的结构和结构面进行了分类；通过室内物理实验得到岩体的抗压强度和抗剪强度的建议值，分析岩体动力特性，进行岩体原位变形及抗剪实验，利用钻孔样本测试弹性模量，获得岩体的动、静力学参数。

对于坝型和坝线比选，在位于 200m 范围内的基岩峡谷区，地质条件相当，间隔距离不大于 80m 的范围内设置两条重力坝线及三条拱坝线，坝基及两坝肩整体抗滑稳定性较好，局部存在抗滑稳定不利结构面，对拱坝坝肩及重力坝坝基（肩）抗滑稳定有一定影响，但经过必要的工程处理后是可以建坝的。综合分析认为，坝址区具有修建重力坝及拱坝的基本地质条件；考虑地形条件及坝基开挖处理工程量，推荐采用拱坝。三条拱坝线岩体主要以变质砂岩和结晶灰岩为主，而中坝线岩脉分布面积相对较小，岩性相对单一，综合分析认为中坝线地质条件优于上、下坝线，推荐中坝线为选定坝线。根据地质勘查结果以及工程对天然建材的需求，选定了料场位置。

对推荐坝线的坝基和左右坝肩的地质问题进行了评价，河谷坝基岩体结构较完整，裂隙不发育；左坝肩未见地面出露较大断层，两坝肩采取固结灌浆加固处理措施，对规模较大的断层破碎带及影响带部分挖除破碎带回填混凝土处理；坝基处采用临时喷锚的措施，河谷坝基建基面高程依据开挖岩体完整程度进行调整，并对建基面进行专门处理。

参考文献

[1] 崔冠英，朱济祥．水利工程地质［M］．4版．北京：中国水利水电出版社，2008：2-3.

[2] 蔡怀恩，张继文，秦广平．浅谈延安黄土丘陵沟壑区地形地貌及工程地质分区［J］．土木工程学报，2015，48（S2）：386-390.

[3] 贺卓文，陈楠．复杂网络理论在黄土高原沟谷地貌特征研究中的应用［J］．地球信息科学学报，2021，23（7）：1196-1207.

[4] 杨雨，黄先平，张健，等．四川盆地寒武系沉积前震旦系顶界岩溶地貌特征及其地质意义［J］．天然气工业，2014，34（3）：38-43.

[5] 吕庆田，张晓培，汤井田，等．金属矿地球物理勘探技术与设备：回顾与进展［J］．地球物理学报，2019，62（10）：3629-3664.

[6] 朱卫平，刘诗华，朱宏伟，等．常用地球物理方法勘探深度研究［J］．地球物理学进展，2017，32（6）：2608-2618.

[7] 高志兵，高玉峰，谭慧明．饱和黏性土最大动剪切模量的室内和原位试验对比研究［J］．岩土工程学报，2010，32（5）：731-735.

[8] 刘明明，胡少华，陈益峰，等．基于高压压水试验的裂隙岩体非线性渗流参数解析模型［J］．水利学报，2016，47（6）：752-762.

[9] ARMAGHANI D J，MOHAMAD E T，HAJIHASSANI M，et al. Application of several non-linear prediction tools for estimating uniaxial compressive strength of granitic rocks and comparison of their performances［J］. Engineering with Computers，2016，32（2）：189-206.

[10] HASSANVAND M，MORADI S，FATTAHI M，et al. Estimation of rock uniaxial compressive strength for an Iranian carbonate oil reservoir：Modeling vs. artificial neural network application［J］. Petroleum Research，2018，3（4）：336-345.

[11] BARZEGAR R，SATTARPOUR M，DEO R，et al. An ensemble tree-based machine learning model for predicting the uniaxial compressive strength of travertine rocks［J］. Neural Computing and Applications，2019：1-16.

[12] MOHAMAD E T，ARMAGHANI D J，MOMENI E，et al. Rock strength estimation：a PSO-based BP approach［J］. Neural Computing and Applications，2018，30（5）：1635-1646.

[13] MU H Q，YUEN K V. Bayesian learning-based data analysis of uniaxial compressive strength of rock：relevance feature selection and prediction reliability assessment［J］. ASCE-ASME Journal of Risk and Uncertainty in Engineering Systems，Part A：Civil Engineering，2020，6（1）：04019018.

[14] 王清玉．岩体完整性系数的确定问题［J］．勘察科学技术，1994（3）：63-64.

[15] DEERE D U，HENDRON A J，PATTON F D，et al. Design of surface and near-surface construc-

tion in rock [C]. Proceedings of the 8th US symposium on rock mechanics (USRMS). Alexandria: American Rock Mechanics Association, 1966: 15 - 17.

[16] BIENIAWSKI Z T. Geomechanics classification of rock masses and its application in tunneling [C]. Proceedings of 3rd International Congress on Rock Mechanics, ISRM, Denver CO, Ⅱ A, 1974: 27 - 32.

[17] BARTON N, LIEN R, LUNDE J. Engineering classification of rock masses for the design of tunnel support [J]. Rock Mechanics, 1974, 6 (4): 189 - 236.

[18] GB/T 50218—2014 工程岩体分级标准 [S]

[19] 王思敬，唐大荣，杨志法，等. 声波技术在工程岩体测试中的初步应用 [J]. 地质科学，1974，3: 269 - 281.

[20] 陈强，聂德新，张勇. 坝基岩体单孔声波对比测试异常问题分析 [J]. 工程地质学报，2012，20 (1): 74 - 81.

[21] 李明超，史博文，韩帅，等. 基于对穿声波波速的岩体完整性多尺度评价新指标与分析方法 [J]. 岩石力学与工程学报，2020，39 (10): 2060 - 2068.

[22] 张程远，万文恺，王爽，等. 基于岩体完整性评价的超声-地震波速度跨尺度转换方法研究 [J]. 岩石力学与工程学报，2018，37 (11): 2435 - 2445.

[23] BERGEN K J, JOHNSON P A, DE HOOP M V, et al. Machine learning for data-driven discovery in solid Earth geoscience [J]. Science, 2019, 363 (6433): eaau0323.

[24] 李清波，杜朋召. 基于边缘阈值分割的钻孔图像 RQD 自动分析方法研究 [J]. 岩土工程学报，2020，42 (11): 2153 - 2160.

[25] GHOLAMI R, RASOULI V, ALIMORADI A. Improved RMR rock mass classification using artificial intelligence algorithms [J]. Rock Mechanics and Rock Engineering, 2013, 46 (5): 1199 - 1209.

[26] LIN D, LOU F, YUAN R, et al. Rock mass characterization for shallow granite by integrating rock core indices and seismic velocity [J]. International Journal of Rock Mechanics and Mining Sciences, 2017, 93: 130 - 137.

[27] 徐伟，胡新丽，黄磊，等. 结构面三维网络模拟计算 RQD 及精度对比研究 [J]. 岩石力学与工程学报，2012，31 (4): 822 - 833.

[28] SALAAMAH A F, FATHANI T F, WILOPO W. Correlation of p-wave velocity with rock quality designation (RQD) in volcanic rocks [J]. Journal of Applied Geology, 2018, 3 (2): 11 - 21.

[29] SARICAM T, OZTUR H. Estimation of RQD by digital image analysis using a shadow-based method [J]. International Journal of Rock Mechanics and Mining Sciences, 2018, 112: 253 - 265.

[30] WANG J, WANG C. Analysis and evaluation of coral reef integrity based on borehole camera technology [J]. Marine Georesources & Geotechnology, 2017, 35 (1): 26 - 33.

[31] PRANGE M D, LEFRANCE M. Characterizing fracture geometry from borehole images [J]. Mathematical Geosciences, 2018, 50 (4): 447 - 476.

[32] LAI J, WANG G, FAN Z, et al. Fracture detection in oil-based drilling mud using a combination of borehole image and sonic logs [J]. Marine and Petroleum Geology, 2017, 84: 195 - 214.

[33] 王海成. 三河口水库坝址区工程地质条件分析与坝址选择 [J]. 水资源与水工程学报，2012，23 (3): 156 - 159.

[34] 孙佳乾，张根广，陈隆，等. 引汉济渭工程三河口抽水供水发电系统模型试验 [J]. 西北农林科技大学学报：自然科学版，2015，43 (3): 211 - 218.

[35] 谷德振. 岩体工程地质力学基础 [M]. 北京：科学出版社，1979.

[36] 陈剑平，范建华，刘迪. RQD 应用与研究的回顾与展望 [J]. 岩土力学，2005，26 (S2): 249 - 252.

[37] 杨光辉，毛慧龙. 岩石质量指标 (RQD) 应用中存在问题的商榷 [J]. 工程勘察，2010 (S1):

158－160.

[38] 薛龙可，周秋景，杨波．三河口拱坝初设体型合理性分析［J］．中国水利水电科学研究院学报，2013，11（4）：274－278，283.

[39] 王栋，赵玮，张建华，等．三河口碾压混凝土拱坝河谷段建基面优化研究［J］．水利与建筑工程学报，2018，16（2）：173－177.

[40] 张兴安，曾国洪，党建涛，等．三河口水库拱坝建基面选择及优化效果验证［J］．长江科学院院报，2020，37（3）：114－117，124.

第4章　工程规划与枢纽布置

4.1　概述

本章论述了引汉济渭工程的枢纽总布置，详细介绍了三河口水利枢纽的主要建筑物，包括挡水大坝、泄水及消能建筑物以及发电厂房等其他建筑物。通过对可研阶段不同设计方案的技术经济比较，本章详细阐述了三河口水库特征水位的确定、厂房布置形式的确定以及消力塘形式的比选。最后，本章重点补充了三河口水利枢纽消能布置以及消力塘模型实验等相关内容。

一直以来，国内外研究学者对于水利枢纽布置、水库特征水位的确定、大坝工作性态分析及消能防冲设计等方面展开了大量的研究，相关研究成果指导并应用于工程实际，使得库坝设计系统更加科学合理。

如在水利枢纽布置方面，胡孔中等[1]对潘口水电站的厂区布置与结构设计进行了研究；徐建军等[2]对杨房沟水电站枢纽布置、枢纽区危岩治理、坝体体形优化、泄洪消能建筑物优化等方面进行了分析；甄燕等[3]对金桥水电站可研阶段的枢纽布置与设计进行了研究；罗承昌等[4]、郑湘文等[5]对黄金峡水利枢纽泵站、电站的布置进行了分析研究；薛一峰等[6]对三河口水利枢纽厂房安装间结构布置与设计的安全性进行了研究。

对于水库特征水位的确定，张厚军等[7]根据西霞院水库的地形特点、运用方式以及来水来沙条件等因素，在水库淤积形态分析的基础上，对水库的汛期限制水位、水库正常蓄水位进行了充分的分析和论证；覃新闻[8]在充分考虑生态、灌溉、发电等部门的用水要求基础上，研究了叶尔羌河流域水资源合理配置模型及其求解方法，并在水资源合理配置的前提下，用多种方法进行了阿尔塔什水库特征水位的优选；曹国良等[9]研究了反调节水库死水位和正常蓄水位选择主要考虑的因素，并根据其初选的水位验证反调节兴利库容的合理性，确定合理的正常蓄水位和死水位；李玮等[10]回顾了国内外水库防洪调度的发展概况，分析了国内各种汛限水位的确定方法，并从系统的角度分析了影响汛限水位的因素；针对引汉济渭工程运行初期三河口水库研究不足，魏健等[11]开展了三河口水库多目标调度规律的研究；范旻[12]对三河口水库初期蓄水三种不同的蓄水方案进行比较，根据规范要求，结合三河口水利枢纽水库蓄、供水特点，初步比选出了以蓄水速率来控制水库蓄水的蓄水方案作为三河口水库初期蓄水方案。

对于大坝工作性态的分析，王志宏等[13]通过对坝体变形、坝体应力应变、坝基渗流、坝体温度场等分析，对构皮滩拱坝初期蓄水工作性态进行了初步分析和评述；罗丹旎等[14]和张冲等[15]通过有限元模拟等方法对溪洛渡特高拱坝初期蓄水后的工作性态进行了分析和评价；李金洋等[16]基于溪洛渡拱坝初期蓄水期 540m、560m、580m、600m 四个不同特征水位坝体各类监测资料的分析，通过三维数值模型对溪洛渡拱坝的工作性态进行了反馈分析与预测；苗强等[17]根据大坝安全监测资料，对丰满重建工程蓄水初期坝体及坝基的变形、渗流、应力等的时空分布规律进行了分析，进而对大坝整体工作性态进行了评价；吴世勇等[18-19]通过对二滩大坝和雅砻江官地大坝的监测资料进行整编分析，对大坝的长期运行性态进行了分析。

在高拱坝消能防冲设计方面的研究，傅佩芬[20]通过对二滩水电站双曲拱坝消能方案试验资料的分析研究，提出了计算冲击区瞬时最大动水压力的经验公式；何若飞[21]通过理论计算和模型试验两种方法对比分析了严寒地区某拱坝工程水垫塘底板压力特征值等特性，并对其底板的稳定性进行了复核；张少济等[22]以某拱坝消力塘水工模型试验为背景，对比分析了透水防护结构与不透水防护结构水流脉动压力及其空间尺度、消力塘底板尺寸之间的关系，其研究成果为水垫塘防护结构“主动防护”模式在工程中的应用做出了积极探索；杨国瑞[23]结合二滩水电站的试验研究成果，从国内外研究成果分析、国外已建工程动水压力和底板厚考虑、国外已建工程冲量和动水压力衡量等三个方面对动水压力的允许值进行了探讨，论证了它和表孔布置形式、消力塘衬砌厚度的关系；彭新民等[24]通过实验分析，研究了冲击射流下水垫塘拱形底板的失稳形式，量测了底板上下表面的压强分布；张廷芳等[25]结合工程试验，探讨了水垫塘底板失稳破坏机制，分析了底板浮升和翻转失稳的条件，并对护坦板厚度、锚筋作用和地基条件对底板稳定影响进行了初步研究；王继敏[26]从底流消能和挑（跌）流消能防护结构工程问题出发，从水力特性和结构特性两方面综合研究了水平底板、反拱形底板及护坡的受力特性、稳定机理，对影响泄洪消能防护结构稳定的主要因素进行了分析。

4.2　枢纽总布置

引汉济渭工程总布置可以概括为“两坝一洞”。“两坝”指的是黄金峡水利枢纽和三河口水利枢纽，“一洞”指的是从黄金峡到关中出口的无压引水隧洞，其中包括黄三段和越岭段，黄三段指由黄金峡水利枢纽至三河口水利枢纽的隧洞段，越岭段指穿越秦岭主峰段隧洞。在两个大坝处均设置泵站，在黄金峡泵站提升的水量大部分直接通过输水隧洞送至关中，汛期多余水量通过三河口水库泵站抽送到三河口水库调蓄。

三河口水利枢纽坝址位于子午河佛坪县大河坝镇上游约 3.8km 处的子午河峡谷下游段[27]，水库总库容为 7.1 亿 m^3，调节库容为 6.5 亿 m^3。引水（送入输水洞）设计最大流量为 70m^3/s，下游生态放水设计流量为 2.71m^3/s。设计抽水流量为 18m^3/s，发电引水设计流量为 72.71m^3/s，抽水采用 2 台可逆式机组，发电除采用 2 台常规水轮发电机组外，还与抽水共用 2 台可逆式机组。发电系统总装机容量为 64MW，其中常规水轮发电机组 40MW，可逆式机组 24MW。水库大坝采用碾压混凝土拱坝，泄洪采用坝身泄洪系统，在大坝下游右岸设置引水发电系统，通过设置的连接洞将发电尾水同控制闸连接。在大坝下游设 200m 长消力塘满足泄洪消能要求，同时在电站尾水池内设排沙闸和生态放水管，三河口水利枢纽工程三维模型如图 4.1 所示。

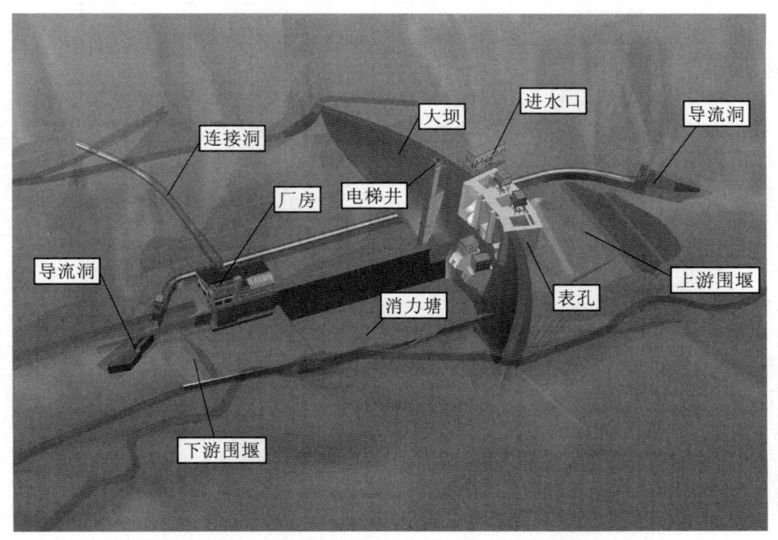

图 4.1 三河口水利枢纽工程三维模型

4.3 水库特征水位

4.3.1 正常蓄水位

可研阶段对三河口水库正常蓄水位进行了 641m、642m、643m、645m 四个方案的技术、经济比选，最终推荐 643m 方案为三河口水库的正常蓄水位。

初设阶段在库区淹没详查的基础上，充分考虑西汉高速公路玉潭段路基防淹因素，为防止水库泥沙淤积，三河口水库能够满足过设计流量 70m^3/s 的死水位为 558m，在可研推荐的正常蓄水位 643m 方案基础上，根据水文资料延长情况，对正常蓄水位 643m 方案进行复核，并对三河口水库正常蓄水位 642m、643m、644m 三个方案进行细化与优选工作。

按照调水系统工程四水源联合调节的运行方式和调节原则，在三河口水库死水位为 558m 时，进行三河口水库正常蓄水位 642m、643m、644m 三个方案同等深度的调节、调洪、回水计算、淹没投资等综合对比分析，结果见表 4.1。

表 4.1 调水 10 亿 m^3 的三河口水库不同正常蓄水位方案技术经济比较

项目		单位	方案Ⅰ	方案Ⅱ	方案Ⅲ	方案Ⅳ
三河口水利枢纽工程	正常蓄水位比较	m	642	643	643	644
	汛限水位	m		642		
	死水位	m	558	558	558	558
	调蓄库容	亿 m^3	6.34	6.50	6.50	6.65

续表

项 目			单位	方案Ⅰ	方案Ⅱ	方案Ⅲ	方案Ⅳ
三河口水利枢纽工程	调水量		亿 m^3	4.49	4.53	4.53	4.54
	泵站抽水流量		m^3/s	12	12	12	12
	水库蓄满率		%	19.64	19.64	19.64	16.07
	水库放空率		%	10.70	7.14	7.14	1.79
	西汉高速龙王潭涵洞底板最低高程		m	642.28	642.28	642.28	642.28
	1%频率洪水在龙王潭回水高程		m	642.24	642.24	643.31	644.23
	回水尖灭点断面			W22	W22	W22	W23
	尖灭点水位高程		m	647.30	647.30	647.33	651.24
	回水长度		km	28.251	28.251	28.251	28.850
	主要淹没指标	耕地	亩	6633.74	6833.74	6852.74	6879.36
		林地	亩	13087.42	13425.78	13525.78	13835.44
		拆迁房屋	万 m^2	34.55	34.57	34.58	36.32
		人口	人	3910	4144	4144	4319
		淹没投资	亿元	19.85	21.98	22.07	22.49
	发电、耗电、指标	电站装机	MW	45	45	45	45
		电站发电量	亿 kW·h	0.933	0.944	0.945	0.974
		年利用小时数	h	2073	2099	2100	2164
		泵站抽水量	亿 m^3	0.350	0.410	0.410	0.411
		泵站耗电量	亿 kW·h	0.135	0.140	0.140	0.141
	起调水位		m	642	642	643	644
	设计洪水位		m	642.95	642.95	643.39	644.35
	校核洪水位		m	644.70	644.70	645.08	646.36
	坝顶高程		m	645.80	646.00	646.70	647.00
	工程投资		亿元	47.74	47.84	48.17	48.50
	经济效益费用比				2.13	2.11	2.10
受水区受水对象需水量			亿 m^3	15.991	15.991	15.991	15.991
秦岭输水隧洞进口调水量			亿 m^3	9.979	10.000	10.002	10.003
秦岭输水隧洞出口供水量			亿 m^3	9.282	9.300	9.301	9.302
调水系统工程供水量			亿 m^3	15.819	15.840	15.841	15.841
联合供水时段保证率			%	94.74	95.00	95.04	95.04
联合供水时段最小供水度			%	56.51	70.09	70.09	70.11
联合供水年最小供水度			%	78.685	81.633	81.803	81.843

根据表 4.1 的比较结果可知：

(1) 方案Ⅰ的三河口水库正常蓄水位 642m 方案与黄金峡水库选定的正常蓄水位

450m，汛限水位为448m，死水位为440m，受水区黑河水库、地下水进行联合调节不能满足调水10亿m^3方案调水保证率与供水满足程度的要求；方案Ⅱ、方案Ⅲ、方案Ⅳ三河口水库正常蓄水位643m、644m三个方案的四水源联合调节计算均能满足引汉济渭调水10亿m^3的调水量、供水保证率、供水度的要求。

(2) 根据水库利用允许可调水量，满足调水任务的是方案Ⅲ、方案Ⅳ。当正常蓄水位从643m抬高到644m，调蓄库容增大了0.15亿m^3，多年平均调水量仅增加了0.01亿m^3，蓄黄金峡的抽水量多年平均也仅增加了0.001亿m^3。这说明在批复的允许可调水量条件下，三河口正常蓄水位643m、调蓄库容6.50亿m^3可以将允许的可调水量年际年内径流的不均匀性调蓄得相对比较充分。从资源利用分析，正常蓄水位以643m相对为优。

(3) 从水库淹没投资角度看，各正常蓄水位方案的水库淹没实物指标不同，满足调水任务的三河口水库正常蓄水位643m、644m的淹没投资分别为22.07亿元、22.49亿元，以正常蓄水位643m的淹没指标相对较小为优。

(4) 从工程的经济效益费用比分析，满足调水任务的水库正常蓄水位643m及汛限水位642m、正常蓄水位643m、正常蓄水位644m的经济效益费用比分别为2.13、2.11、2.10，均大于1，说明工程方案在经济上是合理的，且以正常蓄水位643m、汛限水位642m的经济效益费用比2.13为相对较高，方案为较优。

综上所述，调水10亿m^3情况下，从满足调水任务、减少库区淹没角度，对工程的经济效益费用比综合分析，确定三河口水库正常蓄水位为643m。

4.3.2 汛限水位

由于三河口库区移民淹没投资相对较大，建库后泥沙淤积工况的正常蓄水位643m水位在龙王潭处1%频率洪水情况下的回水高程为643.31m，超过了西汉高速龙王潭处涵洞底板的最低高程642.28m，影响了涵洞的泄洪。为了减少回水对西汉高速龙王潭处涵洞过水能力的影响，有必要对汛期水位进行必要的复核分析。

可研阶段三河口水库汛期水位进行了641m、642m、643m三个方案的技术、经济比选，推荐汛期限制水位642m方案。

在确定的正常蓄水位643m、死水位558m情况下，初设阶段根据水文资料延长情况，对三河口汛限水位641m、642m、643m三个方案进行调水10亿m^3的调洪、回水计算与淹没投资等的复核比较工作，综合比较见表4.2。

表4.2　调水10亿m^3的三河口水库不同汛限水位方案综合比较复核

项目		单位	方案Ⅰ	方案Ⅱ	方案Ⅲ
三河口水利枢纽工程	汛限水位比较	m	641	642	643
	正常蓄水位	m	643	643	643
	死水位	m	558	558	558
	调水量	亿m^3	4.51	4.53	4.54
	泵站抽水流量	m^3/s	12	12	12

续表

项　　目			单位	方案Ⅰ	方案Ⅱ	方案Ⅲ
三河口水利枢纽工程	泵站抽水量		亿 m^3	0.412	0.410	0.411
	泵站耗电量		亿 kW·h	0.138	0.140	0.141
	泵站年运行费		亿元	0.077	0.078	0.079
	电站发电量		亿 kW·h	0.993	0.995	0.996
	水库蓄满率		%	21.40	19.64	19.64
	水库放空率		%	10.71	7.14	7.14
	西汉高速龙王潭涵洞底板最低高程		m	642.28	642.28	642.28
	1%频率洪水在龙王潭回水高程		m	641.42	642.22	643.30
	回水尖灭点断面			W22	W22	W22
	尖灭点水位高程		m	647.29	647.30	647.33
	回水长度		km	28.251	28.251	28.251
	淹没指标	耕地	亩	6752.23	6833.74	6852.74
		林地	亩	133012.28	13425.78	13525.78
		拆迁房屋	m^2	34.24	34.57	34.58
		人口	人	4025	4144	4144
		淹没投资	亿元	21.48	21.98	22.07
	起调水位		m	641	642	643
	设计洪水位		m	641.40	642.95	643.39
	校核洪水位		m	643.10	644.70	645.08
坝顶高程			m	645.20	646.00	646.70
工程总投资			亿元	47.55	47.84	48.17
经济效益费用比					2.13	2.11
受水区受水对象需水量			亿 m^3	15.991	15.991	15.991
秦岭输水隧洞进口多年平均调水量			亿 m^3	9.987	10.000	10.002
秦岭输水隧洞出口多年平均供水量			亿 m^3	9.289	9.300	9.302
调水系统工程供水量			亿 m^3	15.827	15.84	15.841
调水系统工程供水时段保证率			%	94.83	95.00	95.04
调水系统工程时段最小供水度			%	67.752	70.085	70.123
调水系统工程年最小供水度			%	78.865	81.633	81.803

从表 4.2 可知，方案Ⅰ的三河口水库正常蓄水位 643m、汛限水位 641m 方案不能满足调水 10 亿 m^3 方案调水保证率与供水满足程度的要求；方案Ⅱ、方案Ⅲ三河口水库汛限水位 642m、643m 两个方案的四水源联合调节计算均能满足引汉济渭调水10 亿 m^3 的调水量、保证率、供水度的要求。但方案Ⅲ在西汉高速龙王潭处涵洞的回水高程为 643.30m，高于涵洞底板最低高程 642.28m，对涵洞有影响。方案Ⅱ在西汉高速龙王潭处涵洞的回水高程为 642.22m，低于涵洞底板最低高程 642.28m，对涵洞没有影响。从回

水计算结果分析，以汛限水位 642m 相对合适。

当三河口水库汛限水位为 642m 时，确定坝高为 646m，总投资 47.84 亿元，从而减低坝高的工程投资。同时经济效益费用比为 2.13，数值大于 1，说明该方案在经济上是合理的。因此水库汛期限制水位为 642m 是较优方案。

4.3.3 死水位

根据可研阶段结合输水隧洞的布置情况，三河口水库死水位区间为 588～540m，从死水位为 588～540m 分别进行了结合输水隧洞布置的四水源联合调节计算。对三河口水库死水位 564m、558m、550m、544m 四个方案的调水系统工程的技术、经济进行综合比选，推荐方案定为死水位 558m，最极限运用死水位为 544m。

初设阶段以水文资料延长情况为基础，在满足三河口水库向受水区自流输水设计流量 $70m^3/s$ 的原则下，综合考虑水库泥沙淤积、黄金峡水库水位、黄三段及越岭输水建筑物进出口布置要求，并结合隧洞比降、扬程等情况复核经济合理的三河口水库死水位。

根据三河口水库坝址泥沙淤积量的计算，确定泥沙淤积对死水位的影响。多年平均悬移质输沙量为 43.08 万 t，容重按 $1.3t/m^3$，合约 33.14 万 m^3；多年平均推移质输沙量为 8.62 万 t，容重按 $1.5t/m^3$，合约 5.75 万 m^3。则水库坝址多年平均输沙量为 51.70 万 t，合约 38.89 万 m^3。根据地质资料，三河口水库坍岸量为 38.5 万 m^3，滑坡量为 109.3 万 m^3。由三河口水库泥沙淤积形态分析计算结果得知，水库库区的泥沙淤积形态为典型的三角洲淤积形态。水库 50 年的坝前泥沙淤积面高程为 529.10m。

三河口水库供水经电站尾水池通过平洞段及汇流池自流进入秦岭输水隧洞，根据水库坝后电站布置情况确定发电要求最低水位。按压力管道淹没出流公式计算满足引水流量 $70m^3/s$ 的坝后电站水库最低水位为 558m。根据动能计算结果，结合机组选型要求，满足机组发电的最低水库水位为 593m。

为满足秦岭输水隧洞自流引取设计流量 $70m^3/s$ 需要的三河口水库死水位需求，按出口底板高程 510.00m 分别计算秦岭输水隧洞比降 $i=1/2000$、$i=1/2500$ 和 $i=1/3100$ 三种死水位方案。在满足引水洞压力进水的最小淹没深度情况下，三种方案的三河口水库最低死水位分别为 558m、550m 和 544m。

按照调水 10 亿 m^3 引汉济渭调水系统工程调水区与受水区四水源联合调节的运行方式和调节原则，在可研阶段推荐的水库死水位 558m、最极限运用死水位 544m 基础上，结合秦岭输水隧洞不同比降布置，初设阶段进行了死水位 558m、550m、544m 的四个方案秦岭输水隧洞不同比降、水库供水需要、黄金峡泵站能耗指标的综合对比，确定三河口水库死水位结果，见表 4.3。

表 4.3　调水 10 亿 m^3 三河口水库不同死水位方案技术经济综合比较复核

项　目		单位	方案Ⅰ	方案Ⅱ	方案Ⅲ	方案Ⅳ
黄金峡水利枢纽	正常/汛限水位	m	450/448			
	死水位	m	440			
	调水量	亿 m^3	5.550	5.550	5.546	5.553

续表

项　目		单位	方案Ⅰ	方案Ⅱ	方案Ⅲ	方案Ⅳ
黄金峡水利枢纽	泵站上水面高程	m	564.15	554.43	554.43	548.00
	设计总扬程	m	126.0	116.0	116.0	109.6
	装机规模	MW	138.6	129.5	129.5	118.3
	耗电量	亿 kW·h	2.08	1.85	1.85	1.57
	抽水电费	亿元	0.998	0.888	0.888	0.754
	调水工程投资	亿元	26.83	26.65	26.65	26.39
黄三段	设计流量	m^3/s	70			
	隧洞长度	km	16.481			
	比降		1/2000	1/2500	1/2500	1/3100
	断面尺寸	m×m	6.44×6.44	6.76×6.76	6.76×6.76	7.0×7.0
	断面水深	m	4.716	4.880	4.880	5.121
	进/出口底板高程	m	559.11/550.89	549.23/542.65	549.23/542.65	542.57/537.26
	进/出口设计水位	m	563.83/555.61	554.11/547.53	554.11/547.53	547.69/542.38
	投资	亿元	3.96	4.37	4.37	4.69
越岭段	设计流量	m^3/s	70			
	隧洞长度	km	81.779			
	比降		1/2000	1/2500	1/2500	1/3100
	断面尺寸 马蹄形	m×m	6.44×6.44	6.76×6.76	6.76×6.76	6.96×6.96
	断面尺寸 圆形	m	7.74	8.02	8.02	8.28
	断面水深	m	4.72	4.87	4.87	5.09
	进/出口底板高程	m	550.89/510.00	542.65/510.00	542.65/510.00	537.26/510.00
	进/出口设计水位	m	555.61/514.72	547.53/514.87	547.53/514.87	542.35/515.09
	投资	亿元	63.75	66.12	66.12	67.50
三河口水利枢纽	正常蓄水位	m	643	643	643	643
	汛限水位	m	642	642	642	642
	正常运行死水位	m	558	558	550	544
	特枯年运行死水位		544			
	调蓄库容	亿 m^3	6.50	6.50	6.61	6.65
	调水量	亿 m^3	4.530	4.530	4.534	4.535
	设计扬程	m	89.3	97.7	97.7	104.3
	泵站抽水流量	m^3/s	12	12	12	12
	泵站抽水量	亿 m^3	0.41	0.41	0.412	0.413
	装机规模	MW	24.6	27.0	27.0	28.8
	耗电量	亿 kW·h	0.13	0.14	0.14	0.15
	抽水电费	亿元	0.07	0.07	0.07	0.08

续表

项目		单位	方案Ⅰ	方案Ⅱ	方案Ⅲ	方案Ⅳ
三河口水利枢纽	水库蓄满率	%	19.64	19.64	19.64	19.64
	水库放空率	%	7.14	7.14	5.36	3.57
	调水工程投资	亿元	46.41			
受水区受水对象需水量		亿 m^3	15.991	15.991	15.991	15.991
越岭段隧洞进口调水量		亿 m^3	10.000	10.000	10.002	10.004
秦岭输水隧洞出口供水量		亿 m^3	9.300	9.300	9.302	9.304
调水系统工程供水量		亿 m^3	15.840	15.840	15.842	15.844
供水时段保证率		%	95.00	95.00	95.04	95.10
时段最小供水度		%	70.023	70.023	70.225	70.357
年最小供水度		%	81.803	81.803	81.826	81.843
调水工程总投资		亿元	140.95	143.55	143.55	144.99
总费用现值		亿元	129.87	132.06	132.06	133.04

在满足调水任务情况下，根据水库供水需要的调节库容、黄金峡水库正常蓄水位、三河口水库不同死水位、黄金峡泵站投资、泵站抽水能耗指标等进行综合比较，其方案比较的各部分投资为同一价格水平。从表4.3可知：

(1) 从满足调水任务分析：三河口水库死水位558m、550m、544m与死水位558m，特枯年运用死水位544m四个方案的四水源联合调节计算均能满足引汉济渭调水10亿 m^3 的调水量、调水系统供水保证率、供水度的要求。

(2) 从死水位与秦岭输水隧洞的投资分析：满足调水任务的死水位为558m以下的方案，在秦岭输水隧洞出口高程510.00m情况下，针对三河口死水位558m方案，选择秦岭输水隧洞选定线路对应的比降为1/2000，进行黄金峡泵站能耗指标、工程投资的计算，总费用现值为129.87亿元；针对三河口死水位550m方案，选择秦岭输水隧洞选定线路对应的比降为1/2500，进行黄金峡泵站能耗指标、工程投资的计算，总费用现值为132.06亿元；针对三河口死水位544m方案，选择秦岭输水隧洞选定线路对应的比降为1/3100，进行黄金峡泵站能耗指标、工程投资的计算，总费用现值为133.04亿元。以总费用现值为129.87亿元的死水位558m方案相对最优。显然，从经济合理性分析，经济合理的方案为正常运行死水位558m。

(3) 从特枯年份抽取三河口水库正常死水位以下水量分析，死水位558m方案、隧洞比降1/2000对应的越岭段起点高程为550.89m，不能满足本工程特枯年份需抽取三河口水库544～558m水位之间的1740万 m^3 的应急供水量要求；死水位558m方案、隧洞比降1/2500对应的越岭段起点高程为542.65m，可以满足本工程特枯年份需抽取三河口水库544～558m水位之间的1740万 m^3 的应急供水量要求。

综上所述，从满足调水任务要求，在结合秦岭输水隧洞比降、调蓄库容、泵站耗能指标等综合技术经济复核比较后，推荐经济合理的三河口水库正常运行死水位为 558m、特枯年运行死水位为 544m 方案。

4.3.4　调水 15 亿 m³ 方案水库水位

根据调水 10 亿 m³ 的三河口水库四水源联合调节、泥沙淤积、回水计算、调洪计算等综合确定的三河口水库水位为：正常蓄水位 643m、汛限水位 642m、正常运行死水位 558m。就调水 15 亿 m³ 的黄金峡水库工程规模确定情况，进行确定的三河口水库工程规模的四水源联合调节、泥沙淤积、回水计算、调洪计算等复核工作。调水 15 亿 m³ 的三河口水库不同正常蓄水位方案复核对比见表 4.4。

表 4.4　调水 15 亿 m³ 的三河口水库不同正常蓄水位方案复核对比

项　目		单位	调水 15 亿 m³ 工程规模
黄金峡水利枢纽工程	正常蓄水位/汛限水位	m	450/448
	死水位	m	440
	调节库容（50 年淤积）	亿 m³	0.714
	调水量	亿 m³	9.69
	抽水流量	m³/s	70
	水库蓄满率	%	98.21
	水库放空率	%	87.5
三河口水利枢纽工程	正常蓄水位	m	643
	汛限水位	m	642
	正常运行死水位	m	558
	调节库容（50 年淤积）	亿 m³	6.50
	调水量	亿 m³	5.46
	泵站抽水流量	m³/s	18
	泵站抽水量	亿 m³	0.59
	水库蓄满率	%	16.07
	水库放空率	%	10.71
受水区黑河水库工程	正常蓄水位	m	594
	汛限水位	m	591
	死水位	m	520
	生活与工业供水量	亿 m³	2.416
	农业供水量	亿 m³	0.963
	农业供水保证率	%	50.88
	农业供水保证率	%	50.910
	水库蓄满率	%	74.074
	水库放空率	%	9.259

续表

项目		单位	调水15亿m^3工程规模
受水区地下水	多年平均供水量	亿m^3	4.271
	最小年供水量	亿m^3	0.591
	最大年供水量	亿m^3	8.245
受水区受水对象需水量		亿m^3	20.867
秦岭输水隧洞进口调水量		亿m^3	15.00
秦岭输水隧洞出口供水量		亿m^3	13.95
调水系统工程供水量		亿m^3	20.637
调水系统工程供水时段保证率		%	95.04
调水系统工程时段最小供水度		%	71.096
调水系统工程年最小供水度		%	80.402

从表4.4可以看出，调水10亿m^3的确定的三河口水库工程规模正常蓄水位643m、汛限水位642m、死水位558m，在允许可调水量限制情况下，不仅可以满足调水10亿m^3的调水量、供水保证率95%、供水度的要求，同样可以满足调水15亿m^3拟合的允许可调水量限制情况下，调水量、供水保证率95%、供水度的要求。因此，通过调水10亿m^3与调水15亿m^3同等深度的四水源联合调节、泥沙淤积、回水计算、调洪计算等综合分析论证，确定三河口水库水位为：正常蓄水位643m、汛限水位642m、正常运行死水位558m、特枯年运行死水位为544m。

4.4 大坝

4.4.1 双曲拱坝

大坝采用抛物线型碾压混凝土双曲拱坝，坝顶高程为646.00m，坝底高程504.50m，最大坝高141.5m，坝顶宽9.0m，坝底拱冠厚36.604m。坝顶上游弧长472.153m，最大中心角92.04°，位于602.00m高程；最小中心角49.48°，位于504.50m高程。拱圈中心轴线在拱冠处最大曲率半径在左岸为204.209m，在右岸为201.943m，最小曲率半径在左岸为105.187m，在右岸为100.269m；大坝宽高比为2.87，厚高比为0.26，柔度系数为11.3，上游面最大倒悬度为0.16，下游面最大倒悬度为0.19。

坝内共布置三层纵向廊道：高程分别为515.00m、565.00m和610.00m，各高程廊道分别与两岸灌浆隧洞相接，同时为满足枢纽的垂直交通要求，在坝后泄洪坝段右侧设一部电梯通至坝顶，连接各层廊道。

根据大坝应力分析结果，碾压混凝土拱坝坝身共设置四条诱导缝和五条横缝，均为径向布置，大坝不设纵缝。大坝横缝面设置键槽，并埋设灌浆系统，诱导缝埋设诱导板并预埋灌浆系统。大坝基本剖面设计图、平面图和上下游立视图分别如图 4.2～图 4.5 所示。

4.4.2　坝体泄洪及消能

大坝通过坝身泄洪表孔和泄洪底孔进行泄洪。泄洪表孔采用浅孔布置形式，泄洪底孔相间布置在三个表孔之间，形成三表孔两底孔的布置格局。

泄洪表孔沿拱坝中心线布置，孔口尺寸为 15m×15m（宽×高）。堰顶高程 628.00m，堰顶原点上游曲线采用椭圆弧与上游坡相接，堰顶原点下游曲线采用 WES 曲线，后接反弧段，再与出口挑坎相连。两个底孔布置在 550.00m 高程，相间布置在三个泄洪表孔中间，设计水位下表孔泄洪量设计值为 5070m^3/s，校核水位下表孔泄洪量设计值为 6020m^3/s；设计水位下底孔泄洪量设计值为 1540m^3/s，校核水位下底孔泄洪量设计值为 1560m^3/s。

大坝采用挑流方式消能，为减轻对坝脚及下游河床的冲刷，下游设置消力塘。消力塘底宽 70m，长 200m，采用混凝土进行底板衬砌，两岸 546.50m 高程以下采用混凝土护坡，防止水流冲刷，保证边坡的稳定安全。

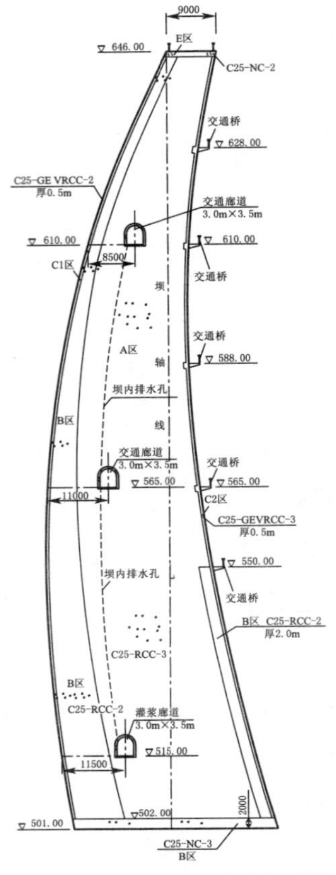

图 4.2　三河口大坝基本剖面设计图

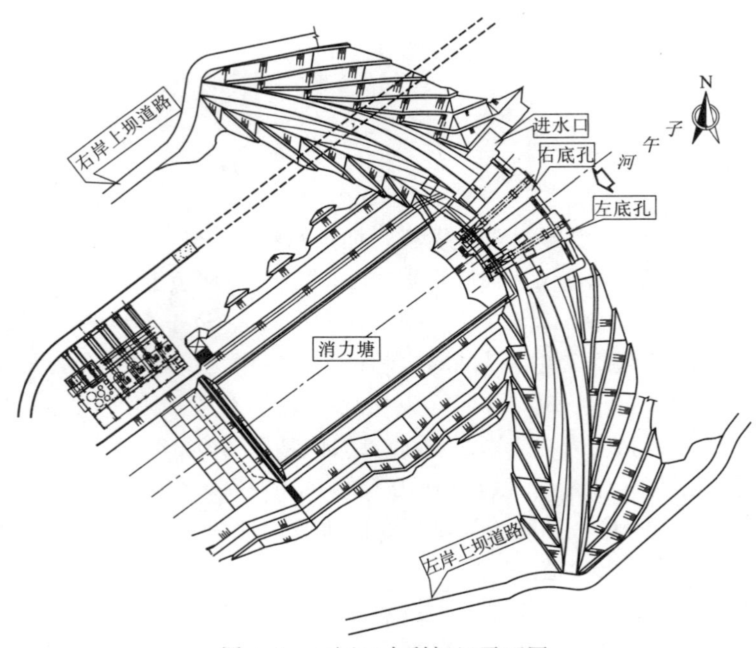

图 4.3　三河口水利枢纽平面图

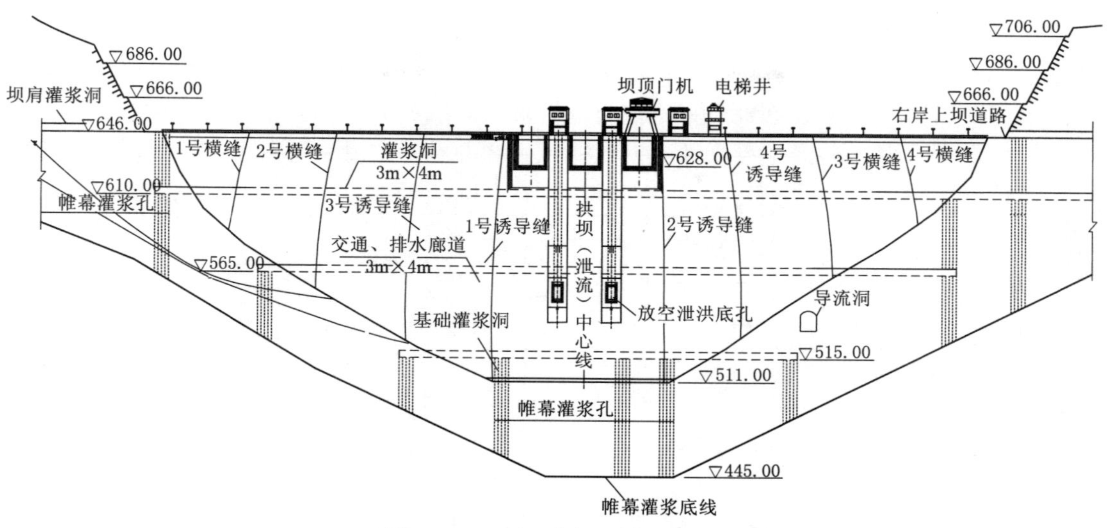

图 4.4 三河口大坝上游立视图

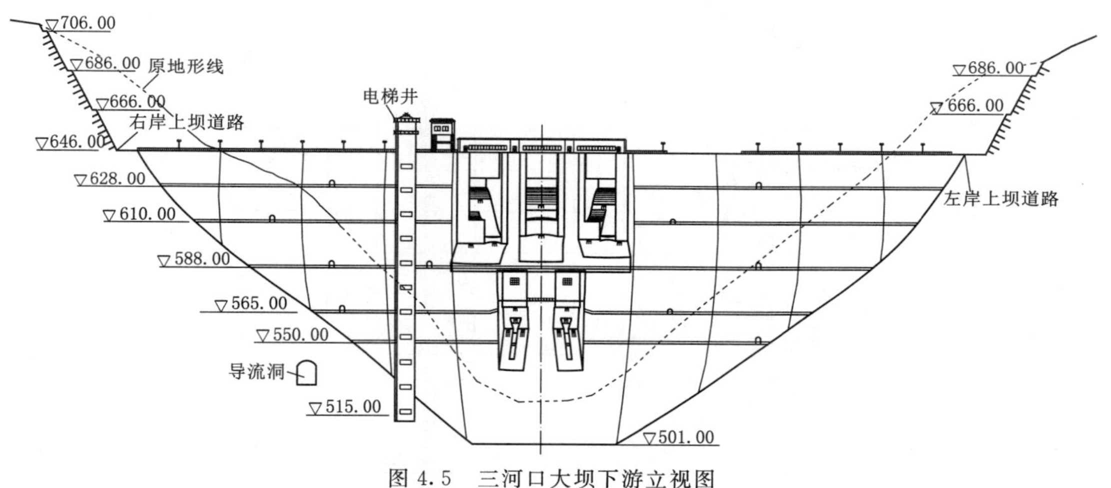

图 4.5 三河口大坝下游立视图

4.5 供水系统与发电厂房

4.5.1 供水与发电调度方式

引汉济渭工程涉及两个供水水源地：调水区水源地和受水区水源地。调水区水源地包括黄金峡水库和三河口水库；受水区水源地包括黑河金盆水库和地下水。调水区水源地供水主要以三河口水库为中心，实现三河口水库和黄金峡水库的联合调度，调度目标尽量充分利用允许可调水量，通过水库进行多年调节，减少年际供水差别，提高枯水年调水量。受水区水源地黑河金盆水库通过水库调度线在实现原有用户用水的条件下，进行补偿调节解决缺水问题。在丰水年主要通过地表水供水，枯水年则抽取部分地下水以提高供水保证率并减小供水的破坏深度。

为充分发挥优化调度运行方案，将三河口水库、黄金峡水库与受水区黑河金盆水库和地下水纳入整体进行供水调度及调节计算。在多方案研究比选的基础上确定三河口水库调度运行图（图4.6），工程在此基础上进行联合调度，工程调度示意如图4.7所示。

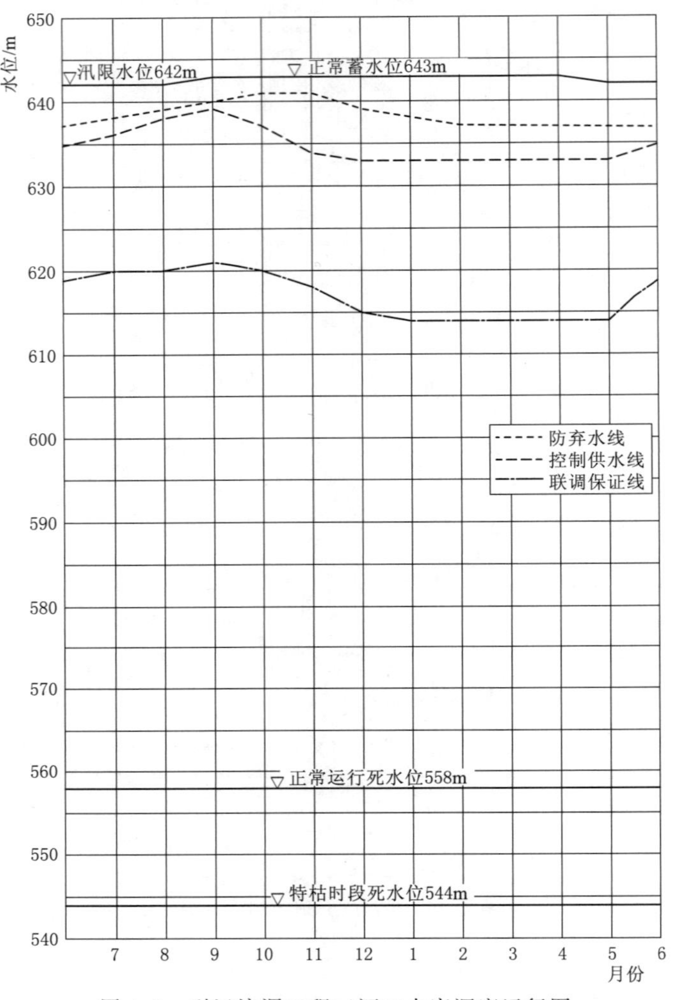

图4.6　引汉济渭工程三河口水库调度运行图

联合调度的原则如下：

（1）黄金峡水库、三河口水库首先根据上游来水，在满足工程断面上下游用水后，再按受水区需要调水。

（2）当三河口水库时段水位在防弃水线之上时，三河口水库优先通过可逆机组和常规水轮机组发电后供水。

（3）当三河口水库时段水位在防弃水线至控制调度线之间，黄金峡、三河口水库同时供水，但此时利用黄金峡水库优先通过抽水进行供水，三河口水库水源为补充供水水源，经过可逆机组和常规水轮机组发电后供水，如果补充流量小于机组发电最小流量则利用供水阀经减压后供水。此时，如果需水量小于黄金峡抽水流量，则三河口水利枢纽将多出的

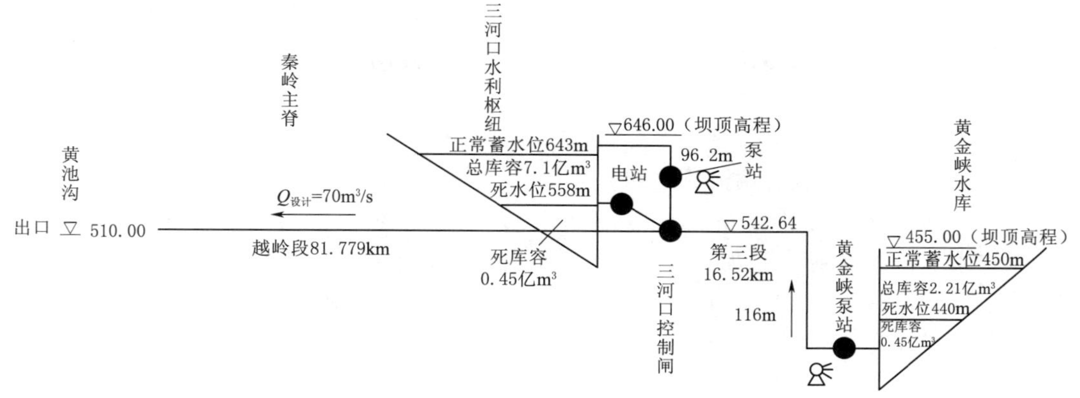

图 4.7　引汉济渭工程联合调度示意图

流量通过可逆机组抽入三河口水库存蓄，需要时可以变频抽水。

（4）当三河口水库时段水位在控制调度线至联调保证供水线之间，黄金峡、三河口水库同时供水，按控制供水破坏深度要求进行供水，黄金峡水库优先供水。黄金峡抽水流量如果大于控制破坏深度要求流量，则三河口水利枢纽将多出的流量通过可逆机组抽入三河口水库存蓄，需要时可以变频抽水。当需要三河口水库补水时，根据补水流量采用常规机组、可逆机组单台通过导叶控制发电，如果补充流量小于机组发电最小流量则利用供水阀经减压后供水。

（5）当三河口水库时段水位在联调保证供水线之下至死水位之间，按最低供水能力进行供水，黄金峡水库优先供水。根据补水流量和水头采用常规发电或者变频发电，当水头和流量不能发电时，利用供水阀经减压后供水。

（6）黑河水库作为“补偿调节水库”，当引汉调水不能满足供水时，根据黑河水库调度图进行补偿供水，当黑河水库补水后仍不能满足供水要求时，利用地下水进行补充。

引汉济渭工程根据供水工程具备有利于发电的条件修建了两座电站，以增加工程综合利用及效益。电站的运行采用“以水定电”方式运行，黄金峡水利枢纽发电主要是利用供水的弃水发电，三河口水利枢纽则是利用三河口水库的供水流量进行发电。

4.5.2　供水系统

1. 供水系统结构

供水系统由进水口、压力管道、厂房、尾水系统、连接洞五部分组成。

进水口布置于坝身右侧坝体中，进水口形式为坝式进水口，设计引水流量为 72.71m³/s。常规机组、双向机组、调流调压阀共用一个进水口，满足其各自进水口高程要求，同时也满足调流调压阀在发电受阻情况下的供水需求。为保证下游河道水质，保护下游生物，有利于鱼类和其他生物生长，采用分层取水的方式。

压力管道布置分为坝内埋管、岸坡明管段和厂区明管段。

压力管道较短，不进行经济洞径比较，按经济流速 4～6m/s 的范围，选取压力管道直径为 4.5m，发电工况过流为 72.71m³/s，流速为 4.47m/s。

压力管道在厂房上游侧布置，与供水系统厂房轴线平行，距供水系统厂房机组中心线

28m。岔管采用非对称Y形布置，主管直径4.5m，岔管采用月牙肋岔管，分岔角为65°，支管与机组蝶阀相接。双向机组支管直径1.5m。常规机组支管段直径2.6m。此段岔管段为明管，岔管安装后，厂房基础回填。

供水阀室布置在厂区内安装间下游侧，以减少工程量，尺寸为（长×宽×高）22.5m×13m×30m。供水阀室安装调流调压阀、蝶阀、偏心半球阀等，为了合理利用空间，将调流调压阀前的蝶阀放置于供水阀上游侧的安装间下层，以便充分利用安装间下层的空间。

尾水系统由尾水闸、压力尾水管、导流尾水间、退水闸组成。

连接洞是控制闸至尾水池的无压水流通道，总长度187.835m，平底，断面形式为马蹄形，断面尺寸为6.94m×6.94m。

2. 供水系统厂房

供水系统厂房主要包括主厂房、副厂房、主变室、GIS楼、供水阀室和检修间。

厂房平行等高线布置，主厂房尺寸为（长×宽×高）70.24m×18m×39.5m，布置两台常规机组，两台双向机组。常规机组单机容量20MW，双向机组单机容量12MW，总装机64MW。主厂房由下至上分别布置蜗壳层、水轮机层、发电机层和安装层。

副厂房布置于主厂房上游侧，由下至上分别布置高压开关室、主变压器室、电缆夹层和开关室。尾水平台高程549.00m，尾水平台布置一台MQ2×125kN单向门机。

厂房主变室位于安装间上游侧，尺寸为（长×宽×高）22.5m×11m×10.5m，高程545.37m，布置两台主变压器，常规机二机一变，双向机二机一变。GIS楼布置于主变室上层，高程559.37m。

厂房为二级建筑物，防洪标准按50年设计洪水位，200年校核洪水位设计。200年下泄流量护坦桩号0+217处对应水位545.25m。厂区地坪高程545.00m，为满足防洪要求，修建防洪墙与厂房开挖后回填混凝土连成一体，防洪墙高程546.50m，确保供水系统厂房安全。

厂区交通分对外交通和厂内交通，厂区对外交通为三河口水利枢纽右岸低线进厂道路。厂内交通宽7m，布置于厂房下游侧。

3. 生态水放水建筑物

在供水系统退水闸底板埋设下游生态放水管，放水管为DN650mm钢管，管长30m，在无人控制情况下，最低尾水位保证下泄生态水量不小于2.71m^3/s。

4.5.3　厂房

坝后站址处具备修建地下厂房及地面厂房的地形地质条件。工程设计对地面厂房、地下厂房进行了分析比较。

1. 地面厂房

地面厂房厂区由主厂房、副厂房、主变室、GIS楼、供水阀室、检修间组成。地面厂房位于导流洞出口上游40m左右，坝轴线下游190m，厂房建基面高程523.45m，厂房轴线与等高线基本平行，厂房临河侧布置副厂房、安装间靠山坡侧布置供水阀室，进场交通靠近河道一侧，从下游向进入厂房。道路防护堤高程546.50m。厂房后背山坡强风化下限以下岩石开挖坡比为1∶0.3，强风化下限以上开挖坡比为1∶0.75。最大坡高约95m。进水口布置于坝体右侧，进水口底高程543.00m。主管段立面用两个65°转角与直管段衔接。转弯半径

为 11.25m。坝后转弯段结合坝体基础回填做成 C25 混凝土镇墩。压力管道中心线与主厂房轴线平行布置。GIS 与主变室在主厂房安装间下游侧，两台主变，出线方式为电缆出线。

2. 地下厂房

地下厂房洞室群位于距坝轴线下游 110m 处。地下厂房洞室群由主厂房洞室、母线洞、主变洞室、尾水支洞、尾水主洞、退水洞、进厂交通洞兼进风洞、排风兼施工支洞、主变运输洞、事故交通洞、排水廊道、出线竖井及电梯交通竖井等组成。

主厂房洞室从左至右依次为安装间、主机间、供水阀室一字排列，在下游 30m 处与主厂房洞室轴线平行布置主变洞兼尾水闸室，主厂房洞室与主变洞兼尾水闸室由两条母线洞相连，底部四条尾水管连接。四条尾水管经尾水闸后，经四条尾水支洞汇入尾水主洞，向秦岭输水隧洞供水，当出现特殊工况时，将尾水洞水经退水洞退入河道。安装间连接主变运输洞与进厂交通洞，排风洞位于主变室、供水阀室、控制闸室右侧拱顶部位，兼为施工支洞。

考虑到尾水管、蜗壳及发电机、调速器等协调布置，常规机组间距取 11.5m，双向机组间距取 8.5m，主机间段长 45.72m；为满足机组检修场的要求，安装间长度取 18.02m，布置在厂房右端头；供水阀室布置在厂房左端头，长度 20m。主厂房总长度 63.74m。机组中心距上游侧 9m，距下游侧 7.5m，总宽度为 16.5m。机组安装高程为 531.00m，尾水管底板高程为 527.61m，发电机层高程为 540.00m，吊车轨顶高程为 551.20m，拱顶高程为 560.50m，厂房总高度为 35.50m。

主变洞兼尾水闸室位于主厂房下游，开挖宽度 15.0m，长 58m，总高 26.5m。分三层布置。主变室布置两台主变压器，常规机组二机一变，双向机组二机一变。主变室上层布置电缆夹层，顶层布置 GIS 开关室。

母线洞位于主洞室与主变室之间，为城门洞形，断面尺寸为 5m×5m，总长度为 60m；排风洞位于主机段右侧洞顶，为城门洞形，断面尺寸为 5m×5m，兼施工支洞，总长度为 146m；进厂交通洞兼进风洞位于安装间端头，为城门洞形，断面尺寸为 7m×7m，长度 96m；出线竖井位于主变室左侧，出线竖井断面尺寸为 2.4m×2.4m，高度 83m，出线竖井顶部设出线平台，尺寸为 30m×30m，平台高程 630.00m；控制闸室位于尾水主洞两侧端头，左侧通过进风兼交通洞与进场交通洞相连接，进风兼交通洞为城门洞形，断面尺寸为 3m×3m，总长度 78m，右侧通过事故交通洞与主洞室相交汇于大厅，大厅设置电梯井通至副厂房，电梯井断面尺寸为 2.2m×4.6m，高度 106m。

尾水主洞为城门洞形，断面尺寸为 10m×21m，长度 70m。尾水洞左侧连接黄三隧洞控制闸，右侧连接秦岭输水隧洞控制闸。退水闸设置在尾水主洞下部左侧，为城门洞形，断面尺寸为 5m×5m，总长 160m；退水洞起着尾水洞室检修放空与发电工况进行部分弃水的功能。退水洞兼作施工出渣支洞，满足各洞室最下部开挖的出渣需求。尾水支洞为城门洞形，断面尺寸为 4m×5m，位于尾水管和至尾水主洞之间，总长 280m。退水闸室布置在退水洞的出口，满足退水流量的需求，布置平板闸门，出口断面尺寸为 5m×5m。

排水廊道布置于主厂房四周，环形分三层布置，为城门洞形断面，断面尺寸为 2.5m×3m，总长度为 450m。

副厂房布置在右坝肩下游侧，厂房占地 10m×30m。地下厂房与地面厂房的技术经济比较见表 4.5。

表 4.5　地下厂房与地面厂房的技术经济比较

项目		地下厂房	地面厂房	评价
地形地质条件		主洞室、主变洞室及尾水洞室岩性主要以变质砂岩及结晶灰岩为主，局部夹伟晶岩脉，地下水位埋深 18.0～88.0m。强风化层垂直厚度 15～18.0m，饱和抗压强度 R_b<30MPa，岩体基本质量级别为Ⅴ级，承载力标准值 f_k=0.5MPa；弱风化层垂直厚度 30.0～33.0m，岩石饱和抗压强度 R_b=68～76MPa，岩体基本质量级别为Ⅲ级，承载力标准值 f_k=2.0MPa；微风化岩体饱和抗压强度 R_b=82～85MPa，岩体基本质量级别为Ⅱ级，承载力标准值 f_k=3.0MPa	岩石主要以变质砂岩及结晶灰岩，局部夹石英及伟晶岩脉。强风化层垂直厚度 2.9～16.2m，饱和抗压强度 R_b<30MPa，岩体基本质量级别为Ⅴ级，承载力标准值 f_k=0.5MPa，弱风化层垂直厚度 10.6～25.6m，岩石饱和抗压强度 R_b=68～76MPa，岩体基本质量级别为Ⅲ级，承载力标准值 f_k=2.0MPa；微风化岩石饱和抗压强度 R_b=82～85MPa，岩体基本质量级别为Ⅱ级，承载力标准值 f_k=3.0MPa。地下水位埋深 4.3～111.3m，建议强风化层临时开挖坡比为 1∶0.75～1∶1	工程地质条件均能满足设计要求
工程布置	压力管道长度	管径 4.5m，管长 210m	管径 4.5m，管长 250m	
	厂房型式	地下	地面	
	机组间距	常规 12m、双向 8m	常规 12m、双向 8m	
	主厂房(长×宽×高)	63.74m×16.5m×35.5m	68.24m×17m×38.27m	
	安装间高程	双向 527.43m、常规 527.43m	双向 527.43m、常规 527.43m	
	开关站形式	地下洞室	地面开关站（GIS 户内布置）	
	主变及开关站尺寸	58m×15m（长×宽）	22.5m×11m（长×宽）	
	尾水与退水	取消连接洞与控制闸，尾水洞连接黄三洞与秦岭洞、尾水洞、退水洞、退水闸室形成尾水系统。尾水洞长 80m；退水洞长 190m	连接洞、导流洞改造尾水洞、退水闸室形成尾水系统。连接洞长 244m	
	进场交通条件	进场交通洞（导流洞改建，长 100m）	右岸低线进场交通路	
厂房、厂区及地下洞室群，主要工程量		石方洞挖：14.27 万 m^3 石方明挖：3.2 万 m^3 混凝土：2.92 万 m^3 钢筋：0.2133 万 t	石方洞挖：3.5 万 m^3 石方明挖：19.03 万 m^3 混凝土：6.1 万 m^3 钢筋：0.339 万 t	
施工临时工程		与大坝施工干扰小，但是施工条件差，施工难度大	与大坝施工干扰大，相对地下厂房施工容易	
方案优缺点		优点：①避开大坝泄流区域，厂房、厂区基本不受大坝泄洪雾化影响；②开挖对坝肩稳定和施工影响小。 缺点：①主体工程投资大；②厂房采暖、通风和采光条件差	优点：①布置紧凑，土建投资小；②厂房采暖、通风和采光条件好。 缺点：①厂房距离大坝泄流雾化区域近，汛期泄洪时对厂房正常运行有影响；②开挖对大坝施工有干扰	
土建投资（引水及厂房、边坡处理）		14461 万元	11277 万元	差值 3184 万元

通过技术经济比较，可以明显看出地下厂房的优势。其很好地避开了大坝泄流区域的强雾化区，对建筑物的安全有较大的保证；地下厂房洞室群对大坝的坝肩稳定没有影响，但是因为机组台数较多，装机不大，且有尾水洞与供水阀室等增加了地下洞室群布置的难度，工程投资较大，故本阶段推荐地面厂房方案。

依据厂区布置原则，分别对进出水方向、副厂房布置位置、厂房及开关站布置和供水阀室布置等的不同方案进行经济技术比较，得出合理的厂区布置形式。

(1) 厂区布置的原则。双向机组在导流洞出口上游站址布置应遵循以下原则：

1) 进水与出水条件较好，进出水顺畅。

2) 因双向机组安装高程较低，尽量优化厂房布置，使厂房高度合理，并且在厂区满足防洪要求的条件下，减少工程投资。

3) 厂房布置与大坝位置较近，厂房的开挖边坡尽量远离大坝开挖边坡，避免对大坝坝肩稳定的影响。

(2) 进出水方向布置比较。根据地形条件，双向机组厂房顺等高线布置比较合理，对应就有两种进出水方向布置，具体如下。

方案一：压力管道布置于河道侧，紧邻消力塘护坦，与厂房轴线平行，进水压力管道中心线距主厂房轴线 28.0m。主管道直径 4.5m，双向机组进水压力管道直径 1.5m，与主管分岔 65°，再接 115°弯管，进入主厂房双向机组。常规机组进水压力管道直径 2.4m，与主管分岔 65°，再接 115°弯管，进入主厂房常规发电机组。压力管道出水与导流洞改造尾水洞衔接。

方案二：压力管道布置于山坡侧，与厂房轴线平行。压力管道平面转 45°进入隧洞，压力管道直径 $D=4.5$m，此段为地下埋藏式压力管道，长 $L=30$m，压力管道平面转 135°进入导流洞。利用导流洞明管布置压力管道，双向机组进水压力管道直径 1.5m，与主管分岔 65°，再接 115°弯管，进入主厂房双向机组。常规机组进水压力管道直径 2.6m，与主管分岔 65°，再接 115°弯管，出水设置尾水池，尾水池宽 10.0m，长 88.2m，高 27.1m。

方案一与方案二的技术经济比较见表 4.6。

表 4.6　　进出水方向布置方案技术经济比较

内　容	方　案　一	方　案　二
供水系统布置	压力管道临近河道侧布置，进水条件较好，压力管道长 270m	压力管道临近边坡布置，进水水头损失增加，压力管道长 290m
主厂房、副厂房布置形式	主厂房安装间高程 545.37m，发电机层高程 540.57m，厂房（长×宽×高）70.24m×18m×39.5m；副厂房上游侧布置	主厂房安装间高程 551.00m，发电机层高程 538.50m，厂房（长×宽×高）70.24m×18m×48m；副厂房上游侧布置
主变室及 GIS	主变室上游侧布置，户内 GIS，电缆出线	主变室上游侧布置，户内 GIS，电缆出线
供水阀室布置	供水阀室安装间下游侧布置，供水阀室（长×宽×高）22.5m×13m×30m	供水阀室安装间下游侧布置，供水阀室（长×宽×高）22.5m×13m×33.3m
主厂房副厂房主要工程量	混凝土：1.5 万 m^3 钢筋：1155t	混凝土：1.99 万 m^3 钢筋：1532t
出水系统	导流洞改造尾水池，导流洞出口弧门退水。 洞挖石方：11267m^3 混凝土浇筑：3289m^3 钢筋：159t	尾水池厂房下游侧布置，溢流堰退水。尾水池（长×宽×高）79.2m×10m×27.1m 混凝土浇筑：9000m^3 钢筋：800t

续表

内　容	方　案　一	方　案　二
厂区边坡及厂房基础主要开挖量	石方开挖：16.3 万 m^3	石方开挖：16.5 万 m^3 厂房基础多开挖：4.05 万 m^3 厂区多回填混凝土：0.93 万 m^3
连接洞布置	连接洞接改造后的导流洞。 连接洞长 244m	连接洞穿过厂区接尾水池。 连接洞长 275m
进场交通布置	进场交通靠近河道侧布置，主变从安装间推进主变室，交通道路 7m 宽	进场交通靠近边坡侧布置，为了方便主变运输及安装就位，交通道路 9m 宽
土建投资比较		多投资 1894 万元

从表 4.6 可以看出：

1）方案二尾水池要与连接洞衔接，安装间高程 551.00m，尾水池顶高程也为 551.00m，而机组安装高程不变，发电机层高程 538.50m，为了衔接高尾水而抬高主厂房 9m，增加了主厂房的工程量，尾水池也相应增高，增加了混凝土与钢筋量。对于主变室、副厂房及供水阀室而言，人为地增加了这些建筑物的高度，造成了工程量的增加以及室内空间的浪费。

2）从进出水条件来看，方案一较方案二优，并且压力管道较短。从厂房布置形式比较中可以看到：地下厂房与地面厂房比较，地面厂房方案投资明显优。地面厂房的布置形式根据进出水方向的不同有两种布置形式，对于机组吸出高度较大、安装高程较低的这一机组特性，厂房建基面低，尾水位较高，如果主、副、主变以及尾水系统完全是地面的形式将导致工程投资大和空间浪费。而方案一正是发挥了地下厂房的优势，使尾水系统在地下洞室内，主、副厂房不必无谓地增高以满足高尾水的要求，使得空间布局合理。综上所述：推荐采用方案一的进出水方向布置方案。

(3) 副厂房布置位置比较。在确定了厂房的进出水方向，主厂房已经定位后，那么副厂房与开关站的布置对于厂区枢纽布置来讲也甚为关键。

电气副厂房与主变室、室内 GIS 关系比较密切，为了尽量减少厂区的占地面积，对于副厂房的布置遵循与主厂房、主变室、室内 GIS 距离最近原则，只有这样，厂区枢纽布置才能够紧凑合理，经济性最优。故推荐副厂房布置在上游侧，与主变室一列式布置。

(4) 厂房及开关站布置比较。厂房布置室内 GIS，室内主变。主变压器室应尽可能与主厂房靠近，以缩短母线的长度。就此厂房而言，主变室有布置在主厂房上游侧、端头侧与下游侧三种布置形式：

方案一：主变室、室内 GIS 主厂房下游侧布置。主变室（长×宽）22.8m×13m，进场交通（宽 9m）布置于下游侧，上游侧进水压力管道回填及厂区防洪墙与大坝护坦结合布置。整个厂区横向宽度 53m。

方案二：主变室、室内 GIS 主厂房端头布置。主变室（长×宽）22.8m×13m，进厂交通（宽 9m）布置于上游侧，主变室下游侧布置电气副厂房。整个厂区横向宽度 48m。

方案三：主变室、室内 GIS 安装间上游侧布置。主变室长与安装间长度相同，长×宽为 22.8m×13m，整个厂区横向宽度 50m。

对于三河口水利枢纽的地形条件，如果为了降低厂房开挖边坡的高度，那么这 3 种布置方案中应该是主变室、室内 GIS 主厂房端头布置（即方案二）为最优，但是对于坝后厂房导流洞上游侧站址位置，方案二厂区的整个长度增加了 25m，厂区开挖边坡距大坝开挖边坡 55m 左右。方案三的厂区开挖边坡距大坝开挖边坡 73m，为了尽量减少供水系统厂房边坡开挖对大坝坝间的影响，设计推荐方案三。

（5）供水阀室布置比较。供水阀在机组发电受阻，系统仍需供水时启用。共进行两个方案的比较，两方案的技术经济比较见表 4.7。

表 4.7　供水阀室布置方案技术经济比较

内　容	方　案　一	方　案　二
供水系统、连接洞布置	布置相同，供水阀室的移动对这些建筑物影响不大	
主厂房、副厂房、主变室及 GIS 布置形式	布置相同，供水阀室的移动对这些建筑物影响不大	
供水阀室布置	供水阀室布置于厂区，安装间下游侧，供水阀室（长×宽×高）22.5m×13m×30m	供水阀室布置于厂区上游消力护坦（高程 546.50m）的平台上，供水阀室（长×宽×高）22.5m×13m×18.9m
供水阀室下部主要工程量	混凝土量：5480m³ 钢筋量：480.5t	混凝土量：2600m³ 钢筋量：228t
厂区边坡主要工程量	供水系统厂区边坡石方开挖：19.03 万 m³	供水系统厂区边坡石方开挖：17.1 万 m³ 减压阀室厂区石方开挖：4.71 万 m³
进场交通布置	进场交通靠近河道侧布置，交通道路宽 7m	供水系统厂区交通以 10%的上坡延伸至供水阀厂区
泄流雾化对厂区影响	泄流雾化对厂区影响大，厂区排水主要考虑自流排水	泄流雾化对两个厂区影响大，供水阀室厂区较高，能够自流排水，但当大坝泄洪量大时，自排河道不及时，将供水阀室厂区的水自流排水到供水系统厂区，增加供水系统厂区的排水负担
优、缺点	优点：供水阀室布置于供水系统厂区内，布置紧凑，厂区开挖及护坡工程量小。 缺点：供水阀室消能时啸叫声较大，对厂区环境有噪声污染。建筑设计需考虑这方面因素	优点：①供水阀室消能时啸叫声较大，与供水系统厂房分开布置，使厂区环境更加舒适；②使供水阀室底板高程抬高至 532.50m。阀室厂房总高度减小 11.5m，供水阀室工程量减少。 缺点：①供水系统厂区开挖虽然减少了开挖量，但供水阀室厂区开挖量及护坡量增加，工程量增加；②经济性稍差；③进厂道路条件较差；④大坝泄流雾化对两个厂区的影响大

方案一：供水阀室布置在供水系统厂区，安装间下游侧，两台调流调压阀，压力管道在桩号管 0+268.433、管 0+275.333 岔支管 5、支管 6 与调流调压阀连接，出口与导流洞衔接，供水至连接洞。

方案二：供水阀室布置于厂区上游侧护坡 546.5m 平台，压力管道在桩号管 0+110、管 0+115.5 处岔支管 5、支管 6，接调流调压阀，调流调压阀中心高程 541.50m，调流调压阀后接压力管道水平段 56m，压力管道斜井段与导流洞衔接，供水至连接洞，斜井段与水平段夹角为 138°。

综上所述，方案一将供水阀室放置于厂区内，虽然噪音大，对厂区环境稍有影响，但其工程量小，工程投资省并且可以通过隔音减噪工程措施尽量减小噪音。故工程最终采用方案一。

4.6　消能布置

4.6.1　消力塘

消力塘二道坝及护坦段河床上部为砂卵石，下伏变质砂岩及结晶灰岩，消力塘和二道坝基础设于弱风化岩体上，弱风化岩体建议承载力 $f_k=2\sim4\text{MPa}$，弱风化岩体的抗冲刷系数 K 值为 1.2～1.5。河床上部砂卵石厚 4～7m，漂卵石含量为 45%～67%，一般粒径为 20～600mm，限制粒径 $d_{60}=265.8\text{mm}$，有效粒径 $d_{10}=1.68\text{mm}$，不均匀系数 $C_u=324.8$，曲率系数 $C_c=5.16$；$d_{15}=0.82\text{mm}$，$d_{20}=3.70\text{mm}$，$d_{80}=101.5\text{mm}$，$d_{85}=103\text{mm}$，天然密度为 2.28g/cm^3，相对密度为 0.71。

对三河口水利枢纽坝址消力塘形式进行平底消力塘和反拱消力塘两种方案比较。消力塘的边墙高度根据水工模型试验中下游河道沿程水面线结果确定为 546.50m，衬砌均采用 C25 钢筋混凝土，两岸 546.50m 以下采用混凝土护坡。

1. 平底消力塘

平底消力塘底板宽 70m，长 200m，厚度为 3.0m，底板顶面高程 514.00m。为防止高速水流冲刷，底板顶面 0.5m 厚采用 C50 高强混凝土，其余部分为 C25 钢筋混凝土。为避免泄洪水流的冲击、脉动及抬动作用掀起底板，消力塘底板布设 $\phi28$ 锚筋束（3 根）进行加固，锚筋束入岩深 6.0m，间排距为 3.0m，呈梅花形布置，锚筋束与底板表层钢筋焊接。底板每隔 10m 左右设置纵横变形缝，变形缝内设铜止水带。

为保护拱座的完整性及防止雾化对岸坡的影响，两岸岸坡 546.50m 高程以下采用贴壁式 C25 钢筋混凝土护坡，左岸护坡坡比随地形分别为 1∶1.2 和 1∶1，护坡混凝土厚度不小于 2m，随地形而定。消力塘右岸护坡内侧在 529.60m 高程处设有直径 4.5m 的压力管道，两者考虑一起开挖并一起浇筑混凝土，右岸护坡坡比为 1∶0.6，护坡混凝土厚度不小于 2m。护坡坡面设 $\phi28$ 锚筋进行加固，锚杆入岩深度分别为 3m 和 4.5m，间排距 1.5m，相间布置。厂区范围的右岸边坡防护结合厂区开挖一并考虑。

为确保消力塘有足够的水垫厚度，在消力塘末端设置二道坝，坝顶高程 535.50m，坝底高程 511.00m，坝高 22m，坝顶宽 4m，坝底宽 20.4m，上游坡比 1∶0.2，下游坡比 1∶0.6。为使二道坝顶过流顺畅，坝顶角部修成圆弧形。

消力塘设置了独立的抽排系统。消力塘底板两侧设有纵向排水廊道，在拱坝坝后底板和二道坝内设有横向排水廊道，排水廊道断面为 2m×2.5m 的城门洞形，纵横排水廊道相连，在消力塘周边形成封闭排水网络。消力塘底板下部设有 5 条间距为 12m 的纵向 $\phi300$ 软式透水管，两岸 546.50m 高程以下的护坡及底板下部每隔 3m 布置一条横向 $\phi100$ 软式透水管，纵横软式透水管与排水廊道相连，渗水均汇入排水廊道。厂房边坡内部排水廊道在右岸与消力塘底部排水廊道相连，厂房边坡渗水最终也流入消力塘排水廊道。在二道坝下部设有两个 1.5m×1.5m×2m（长×宽×深）的集水井，渗水流入集水井后，由

水泵抽至二道坝下游。消力塘排水廊道与大坝520.00m高程基础灌浆廊道相连，在二道坝内设交通廊道通至厂房。

2. 反拱消力塘

反拱消力塘长220m，宽84.73m，深19m（宽、深均为二道坝顶高程平面处及以下消力塘的宽度和深度），厚2.5m。在上下游长度方向分为22个拱圈。反拱拱圈底板内径为70m，中心角为64.84°，内侧弧长79.15m，水平弦长75m，内矢高10.89m，拱圈最低点高程514.00m，底板衬砌混凝土厚度为2.5m和3.0m两种。拱圈沿反拱底板横向分成5块，每块过流面平均弧长15.83m。反拱底板两端设混凝土拱座，拱座底面为水平面，宽7.61m，高11m，靠山体为铅直面，过流面与拱圈上端以1∶0.6的斜坡相接。

反拱消力塘从上游到下游等宽布置，垂直水流方向为横向直缝，每10m一条；为了充分发挥反拱底板块的抗力作用及满足各板块局部稳定要求，顺水流方向设置5条纵向键槽缝。缝内均设“651”型橡胶止水带，对纵向键槽缝进行接缝灌浆，横向直缝不灌浆。

反拱消力塘底板范围内设置系统锚杆，直径ϕ32，伸入基岩6m，以3m×3m梅花形沿拱圈均匀布置。两侧拱座设置1000kN级预应力锚索，长度为30m和38m交错布置。消力塘内设置独立的抽排系统，两侧拱座及拱圈中间板块下部设置纵向排水廊道，断面为2m×2.5m（宽×高）和2.5m×2.5m（宽×高），分别与二道坝内的排水廊道相连接，各排水廊道底板下设排水孔，在拱座、拱圈及两岸546.50m和540.00m高程以下混凝土护坡与岩面之间布设ϕ50 PVC排水管（3m×3m梅花形布置）及排水沟，各部分渗水均汇入消力塘中间板块下部岩体内的纵向排水廊道。边坡内部排水廊道在右岸与消力塘底部纵向排水廊道相连，渗水最终也流入消力塘底部纵向排水廊道。在底部纵向排水廊道靠近二道坝处设置3m×3m×4m（长×宽×深）的集水井，用水泵经二道坝上部横向排水廊道排至坝下游，形成消力塘反拱底板外围和二道坝内的封闭排水降压保护网络系统。消力塘排水廊道与大坝520.00m高程基础灌浆廊道相连，在二道坝内也设有通往厂房的交通廊道。

3. 消力塘消能效果比较

平底消力塘单位水体消能功率计算结果见表4.8，反拱消力塘单位水体消能功率计算结果见表4.9。

表4.8　平底消力塘单位水体消能功率计算结果

工　况	泄洪功率/MW	泄量/(m^3/s)	塘内水体/万m^3	单位水体消能功率/(kW/m^3)
P=0.05%（校核）	8499	7580	54.9	15.5
P=0.2%（设计）	7395	6610	48.6	15.2
P=0.5%（消能校核）	6750	6070	47.5	14.2
P=2%（消能设计）	4921	4420	46.9	10.5

表4.9　反拱消力塘单位水体消能功率计算结果

工　况	泄洪功率/MW	泄量/(m^3/s)	塘内水体/万m^3	单位水体消能功率/(kW/m^3)
P=0.05%（校核）	8499	7580	55.7	15.3
P=0.2%（设计）	7395	6610	49.3	15.0
P=0.5%（消能校核）	6750	6070	48.2	14.0
P=2%（消能设计）	4921	4420	47.6	10.3

根据目前国内工程经验，两种形式消力塘基本满足要求。

4. 消力塘形式比选

平底消力塘和反拱消力塘技术经济比较见表 4.10。

表 4.10　平底消力塘和反拱消力塘技术经济比较

项　目	平 底 消 力 塘	反 拱 消 力 塘	评价
主要工程量	石方开挖：345260m^3 C25 混凝土：135595m^3 钢筋制安：4974t ϕ25 锚杆：3950 根 ϕ28 锚杆：9530 根 ϕ28 锚筋束：2705 根	石方开挖：266530m^3 C25 混凝土：157070m^3 钢筋制安：5434t ϕ25 锚杆：10435 根 ϕ28 锚杆：2047 根 1000kN 级锚索：490 束	平底占优
结构受力	底部采用平底，受力条件一般	底部采用反拱形式，受力条件较好	反拱占优
施工条件	施工简单、工程量和施工质量易于控制	施工难度大，工程量和施工质量较难控制	平底占优
工程投资	14545 万元	15918 万元	差额：1373 万元

由表 4.10 可知，虽然反拱消力塘结构受力较好，但其工程造价较平底消力塘大 1373 万元，施工更为复杂，故推荐采用平底消力塘方案。

4.6.2　消力塘模型试验

为了验证三河口水利枢纽工程布置及下游消能防冲布置的合理性，在施工图阶段对三河口水利枢纽泄洪消能方案进行了整体水工模型试验。通过模型试验，发现了以下一些问题：

（1）左中孔水舌砸岸严重。

（2）中孔单孔运行，水舌落点局部冲击压强超过 SL 282—2018《混凝土拱坝设计规范》要求的 15×9.81kPa，脉动压强均方根值超过工程界认可的 50～60kPa 的 1.5 倍多；左孔单孔运行，水舌落点局部脉动压强均方根值超过工程界认可的 50～60kPa 的 1 倍左右。

（3）双孔运行，水舌落点局部脉动压强均方根值超过工程界认可的 50～60kPa 的 0.5 倍左右；三孔运行（下泄洪水为消能防冲设计的 50 年一遇洪水），水舌落点局部脉动压强均方根值超过工程界认可的 50～60kPa 的 1 倍左右。

为使消力塘底板脉动压强均方根值不超过工程界标准，考虑调整并增加消力塘水深。经过几项修改完善及放水观测后，最终确定满足设计要求的方案作为推荐方案。对该方案分别进行了 5 年一遇洪水、10 年一遇洪水、20 年一遇洪水（常遇洪水）、50 年一遇洪水（消能设计）、200 年一遇洪水、500 年一遇洪水（设计工况）及 2000 年一遇洪水（校核工况）5 个组次的放水观测试验，并对消力塘中水流流态和底板时均动水压强进行了观测和测量。

5 年一遇洪水、10 年一遇洪水、20 年一遇洪水（常遇洪水）、50 年一遇洪水（消能设计）、200 年一遇洪水、500 年一遇洪水（设计工况）及 2000 年一遇洪水（校核工况）时消力塘中水流流态如图 4.8～图 4.14 所示。

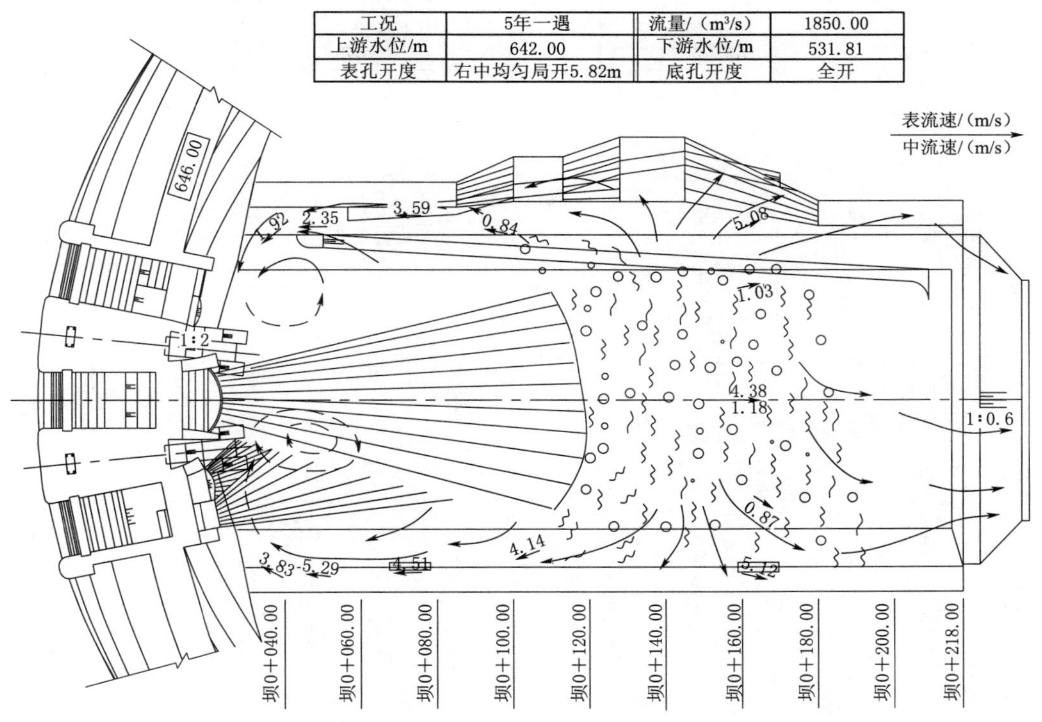

工况	5年一遇	流量/（m³/s）	1850.00
上游水位/m	642.00	下游水位/m	531.81
表孔开度	右中均匀局开5.82m	底孔开度	全开

图 4.8 5 年一遇洪水时消力塘中水流流态（高程单位：m）

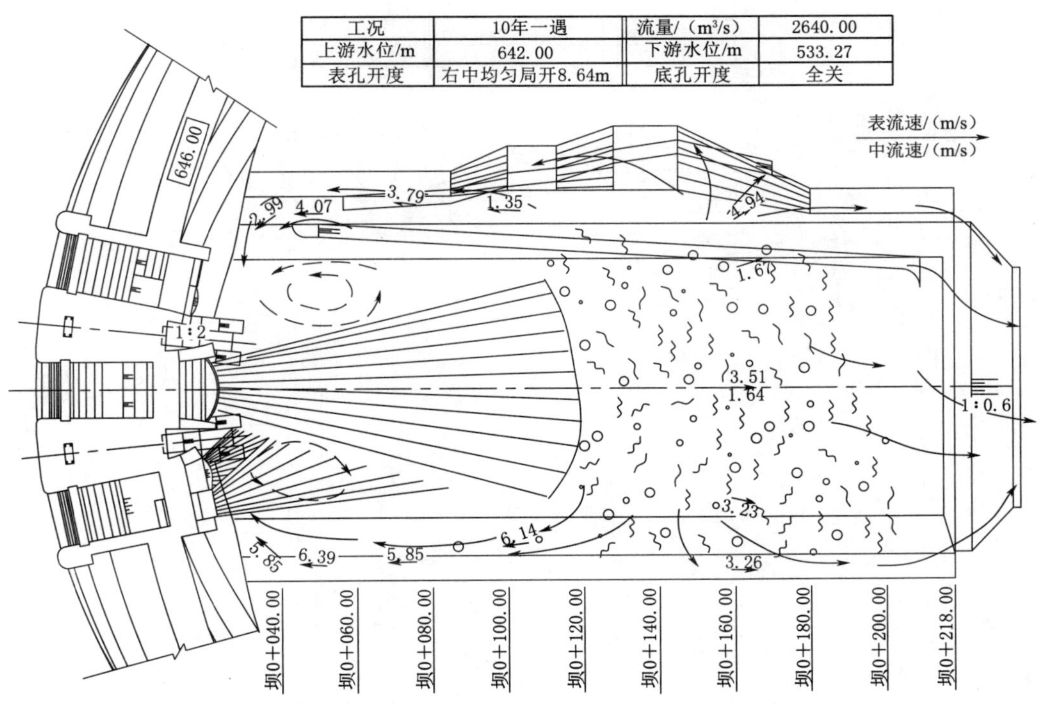

工况	10年一遇	流量/（m³/s）	2640.00
上游水位/m	642.00	下游水位/m	533.27
表孔开度	右中均匀局开8.64m	底孔开度	全关

图 4.9 10 年一遇洪水时消力塘中水流流态（高程单位：m）

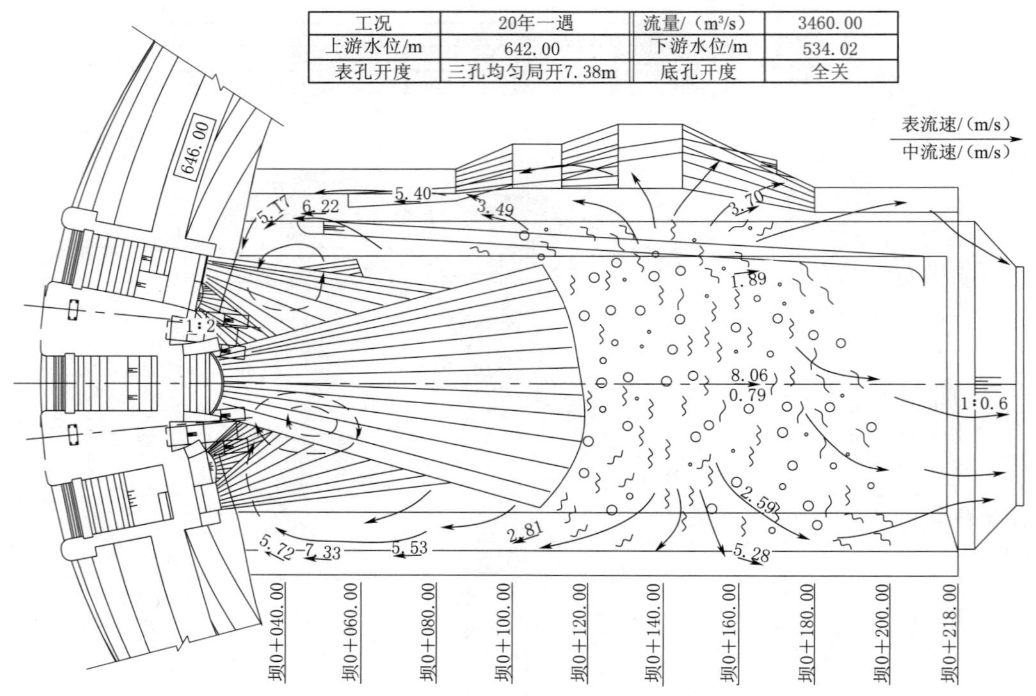

图 4.10　20 年一遇洪水时消力塘中水流流态（高程单位：m）

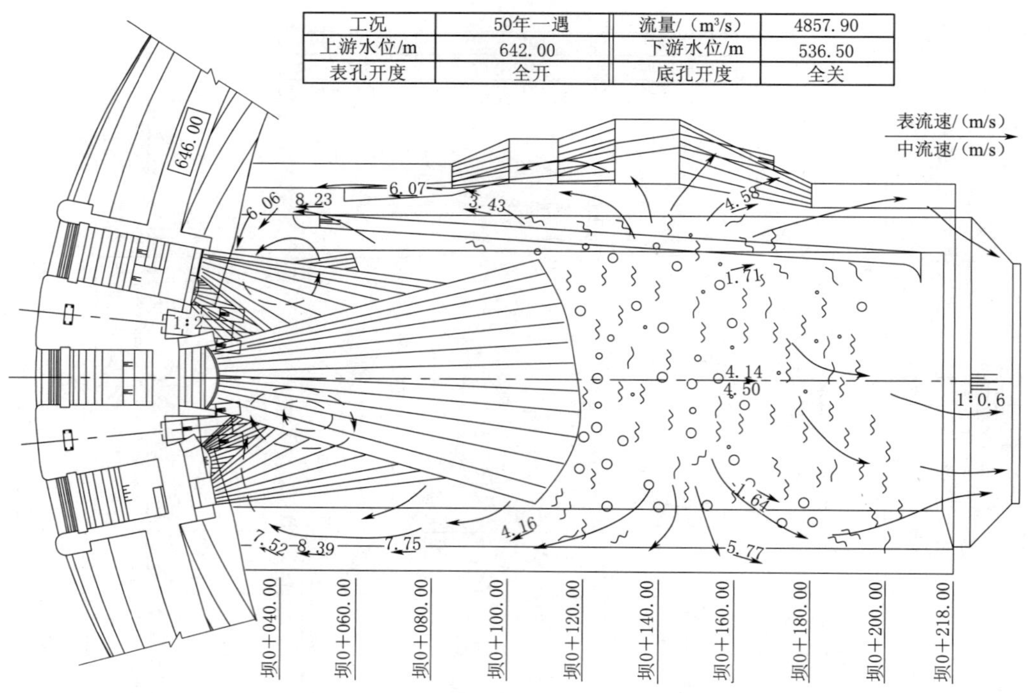

图 4.11　50 年一遇洪水时消力塘中水流流态（高程单位：m）

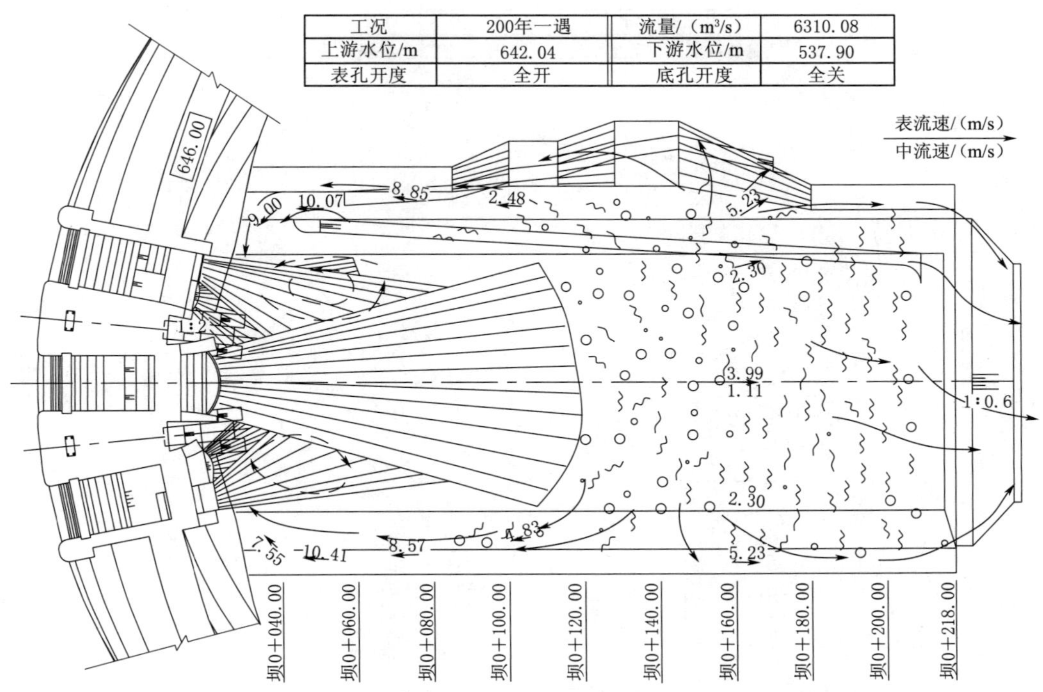

图 4.12 200 年一遇洪水时消力塘中水流流态（高程单位：m）

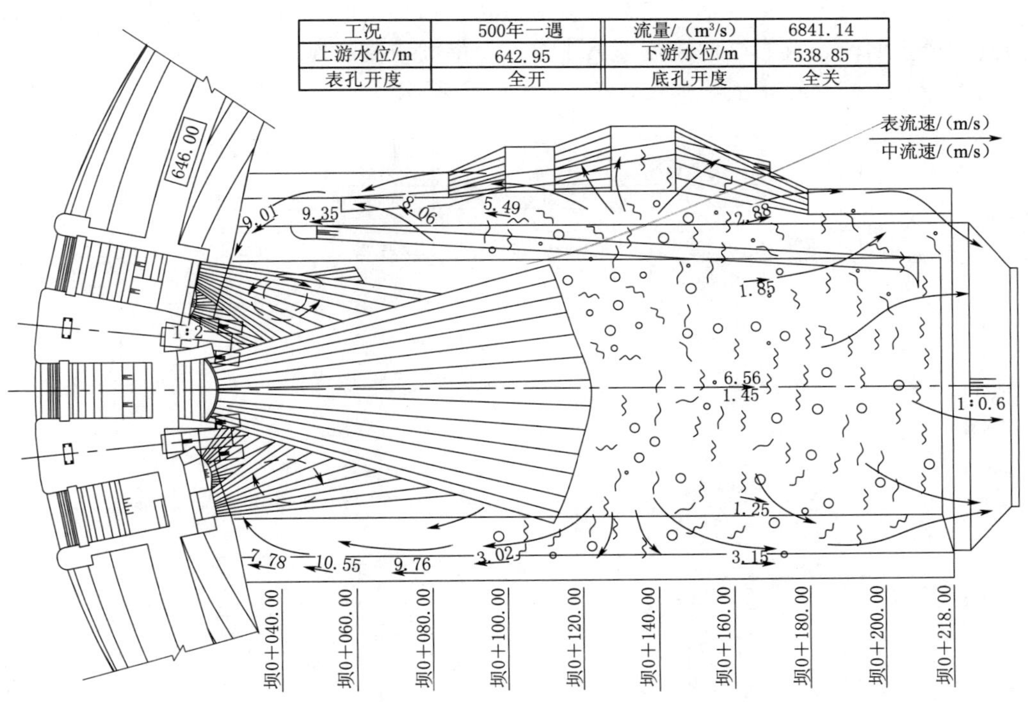

图 4.13 500 年一遇洪水时消力塘中水流流态（高程单位：m）

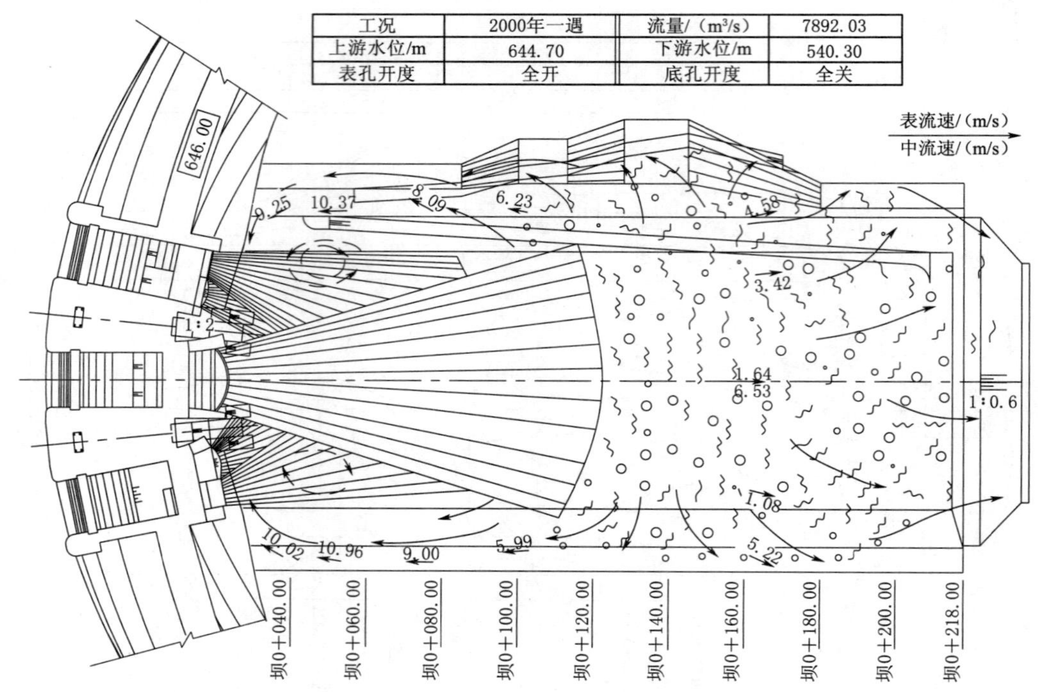

工况	2000年一遇	流量/(m³/s)	7892.03
上游水位/m	644.70	下游水位/m	540.30
表孔开度	全开	底孔开度	全关

图 4.14　2000 年一遇洪水时消力塘中水流流态（高程单位：m）

由以上图示可见，由于不同工况水舌落点宽度均小于消力塘的水面宽度，致使水舌落点两侧均产生回流，且右岸回流流速大于左岸，最大回流流速为 10.96m/s。

消力塘及下游河道水面线如图 4.15～图 4.21 所示。

工况	5年一遇	流量/(m³/s)	1850.00
上游水位/m	642.00	下游水位/m	531.81
表孔开度	右中均匀局开5.82m	底孔开度	全关

桩号		0+158.00	0+194.00	0+217.00	0+231.40	0+261.80	0+321.80	0+381.80
水面高程/m	左	540.35	540.20	539.61	530.30	531.17	532.27	531.77
	右	539.70	540.30	539.64	529.34	531.63	531.74	532.07

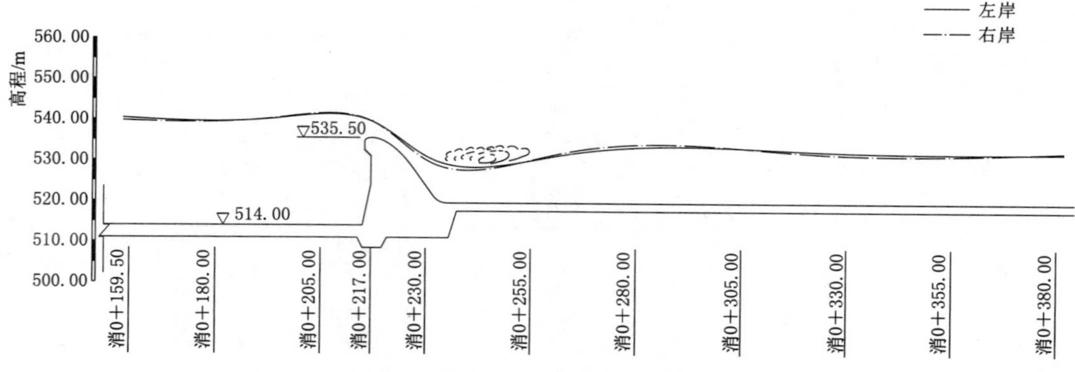

图 4.15　5 年一遇洪水时消力塘及下游河道水面线（高程单位：m）

工况	10年一遇	流量/（m³/s）	2640.00
上游水位/m	642.00	下游水位/m	533.27
表孔开度	右中均匀局开8.64m	底孔开度	全关

桩号		0+170.00	0+194.00	0+217.00	0+231.40	0+261.80	0+321.80	0+381.80
水面高程/m	左	541.25	541.10	540.60	530.54	533.54	533.54	533.48
	右	541.50	541.65	540.00	530.66	532.28	532.76	533.36

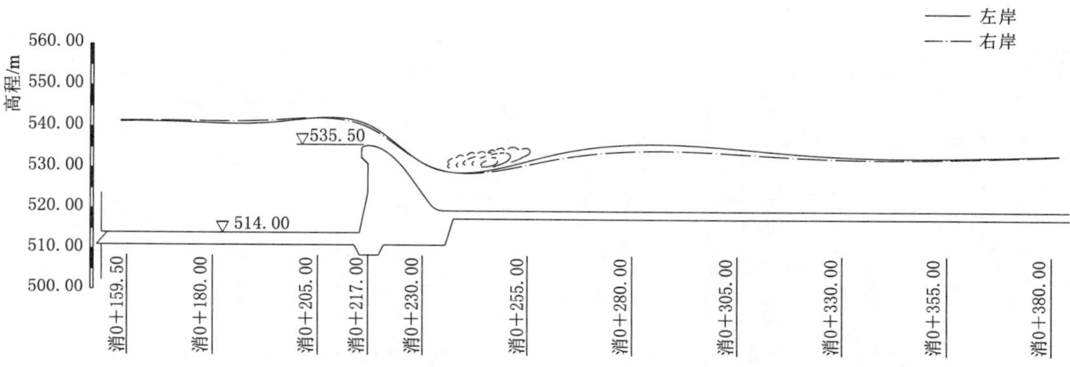

图 4.16 10 年一遇洪水时消力塘及下游河道水面线（高程单位：m）

工况	20年一遇	流量/（m³/s）	3392.20
上游水位/m	642.00	下游水位/m	534.02
表孔开度	三孔均匀局开7.38m	底孔开度	全关

桩号		0+158.00	0+188.00	0+217.00	0+232.60	0+261.80	0+321.80	0+381.80
水面高程/m	左	540.95	540.95	540.00	531.38	534.08	535.16	534.89
	右	541.80	543.00	540.75	532.28	533.90	534.80	534.92

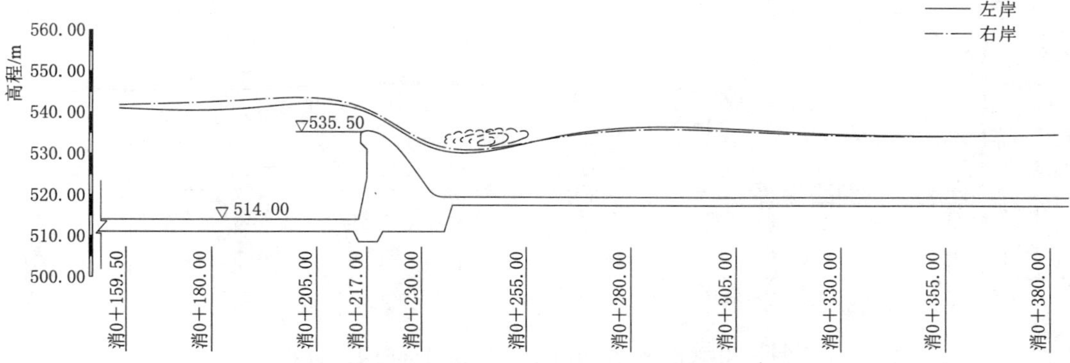

图 4.17 20 年一遇洪水时消力塘及下游河道水面线（高程单位：m）

工况	50年一遇	流量/ (m³/s)	4857.90
上游水位/m	642.00	下游水位/m	536.50
表孔开度	全开	底孔开度	全关

桩号		0+158.00	0+188.00	0+217.00	0+232.60	0+261.80	0+321.80	0+381.80
水面高程/m	左	543.35	543.50	541.50	533.48	535.04	536.93	536.96
	右	543.60	544.20	541.35	534.50	535.58	536.84	536.96

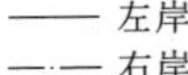

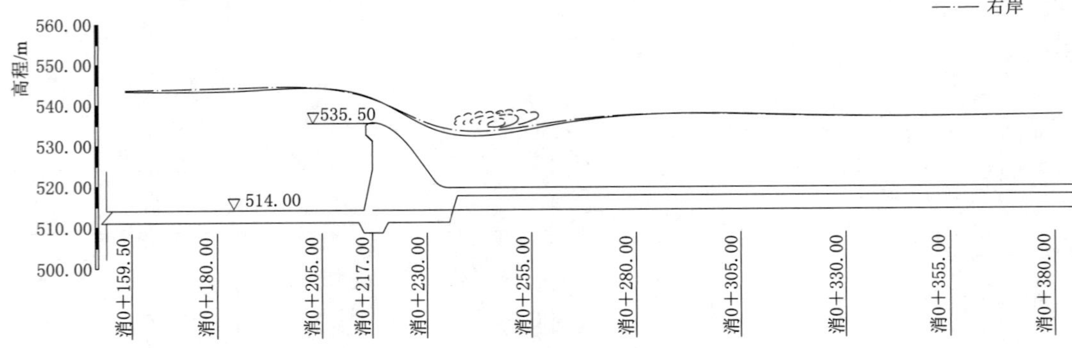

图 4.18　50 年一遇洪水时消力塘及下游河道水面线（高程单位：m）

工况	200年一遇	流量/ (m³/s)	6310.08
上游水位/m	642.04	下游水位/m	537.90
表孔开度	全开	底孔开度	全开

桩号		0+158.00	0+188.00	0+217.00	0+232.60	0+261.80	0+321.80	0+381.80
水面高程/m	左	543.80	543.80	543.15	536.30	538.04	538.82	537.98
	右	543.75	546.09	542.25	535.34	538.40	538.82	539.06

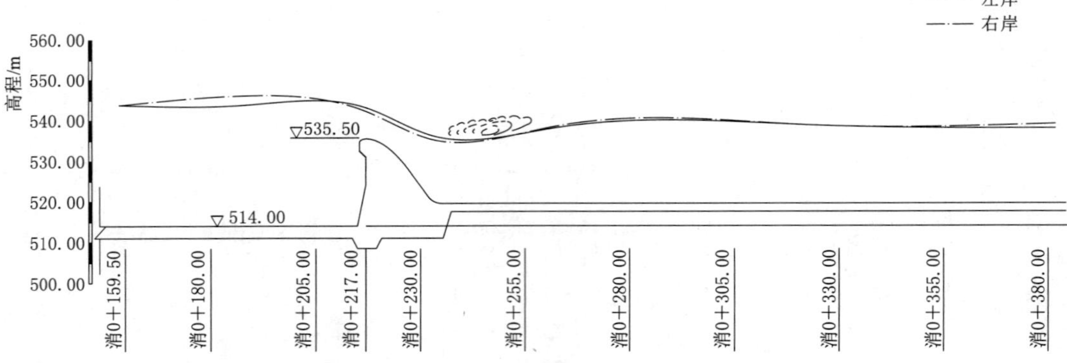

图 4.19　200 年一遇洪水时消力塘及下游河道水面线（高程单位：m）

工况	500年一遇	流量/（m³/s）	6841.14
上游水位/m	642.95	下游水位/m	538.85
表孔开度	全开	底孔开度	全开

桩号		0+158.00	0+188.00	0+217.00	0+233.20	0+261.80	0+321.80	0+381.80
水面高程/m	左	544.10	544.55	543.30	536.90	539.42	539.69	539.72
	右	545.70	545.70	543.30	536.66	539.06	539.54	538.70

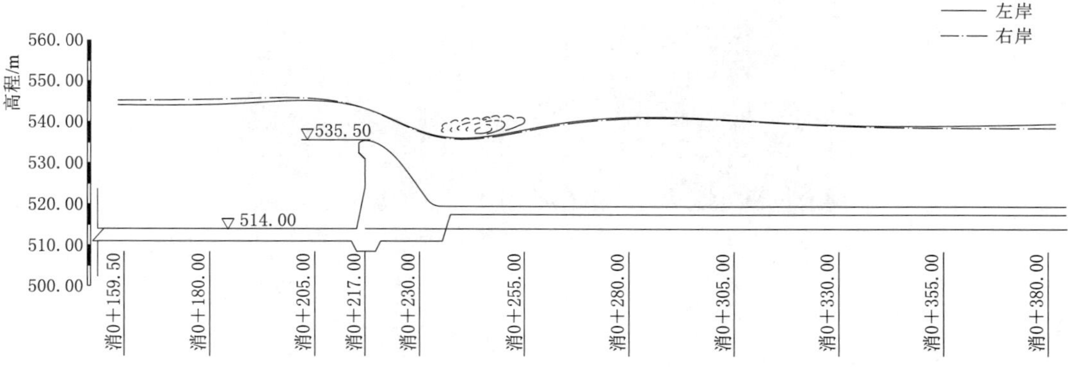

图 4.20　500 年一遇洪水时消力塘及下游河道水面线（高程单位：m）

工况	2000年一遇	流量/（m³/s）	7892.03
上游水位/m	644.70	下游水位/m	540.30
表孔开度	全开	底孔开度	全开

桩号		0+158.00	0+188.00	0+217.00	0+230.80	0+231.40	0+261.80	0+321.80	0+381.80
水面高程/m	左	545.60	545.30	544.35	537.92	—	539.66	540.20	540.68
	右	546.15	547.62	543.90	—	536.78	540.80	540.44	539.90

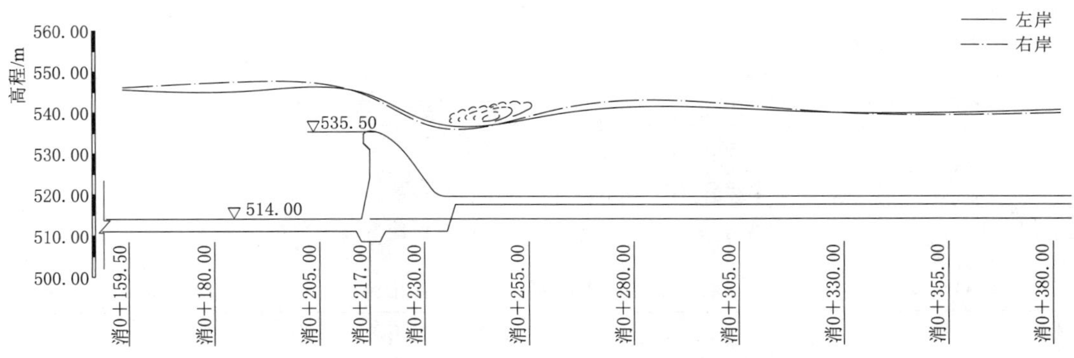

图 4.21　2000 年一遇洪水时消力塘及下游河道水面线（高程单位：m）

试验观测可知，表孔水舌落点下游水位明显高于落点上游水位，如图 4.22 所示，差值可达 2～8m；消力塘中实测最高水位为 553.6m，同一个测点水位波动高达 9m 多。不同工况下，水流在二道坝后均形成不同程度的跌落，跌落幅度可达 7～11m，且左岸跌落幅度大于右岸；并在二道坝后产生水跃，水跃长度 20～30m。

消力塘底板及二道坝上测压孔布置如图 4.23 所示，消力塘底板上布置了 141 个测压孔，二道坝上布置了 11 个测压孔。各工况下消力塘底板上时均动水压强见表 4.11 及图 4.24～图 4.30。

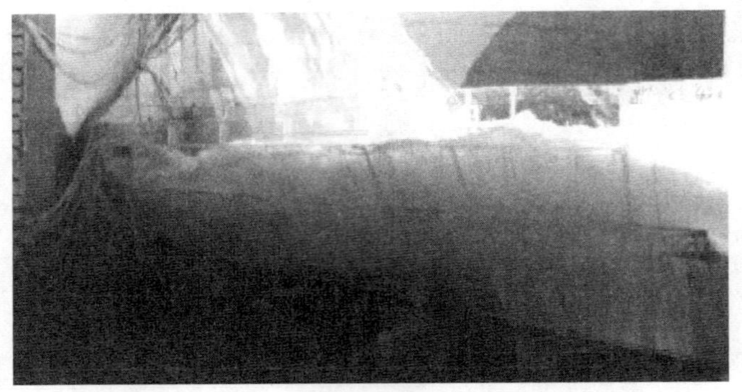

图 4.22　推荐方案校核工况消力塘侧面水流流态

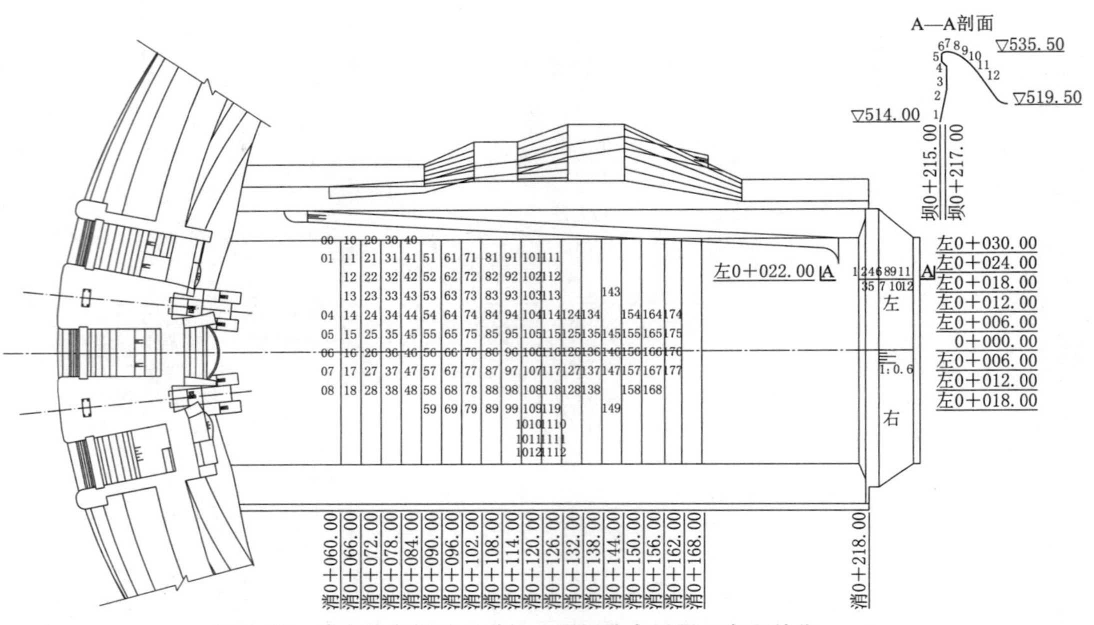

图 4.23　消力塘底板及二道坝上测压孔布置图（高程单位：m）

表 4.11　各工况下消力塘底板时均动水压强　单位：×9.8kPa

测点编号	测点桩号	断面位置	5 年一遇	10 年一遇	20 年一遇	50 年一遇	200 年一遇	500 年一遇（设计洪水）	2000 年一遇（校核洪水）
00	消 0+060.00	左 0+035.00	24.10	24.28	23.68	24.16	22.84	22.60	22.54
01	消 0+060.00	左 0+030.00	24.22	24.22	24.04	24.04	22.72	21.82	22.18
04	消 0+060.00	左 0+012.00	24.07	24.31	24.31	24.19	22.09	21.85	22.39
05	消 0+060.00	左 0+006.00	24.13	24.49	24.25	24.73	22.27	22.03	22.45
06	消 0+060.00	0+000.00	24.13	24.55	24.13	24.55	22.51	22.63	22.75

续表

测点编号	测点桩号	断面位置	5年一遇	10年一遇	20年一遇	50年一遇	200年一遇	500年一遇(设计洪水)	2000年一遇(校核洪水)
07	消0+060.00	右0+006.00	24.31	24.67	23.77	24.19	22.75	22.93	22.93
08	消0+060.00	右0+012.00	24.49	24.73	23.71	23.89	22.21	22.09	22.69
10	消0+066.00	左0+035.00	24.04	23.98	24.22	24.22	23.08	22.36	22.84
11	消0+066.00	左0+030.00	24.37	24.31	24.13	24.31	21.67	21.97	23.17
12	消0+066.00	左0+024.00	24.19	24.25	24.07	24.37	21.79	21.91	22.81
13	消0+066.00	左0+018.00	24.25	24.31	24.19	24.31	21.91	22.15	22.39
14	消0+066.00	左0+012.00	24.31	24.37	24.01	24.49	22.15	21.85	22.09
15	消0+066.00	左0+006.00	24.37	24.19	23.95	24.19	22.09	23.23	25.30
16	消0+066.00	0+000.00	24.31	24.37	24.01	24.73	25.09	26.20	33.70
17	消0+066.00	右0+006.00	24.25	24.61	24.07	24.25	22.81	23.56	25.90
18	消0+066.00	右0+012.00	24.25	24.55	23.95	23.23	21.97	22.15	21.43
20	消0+072.00	左0+035.00	24.19	24.67	24.43	24.19	22.63	23.17	23.35
21	消0+072.00	左0+030.00	24.13	24.73	24.49	24.13	22.69	22.57	22.03
22	消0+072.00	左0+024.00	24.13	24.61	24.37	24.19	22.87	23.05	22.69
23	消0+072.00	左0+018.00	24.13	24.07	24.25	24.13	22.57	22.63	22.75
24	消0+072.00	左0+012.00	24.16	24.40	23.98	23.80	22.42	22.18	22.54
25	消0+072.00	左0+006.00	24.04	24.04	24.10	29.05	27.22	27.73	28.72
26	消0+072.00	0+000.00	23.98	23.98	23.92	32.62	30.52	34.27	36.37
27	消0+072.00	右0+006.00	24.10	24.10	24.04	26.74	27.22	26.77	26.17
28	消0+072.00	右0+012.00	24.19	24.10	24.28	23.62	22.96	22.24	22.42
30	消0+078.00	左0+035.00	23.92	24.22	24.40	24.16	22.54	23.56	23.92
31	消0+078.00	左0+030.00	24.34	24.16	24.52	23.98	22.66	22.66	22.78
32	消0+078.00	左0+024.00	24.28	24.04	24.34	24.04	22.66	22.72	23.44
33	消0+078.00	左0+018.00	24.28	23.86	24.22	23.86	23.14	23.02	23.02
34	消0+078.00	左0+012.00	24.22	23.68	24.10	24.16	27.67	22.84	23.56
35	消0+078.00	左0+006.00	24.16	23.74	24.64	30.70	27.67	29.77	35.32
36	消0+078.00	0+000.00	24.28	23.56	24.10	30.25	30.22	33.37	37.42
37	消0+078.00	右0+006.00	24.16	23.86	24.16	26.32	24.22	24.40	25.78
38	消0+078.00	右0+012.00	23.92	23.92	23.86	24.34	22.84	22.90	23.62
40	消0+084.00	左0+035.00	24.10	24.04	24.28	24.52	22.78	23.44	24.76
41	消0+084.00	左0+030.00	23.80	24.10	24.34	24.22	22.72	21.82	22.72
42	消0+084.00	左0+024.00	23.92	23.80	24.22	23.98	22.66	22.42	22.96
43	消0+084.00	左0+018.00	23.86	23.38	24.04	24.10	22.54	23.20	23.62
44	消0+084.00	左0+012.00	24.04	23.14	23.86	24.40	22.72	23.32	23.68

续表

测点编号	测点桩号	断面位置	5 年一遇	10 年一遇	20 年一遇	50 年一遇	200 年一遇	500 年一遇（设计洪水）	2000 年一遇（校核洪水）
45	消 0+084.00	左 0+006.00	24.04	24.16	24.67	28.42	25.42	27.31	29.62
46	消 0+084.00	0+000.00	23.98	23.86	24.22	28.18	27.52	27.94	30.82
47	消 0+084.00	右 0+006.00	23.92	23.68	23.50	23.56	22.84	22.42	23.92
48	消 0+084.00	右 0+012.00	23.74	23.74	23.86	23.20	22.72	22.30	23.08
51	消 0+090.00	左 0+030.00	23.68	23.26	23.92	23.62	21.82	23.20	23.38
52	消 0+090.00	左 0+024.00	23.86	23.80	23.92	24.28	22.66	22.48	22.72
53	消 0+090.00	左 0+018.00	23.80	23.14	23.62	23.74	22.00	23.08	24.40
54	消 0+090.00	左 0+012.00	23.74	23.20	24.22	23.68	22.12	22.36	23.02
55	消 0+090.00	左 0+006.00	23.50	23.50	24.04	24.28	22.18	22.78	24.34
56	消 0+090.00	0+000.00	23.56	23.44	23.80	23.92	22.84	23.74	25.42
57	消 0+090.00	右 0+006.00	23.86	23.50	24.10	22.96	22.60	22.24	23.44
58	消 0+090.00	右 0+012.00	23.68	23.74	23.98	22.66	22.18	22.00	22.60
59	消 0+090.00	右 0+018.00	23.32	24.22	24.82	23.20	22.24	22.30	22.66
61	消 0+096.00	左 0+030.00	23.98	24.10	23.86	24.64	23.56	22.84	22.96
62	消 0+096.00	左 0+024.00	23.86	23.80	23.92	24.04	23.44	23.80	23.68
63	消 0+096.00	左 0+018.00	23.92	23.44	24.22	23.62	23.98	24.34	24.52
64	消 0+096.00	左 0+012.00	23.56	23.50	24.40	24.82	23.56	23.92	24.40
65	消 0+096.00	左 0+006.00	23.44	23.74	24.22	25.06	23.74	23.44	24.88
66	消 0+096.00	0+000.00	23.50	23.92	24.04	25.24	23.80	23.44	25.12
67	消 0+096.00	右 0+006.00	23.80	24.04	24.16	24.34	23.62	23.08	23.98
68	消 0+096.00	右 0+012.00	23.56	24.28	24.22	23.80	23.38	23.14	23.74
69	消 0+096.00	右 0+018.00	23.38	24.22	23.92	23.62	23.14	23.02	23.68
71	消 0+102.00	左 0+030.00	23.92	24.40	24.64	25.00	24.40	23.98	23.56
72	消 0+102.00	左 0+024.00	23.98	24.52	24.40	24.16	24.22	22.96	23.86
73	消 0+102.00	左 0+018.00	23.86	24.58	24.82	24.22	24.46	23.62	24.88
74	消 0+102.00	左 0+012.00	23.86	24.88	25.00	24.94	24.52	24.64	25.36
75	消 0+102.00	左 0+006.00	24.04	24.76	24.82	25.42	25.00	24.52	25.78
76	消 0+102.00	0+000.00	23.98	24.16	24.82	24.52	24.82	24.40	25.60
77	消 0+102.00	右 0+006.00	23.92	24.10	24.34	24.04	24.64	24.34	24.70
78	消 0+102.00	右 0+012.00	23.86	24.40	24.52	23.74	24.40	24.04	24.52
79	消 0+102.00	右 0+018.00	23.80	24.10	24.16	23.98	24.28	23.92	24.22
81	消 0+108.00	左 0+030.00	24.16	24.46	24.82	25.78	24.52	25.24	26.14
82	消 0+108.00	左 0+024.00	24.10	24.70	25.24	25.24	24.16	24.28	24.88
83	消 0+108.00	左 0+018.00	24.04	25.12	25.00	24.04	23.98	24.52	25.12

续表

测点编号	测点桩号	断面位置	5年一遇	10年一遇	20年一遇	50年一遇	200年一遇	500年一遇（设计洪水）	2000年一遇（校核洪水）
84	消0+108.00	左0+012.00	23.86	24.82	25.12	23.62	24.10	24.46	25.30
85	消0+108.00	左0+006.00	23.62	24.76	25.24	23.56	24.16	24.70	25.24
86	消0+108.00	0+000.00	23.62	24.04	24.82	23.32	25.18	24.40	24.94
87	消0+108.00	右0+006.00	23.50	24.10	24.58	23.44	24.76	24.10	24.40
88	消0+108.00	右0+012.00	23.80	24.46	24.46	23.86	24.46	24.16	24.46
89	消0+108.00	右0+018.00	23.56	24.22	24.64	24.10	24.52	24.22	24.58
91	消0+114.00	左0+030.00	24.28	24.76	24.88	26.38	25.48	24.88	25.30
92	消0+114.00	左0+024.00	24.58	24.04	23.98	25.42	25.30	25.18	25.42
93	消0+114.00	左0+018.00	24.10	24.52	24.46	25.66	25.66	24.34	25.18
94	消0+114.00	左0+012.00	24.04	24.70	24.82	24.46	25.60	24.28	24.70
95	消0+114.00	左0+006.00	24.16	24.76	24.22	23.98	25.42	24.46	24.82
96	消0+114.00	0+000.00	24.10	24.46	24.10	23.80	25.36	25.42	24.28
97	消0+114.00	右0+006.00	24.22	24.28	24.82	23.68	26.08	25.18	24.34
98	消0+114.00	右0+012.00	23.98	23.98	25.06	24.04	25.39	25.06	24.46
99	消0+114.00	右0+018.00	23.86	24.10	25.24	24.64	25.18	25.18	24.70
101	消0+120.00	左0+030.00	24.22	24.70	24.40	26.38	26.26	26.92	27.22
102	消0+120.00	左0+024.00	24.28	25.18	24.34	26.20	26.32	26.98	26.92
103	消0+120.00	左0+018.00	24.28	25.48	24.64	26.50	26.50	26.38	26.62
104	消0+120.00	左0+012.00	24.46	25.60	24.28	26.38	26.86	26.08	26.38
105	消0+120.00	左0+006.00	24.34	24.46	24.88	25.84	26.26	26.08	26.26
106	消0+120.00	0+000.00	24.10	24.76	25.06	25.66	26.02	25.66	25.60
107	消0+120.00	右0+006.00	23.80	24.52	25.18	25.78	25.84	25.60	25.54
108	消0+120.00	右0+012.00	23.98	24.22	25.30	25.30	26.26	25.72	25.72
109	消0+120.00	右0+018.00	24.04	24.04	25.12	25.36	26.38	26.02	25.60
1010	消0+120.00	右0+024.00	23.98	24.88	25.30	26.08	26.44	26.44	26.44
1011	消0+120.00	右0+030.00	23.74	24.46	24.82	26.74	26.62	27.04	25.78
1012	消0+120.00	右0+035.00	24.16	25.42	25.18	26.92	26.68	27.34	27.52
111	消0+126.00	左0+030.00	24.46	24.46	24.94	27.28	26.74	27.28	29.08
112	消0+126.00	左0+024.00	24.40	25.00	24.82	27.40	26.62	27.46	27.43
113	消0+126.00	左0+018.00	24.58	24.94	24.94	27.22	27.10	27.34	27.76
114	消0+126.00	左0+012.00	24.70	25.24	25.54	27.40	26.95	26.98	26.98
115	消0+126.00	左0+006.00	24.40	25.06	25.36	26.68	26.86	26.86	26.32
116	消0+126.00	0+000.00	24.22	25.06	25.06	25.85	26.68	26.02	25.72
117	消0+126.00	右0+006.00	24.10	24.88	25.18	27.28	26.62	26.44	26.14

续表

测点编号	测点桩号	断面位置	5 年一遇	10 年一遇	20 年一遇	50 年一遇	200 年一遇	500 年一遇（设计洪水）	2000 年一遇（校核洪水）
118	消 0+126.00	右 0+012.00	24.16	24.10	25.30	25.36	26.80	26.68	26.92
119	消 0+126.00	右 0+018.00	24.28	24.34	25.24	25.96	26.92	26.80	25.84
1110	消 0+126.00	右 0+024.00	23.86	24.79	25.06	27.10	27.34	27.22	26.26
1111	消 0+126.00	右 0+030.00	23.92	25.12	25.24	26.80	26.80	26.68	26.62
1112	消 0+126.00	右 0+035.00	24.46	25.60	25.54	27.04	27.04	26.98	27.16
124	消 0+132.00	左 0+012.00	24.34	25.12	25.06	27.70	26.80	26.98	25.66
125	消 0+132.00	左 0+006.00	24.40	24.88	25.24	26.86	26.44	27.28	25.36
126	消 0+132.00	0+000.00	24.22	24.70	25.48	26.50	26.98	26.62	25.24
127	消 0+132.00	右 0+006.00	24.10	24.34	25.18	25.66	27.28	26.68	25.42
128	消 0+132.00	右 0+012.00	24.34	24.52	25.24	26.44	27.22	26.86	25.54
134	消 0+138.00	左 0+012.00	24.46	25.48	25.24	26.26	26.80	27.10	27.04
135	消 0+138.00	左 0+006.00	24.22	25.30	25.18	26.44	26.56	27.04	26.74
136	消 0+138.00	0+000.00	23.68	24.52	25.30	26.38	27.22	26.98	26.50
137	消 0+138.00	右 0+006.00	23.80	24.82	25.42	26.32	27.10	26.86	27.04
138	消 0+138.00	右 0+012.00	23.56	25.06	25.36	27.04	26.86	27.04	27.04
143	消 0+144.00	左 0+018.00	24.40	25.42	25.48	27.16	26.98	27.58	28.60
145	消 0+144.00	左 0+006.00	24.58	25.48	25.42	26.50	26.80	27.16	27.52
146	消 0+144.00	0+000.00	24.34	25.54	25.48	26.62	26.50	27.28	27.94
147	消 0+144.00	右 0+006.00	24.40	26.02	25.54	26.26	26.86	26.44	27.94
149	消 0+144.00	右 0+018.00	24.52	25.06	25.84	27.76	26.92	27.04	28.84
154	消 0+150.00	左 0+012.00	24.88	25.84	26.02	27.46	27.04	27.52	28.90
155	消 0+150.00	左 0+006.00	24.76	25.96	25.48	27.16	26.74	27.34	28.54
156	消 0+150.00	0+000.00	24.82	25.78	25.90	27.04	27.04	27.22	28.24
157	消 0+150.00	右 0+006.00	24.64	25.42	25.78	26.56	27.46	27.16	28.78
158	消 0+150.00	右 0+012.00	24.76	25.48	25.66	27.16	26.74	27.34	28.90
164	消 0+156.90	左 0+012.00	24.82	26.02	25.72	27.40	27.10	27.64	28.09
165	消 0+156.90	左 0+006.00	24.94	25.72	25.90	27.58	27.28	27.94	28.24
166	消 0+156.90	0+000.00	25.18	25.66	25.78	27.94	26.62	28.18	28.06
167	消 0+156.90	右 0+006.00	25.12	25.54	25.84	27.82	27.04	27.46	29.14
168	消 0+156.90	右 0+012.00	24.82	25.48	25.78	27.76	26.98	28.12	29.26
174	消 0+162.00	左 0+012.00	25.06	25.72	26.08	27.64	27.34	28.24	28.54
175	消 0+162.00	左 0+006.00	25.12	25.60	26.14	27.34	27.64	28.42	28.24
176	消 0+162.00	0+000.00	25.00	25.66	26.20	27.16	27.76	27.22	28.54
177	消 0+162.00	右 0+006.00	24.94	25.72	26.32	27.46	27.22	27.70	29.14

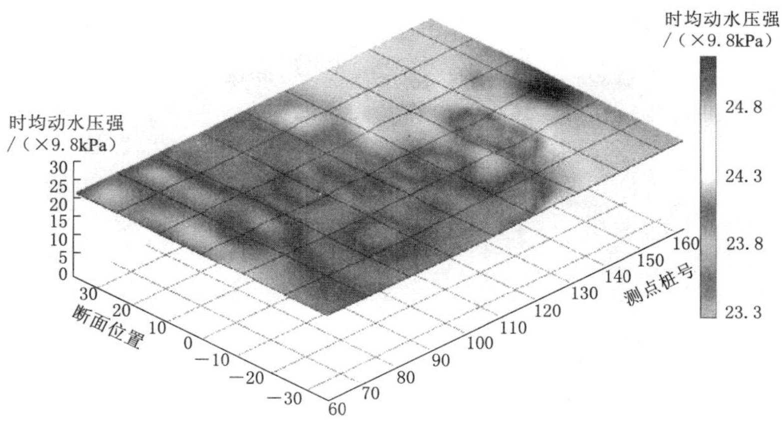

图 4.24　5 年一遇消力塘底板时均动水压强分布

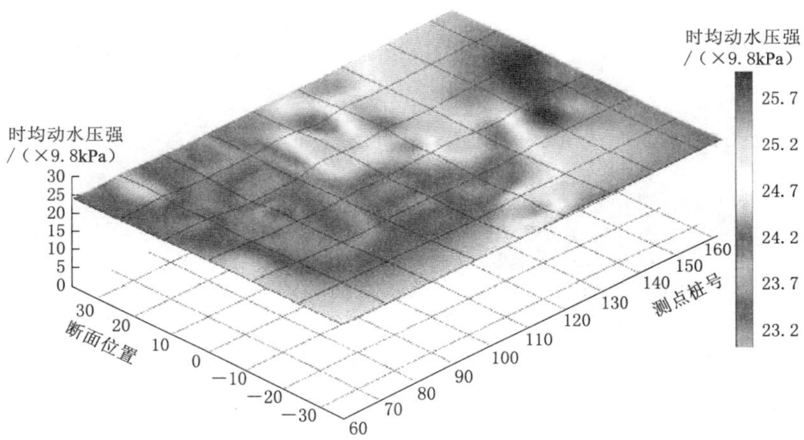

图 4.25　10 年一遇消力塘底板时均动水压强分布

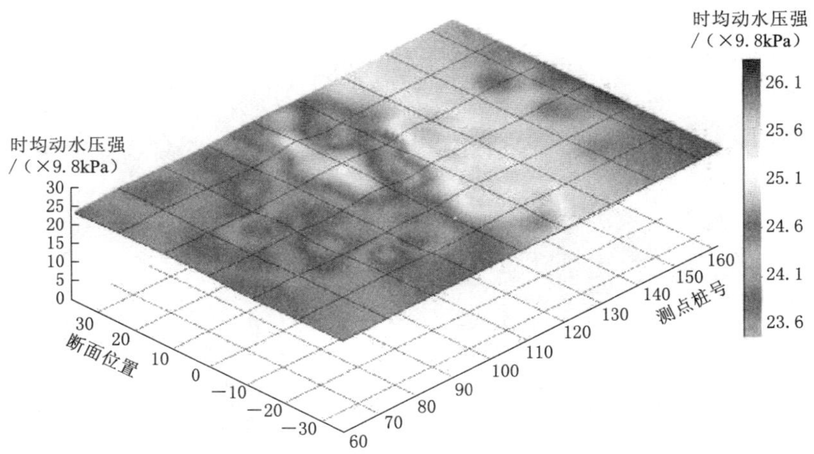

图 4.26　20 年一遇消力塘底板时均动水压强分布

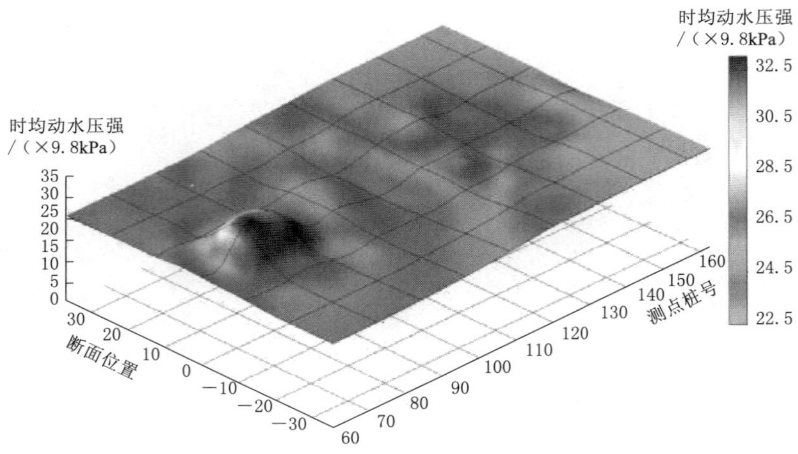

图 4.27　50 年一遇消力塘底板时均动水压强分布

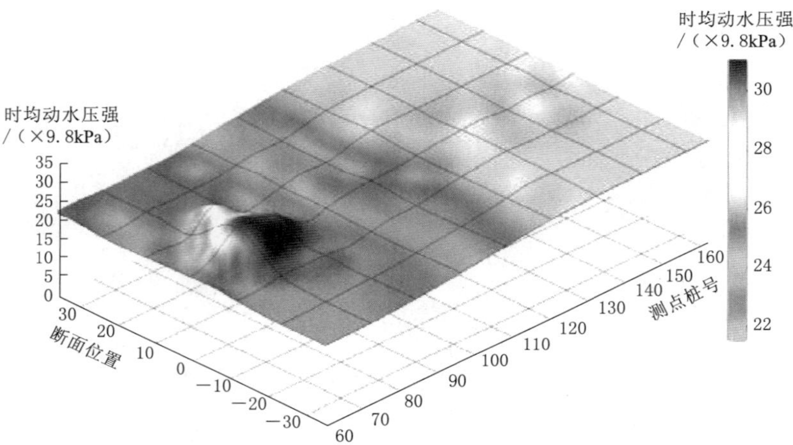

图 4.28　200 年一遇消力塘底板时均动水压强分布

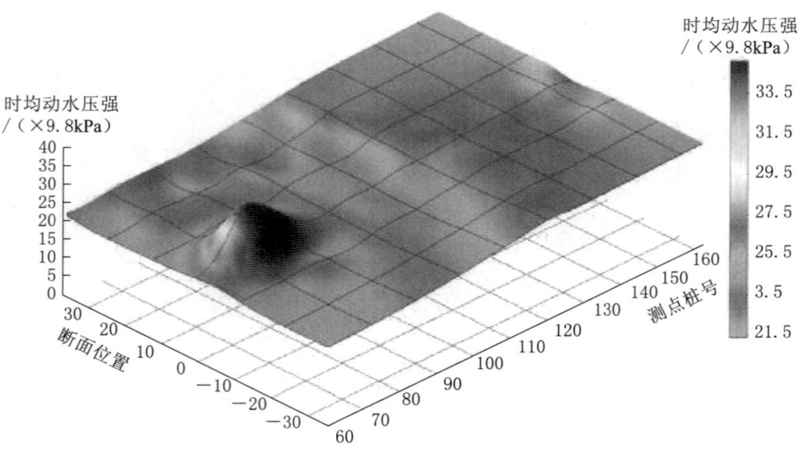

图 4.29　设计洪水消力塘底板时均动水压强分布

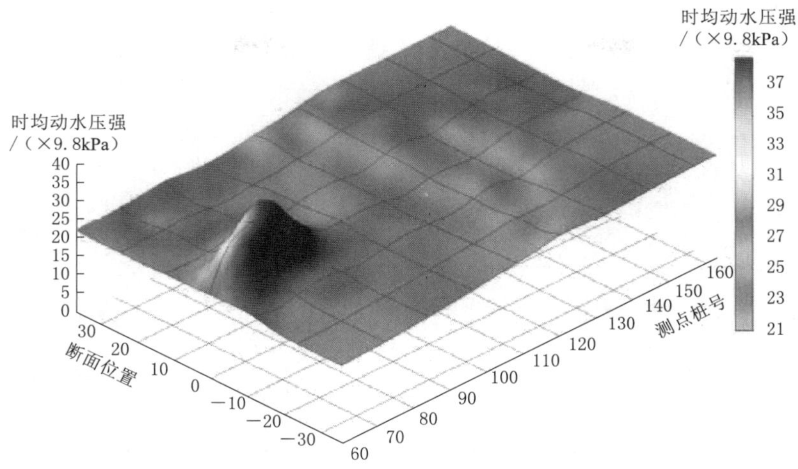

图 4.30 校核洪水消力塘底板时均动水压强分布

可以看出，5 年一遇、10 年一遇及 20 年一遇洪水工况下消力塘底板上时均动水压强分布比较平坦，说明底板上压强分布比较均匀；50 年一遇以上洪水工况，消力塘底板上时均动水压强均有局部凸起，且各工况凸起部位基本一致，位于消 0＋072.00～0＋078.00 桩号之间的消力塘中线附近；凸起高度越高，局部动水压强越大。此外，各工况局部凸起之处的断面水深较小，因此消力塘底板所受到的最大冲击压强就发生在消 0＋072.00～0＋084.00 区域，计算结果见表 4.12。

表 4.12　消力塘底板冲击压强　单位：×9.8kPa

工　况	最大时均压强	冲击压强	位置	次大时均压强	冲击压强	位置
2000 年一遇（校核工况）	37.42	11.62	36 号	36.37	10.57	26 号
500 年一遇（设计洪水）	34.27	9.97	26 号	33.37	9.07	36 号
200 年一遇洪水	30.52	6.07	26 号	30.22	5.77	36 号
50 年一遇洪水	32.62	7.12	26 号	30.70	5.20	35 号

由表 4.12 可见，各工况下消力塘底板上的动水冲击压强均小于 15×9.8kPa。

根据上述各运行工况消力塘底板上的常压测量结果，在消力塘底板上布置 14 个脉动压强测孔，如图 4.31 所示。观测结果见表 4.13～表 4.16。

由表 4.13～表 4.16 可见，在单孔运行时，左、右表孔单孔运行效果良好，测孔脉动压强标准差均小于 60kPa。中孔有两个测孔脉动压强标准差大于 60kPa，位于消力塘桩号消 0＋132.00 中线～左 6m 区域，最大值为 79.56kPa。

在双孔全开运行时，左、中、右三孔两两运行效果良好，测孔脉动压强标准差均小于 60kPa。右、中孔运行效果最好，左、中孔次之，左、右孔相对较差。两孔局开的 5 年一遇洪水及 10 年一遇洪水，消力塘消能效果良好，测孔脉动压强标准差均小于 60kPa。

在三孔运行时，20 年一遇洪水及 50 年一遇洪水，消力塘消能效果良好，测孔脉动压强标准差均小于 60kPa。200 年一遇洪水、500 年一遇洪水（设计工况）及 2000 年一遇洪

水（校核工况）3个工况均有4个测孔脉动压强标准差大于60kPa，位于消力塘桩号消0+72.00中线～右6m区域及消0+78.00中线～左6m区域，处于左右孔水舌较差处，最大值为127.14kPa。

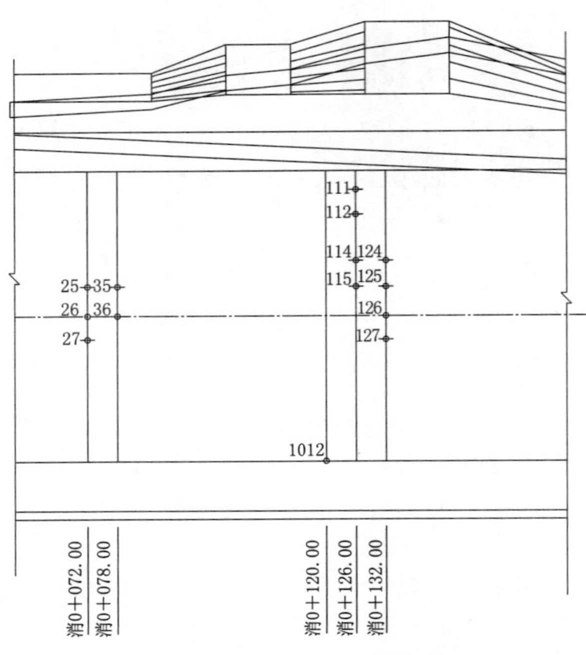

图4.31　消力塘底板脉动压力测点布置图

表4.13　单孔全开运行脉动压强统计特征值　单位：kPa

工　况	测压孔编号、桩号、断面位置			最大值	最小值	极差	平均值	标准差
右孔全开	25	消0+072.00	左0+006.00	253.62	210.30	43.32	231.36	3.36
	26	消0+072.00	0+000.00	251.34	208.80	42.54	227.22	3.54
	27	消0+072.00	右0+006.00	261.78	189.24	72.54	226.98	9.12
	35	消0+078.00	左0+006.00	251.70	208.74	42.96	228.18	5.28
	36	消0+078.00	0+000.00	277.14	182.40	94.74	223.74	13.86
	111	消0+126.00	左0+030.00	259.92	214.38	45.54	236.88	4.08
	112	消0+126.00	左0+024.00	274.92	218.28	56.64	244.14	6.00
	114	消0+126.00	左0+012.00	266.16	207.66	58.50	236.82	7.08
	115	消0+126.00	左0+006.00	266.22	211.80	54.42	239.58	5.82
	124	消0+132.00	左0+012.00	263.70	214.80	48.90	239.88	4.50
	125	消0+132.00	左0+006.00	265.26	192.72	72.54	237.54	5.70
	126	消0+132.00	0+000.00	256.80	215.34	41.46	234.48	4.50
	127	消0+132.00	右0+006.00	256.20	219.18	37.02	238.80	3.06
	1012	消0+120.00	右0+036.00	257.16	205.32	51.84	229.86	6.66

续表

工况	测压孔编号、桩号、断面位置			最大值	最小值	极差	平均值	标准差
中孔全开	25	消 0+072.00	左 0+006.00	262.14	249.90	12.24	229.20	2.64
	26	消 0+072.00	0+000.00	249.90	212.46	37.44	229.20	2.64
	27	消 0+072.00	右 0+006.00	253.26	207.72	45.54	227.52	4.68
	35	消 0+078.00	左 0+006.00	253.20	218.76	34.44	233.64	2.70
	36	消 0+078.00	0+000.00	257.52	195.54	61.98	226.80	5.58
	111	消 0+126.00	左 0+030.00	269.58	195.54	74.04	228.48	11.94
	112	消 0+126.00	左 0+024.00	314.16	152.76	161.40	228.78	16.38
	114	消 0+126.00	左 0+012.00	696.00	101.46	594.54	269.34	50.64
	115	消 0+126.00	左 0+006.00	739.68	112.62	627.06	289.02	59.88
	124	消 0+132.00	左 0+012.00	383.28	222.96	160.32	286.44	27.96
	125	消 0+132.00	左 0+006.00	1096.38	139.74	956.64	324.00	79.56
	126	消 0+132.00	0+000.00	624.54	177.96	446.58	334.08	63.30
	127	消 0+132.00	右 0+006.00	294.36	210.30	84.06	242.34	13.80
	1012	消 0+120.00	右 0+036.00	298.98	149.76	149.22	219.30	16.50
左孔全开	25	消 0+072.00	左 0+006.00	242.52	195.90	46.62	217.62	4.62
	26	消 0+072.00	0+000.00	255.42	208.80	46.62	231.90	5.28
	27	消 0+072.00	右 0+006.00	296.52	169.62	126.90	227.88	13.62
	35	消 0+078.00	左 0+006.00	270.96	209.52	61.44	232.02	7.62
	36	消 0+078.00	0+000.00	297.48	166.86	130.62	224.04	15.78
	111	消 0+126.00	左 0+030.00	260.70	213.66	47.04	235.74	3.48
	112	消 0+126.00	左 0+024.00	267.18	223.86	43.32	243.36	4.32
	114	消 0+126.00	左 0+012.00	259.86	183.60	76.26	237.00	6.24
	115	消 0+126.00	左 0+006.00	261.78	207.00	54.78	238.62	6.18
	124	消 0+132.00	左 0+012.00	259.98	216.30	43.68	238.32	3.78
	125	消 0+132.00	左 0+006.00	257.46	214.56	42.90	237.24	4.50
	126	消 0+132.00	0+000.00	254.58	196.44	58.14	234.00	4.50
	127	消 0+132.00	右 0+006.00	259.92	217.32	42.60	238.56	3.90
	1012	消 0+120.00	右 0+036.00	263.10	211.26	51.84	235.62	5.22

表 4.14　双孔全开运行脉动压强统计特征值　单位：kPa

工况	测压孔编号、桩号、断面位置			最大值	最小值	极差	平均值	标准差
右、中孔全开	25	消 0+072.00	左 0+006.00	255.48	212.52	42.96	233.46	3.36
	26	消 0+072.00	0+000.00	252.84	210.66	42.18	230.58	3.60
	27	消 0+072.00	右 0+006.00	265.08	192.54	72.54	229.26	9.78
	35	消 0+078.00	左 0+006.00	318.30	212.82	105.48	237.78	11.40

续表

工　况	测压孔编号、桩号、断面位置			最大值	最小值	极差	平均值	标准差
右、中孔全开	36	消 0+078.00	0+000.00	368.94	157.98	210.96	226.68	16.62
	111	消 0+126.00	左 0+030.00	274.74	218.46	56.28	246.66	8.28
	112	消 0+126.00	左 0+024.00	296.40	217.20	79.20	254.40	10.86
	114	消 0+126.00	左 0+012.00	301.74	174.36	127.38	245.16	16.08
	115	消 0+126.00	左 0+006.00	296.94	192.18	104.76	245.34	15.06
	124	消 0+132.00	左 0+012.00	282.96	222.60	60.36	247.62	6.54
	125	消 0+132.00	左 0+006.00	320.04	174.54	145.50	244.32	13.80
	126	消 0+132.00	0+000.00	377.94	192.78	185.16	244.02	17.52
	127	消 0+132.00	右 0+006.00	413.22	218.10	195.12	261.96	26.82
	1012	消 0+120.00	右 0+036.00	432.60	167.94	264.66	232.62	18.12
左、中孔全开	25	消 0+072.00	左 0+006.00	264.72	218.46	46.26	239.94	4.44
	26	消 0+072.00	0+000.00	261.72	204.36	57.36	235.26	7.08
	27	消 0+072.00	右 0+006.00	272.46	190.32	82.14	233.04	10.98
	35	消 0+078.00	左 0+006.00	296.82	217.26	79.56	244.20	10.38
	36	消 0+078.00	0+000.00	312.66	173.88	138.78	231.60	16.86
	111	消 0+126.00	左 0+030.00	443.88	172.20	271.68	242.82	22.26
	112	消 0+126.00	左 0+024.00	485.22	176.10	309.12	255.54	28.44
	114	消 0+126.00	左 0+012.00	317.64	118.86	198.78	237.90	18.60
	115	消 0+126.00	左 0+006.00	322.86	155.16	167.70	241.68	16.62
	124	消 0+132.00	左 0+012.00	315.18	207.00	108.18	246.06	14.88
	125	消 0+132.00	左 0+006.00	580.68	165.66	415.02	243.24	22.44
	126	消 0+132.00	0+000.00	393.84	207.18	186.66	240.90	14.52
	127	消 0+132.00	右 0+006.00	282.12	221.04	61.08	244.14	5.70
	1012	消 0+120.00	右 0+036.00	302.34	163.86	138.48	233.34	14.16
左、右孔全开	25	消 0+072.00	左 0+006.00	300.60	216.24	84.36	246.48	12.12
	26	消 0+072.00	0+000.00	466.44	201.00	265.44	270.60	41.58
	27	消 0+072.00	右 0+006.00	701.82	201.00	500.82	270.60	41.58
	35	消 0+078.00	左 0+006.00	416.04	220.62	195.42	265.14	22.68
	36	消 0+078.00	0+000.00	706.86	167.22	539.64	268.98	48.18
	111	消 0+126.00	左 0+030.00	275.88	210.36	65.52	243.66	7.56
	112	消 0+126.00	左 0+024.00	290.10	169.08	121.02	250.80	12.42
	114	消 0+126.00	左 0+012.00	287.28	196.56	90.72	237.72	13.38
	115	消 0+126.00	左 0+006.00	279.18	179.40	99.78	236.40	12.72
	124	消 0+132.00	左 0+012.00	280.74	202.56	78.18	245.16	11.82
	125	消 0+132.00	左 0+006.00	285.24	188.64	96.60	239.88	13.38
	126	消 0+132.00	0+000.00	264.60	201.66	62.94	233.94	9.60
	127	消 0+132.00	右 0+006.00	270.66	216.24	54.42	241.50	7.44
	1012	消 0+120.00	右 0+036.00	276.06	203.82	72.24	234.84	7.80

表 4.15 双孔局开运行脉动压强统计特征值 单位：kPa

工 况	测压孔编号、桩号、断面位置			最大值	最小值	极差	平均值	标准差
5年一遇洪水（右、中孔局开）	25	消 0+072.00	左 0+006.00	252.84	195.48	57.36	226.2	6.78
	26	消 0+072.00	0+000.00	200.16	156.84	43.32	177.12	3.66
	27	消 0+072.00	右 0+006.00	251.22	197.58	53.64	224.64	6.72
	35	消 0+078.00	左 0+006.00	206.82	156.84	49.98	179.64	4.74
	36	消 0+078.00	0+000.00	264.66	196.5	68.16	226.14	10.08
	111	消 0+126.00	左 0+030.00	200.34	133.74	66.6	166.44	8.82
	112	消 0+126.00	左 0+024.00	284.88	202.38	82.5	240.3	12.42
	114	消 0+126.00	左 0+012.00	299.22	181.14	118.08	236.52	16.92
	115	消 0+126.00	左 0+006.00	304.86	177.9	126.96	239.88	17.4
	124	消 0+132.00	左 0+012.00	229.26	165.96	63.3	196.32	8.34
	125	消 0+132.00	左 0+006.00	261.18	211.2	49.98	234.42	6.12
	126	消 0+132.00	0+000.00	231.3	165.72	65.58	206.1	8.22
	127	消 0+132.00	右 0+006.00	528.18	107.94	420.24	220.8	20.94
	1012	消 0+120.00	右 0+036.00	295.62	167.88	127.74	223.08	15.48
10年一遇洪水（右、中孔局开）	25	消 0+072.00	左 0+006.00	258.78	204.00	54.78	232.02	7.20
	26	消 0+072.00	0+000.00	200.94	155.04	45.90	178.62	3.42
	27	消 0+072.00	右 0+006.00	264.90	194.22	70.68	228.84	7.86
	35	消 0+078.00	左 0+006.00	198.66	153.12	732.84	183.18	4.74
	36	消 0+078.00	0+000.00	280.56	188.04	92.52	231.36	12.66
	111	消 0+126.00	左 0+030.00	202.20	135.18	67.02	172.44	9.36
	112	消 0+126.00	左 0+024.00	295.62	200.88	94.74	244.68	13.86
	114	消 0+126.00	左 0+012.00	304.08	179.64	124.44	239.94	19.32
	115	消 0+126.00	左 0+006.00	301.92	173.82	128.10	240.66	19.08
	124	消 0+132.00	左 0+012.00	225.18	163.74	61.44	195.66	8.34
	125	消 0+132.00	左 0+006.00	257.46	207.12	50.34	236.88	5.16
	126	消 0+132.00	0+000.00	229.80	165.72	64.08	203.64	6.66
	127	消 0+132.00	右 0+006.00	434.52	162.00	272.52	225.24	17.82
	1012	消 0+120.00	右 0+036.00	303.42	154.56	148.86	231.72	18.60

表 4.16　　三孔运行脉动压强统计特征值　　单位：kPa

工　况	测压孔编号、桩号、断面位置			最大值	最小值	极差	平均值	标准差
20 年一遇洪水（三孔均匀局开）	25	消 0+072.00	左 0+006.00	232.44	191.70	40.74	209.52	3.48
	26	消 0+072.00	0+000.00	237.84	197.10	40.74	215.88	3.84
	27	消 0+072.00	右 0+006.00	278.58	196.08	82.50	233.04	10.86
	35	消 0+078.00	左 0+006.00	469.80	181.08	288.72	224.28	13.98
	36	消 0+078.00	0+000.00	423.00	148.68	274.32	230.46	19.26
	111	消 0+126.00	左 0+030.00	523.74	139.20	384.54	240.30	28.80
	112	消 0+126.00	左 0+024.00	644.94	177.06	467.88	249.84	31.02
	114	消 0+126.00	左 0+012.00	301.62	173.88	127.74	239.70	19.56
	115	消 0+126.00	左 0+006.00	300.84	169.44	131.40	238.26	19.62
	124	消 0+132.00	左 0+012.00	273.30	194.40	78.90	238.32	9.66
	125	消 0+132.00	左 0+006.00	307.62	175.50	132.12	243.00	15.66
	126	消 0+132.00	0+000.00	289.68	186.72	102.96	239.94	14.76
	127	消 0+132.00	右 0+006.00	274.56	211.20	63.36	241.14	9.72
	1012	消 0+120.00	右 0+036.00	278.52	191.52	87.00	234.12	12.84
50 年一遇洪水	25	消 0+072.00	左 0+006.00	488.16	224.58	263.58	247.50	7.14
	26	消 0+072.00	0+000.00	512.04	136.68	375.36	286.38	55.20
	27	消 0+072.00	右 0+006.00	679.32	40.50	638.82	261.12	56.28
	35	消 0+078.00	左 0+006.00	689.88	143.94	545.94	268.80	48.72
	36	消 0+078.00	0+000.00	637.44	154.02	483.42	300.78	56.70
	111	消 0+126.00	左 0+030.00	290.76	231.90	58.86	259.86	5.58
	112	消 0+126.00	左 0+024.00	308.52	219.66	88.86	267.72	11.28
	114	消 0+126.00	左 0+012.00	328.98	161.76	167.22	257.46	17.58
	115	消 0+126.00	左 0+006.00	320.22	201.36	118.86	257.04	16.20
	124	消 0+132.00	左 0+012.00	292.80	231.72	61.08	262.74	9.36
	125	消 0+132.00	左 0+006.00	441.00	198.18	242.82	260.10	15.78
	126	消 0+132.00	0+000.00	309.96	222.96	87.00	252.84	10.98
	127	消 0+132.00	右 0+006.00	368.04	182.88	185.16	252.84	13.80
	1012	消 0+120.00	右 0+036.00	312.84	169.56	143.28	246.06	13.56
200 年一遇洪水	25	消 0+072.00	左 0+006.00	294.90	196.08	98.82	222.78	9.96
	26	消 0+072.00	0+000.00	795.24	92.28	702.96	266.64	77.64
	27	消 0+072.00	右 0+006.00	798.84	70.14	728.70	250.62	67.38
	35	消 0+078.00	左 0+006.00	896.40	116.52	779.88	258.90	69.66
	36	消 0+078.00	0+000.00	929.46	67.38	862.08	303.96	92.28
	111	消 0+126.00	左 0+030.00	296.64	204.84	91.80	254.16	10.08
	112	消 0+126.00	左 0+024.00	848.58	167.88	680.70	263.16	26.82

续表

工 况	测压孔编号、桩号、断面位置			最大值	最小值	极差	平均值	标准差
200 年一遇洪水	114	消 0+126.00	左 0+012.00	339.84	163.26	176.58	254.40	19.38
	115	消 0+126.00	左 0+006.00	341.64	171.00	170.64	259.02	17.76
	124	消 0+132.00	左 0+012.00	304.32	213.96	90.36	255.72	11.52
	125	消 0+132.00	左 0+006.00	576.54	168.54	408.00	255.30	16.98
	126	消 0+132.00	0+000.00	279.60	219.24	60.36	254.64	6.78
	127	消 0+132.00	右 0+006.00	360.60	199.56	161.04	252.96	13.68
	1012	消 0+120.00	右 0+036.00	406.56	173.64	232.92	253.68	12.78
500 年一遇（设计洪水）	25	消 0+072.00	左 0+006.00	337.14	207.60	129.54	241.74	15.66
	26	消 0+072.00	0+000.00	851.22	114.18	737.04	300.18	122.40
	27	消 0+072.00	右 0+006.00	821.16	26.94	794.22	245.46	76.92
	35	消 0+078.00	左 0+006.00	734.04	117.78	616.26	261.48	77.76
	36	消 0+078.00	0+000.00	825.36	104.64	720.72	315.78	96.00
	111	消 0+126.00	左 0+030.00	352.38	214.68	137.70	257.52	14.58
	112	消 0+126.00	左 0+024.00	321.00	174.06	146.94	263.16	16.86
	114	消 0+126.00	左 0+012.00	446.34	159.84	286.50	261.24	21.24
	115	消 0+126.00	左 0+006.00	366.00	146.46	219.54	256.86	19.20
	124	消 0+132.00	左 0+012.00	387.00	220.74	166.26	260.10	14.70
	125	消 0+132.00	左 0+006.00	547.92	168.06	379.86	259.80	24.18
	126	消 0+132.00	0+000.00	411.54	147.12	264.42	255.72	18.30
	127	消 0+132.00	右 0+006.00	292.32	223.80	68.52	258.42	12.00
	1012	消 0+120.00	右 0+036.00	368.16	210.78	157.38	260.04	13.80
2000 年一遇（校核洪水）	25	消 0+072.00	左 0+006.00	490.02	253.50	310.32	33.48	33.48
	26	消 0+072.00	0+000.00	881.22	108.66	398.22	127.14	127.14
	27	消 0+072.00	右 0+006.00	939.60	42.48	274.44	93.30	93.30
	35	消 0+078.00	左 0+006.00	754.08	119.28	310.62	99.36	99.36
	36	消 0+078.00	0+000.00	925.98	80.22	362.58	111.18	111.18
	111	消 0+126.00	左 0+030.00	576.30	160.26	268.02	23.16	23.16
	112	消 0+126.00	左 0+024.00	582.72	199.26	276.06	25.92	25.92
	114	消 0+126.00	左 0+012.00	375.30	184.98	266.94	19.44	19.44
	115	消 0+126.00	左 0+006.00	342.66	197.58	259.92	17.94	17.94
	124	消 0+132.00	左 0+012.00	335.88	223.32	263.40	13.26	13.26
	125	消 0+132.00	左 0+006.00	458.70	198.42	259.80	18.54	18.54
	126	消 0+132.00	0+000.00	426.72	201.90	253.26	16.80	16.80
	127	消 0+132.00	右 0+006.00	295.62	220.50	251.46	9.96	9.96
	1012	消 0+120.00	右 0+036.00	459.60	190.80	268.44	20.46	20.46

4.7　小结

根据引汉济渭工程的综合利用任务要求，对水库特征水位、运行调度、库区布置等方面进行了综合分析，具体结果如下：

（1）通过调水 10 亿 m^3 与调水 15 亿 m^3 同等深度的四水源联合调节、泥沙淤积、回水计算、调洪计算等综合分析论证，确定三河口水库水位为：正常蓄水位 643m、汛限水位 642m、正常运行死水位 558m、特枯年运行死水位 544m。

（2）根据特征水位和施工进度编制初期蓄水计划，水库的初期蓄水原则和方法为：水库充水到死水位 558m，可发挥水库的供水效益；采用逐月时历法确定不同方案的供水发电效益；根据三河口运行条件和调度线确定原则，建立近期调度运行和长期调度运行的计划，能够满足供水要求；三河口水库单独供水和联合供水过程中，均能满足供水需求；基于三河口水库的表孔底孔联合泄流曲线建立三河口水库的调洪过程线。

（3）水库区总体布置包括水环境、水源地保护以及道路布置。为保证生态环境需水要求，采取一定的水源地保护措施，主要包括隔离防护、划定水源地保护区、污染源综合整治、水生态修复和管理措施；坝区交通运输以公路运输为主、其他运输方式为辅，做到保障供给、不误工期，并最终设计道路布设的原则指导坝区道路建设。

（4）枢纽区布置主要包括工程总布置和其他建筑物布置，工程总布置包括大坝、泄洪建筑物、供水系统流道、供水系统厂房及开关站和生态放水建筑。通过经济技术比较和工程技术分析，最终确定最优的厂区布置方案。

（5）消力塘采用平底消力塘；设计水位实测表孔泄量为 5378.1m^3/s，比相应的设计值（5070m^3/s）大 308.1m^3/s，占设计值的 6.08%；校核水位实测表孔泄量为 6429.4m^3/s，较相应的设计值（6020m^3/s）大 409.4m^3/s，占设计值的 6.8%；设计水位实测底孔泄量为 1525.7m^3/s，比相应的设计值（1540m^3/s）小 14.3m^3/s，占设计值 0.930%；校核水位实测底孔泄量为 1544.1m^3/s，较相应的设计值（1560m^3/s）小 15.9m^3/s，占设计值 1.02%；设计水位实测表、底孔总泄量为 6841.14m^3/s，比相应的设计值（6610m^3/s）大 231.14m^3/s，占设计值 3.5%；校核水位实测表、底孔总泄量为 7892.03m^3/s，较相应的设计值（7580m^3/s）大 312.03m^3/s，占设计值 4.12%。

参　考　文　献

[1] 胡孔中，王东. 潘口水电站厂区布置与结构设计 [J]. 中国农村水利水电，2013（10）：107-108.
[2] 徐建军，殷亮. 杨房沟水电站枢纽布置设计及主要工程技术 [J]. 人民长江，2018，49（24）：49-54.
[3] 甄燕，张华明，温家兴，等. 金桥水电站工程枢纽布置设计研究 [J]. 水力发电，2018，44（8）：61-64.
[4] 罗承昌，袁桂兰，曾蔚. 黄金峡水利枢纽泵站、电站设计布置 [J]. 水利规划与设计，2019（11）：151-155.
[5] 郑湘文，毛拥政，党力. 黄金峡水利枢纽泵站、电站联合布置方案研究 [J]. 人民黄河，2018，40

(11)：115－118.

[6] 薛一峰，程汉鼎，何岚，等. 三河口水利枢纽厂房安装间结构布置与设计的安全性分析 [J]. 水利规划与设计，2020 (9)：95－101.

[7] 张厚军，安催花. 黄河西霞院水库特征水位分析 [J]. 人民黄河，2003，25 (10)：7－9.

[8] 覃新闻. 阿尔塔什水库特征水位优选及效益分析论证研究 [D]. 西安：西安理工大学，2007.

[9] 曹国良，黄秀英. 小漩水库特征水位优选研究 [J]. 水利水电技术，2016，47 (8)：79－81.

[10] 李玮，郭生练，刘攀. 水库汛限水位确定方法评述与展望 [J]. 水力发电，2005，31 (1)：66－70.

[11] 魏健，白涛，武连洲，等. 三河口水库多目标调度规律研究 [J]. 水资源研究，2018，7 (2)：154－163.

[12] 范旻. 三河口水利枢纽初期蓄水方案比选 [J]. 陕西水利，2020 (6)：215－216，219.

[13] 王志宏，胡清义，余昕卉，等. 构皮滩水电站初期蓄水拱坝工作性态分析 [J]. 人民长江，2010，41 (22)：29－31.

[14] 罗丹旎，林鹏，李庆斌，等. 溪洛渡特高拱坝初期蓄水工作性态分析研究 [J]. 水利学报，2014，45 (1)：18－26.

[15] 张冲，王仁坤，汤雪娟. 溪洛渡特高拱坝蓄水初期工作状态评价 [J]. 水利学报，2016，47 (1)：85－93.

[16] 李金洋，张冲. 溪洛渡拱坝初期不同特征水位工作性态分析与安全评价 [J]. 水电站设计，2018，34 (1)：60－66，72.

[17] 苗强，宿磊，商玉洁，等. 丰满重建工程蓄水初期大坝工作性态分析 [J]. 水利水电技术（中英文），2021，52 (S1)：170－175.

[18] 吴世勇，聂强，周济芳，等. 二滩大坝长期运行性态分析研究 [C] // 中国大坝工程学会. 水库大坝高质量建设与绿色发展——中国大坝工程学会 2018 学术年会论文集. 北京：中国大坝工程学会，2018：9.

[19] 吴世勇，李啸啸，杜成波. 雅砻江官地大坝长期运行性态分析研究 [C] // 中国大坝工程学会，西班牙大坝委员会. 国际碾压混凝土坝技术新进展与水库大坝高质量建设管理——中国大坝工程学会 2019 学术年会论文集. 北京：中国大坝工程学会，2019：8.

[20] 傅佩芬. 二滩水电站双曲拱坝消力塘内动水压力及冲深的试验研究 [J]. 四川水力发电，1987 (1)：58－63，69.

[21] 何若飞. 严寒地区拱坝水垫塘底板稳定性分析 [J]. 水利规划与设计，2017 (5)：150－152.

[22] 张少济，杨敏. 消力塘透水底板脉动压力特性试验研究 [J]. 水力发电学报，2010，29 (6)：85－89，94.

[23] 杨国瑞. 二滩水电站坝下消力塘允许动水压力值探讨 [J]. 水电站设计，1990 (1)：60－63.

[24] 彭新民，王继敏，崔广涛. 拱坝水垫塘拱形底板受力与稳定性实验研究 [J]. 水力发电学报，1999 (2)：55－62.

[25] 张廷芳，崔莉，李鉴初. 挑跌水流作用下水垫塘护坦板稳定性研究 [J]. 水利学报，1992 (12)：34－40.

[26] 王继敏. 高坝消力塘防护结构安全问题研究 [D]. 天津：天津大学，2007.

[27] 刘斌，毛拥政. 引汉济渭工程选址及总体布置研究 [J]. 水利水电技术，2017，48 (8)：31－35，73.

第5章 碾压混凝土拱坝体形设计与稳定计算

5.1 概述

目前存在的拱坝坝高普遍高于70m，施工环境大多处在U形或V形峡口，面临施工难度较大以及坝结构对水压力承载过于依靠坝肩与岩石的结合反作用力等问题。拱坝坝体设计和相关稳定分析成为拱坝问题中的热点[1-4]。为使坝体设计更加合理、安全、经济，结合现行拱坝规范的要求，进行拱坝体形优选，以及对坝体应力和坝肩的稳定计算分析是十分必要的。

当前国内外的拱坝设计多采用变厚度、非圆形的水平剖面，以改善坝体的应力和稳定，常见的拱圈线型有双心圆、三心圆、抛物线、对数螺线和椭圆等类型[5]。针对每个拱坝坝址的地形、地质条件，以及水文条件、工程任务和施工条件等的不同，优化选择适合的拱坝体形是拱坝设计必须要进行的重点工作[6-7]。拱坝的应力和稳定分析一直以来是国内外拱坝工程的重点和热点[8-12]。在20世纪70年代，拱坝设计思想和理论得到很大程度的完善和进步，出现了纯拱法、拱冠梁法、拱梁分载法、壳体理论，以及有限元法等大量拱坝计算方法[13-14]。在稳定分析方面又有了刚体极限平衡法、界限元法、不连续变形分析法、非线性有限元法和离散元法等。大量方法的产生为拱坝坝体结构优化设计和稳定分析提供了理论基础，并且间接鼓励了世界范围内拱坝的大量修建[15]。在拱坝坝体设计、动静力分析、稳定分析等方面，近30年也有了很大的发展。在"八五""九五"两次科技攻关的政策下，中国工程院、中国水科院、清华大学、天津大学、武汉大学、西安理工大学等高校均成立相关课题组，并将拱坝研究和实际工程相结合，提出一系列新思想和新认识[16-22]。朱伯芳[23-24]提出有限元等效应力的理论，从而可将有限元良好地应用在混凝土拱坝体形设计上面，并认为该方法将逐渐取代传统的拱梁分载的计算方法，为解决拱坝设计提供了新思路；陈厚群等[25-26]对高拱坝的坝肩稳定进行分析，认为坝肩稳定分析时应将岩体部分的动力放大和坝体-地基-库水之间关系考虑在内；吴中如等[27]结合坝工理论和力学思想对混凝土坝的变形模型进行研究，并得出拱坝水压力分量的计算公式；刘云贺等[28]采用动力分析的方法，对拱坝地震自由场中的黏性边界和黏弹性边界进行了研究和比较，研究结果对地震情况下拱坝稳定分析具有实际意义。

诸多科研工作者将研究视角对准了拱坝材料和结构变形等方面。李明超等[29]建立了常态碾压混凝土复合试件的细观模型，并利用有限元进行计算，结合试验数值数据对材料

设计进行了评价。张新慧[30]基于混凝土的“等效成熟度”理论，采用五种因素对断裂规律进行研究，总结出了双K断裂与成熟度的变化规律。王怀亮等[31]对液压伺服机进行了改造，并以加载速率和试件种类为变量，探究出这两种变量对混凝土的破坏准则；钟大宁等[32]从应力改变和材料泡化等角度，对白鹤滩拱坝进行了谷幅变形的预测和变形机制的研究，最终得到了坝基变形预应力之间的代数关系。至今，计算机技术的成熟和人工智能的崛起使拱坝设计和力学分析进入到新的阶段，出现了遗传算法和退火算法等结构优化设计方法。同时MATLAB、ANSYS、ABAQUS等一系列大、小型计算程序的应用，使拱坝稳定分析得到进一步的发展[33-39]。

5.2 拱坝布置

5.2.1 坝轴线布置

大坝轴线布置考虑使拱轴线与等高线在拱端处的夹角不小于30°，并使两端的夹角大致相近，以使拱端力以较大角度向山体传递，充分利用拱的作用，对坝肩的稳定较为有利。三河口拱坝中心线综合考虑拱坝坝肩稳定、泄洪水流归槽、对称性等因素，选为NE52°34′10″，位置位于河床中心，如图5.1所示。

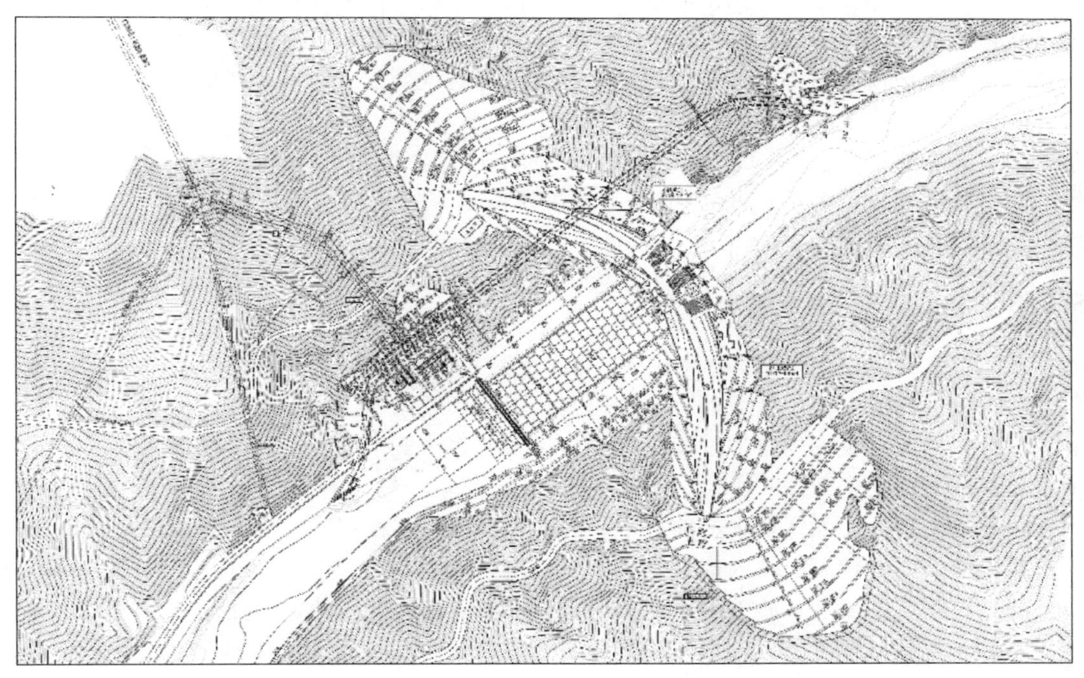

图5.1 拱坝布置图

5.2.2 坝顶高程和宽度的确定

三河口水利枢纽大坝为1级建筑物，按500年一遇（$P=0.2\%$）洪水设计，2000年一遇（$P=0.05\%$）洪水校核确定坝顶高程。根据《混凝土拱坝设计规范》(SL 282—2003）的规定，坝顶高程应不低于校核洪水位。坝顶上游防浪墙顶高程与水库正常蓄水位的高差或与校核洪水位的高差可按式（5.1）计算，应选择两者计算所得防浪墙顶高程高者作为最终的选定高程。

$$\Delta h = h_b + h_z + h_c \tag{5.1}$$

式中：Δh 为防浪墙顶高程与水库正常蓄水位或与校核洪水位的高差，m；h_b 为波高，m，按《混凝土拱坝设计规范》(SL 282—2003）附录 B.5 确定；h_z 为波浪中心线至水库正常蓄水位或校核洪水位的高差，m，按上述规范附录 B.5 确定；h_c 为安全超高，m，三河口水利枢纽大坝的级别为 1 级，对应正常蓄水位和校核洪水位下，安全超高分别取为 0.7m 和 0.5m。

按照式（5.1），防浪墙顶高程计算成果见表 5.1。

表 5.1　防浪墙顶高程计算结果

计算水位	水位/m	h_b/m	h_z/m	h_c/m	计算防浪墙高程/m
正常蓄水位	643.00	1.204	0.477	0.70	645.38
校核洪水位	644.70	0.901	0.316	0.50	646.42

从表 5.1 的计算结果看出，防浪墙顶高程由校核洪水位情况计算结果控制，计算防浪墙顶高程为 646.42m，设计防浪墙顶高为 1.2m，则按此计算坝顶高程应为 645.22m。考虑到泄洪坝段坝顶启闭机大梁和交通桥布置要满足泄洪要求，经综合考虑，本次设计坝顶高程定为 646.00m。

坝顶宽度的拟定主要考虑碾压混凝土坝体结构应力要求和坝顶结构布置、交通要求等。两岸非溢坝段的坝顶宽度为 9m，泄洪坝段由于布置有闸门、启闭设备及交通桥、闸房等，根据具体布置确定为 40m。

5.2.3　拱坝体形设计

三河口水利枢纽拱坝坝高 141.5m，为 1 级建筑物，结合选定的中坝线的地形、地质条件，在拱坝体形设计中考虑如下布置原则：

（1）坝体具有较大的整体刚度，以提高拱坝的整体安全度；避免拱坝周边突变，减少坝基局部应力集中。

（2）在满足坝体强度要求的前提下，力求坝体应力、位移状态良好，并尽量采用扁平拱布置，使拱推力转向山体内部，改善坝肩稳定条件。

（3）控制上游倒悬，改善施工期应力条件，尽量使体形简单，方便施工。

（4）在各种计算工况下，坝体均有较好的应力、变形状况，大坝的应力、变形变化幅度合理。

碾压混凝土拱坝体形采用抛物线双曲拱坝，拱坝坝顶高程为 646.00m，坝底高程为 504.50m，最大坝高为 141.50m，坝顶宽 9.0m，坝底拱冠厚为 36.604m。坝顶上游弧长为 472.153m，最大中心角为 92.04°，位于 602.00m 高程；最小中心角为 49.48°，位于 504.50m 高程。坝体中心线方位 NE 52°34′10″。拱圈中心轴线在拱冠处最大曲率半径在左

岸为 204.209m，在右岸为 201.943m，最小曲率半径在左岸为 105.187m，在右岸为 100.269m；大坝宽高比为 2.87，厚高比为 0.26，柔度系数为 11.3，上游面最大倒悬度为 0.16，下游面最大倒悬度为 0.19。

5.2.4 坝体分缝设计

大坝混凝土分缝应根据坝基条件、结构布置、施工浇筑条件以及混凝土温度控制等因素确定。三河口水利枢纽为碾压混凝土拱坝，在满足施工碾压最大仓面和温度控制的前提下，原则上以少分缝为宜，以利于加快碾压混凝土施工进度。根据大坝结构布置情况，在坝上共设置四条诱导缝和五条横缝：泄洪系统两侧各布置两条诱导缝，两坝肩各设两条横缝，坝中间设一条横缝，均为径向布置，大坝不设纵缝。大坝横缝面设置键槽，并埋设灌浆系统，诱导缝埋设诱导板并预埋灌浆系统。另外，考虑坝体上游面面积较大，过水冷击或寒潮袭击等使表面混凝土降温收缩产生拉应力，容易发生混凝土裂缝，为此需进行混凝土表面保温保湿，大坝分缝布置如图 5.2 所示。

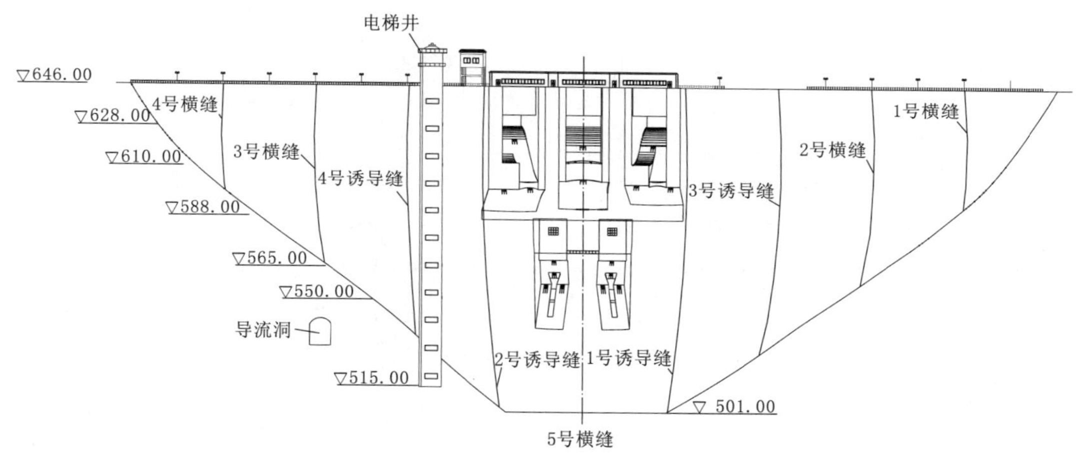

图 5.2 大坝分缝布置图（高程单位：m）

5.2.5 坝体止水和排水

上游坝面缝内均设置两道止水，第一道止水为 U 形紫铜片，距上游坝面 0.5m；第二道止水为橡胶止水，两道止水之间相距 0.5m。泄洪坝段下游溢流面缝内设置一道铜片止水，止水片距坝面 0.5m。坝下游面设一道橡胶止水。穿过坝身中部诱导缝的廊道周边均设置两道橡胶止水。止水片在坝基接头处埋入基岩面以下 0.5m。

坝体排水管布置在上游侧坝面紧靠二级配防渗碾压混凝土之后，自左岸到右岸形成坝体排水幕。排水管采用无砂混凝土管或钻孔，将 610.00m 高程交通廊道与 515.00m 高程基础灌浆廊道连通，以形成排水通道，孔径 150mm，孔距为 5.0m。渗水统一汇入 515m 廊道设置的集水井中，由水泵抽排。

5.3　三河口拱坝拱圈线型比选及稳定计算

5.3.1　拱圈线型比选

国内外拱坝拱圈线型一般有抛物线、椭圆、对数螺线、二次曲线、混合曲线、三心圆、双心圆等，我国“八五”和“九五”国家科技攻关研究项目经过多年研究，从数学上严格证明了“等厚拱不如变厚拱，等曲率拱不如变曲率拱”的推论，并给出了拱坝拱圈线型的理论排序，见表 5.2。

表 5.2　拱坝拱圈线型理论排序（“八五”和“九五”国家科技攻关成果）

排序	线　　型	
1	混合曲线	
2	二次曲线	对数螺线、三心圆
3	椭圆、双曲线	
4	抛物线	
5	双心圆	
6	单心圆	

陕西省水利电力勘测设计研究院联合中国水利水电科学院结构材料所（简称水科院）用拱坝体形优化程序 ADASO 针对三河口拱坝分别进行抛物线、对数螺线、椭圆、二次曲线、三心圆、双曲线 6 种线型的拱坝体形优化，从拱坝坝体体积、坝体厚度、位移与应力、推力与推力角等方面进行分析比较。

此处需要特别说明的是，在拱圈线型比选时，参考以往特高拱坝进行拱圈线型比选的工作经验，并考虑体形设计工作量大的原因，不同拱圈比选的约束条件比初设阶段的约束条件要少一些，以便抓住主要矛盾，确定合适的拱坝拱圈线型。待确定拱圈线型后，再进行初设阶段的拱坝体形优化，这时候除了拱圈比选的约束条件外，还必须根据实际情况增加计算工况中的其他荷载组合，调整坝肩嵌深和拱座位置等，从而设计出初步设计阶段的最终推荐体形。

因此除特别说明外，以下就控制工况正常＋温降和正常＋温升仅进行拱圈线型比较，其余工况类同。

1. 坝体体积

表 5.3 列出了不同拱圈线型的拱坝坝体体积，从表中可看出，坝体体积从大到小的排序为双曲线、抛物线、三心圆、对数螺线、椭圆和二次曲线。

表 5.3　不同拱圈线型的拱坝坝体体积

拱圈线型	双曲线	抛物线	三心圆	对数螺线	椭圆	二次曲线
坝体体积/万 m^3	105.163	105.101	95.152	95.028	94.636	94.468
相对体积百分比/%	111.32	111.26	100.72	100.59	100.18	100.00

2. 坝体厚度

表 5.4 列出了不同拱圈线型的拱坝最大厚度及坝肩处厚度超过 35m 的拱梁节点数，厚度越大，坝体的开挖量越大并且对混凝土施工浇筑能力要求越高，因此希望坝体不要过

厚。从表5.4中可看出，除双曲线和抛物线坝厚超过35m的拱梁节点数明显偏多外，其他几种线型的最大坝厚差别很小，坝体厚度从优到劣的排序为双曲线、抛物线、三心圆、对数螺线、椭圆和二次曲线。

表5.4　　不同拱圈线型的拱坝坝体厚度

拱圈线型	双曲线	抛物线	三心圆	对数螺线	椭圆	二次曲线
最大厚度/m	40.0	40.0	40.0	40.0	40.0	40.0
坝厚＞35m的拱梁节点数/个	11	10	6	6	6	6

综合坝体体积和坝体厚度，可以看到由于双曲线拱坝坝体体积最大、坝体厚度最厚，拱圈线型方程复杂，且国内外高拱坝中未查到双曲线拱坝的工程实例，因此不考虑双曲线拱圈线型作为三河口拱坝的拱圈线型。

3. 位移

不同拱圈线型的拱坝在不同高程的最大径向位移见表5.5，从表中可以看出，对于大部分高程的最大径向位移，其从小到大的排序为抛物线、椭圆、对数螺线、二次曲线、三心圆；另外，从位移分布而言，各种拱圈线型拱坝的径向位移分布都是基本对称的。

表5.5　　不同拱圈线型的拱坝在不同高程的最大径向位移

工　况	高程/m	最大径向位移/cm				
		抛物线	三心圆	对数螺线	椭圆	二次曲线
正常＋温降	646.00	5.680	9.420	7.923	7.107	8.694
	623.00	5.693	8.826	7.644	7.102	8.319
	602.00	5.655	7.952	7.127	6.855	7.631
	581.00	5.222	6.706	6.206	6.150	6.515
	561.00	4.416	5.306	5.011	5.044	5.189
	541.00	3.339	3.840	3.665	3.685	3.773
	521.00	2.164	2.416	2.325	2.311	2.388
	501.00	1.084	1.151	1.143	1.126	1.157
正常＋温升	646.00	3.272	6.322	5.087	4.367	5.617
	623.00	4.172	6.927	5.888	5.387	6.418
	602.00	4.700	6.823	6.055	5.788	6.489
	581.00	4.626	6.061	5.568	5.500	5.855
	561.00	4.052	4.952	4.642	4.660	4.820
	541.00	3.138	3.667	3.472	3.483	3.587
	521.00	2.067	2.344	2.237	2.219	2.307
	501.00	1.032	1.116	1.097	1.078	1.116

4. 应力

不同拱圈线型的体形是在坝体最大应力满足约束条件下进行设计的，因此坝体的最大应力值都是接近或等于规范允许值，对于应力主要比较不同拱圈线型坝体的拉应力范围，如图 5.3～图 5.6 所示。从图中可看出，各种线型拱坝上下游面的拉应力区分布规律相同，上游面仅在左右拱端附近有很小范围的拉应力区，下游面在拱坝的底部有很小范围的拉应力区，是拱坝理想的上下游面拉应力区分布；各种拱圈线型拱坝上下游面拉应力区范围差别不明显，从总体上看，拉应力区范围从小到大的排序为对数螺线、抛物线、椭圆、二次曲线和三心圆；从坝体下部的拉应力范围看，抛物线要优于对数螺线。

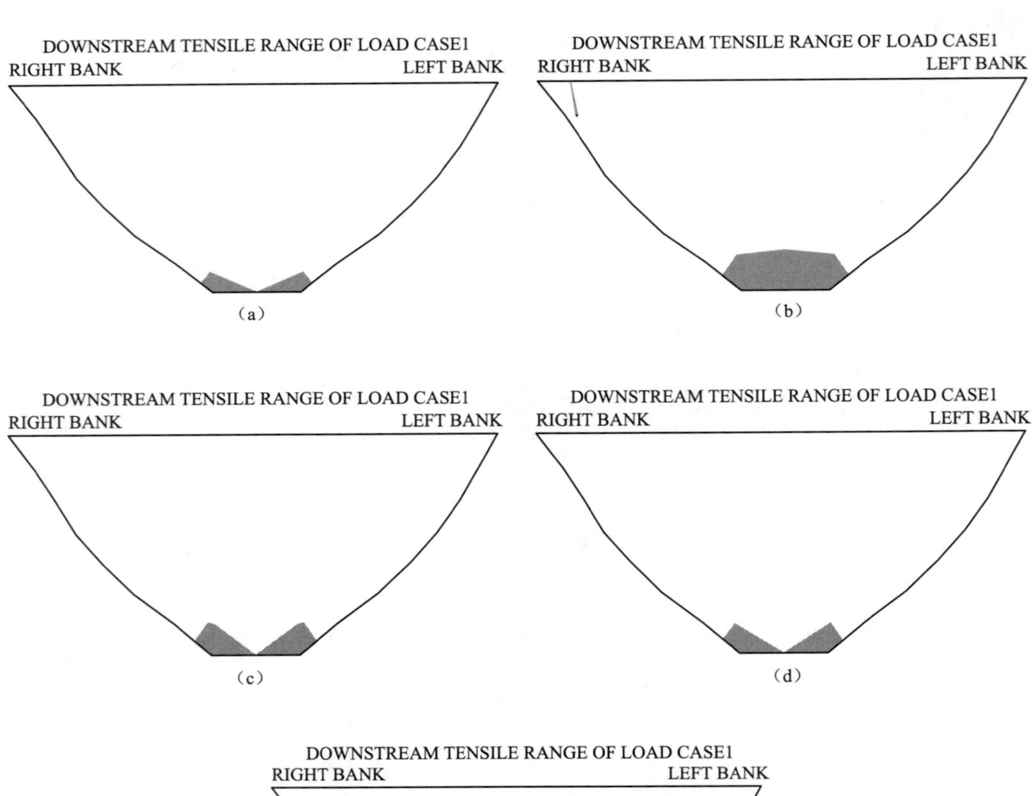

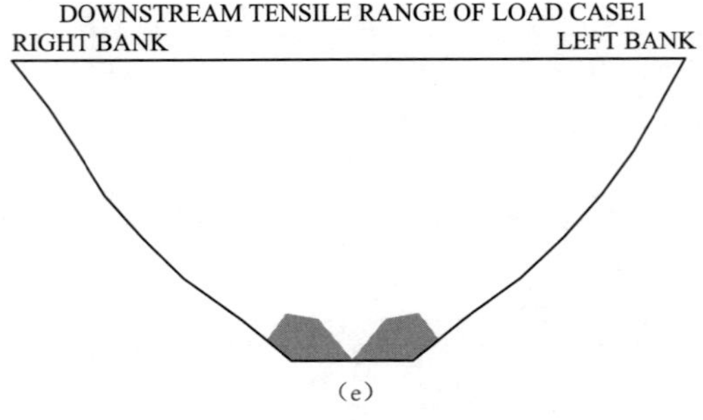

图 5.3　正常+温降工况下不同线型拱坝下游面的拉应力区范围

(a) 抛物线；(b) 三心圆；(c) 对数螺线；(d) 椭圆；(e) 二次曲线

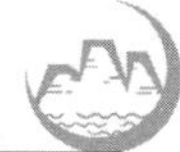

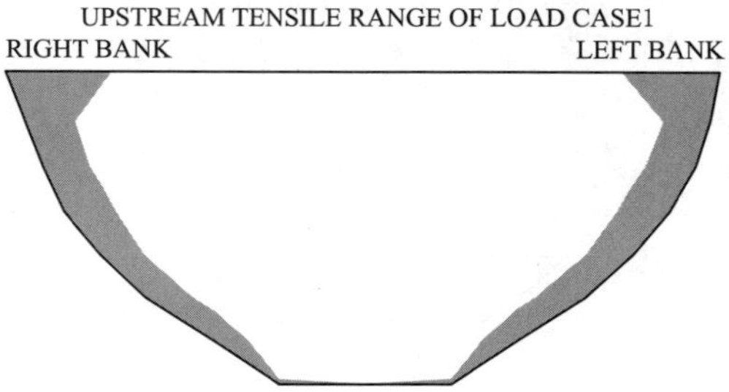

UPSTREAM TENSILE RANGE OF LOAD CASE1
RIGHT BANK
LEFT BANK

(a)

UPSTREAM TENSILE RANGE OF LOAD CASE1
RIGHT BANK
LEFT BANK

(b)

UPSTREAM TENSILE RANGE OF LOAD CASE1
RIGHT BANK
LEFT BANK

(c)

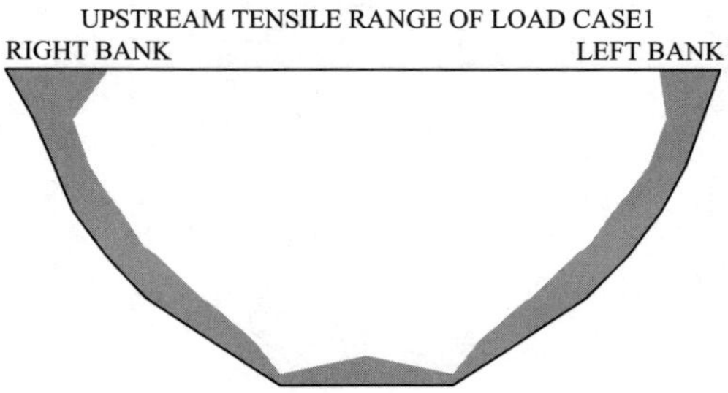

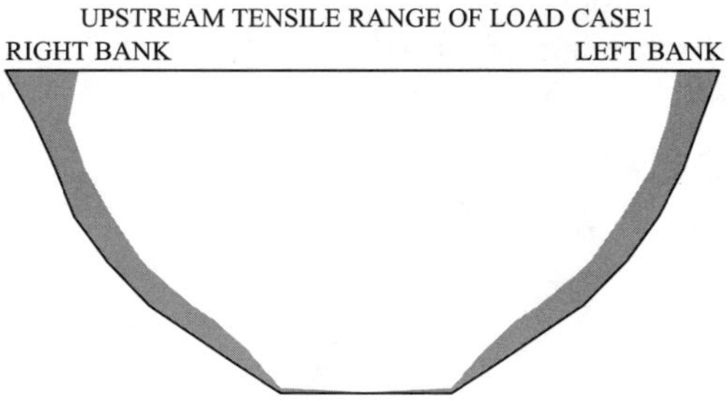

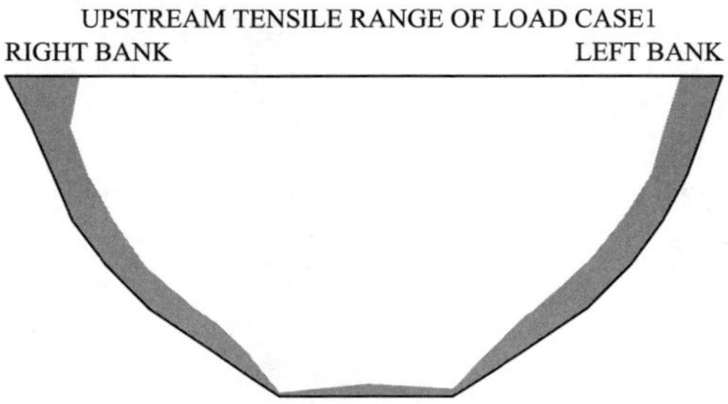

UPSTREAM TENSILE RANGE OF LOAD CASE1
RIGHT BANK
LEFT BANK

(d)

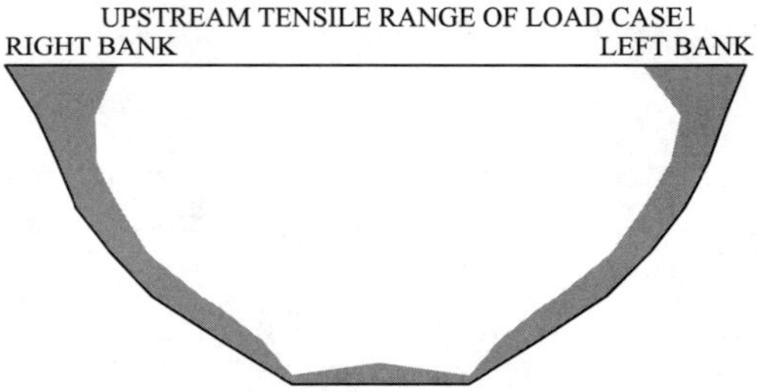

UPSTREAM TENSILE RANGE OF LOAD CASE1
RIGHT BANK
LEFT BANK

(e)

图 5.4　正常+温降工况下不同线型拱坝上游面的拉应力区范围

(a) 抛物线；(b) 三心圆；(c) 对数螺线；(d) 椭圆；(e) 二次曲线

DOWNSTREAM TENSILE RANGE OF LOAD CASE2
RIGHT BANK
LEFT BANK

(a)

DOWNSTREAM TENSILER ANGE OF LOAD CASE2
RIGHT BANK
LEFT BANK

(b)

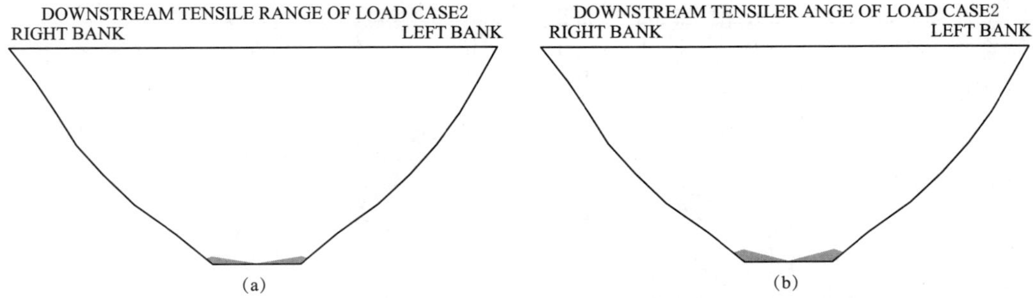

图 5.5 (一)　正常+温升工况下不同线型拱坝下游面的拉应力区范围

(a) 抛物线；(b) 三心圆

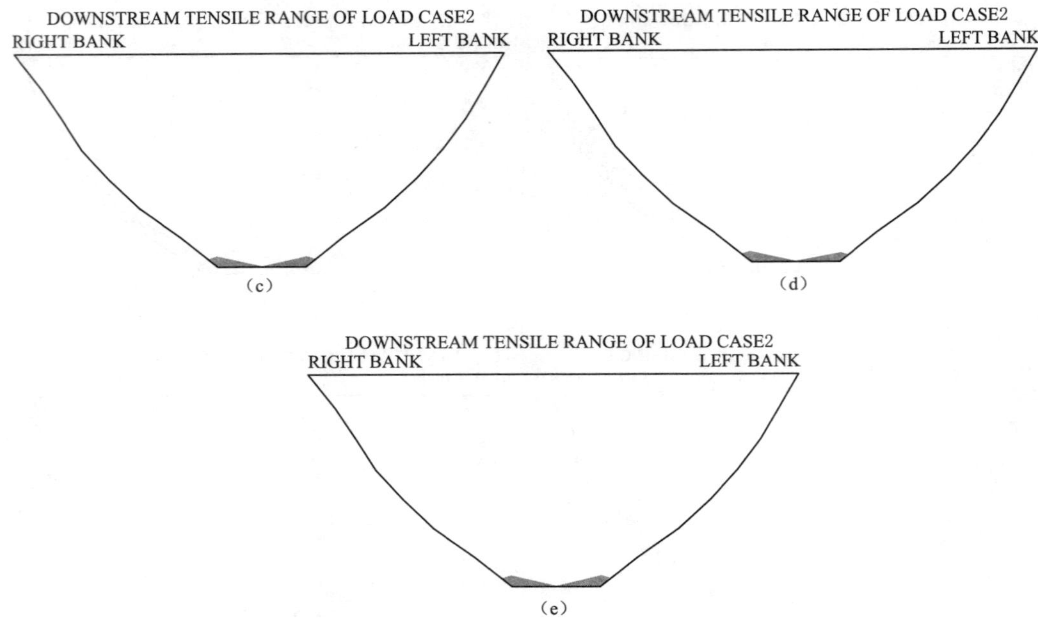

图 5.5（二）　正常+温升工况下不同线型拱坝下游面的拉应力区范围

（c）对数螺线；（d）椭圆；（e）二次曲线

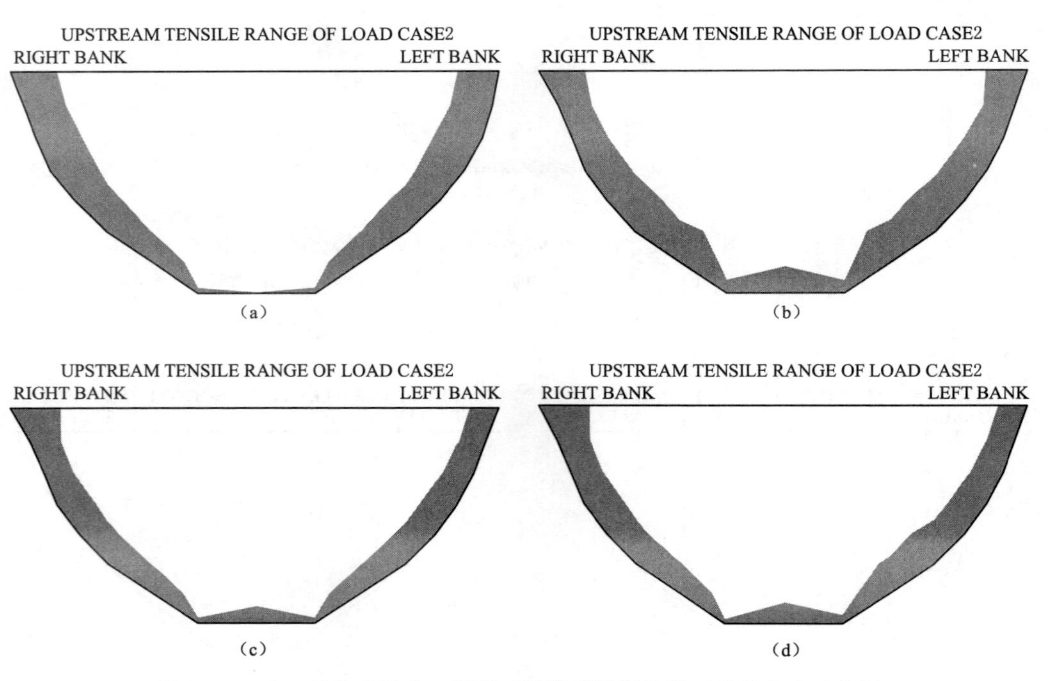

图 5.6（一）　正常+温升工况下不同线型拱坝上游面的拉应力区范围

（a）抛物线；（b）三心圆；（c）对数螺线；（d）椭圆

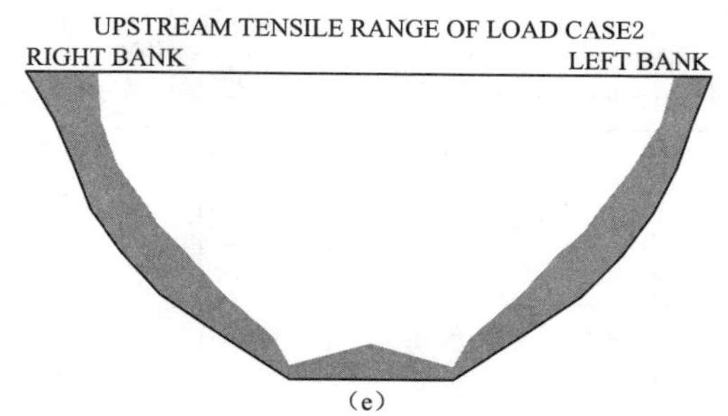

图 5.6（二） 正常＋温升工况下不同线型拱坝上游面的拉应力区范围

(e) 二次曲线

5. 推力与推力角

对三河口各种不同线型拱坝在不同高程处左右拱端的推力角进行了计算。为了从整体上评价不同拱圈线型拱坝对坝肩稳定的影响，需要求出三河口拱坝在 521.00～646.00m 高程范围内左右拱端 X 方向和 Y 方向的合力，从而求出总推力，总推力与 X 轴的夹角称为总推力角。显然，总推力和总推力角在整体上能较好地反映拱坝对坝肩稳定的影响。计算工况取正常＋温降工况与正常＋温升工况。

从力的平衡条件来看，拱坝整体顺河向（Y 方向）的合力应该等于总水压的 Y 向分力，不同线型拱坝的顺河向（Y 方向）总的合力都应该相等，因此拱坝 X 向的合力越大，推力方向就越指向山里，对稳定越有利。表 5.6 列出了拱坝 521.00～646.00m 高程范围内 X 向的总合力。

表 5.6　　拱坝 521.00～646.00m 高程范围内 X 向总合力

工　况	项　目		抛物线	三心圆	对数螺线	椭圆	二次曲线
正常＋温降	左拱端	总合力/(×100t)	1127.329	2109.299	1907.255	1729.541	2071.661
		相对占比/%	100.00	187.11	169.18	153.42	183.77
	右拱端	总合力/(×100t)	1123.84	2156.182	1903.825	1620.391	2172.077
		相对占比/%	100.00	191.86	169.40	144.18	193.27
正常＋温升	左拱端	总合力/(×100t)	1519.518	2591.102	2336.617	2146.015	2535.227
		相对占比/%	100.00	170.52	153.77	141.23	166.84
	右拱端	总合力/(×100t)	1529.554	2648.293	2341.107	2038.459	2642.638
		相对占比/%	100.00	173.14	153.06	133.27	172.77

从表 5.7 可以看出，在左拱端，总推力由大到小为抛物线、三心圆、二次曲线、对数螺线和椭圆，总推力角由大到小为抛物线、椭圆、对数螺线、二次曲线和三心圆；在右拱端，总推力由大到小为抛物线、三心圆、对数螺线、椭圆和二次曲线，总推力角由大到小为抛物线、椭圆、对数螺线、二次曲线和三心圆。

从表 5.6 和表 5.7 可以看出，抛物线的稳定条件明显较差，其他几种线型的稳定条件差别相对较小，坝肩抗滑稳定性能从优到劣的顺序大致为三心圆、二次曲线、对数螺线、椭圆和抛物线；当然，坝肩稳定是否满足要求，最终应通过坝肩抗滑稳定分析来判断。

表5.7 拱坝521.00～646.00m高程范围内左右拱端总推力和总推力角

工况	项目		抛物线	三心圆	对数螺线	椭圆	二次曲线
正常+温降	左拱端	总推力/(×100t)	9246.282	9111.843	9080.883	9031.911	9086.63
		总推力角/(°)	82.997	76.615	77.876	78.960	76.821
	右拱端	总推力/(×100t)	9195.653	9082.275	9062.302	9062.263	9054.155
		总推力角/(°)	82.980	76.267	77.873	79.700	76.329
正常+温升	左拱端	总推力/(×100t)	9398.256	9324.515	9285.258	9228.394	9301.687
		总推力角/(°)	80.696	73.866	75.425	76.553	74.184
	右拱端	总推力/(×100t)	9371.919	9308.150	9275.98	9265.468	9264.988
		总推力角/(°)	80.607	73.470	75.381	77.291	73.453

6. 拱圈线型选择

上文从五个方面对不同拱圈线型的三河口拱坝进行了比较，其结果从优到劣的排序汇总于表5.8，表中用A、B、C、D、E来表示从优到劣的排序。

表5.8 不同线型的拱坝排序

编号	项目	抛物线	三心圆	对数螺线	椭圆	二次曲线
1	坝体体积	E	D	C	B	A
2	坝体厚度	A	B	C	D	E
3	位移	A	E	C	B	D
4	应力	B	E	A	C	D
5	推力与推力角	E	A	C	D	B

结合“八五”和“九五”国家科技攻关成果、国内外高拱坝的工程经验和现状以及三河口坝址的实际情况和不同拱圈线型拱坝排序成果，推荐三河口拱坝拱圈线型采用抛物线型。

抛物线双曲拱坝设计技术先进，但线型方程（仅一个变量）简单，自1954年埃莫松坝（坝高51m）在世界上首次采用后，得到了快速迅猛的发展，目前抛物线拱坝已成为水利水电工程混凝土拱坝的首选坝型之一。我国在建及完建的坝高超过200m的拱坝中，二滩拱坝（坝高240m）、小湾拱坝（坝高294.5m）、溪洛渡拱坝（坝高285.5m）、锦屏一级拱坝（坝高305m）、构皮滩拱坝（坝高232.5m）全部采用抛物线拱坝，其中二滩拱坝已安全运行多年，经历了工程实践的考验，其余高拱坝及特高拱坝也未出现严重的安全问题。因此，三河口拱坝拱圈线型采用抛物线具有可靠的技术保证。

5.3.2 稳定分析

1. 坝线地质条件

(1) 坝基。坝线河漫滩宽约68m，上覆砂卵石厚度5～8.5m，坝基岩体上部以变质

砂岩为主，下部为结晶灰岩。基岩面以下强风化岩体下限深度1.0～2.0m，岩体属$B_{Ⅳ2}$类坝基工程岩体；弱风化上带下限深度6～12m，岩体为中厚层状结构，坝基岩体工程地质分类属$A_{Ⅲ2}$类；弱风化下带下限深度10.0～16.0m，岩体为厚层状结构，坝基岩体工程地质分类属$A_{Ⅲ1}$类；微风化岩体以次块状结构为主，属$A_{Ⅱ}$类坝基工程岩体；河谷坝基岩体结构较完整，裂隙不发育。

(2) 左坝肩。自然坡角为35°～52°，岩层走向与坡面夹角大于60°，高程655.00m以下表面覆盖崩坡积碎石土，厚度0.5～7m，下伏基岩主要由变质砂岩及结晶灰岩组成，局部夹透镜体状伟晶岩脉。

根据平硐及钻孔资料，左坝肩卸荷带水平宽度一般小于14m，强风化岩体下限水平宽度10～19m，垂直深度12～18m，岩体属$B_{Ⅳ2}$类坝基工程岩体；高程577.00m以上，岩体完整性较差，声波波速变化很大，且偏低，弱风化分带不明显，弱风化岩体下限水平宽度40～53m，垂直深度30～40m，属$A_{Ⅲ2}$类坝基工程岩体；高程577.00m以下，弱风化上带岩体完整性较差，下限水平宽度32～46m，垂直深度16～25m，属$A_{Ⅲ2}$类坝基工程岩体，弱风化下带岩体较完整，下限水平宽度43～50m，垂直深度25～31m，属$A_{Ⅲ1}$类坝基工程岩体；微风化岩体较完整，以次块状结构为主，属$A_{Ⅱ}$类坝基工程岩体。

左坝肩未见地面出露较大断层，下游f_{59}断层未穿越中坝线，距离坝线15～20m处尖灭。距坝轴线上游15～25m处发育断层f_{44}，该断层与坝线近平行发育，产状55°∠75°，破碎带宽度1.5～2m，影响带宽度5～7m。另外平硐内发育多条小规模断层，破碎带宽度一般为0.1～0.3m，延伸长度一般小于50m。左坝肩发育5组裂隙，各风化带内的裂隙线密度分别为：强风化岩体3.5～7条/m，弱风化岩体上部3～5条/m，弱风化岩体下部2～4条/m，微风化岩体上部0.5～2条/m；各风化带内的裂隙体密度分别为：强风化岩体20～35条/m^3，弱风化岩体上部14～22条/m^3，弱风化岩体下部8～15条/m^3，微风化岩体上部2～6条/m^3。通过现场平硐统计及室内模拟分析，左右坝肩缓倾角裂隙及顺河向陡倾角裂隙的连通率见表5.9。

表5.9　中坝线两岸裂隙连通率统计

位置		平硐号	高程/m	强风化带至弱风化带岩体		弱风化下带至微风化带岩体	
				顺河向陡倾角裂隙	缓倾角裂隙	顺河向陡倾角裂隙	缓倾角裂隙
中坝线	左岸	PD_{24}	538.57	0.52	0.36	0.22	0.15
		PD_{20}	564.76	0.57	0.88	0.26	0.40
		PD_{02}	588.98	0.54	0.29	0.26	0.14
		PD_{23}	601.01	0.44	0.45	0.18	0.21
		PD_{22}	619.12	0.26	0.27	0.18	0.16
	右岸	PD_{25}	541.63	0.69	0.66	0.27	0.26
		PD_{26}	563.24	0.59	0.58	0.24	0.29
		PD_{21}	585.06	0.49	0.74	0.26	0.40
		PD_{27}	602.70	0.72	0.83	0.45	0.51
		PD_{28}	622.35	0.64	0.48	0.40	0.30

（3）右坝肩。右坝肩自然坡角32°～56°，岩层走向与边坡夹角大于60°，基岩裸露，主要由变质砂岩组成，局部为结晶灰岩，夹透镜状伟晶岩脉及石英脉。据平硐及钻孔资料，右坝肩卸荷带水平宽度小于13m，强风化岩体下限水平宽度8～19m，垂直深度10～15m，岩体属$B_{Ⅳ2}$类坝基工程岩体；弱风化上带岩体下限水平宽度17～41m，垂直深度22～36m，岩体完整性较差，声波波速变化很大，且偏低，属$A_{Ⅲ2}$类坝基工程岩体；弱风化下带岩体下限水平宽度24～65m，垂直深度30～49m，岩体较完整性，属$A_{Ⅲ1}$类坝基工程岩体；微风化岩体较完整，属$A_{Ⅱ}$类坝基工程岩体。

右坝肩断层较发育，坝轴线附近共发育f_{13}、f_{14}、f_{57}、f_{44}、f_{46}共五条地面断层，其中f_{13}断层产状20°∠73°，破碎带宽度0.2～0.3m，在高程537.00m附近斜穿坝线，与坝轴线夹角约23°；f_{14}断层产状285°∠75°，破碎带宽度0.2m，影响带1～3m，在高程545.00m附近垂直穿过坝线；f_{57}断层综合产状285°∠53°，破碎带宽度0.4～0.8m，影响带2～4m，在高程613.00m附近垂直穿过坝线；f_{44}及f_{46}断层位于坝线上游约17～30m处。另外平硐内发育多条小规模断层，破碎带宽度一般为0.1～0.3m，延伸长度一般小于50m。右坝肩发育4组裂隙，各风化带内线密度及体密度与左坝肩基本相同；通过右坝肩平硐统计及室内模拟分析，右坝肩缓倾角裂隙及顺河向陡倾角裂隙的连通率见表5.9。

影响拱坝抗滑稳定的主要地质因素包括缓倾角的断层破碎带、缓倾角的软弱夹层，及与其他结构面的组合是否存在风化深槽等。三河口水库大坝坝基及两坝肩岩体以变质砂岩及结晶灰岩为主，局部夹有伟晶岩脉及石英脉，控制坝基稳定的主要结构面是断层带及与节理裂隙的组合特征。

2. 坝基抗滑稳定边界分析

影响坝基抗滑稳定的主要因素为坝基岩体中各种类型的软弱结构面（夹层），它们在不利组合条件促成坝基滑移。勘探工作揭示中坝轴线坝基岩以变质砂岩为主，无软弱夹层，岩体抗剪强度高；虽上游河床发育的f_{44}断层可构成后缘拉裂面，但河床未发现顺河向断层，裂隙不发育，河流坝基缓倾角裂隙也不发育，下游无大的风化深槽构成凌空面。综合分析认为，河谷坝基不存在不利于坝基抗滑稳定的组合，基本不存在抗滑稳定问题。

3. 坝肩抗滑稳定边界分析

（1）左坝肩抗滑稳定边界分析。

底滑面：主要由缓倾角断层及缓倾角裂隙组成。左坝肩及下游平硐内共揭示五条缓倾角断层：即高程565.00m附近的$PD_{20}f_5$断层，走向20°～30°，倾向NW，倾角15°～20°；高程570.00m附近的$PD_{18}f_3$断层，走向30°，倾向NW，倾角31°；高程601.00m附近的PD_{23}支洞f_3断层，走向135°，倾向NE，倾角25°；高程606.00m附近的$PD_{29}f_1$断层，走向125°～150°，倾向NE，倾角25°～46°；$PD_{29}f_3$断层，走向352°，倾向NEE，倾角3°。另外平硐内揭示了中等倾角的两条断层，即PD_2f_3断层走向270°～285°、倾向SSW、倾角55°～45°，PD_2f_8断层走向290°～320°、倾向NNE、倾角40°～45°；其中$PD_{20}f_5$、PD_{23}支洞f_3、PD_2f_3、PD_2f_8及$PD_{20}f_5$断层均位于左坝肩拱座上，$PD_{18}f_3$、$PD_{29}f_1$断层位于抗力体上，断层走向大多与河谷近平行，倾向河谷。左坝肩缓倾角裂隙主要发育两组：①组走向300°～335°，走向与河流方向近垂直；②组走向50°～85°，走向与河流方向近平行。上述断层及裂隙易构成坝肩滑移的底滑面。

侧滑面：主要由走向与河流近平行、倾角较大的断层及裂隙组成。左坝肩符合该条件的地面断层有：平硐内高程 601.00m 附近的 $PD_{23}f_5$、高程 619.00m 附近的 $PD_{22}f_3$、高程 588.00m 附近的 PD_2f_6 等断层。左坝肩裂隙走向 50°～85°裂隙发育较多，为优势裂隙组，该组裂隙与河流走向夹角较小，倾角一般大于 60°。上述断层及裂隙易构成坝肩滑移的侧滑面。

上游拉裂面：走向与河流走向垂直或大角度相交的结构面均可构成拉裂面。如分布于左坝肩上游的 f_{44} 断层及大理岩脉与围岩的接触面可能成为拉裂面；断层为主要的拉裂面，而大理岩脉与围岩的接触面多为紧密接触，强度较高。

临空变形面：左岸坝线下游变形模量较低的断层带，如下游的 f_{60} 断层，影响带宽度 3～5m，可能构成左岸临空变形面。

结合坝址区工程地质图、坝线剖面图及分层平切图，对左坝肩抗滑稳定进行了综合分析，各抗滑稳定不利组合见表 5.10。

表 5.10　　左坝肩抗滑稳定不利组合

块体编号	边界条件						分布高程
	侧滑面	侧滑面结构面分级分类	底滑面	底滑面结构面分级分类	拉裂面	临空面	
L1	$PD_{22}f_7$，$PD_{12}f_2$	Ⅲ$_2$	走向 300°～335°；走向 50°～85°缓倾角裂隙	Ⅳ$_1$	断层 f_{44}	下游河谷、冲沟	620.00m 高程以上区域
L2	$PD_{22}f_5$	Ⅲ$_2$	蚀变带，产状 335°∠10°～20°	Ⅲ$_1$	断层 f_{44}	下游河谷及受断层影响变形模量较低的岩体	580.00m 高程以上区域
L3	$PD_{22}f_5$	Ⅲ$_2$	PD_{23}支洞 f_3	Ⅲ$_1$	断层 f_{44}	下游河谷及受断层影响变形模量较低的岩体	600.00m 高程以上区域
L4	$PD_{22}f_4$，$PD_{29}f_2$，$PD_{23}f_4$	Ⅲ$_1$	向 300°～335°；走向 50°～85°缓倾角裂隙	Ⅳ$_1$	拱间槽	下游河谷及受断层影响变形模量较低的岩体	600.00m 高程以上区域
L5	$PD_{23}f_5$	Ⅲ$_1$	PD_{23}支洞 f_3	Ⅲ$_1$	拱间槽	下游河谷及受断层影响变形模量较低的岩体	590.00～620.00m 高程区域
L6	PD_2f_6	Ⅲ$_1$	蚀变带，产状 335°∠10°～20°	Ⅲ$_1$	拱间槽	下游河谷及受断层影响变形模量较低的岩体	580.00～600.00m 高程区域
L7	PD_2f_7	Ⅲ$_2$	蚀变带，产状 335°∠10°～20°	Ⅲ$_1$	拱间槽	下游河谷及受断层影响变形模量较低的岩体	575.00～600.00m 高程区域
L8	走向 50°～85°高倾角裂隙	Ⅳ$_1$	走向 300°～335°，走向 50°～85°缓倾角裂隙	Ⅳ$_1$	断层 f_{44}	下游河谷	550.00m 以下高程

对以上不利组合分别进行了分析计算，左坝肩有以下两组不稳定滑动模式：

滑动模式 1：走向 50°～85°裂隙为侧裂面＋①或②两组缓倾角为底滑面＋断层 f_{60} 为下游临空面，如图 5.7 所示。

滑动模式 2：上游拉裂面＋PD_2f_6 为侧裂面＋蚀变带为底滑面＋下游临空面，如图 5.8 所示。

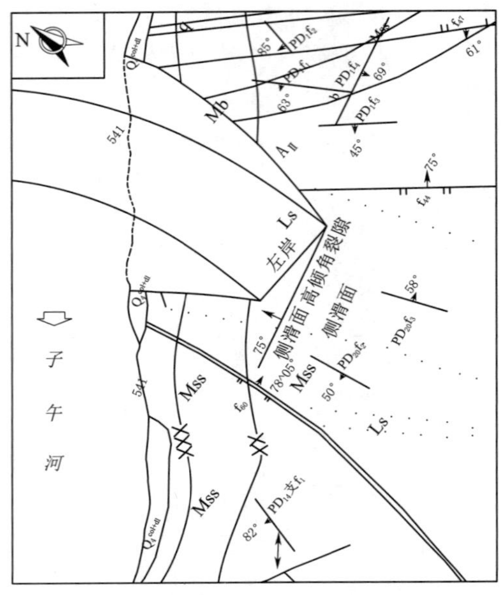

图 5.7 左坝肩滑动模式 1 示意图
（541.00m 高程）

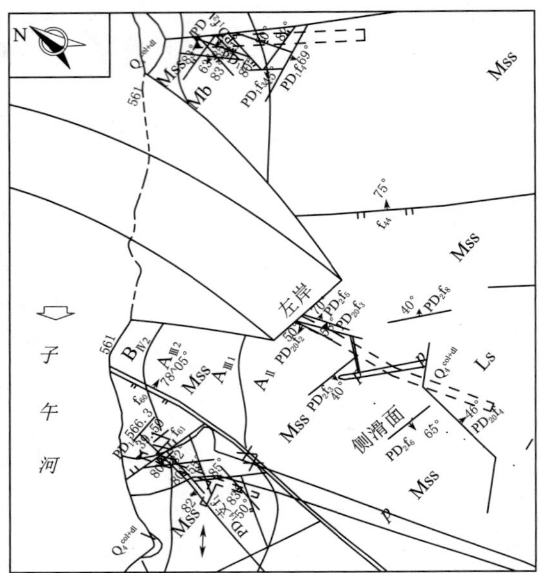

图 5.8 左坝肩滑动模式 2 示意图
（575.00m 高程）

（2）右坝肩抗滑稳定边界分析。

底滑面：右坝肩共发现 9 条缓倾角断层，分别为：高程 563.00m 附近的 $PD_{26}f_1$ 断层，走向 60°～100°，倾向 SE，倾角 16°～30°；$PD_{26}f_1$ 断层，走向 80°，倾向 SE，倾角 25°；$PD_{26}f_4$ 断层，走向 0°～40°，倾向 NW，倾角 25°～48°；高程 567.00m 附近的 $PD_{11}f_3$ 断层，走向 162°，倾向 SW，倾角 33°；高程 585.00m 附近的 $PD_{21}f_1$ 断层，走向 60°～100°，倾向 NE，倾角 16°～30°；$PD_{21}f_5$ 断层，走向 100°，倾向 SW，倾角 34°；高程 598.00m 附近的 $PD_{16}f_1$ 断层，走向 150°，倾向 NE，倾角 35°；高程 609.00m 附近的 $PD_{32}f_4$ 断层，走向 135°，倾向 SW，倾角 25°；高程 609.00m 附近倾向下游河谷、中等倾角 $PD_{32}f_1$ 断层，走向 135°，倾向 SW，倾角 55°。右坝肩缓倾角裂隙主要以走向 300°～335°一组最为发育。上述断层及裂隙易构成右坝肩滑移的底滑面。

侧滑面：右坝肩地面 f_{14} 断层，走向 80°，倾向 NW，倾角 75°；f_{57} 断层，走向 10°～40°，倾向 NW，倾角 45°～53°，两个断层走向与河流走向夹角较小。另外各高程顺河向平硐断层，如 $PD_{16}f_2$ 等断层。上述断层易构成坝肩滑移的侧滑面。

上游拉裂面：分布于右坝肩的 f_{13}、f_{44} 断层可能成为拉裂面。

结合坝址区工程地质图、坝线剖面图及分层平切图，对右坝肩抗滑稳定进行了综合分析，各抗滑稳定不利组合见表 5.11。

表 5.11 右坝肩抗滑稳定不利组合

块体编号	边界条件						分布高程
	侧滑面	侧滑面结构面分级分类	底滑面	底滑面结构面分级分类	拉裂面	临空面	
R1	断层 f_{14}	Ⅲ$_2$	走向 300°～335°；缓倾角裂隙	Ⅳ$_1$	断层 f_{46}、f_{44}	下游河谷	555.00m 高程以下区域
R2	断层 f_{57}	Ⅱ$_1$	$PD_{26}f_1$	Ⅲ$_1$	断层 f_{46}、f_{44}	下游河谷及受构造影响变形模量较低的岩体	550.00～615.00m 高程区域
R3	断层 f_{57}	Ⅱ$_1$	$PD_{21}f_1$、$PD_{21}f_5$	Ⅲ$_2$	断层 f_{46}、f_{44}	下游河谷及受构造影响变形模量较低的岩体	575.00～615.00m 高程区域
R4	$PD_{17}f_4$	Ⅲ$_2$	走向 300°～335°；缓倾角裂隙	Ⅳ$_1$	拱间槽	下游河谷	610.00m 高程以上区域
R5	$PD_{17}f_5$	Ⅲ$_2$	走向 300°～335°；缓倾角裂隙	Ⅳ$_1$	拱间槽	下游河谷	610.00m 高程以上区域
R6	PD_{26}支 f_1	Ⅲ$_2$	$PD_{26}f_1$	Ⅲ$_1$	断层 f_{48}、f_{44}	下游河谷	540.00～590.00m 高程区域
R7	$PD_{26}f_3$	Ⅲ$_1$	$PD_{26}f_1$	Ⅲ$_1$	断层 f_{44}	下游河谷	550.00～590.00m 高程区域
R8	$PD_{16}f_2$	Ⅲ$_1$	$PD_{16}f_1$	Ⅲ$_1$	断层 f_{13}	下游河谷	590.00～610.00m 高程区域

对以上不利组合分别进行了分析计算，右坝肩有以下两组不稳定滑动模式：

滑动模式 1：上游拉裂面＋断层 f_{57} 为侧裂面＋断层 $PD_{26}f_1$（或缓倾角裂隙）为底滑面＋下游自然临空面，如图 5.9 所示。

滑动模式 2：上游拉裂面＋断层 f_{14} 为侧裂面＋缓倾角裂隙为底滑面＋下游自然临空面，如图 5.10 所示。

4. 计算方法及基本假定

大坝稳定计算采用刚体极限平衡法，其基本假定如下：

(1) 将滑移的各块岩体视为刚体，受力后不变形，也不发生内部破坏。

(2) 只考虑滑移体上力的平衡，不考虑力矩的平衡，认为后者可由力的分布自行调整满足。

(3) 忽略拱坝的内力重分布作用，认为拱坝拱端作用在岩体上的力系为定值。

(4) 达到极限平衡状态时，破裂面上的剪力方向与将滑移的方向平行，指向相反。

(5) 不考虑地应力的影响。

5. 抗滑稳定计算公式及控制标准

三河口水利枢纽大坝属重点设防类 1 级建筑物，根据《混凝土拱坝设计规范》(SL 282—2003)，采用刚体极限平衡法进行抗滑稳定分析时，1 级、2 级拱坝及高拱坝应按式

(5.2) 进行计算：

$$K_1=\frac{\sum(Nf_1+c_1A)}{\sum T} \tag{5.2}$$

式中：K_1 为抗滑稳定安全系数；N 为垂直于滑裂面的作用力；T 为沿滑裂面的作用力；A 为计算滑裂面的面积；f_1 为抗剪断摩擦系数；c_1 为抗剪断凝聚力。

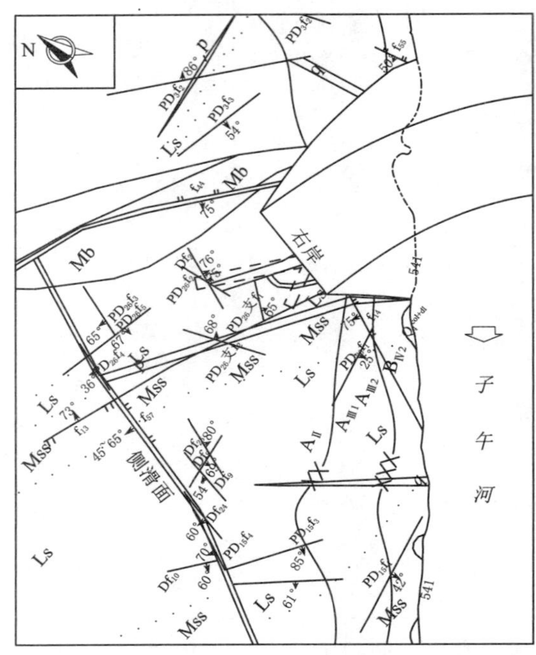

图 5.9　右坝肩滑动模式 1 示意图
(541.00m 高程)

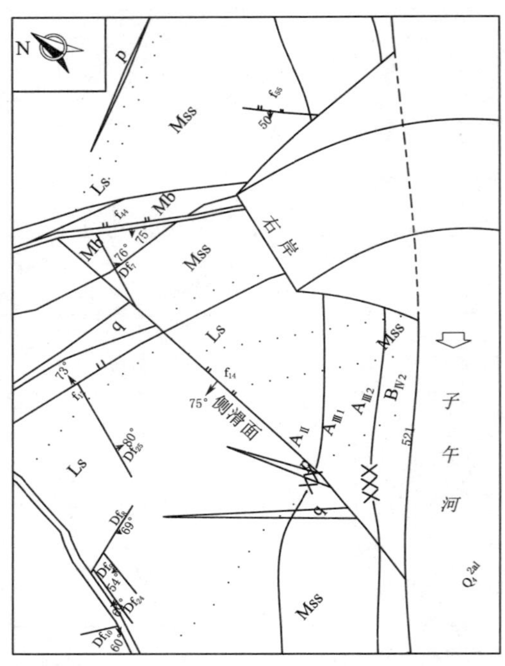

图 5.10　右坝肩滑动模式 2 示意图
(521.00m 高程)

《混凝土拱坝设计规范》(SL 282—2003) 规定，对 1 级建筑物的抗滑稳定安全系数控制指标如下：

基本荷载组合工况：　　　　　　$K_1\geqslant 3.50$

特殊荷载组合工况（非地震）：　$K_1\geqslant 3.00$

对于地震情况，根据《水工建筑物抗震设计规范》(SL 203—97)，地震工况应满足下列承载力极限状态设计式：

$$\gamma_0\Psi S(\gamma_G G_k,\gamma_Q Q_k,\gamma_E E_k,\alpha_k)\leqslant\frac{1}{\gamma_d}R\left(\frac{f_k}{\gamma_m},\alpha_k\right) \tag{5.3}$$

式中：γ_0 为结构重要系数，取 1.1；Ψ 为设计状况系数，取 0.85；$S(\cdot)$ 为结构的作用效应函数；G_k、Q_k、E_k 分别为永久、可变、地震作用的标准值；γ_G、γ_Q、γ_E 分别为永久、可变、地震作用的分项系数；α_k 为几何参数的标准值；γ_d 为承载能力极限状态的结构系数，取 1.4；γ_m 为材料性能的分项系数，取 1.0；$R(\cdot)$ 为结构的抗力函数；f_k 为材料性能的标准值。

表 5.12　坝基岩体、结构面物理力学参数

岩性	风化程度	坝基岩体工程地质分类	饱和容重 ρ_b /(kN/m³)	岩石饱和抗压强度 R_b /MPa	岩体抗拉强度 R_t /MPa	混凝土/岩体 抗剪断强度		混凝土/岩体 抗剪强度	岩体强度 抗剪断强度		岩体强度 抗剪强度	岩体变形模量 E_0 /GPa	岩体弹性模量 E_e /GPa	泊松比 μ	承载力 f_k/MPa
						f'	C'/MPa	f	f'	C'/MPa	f				
变质砂岩	微风化	A_{II}	28.3	108	1.40	1.10	1.10	0.75	1.30	1.60	0.90	15	22	0.27	5.5
	弱风化下带	A_{III1}	28.4	83.6	1.20	1.00	1.00	0.70	1.10	1.40	0.85	10	19	0.3	4
	弱风化上带	A_{III2}	28	67	0.90	0.85	0.90	0.65	1.00	1.10	0.80	6.5	12	0.33	2.3
	强风化	B_{IV2}	27.4	30～40	0.60	0.60	0.40	0.50	0.70	0.50	0.60	2.5	4.5	0.35	0.5～1.0
结晶灰岩	微风化	A_{II}	28.3	108.4	1.20	1.15	1.10	0.80	1.40	1.90	1.00	18	30	0.25	6.0
	弱风化下带	A_{III1}	28.4	83.6	1.00	1.05	1.00	0.70	1.20	1.40	0.90	11	18	0.3	4.5
	弱风化上带	A_{III2}	27	65	0.90	0.95	0.90	0.65	1.10	1.20	0.75	7.0	13	0.33	2.2
	强风化	B_{IV2}	25.4	33～44	0.60	0.60	0.40	0.50	0.70	0.60	0.60	3	5	0.35	0.6～1.0
大理岩	微风化	A_{II}	26.1	94.7	1.30	1.10	1.20	0.75	1.20	1.40	0.75	13	20	0.26	4.5
	弱风化下带	A_{III2}	27.0	71.3	1.00	0.90	0.85	0.65	0.95	0.90	0.70	7.5	11	0.3	4
	弱风化上带	A_{III2}	27.2	66	0.80	0.80	0.80	0.55	0.85	0.85	0.60	4	7.5	0.34	2
	强风化	B_{IV2}	27	30～40	0.60	0.50	0.40	0.45	0.60	0.40	0.50	2	4	0.35	0.6～0.9
伟晶岩脉	微风化	A_{III1}	26.1	55	1.00	0.90	1.00	0.65	0.80	0.60	0.65	5.0	8.0	0.29	3.5
断层破碎带	岩块岩屑型(1)	V							0.45	0.08	0.30	1.3	3.3		
	岩屑夹泥型(2)	V							0.35	0.05	0.25	1.0	2.0		
剪性裂隙	无充填(1)								0.60	0.15	0.50				
	钙质充填(2)								0.50	0.10	0.40				
	岩屑充填(3)								0.45	0.08	0.30				

6. 计算工况

此次拱坝稳定计算分析分以下 6 种工况：

工况 1（基本组合）：正常蓄水位下的静水压力＋泥沙压力＋扬压力＋自重＋温降；

工况 2（基本组合）：正常蓄水位下的静水压力＋泥沙压力＋扬压力＋自重＋温升；

工况 3（基本组合）：设计洪水位下的静水压力＋泥沙压力＋扬压力＋自重＋温升；

工况 4（非地震特殊组合）：校核洪水位下的静水压力＋泥沙压力＋扬压力＋自重＋温升；

工况 5（地震特殊组合）：工况 1＋地震荷载；

工况 6（地震特殊组合）：工况 2＋地震荷载。

7. 坝肩抗滑稳定分析

根据地质资料选取的坝基岩体、结构面物理力学参数见表 5.12。根据地质建议的裂隙面及岩体抗剪指标，以及裂隙连通率对假定破裂面的力学指标加权平均作为各裂隙滑动面的综合力学参数。各假定破裂面的综合力学指标见表 5.13。

表 5.13　　假定破裂面的综合力学指标

部　位	假定破裂面			综合参数	
				f_1	c_1/MPa
左坝肩	侧滑面	走向 50°～85°裂隙		0.80	0.85
		断层 PD_2f_6		0.45	0.08
	底滑面	高程 541.00m	①或②两组缓倾角	0.90	0.90
		高程 521.00m	①或②两组缓倾角	0.90	0.90
		高程 575.00m	蚀变带	0.45	0.08
右坝肩	侧滑面	断层 f_{57}		0.45	0.08
		断层 f_{14}		0.45	0.08
	底滑面	高程 541.00m	缓倾角裂隙	0.80	0.70
		高程 521.00m	缓倾角裂隙	0.80	0.70

对坝肩抗滑稳定进行分析，在计算各滑动模式岩块重量、结构面扬压力、各工况拱端推力、地震力的基础上，求出各结构面反力，再考虑结构面黏结力进行抗力函数和作用函数的计算。

（1）左坝肩抗滑稳定分析。左坝肩空间抗滑稳定成果见表 5.14 和表 5.15。

表 5.14　　左坝肩滑动模式 1（走向 50°～85°裂隙为侧滑面）计算成果

底滑面计算高程/m	抗滑稳定安全系数 K_1				承载能力极限表达式					
					工况⑤			工况⑥		
	工况①	工况②	工况③	工况④	$\gamma_0\psi S(\cdot)$ /kN	$R(\cdot)/\gamma_d$ /kN	判别	$\gamma_0\psi S(\cdot)$ /kN	$R(\cdot)/\gamma_d$ /kN	判别
541.00	2.75	2.76	2.75	2.69	2049141	4305019	√	2041468	4304947	√
521.00	2.44	2.45	2.50	2.46	2391321	4461348	√	2386841	4462852	√

表 5.15　　左坝肩滑动模式 2（PD_2f_6为侧滑面）计算成果

底滑面计算高程/m	抗滑稳定安全系数 K_1				承载能力极限表达式					
					工况⑤			工况⑥		
	工况①	工况②	工况③	工况④	$\gamma_0\psi S(\cdot)$ /kN	$R(\cdot)/\gamma_d$ /kN	判别	$\gamma_0\psi S(\cdot)$ /kN	$R(\cdot)/\gamma_d$ /kN	判别
575.00	1.63	1.65	1.64	1.63	1165619	1447983	√	1156586	1455500	√

空间稳定分析计算结果表明，左坝肩在滑动模式 1 下不能满足规范要求，坝肩不稳定和断层 f_{60}有关，如图 5.11 所示，断层 f_{60}对整个左坝肩拱座基岩岩体的压缩变形和抗滑稳定有较大的影响，故应采取工程措施对这个断层进行处理，以满足抗滑稳定的要求；滑动模式 2 不稳定和左岸蚀变带有关，故应采取工程措施对蚀变带进行处理，以满足抗滑稳定的要求。

图 5.11　左坝肩主要断层三维图

（2）右坝肩抗滑稳定分析。右坝肩空间抗滑稳定成果见表 5.16 和表 5.17。

表 5.16　　右坝肩滑动模式 1（f_{57}为侧滑面）计算成果

底滑面计算高程/m	抗滑稳定安全系数 K_1				承载能力极限表达式					
					工况⑤			工况⑥		
	工况①	工况②	工况③	工况④	$\gamma_0\psi S(\cdot)$ /kN	$R(\cdot)/\gamma_d$ /kN	判别	$\gamma_0\psi S(\cdot)$ /kN	$R(\cdot)/\gamma_d$ /kN	判别
541.00	3.12	3.15	3.16	3.11	2940821	7005710	√	2910641	7005260	√
521.00	3.33	3.36	3.39	3.35	4890880	12424475	√	4473713	12421823	√

表 5.17　　右坝肩滑动模式 2（f_{14}为侧滑面）计算成果

底滑面计算高程/m	抗滑稳定安全系数 K_1				承载能力极限表达式					
					工　况　⑤			工　况　⑥		
	工况①	工况②	工况③	工况④	$\gamma_0\psi S(\cdot)$ /kN	$R(\cdot)/\gamma_d$ /kN	判别	$\gamma_0\psi S(\cdot)$ /kN	$R(\cdot)/\gamma_d$ /kN	判别
521.00	3.12	3.15	3.19	3.17	1773111	4223254	√	1757781	4229954	√

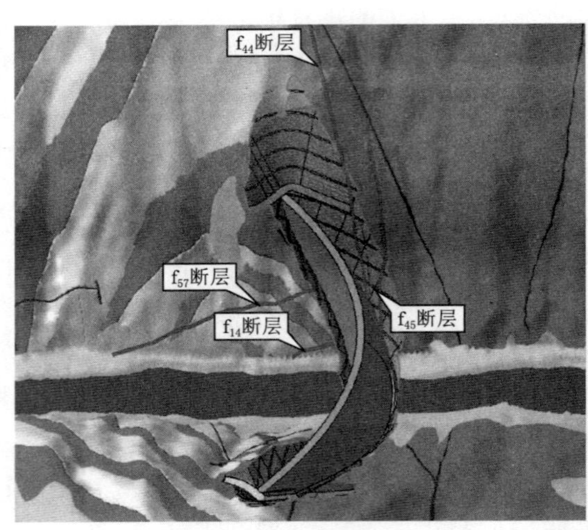

图 5.12　右坝肩主要断层三维图

空间稳定分析计算结果表明，右坝肩在这两个滑动模式下不能满足规范要求，右坝肩抗滑不稳定和断层 f_{57}、f_{14} 有关，如图 5.12 所示，故应采取工程措施对断层 f_{57}、f_{14} 断层进行处理，以满足抗滑稳定的要求。

8. 坝肩断层处理设计

由以上的坝肩稳定计算结果中可以看出，左、右坝肩的稳定和两坝肩的断层关系很大，因此为确保大坝的安全，对于影响坝肩稳定的断层必须进行处理。主要是采取高压固结灌浆和 C20 混凝土硐塞的方法对其进行联合加固。

（1）左坝肩断层处理设计。对于左坝肩压缩变形较大的 f_{60} 断层，断层带宽度 0.6～1.0m，影响带宽度 3.0～5.0m，充填糜棱岩及断层泥；可在 501.00～581.00m 高程对其进行高压固结灌浆，分别在 581.00m、561.00m、541.00m 和 521.00m 高程开挖 3 条沿断层走向的处理平硐，平硐长度分别为 95m、143m、195m，断面为 5.0m×6.0m 的城门洞形；高压固结灌浆孔分别沿洞线共设 3 排，其排距 1.2m，孔距 2.0m，并且保证高压固结灌浆分高程上下搭接。

同时对断层处理平硐进行普通固结灌浆，灌浆孔排距 3.0m，每排设 9 孔，孔深 5.0m，呈矩形布置，洞室最后用 C20W8F50 混凝土回填，形成混凝土硐塞，起到传力作用，将大坝推力传至断层 f_{60} 下游侧。

左坝肩基础处理前后的空间抗滑稳定对比成果见表 5.18 和表 5.19。由表可见，经过高压固结灌浆和 C20 混凝土硐塞联合处理后，坝肩稳定计算满足规范要求。

表 5.18　基础处理前后左坝肩滑动模式 1（走向 50°～85°裂隙为侧滑面）计算成果

底滑面计算高程/m		抗滑稳定安全系数 K_1				承载能力极限表达式					
						工　况　⑤			工　况　⑥		
		工况①	工况②	工况③	工况④	$\gamma_0\psi S(\cdot)$ /kN	$R(\cdot)/\gamma_d$ /kN	判别	$\gamma_0\psi S(\cdot)$ /kN	$R(\cdot)/\gamma_d$ /kN	判别
541.00	处理前	2.75	2.76	2.75	2.69	2049141	4305019	√	2041468	4304947	√
	处理后	3.91	3.94	3.91	3.85	2134258	6375101	√	2121253	6375328	√

续表

<table>
<tr><td rowspan="3" colspan="2">底滑面计算高程/m</td><td colspan="4">抗滑稳定安全系数 K_1</td><td colspan="6">承载能力极限表达式</td></tr>
<tr><td rowspan="2">工况①</td><td rowspan="2">工况②</td><td rowspan="2">工况③</td><td rowspan="2">工况④</td><td colspan="3">工　况　⑤</td><td colspan="3">工　况　⑥</td></tr>
<tr><td>$\gamma_0\psi S(\cdot)$ /kN</td><td>$R(\cdot)/\gamma_d$ /kN</td><td>判别</td><td>$\gamma_0\psi S(\cdot)$ /kN</td><td>$R(\cdot)/\gamma_d$ /kN</td><td>判别</td></tr>
<tr><td rowspan="2">521.00</td><td>处理前</td><td>2.44</td><td>2.45</td><td>2.50</td><td>2.46</td><td>2391321</td><td>4461348</td><td>√</td><td>2386841</td><td>4462852</td><td>√</td></tr>
<tr><td>处理后</td><td>3.78</td><td>3.80</td><td>3.85</td><td>3.81</td><td>2605188</td><td>7516980</td><td>√</td><td>2591692</td><td>7518988</td><td>√</td></tr>
</table>

表 5.19　基础处理前后左坝肩滑动模式 2（PD_2f_6 为侧滑面）计算成果

<table>
<tr><td rowspan="3" colspan="2">底滑面计算高程/m</td><td colspan="4">抗滑稳定安全系数 K_1</td><td colspan="6">承载能力极限表达式</td></tr>
<tr><td rowspan="2">工况①</td><td rowspan="2">工况②</td><td rowspan="2">工况③</td><td rowspan="2">工况④</td><td colspan="3">工　况　⑤</td><td colspan="3">工　况　⑥</td></tr>
<tr><td>$\gamma_0\psi S(\cdot)$ /kN</td><td>$R(\cdot)/\gamma_d$ /kN</td><td>判别</td><td>$\gamma_0\psi S(\cdot)$ /kN</td><td>$R(\cdot)/\gamma_d$ /kN</td><td>判别</td></tr>
<tr><td rowspan="2">575.00</td><td>处理前</td><td>1.63</td><td>1.65</td><td>1.64</td><td>1.63</td><td>1165619</td><td>1447983</td><td>√</td><td>1156586</td><td>1455500</td><td>√</td></tr>
<tr><td>处理后</td><td>3.52</td><td>3.56</td><td>3.55</td><td>3.50</td><td>1165619</td><td>3132661</td><td>√</td><td>1156586</td><td>3140186</td><td>√</td></tr>
</table>

在实际施工过程中，f_{60} 断层在 581.00m 高程段的走向和倾向与前期勘察成果有一定变化，虽然倾角及破碎带特性变化不大，但规模变小，同时该断层在 581.00m 高程有一大半出露在强风化带，经核算，其不对此高程坝肩稳定有实质影响，设计据此取消 581.00m 高程的断层处理硐。同时在左坝肩边坡开挖过程中，在 510.00～545.00m 高程范围并未见 f_{60} 断层出露迹象，根据现场实际情况，设计取消 521.00m 高程的断层处理硐。

（2）右坝肩断层处理设计。对于右坝肩断层 f_{57}，其断层带宽度为 0.3～0.5m，影响带宽度为 2.0～4.0m，充填糜棱岩；可沿断层开挖抗剪硐，混凝土硐塞就是置换部分断层，充分利用混凝土抗剪强度高的特点，抵抗外荷载，提高山体稳定性；可在 555.00m 高程开挖 1 条沿断层走向，经过计算，长度为 141m 的处理平硐，断面尺寸和左坝肩处理平硐相同，高压固结灌浆孔沿洞线共设 3 排，其排距 1.2m，孔距 2.0m，并且保证高压固结灌浆分高程上下搭接。

右坝肩另一处理断层为 f_{14}，其断层带宽度为 0.2m，影响带宽度为 1.0～3.0m，充填糜棱岩及断层泥；可沿断层开挖抗剪硐，混凝土硐塞就是置换部分断层，充分利用混凝土抗剪强度高的特点，抵抗外荷载，提高山体稳定性；可在 527.75m 高程开挖 1 条沿断层走向，经过计算，长度为 73m 的处理平硐，断面尺寸和前述相同，高压固结灌浆孔沿洞线共设 3 排，其排距 1.2m，孔距 2.0m。

同时对断层处理平硐进行普通固结灌浆，灌浆孔排距 3.0m，每排设 9 孔，孔深 5.0m，呈矩形布置，洞室最后用 C25 混凝土回填形成混凝土硐塞，起到传力作用，将大坝推力传至山体内侧。

右坝肩基础处理前后的空间抗滑稳定对比成果见表 5.20 和表 5.21。从表可见，经过高压固结灌浆和 C25 混凝土硐塞联合处理后，坝肩稳定计算满足规范要求。

表 5.20　基础处理前后右坝肩滑动模式 1（f_{57} 断层为侧滑面）计算成果

底滑面计算高程/m		抗滑稳定安全系数 K_1				承载能力极限表达式					
						工　况　⑤			工　况　⑥		
		工况①	工况②	工况③	工况④	$\gamma_0\psi S(\cdot)$ /kN	$R(\cdot)/\gamma_d$ /kN	判别	$\gamma_0\psi S(\cdot)$ /kN	$R(\cdot)/\gamma_d$ /kN	判别
541.00	处理前	3.11	3.15	3.16	3.08	3187667	7950525	√	3121344	7864210	√
	处理后	3.51	3.55	3.57	3.49	3187667	8877240	√	3121344	8790925	√
521.00	处理前	3.18	3.19	3.20	3.12	4817427	11469915	√	4763629	11354536	√
	处理后	3.64	3.65	3.66	3.58	4817427	13323345	√	4763629	13207966	√

表 5.21　基础处理前后右坝肩滑动模式 2（f_{14} 断层为侧滑面）计算成果

底滑面计算高程/m		抗滑稳定安全系数 K_1				承载能力极限表达式					
						工　况　⑤			工　况　⑥		
		工况①	工况②	工况③	工况④	$\gamma_0\psi S(\cdot)$ /kN	$R(\cdot)/\gamma_d$ /kN	判别	$\gamma_0\psi S(\cdot)$ /kN	$R(\cdot)/\gamma_d$ /kN	判别
521.00	处理前	3.27	3.31	3.35	3.29	1691247	4732711	√	1679767	4755513	√
	处理后	3.74	3.78	3.83	3.77	1691247	5374283	√	1679767	5397085	√

5.4　小结

根据正常蓄水位、校核洪水位、波浪中心线和安全超高，确定坝顶高程和宽度，同时依据坝体体形设计原则，最终确定大坝体形：碾压混凝土拱坝体形采用抛物线双曲拱坝，拱坝坝顶高程为 646.00m，坝底高程 504.50m，最大坝高 141.50m，坝顶宽 9.0m，坝底拱冠厚 36.604m。坝顶上游弧长 472.153m，最大中心角为 92.04°，位于 602.00m 高程；最小中心角为 49.48°，位于 504.50m 高程。坝体中心线方位 NE52°34′10″。拱圈中心轴线在拱冠处最大曲率半径在左岸为 204.209m，在右岸为 201.943m，最小曲率半径在左岸为 105.187m，在右岸为 100.209m；大坝宽高比为 2.87，厚高比为 0.26，柔度系数为 11.3，上游面最大倒悬度为 0.16，下游面最大倒悬度为 0.19。对于坝体拱圈线型的选择，综合考虑了坝体体积、坝体厚度、位移、应力推力和推力角等因素，对比抛物线、三心圆、对数螺线、椭圆和二次曲线等形式，推荐三河口拱坝拱圈采用抛物线形式。

通过分析坝线地质条件，包括坝基和左右坝肩，对影响拱坝抗滑稳定的主要地质因素进行了分析，确定了控制坝基稳定的主要结构面是断层带及与节理裂隙的组合特征；同时也对坝肩抗滑稳定边界进行了分析，包括底滑面、侧滑面、上有拉裂面和临空变形面，最终确立了左右坝肩的滑动模式。大坝稳定采用刚体极限平衡法计算，计算工况包括三种基本组合、一种非地震特殊组合工况和两种地震特殊组合。空间稳定分析计算结果表明，左坝肩在滑动模式 1 下不能满足规范要求，坝肩不稳定和断层 f_{60} 有关，断层 f_{60} 对整个左坝肩拱座基岩岩体的压缩变形和抗滑稳定有较大的影响，故应采取工程措施对这个断层进行处理，以满足抗滑稳定的要求；滑动模式 2 不稳定和左岸蚀变带有关，故应采取工程措施

对蚀变带进行处理，以满足抗滑稳定的要求；右坝肩在两个滑动模式下都不能满足规范要求，右坝肩抗滑不稳定和断层 f_{57}、f_{14} 有关，故应采取工程措施对断层 f_{57}、f_{14} 断层进行处理，以满足抗滑稳定的要求。最后根据计算结果采取相关措施对坝肩断层进行了处理。

参 考 文 献

[1] 巨广宏. 高拱坝建基岩体开挖松弛工程地质特性研究 [D]. 成都：成都理工大学，2011.

[2] 钟建文. 拱坝人工导缝止裂机制基础研究 [D]. 北京：清华大学，2015.

[3] SHEN Xiaoming，NIU Xinqiang，LU Wenbo，et al. Rock mass utilization for the foundation surfaces of high arch dams in medium or high geo - stress regions：a review [J]. Bulletin of Engineering Geology and the Environment，2017，76 (2).

[4] 杜修力，赵密. 基于黏弹性边界的拱坝地震反应分析方法 [J]. 水利学报，2006 (9)：1063 - 1069.

[5] 朱伯芳，高季章，陈祖煜，等. 拱坝设计与研究 [M]. 北京：中国水利水电出版社，2002.

[6] 李瓒，陈兴华，郑建波，等. 混凝土拱坝设计 [M]. 北京：中国电力出版社，2000.

[7] 杨波，厉易生. 陕西省引汉济渭工程三河口水利枢纽碾压混凝土拱坝体型优化研究 [R]. 北京：中国水利水电科学研究院，2012.

[8] 孙平，汪小刚，王玉杰，等. 拱坝沿建基面抗滑稳定的体安全系数及其工程应用 [J]. 水利学报，2019，50 (7)：806 - 814.

[9] 杨杰，马春辉，程琳，等. 高陡边坡变形及其对坝体安全稳定影响研究进展 [J]. 岩土力学，2019，40 (6)：2341 - 2353，2368.

[10] SU H，YAN X，LIU H，et al. Integrated multi - level control value and variation trend early - warning approach for deformation safety of arch dam [J]. Water Resources Management，2017，31 (6)：2025 - 2045.

[11] WANG Renkun. Key technologies in the design and construction of 300m ultra - high arch dams [J]. Engineering，2016，2 (3)：350 - 359.

[12] 任青文，钱向东，赵引，等. 高拱坝沿建基面抗滑稳定性的分析方法研究 [J]. 水利学报，2002 (2)：1 - 7.

[13] 杨柱. 西藏怒江同卡特高拱坝设计及坝体应力变形分析 [D]. 西安：西安理工大学，2018.

[14] 薛龙可，周秋景，杨波. 三河口拱坝初设体型合理性分析 [J]. 中国水利水电科学研究院学报，2013，11 (4)：274 - 278，283.

[15] LIN Peng，GUAN Junfeng，PENG Haoyang，et al. Horizontal cracking and crack repair analysis of a super high arch dam based on fracture toughness [J]. Engineering Failure Analysis，2019，97：72 - 90.

[16] 耿克勤，吴永平. 拱坝和坝肩岩体的力学和渗流的耦合分析实例 [J]. 岩石力学与工程学报，1997 (2)：30 - 36.

[17] 赵代深，薄钟禾，李广远，等. 混凝土拱坝应力分析的动态模拟方法 [J]. 水利学报，1994 (8)：18 - 26.

[18] 张社荣，王高辉，王超. 混凝土重力坝极限抗震能力评价方法 [J]. 水力发电学报，2013，32 (3)：168 - 175，180.

[19] 武清玺，王德信. 拱坝坝肩三维稳定可靠度分析 [J]. 岩土力学，1998 (1)：45 - 49.

[20] 李德玉，侯顺载，张艳红，等. 龙羊峡重力拱坝动力特性和抗震安全评价 [J]. 土木工程学报，2003 (10)：41 - 45，59.

[21] 杨宝全，张林，陈媛，等. 锦屏一级高拱坝整体稳定物理与数值模拟综合分析 [J]. 水利学报，

2017，48（2）：175-183.

[22] 薛冰寒. 基于比例边界有限元方法的高拱坝静动力响应分析研究［D］. 大连：大连理工大学，2018.

[23] 朱伯芳. 拱坝的有限元等效应力及复杂应力下的强度储备［J］. 水利水电技术，2005（1）：43-47.

[24] 朱伯芳. 论混凝土拱坝有限元等效应力［J］. 水利水电技术，2012，43（4）：30-32.

[25] 张伯艳，陈厚群. 用有限元和刚体极限平衡方法分析坝肩抗震稳定［J］. 岩石力学与工程学报，2001（5）：665-670.

[26] 陈厚群. 高混凝土坝抗震设计面临的挑战［J］. 水电与抽水蓄能，2017，3（2）：1-13，49.

[27] 吴中如，顾冲时，沈振中，等. 大坝安全综合分析和评价的理论、方法及其应用［J］. 水利水电科技进展，1998（3）：5-9，68.

[28] 刘云贺，张伯艳，陈厚群. 拱坝地震输入模型中黏弹性边界与黏性边界的比较［J］. 水利学报，2006（6）：758-763.

[29] 李明超，张梦溪，张津瑞. 常态-碾压混凝土联合筑坝材料变形特性与抗剪强度准则研究［J］. 水利学报，2019，50（2）：157-164.

[30] 张新慧. 多种因素对碾压混凝土双K断裂参数影响的试验研究［D］. 锦州：辽宁工业大学，2019.

[31] 王怀亮，田平. 动态压剪作用下碾压混凝土强度和变形研究［J］. 水利与建筑工程学报，2016，14（2）：18-24.

[32] 钟大宁，刘耀儒，杨强，等. 白鹤滩拱坝谷幅变形预测及不同计算方法变形机制研究［J］. 岩土工程学报，2019，41（8）：1455-1463.

[33] GASPAR A，LOPEZ-CABALLERO F，MODARESSI-FARAHMAND-RAZAVI A，et al. Methodology for a probabilistic analysis of an RCC gravity dam construction. Modelling of temperature，hydration degree and ageing degree fields［J］. Engineering Structures，2014，65：99-110.

[34] AHMAD S，IRONS B M，ZIENKIEWICZ O C. Analysis of thick and thin shell structures by curved element［J］. International Journal for Numerical Methods in Engineering，1970，2（3）：419-451.

[35] CLOUGH R W. The finite element method in plane stress analysis［C］. Proceedings of 2nd ASCE Conference on Electronic Computation，Pittsburg PA，1960：345-378.

[36] 赵珍，李守义，刘鹏，等. 地基弹性模量对拱坝坝体应力的影响研究［J］. 水利水电技术，2017，48（12）：56-62.

[37] BERNADOU M，BOISSERIE J M. The finite element method in thin shell theory：application to arch dam simulations［J］. 1982，10.1007/978-1-4684-9143-2.

[38] LI Xudong，SU Chao，LIANG Wanjin. Mutibody frictional contact analysis for constructive foundation face of arch dam［C］// International Conference on Multimedia Technology. IEEE，2011.

[39] 李同春，温召旺. 拱坝应力分析中的有限元内力法［J］. 水力发电学报，2002（4）：18-24.

第6章　碾压混凝土材料性能与配合比设计

6.1　概述

水工混凝土作为水工建筑物重要的建筑材料，有着其他材料无法替代的作用。大坝混凝土施工配合比设计是在施工阶段进行的配合比试验。试验采用的水泥、掺合料、外加剂是通过优选确定的原材料，骨料是砂石系统加工的成品粗、细骨料。从三峡大坝建设开始，逐步确立了"三低两高两掺"（低水胶比、低用水量、低坍落度；高掺粉煤灰、较高石粉含量；掺缓凝减水剂、掺引气剂）的大坝混凝土施工配合比设计关键技术路线，有效改善了大坝混凝土的性能，提高了其密实性和耐久性，降低了水化热温升，十分有利于大坝温控防裂[1]。

温控防裂和提高耐久性是大坝混凝土施工的关键核心技术。现如今，优选混凝土原材料和科学合理的配合比设计是提高其抗裂性能和耐久性的主要方式。这与水泥品种、掺合料品质、骨料粒径级配、外加剂性能以及配合比设计优化密切相关。目前，大坝混凝土施工配合比设计仍建立在工程经验的基础上。新拌混凝土的坍落度、含气量、凝结时间、经时损失和施工和易性是施工配合比质量控制和试验的关键技术参数。大坝混凝土施工配合比试验以新拌混凝土性能试验为重点，新拌混凝土的坍落度低，经时损失小，含气量稳定，凝结时间可以满足不同气候条件，同时也满足施工对和易性、抗骨料分离、易于振捣和液化泛浆等要求。

水胶比、砂率、单位用水量、掺合料掺量是大坝混凝土配合比设计极为重要的参数。配合比设计的关键核心技术是如何有效降低单位用水量，而降低用水量的关键核心技术是外加剂的优选。三峡、构皮滩、拉西瓦、白鹤滩等工程的大坝混凝土施工配合比的单位用水量较低。配合比设计直接影响着工程建设的质量、施工进度等各个方面。因此，必须依据相关规范与技术要求对混凝土原材料、配合比参数选取、配合比设计进行详细的试验，最终得到合理可靠的碾压混凝土配合比。

碾压混凝土中引气剂的含量要在合适的范围内，不能掺入过量的引气剂。已有研究[2-6]表明，在混凝土中加入引气剂保证其内部结构足够的含气量，是一种防止混凝土表面剥落的有效措施。李达春[7]研究发现，在适合的配合比下，掺入适量的引气剂可以使碾压混凝土抗冻能力提升3倍左右。姚文杰[8]认为混凝土的最佳含气量应该指在满足混凝土强度和容重要求前提下的最大含气量。国内外学者研究[8-11]还发现，当含气量保持在4%～6%时，碾压混凝土具有高抗冻的性能，过高的含气量会直接导致碾压混凝土强度的降低，当含气量超过6%时其抗压强度会下降至原来的70%左右。魏振刚等[12]对影响新疆严寒地区高抗冻碾压混凝土中含气量的因素进行了研究，发现粉煤灰的品质对引气的效果有明显影响，优质粉煤灰活性指数可以有效提高碾压混凝土抗冻耐久性。

在混凝土中掺入适量粉煤灰，对混凝土拌合物的和易性、强度和耐久性等均会产生一定的影响。此外，还可以节约能源、变废为宝、保护环境。我国已建和在建的碾压混凝土坝几乎都采用了低水泥用量和高掺粉煤灰的混凝土配合比。如三门峡水利工程的粉煤灰最大掺量为40%，共计节省2万t水泥[13]；金沙江向家坝水电站常态混凝土最大粉煤灰掺量为45%[14]；澜沧江景洪工程大坝常态混凝土最大粉煤灰掺量为40%，混凝土总量约393万m^3，掺入粉煤灰约25万t[15]；金沙江乌东德工程大坝常态混凝土最大粉煤灰掺量为35%[16]；三岔河普定水电站的内部碾压混凝土掺入了60%的Ⅱ级粉煤灰，外部碾压混凝土粉煤灰掺入量达50%左右，高掺量粉煤灰降低了水泥用量[17]，有效地减小了坝体混凝土温度应力，提高了坝体的抗裂性能[18]。李斌等[18]研究了粉煤灰用量对混凝土碳化的影响，结果表明：粉煤灰用量越大，抗碳化能力变得越弱；在碳化过程中，掺入粉煤灰的混凝土碳化速度随着时间逐渐减小。刘杰[19]通过研究不同配合比和粉煤灰掺量的混凝土抗冻性，发现高抗冻性混凝土水胶比不宜大于0.5，且粉煤灰最优掺量应小于50%。苗苗等[20]探究了不同粉煤灰用量关于膨胀剂补偿效果的影响，结果表明：随着粉煤灰用量增大，胶凝材料中水泥水化所需用水量减小，膨胀剂能与更多水进行水化反应，拥有更多的膨化能力，减小了混凝土的早期收缩。

丁绍信等[9]研究发现，在含气量不变条件下，砂率对于碾压混凝土的抗冻性能并没有太大影响，但掺天然砂的碾压混凝土的引气效果要好于掺人工砂的碾压混凝土，采用人工砂时，引气剂掺量要比天然砂高出一倍多。梅国兴[10]研究发现，不同VC值对碾压混凝土强度和抗冻性能的影响不大，但对单位用水量有较大影响，进而影响胶凝材料用量。李达春[7]研究认为，在室内设计碾压混凝土配合比时，VC值宜取为5～8s。水胶比是影响混凝土抗冻性能的直接因素，一定范围内，水胶比越小，混凝土的抗冻性能越强。姚文杰[8]认为高寒地区碾压混凝土的水胶比应控制在0.55以下，这对于混凝土的耐久性具有重要意义。POWERS等[21]研究发现，当水胶比小于0.4时，混凝土的抗冻性会显著地提高。WANG等[3]认为水胶比范围应在0.40～0.45，这样可以减少冻融循环中未引气混凝土表面剥落的程度。陈磊等[22]认为水胶比较低时，才能最大程度地发挥粉煤灰在碾压混凝土中的性能。因此，在目前的工程实践中，一般采用在满足施工工艺条件下尽可能降低水胶比，提高粉煤灰掺量的技术路线进行碾压混凝土配合比设计。但同时，董维佳等[23-24]研究指出，粉煤灰的掺量达到一定程度时，碾压混凝土的力学强度会出现陡降。

随着碾压混凝土材料在工程建设中的广泛使用，优质粉煤灰的价格也逐年攀升。另外，工程因地理位置或资源缺乏等原因，若仍掺入大量粉煤灰则会使得工程建设的整体费用大大提高，因此，国内外学者展开了新型掺合料的研究。NGUYEN T S[25]进行了胶凝材料为水泥、粉煤灰和矿渣颗粒粉的生态混凝土试验，用粉煤灰和矿渣颗粒粉代替不同配合比的水泥，试验结果表明：粉煤灰与矿渣颗粒粉同时掺入混凝土中，可配制出抗压强度高于未添加矿渣颗粒粉的混凝土，且水泥用量大大减小。HAN等[26]以粉煤灰和钢渣对大体积混凝土进行了配合比等效试验，结果表明，掺入粉煤灰和钢渣能有效降低混凝土浇筑

过程中的温升，用粉煤灰代替钢渣可以有效提高混凝土的水化程度，降低氢氧化钙的含量以及碳化作用，优化混凝土内部的孔隙结构。尤其是在高温条件下，用钢渣代替粉煤灰会降低混凝土的强度和耐久性，因为粉煤灰具有较高的火山灰活性，因此掺量越大的粉煤灰在高温养护和后期浇筑条件下对混凝土的改进效果更好。GUNASEKARA 等[27]利用粉煤灰、熟石灰和纳米二氧化硅分别替代 65%和 80%的水泥，纳米二氧化硅的加入使硅在凝胶中 C－S－H 键被铝取代，最终增加高性能混凝土的抗压强度。VAHEDIFARD 等[28]发现将硅粉作为碾压混凝土的掺入料可以增强混凝土的强度和抗冻性能，而掺入浮石粉却有相反的结果。曾力等[29]经过试验发现，将磷渣粉作为掺入料，尤其大掺量时，其延缓混凝土水化热的效果比粉煤灰更好，能配置满足各种性能要求的 C20 二级配碾压混凝土，但设计龄期必须较长。罗伟等[30]发现，当铜镍高炉矿渣被粉磨至一定细度，可以替代粉煤灰作为掺合料，配置出高抗冻等级的碾压混凝土。薛兆峰[31]对比分析了粉煤灰、粉煤灰及硅灰和磨细矿渣三种活性掺合料替代部分水泥的情况，发现 28d 龄期后前两种掺合料的混凝土抗压及拉弯强度比纯水泥混凝土强度低，而掺磨细矿渣的混凝土抗压和拉弯强度均比纯水泥混凝土要高。欧阳东[32]从宏观和微观角度入手，均证明了磷矿渣替代粉煤灰的可行性，适当粒度的磷矿渣在水泥混凝土中的作用与粉煤灰相当，且后期力学性能更优。谢祥明等[33]发现采用粉磨和消解的方式处理高钙粉煤灰后，在高掺量时碾压混凝土的安定性可以满足规范要求，并且在同等条件下，其力学性能、耐久性能均高于普通粉煤灰混凝土。

将石灰石粉作为掺合料，研究其对碾压混凝土性能的影响也是目前的研究热点。田承宇[34]将石粉作为掺合料来研究碾压混凝土的性能，发现石粉碾压混凝土的早期强度接近粉煤灰混凝土，但后期的强度不如粉煤灰混凝土；在大量掺粉煤灰的碾压混凝土中，可以适当掺入石粉，减少粉煤灰的用量，这对碾压混凝土的抗压强度、极限拉伸、弹性模量等影响不大，并且适当掺入石粉对提高碾压混凝土的抗渗性和抗冻性是有利的，但掺入量不能超过 20%。陈剑雄等[35]研究发现当掺入的石灰石粉含量小于 10%的水泥用量时，可以提高水泥的早期强度，当掺入量过高时会明显降低水泥强度。马勇等[36]研究石粉代替粉煤灰作为掺合料时也发现对碾压混凝土早期强度影响近似于粉煤灰，对后期强度发展无显著的贡献。杨华山等[37]研究了石灰石粉对水泥基材料的流变性和抗压强度的影响，发现适量加入石灰石粉可以提高水泥胶砂的流变性和抗压强度。TSIVILLISS 等[38]将石灰石粉掺入硅酸盐水泥，发现石灰石粉含量为 20%时，是预防钢筋锈蚀的最佳含量，但掺有石灰石粉复合水泥的混凝土的抗冻性变差。陆平等[39]将石灰石粉作为掺合料时发现，$CaCO_3$晶体周围聚集着的水泥水化产物 $Ca(OH)_2$，将腐蚀生成碱式碳酸钙，其相在界面区有一定的黏结作用，可使混凝土的强度提高。BONAVETTI 等[40]研究了石灰石粉对低水灰比混凝土强度的影响，发现随着石灰石粉掺量的增加，水泥含量会减少，从而导致混凝土强度呈下降趋势。谢慧东等[41]研究了石灰石粉对水泥—粉煤灰混凝土耐久性的影响，发现掺入石灰石粉后，混凝土的抗水渗透性能、抗碳化性能略有降低，并且养护条件与养护龄期是影响其抗碳化性能最主要因素。葛唯[42]将具有高火山活性且广泛应用于高强混凝土的硅灰（Silica Fume）和石灰石粉作为掺入料，替代部分粉煤灰制备了满足新工艺要求的新掺合料碾压混凝土，结果表明，同时掺入硅灰和石灰石粉可以得到具有高强度、高抗冻性的碾压混凝土新材料。至今，三种掺合料对混凝土早期和后期的强度影响还没有被全面地认识，尤其是三种掺合料共用时它们的掺量对强度的影响规律需要进一步研究。

碾压混凝土的骨料在原材料中的比例超过 70%，骨料的质量和数量对碾压混凝土的性能有较大的影响。大量工程实践表明，不同品种的岩石骨料、粒形对混凝土的用水量、施工性能和硬化混凝土性能有着很大的影响。粒形好的粗骨料可以有效减少混凝土的用水量，提高新拌混凝土的和易性、流动性、密实性等，同时也可以提高硬化混凝土的各项性能指标。ZARAUSKAS 等[43]研究了混凝土的封闭孔隙率、粗骨料体积浓度、含气量与混凝土抗冻性的关系，发现粗骨料的增加会减少混凝土封闭气孔的数量，因而降低混凝土抗冻性能。就粗骨料本身来说，其吸水率和最大粒径是影响碾压混凝土性能的主要因素。刘伟宝[44]研究发现，在同等条件下，使用卵石的碾压混凝土的引气能力优于使用碎石的碾压混凝土。吴金灶等[45]研究认为虽然骨料外包裹了一层石粉，但其被砂浆紧密包住，并且碾压混凝土龄期长，水胶比也比较小，抗渗和抗冻等级较高，故粗骨料是否冲洗对碾压混凝土的抗渗和抗冻影响可忽略不计，但会明显降低抗压强度。同时，肖开涛等[46]研究认为混凝土含气量控制在 3%～4%时，这一结论才能成立，因为随着裹粉含量的增加，引气剂的效果会明显减弱，混凝土的抗冻性能也会降低。陈改新等[47]也认为人工砂中的石粉含量不宜超过 20%。因此在实际工程应用中应严格控制人工砂中的石粉含量。

6.2　碾压混凝土原材料

碾压混凝土的原材料一般包括水泥、粗细骨料、水、外加剂和粉煤灰等活性掺合料。三河口水利枢纽大坝工程混凝土配合比试验选用尧柏普通硅酸盐 P. O42.5 水泥；粉煤灰采用Ⅱ级粉煤灰；粗细骨料采用人工碎石花岗岩骨料和砂石细粉；外加剂主要采用 KLN-3 萘系高效减水剂，辅供 HLNOF-2 萘系高效减水剂，主供 KLAE 引气剂，辅供 HLAE 引气剂。

6.2.1　水泥

目前，我国筑坝碾压混凝土由于掺入较多比例的掺合料，因此一般使用强度等级不低于 32.5MPa 的普通硅酸盐水泥（普通水泥）或者硅酸盐水泥。混凝土中的胶凝材料主要成分是水泥，它也是混凝土强度以及其他各项性能指标的主要决定因素，因此水泥原材料的选取对于碾压混凝土非常关键。本工程选用陕西汉中尧柏水泥有限公司供应的尧柏普通硅酸盐 P. O42.5 水泥，并对其进行了物理力学性能试验和化学检测，结果见表 6.1 和表 6.2。

表 6.1　水泥物理力学性能试验结果

项　目	密度 /(g/cm³)	比表面积 /(kg/m²)	标准稠度 /%	安定性	凝结时间/min		抗压强度/MPa		抗折强度/MPa	
					初凝	终凝	3d	28d	3d	28d
尧柏普通硅酸盐 P. O42.5 水泥	3.10	307	26.9	合格	283	336	19.4	50.6	4.6	8.2
GB 175—2007	—	≥300	—	合格	≥45	≤600	≥17.0	≥42.5	≥3.5	≥6.5
业主指标	—	280～320	—	合格	—	—	>12.0	48±3	>4.0	>8.0

表 6.2　　水泥化学成分检测结果

项　目	碱含量/%	MgO/%	烧失量/%	SO_3/%	水化热/(kJ/kg)	
					3d	7d
尧柏普通硅酸盐 P.O42.5 水泥	0.55	2.35	3.20	2.33	240	278
GB 175—2007	≤0.6	≤5.0	≤3.5	≤3.5	—	—
业主指标	—	—	—	—	<251	<293

试验与检测结果表明：水泥各检测指标均符合《通用硅酸盐水泥》(GB 175—2007)[48] 标准要求。

6.2.2 粉煤灰

为适应碾压混凝土连续、快速碾压施工特点，混凝土中一般不设置冷却水管去降低温升。因此，碾压混凝土中水泥用量应该尽可能降低。但是，为了满足施工对拌和物工作度及坝体设计对混凝土提出的技术性能要求，碾压混凝土的水泥用量不宜太小。为了解决这一矛盾，最有效的办法就是在碾压混凝土中掺入较大比例的掺合料。

混凝土掺合料是为了改善混凝土性能，节约用水，降低水化热温升，调节混凝土强度等级，在混凝土拌和时掺入的天然或人工的、能改善混凝土性能的粉状矿物质[49]。掺合料可分为活性掺合料和非活性掺合料。碾压混凝土中的掺合料一般都是具有活性的，常用的有粉煤灰、粒化高炉矿渣、火山灰或者火山灰质材料。经过多年的工程实践，粉煤灰已经成为国内外碾压混凝土施工中最多选用的掺合料，其具有易获得、价格低廉、不需要（或者稍微进行）加工即可满足混凝土矿物掺合料要求等优点。本工程采用陕西华西电力有限公司供应的分选Ⅱ级粉煤灰作为掺合料。

根据《用于水泥和混凝土中的粉煤灰》(GB/T 1596—2005)[50] 的规范要求，粉煤灰作为掺合料应用于碾压混凝土中时，其含水率、细度、需水量比、烧失量、碱含量、游离 CaO、SO_3 等要满足一定的要求。对粉煤灰进行品质检测的结果见表 6.3，化学检测结果见表 6.4。

表 6.3　　粉煤灰品质检测结果

项　目	密度/(g/cm³)	含水率/%	细度/%	需水量比/%	烧失量/%
陕西华西电力Ⅱ级	2.20	0.1	14.7	99	4.8
GB/T 1596—2005		≤1.0	≤25	≤105	≤8

表 6.4　　粉煤灰化学检测结果

项　目	碱含量/%	游离 CaO/%	SO_3/%
陕西华西电力Ⅱ级	0.78	0.23	2.5
GB/T 1596—2005	≤1.5	≤1.0	≤3.0

检测结果表明：本工程选用的粉煤灰性能特性符合《用于水泥和混凝土中的粉煤灰》(GB/T 1596—2005)[50] 对Ⅱ级粉煤灰的技术指标要求，达到了Ⅱ级粉煤灰要求。

由于粉煤灰特性不同、掺量不同对水泥胶砂强度的影响也不同，为了了解和掌握粉煤灰对混凝土强度的影响，进行了掺粉煤灰胶砂性能对比试验，试验按照《水泥胶砂强度检验方法》(GB/T 17671—1999)[51]进行。试验材料为尧柏普通硅酸盐 P. O42.5 水泥、陕西华西电力分选Ⅱ级粉煤灰和标准砂，试验参数为水胶比 0.50、水泥加煤灰 450g、标准砂 1350g、水 225mL。得到的不同粉煤灰掺量水泥胶砂力学性能试验结果见表 6.5，并且将粉煤灰胶砂抗压、抗折强度随龄期的变化情况绘成柱状图，如图 6.1、图 6.2 所示。

表 6.5　　不同粉煤灰掺量胶砂力学性能试验结果

粉煤灰掺量/%	胶凝材料/g	水泥/g	粉煤灰/g	标准砂/g	水/mL	抗压强度/抗压强度比/(MPa/%)			抗折强度/抗折强度比/(MPa/%)		
						7d	28d	90d	7d	28d	90d
0	450	450	0	1350	225	29.8/100	50.6/100	57.2/100	6.9/100	8.2/100	9.3/100
20	450	360	90	1350	225	24.6/82.6	44.5/87.9	56.6/99.0	6.4/92.8	7.8/95.1	8.9/95.7
30	450	315	135	1350	225	19.2/64.4	38.3/75.7	52.6/92.0	5.3/76.8	7.2/87.8	8.4/90.3
40	450	270	180	1350	225	15.7/52.7	32.8/64.8	44.7/78.1	4.9/71.0	6.3/76.8	8.1/87.1
50	450	225	225	1350	225	11.3/37.9	24.2/47.8	36.4/63.6	3.6/52.2	5.8/70.7	7.2/77.4
60	450	180	270	1350	225	8.6/28.9	19.8/39.1	29.9/52.3	2.8/40.6	5.1/62.2	6.4/68.8

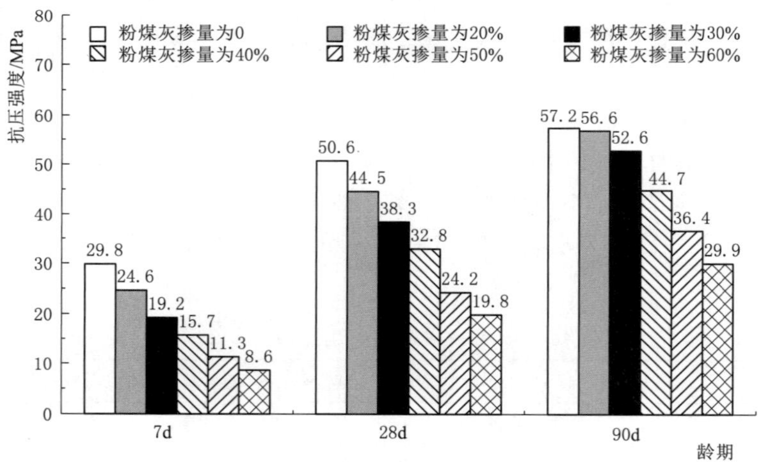

图 6.1　不同粉煤灰掺量胶砂抗压强度随龄期变化情况柱状图

从表 6.5 与图 6.1、图 6.2 可得到以下结论：

(1) 在相同龄期内，随着粉煤灰掺量提高，早期的水泥胶砂抗压强度和抗折强度逐渐降低。

(2) 在相同粉煤灰掺量下，随着龄期的变长，早期的水泥胶砂抗压强度和抗折强度逐渐升高。

(3) 抗压强度比与抗折强度比相比，在相同龄期和相同粉煤灰掺量条件下，抗压强度比小于抗折强度比。

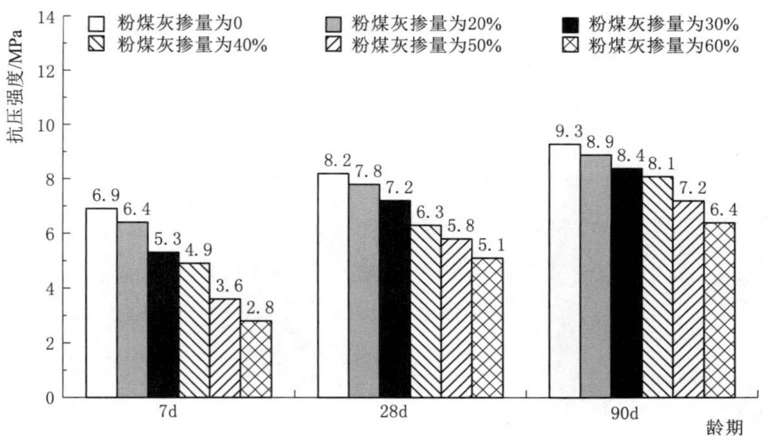

图 6.2 不同粉煤灰掺量胶砂抗折强度随龄期变化情况柱状图

6.2.3 骨料

骨料是建筑中十分重要的原料。水泥经水搅拌时，成稀糊状，不加骨料将无法成型，将导致无法使用。骨料作为混凝土中的主要原料也称为“集料”，是混凝土及砂浆中起骨架和填充作用的粒状材料，有细骨料和粗骨料两种。粒径大于 4.75mm 的骨料称为粗骨料，俗称“石”；粒径 4.75mm 以下的骨料称为细骨料，俗称“砂”。用于碾压混凝土的骨料包括细骨料（砂子）和粗骨料（石子）。一般来说，它们可以是天然的河砂或者砾石，也可以是机制的人工砂或者碎石。碾压混凝土中的骨料约占混凝土重量的 85%～90%。

碾压混凝土拌和物黏聚性差，容易发生粗骨料分离。为减少施工过程中发生粗骨料的分离现象，一般限制粗骨料最大粒径不大于 80mm，且适当减少最大粒径级粗骨料所占的比例。人工砂中石粉含量对碾压混凝土可碾性有很大影响，用石粉含量低的人工砂配制碾压混凝土可导致外观粗糙、弹塑性、可碾性差。石粉含量过高则会增加混凝土单位用水量，同时影响混凝土的性能。骨料的物理性状对于新拌和的和硬化后的碾压混凝土的性能有很大的影响。骨料的质量和数量对工程能否顺利施工及工程的经济性具有巨大的影响。因此，严格的勘探调查、系统的物理力学性能试验及经济比较是正确选择骨料的前提[52]。本工程选用的细骨料是人工砂以及外掺原状砂石粉，粗骨料是花岗岩人工碎石。

1. 细骨料

由于加工后的人工砂石粉含量较低，为满足配合比试验，对已加工生产的人工砂采取外掺原状砂石粉与原状砂混合的方法，使人工砂石粉含量分别为 17.6%和 13.5%。原状砂石粉含量为 17.6%时，对碾压混凝土可碾性影响较大的 0.08mm 以下的微粉含量达到了 8.3%，可显著提高碾压混凝土浆砂比值；原状砂石粉含量为 13.5%时，采用粉煤灰代砂 4%进行碾压混凝土试验。按照《水工混凝土试验规程》(SL 352—2006)[53] 对细骨料进行相应的品质检测试验，结果见表 6.6。砂子细度模数检测如图 6.3 所示。

表 6.6　　人工砂品质检测结果

项　目	细度模数	表观密度/(kg/m³)	饱和面干吸水率/%	堆积密度/(kg/m³)	紧密密度/(kg/m³)	泥块含量/%	石粉含量/%	0.08mm以下含量/%
人工砂	2.73	2680	1.3	1650	1840	0	13.5	6.2
外掺原状砂石粉后砂样	2.63	2690	1.6	1650	1850	0	17.6	8.3
SL 677—2014	2.4～2.8	≥2500	—	—	—	0	6～18	—

图 6.3　砂子细度模数检测

由表 6.6 的结果可知，人工砂的细度模数、表观密度、泥块含量、石粉含量等指标均符合《水工混凝土试验规程》(SL 352—2006)[53] 中的技术指标要求，达到了细骨料各项性能的要求。

2. 粗骨料

粗骨料采用加工的花岗岩人工碎石，在配合比试验前，对骨料进行了筛分，超逊径均以零计算。为了更接近成品骨料含泥量的真实值，对粗骨料进行冲洗，使含泥量满足规范要求。依据《水工混凝土施工规范》(SL 677—2014)[54] 进行相应的品质检测试验，如图 6.4 所示，结果见表 6.7。

图 6.4　粗骨料检测与骨料压碎试验

表 6.7　　人工碎石品质检测结果

项目	骨料粒径/mm	表观密度/(kg/m³)	堆积密度/(kg/m³)	紧密密度/(kg/m³)	饱和面干吸水率/%	针片状/%	压碎指标/%	含泥量/%	泥块含量/%
人工碎石	5～20	2700	1410	1600	0.63	8	7.2	0.2	0
	20～40	2710	1400	1560	0.48	5	—	0.1	0
	40～80	2720	1350	1490	0.36	2	—	0.1	0

续表

项目	骨料粒径/mm	表观密度/(kg/m³)	堆积密度/(kg/m³)	紧密密度/(kg/m³)	饱和面干吸水率/%	针片状/%	压碎指标/%	含泥量/%	泥块含量/%
SL 677—2014		≥2550	—	—	≤2.5	≤15	≤13	$D20$、$D40$ 粒径级≤1，$D80$ 粒径级≤0.5	0

由表 6.7 的结果可知，人工碎石的表观密度、饱和面干吸水率、针片状、压碎指标、含泥量、泥块含量等指标均符合《水工混凝土施工规范》(SL 677—2014)[54]中的技术指标要求，达到了粗骨料各项性能的要求。

3. 粗骨料级配试验

不同比例的骨料级配与紧密密度有直接关系，不同粒径良好的骨料级配组合，能达到减小骨料空隙率，增大混凝土密实性，降低水泥用量，从而降低混凝土温升的目的。一般密度越大，空隙率越小，在混凝土中所需填充包裹砂浆越少，因此常把紧密密度最大的骨料级配和最小空隙率作为最优级配。实际在选定混凝土配合比级配时，要考虑现场的施工工艺和施工条件以及料场骨料粒径的组成情况，可根据不同的混凝土对拌和物和易性要求等情况综合考虑。

粗骨料级配试验采用最大密度法，级配密度最大或空隙率最小的组合为最优级配。粗骨料级配与紧密密度关系试验结果见表 6.8。

表 6.8　粗骨料级配与紧密密度关系试验结果

骨料级配	组合数	级配组合/%			紧密密度/(kg/m³)	级配评定
		小石（5～20mm）	中石（20～40mm）	大石（40～80mm）		
二级配	1	40	60	—	1680	
	2	45	55	—	1710	最优
	3	50	50	—	1670	
	4	60	40	—	1690	
三级配	1	30	30	40	1730	最优
	2	30	35	35	1710	
	3	30	40	30	1720	
	4	40	30	30	1710	

从表 6.8 中可以看出，二级配最优级配为小石∶中石＝45∶55；三级配最优级配为小石∶中石∶大石＝30∶30∶40。

6.2.4 外加剂

混凝土外加剂是为了改善和调节混凝土的性质而掺加的物质，一般情况下，其掺量不大于水泥质量的 5%，是碾压混凝土必不可少的组成材料之一。目前应用于工程中的常见混凝土外加剂有减水剂、引气剂、缓凝剂、早强剂和速凝剂等。外加剂质量的好坏、与水泥品种的适应性直接影响混凝土质量、性能、施工和易性、耐久性以及经济性。碾压混凝土中胶凝材料用量少、砂率大，为了改善拌和物的施工性能，降低拌和物的 VC 值，改善其黏聚性或抗离析性能，必须掺入减水剂。碾压混凝土的大面积铺筑施工，要求拌和物具有较长的初凝时间，以减少冷缝的出现，改善施工层面黏结特性，为此必须掺入缓凝剂。

本工程混凝土配合比试验采用的外加剂为减水剂和引气剂。依据《混凝土外加剂》(GB 8076—2008)[55]标准要求对外加剂进行掺外加剂的混凝土性能试验。

试验材料为汉中尧柏普通硅酸盐 P. O42.5 水泥；花岗岩人工骨料；山西康力 KLN - 3 缓凝高效减水剂、山西康力 KLAE 引气剂；云南宸磊 HLNOF - 2 缓凝高效减水剂，云南宸磊 HLAE 引气剂。外加剂的掺量分别为减水剂 1.2%、引气剂 0.016%。外加剂化学指标检测结果见表 6.9，掺外加剂混凝土性能试验结果见表 6.10，混凝土含气量检测如图 6.5 所示。从外加剂性能试验结果分析，缓凝高效减水剂及引气剂性能均满足规范要求。

表 6.9　　外加剂化学指标检测结果

检测项目	pH 值	碱含量/%	硫酸钠/%	检测项目	pH 值	碱含量/%	硫酸钠/%
山西康力 KLN - 3	8.6	3.6	6.1	云南宸磊 HLNOF - 2	8.9	2.6	4.5
山西康力 KLAE	7.4	6.3	13.2	云南宸磊 HLAE	7.1	5.7	12.8

表 6.10　　掺外加剂混凝土性能试验结果

外加剂		坍落度/mm	减水率/%	含气量/%	泌水率比/%	凝结时间差/min		抗压强度/抗压强度比/(MPa/%)		
品种	掺量/%					初凝	终凝	3d	7d	28d
基准	—	82	—	1.1	100	—	—	15.0/100	21.5/100	27.8/100
山西康力 KLN - 3	0.6	75	20.5	1.2	64	+210	+235	22.8/152	31.2/145	36.7/132
山西康力 KLAE	0.008	76	6.8	5.3	25	−15	−45	14.6/97	20.5/95	25.6/92
云南宸磊 HLNOF - 2	0.6	82	21.2	1.1	74	+202	+310	23.7/158	31.3/146	37.6/135
云南宸磊 HLAE	0.008	78	7.1	5.1	21	−20	−30	14.5/97	20.6/96	25.7/92
缓凝高效减水剂		70～90	≥14	<4.5	≤100	+90	—	≥125	≥125	≥120
引气剂		70～90	≥6	>3.0	≤70	−90～+120	−90～+120	≥95	≥95	≥90

6.2.5　拌和水

本工程混凝土配合比试验拌和用水采用枫筒沟施工营地水池水，按照《水工混凝土水质分析试验规程》(DL/T 5152—2001)[56]对水质进行检验，结果见表 6.11。从检验结果来看，拌和水各项指标要符合《混凝土用水标准》(JGJ 63—2006)[57]中的要求。

图 6.5 混凝土含气量检测

表 6.11 水质分析检验结果

分析指标	单位	指标要求			分析结果
		预应力混凝土	钢筋混凝土	素混凝土	
不溶物	mg/L	≤2000	≤2000	≤5000	12
可溶物	mg/L	≤2000	≤5000	≤10000	183
硫酸盐（以 SO_4^{2-} 计）	mg/L	≤600	≤2000	≤2700	78
氯化物（以 Cl^- 计）	mg/L	≤500	≤2000	≤2700	22
碱含量	rag/L	≤1500	≤1500	≤1500	20
pH 值	—	≤5.0	≥4.5	≥4.5	6.7

6.3 碾压混凝土配合比参数选择试验

水胶比、砂率、单位用水量、骨料级配以及粉煤灰掺量是配合比设计的关键参数，这些参数与混凝土的各项性能之间有着密切的关系[58]。这些参数的选取是混凝土是否满足强度、耐久性、变形性能等设计要求和施工和易性需要的关键。

6.3.1 粗骨料级配

根据 6.2.3 节中粗骨料级配试验中得到的最优级配，以及综合考虑碾压混凝土的抗分离性和均匀性，本工程碾压混凝土配合比试验粗骨料级配组合采用：二级配，小石∶中石＝45∶55；三级配，小石∶中石∶大石＝30∶40∶30。

6.3.2 碾压混凝土最佳砂率选择试验

最佳砂率指的是碾压混凝土拌和物液化泛浆好、骨料挂浆充分、单位用水量最小时的砂率。混凝土砂率直接影响混凝土单位用水量的高低，以及拌和物和易性、硬化后的混凝土的各项性能，因此必须进行砂率选择试验[59]。进行最佳砂率选择试验时，固定混凝中水胶比、粉煤灰掺量和单位用水量，通过砂率的变化，对碾压混凝土拌和物和 VC 值进行综合评定，从而确定最优砂率。试验所采用的试验材料见表 6.12，试验参数见表 6.13。

表 6.12　配合比参数选择试验材料

名　称	性　　能	名　称	性　　能
水泥	尧柏普通硅酸盐 P.O42.5	外加剂	山西康力 KLN-3、引气剂 KLAE
粉煤灰	陕西华西电力分选Ⅱ级粉煤灰	骨料	花岗岩人工骨料

表 6.13　碾压混凝土最佳砂率选择试验参数

名　称	性　　能	名　称	性　　能
二级配	水胶比 0.45、粉煤灰掺量 50%	KLAE	二级配掺量 0.15%、三级配掺量 0.12%
三级配	水胶比 0.45、粉煤灰掺量 55%	用水量	二级配 97kg、三级配 86kg
KLN-3	掺量 1.0%		

碾压混凝土最佳砂率选择试验结果见表 6.14，碾压混凝土砂率与 VC 值变化曲线如图 6.6 所示。从试验结果可知，当水胶比为 0.45，碾压混凝土三级配砂率为 33%时，出机 VC 值最小；二级配砂率在 37%时，出机 VC 值最小。

表 6.14　碾压混凝土最佳砂率选择试验结果

试验编号	级配	水胶比	粉煤灰含量/%	砂率/%	用水量/(kg/m³)	KLN-3/%	KLAE/%	拌和物性能	
								VC 值/s	含气量/%
NYSL3-1	三	0.45	55	31	86	1.0	0.15	5.1	3.3
NYSL3-2				33				3.1	4.0
NYSL3-3				35				5.5	3.2
NYSL2-1	二	0.45	50	35	97	1.0	0.12	5.6	3.8
NYSL2-2				37				3.3	4.2
NYSL2-3				39				5.2	3.5

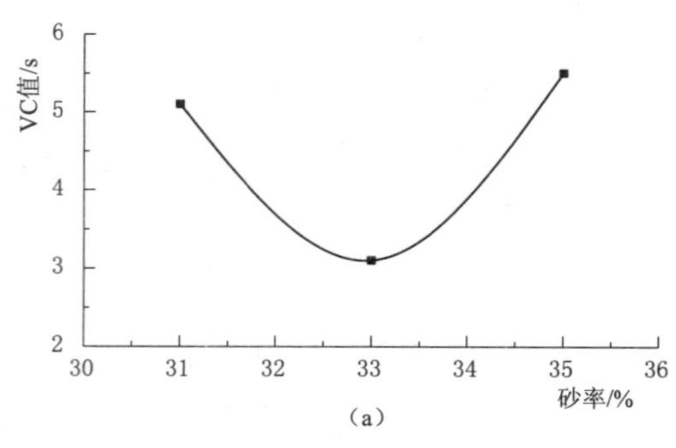

(a)

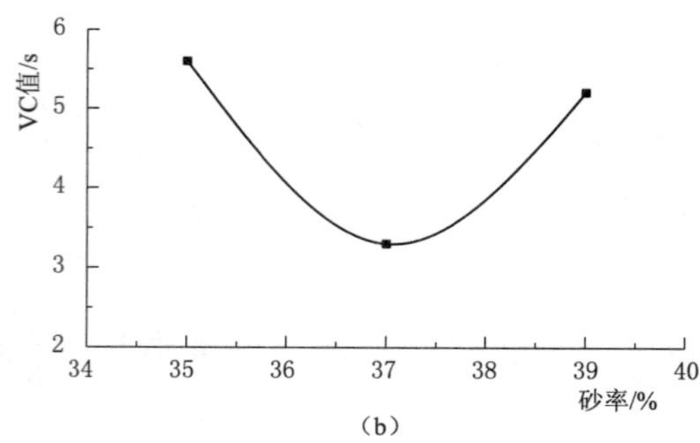

(b)

图 6.6　碾压混凝土砂率与 VC 值变化曲线

(a) 三级配；(b) 二级配

6.3.3 VC值与单位用水量关系试验

碾压混凝土单位用水量与VC值之间存在关联关系，随着单位用水量的增加，混凝土VC值随之减小。碾压混凝土VC值与单位用水量关系试验采用固定的水胶比、粉煤灰掺量和砂率，通过调整单位用水量测试VC值的变化情况。VC值与单位用水量关系试验所采用的试验材料见表6.12，试验参数见表6.15，碾压混凝土VC值检测如图6.7所示。

表6.15　碾压混凝土VC值与单位用水量关系试验参数

名称	性　能	名称	性　能
二级配	水胶比0.45、粉煤灰掺量50%	KLN-3	掺量1.0%
三级配	水胶比0.45、粉煤灰掺量55%	KLAE	二级配掺0.15%、三级配掺0.12%
砂率	采用最优砂率		

图6.7　碾压混凝土VC值检测

碾压混凝土VC值与单位用水量关系试验结果见表6.16，单位用水量与VC值关系曲线如图6.8所示。从试验结果可知，在碾压混凝土水胶比、砂率、级配一定的条件下，混凝土VC值随着单位用水量的增加而有规律地减小，当VC值每增减1s，用水量相应减小1.5～2.0kg/m³。

表6.16　碾压混凝土VC值与单位用水量关系试验结果

试验编号	级配	水胶比	粉煤灰含量/%	砂率/%	用水量/(kg/m³)	KLN-3/%	KLAE/%	VC值/s	含气量/%
NYYS3-1	三	0.45	55	33	83	1.0	0.15	4.9	4.1
NYYS3-2					86			2.9	4.0
NYYS3-3					89			2.3	4.4

续表

试验编号	级配	水胶比	粉煤灰含量/%	砂率/%	用水量/(kg/m³)	KLN-3/%	KLAE/%	VC值/s	含气量/%
NYYS2-1	二	0.45	50	37	94	1.0	0.12	5.0	4.3
NYYS2-2					97			3.2	4.2
NYYS2-3					100			2.7	4.4

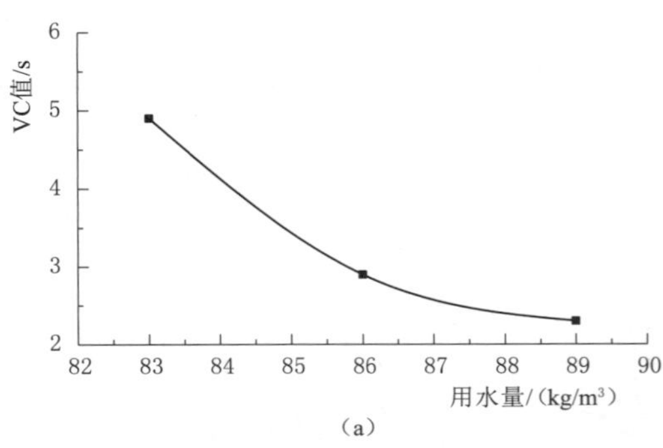

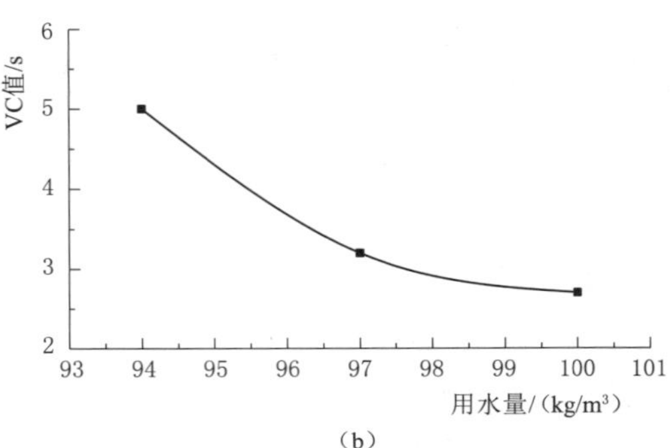

图 6.8　碾压混凝土单位用水量与 VC 值关系曲线
(a) 三级配；(b) 二级配

6.3.4　碾压混凝土水胶比与抗压强度关系试验

根据以上对碾压混凝土单位用水量、砂率选择试验所取得的试验结果，选择合适的水胶比和不同的粉煤灰掺量进行水胶比与抗压强度关系试验，如图 6.9 所示，为配合比设计提供依据。混凝土水胶比与抗压强度关系试验所采用的试验材料见表 6.12，试验参数见表 6.17。

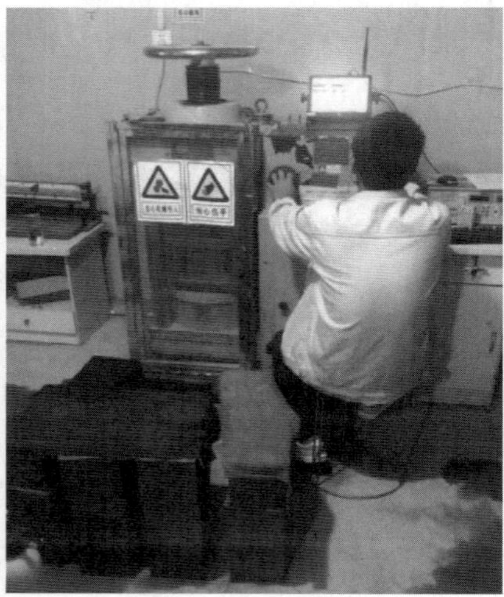

图 6.9　混凝土抗压强度试件成型与检测

表 6.17　　碾压混凝土水胶比与抗压强度关系试验参数汇总

名　称	性　能	名　称	性　能
二级配（最大粒径 40mm）	水胶比 0.40、0.45、0.50	引气剂	根据含气量确定
	粉煤灰掺量 50%、55%、60%	VC 值	3～5s
三级配（最大粒径 80mm）	水胶比 0.40、0.45、0.50	用水量	二级配 86kg
	粉煤灰掺量 50%、55%、60%		三级配 97kg
高效缓凝减水剂	1.0%	抗压强度	7d、28d、90d、180d

不同试验下，碾压混凝土水胶比与抗压强度关系试验参数见表 6.18、试验结果见表 6.19、关系曲线如图 6.10 所示。从试验结果可知，在不同水胶比和粉煤灰掺量的条件下，碾压混凝土水胶比与抗压强度有较好的相关性。

6.3.5　碾压混凝土龄期与抗压强度发展系数

根据碾压混凝土水胶比与抗压强度关系试验结果，对碾压混凝土龄期与抗压强度发展系数进行统计，结果见表 6.20、表 6.21。从统计的结果可以分析出，随着粉煤灰掺量的不同，同龄期的混凝土抗压强度发展系数存在差异。以 28d 龄期混凝土抗压强度为基准值，不同龄期的混凝土强度与 28d 龄期抗压强度相比，7d 龄期的发展系数为 49%～60%，90d 龄期的为 120%～141%。

表 6.18　　碾压混凝土水胶比与抗压强度关系试验参数

试验编号	级配	水胶比	粉煤灰含量 /%	砂率 /%	用水量 /(kg/m³)	KLN-3 /%	KLAE /%	设计密度 /(kg/m³)
NYS-1	二	0.40	50	36	97	1.0	0.15	2420
NYS-2	二	0.40	55	36	97	1.0	0.15	2420
NYS-3	二	0.40	60	36	97	1.0	0.15	2420
NYS-4	二	0.45	50	37	97	1.0	0.15	2420
NYS-5	二	0.45	55	37	97	1.0	0.15	2420
NYS-6	二	0.45	60	37	97	1.0	0.15	2420
NYS-7	二	0.50	50	38	97	1.0	0.15	2420
NYS-8	二	0.50	55	38	97	1.0	0.15	2420
NYS-9	二	0.50	60	38	97	1.0	0.15	2420
NYS-10	三	0.40	50	32	86	1.0	0.12	2450
NYS-11	三	0.40	55	32	86	1.0	0.12	2450
NYS-12	三	0.40	60	32	86	1.0	0.12	2450
NYS-13	三	0.45	50	33	86	1.0	0.12	2450
NYS-14	三	0.45	55	33	86	1.0	0.12	2450
NYS-15	三	0.45	60	33	86	1.0	0.12	2450
NYS-16	三	0.50	50	34	86	1.0	0.12	2450
NYS-17	三	0.50	55	34	86	1.0	0.12	2450
NYS-18	三	0.50	60	34	86	1.0	0.12	2450

表 6.19　碾压混凝土水胶比与抗压强度关系试验结果

试验编号	级配	水胶比	粉煤灰/%	砂率/%	用水量/(kg/m³)	KLN-3/%	KLAE/%	VC 值/s	含气量/%	室温/混凝土温/℃	凝结时间		实测密度/(kg/m³)	抗压强度/MPa				设计密度/(kg/m³)
											初凝	终凝		7d	28d	90d	180d	
NYS-1	二	0.40	50	36	97	1.0	0.15	3.6	4.8	13/15	—	—	2423	16.0	27.3	35.4	—	2420
NYS-2	二	0.40	55	36	97	1.0	0.15	3.4	4.6	12/15	15:34	22:23	2418	13.3	24.5	32.6	—	2420
NYS-3	二	0.40	60	36	97	1.0	0.15	3.5	4.3	12/15	—	—	2416	11.8	22.4	29.7	—	2420
NYS-4	二	0.45	50	37	97	1.0	0.15	3.2	4.4	11/12	—	—	2423	14.9	25.1	33.5	—	2420
NYS-5	二	0.45	55	37	97	1.0	0.15	4.0	4.3	11/12	16:07	23:35	2419	12.6	22.7	29.8	—	2420
NYS-6	二	0.45	60	37	97	1.0	0.15	4.0	4.1	11/11	—	—	2424	10.5	20.8	27.2	—	2420
NYS-7	二	0.50	50	38	97	1.0	0.15	3.0	4.7	12/12	—	—	2419	12.8	21.4	29.7	—	2420
NYS-8	二	0.50	55	38	97	1.0	0.15	4.2	4.5	12/12	16:42	00:10	2431	11.2	20.1	25.5	—	2420
NYS-9	二	0.50	60	38	97	1.0	0.15	3.5	4.2	12/11	—	—	2412	9.8	18.9	23.7	—	2420
NYS-10	三	0.40	50	32	86	1.0	0.12	3.4	4.4	17/17	—	—	2447	15.9	28.4	36.9	—	2450
NYS-11	三	0.40	55	32	86	1.0	0.12	3.0	3.9	17/18	15:46	22:25	2449	13.8	26.1	33.1	—	2450
NYS-12	三	0.40	60	32	86	1.0	0.12	3.2	3.8	17/18	—	—	2453	13.0	23.8	31.0	—	2450
NYS-13	三	0.45	50	33	86	1.0	0.12	4.0	4.2	17/17	—	—	2456	13.8	25.0	35.2	—	2450
NYS-14	三	0.45	55	33	86	1.0	0.12	3.0	3.7	11/12	16:13	24:25	2450	12.7	24.1	30.7	—	2450
NYS-15	三	0.45	60	33	86	1.0	0.12	2.9	3.5	10/11	—	—	2443	12.0	22.0	28.9	—	2450
NYS-16	三	0.50	50	34	86	1.0	0.12	3.1	4.3	18/18	—	—	2459	11.6	23.2	31.3	—	2450
NYS-17	三	0.50	55	34	86	1.0	0.12	3.4	3.7	18/18	17:05	24:12	2447	10.6	21.7	27.6	—	2450
NYS-18	三	0.50	60	34	86	1.0	0.12	2.9	3.6	18/18	—	—	2445	10.1	19.3	24.7	—	2450

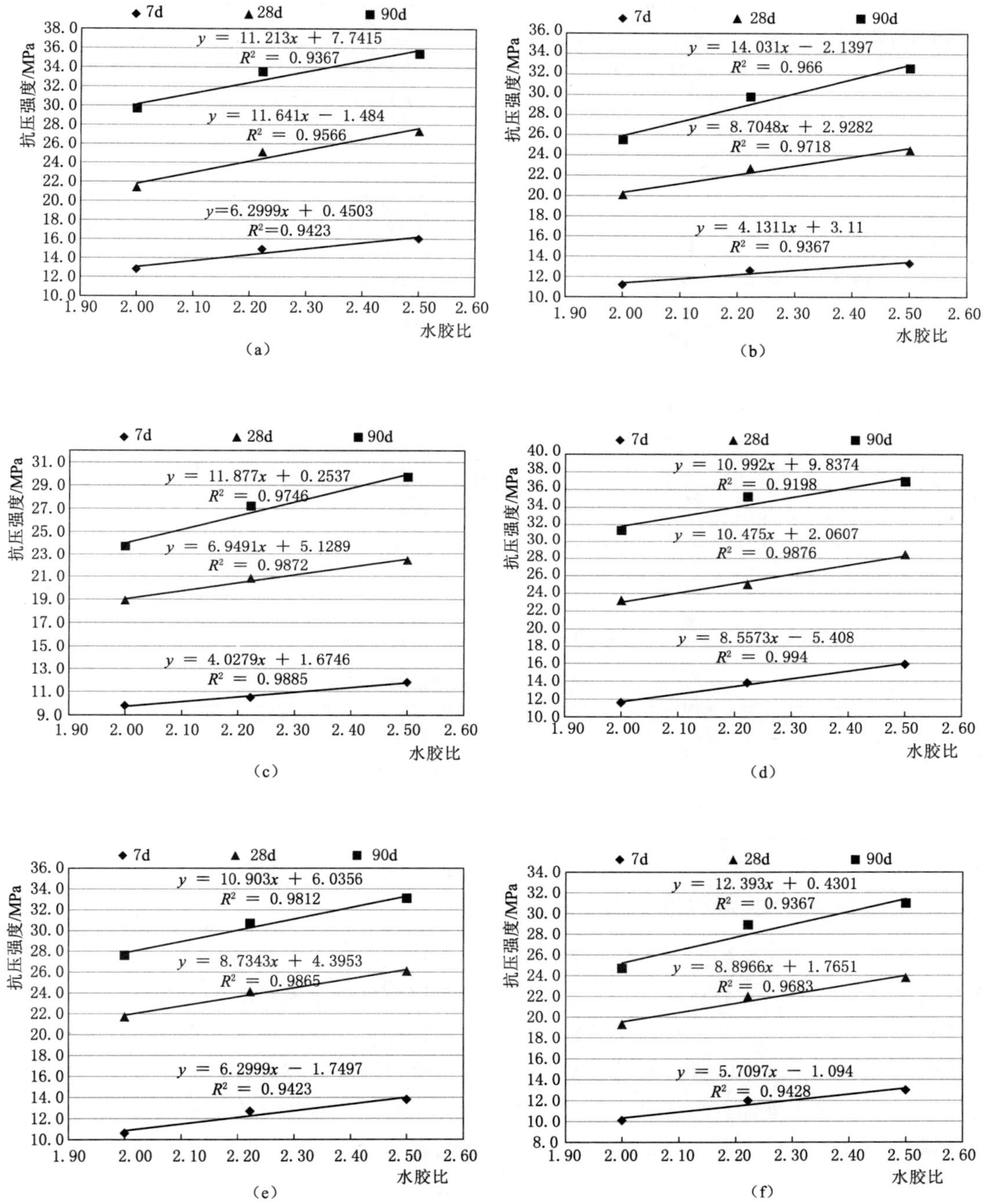

7d 28d 90d

$y = 11.213x + 7.7415$, $R^2 = 0.9367$

$y = 11.641x - 1.484$, $R^2 = 0.9566$

$y=6.2999x + 0.4503$, $R^2=0.9423$

（a）

$y = 14.031x - 2.1397$, $R^2 = 0.966$

$y = 8.7048x + 2.9282$, $R^2 = 0.9718$

$y = 4.1311x + 3.11$, $R^2 = 0.9367$

（b）

$y = 11.877x + 0.2537$, $R^2 = 0.9746$

$y = 6.9491x + 5.1289$, $R^2 = 0.9872$

$y = 4.0279x + 1.6746$, $R^2 = 0.9885$

（c）

$y = 10.992x + 9.8374$, $R^2 = 0.9198$

$y = 10.475x + 2.0607$, $R^2 = 0.9876$

$y = 8.5573x - 5.408$, $R^2 = 0.994$

（d）

$y = 10.903x + 6.0356$, $R^2 = 0.9812$

$y = 8.7343x + 4.3953$, $R^2 = 0.9865$

$y = 6.2999x - 1.7497$, $R^2 = 0.9423$

（e）

$y = 12.393x + 0.4301$, $R^2 = 0.9367$

$y = 8.8966x + 1.7651$, $R^2 = 0.9683$

$y = 5.7097x - 1.094$, $R^2 = 0.9428$

（f）

图 6.10 碾压混凝土水胶比与抗压强度关系曲线

（a）二级配水胶比与抗压强度关系（F 掺量 50%）；（b）二级配水胶比与抗压强度关系（F 掺量 55%）；（c）二级配水胶比与抗压强度关系（F 掺量 60%）；（d）三级配水胶比与抗压强度关系（F 掺量 50%）；（e）三级配水胶比与抗压强度关系（F 掺量 55%）；（f）三级配水胶比与抗压强度关系（F 掺量 60%）

表 6.20　　碾压混凝土龄期与抗压强度发展系数

试验编号	级配	水胶比	粉煤灰/%	各龄期与28d龄期抗压强度发展系数/%			
				7d	28d	90d	180d
NYS-1	二	0.40	50	59	100	130	—
NYS-2	二	0.40	55	54	100	133	—
NYS-3	二	0.40	60	53	100	133	—
NYS-4	二	0.45	50	59	100	133	—
NYS-5	二	0.45	55	56	100	136	—
NYS-6	二	0.45	60	50	100	136	—
NYS-7	二	0.50	50	60	100	139	—
NYS-8	二	0.50	55	56	100	127	—
NYS-9	二	0.50	60	52	100	120	—
NYS-10	三	0.40	50	56	100	130	—
NYS-11	三	0.40	55	53	100	127	—
NYS-12	三	0.40	60	55	100	130	—
NYS-13	三	0.45	50	55	100	141	—
NYS-14	三	0.45	55	53	100	132	—
NYS-15	三	0.45	60	55	100	131	—
NYS-16	三	0.50	50	50	100	135	—
NYS-17	三	0.50	55	49	100	123	—
NYS-18	三	0.50	60	52	100	120	—

表 6.21　　碾压混凝土龄期与抗压强度发展系数综合结果

级　配	各龄期与28d龄期抗压强度发展系数/%			
	7d	28d	90d	180d
二	50～60	100	120～139	—
三	49～56	100	120～141	—

6.3.6　最佳石粉含量选择试验

人工砂中石粉含量的高低直接影响碾压混凝土的工作性和施工质量。选择合适的石粉含量对碾压混凝土的抗分离性、均匀性、易密性和可碾性等都有极大的改善作用。因此必须进行石粉含量选择试验。进行最佳石粉含量选择试验时，固定碾压混凝土水胶比、粉煤灰掺量和砂率，控制 VC 值，通过改变石粉含量对碾压混凝土拌和物的和易性及 VC 值进行比较，从而确定最佳石粉含量。石粉含量的变化主要采取外掺花岗岩石粉替代部分人工砂来实现。最佳石粉含量选择试验所需要的试验材料见表 6.22，试验参数见表 6.23。

表 6.22　　最佳石粉含量选择试验所需要的试验材料

名称	性　　能	名称	性　　能
水泥	尧柏普通硅酸盐 P.O42.5	骨料	花岗岩人工骨料
粉煤灰	陕西华西电力分选Ⅱ级粉煤灰	石粉	从人工砂中筛分取得
外加剂	减水剂 KLN-3、引气剂 KLAE		

表 6.23 最佳石粉含量选择试验参数

名称	性能	名称	性能
二级配	水胶比 0.45、粉煤灰掺量 50%	VC 值	控制 3～5s 范围内
KLN-3	掺量 1.0%	石粉含量	12%～20%
KLAE	掺量 0.15%	用水量	根据 VC 值调整
砂率	选择最优砂率 37%		

碾压混凝土最佳石粉含量选择试验结果见表 6.24，从试验结果可以得到以下结论：

表 6.24 碾压混凝土最佳石粉含量选择试验结果

试验编号	级配	水胶比	粉煤灰含量/%	砂率/%	石粉含量/%	用水量/(kg/m³)	KLN-3/%	KLAE/%	VC 值/s	含气量/%	拌和物性能	抗压强度/MPa		
												7d	28d	90d
SF-1	二	0.45	50	37	12	91	1.0	0.15	4.5	4.5	骨料包裹差、试体表面粗涩	13.8	23.6	31.8
SF-2	二	0.45	50	37	14	93	1.0	0.15	4.2	4.3	骨料包裹差、试体表面粗涩	14.0	24.4	32.6
SF-3	二	0.45	50	37	16	95	1.0	0.15	3.8	4.1	骨料包裹一般、试体表面较粗涩	14.4	25.4	33.4
SF-4	二	0.45	50	37	18	97	1.0	0.15	3.4	4.3	骨料包裹较好、试体表面较密实	14.3	25.0	31.6
SF-5	二	0.45	50	37	20	100	1.0	0.15	3.1	3.8	骨料包裹较好、试体表面光滑、密实	12.9	23.6	31.3

(1) 当人工砂石粉含量增加到 18%时，碾压混凝土拌和物的外观和骨料包裹情况逐渐变好。将 VC 值测试完成的混凝土从容量筒中倒出，拌和物试体表面逐渐变得密实、光滑，浆体也变得充足，石粉含量继续增加，拌和物黏聚性增强。

(2) 随着人工砂石粉含量的增高，碾压混凝土中材料的总表面积相应增大，用水量呈规律性地增加，即人工砂石粉含量每增加 1%，碾压混凝土用水量相应增加约 $1kg/m^3$。

(3) 石粉含量在 16%时抗压强度最高，但和易性较差；石粉含量在 18%时，抗压强度比石粉含量在 16%时稍低一点，但碾压混凝土拌和物性能较好。

从上述分析综合评定，碾压混凝土人工砂石粉含量宜控制在 16%～18%。

6.4 碾压混凝土配合比设计

碾压混凝土的配合比是指碾压混凝土各组成材料的相互间的配合比例[60-61]。配合比可用体积比或重量比用公式表示，也可以采用表格的形式表示。而配合比设计，就是在尽可能经济的条件下，选择合适的原材料，合理确定水泥、掺合料、水、砂、石子及外加剂六种材料的含量，满足碾压混凝土的工作度、强度、耐久性的要求。

6.4.1　碾压混凝土配制强度

根据碾压混凝土设计指标，依据《水工混凝土施工规范》(SL 677—2014) 规定，大坝碾压混凝土配制强度按以下公式计算：

$$f_{cu,0}=f_{cu,k}+t\sigma \tag{6.1}$$

式中：$f_{cu,0}$ 为混凝土配制强度，MPa；$f_{cu,k}$ 为混凝土设计强度等级，MPa；t 为概率度系数，依据保证率 P 选定；σ 为混凝土强度标准差，MPa。

保证率和概率度系数见表 6.25，混凝土强度标准差按表 6.26 取值，经计算，碾压混凝土配制强度见表 6.27。

表 6.25　保证率和概率度系数关系

保证率 P/%	75.8	78.8	80.0	82.9	85.0	90.0	93.3	95.0	97.7	99.9
概率度系数 t	0.70	0.80	0.84	0.95	1.04	1.28	1.50	1.65	2.00	3.00

表 6.26　标准差 σ 值

混凝土强度标准值 $f_{cu,k}$	≤15	20、25	30、35	40、45	≥50
σ/MPa	3.5	4.0	4.5	5.0	5.5

表 6.27　碾压混凝土配制强度

混凝土种类	混凝土强度等级	保证率 P/%	标准差 σ/MPa	概率度系数 t	配制强度/MPa
碾压	$C_{90}25$	80	4.0	0.84	28.4

6.4.2　碾压混凝土配合比试验设计参数

因加工的花岗岩人工砂石粉含量较低，采用以粉煤灰代砂和以原状砂外掺石粉两种方案进行碾压混凝土配合比试验。根据碾压混凝土设计指标、配制强度、参数选择、水胶比与抗压强度关系试验结果，以及原材料的特性，经室内试拌及计算分析，碾压混凝土配合比试验设计参数见表 6.28～表 6.30。

表 6.28　碾压混凝土配合比试验设计参数

名　称	性　能	名　称	性　能
二级配（最大粒径 40mm）	水胶比 0.45	引气剂	根据含气量确定
	粉煤灰掺量 50%、55%、60%	VC 值	3～5s
三级配（最大粒径 80mm）	水胶比 0.45、0.48	用水量	二级配 97kg、95kg，三级配 86kg、84kg
	粉煤灰掺量 50%、55%、60%		
缓凝高效减水剂	1.0%	抗压强度	7d、28d、90d、180d

表 6.29　　混凝土配合比试验设计参数（外加剂为 KLN－3 缓凝高效减水剂，KLAE 引气剂）

<table>
<tr><th>试验设计参数</th><th>试验编号</th><th>设计指标</th><th>级配</th><th>水胶比</th><th>粉煤灰/%</th><th>砂率/%</th><th>用水量/(kg/m³)</th><th>KLN－3/%</th><th>KLAE/%</th><th>设计密度/(kg/m³)</th></tr>
<tr><td rowspan="3">原状砂外加石粉，使砂石粉含量达 17.6%[a]</td><td>NK2－1</td><td rowspan="3">C_{90}25W8F150</td><td rowspan="3">二</td><td rowspan="3">0.45</td><td>50</td><td rowspan="3">37</td><td rowspan="3">97</td><td rowspan="3">1.0</td><td rowspan="3">0.15</td><td>2420</td></tr>
<tr><td>NK2－2</td><td>55</td><td>2420</td></tr>
<tr><td>NK2－3</td><td>60</td><td>2420</td></tr>
<tr><td rowspan="6">原状砂外加石粉，使砂石粉含量达 17.6%[a]</td><td>NK3－1</td><td rowspan="6">C_{90}25W6F100</td><td rowspan="6">三</td><td rowspan="3">0.45</td><td>50</td><td rowspan="3">33</td><td rowspan="3">86</td><td rowspan="3">1.0</td><td rowspan="3">0.12</td><td>2450</td></tr>
<tr><td>NK3－2</td><td>55</td><td>2450</td></tr>
<tr><td>NK3－3</td><td>60</td><td>2450</td></tr>
<tr><td>NK3－4</td><td rowspan="3">0.48</td><td>50</td><td rowspan="3">33</td><td rowspan="3">86</td><td rowspan="3">1.0</td><td rowspan="3">0.12</td><td>2450</td></tr>
<tr><td>NK3－5</td><td>55</td><td>2450</td></tr>
<tr><td>NK3－6</td><td>60</td><td>2450</td></tr>
<tr><td rowspan="9">原状砂石粉含量约为 14%，粉煤灰代砂 4%[b]</td><td>NKD2－1</td><td rowspan="3">C_{90}25W8F150</td><td rowspan="3">二</td><td rowspan="3">0.45</td><td>50</td><td rowspan="3">37</td><td rowspan="3">97</td><td rowspan="3">1.0</td><td rowspan="3">0.15</td><td>2420</td></tr>
<tr><td>NKD2－2</td><td>55</td><td>2420</td></tr>
<tr><td>NKD2－3</td><td>60</td><td>2420</td></tr>
<tr><td>NKD3－1</td><td rowspan="6">C_{90}25W6F100</td><td rowspan="6">三</td><td rowspan="3">0.45</td><td>50</td><td rowspan="3">33</td><td rowspan="3">86</td><td rowspan="3">1.0</td><td rowspan="3">0.12</td><td>2450</td></tr>
<tr><td>NKD3－2</td><td>55</td><td>2450</td></tr>
<tr><td>NKD3－3</td><td>60</td><td>2450</td></tr>
<tr><td>NKD3－4</td><td rowspan="3">0.48</td><td>50</td><td rowspan="3">33</td><td rowspan="3">86</td><td rowspan="3">1.0</td><td rowspan="3">0.12</td><td>2450</td></tr>
<tr><td>NKD3－5</td><td>55</td><td>2450</td></tr>
<tr><td>NKD3－6</td><td>60</td><td>2450</td></tr>
</table>

a　通过原状砂外加石粉使砂石粉含量达 17.6%；外加剂为山西康力 KLN－3 缓凝高效减水剂，KLAE 引气剂。

b　原状砂石粉含量约为 14%，粉煤灰代砂 4%；外加剂为山西康力 KLN－3 缓凝高效减水剂，KLAE 引气剂。

表 6.30　　混凝土配合比试验设计参数（外加剂为 HLNOF－2 缓凝高效减水剂，HLAE 引气剂）

<table>
<tr><th>试验设计参数</th><th>试验编号</th><th>设计指标</th><th>级配</th><th>水胶比</th><th>粉煤灰/%</th><th>砂率/%</th><th>用水量/(kg/m³)</th><th>HLNOF－2/%</th><th>HLAE/%</th><th>设计密度/(kg/m³)</th></tr>
<tr><td rowspan="9">原状砂外加石粉使砂石粉含量达 17.6%[a]</td><td>NC2－1</td><td rowspan="3">C_{90}25W8F150</td><td rowspan="3">二</td><td rowspan="3">0.45</td><td>50</td><td rowspan="3">37</td><td rowspan="3">95</td><td rowspan="3">1.0</td><td rowspan="3">0.15</td><td>2420</td></tr>
<tr><td>NC2－2</td><td>55</td><td>2420</td></tr>
<tr><td>NC2－3</td><td>60</td><td>2420</td></tr>
<tr><td>NC3－1</td><td rowspan="6">C_{90}25W6F100</td><td rowspan="6">三</td><td rowspan="3">0.45</td><td>50</td><td rowspan="3">33</td><td rowspan="3">84</td><td rowspan="3">1.0</td><td rowspan="3">0.12</td><td>2450</td></tr>
<tr><td>NC3－2</td><td>55</td><td>2450</td></tr>
<tr><td>NC3－3</td><td>60</td><td>2450</td></tr>
<tr><td>NC3－4</td><td rowspan="3">0.48</td><td>50</td><td rowspan="3">33</td><td rowspan="3">84</td><td rowspan="3">1.0</td><td rowspan="3">0.12</td><td>2450</td></tr>
<tr><td>NC3－5</td><td>55</td><td>2450</td></tr>
<tr><td>NC3－6</td><td>60</td><td>2450</td></tr>
</table>

续表

试验设计参数	试验编号	设计指标	级配	水胶比	粉煤灰/%	砂率/%	用水量/(kg/m³)	HLNOF－2/%	HLAE/%	设计密度/(kg/m³)
原状砂石粉含量约为14%，粉煤灰代砂4%[b]	NCD2－1	C_{90}25W8F150	二	0.45	50	37	95	1.0	0.15	2420
	NCD2－2				55					2420
	NCD2－3				60					2420
	NCD3－1	C_{90}25W6F100	三	0.45	50	33	84	1.0	0.12	2450
	NCD3－2				55					2450
	NCD3－3				60					2450
	NCD3－4			0.48	50	33	84	1.0	0.12	2450
	NCD3－5				55					2450
	NCD3－6				60					2450

a　通过原状砂外加石粉使砂石粉含量达 17.6%；外加剂为云南宸磊 HLNOF－2 缓凝高效减水剂，HLAE 引气剂。

b　原状砂石粉含量约为 14%，粉煤灰代砂 4%；外加剂为云南宸磊 HLNOF－2 缓凝高效减水剂，HLAE 引气剂。

6.4.3　碾压混凝土配合比试验

根据确定的碾压混凝土配合比试验设计参数，分别进行碾压混凝土拌和物性能、力学性能、变形性能、耐久性能等试验。

1. 碾压混凝土拌和物性能试验

碾压混凝土配合比试验按照《水工混凝土试验规程》(SL 352—2006) 进行。混凝土配合比计算采用质量法，试验所用砂石骨料均采用饱和面干状态，混凝土拌和采用 100L 强制式搅拌机，拌和前用少量的同种混凝土将搅拌机润湿挂浆，以减小拌和差异。拌和投料顺序为：大石、中石、小石、胶凝材、砂子，干拌 15s 后，再把配制好的外加剂溶液同水一起加入搅拌机搅拌，将搅拌好的料倒在钢板上人工翻拌三次，使之均匀，然后按照试验规程检测评定。对碾压混凝土拌和物进行外观、骨料包裹情况、塑性、振实后的密实度等进行检测，并测试 VC 值、含气量、密度、凝结时间等拌和物性能。

碾压混凝土的工作度（即 VC 值）是碾压混凝土拌和物性能极为重要的一项指标，大量的施工实践证明，采用小的 VC 值，可极大地改善碾压混凝土拌和物的黏聚性、骨料分离、凝结时间、液化泛浆和可碾性，加快施工进度，解决碾压混凝土在高温、干燥等气候条件下产生的各种不利影响，提高层间结合、抗渗性能和整体性能。试验时考虑三河口水利枢纽工程所处的气候条件、施工条件等因素的影响，为保证碾压混凝土拌和物质量，采用 VC 值控制，机口 VC 值为 3～5s。碾压混凝土 VC 值（即工作度）采用 TCS－1 型维勃稠度仪测定，以振动开始到圆压板周边全部出现水泥浆所需的时间为碾压混凝土 VC 值，单位以 s 计。碾压混凝土的含气量用进口直读式含气仪测定。

碾压混凝土拌和物性能试验结果见表 6.31、表 6.32，从试验结果可以得到以下结论：

（1）当采用山西康力外加剂、原状砂外掺石粉时，碾压混凝土出机 VC 值在 3.0～3.5s 之间，含气量在 3.7%～4.5%之间，初凝历时在 16:34—17:25 之间，终凝历时在 21:38—22:56 之间。

表 6.31　碾压混凝土拌和物性能试验结果（山西康力）

试验编号	设计指标	级配	水胶比	粉煤灰含量/%	砂率/%	用水量/(kg/m³)	KLN-3/%	KLAE/%	VC值/s	含气量/%	室温/混凝土温/℃	凝结时间		实测密度/(kg/m³)	设计密度/(kg/m³)	备注
												初凝	终凝			
NK2-1	C_{90}25W8F150	二	0.45	50	37	97	1.0	0.15	3.3	4.5	14/17	16:34	21:38	2430	2420	外掺石粉
NK2-2				55					3.0	4.3	14/17	16:58	22:00	2425	2420	
NK2-3				60					3.4	4.3	15/17	—	—	2418	2420	
NK3-1	C_{90}25W6F100	三	0.45	50	33	86	1.0	0.12	3.5	4.1	15/16	17:00	21:51	2445	2450	
NK3-2				55					3.1	3.9	15/16	17:25	22:35	2440	2450	
NK3-3				60					3.2	3.7	16/17	—	—	2443	2450	
NK3-4			0.48	50	33	86	1.0	0.12	3.5	4.2	16/16	16:46	22:32	2445	2450	
NK3-5				55					3.3	4.0	16/17	17:11	22:56	2442	2450	
NK3-6				60					3.1	3.7	17/16	—	—	2440	2450	
NKD2-1	C_{90}25W8F150	二	0.45	50	37	97	1.0	0.15	3.4	4.4	17/17	17:11	22:23	2415	2420	粉煤灰代砂(4%)
NKD2-2				55					3.5	4.3	18/17	17:25	22:48	2418	2420	
NKD2-3				60					3.7	4.1	18/17	—	—	2420	2420	
NKD3-1	C_{90}25W6F100	三	0.45	50	33	86	1.0	0.12	3.5	4.0	17/18	17:45	22:30	2440	2450	
NKD3-2				55					3.5	3.9	17/18	18:05	23:35	2435	2450	
NKD3-3				60					3.7	3.3	17/17	—	—	2440	2450	
NKD3-4			0.48	50	33	86	1.0	0.12	3.4	4.1	17/17	17:23	22:31	2441	2450	
NKD3-5				55					3.2	3.8	18/18	18:09	22:52	2438	2450	
NKD3-6				60					3.2	3.7	17/18	—	—	2440	2450	

表 6.32　　碾压混凝土拌和物性能试验结果（云南宸磊）

试验编号	设计指标	级配	水胶比	粉煤灰含量/%	砂率/%	用水量/(kg/m³)	HLNOF-2/%	HLAE/%	VC值/s	含气量/%	室温/混凝土温/℃	凝结时间		实测密度/(kg/m³)	设计密度/(kg/m³)	备注
												初凝	终凝			
NC2-1	C_{90}25W8F150	二	0.45	50	37	95	1.0	0.15	3.4	4.8	15/17	15:39	22:25	2430	2420	外掺石粉
NC2-2				55					3.2	4.5	15/17	16:22	22:20	2425	2420	
NC2-3				60					3.5	4.3	15/17	—	—	2418	2420	
NC3-1	C_{90}25W6F100	三	0.45	50	33	84	1.0	0.12	3.4	4.2	16/16	16:32	21:51	2445	2450	
NC3-2				55					3.0	3.9	16/16	16:50	21:35	2440	2450	
NC3-3				60					3.2	3.7	17/18	—	—	2443	2450	
NC3-4			0.48	50	33	84	1.0	0.12	3.6	4.5	17/17	16:31	22:12	2447	2450	
NC3-5				55					3.5	4.2	18/18	17:22	22:34	2442	2450	
NC3-6				60					3.5	4.0	18/18	—	—	2439	2450	
NCD2-1	C_{90}25W8F150	二	0.45	50	37	95	1.0	0.15	3.4	4.5	17/18	16:22	22:45	2415	2420	粉煤灰代砂(4%)
NCD2-2				55					3.3	4.2	18/17	16:52	23:48	2418	2420	
NCD2-3				60					3.6	4.1	18/17	—	—	2420	2420	
NCD3-1	C_{90}25W6F100	三	0.45	50	33	84	1.0	0.12	3.5	4.0	16/17	16:50	22:30	2440	2450	
NCD3-2				55					3.5	3.8	16/17	17:42	23:35	2435	2450	
NCD3-3				60					3.4	3.5	17/17	—	—	2440	2450	
NCD3-4			0.48	50	33	84	1.0	0.12	3.6	3.9	18/17	17:06	21:56	2446	2450	
NCD3-5				55					3.5	3.7	18/17	17:47	22:32	2441	2450	
NCD3-6				60					3.2	3.4	18/18	—	—	2437	2450	

(2) 当采用山西康力外加剂、粉煤灰代砂时，碾压混凝土出机 VC 值在 3.2～3.7s 之间，含气量在 3.3%～4.4%之间，初凝历时在 17:11—18:09 之间，终凝历时在 22:23—23:35 之间。

(3) 当采用云南宸磊外加剂、原状砂外掺石粉时，碾压混凝土出机 VC 值在 3.0～3.6s 之间，含气量在 3.7%～4.8%之间，初凝历时在 15:39—17:22 之间，终凝历时在 21:35—22:34 之间。

(4) 当采用云南宸磊外加剂、粉煤灰代砂时，碾压混凝土出机 VC 值在 3.2～3.6s 之间，含气量在 3.4%～4.5%之间，初凝历时在 16:22—17:47 之间，终凝历时在 21:56—23:48 之间。

2. 碾压混凝土力学性能试验

碾压混凝土的力学性能主要是指抗压强度和劈拉强度。碾压混凝土强度试验是将拌和物分两层装入边长为 150mm 的标准立方体试模中，每层插捣 25 次，并在拌和物表面压上 4900Pa 的配重块，在振动台上以 VC 值的 2～3 倍时间进行振实，以表面泛浆为准，抹平表面，48h 后拆模，在标养室养护至龄期进行加荷试验。除强度指标外，硬化碾压混凝土性能还包括极限拉伸值、静力抗压弹性模量、抗渗性和抗冻性等，成型方法与抗压强度原理相同。

碾压混凝土力学性能试验结果详见表 6.33、表 6.34，从试验结果可以得到以下结论：

(1) 采用山西康力外加剂、原状砂外掺石粉，当二级配碾压混凝土水胶比为 0.45 时，煤灰掺量分别为 50%和 55%的 90d 龄期抗压强度满足配置强度的要求；当三级配碾压混凝土当水胶比为 0.45 和 0.48 时，粉煤灰掺量分别为 50%、55%、60%的 90d 龄期抗压强度满足配置强度的要求。

(2) 采用山西康力外加剂、粉煤灰代砂，当二级配碾压混凝土水胶比为 0.45 时，粉煤灰掺量分别为 50%和 55%的 90d 龄期抗压强度满足配置强度的要求；当三级配碾压混凝土水胶比分别为 0.45 和 0.48 时，粉煤灰掺量分别为 50%、55%的 90d 龄期抗压强度满足配置强度的要求。

(3) 采用云南宸磊外加剂、原状砂外掺石粉，当二级配碾压混凝土水胶比为 0.45 时，粉煤灰掺量分别为 50%和 55%的 90d 龄期抗压强度满足配置强度的要求；当三级配碾压混凝土水胶比为 0.45 时，粉煤灰掺量分别为 50%、55%、60%的 90d 龄期抗压强度满足配置强度的要求；当三级配碾压混凝土水胶比为 0.48 时，粉煤灰掺量分别为 50%、55%的 90d 龄期抗压强度满足配置强度的要求。

(4) 采用云南宸磊外加剂、粉煤灰代砂，当二级配碾压混凝土水胶比为 0.45 时，粉煤灰掺量分别为 50%和 55%的 90d 龄期抗压强度满足配置强度的要求；当三级配碾压混凝土水胶比分别为 0.45 和 0.48 时，粉煤灰掺量分别为 50%、55%的 90d 龄期抗压强度满足配置强度的要求。

3. 碾压混凝土变形性能试验

碾压混凝土的变形性能试验主要对混凝土的极限拉伸值和静力抗压弹性模量进行测量。碾压混凝土配合比的极限拉伸值和静力抗压弹性模量试验结果见表 6.35、表 6.36，从试验结果可以得到以下结论：

表 6.33　碾压混凝土力学性能试验结果（山西康力）

试验编号	设计指标	级配	水胶比	粉煤灰含量/%	砂率/%	用水量/(kg/m³)	KLN-3/%	KLAE/%	抗压强度/MPa				劈拉强度/MPa			备注
									7d	28d	90d	180d	28d	90d	180d	
NK2-1	C_{90}25W8F150	二	0.45	50	37	97	1.0	0.15	15.2	25.7	33.2	—	2.07	2.76	—	外掺石粉
NK2-2				55					12.8	23.4	30.7	—	1.77	2.52	—	
NK2-3				60					11.1	20.1	27.8	—	1.71	2.48	—	
NK3-1	C_{90}25W6F100	三	0.45	50	33	86	1.0	0.12	15.9	26.1	34.5	—	2.06	2.78	—	
NK3-2				55					13.1	24.4	33.4	—	1.71	2.45	—	
NK3-3				60					12.2	21.7	29.2	—	1.67	2.43	—	
NK3-4			0.48	50	33	86	1.0	0.12	14.5	23.5	32.8	—	2.04	2.73	—	
NK3-5				55					12.3	22.8	30.3	—	1.70	2.51	—	
NK3-6				60					10.7	20.4	28.4	—	1.68	2.44	—	
NKD2-1	C_{90}25W8F150	二	0.45	50	37	97	1.0	0.15	14.6	25.3	31.4	—	2.07	2.75	—	粉煤灰代砂(4%)
NKD2-2				55					12.4	22.7	30.7	—	1.82	2.66	—	
NKD2-3				60					10.4	19.7	27.8	—	1.75	2.50	—	
NKD3-1	C_{90}25W6F100	三	0.45	50	33	86	1.0	0.12	14.8	25.3	32.6	—	2.11	2.78	—	
NKD3-2				55					12.1	22.7	30.9	—	1.82	2.64	—	
NKD3-3				60					10.5	20.1	28.2	—	1.74	2.49	—	
NKD3-4			0.48	50	33	86	1.0	0.12	14.1	22.1	30.5	—	2.08	2.77	—	
NKD3-5				55					11.8	20.7	29.4	—	1.91	2.63	—	
NKD3-6				60					9.8	19.7	27.4	—	1.82	2.51	—	

表 6.34 碾压混凝土力学性能试验结果（云南宸磊）

试验编号	设计指标	级配	水胶比	粉煤灰含量/%	砂率/%	用水量/(kg/m³)	HLNOF-2/%	HLAE/%	抗压强度/MPa				劈拉强度/MPa			备注
									7d	28d	90d	180d	28d	90d	180d	
NC2-1	C_{90}25W8F150	二	0.45	50	37	95	1.0	0.15	13.6	24.6	32.3	—	2.04	2.71	—	外掺石粉
NC2-2				55					12.9	22.2	29.9	—	1.75	2.48	—	
NC2-3				60					11.3	18.6	26.6	—	1.62	2.44	—	
NC3-1	C_{90}25W6F100	三	0.45	50	33	84	1.0	0.12	13.9	25.8	33.7	—	2.11	2.70	—	
NC3-2				55					13.4	22.6	30.4	—	1.85	2.65	—	
NC3-3				60					11.7	20.5	28.4	—	1.65	2.49	—	
NC3-4			0.48	50	33	84	1.0	0.12	12.7	22.9	31.6	—	2.07	2.73	—	
NC3-5				55					11.6	22.5	30.2	—	1.88	2.58	—	
NC3-6				60					10.6	20.2	28.1	—	1.71	2.46	—	
NCD2-1	C_{90}25W8F150	二	0.45	50	37	95	1.0	0.15	13.4	24.2	32.1	—	2.00	2.70	—	粉煤灰代砂(4%)
NCD2-2				55					12.6	21.9	29.7	—	1.71	2.43	—	
NCD2-3				60					11.8	18.9	26.4	—	1.67	2.47	—	
NCD3-1	C_{90}25W6F100	三	0.45	50	33	84	1.0	0.12	13.7	25.9	33.0	—	2.04	2.73	—	
NCD3-2				55					12.6	21.8	29.8	—	1.73	2.44	—	
NCD3-3				60					11.9	20.1	28.0	—	1.63	2.49	—	
NCD3-4			0.48	50	33	84	1.0	0.12	13.2	22.8	31.0	—	2.00	2.69	—	
NCD3-5				55					11.5	20.8	28.9	—	1.81	2.33	—	
NCD3-6				60					10.3	19.2	27.1	—	1.70	2.32	—	

表 6.35　碾压混凝土变形性能试验结果（山西康力）

试验编号	设计指标	级配	水胶比	粉煤灰含量/%	砂率/%	用水量/(kg/m³)	KLN-3/%	KLAE/%	轴拉强度/MPa		极限拉伸/(×10⁻⁴)		静力抗压弹性模量/GPa		备注
									28d	90d	28d	90d	28d	90d	
NK2-1	C_{90}25W8F150	二	0.45	50	37	97	1.0	0.15	2.45	3.26	0.79	0.91	35.1	39.2	外掺石粉
NK2-2				55					2.23	3.08	0.75	0.88	32.0	36.9	
NK2-3				60					1.95	2.79	0.70	0.80	29.8	34.5	
NK3-1	C_{90}25W6F100	三	0.45	50	33	86	1.0	0.12	2.43	3.33	0.80	0.93	36.2	38.8	
NK3-2				55					2.24	3.15	0.76	0.88	32.1	36.5	
NK3-3				60					2.05	2.94	0.73	0.84	29.4	33.8	
NK3-4			0.48	50	33	86	1.0	0.12	2.43	3.30	0.82	0.91	36.8	38.2	
NK3-5				55					2.22	3.08	0.75	0.86	34.4	32.4	
NK3-6				60					2.02	2.91	0.73	0.80	28.6	32.3	
NKD2-1	C_{90}25W8F150	二	0.45	50	37	97	1.0	0.15	2.32	3.21	0.78	0.89	33.2	37.8	粉煤灰代砂(4%)
NKD2-2				55					2.19	3.03	0.74	0.86	31.7	36.5	
NKD2-3				60					2.06	2.91	0.73	0.84	28.9	33.1	
NKD3-1	C_{90}25W6F100	三	0.45	50	33	86	1.0	0.12	2.47	3.35	0.80	0.91	35.0	39.8	
NKD3-2				55					2.10	2.99	0.76	0.87	31.9	36.5	
NKD3-3				60					2.00	2.89	0.72	0.82	28.4	32.5	
NKD3-4			0.48	50	33	86	1.0	0.12	2.46	3.36	0.79	0.88	34.1	37.6	
NKD3-5				55					2.10	2.82	0.76	0.86	32.5	35.3	
NKD3-6				60					1.97	2.79	0.70	0.80	29.3	30.4	

表 6.36 碾压混凝土变形性能试验结果（云南宸磊）

试验编号	设计指标	级配	水胶比	粉煤灰含量/%	砂率/%	用水量/(kg/m³)	HLNOF-2/%	HLAE/%	轴拉强度/MPa		极限拉伸/(×10⁻⁴)		静力抗压弹性模量/GPa		备注
									28d	90d	28d	90d	28d	90d	
NC2-1	C_{90}25W8F150	二	0.45	50	37	95	1.0	0.15	2.48	3.34	0.78	0.90	34.6	38.4	外掺石粉
NC2-2				55					2.21	3.08	0.74	0.85	32.8	36.2	
NC2-3				60					1.96	2.85	0.71	0.83	30.9	35.2	
NC3-1	C_{90}25W6F100	三	0.45	50	33	84	1.0	0.12	2.46	3.32	0.80	0.91	35.4	38.9	
NC3-2				55					2.18	3.01	0.76	0.87	31.7	35.1	
NC3-3				60					2.00	2.84	0.74	0.84	28.4	32.6	
NC3-4			0.48	50	33	84	1.0	0.12	2.47	3.29	0.79	0.89	35.1	36.7	
NC3-5				55					2.21	3.00	0.77	0.86	31.2	35.7	
NC3-6				60					1.97	2.78	0.71	0.83	29.2	31.9	
NCD2-1	C_{90}25W8F150	二	0.45	50	37	95	1.0	0.15	2.38	3.26	0.79	0.92	33.9	38.8	粉煤灰代砂(4%)
NCD2-2				55					2.22	3.11	0.75	0.89	32.2	36.3	
NCD2-3				60					2.04	2.89	0.72	0.84	29.8	33.9	
NCD3-1	C_{90}25W6F100	三	0.45	50	33	84	1.0	0.12	2.50	3.34	0.81	0.90	34.7	36.6	
NCD3-2				55					2.12	2.95	0.77	0.88	32.1	36.4	
NCD3-3				60					1.98	2.84	0.74	0.84	29.1	32.1	
NCD3-3			0.48	50	33	84	1.0	0.12	2.47	3.31	0.80	0.90	33.1	35.5	
NCD3-3				55					2.20	2.96	0.74	0.87	32.6	34.8	
NCD3-3				60					2.14	2.82	0.70	0.84	29.4	31.7	

（1）采用山西康力外加剂、原状砂外掺石粉，当二级配碾压混凝土水胶比为 0.45，粉煤灰掺量为 50%和 55%时，其 90d 龄期极限拉伸值满足设计要求；当三级配碾压混凝土水胶比为 0.45，粉煤灰掺量为 50%和 55%时，其 90d 龄期极限拉伸值满足设计要求；当三级配水胶比为 0.48，粉煤灰掺量为 50%和 55%时，其 90d 龄期极限拉伸值满足设计要求。

（2）采用山西康力外加剂、粉煤灰代砂，当二级配碾压混凝土水胶比为 0.45，粉煤灰掺量为 50%和 55%时，其 90d 龄期极限拉伸值满足设计要求；当三级配碾压混凝土水胶比为 0.45，粉煤灰掺量为 50%和 55%时，其 90d 龄期极限拉伸值满足设计要求；当三级配水胶比为 0.48，粉煤灰掺量为 50%和 55%时，其 90d 龄期极限拉伸值满足设计要求。

（3）采用云南宸磊外加剂、原状砂外掺石粉，当二级配碾压混凝土水胶比为 0.45，粉煤灰掺量为 50%和 55%时，其 90d 龄期极限拉伸值满足设计要求；当三级配碾压混凝土水胶比为 0.45，粉煤灰掺量为 50%和 55%时，其 90d 龄期极限拉伸值满足设计要求；当三级配水胶比为 0.48，粉煤灰掺量为 50%和 55%时，其 90d 龄期极限拉伸值满足设计要求。

（4）采用云南宸磊外加剂、粉煤灰代砂，当二级配碾压混凝土水胶比为 0.45，粉煤灰掺量为 50%和 55%时，其 90d 龄期极限拉伸值满足设计要求；当三级配碾压混凝土水胶比为 0.45，粉煤灰掺量为 50%和 55%时，其 90d 龄期极限拉伸值满足设计要求；当三级配水胶比为 0.48 时，粉煤灰掺量为 50%和 55%时，其 90d 龄期极限拉伸值满足设计要求。

4. 碾压混凝土耐久性能试验

混凝土抗冻性和抗渗性是评价其耐久性的重要技术指标。三河口水利枢纽大坝碾压混凝土抗冻等级设计分 F100、F150 两种，抗渗等级设计分 W6、W8 两种。抗冻试验按照《水工混凝土试验规程》(SL 352—2006）进行，采用混凝土冻融试验机，混凝土中心冻融温度为（−17℃±2℃）～（8℃±2℃），一个冻融循环过程耗时 2.5～4.0h。抗冻指标根据相对动弹模量和质量损失两项指标评定，当混凝土试件的相对动弹模量低于 60%或质量损失率超过 5%时，即可认为试件已达到破坏。

碾压混凝土配合比抗冻性能试验结果见表 6.37 和表 6.38，从试验结果可以得到以下结论：

（1）C_{90}25W8F150 二级配混凝土，90d 龄期试件经过 150 次冻融循环后，水胶比为 0.45，当粉煤灰掺量为 50%时，质量损失在 3.5%～4.0%之间，相对动弹模量在 78.7%～82.2%之间；当粉煤灰掺量为 55%时，质量损失在 4.1%～4.6%之间，相对动弹模量在 68.7%～72.7%之间；当粉煤灰掺量为 60%时，质量损失在 4.6%～4.8%之间，相对动弹模量在 60.4%～68.3%之间；抗冻性能均大于设计指标。随着粉煤灰掺量的提高，混凝土抗冻性能逐渐降低，当粉煤灰掺量达到 60%时，几乎接近临界值。

（2）C_{28}25W6F100 三级配混凝土，90d 龄期试件经过 100 次冻融循环后，水胶比为 0.45，当粉煤灰掺量为 50%时，质量损失在 2.4%～3.5%之间，相对动弹模量在 82.1%～85.6%之间；当粉煤灰掺量为 55%时，质量损失在 2.8%～3.6%之间，相对动弹模量在

表 6.37　　碾压混凝土耐久性性能试验结果（山西康力）

试验编号	设计指标	级配	水胶比	粉煤灰含量/%	砂率/%	用水量/(kg/m³)	KLN-3/%	KLAE/%	质量损失率/%			相对动弹模量/%			抗冻等级	抗渗等级
									50/次	100/次	150/次	50/次	100/次	150/次		
NK2-1	$C_{90}25W8F150$	二	0.45	50	37	97	1.0	0.15	1.2	1.8	3.8	94.3	90.1	82.2	>150	>8
NK2-2				55					1.3	2.0	4.4	92.1	84.5	69.4	>150	>8
NK2-3				60					1.3	2.4	4.7	91.1	74.3	60.4	>150	>8
NK3-1	$C_{90}25W6F100$	三	0.45	50	33	86	1.0	0.12	1.4	2.6	—	94.6	85.6	—	>100	>6
NK3-2				55					1.5	2.9	—	90.8	80.3	—	>100	>6
NK3-3				60					2.2	3.6	—	88.5	78.2	—	>100	>6
NK3-4			0.48	50	33	86	1.0	0.12	1.3	2.7	—	93.4	82.1	—	>100	>6
NK3-5				55					1.6	3.1	—	91.2	79.6	—	>100	>6
NK3-6				60					1.5	3.9	—	89.4	76.7	—	>100	>6
NKD2-1	$C_{90}25W8F150$	二	0.45	50	37	97	1.0	0.15	1.3	2.0	3.8	95.4	89.9	80.2	>150	>8
NKD2-2				55					1.3	2.6	4.6	90.7	82.6	68.7	>150	>8
NKD2-3				60					1.5	3.0	4.8	92.3	80.6	67.3	>150	>8
NKD3-1	$C_{90}25W6F100$	三	0.45	50	33	86	1.0	0.12	1.6	3.3	—	93.3	84.1	—	>100	>6
NKD3-2				55					1.9	3.5	—	89.9	79.6	—	>100	>6
NKD3-3				60					1.6	3.4	—	88.8	78.7	—	>100	>6
NKD3-4			0.48	50	33	86	1.0	0.12	1.6	3.4	—	92.7	83.1	—	>100	>6
NKD3-5				55					2.1	3.5	—	88.6	77.3	—	>100	>6
NKD3-6				60					2.4	4.3	—	86.4	74.5	—	>100	>6

表 6.38　碾压混凝土耐久性性能试验结果（云南宸磊）

试验编号	设计指标	级配	水胶比	粉煤灰含量/%	砂率/%	用水量/(kg/m³)	KLN-3/%	KLAE/%	质量损失率/%			相对动弹模量/%			抗冻等级	抗渗等级
									50/次	100/次	150/次	50/次	100/次	150/次		
NC2-1	C_{90}25W8F150	二	0.45	50	37	95	1.0	0.15	1.1	1.8	3.5	93.4	90.2	80.2	>150	>8
NC2-2				55					1.3	2.2	4.1	92.1	83.3	71.5	>150	>8
NC2-3				60					1.2	2.4	4.6	92.3	71.2	66.4	>150	>8
NC3-1	C_{90}25W6F100	三	0.45	50	33	84	1.0	0.12	1.3	2.4	—	95.6	86.7	—	>100	>6
NC3-2				55					1.3	2.8	—	91.7	81.2	—	>100	>6
NC3-3				60					2.1	3.2	—	89.5	79.4	—	>100	>6
NC3-4			0.48	50	33	84	1.0	0.12	1.2	2.6	—	94.3	84.6	—	>100	>6
NC3-5				55					1.9	3.2	—	90.1	78.5	—	>100	>6
NC3-6				60					2.2	3.9	—	88.6	74.3	—	>100	>6
NCD2-1	C_{90}25W8F150	二	0.45	50	37	95	1.0	0.15	1.4	2.1	4.0	94.4	88.2	78.7	>150	>8
NCD2-2				55					1.4	2.5	4.2	92.6	85.6	72.7	>150	>8
NCD2-3				60					1.5	3.4	4.6	90.3	80.1	68.3	>150	>8
NCD3-1	C_{90}25W6F100	三	0.45	50	33	84	1.0	0.12	1.5	3.5	—	91.1	82.1	—	>100	>6
NCD3-2				55					1.6	3.6	—	90.9	78.3	—	>100	>6
NCD3-3				60					1.7	3.8	—	89.9	75.3	—	>100	>6
NCD3-4			0.48	50	33	84	1.0	0.12	1.6	3.6	—	92.4	81.9	—	>100	>6
NCD3-5				55					1.5	3.8	—	91.6	77.7	—	>100	>6
NCD3-6				60					1.5	4.8	—	88.8	72.7	—	>100	>6

78.3%～81.2%之间；当粉煤灰掺量为60%时，质量损失在3.2%～3.8%之间，相对动弹模量在75.3%～79.4%之间；抗冻性能均大于F100的设计要求。

(3) C_{28}25W6F100三级配混凝土，90d龄期试件经过100次冻融循环后，水胶比为0.48，当粉煤灰掺量为50%时，质量损失在2.6%～3.6%之间，相对动弹模量在81.9%～84.6%之间；当粉煤灰掺量为55%时，质量损失在3.1%～3.8%之间，相对动弹模量在77.3%～79.6%之间；当粉煤灰掺量为60%时，质量损失在4.5%～4.8%之间，相对动弹模量在72.7%～76.7%之间；抗冻性能均大于F100的设计要求。

三河口水利枢纽大坝碾压混凝土二级配抗渗等级为W8，三级配为W6。混凝土抗渗性评定标准为：以每组6个试件经逐级加压至设计要求的抗渗等级水压力8h后，表面出现渗水的试件少于3个，如满足该标准，则表明该混凝土抗渗等级等于或大于设计指标。

混凝土抗渗性试验按照《水工混凝土试验规程》(SL 352—2006) 的有关要求进行，试验结果详见表6.40和表6.39。从各配合比抗渗性试验结果可以看出，各配合比混凝土的抗渗性能均达到了设计提出的相应抗渗等级，满足设计要求。

表6.39 变态混凝土灰浆配合比试验参数

试验编号	设计指标	级配	水胶比	粉煤灰含量/%	用水量/(kg/m³)	减水剂/%	水泥/(kg/m³)	粉煤灰/(kg/m³)	减水剂/(kg/m³)	比重/(g/cm³)	设计密度/(kg/m³)
HJ-1	C_{90}25W8F200	灰浆	0.45	50	575	0.60	639	639	7.67	1.65	1861
HJ-2	C_{90}25W8F200	灰浆	0.45	50	575	0.60	639	639	7.67	1.66	1861

注 HJ-1减水剂为山西康力KLN-3缓凝高效减水剂；HJ-2减水剂为云南宸磊HLNOF-2缓凝高效减水剂。

6.4.4 变态混凝土配合比试验

变态混凝土是由碾压混凝土掺加水泥、粉煤灰、外加剂、水，按一定比例组合而成的灰浆，形成具有坍落度的特殊混凝土。变态混凝土具有经济、实用、浇筑工艺简便等优点，在碾压混凝土中普遍使用。它具有常态混凝土的坍落度、流动性，正常振捣即可泛浆，一般作为碾压混凝土边界、建筑物表面和防渗性混凝土，可以使坝体表面光洁、平整、美观，具有较好的结合及抗渗性能。

1. 变态混凝土配合比试验参数

变态混凝土所用灰浆的水胶比宜不大于同种碾压混凝土的水胶比，实际使用中也不宜过于黏稠，为方便现场施工，所有碾压混凝土中均掺入同一种灰浆。在碾压混凝土中掺入其体积的4%～6%灰浆，使碾压混凝土变成具有2～4cm坍落度的变态混凝土，并且具有良好的和易性。变态混凝土灰浆配合比试验参数见表6.39，变态混凝土配合比试验参数见表6.40、表6.41。

2. 变态混凝土拌和物性能试验

变态混凝土拌和物性能试验结果见表6.42、表6.43，试验结果表明，变态混凝土拌和物性能可满足施工要求。

表 6.40　　变态混凝土配合比试验参数（山西康力）

试验编号	设计指标	级配	水胶比	粉煤灰含量/%	砂率/%	用水量/(kg/m³)	KLN-3/%	KLAE/%	加灰浆量/%	设计密度/(kg/m³)
BTK-1	C_{90}25W8F200	二	0.45	50	37	97	1.0	0.15	加入RCC体积5%浆液	2420
BTK-2				55						2420
BTK-3				60						2420
BTK-4	C_{90}25W8F200	三	0.45	50	33	86	1.0	0.12	加入RCC体积5%浆液	2450
BTK-5				55						2450
BTK-6				60						2450
BTK-7			0.48	50	33	86	1.0	0.12	加入RCC体积5%浆液	2450
BTK-8				55						2450
BTK-9				60						2450

表 6.41　　变态混凝土配合比试验参数（云南宸磊）

试验编号	设计指标	级配	水胶比	粉煤灰含量/%	砂率/%	用水量/(kg/m³)	HLNOF-2/%	HLAE/%	加灰浆量/%	设计密度/(kg/m³)
BTC-1	C_{90}25W8F200	二	0.45	50	37	95	1.0	0.15	加入RCC体积5%浆液	2420
BTC-2				55						2420
BTC-3				60						2420
BTC-4	C_{90}25W8F200	三	0.45	50	33	84	1.0	0.12	加入RCC体积5%浆液	2450
BTC-5				55						2450
BTC-6				60						2450
BTC-7			0.48	50	33	84	1.0	0.12	加入RCC体积5%浆液	2450
BTC-8				55						2450
BTC-9				60						2450

3. 硬化变态混凝土性能试验

硬化变态混凝土性能主要是指力学性能、变形性能和耐久性性能等。试验包括抗压强度、劈拉强度、极限拉伸值、静力抗压弹性模量、抗渗性和抗冻性等。变态混凝土力学性能试验结果见表6.44、表6.45；变态混凝土变形性能试验结果见表6.46、表6.47；变态混凝土耐久性性能试验结果见表6.48、表6.49。

从变态混凝土力学、变形、耐久性性能试验结果可以得出以下结论：

（1）分别掺用山西康力和云南宸磊外加剂时，二级配与三级配变态混凝土90d龄期抗压强度、极限拉伸值均满足配置强度要求，其抗渗指标也均大于W8的设计指标要求。

（2）变态混凝土随着粉煤灰掺量的提高，混凝土抗冻性能逐渐降低，当粉煤灰掺量达到55%时，二级配、三级配碾压混凝土抗冻性能已接近临界值。当粉煤灰掺量达到60%时，掺两种外加剂的二级配、三级配混凝土抗冻性能均小于F200。

表 6.42 变态混凝土拌和物性能试验结果（山西康力）

试验编号	设计指标	级配	水胶比	粉煤灰含量/%	砂率/%	用水量/(kg/m³)	KLN－3/%	KLAE/%	坍落度/mm	含气量/%	室温/混凝土温/℃	凝结时间		密度/(kg/m³)
												初凝	终凝	
VK－1	C_{90}25W8F200 大坝上游变态	二	0.45	50	37	97	1.0	0.15	33	4.5	18/18	—	—	2427
VK－2				55					31	4.3	18/19	22：38	27：16	2421
VK－3				60					28	4.0	18/19	—	—	2418
VK－4	C_{90}25W8F200 大坝下游变态	三	0.45	50	33	86	1.0	0.12	31	4.7	19/18	—	—	2448
VK－5				55					27	4.4	19/18	22：38	26：56	2449
VK－6				60					28	4.0	18/18	—	—	2445
VK－7			0.48	50	33	86	1.0	0.12	30	4.5	19/19	—	—	2448
VK－8				55					27	4.3	19/18	22：20	26：31	2448
VK－9				60					28	4.1	18/19	—	—	2446

表 6.43 变态混凝土拌和物性能试验结果（云南宸磊）

试验编号	设计指标	级配	水胶比	粉煤灰含量/%	砂率/%	用水量/(kg/m³)	HLNOF－2/%	HLAE/%	坍落度/mm	含气量/%	室温/混凝土温/℃	凝结时间		密度/(kg/m³)
												初凝	终凝	
VC－1	C_{90}25W8F200 大坝上游变态	二	0.45	50	37	95	1.0	0.15	31	5.0	18/18	—	—	2430
VC－2				55					25	5.1	19/18	23：14	26：14	2428
VC－3				60					22	4.4	19/18	—	—	2416
VC－4	C_{90}25W8F200 大坝下游变态	三	0.45	50	33	84	1.0	0.12	27	4.9	18/18	—	—	2445
VC－5				55					25	4.5	18/19	23：24	26：16	2447
VC－6				60					22	4.0	19/19	—	—	2440
VC－7			0.48	50	33	84	1.0	0.12	27	4.6	19/18	—	—	2448
VC－8				55					26	4.4	19/19	23：20	26：27	2446
VC－9				60					24	4.1	18/19	—	—	2442

表6.44　变态混凝土力学性能试验结果（山西康力）

试验编号	设计指标	级配	水胶比	粉煤灰含量/%	砂率/%	用水量/(kg/m³)	KLN-3/%	KLAE/%	抗压强度/MPa			劈拉强度/MPa		设计密度/(kg/m³)
									7d	28d	90d	28d	90d	
VK-1	C_{90}25W8F200 大坝上游变态	二	0.45	50	37	97	1.0	0.15	16.2	26.1	33.9	2.28	3.03	2420
VK-2				55					14.8	23.9	30.8	2.07	2.86	2420
VK-3				60					12.9	21.2	28.4	1.98	2.75	2420
VK-4	C_{90}25W8F200 大坝下游变态	三	0.45	50	33	86	1.0	0.12	15.8	26.9	34.8	2.10	2.88	2450
VK-5				55					14.7	24.0	31.7	1.85	2.63	2450
VK-6				60					12.6	22.2	29.2	1.63	2.39	2450
VK-7			0.48	50	33	86	1.0	0.12	14.6	24.7	32.6	2.14	2.89	2450
VK-8				55					13.7	23.4	30.8	1.94	2.61	2450
VK-9				60					11.3	21.9	28.3	1.66	2.38	2450

表6.45　变态混凝土力学性能试验结果（云南宸磊）

试验编号	设计指标	级配	水胶比	粉煤灰含量/%	砂率/%	用水量/(kg/m³)	HLNOF-2/%	HLAE/%	抗压强度/MPa			劈拉强度/MPa		设计密度/(kg/m³)
									7d	28d	90d	28d	90d	
VC-1	C_{90}25W8F200 大坝上游变态	二	0.45	50	37	95	1.0	0.15	14.9	25.5	32.4	2.27	3.11	2420
VC-2				55					13.5	22.8	30.2	2.05	2.88	2420
VC-3				60					11.8	20.9	28.7	1.96	2.77	2420
VC-4	C_{90}25W8F200 大坝下游变态	三	0.45	50	33	84	1.0	0.12	14.0	25.1	33.0	2.05	2.92	2450
VC-5				55					13.9	23.4	31.0	1.88	2.74	2450
VC-6				60					12.0	20.8	28.3	1.74	2.59	2450
VC-7			0.48	50	33	84	1.0	0.12	13.8	23.9	32.2	2.02	2.88	2450
VC-8				55					12.5	22.3	30.6	1.95	2.60	2450
VC-9				60					11.1	19.6	27.7	1.65	2.34	2450

表 6.46　变态混凝土变形性能试验结果（山西康力）

试验编号	设计指标	级配	水胶比	粉煤灰含量/%	砂率/%	用水量/(kg/m³)	KLN-3/%	KLAE/%	轴拉强度/MPa 28d	轴拉强度/MPa 90d	极限拉伸/(×10^{-6}) 28d	极限拉伸/(×10^{-6}) 90d	弹性模量/GPa 28d	弹性模量/GPa 90d	设计密度/(kg/m³)
VK-1	C_{90}25W8F200 大坝上游变态	二	0.45	50	37	97	1.0	0.15	2.51	3.41	0.81	0.97	35.3	40.4	2420
VK-2				55					2.32	3.24	0.77	0.92	32.4	37.2	2420
VK-3				60					2.02	2.91	0.73	0.89	30.6	36.2	2420
VK-4	C_{90}25W8F200 大坝下游变态	三	0.45	50	33	86	1.0	0.12	2.53	3.41	0.82	0.98	35.9	41.2	2450
VK-5				55					2.41	3.29	0.77	0.93	33.5	38.9	2450
VK-6				60					2.10	3.00	0.74	0.90	30.2	35.1	2450
VK-7			0.48	50	33	86	1.0	0.12	2.47	3.37	0.79	0.95	34.6	39.7	2450
VK-8				55					2.33	3.31	0.74	0.92	33.5	37.8	2450
VK-9				60					2.11	2.12	0.71	0.87	31.1	36.2	2450

表 6.47　变态混凝土变形性能试验结果（云南宸磊）

试验编号	设计指标	级配	水胶比	粉煤灰含量/%	砂率/%	用水量/(kg/m³)	HLNOF-2/%	KLAE/%	轴拉强度/MPa 28d	轴拉强度/MPa 90d	极限拉伸/(×10^{-6}) 28d	极限拉伸/(×10^{-6}) 90d	弹性模量/GPa 28d	弹性模量/GPa 90d	设计密度/(kg/m³)
VC-1	C_{90}25W8F200 大坝上游变态	二	0.45	50	37	95	1.0	0.15	2.48	3.44	0.82	0.97	34.8	40.0	2420
VC-2				55					2.30	3.22	0.76	0.92	33.2	38.3	2420
VC-3				60					2.07	3.01	0.74	0.89	30.5	35.3	2420
VC-4	C_{90}25W8F200 大坝下游变态	三	0.45	50	33	84	1.0	0.12	2.50	3.37	0.81	0.96	33.7	39.2	2450
VC-5				55					2.42	3.33	0.78	0.94	33.1	38.7	2450
VC-6				60					2.21	3.15	0.73	0.91	29.8	34.3	2450
VC-7			0.48	50	33	84	1.0	0.12	2.45	3.31	0.79	0.94	31.1	38.9	2450
VC-8				55					2.34	3.28	0.73	0.90	28.4	37.7	2450
VC-9				60					2.08	3.04	0.70	0.86	28.9	34.2	2450

表 6.48　　变态混凝土耐久性性能试验结果（山西康力）

试验编号	设计指标	级配	水胶比	粉煤灰含量/%	砂率/%	用水量/(kg/m³)	KLN-3/%	KLAE/%	质量损失率/%				相对动弹模量/%				抗冻等级	抗渗等级
									50/次	100/次	150/次	200/次	50/次	100/次	150/次	200/次		
VK-1	C_{90}25W8F200 大坝上游变态	二	0.45	50	37	97	1.0	0.15	1.1	1.6	3.3	4.4	99.3	96.1	90.2	80.2	>200	>8
VK-2				55					1.2	1.8	3.6	4.7	96.3	91.5	87.4	77.4	>200	>8
VK-3				60					1.2	1.9	3.8	5.1	95.5	92.3	75.5	61.2	<200	>8
VK-4	C_{90}25W8F200 大坝下游变态	三	0.45	50	33	86	1.0	0.12	1.3	1.7	3.3	4.2	98.6	95.9	90.2	77.6	>200	>8
VK-5				55					1.2	1.9	3.6	4.5	97.5	92.1	88.8	74.4	>200	>8
VK-6				60					1.3	2.1	3.9	5.3	96.4	89.7	79.5	60.1	<200	>8
VK-7			0.48	50	33	86	1.0	0.12	1.4	1.6	3.5	4.4	97.3	93.8	88.6	74.3	>200	>8
VK-8				55					1.3	1.8	3.7	4.7	96.2	91.2	85.2	71.5	>200	>8
VK-9				60					1.5	1.8	4.1	5.5	94.8	85.6	74.2	57.6	<200	>8

表 6.49　　变态混凝土耐久性性能试验结果（云南宸磊）

试验编号	设计指标	级配	水胶比	粉煤灰含量/%	砂率/%	用水量/(kg/m³)	KLN-3/%	KLAE/%	质量损失率/%				相对动弹模量/%				抗冻等级	抗渗等级
									50/次	100/次	150/次	200/次	50/次	100/次	150/次	200/次		
VC-1	C_{90}25W8F200 大坝上游变态	二	0.45	50	37	95	1.0	0.15	1.3	1.7	3.4	4.6	97.3	93.1	90.2	78.3	>200	>8
VC-2				55					1.2	1.8	3.5	4.8	96.3	91.2	88.5	75.5	>200	>8
VC-3				60					1.2	1.8	3.5	5.2	92.3	89.7	77.4	60.2	<200	>8
VC-4	C_{90}25W8F200 大坝下游变态	三	0.45	50	33	84	1.0	0.12	1.4	1.7	3.2	4.6	96.6	93.4	89.1	78.6	>200	>8
VC-5				55					1.3	1.7	3.4	4.7	94.5	90.3	85.8	72.4	>200	>8
VC-6				60					1.3	2.0	3.7	5.4	91.4	86.7	73.5	58.2	<200	>8
VC-7			0.48	50	33	84	1.0	0.12	1.5	1.6	3.3	4.6	94.4	90.9	86.5	77.3	>200	>8
VC-8				55					1.5	1.8	3.4	4.8	92.1	87.4	83.3	70.2	>200	>8
VC-9				60					1.4	1.8	3.4	5.7	88.6	83.9	71.7	56.6	<200	>8

6.4.5 层间铺筑砂浆试验

根据水工混凝土施工规范要求，基岩面的浇筑仓和老混凝土面或接缝层，在浇筑第一层或上一层混凝土前，须铺筑一层2～3cm厚的砂浆。砂浆的强度等级不低于结构物混凝土的强度。工程层间铺筑砂浆试验原材料采用汉中尧柏普通硅酸盐P.O42.5水泥、陕西华西电力分选Ⅱ级粉煤灰、外加剂使用云南宸磊HLNOF－2缓凝高效减水剂、山西康力KLN－3缓凝高效减水剂，减水剂掺量为0.7%，砂浆稠度90～110mm，设计密度2200kg/m^3。混凝土层间铺筑砂浆配合比试验参数及结果见表6.50。

表6.50　　　　混凝土层间铺筑砂浆配合比试验参数及结果

试验编号	砂浆等级	水胶比	粉煤灰含量/%	用水量/(kg/m^3)	HLNOF－2/%	稠度/mm		实测密度/(kg/m^3)	抗压强度/MPa			设计密度/(kg/m^3)
						设计	实测		7d	28d	90d	
SR－1	$M_{90}30$	0.43	50	250	0.7	90～110	103	2223	19.0	28.2	37.1	2200
SR－2			55	250	0.7	90～110	97	2216	17.1	26.4	35.3	
SR－3			60	250	0.7	90～110	99	2202	14.7	23.3	32.1	
SR－4		0.45	50	250	0.7	90～110	101	2220	18.3	27.7	37.2	
SR－5			55	250	0.7	90～110	98	2218	16.7	26.1	35.0	
SR－6			60	250	0.7	90～110	100	2200	13.3	22.8	31.8	

6.4.6 碾压混凝土施工推荐配合比

碾压混凝土配合比设计采用的技术路线是：选定适宜的水胶比和较小的VC值，较高的粉煤灰掺量、联掺缓凝高效减水剂及引气剂。利用掺粉煤灰混凝土后期强度增长幅度较大的优势，提高混凝土含气量，改善和易性，从而达到有效地降低混凝土温升，满足碾压混凝土可碾性、抗骨料分离、层间结合、抗渗性、抗裂性以及耐久性等要求。

碾压混凝土推荐施工配合比主要参数为：二级配$C_{90}25W8F150$，水胶比为0.45，掺粉煤灰50%；三级配$C_{90}25W6F100$，水胶比为0.48，掺粉煤灰55%；出机VC值按3～5s动态控制，以满足仓面可碾性、液化泛浆及层间结合的设计和施工要求。本工程碾压混凝土、大坝变态混凝土施工配合比分别见表6.51～表6.54。《水工混凝土试验规程》(SL 352—2006)建议浆砂比范围为0.38～0.46。根据近年国内工程实践和试验以及专家建议，浆砂比范围为0.42～0.48，这个范围内碾压混凝土具有很好的可碾性。

根据灰浆与砂浆体积比计算浆砂比，计算时碾压砂微石粉含量按8.3%，三级配混凝土含气量按3.5%，二级配混凝土含气量按4.0%，推荐施工配合比的各碾压混凝土浆砂比计算结果如下：

(1) 掺山西康力外加剂时，$C_{90}25W6F100$三级配碾压混凝土配合比采用0.48水胶比和55%粉煤灰，浆砂比为0.45；外加剂的$C_{90}25W8F150$二级配碾压混凝土配合比采用0.45水胶比和50%粉煤灰，浆砂比为0.46。

表 6.51　　碾压混凝土施工配合比（山西康力）

编号	设计指标	级配	水胶比	砂率/%	粉煤灰含量/%	KLN-3/%	KLAE/%	VC值/s	稠度/cm	材料用量/(kg/m³)									密度/(kg/m³)	混凝土碱含量/(kg/m³)
										用水量	水泥	粉煤灰	砂	粗骨料			外加剂			
														5～20mm	20～40mm	40～80mm	KLN-3	KLAE		
SHKNY-01	$C_{90}25$ W6F100	三	0.48	33	55	1.0	0.12	3～5	—	86	81	99	720	439	585	439	1.79	0.215	2450	0.68
		砂浆	0.45	100	55	0.7	—	—	9～11	255	255	312	1374	—	—	—	3.97	—	2200	—
SHKNY-02	$C_{90}25$ W8F150	二	0.45	37	50	1.0	0.15	3～5	—	97	108	108	779	596	729	—	2.16	0.323	2420	0.83
		砂浆	0.43	100	50	0.7	—	—	9～11	255	297	297	1347	—	—	—	4.15	—	2200	—

注　1. 水泥为尧柏普通硅酸盐 P. O42.5，陕西华西电力Ⅱ级粉煤灰，花岗岩人工骨料 FM=2.63，石粉含量 17.6%，山西康力 KLN-3 缓凝高效减水剂、KLAE 引气剂。
2. 级配，二级配：小石∶中石=45∶55；三级配：小石∶中石∶大石=30∶40∶30。
3. VC 值：按 3～5s 控制。
4. 含气量：二级配控制在 4.0%～5.0%，三级配控制在 3.5%～4.5%，生产中引气剂实际掺量以混凝土含气量为准。
5. 当砂石粉含量不足 16%～18%时，采用粉煤灰代砂方案，以此提高石粉含量。
6. VC 值每增减 1s，用水量相应减增 2kg/m³；砂细度模数每增减 0.2，砂率相应增减 1%。

表 6.52　　碾压混凝土施工配合比（云南宸磊）

编号	设计指标	级配	水胶比	砂率/%	粉煤灰含量/%	HLNOF-2/%	KLAE/%	VC值/s	稠度/cm	材料用量/(kg/m³)									密度/(kg/m³)	混凝土碱含量/(kg/m³)
										用水量	水泥	粉煤灰	砂	粗骨料			外加剂			
														5～20mm	20～40mm	40～80mm	HLNOF-2	HLAE		
SHKNY-03	$C_{90}25$ W6F100	三	0.48	33	55	1.0	0.12	3～5	—	84	79	96	722	440	587	440	1.75	0.210	2450	0.64
		砂浆	0.45	100	55	0.7	—	—	9～11	250	250	306	1390	—	—	—	3.89	—	2200	—
SHKNY-04	$C_{90}25$ W8F150	二	0.45	37	50	1.0	0.15	3～5	—	95	105	106	781	599	732	—	2.11	0.316	2420	0.83
		砂浆	0.43	100	50	0.7	—	—	9～11	250	291	291	1364	—	—	—	4.07	—	2200	—

注　1. 水泥为尧柏普通硅酸盐 P. O42.5，陕西华西电力Ⅱ级粉煤灰，花岗岩人工骨料 FM=2.63，石粉含量 17.6%，云南宸磊 HLNOF-2 缓凝高效减水剂、HLAE 引气剂。
2. 级配，二级配：小石∶中石=45∶55；三级配：小石∶中石∶大石=30∶40∶30。
3. VC 值：按 3～5s 控制。
4. 含气量：二级配控制在 4.0%～5.0%，三级配控制在 3.5%～4.5%，生产中引气剂实际掺量以混凝土含气量为准。
5. 当砂石粉含量不足 16%～18%之间时，采用粉煤灰代砂方案，以此提高石粉含量。
6. VC 值每增减 1s，用水量相应减增 2kg/m³；砂细度模数每增减 0.2，砂率相应增减 1%。

表 6.53 大坝变态混凝土施工配合比（山西康力）

编号	设计指标	级配	水胶比	砂率/%	粉煤灰含量/%	KLN-3/%	KLAE/%	VC值/s	坍落度/cm	材料用量/(kg/m³)									密度/(kg/m³)	比重/(g/cm³)	混凝土碱含量/(kg/m³)
										用水量	水泥	粉煤灰	砂	粗骨料			外加剂				
														5～20mm	20～40mm	40～80mm	KLN-3	KLAE			
SHKBT-01	$C_{90}25$ W8F200	三	0.48	33	55	1.0	0.12	3～5	—	86	81	99	720	439	585	439	1.79	0.215	2450	—	0.88
		浆液	0.45	—	50	0.6	按照碾压混凝土体积4%～6%掺入			575	639	639	—	—	—	—	7.67	—	1861	1.65	
		机制变态	0.48	33	55	0.9	0.09	—	2～4	109	108	125	685	417	556	417	2.09	0.205	2420	—	0.88
SHKBT-02	$C_{90}25$ W8F200	二	0.45	37	50	1.0	0.15	3～5	—	97	108	108	779	596	729	—	2.16	0.323	2420	—	1.10
		浆液	0.45	—	50	0.6	按照碾压混凝土体积4%～6%掺入			575	639	639	—	—	—	—	7.67	—	1861	1.65	
		机制变态	0.45	37	50	0.9	0.12	—	2～4	120	133	134	744	570	696	—	2.40	0.320	2400	—	1.05

注 1. 水泥为尧柏普通硅酸盐 P.O42.5，陕西华西电力Ⅱ级粉煤灰，花岗岩人工骨料 FM=2.63，石粉含量 17.6%，山西康力 KLN-3 缓凝高效减水剂、KLAE 引气剂。
2. 级配，二级配：小石：中石=45：55；三级配：小石：中石：大石=30：40：30。
3. 坍落度：按 2～4cm 控制，坍落度每增减 1cm，用水量相应增减 2～3kg/m³。
4. 含气量：二级配控制在 4.0%～5.0%，三级配控制在 3.5%～4.5%，生产中引气剂实际掺量以混凝土含气量为准。

表 6.54　　大坝变态混凝土施工配合比（云南宸磊）

编号	设计指标	级配	水胶比	砂率/%	粉煤灰含量/%	HLNOF-2/%	HLAE/%	VC值/s	坍落度/cm	材料用量/(kg/m³)									密度/(kg/m³)	比重/(g/cm³)	混凝土碱含量/(kg/m³)
										用水量	水泥	粉煤灰	砂	粗骨料			外加剂				
														5～20mm	20～40mm	40～80mm	HLNOF-2	HLAE			
SHKBT-03	$C_{90}25$ W8F200	三	0.48	33	55	1.0	0.12	3～5	—	84	79	96	722	440	587	440	1.75	0.210	2450	—	0.83
		浆液	0.45	—	50	0.6	按照碾压混凝土体积4%～6%掺入			575	639	639	—	—	—	—	7.67	—	1861	1.66	
		机制变态	0.48	33	55	0.9	0.09	—	2～4	107	106	122	687	419	558	419	2.03	0.200	2420	—	0.84
SHKBT-04	$C_{90}25$ W8F200	二	0.45	37	50	1.0	0.15	3～5	—	95	105	106	781	599	732	—	2.11	0.316	2420	—	1.10
		浆液	0.45	—	50	0.6	按照碾压混凝土体积4%～6%掺入			575	639	639	—	—	—	—	7.67	—	1861	1.66	
		机制变态	0.45	37	50	0.9	0.12	—	2～4	118	131	131	746	572	700	—	2.37	0.314	2400	—	1.01

注　1. 水泥为尧柏普通硅酸盐 P.O42.5，陕西华西电力Ⅱ级粉煤灰，花岗岩人工骨料 FM=2.63，石粉含量 17.6%，云南宸磊 HLNOF-2 缓凝高效减水剂、HLAE 引气剂。
2. 级配，二级配：小石：中石=45：55；三级配：小石：中石：大石=30：40：30。
3. 坍落度：按 2～4cm 控制，坍落度每增减 1cm，用水量相应增减 2～3kg/m³。
4. 含气量：二级配控制在 4.0%～5.0%，三级配控制在 3.5%～4.5%，生产中引气剂实际掺量以混凝土含气量为准。

（2）掺云南宸磊外加剂时，C_{90}25W6F100 三级配碾压混凝土配合比采用 0.48 水胶比和 55%粉煤灰，浆砂比为 0.45；外加剂的 C_{90}25W8F150 二级配碾压混凝土配合比采用 0.45 水胶比和 50%粉煤灰，浆砂比为 0.46。

根据浆砂比计算结果，四个碾压混凝土配合比浆砂比在 0.45～0.46 范围内。

6.5 小结

三河口水利枢纽大坝碾压混凝土材料性能与配合比设计，是根据工程施工招标文件、设计图纸、相关规范和技术要求，从碾压混凝土原材料选择、碾压混凝土配合比参数选择、碾压混凝土配合比设计三方面出发，科学、合理、严谨地进行了大量试验，取得了一系列可靠的试验数据与成果，为三河口碾压混凝土的浇筑奠定了基础。通过混凝土配合比试验，得到了以下结论：

（1）为了避免人工骨料发生碱骨料反应，大坝使用的尧柏普通硅酸盐 P. O42.5 水泥碱含量宜控制在 0.6%以下。

（2）混凝土的凝结时间与气候条件有较大的关系，根据三河口大坝工程季节性气温的差异性，对外加剂缓凝成分进行调整，分为冬季型和夏季型两种，以满足现场施工要求。

（3）砂石骨料系统生产的砂石骨料与配合比所使用的存在一定的差异性，因此，砂石骨料系统生产稳定后，应根据实际情况对骨料级配比例、配合比砂率、混凝土容重进行合理的调整。

（4）碾压混凝土 VC 值直接关系到现场施工的可碾性和层间结合质量，因此在施工时，要考虑混凝土水分损失情况。根据气候条件对 VC 值进行动态控制，通过增减用水量来满足施工要求的 VC 值，而不改变混凝土胶凝材料用量。

（5）本工程对混凝土抗渗、抗冻以及极限拉伸值的设计要求较高，因此，混凝土施工配合比需选用适宜的水胶比、适当提高粉煤灰掺量、联掺缓凝高效减水剂和引气剂，并且严格控制混凝土含气量，从而有效降低混凝土温升，提高混凝土抗裂和耐久性能。

参 考 文 献

[1] 田育功. 大坝与水工混凝土关键核心技术综述 [J]. 华北水利水电大学学报（自然科学版），2018，39（5）：23-30.

[2] YAN H，SUN W，LI G. Study on the air bubble parameters and frost resistance of hydraulic concrete with high volume fly ashes [J]. Industrial Control，2001，31：46-48.

[3] WANG J L，SHEN L T，NIU K M. Study on the salt scaling resistance of pavement cement concrete [J]. Journal of Highway & Transportation Research & Development，2014，8（2）：7-10.

[4] RAMEZANIANPOUR A A，JAFARI Nadooshan M，PEYDAYESH M，et al. Effect of entrained air voids on salt scaling resistance of concrete containing a new composite cement [J]. KSCE Journal of Civil Engineering，2014，18（1）：213-219.

[5] VALENZA J J，SCHERER G W. A review of salt scaling：Ⅰ. Phenomenology [J]. Cement and

Concrete Research，2007，37（7）：1007－1021.

[6] VAN den Heede P，FUMIERE J，DE Belie N. Influence of air entraining agents on deicing salt scaling resistance and transport properties of high－volume fly ash concrete [J]. Cement and Concrete Composites，2013，37：293－303.

[7] 李达春. 小溶江枢纽工程三级配碾压混凝土试验研究 [J]. 广西水利水电，2010（3）：32－35.

[8] 姚文杰. 大掺量引气剂混凝土在高寒干燥地区的抗冻性研究 [J]. 煤炭技术，2006，25（8）：27－32.

[9] 丁绍信，何锦，李鹤，等. 温泉堡碾压混凝土拱坝抗冻性能问题研究 [C] // 96′碾压混凝土筑坝技术交流会论文集，1996：469－492.

[10] 梅国兴. 碾压砼抗冻性试验研究 [J]. 混凝土与水泥制品，1995（5）：15－18.

[11] 邢振贤. 含气量对碾压混凝土抗冻性的影响 [J]. 低温建筑技术，1998（3）：36. 38.

[12] 魏振刚，高建山，谢林苗，等. 保持高抗冻性能 RCC 含气量的试验研究 [J]. 水利水电施工，2008（S2）：84－86.

[13] 杜雷功，王永生. 三门峡水利枢纽工程改扩建设计 [J]. 人民黄河，2017，39（7）：19－22.

[14] 王波，高峰. 中国长江三峡集团公司——建设中的向家坝水电站工程 [J]. 四川水力发电，2011，30（5）：187－188.

[15] 刘金堂. 澜沧江水电开发与景洪水电站工程设计综述 [J]. 水力发电，2008（4）：28－31.

[16] 姚国寿，聂文俊. 中国水电六局建设金沙江乌东德水电站纪实 [J]. 四川水力发电，2016（35）：128.

[17] 周厚贵，张振宇. 水工超高掺粉煤灰混凝土设计与试验研究 [J]. 水力发电学报，2017，36（5）：1－9.

[18] 李斌，文佳，赵博. 粉煤灰掺量对混凝土碳化过程的影响试验研究 [J]. 山西建筑，2020，46（9）：92－93，96.

[19] 刘杰. 粉煤灰掺量对混凝土抗冻性能的试验研究 [J]. 江西建材，2020（4）：21－23.

[20] 苗苗，阎培渝. 水胶比和粉煤灰掺量对补偿收缩混凝土自收缩特性的影响 [J]. 硅酸盐学报，2012，40（11）：1607－1612.

[21] POWERS T C，WILLIS T F. The air requirements of frost resistant concrete [C]. Highway Research Board Proceedings，1950：29.

[22] 陈磊，钟卫华. 碾压混凝土配合比设计中粉煤灰掺量选择 [J]. 云南水力发电，2010，26（4）：9－11.

[23] 董维佳，吴超寰，覃理利. 水工碾压混凝土的胶凝材料研究（Ⅰ）[J]. 水电与新能源，2001，2：31－34.

[24] 董维佳，吴超寰，覃理利. 水工碾压混凝土的胶凝材料研究（Ⅱ）[J]. 水电与新能源，2001，4：26，29.

[25] NGUYEN T S. A study on eco－concrete incorporating fly ash and blast furnace slag in construction in vietnam [J]. Trans Tech Publications Ltd，2020，4822.

[26] HAN X，FENG J，SHAO Y，et al. Influence of a steel slag powder－ground fly ash composite supplementary cementitious material on the chloride and sulphate resistance of mass concrete [J]. Powder Technology，2020，370：176，183.

[27] GUNASEKARA C，ZHOU Z，LAW D W，et al. Microstructure and strength development of quaternary blend high－volume fly ash concrete [J]. Journal of Materials Science，2020，55（15）：6441－6456.

[28] VAHEDIFARD F，NILI M，MEEHAN C L. Assessing the effects of supplementary cementitious materials on the performance of low-cement roller compacted concrete pavement [J]. Construction and Building Materials，2010，24（12）：2528－2535.

[29] 曾力，陈霞，吐儿洪·吐尔地. 磷渣粉特性及在碾压混凝土中的应用研究 [C]. 2010 年度全国碾压

混凝土筑坝技术交流研讨会，2010.

[30] 罗伟，贺国伟. 铜镍高炉矿渣粉作为掺合料配制高抗冻等级的碾压混凝土 [C] // 中国土木工程学会，中国建筑学会，中国建筑科学研究院. 全国混凝土新技术、新标准及工程应用学术交流会暨混凝土质量委员会和建筑材料测试技术委员会 2010 年年会论文集. 北京：中国土木工程学会，2010.

[31] 薛兆峰. 几种活性矿物掺合料对混凝土强度影响的探讨 [J]. 科技信息，2012，36：697 - 698.

[32] 欧阳东. 含掺合料因素的混凝土强度公式及其应用 [J]. 建筑技术，1998，29 (1)：37 - 39.

[33] 谢祥明，谢彦辉，石爱军. 大掺量高钙粉煤灰碾压混凝土安定性控制与性能研究 [J]. 水力发电学报，2008，27 (4)：111 - 115.

[34] 田承宇. 石粉作为掺合料对碾压混凝土性能的影响 [C]. 水工大坝混凝土材料和温度控制研究与进展，2009.

[35] 陈剑雄，李鸿芳. 石灰石粉超高强高性能混凝土性能研究 [J]. 施工技术，2005，34 (4)：27 - 29.

[36] 马勇，刘伦军，刘豫，等. 石粉代替粉煤灰作为掺合料在水工碾压混凝土中的应用 [J]. 湖南水利水电，2008，5：67 - 69.

[37] 杨华山，方坤河，涂胜金. 石灰石粉对水泥基材料流变性和强度的影响 [J]. 中国农村水利水电，2008，12：105 - 107.

[38] TSIVILLISS S，BATIS G. Properties and behavior of limestone center and mortar [J]. Center and Connection Review，2000，30 (10)：1677 - 1683.

[39] 陆平，陆树标. $CaCO_3$对 C_3S 水化的影响 [J]. 硅酸盐学报，1987，15 (4)：289 - 294.

[40] BONAVETTI V，DONZA H，MENENDEZ G，et al. Limestone filler cement in low w/c concrete：A rational use of energy [J]. Coment and Concrete Review，2003，33 (6)：865 - 871.

[41] 谢慧东，张云飞，栾佳春，等. 石灰石粉对水泥—粉煤灰混凝土性能的影响 [J]. 硅酸盐通报，2012，31 (2)：371 - 376.

[42] 葛唯. 硅灰和石灰石粉用作碾压混凝土掺合料的性能试验研究 [D]. 杭州：浙江大学，2018.

[43] ZARAUSKAS L，SKRIPKIUNAS G，GIRSKAS G. Influence of aggregate granulometry on air content in concrete mixture and freezing-thawing resistance of concrete [J]. Procedia Engineering，2017，172：1278 - 1285.

[44] 刘伟宝. 考虑含气量经时变化的高寒地区碾压混凝土性能研究 [D]. 南京：南京水利科学研究院，2008.

[45] 吴金灶，魏建忠. 粗集料表面包裹石粉对碾压混凝土性能影响初探 [J]. 水利水电技术，2000，31 (11)：56，58.

[46] 肖开涛，王述银，覃理利. 粗骨料表面裹粉对碾压混凝土性能的影响 [J]. 长江科学院院报，2006，23 (5)：45 - 47.

[47] 陈改新，姜荣梅. 大掺量粉煤灰碾压混凝土浆体体系的优化研究 [J]. 水力发电，2007，33 (4)：65 - 68.

[48] GB 175—2007 通用硅酸盐水泥 [S]

[49] JGJ 55—2011 普通混凝土配合比设计规程 [S]

[50] GB/T 1596—2005 用于水泥和混凝土中的粉煤灰 [S]

[51] GB/T 17671—1999 水泥胶砂强度检验方法 [S]

[52] 于涛，申时钊. 观音岩水电站混合坝施工技术 [M]. 北京：中国水利水电出版社，2015.

[53] SL 352—2006 水工混凝土试验规程 [S]

[54] SL 677—2014 水工混凝土施工规范 [S]

[55] GB 8076—2008 混凝土外加剂 [S]

[56] DL/T 5152—2001 水工混凝土水质分析试验规程 [S]

[57] JGJ 63—2006 混凝土用水标准 [S]

[58]　王瑞俊. 高等水工结构 [M]. 北京：中国水利水电出版社，2016.

[59]　李家，张巨松. 混凝土学 [M]. 哈尔滨：哈尔滨工业大学出版社，2011.

[60]　余金水，王丽华，杨森. 沐若水电站大坝混凝土配合比与碾压试验研究 [J]. 人民长江，2013，44 (8)：97-100，104.

[61]　高力. 混凝土配合比设计及其对混凝土质量的影响 [J]. 人民长江，2018，49 (S1)：100-102.

第7章 混凝土拱坝施工

7.1 概述

大型水利水电工程的建设多位于高山峡谷地区，拱坝因其适合于U形及V形河谷，且坝体体积小、结构稳定性强以及成本低等优点而成为主要坝型之一[1]。目前我国拱坝建设发展迅速，随着锦屏一级（305m）、拉西瓦（250m）、溪洛渡（278m）、小湾（292m）以及白鹤滩（279m）等一批高拱坝的建设，拱坝的设计和施工水平得到了快速发展[2]。随着近年来拱坝的建设历程，我国拱坝在确定合理建基面、拱座抗滑稳定、抗震设计、碾压混凝土拱坝温控防裂等方面取得了一系列新的进展。

1. 确定合理建基面方面

由于拱坝结构既有拱作用又有梁作用，其承受的荷载一部分由拱的作用压向两岸，另一部分通过竖直梁的作用传递到坝底基岩。据统计，国外拱坝所承受的水荷载为17952～131552MN，平均为51601MN，而我国因河流宽度相对较宽，拱坝承受的水荷载在72878～192178MN，平均达到了125372MN，水荷载作用力是国外的2.4倍，对建基面的确定增加了难度[2]。许多国家的混凝土拱坝设计准则中指出，在进行建基面的确定时，应进行大量的试验，以获得坝基岩体在荷载作用下的抗压强度和变形模量，此外，开挖后岩石强度和抗滑稳定性应当满足要求[3]。《混凝土拱坝设计规范》(SL 282—2003）指出，拱坝建基面应根据具体的地质情况和大坝高度，选取新鲜岩石、微风化岩石等部位[4]；此外，还应当研究开挖前后的应力分布，以防止高地应力区岩体在开挖过程中因应力释放而引起破坏。国内学者对基础地质条件和大坝建基岩体开展了深入的研究，提出了“以岩石为基础，安全为准则，合理利用弱分化岩体作为建基面岩体，并分坝高区段确定其利用程度”的建基面确定原则[5]。

2. 拱座抗滑稳定性研究方面

拱坝和坝肩的稳定性与安全性一直是拱坝建设中较为关注的问题之一，而岸坡深部节理是陡边坡内发育的典型地质构造，深部节理的存在会大大降低岩体的完整性和强度，进而影响拱座抗滑稳定性[6-8]。目前，地质力学模型试验和力学特征是研究该问题最常用、最有效的方法[9-10]。通过地质力学模型试验可以真实地模拟岩体、断层、节理等地质构造。而破坏试验确定了复杂基础上拱坝和坝肩的变形特征、破坏过程和破坏模式。通过对结果的分析，可以评价拱坝及坝肩的稳定性能，为拱坝的加固设计提供参考。数值分析是研究复杂工程问题的另一种有效途径，目前评价拱坝坝肩稳定性能的数值方法包括有限元法（FEM)、极限平衡法（LEM）和离散元法（DEM)[11-13]。数值分析可以模拟不同的负荷情况，可以重复计算，节省大量的人力、财力等资源，并且可以提供更详细的结构分析结果。结合这两种方法，可以对许多复杂的工程问题进行分析，得到更全面、更可靠的研究结果。

3. 拱坝抗震设计方面

2008年5月12日，中国四川省发生8级地震，共有1803座大坝受到不同程度的破坏，沙牌碾压混凝土拱坝（132m）距地震震中约36km，是震区四座百米级大坝之一，地震后现场检查表明，坝体和坝肩没有明显的地震破坏，抗震性能良好[14]。深入研究拱坝的极限承载力及其动态灾变破坏机制是拱坝抗震设计中至关重要的环节。目前，线弹性法仍应用于一些实际拱坝工程的抗震设计中，以允许最大拉应力为准则分析拱坝的开裂范围[1]。作为一种脆性材料，混凝土在小荷载作用下表现出线弹性行为，但随着拉应力的增加，混凝土也表现出材料非线性。为了模拟拱坝在非线性状态下的真实动力行为，一些研究人员将非线性分析方法应用到拱坝的研究中，并取得了有价值的结果。由于拱坝与无限基础之间的能量交换不可忽视，因此必须模拟无限基础辐射效应，以反映坝基相互作用，分析拱坝地震反应时应采用合理的地震动输入方法[15]。在强震作用下，拱坝横向节理和诱发节理会发生开、合、滑等现象，引起坝体应力重新分布，对其地震反应产生重要影响，在高拱坝的地震分析中，应考虑横向节理和诱导节理的接触非线性[16]。拱坝的抗震安全性受到混凝土非线性特性、地基无限辐射阻尼、坝库动力相互作用、横缝和诱导缝接触非线性等多种因素的综合影响。部分学者对抗震性能的影响因素进行了系统性研究[17-18]，极大地促进了拱坝抗震性能的研究。

4. 混凝土温度监测方面

水利工程由传统施工管理步入信息化施工管理。施工过程中，坝体内部廊道、坝基、坝身混凝土及坝体表面埋设大量仪器用于监测坝体施工及运行期间的渗流、温控、应力、裂缝等状态，按照一定的周期动态监测大坝的施工及运行状态，实时反馈。依靠监测系统，工程中逐渐建立起"数字大坝"系统，实现对施工进度与质量管理的全过程监控。大坝监测系统目前已经在溪洛渡、糯扎渡、黄登等工程中得到应用，实现对大坝混凝土质量的精细化、过程化、智能化控制，逐步向"智能大坝"转变[19]。高坝温控防裂研究也在这样的背景下取得了新的发展，例如大体积混凝土通水冷却智能温控系统基于实时数据监测分析，智能调控通水温度、流量、换向等信息，经过在溪洛渡大坝的初步应用实验，对混凝土温度控制具有良好效果[20]。有限元方法可以对监测数据进行实时反馈分析，实现了由数字大坝向智能大坝的转型，为大坝混凝土温度控制提供科学支撑。

5. 拱坝温控防裂方面

裂缝问题是碾压混凝土拱坝在施工过程中普遍存在且难以解决的问题，温度是引起大坝开裂的主要荷载之一。因此，需要采取有效的温控措施来降低温度应力，防止大坝开裂[21]。大坝温度控制措施有分缝、水管冷却、混凝土预冷、表面保温等。这些方法对裂缝的预防起到了积极的作用，但存在施工复杂、工程造价高、影响施工进度等缺点。研究发现[22-23]，由于MgO在水泥水化过程中的微膨胀特性，在常规混凝土中掺入MgO可以延缓混凝土体积膨胀。为了证明微膨胀能产生预应力，有效补偿混凝土大体积冷却收缩产生的拉应力，将掺MgO混凝土技术应用于碾压混凝土坝的施工，不仅具有良好的控温防

裂效果，而且可以达到碾压混凝土坝快速施工的优势[24]。但在实际应用中，由于该技术不能完全防止坝体开裂，大坝仍存在开裂问题[25-26]。碾压混凝土大坝施工新技术的推广，需要对其防裂效果进行评价，并进一步研究新技术与常规温控措施相结合的模式。

三河口枢纽大坝地形地质条件复杂、工程质量要求高、施工难度大，为了建设好三河口枢纽大坝，在工程前期研究论证阶段、施工准备阶段和施工阶段，建设各方针对大坝施工展开了大量工作。本章重点对碾压混凝土和常态混凝土的施工规划、施工部位、施工工艺、施工方法、施工环境等进行详细说明。此外，混凝土浇筑碾压质量控制是碾压混凝土施工质量控制的主要环节之一，直接关系到大坝安全。三河口枢纽工程建立了智能碾压实时监控系统，系统主要包括软件系统、硬件设备及现场服务。通过在碾压车辆上安装集成有高精度的GPS接收机的监测设备装置，对坝面碾压施工机械的碾压信息进行实时自动采集，监控对大坝浇筑碾压质量有影响的相关参数，实现碾压遍数、压实厚度、激振力状态及压实度的实时监控。

7.2 施工组织设计

三河口枢纽工程主要依据《水利水电工程施工组织设计规范》(SL 303—2004)，进行施工组织设计。根据主体工程施工需求及现场地形地质条件，混凝土拌和系统分别布置在枢纽上游的柳树沟和下游的交通桥处；砂石骨料筛分系统布置在坝址上游的柳木沟；弃渣场布置在大坝上游的西湾和上游的上蒲家沟；生活办公区布置在枢纽下游的瓦房坪和枫筒沟、上游的石墩河和柳树沟。根据工程特征及不同阶段的施工特点，工程建设期分为筹建期、准备期、主体工程施工期和工程完建期四个阶段。其中，筹建期安排在开工前12个月，准备期18个月，主体工程施工期34个月，工程完建期为2个月，总施工建设期为54个月。

7.2.1 施工导流

三河口大坝两岸岸坡陡峻，河床宽度仅90～100m，河谷形状系数为3.2，不具备分期导流或明渠导流的地形条件。根据我国现行的导流规范，结合三河口工程的具体情况，研究制定了全年导流和枯水期导流两个方案。两个方案的技术经济比较见表7.1，优缺点见表7.2。

表7.1　　技术经济比较

项目		单位	全年导流方案	枯水期（11月至次年5月）导流方案
上游围堰高度		m	42.8	18.9
下游围堰高度		m	7.5	5.0
围堰主要工程量	清基	万 m^3	1.05	0.61
	土石填筑	万 m^3	36.4	7.8
	过渡料	万 m^3	3.15	
	混凝土面板	万 m^3		1.25

续表

项目		单位	全年导流方案	枯水期（11月至次年5月）导流方案
围堰主要工程量	铅丝笼块石	m^3	5400	9000
	复合土工膜	m^2	5500	
	混凝土防渗墙	m^2	692	722
	围堰拆除	万 m^3	12.1	
基坑清理工程量		万 m^3		15
围堰工程造价		万元	2270	1180
基坑清理费用		万元		229
费用合计		万元	2270	1409
提前发电效益		万元	260	
施工进度	最大开挖强度	万 m^3/月	22.1	23.2

表 7.2　导流方案优缺点比较

方案	全年围堰挡水隧洞导流	枯水期围堰挡水隧洞导流
优点	（1）基坑不过水，施工干扰小； （2）可以保证持续施工，施工质量可控； （3）基坑开挖及混凝土施工强度均衡，工期易保证； （4）工期短	（1）临建工程量较小，投资少； （2）高温季节不浇筑，温控易控制且费用低
缺点	（1）围堰工程量大，投资大； （2）全年施工，需采取降温措施，温控费用较高	（1）第二年汛期基坑过水，汛后基坑清理工作量最大； （2）截流后基坑开挖工期紧张，汛后混凝土施工强度高，工期不易保证； （3）坝体临时断面过水，易产生裂缝； （4）工期较长

综合比较可以看出，虽然全年导流方案比枯水期导流方案总投资多 861 万元左右，但是全年导流方案的总工期可缩短 4 个月，可产生发电效益约 260 万元；此外，基坑开挖及基础混凝土施工强度较为均衡，施工工期及工程质量有保障，并且能够降低业主的管理风险。基于上述，本工程采用全年围堰挡水、隧洞过流的导流方案。参考国内外拱坝实际采用的导流度汛标准，结合流域实际情况，确定了施工导流程序见表 7.3。

表 7.3　三河口工程施工导流程序

施工时段	导流时段	导流设计流量 /(m^3/s)	挡水建筑物	过水通道	上游水位/m	导流洞过流量 /(m^3/s)	施工项目
第一年 1—10 月	全年	$Q_{20\%}=1850$	岩坎	河床	533.0		导流洞施工
第一年 11 月至第四年 10 月	全年	$Q_{10\%}=2640$	围堰	导流洞	567.1	1384	基坑开挖及 568.00m 高程以下坝体浇筑
第四年 11 月至第五年 5 月	枯水期	$Q_{10\%}=541$	坝体	泄洪底孔	567.0	541	导流洞封堵 568.00～640.00m 高程坝体浇筑
第五年 6—10 月	全年	$Q_{1\%}=5420$	坝体	泄洪底孔	596.0		640.00m 高程以上坝体浇筑

7.2.2 围堰与导流洞设计

围堰与导流洞是在上游土石围堰挡水、低坡过水的设计思路指导下，通过系统的水工模型试验研究确定。试验研究了上下游土石围堰的沉降变形、防渗性能以及冲刷情况，导流洞分流量、流速、流态的关系以及拱外水压力与围岩压力对导流洞的影响，最终经过系统的比较和验证，确定了围堰与导流洞的设计方案。

7.2.2.1 上下游围堰

上游围堰采用土石挡水围堰，围堰堰顶高程569.00m，围堰高度约为42.8m，堰顶长度158m，上游边坡为1∶1.8，下游边坡1∶1.6，并设马道。针对上游围堰的地形地质条件，采用心墙防渗结构型式，该结构有利于防渗体与岸坡结合并能够适应坝体的沉降变形。分析对比了黏土心墙防渗和复合土工膜防渗两种型式，结果表明：黏土心墙防渗交通条件便利，使用方便，但是黏土心墙的断面较大，且土质防渗体的施工受降雨影响较大；而复合土工膜防渗体施工方便，围堰的填筑不受心墙施工的控制，且造价低，因此最终确定采用土工膜心墙防渗。

上游围堰基础采用C20混凝土防渗墙，防渗墙厚0.8m，墙深19m，深入基岩1.0m，防渗墙施工平台高程535.00m；两岸坝肩强风化岩石的防渗采用帷幕灌浆，帷幕深度15m，孔距2m，深度15m，孔距2m，施工时，根据岩石性质，取消了两岸帷幕灌浆；堰体采用石渣料或河床砂卵石填筑，采用复合土工膜防渗（土工膜采用300g/m^2/1mm/300g/m^{2}的两布一膜），土工膜上下游均设置1m厚的砂垫层和2m厚的砂砾石过渡层；上游堰坡采用0.5m厚铅丝笼块石护坡防冲。

下游围堰布置于大坝下游约310m处，采用土石挡水围堰。根据下游河道水位-流量关系确定堰顶高程为532.50m，最大堰高7.5m，轴线长度72.0m，围堰顶宽5.0m，堰体上、下游边坡均为1∶1.8。基础采用黏土防渗，堰身采用复合土工膜防渗，迎水面采用0.5m厚铅丝笼块石护坡防冲。

7.2.2.2 导流洞

导流洞布置于子午河右岸，进水口位于坝轴线上游270m，进口高程为531.77m，出口位于坝轴线下游约320m处，出口底板高程为526.37m，导流洞全长765.49m，洞底设计比降0.009。导流洞设计为永临结合建筑物，施工期利用围堰或坝体挡水，导流洞过水，进行大坝施工。导流洞下闸封堵后，对导0+403.95～导0+691.79进行改建，作为坝后供水系统尾水洞使用，该段建筑物级别为3级。导流洞施工期最大过流量为1385m^3/s，最大平均流速16.7m/s。导流洞进水口与出水口如图7.1所示。

1. 进口段

导流洞进口引渠段长63.70m，桩号为导0－073.70～导0－010.00，引水渠岩石段高程551.52m以下开挖边坡1∶0.3，高程551.52m以上开挖边坡1∶0.5；砂卵石段开挖边坡1∶1.5。引水渠左侧采用C25混凝土挡墙形式，底板厚度0.5m，侧墙顶宽0.5m，迎水坡为垂直坡，背水坡为1∶0.4；引渠右侧采用C25混凝土护坡形式，护坡顶宽0.5m，迎水坡为1∶0.4；砂卵石边坡支护采用C25混凝土护坡形式，护坡厚度0.5m。进口处岩石开挖边坡为1∶0.5，采用ϕ20砂浆锚杆及C25混凝土喷护处理，ϕ20砂浆锚杆单根长

图 7.1　导流洞进水口与出水口

4.0m，间排距 2.0m×2.0m，梅花形布置，C25 混凝土喷护厚度 15cm。551.00m 高程以上设排水孔，深入基岩 3.0m，间排距 3.0m×3.0m。

2. 洞身段

导流洞洞身段长 600.2m，采用城门洞形，断面尺寸为 8.0m×11.0m（$B \times H$）。导流洞初期支护方式为：Ⅱ类围岩采用喷 C20 混凝土支护，洞室顶拱及侧墙部分喷护厚度为 0.1m；Ⅲ类围岩采用挂网喷锚支护，全断面喷 0.1m 厚，顶拱及拱脚布置 ϕ20 锚杆，锚杆长 4.0m，间距 1.0m，排距 1.0m；Ⅴ类围岩，采用全断面喷 C20 混凝土厚度为 0.15m，全断面布置 ϕ20 锚杆，锚杆长 4.0m，间距 1.0m，排距 1.0m，并设Ⅰ-18 钢拱架。二次支护采用 C25 钢筋混凝土衬砌，Ⅱ、Ⅲ类围岩衬砌厚度为 0.5m，Ⅳ、Ⅴ类围岩衬砌厚度为 0.8m。洞顶 120°范围内进行回填灌浆，灌浆孔每排布置 4 孔，排距 3.0m，深入岩石 0.1m，灌浆压力宜为 0.2～0.3MPa。为了减小顶拱外水压力，在顶拱布设孔径 ϕ55mm 的排水孔，环距 4.0m，排距 3.0m，孔深 3.0m。

3. 出口段

导流洞出口涵洞段长 56m，扩散段长 35.59m。扩散段底坡为 1∶8.5，扩散角左侧为 8°，右侧为 7°。两侧岸坡采用 C25 钢筋混凝土挡墙结构，底板厚 0.8m，顶部厚 0.8m，迎水坡为垂直坡，背水坡为 1∶0.5。为了改善对河床的冲刷，在扩散段末端设挑坎，坎顶高程 525.30m，反弧半径 5m。末端设齿槽，齿槽底高程为 516.00m。出口段开挖边坡为 1∶0.5，采用 C20 混凝土喷护处理，喷护厚度 0.15m。坡面设排水孔，排水孔深入基岩 3.0m，间排距 3.0m×3.0m。

7.2.3　大坝基础开挖与处理

7.2.3.1　大坝基础开挖

大坝开挖主要分为大坝基础、左右岸坡以及灌浆隧洞 3 个区进行施工，各区按照自上而下分层开挖施工的方式进行。为保证开挖的稳定性和安全性，每次开挖高度控制在 5～10m，临近建基面时预留 2.5m 厚保护层。大坝左右岸坡及基坑上部石方开挖采用梯段微差爆破、边坡预裂的方式进行施工，梯段高度为 5～10m。各区、层的开挖按钻孔、爆破、出渣等各道工序依次进行，形成多工作面流水作业。

大坝土方开挖 2.53 万 m^3，岸坡石方开挖 158.31 万 m^3，基坑石方开挖 25.74 万 m^3，河床砂卵石开挖 4.77 万 m^3。岸坡开挖在截流前完成，计划工期 12 个月，平均月开挖强度 13.4 万 m^3。基坑开挖在截流后进行，工期 3 个月，月平均开挖强度 10.17 万 m^3。大坝开挖的土石方弃渣主要利用坝址的出渣道路，河道截流前，岸坡开挖弃渣经上游河道两岸出渣路运往上游 4km 的西湾渣场；截流后，上游道路中断，大坝开挖弃渣经佛石公路运往上游 1.5km 的上蒲家沟弃渣场。

大坝石方洞开挖主要为坝体灌浆隧洞的开挖施工。为便于坝肩灌浆的施工，在左右坝肩各设有 4 层灌浆隧洞，其中下部 3 层与大坝内廊道相对应连接，最高一层位于坝顶位置，灌浆隧洞断面为 3.5（3.0）m×4.0m（宽×高）。隧洞石方开挖采用手风钻全断面钻孔，人工装药光面爆破，开挖出渣采用人工装车，人力手推车运输。大坝基础开挖与坝肩开挖如图 7.2 所示。

图 7.2 大坝基础开挖与坝肩开挖

7.2.3.2 基础处理

大坝建基面置于微风化基岩上部，建基面以下坝基需进行固结灌浆和帷幕灌浆处理，岸坡和下游护坦底板地基需进行固结灌浆加固处理[25]。固结灌浆孔的间距、排距均为 3m，孔深入基岩 8.0m，固结灌浆总长度 3.89 万 m。坝基及两岸坝肩部位帷幕灌浆均布置为双排孔，孔距 2.0m，排距 1.0m，帷幕灌浆总长度 5.17 万 m。

1. 浆液制备

由于坝基固结灌浆施工强度高，灌浆采用集中制浆的方法。前期在右岸坝前设置 1 个集中制浆站（高程 550.00m），将浆液输送到各坝段进行灌浆，高程 550.00m 以下坝基固结灌浆结束后转移到右岸坝肩高程 646.00m 进行送浆，施工高峰期时在左岸增加一个集中制浆站（高程 550.00m）送浆。帷幕灌浆也采用集中制浆的方法，前期利用左岸坝后（高程 550.00m）集中制浆站，将浆液输送到底层廊道进行施工；高峰期利用左右岸（高程 646.00m）集中制浆站将浆液输送到各廊道进行施工。

2. 灌浆试验

为了确定灌浆施工参数及工艺，在灌浆施工前应进行生产性灌浆试验。灌浆试验包括浆液试验和现场灌浆试验，帷幕灌浆检查孔中的水泥结石如图 7.3 所示。

3. 固结灌浆与帷幕灌浆施工程序

固结灌浆是在某部位混凝土浇筑到一定厚度，且混凝土强度达到设计值的 50%后进行。总体施工程序：钻孔安装抬动变形观测装置→Ⅰ序孔施工（部分孔兼灌前物探测试孔）→Ⅱ序孔施工→检查孔施工→灌后物探测试→施工场地清理移交。针对单孔的施工程序（自上而下）：放点→钻机对中整平→钻进第一段（钻孔冲洗、压水、抬动观测）→灌浆（抬动观测）→钻进第二段（钻孔冲洗、压水、抬动观测）→灌浆（抬动观测）→依次循环直至全孔结束、封孔。

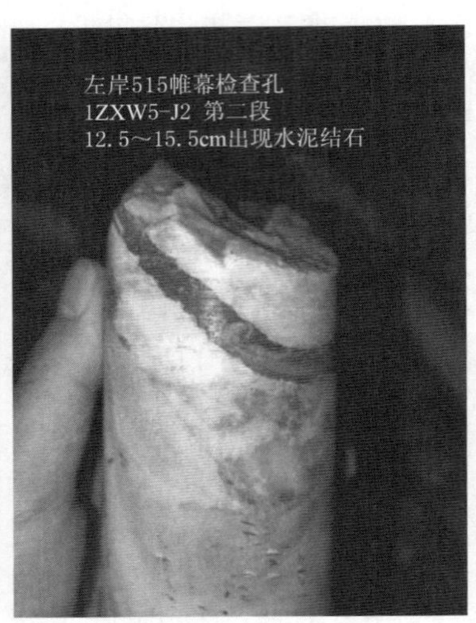

图7.3　帷幕灌浆检查孔中的水泥结石

帷幕灌浆是将浆液灌入岩体或土层的裂隙、孔隙，形成连续的阻水帷幕，以减小渗流量和降低渗透压力的灌浆工程。帷幕灌浆检查孔中的水泥结石如图7.3所示。帷幕灌浆按分序加密原则进行，分为三个次序。总体施工程序：钻孔安装抬动变形观测装置→单元Ⅰ序孔施工→单元Ⅱ序孔施工→单元Ⅲ序孔施工→检查孔施工。帷幕灌浆单孔施工程序与固结灌浆单孔施工程序一致。

7.3　碾压混凝土施工

7.3.1　施工布置

7.3.1.1　风、水、电布置

1. 施工供风布置

碾压混凝土施工供风主要目的是为基础面清理、风镐凿毛、手风钻钻孔、仓号冲洗清理以及疏通管道等提供风源。根据碾压混凝土施工用风量小且随坝体各区施工需就近布置的特点，供风源采取就近布置（移动式空压机）以便接取使用。

2. 施工供水布置

碾压混凝土施工供水主要目的是为清洗仓内混凝土运输车辆轮胎、基础面清洗、混凝土面冲毛、仓号冲洗清理、仓面喷雾及混凝土养护等。根据《施工临时用水计算规范》可知，施工用水量的计算公式为

$$Q_s = N_1 \times Q_0 \times K_1 \times K_2 / (2 \times m \times n) \tag{7.1}$$

式中：Q_s为混凝土工程某月最高日用水量，m^3/h；N_1为混凝土该月施工强度；Q_0为混凝

土工程用水指标；K_1为不均匀系数；K_2为未预见水量修正系数；m 为每月工作天数；n 为每天工作小时数。

结合三河口工程施工计划，混凝土浇筑最高月的强度为 5.92 万 m^3；每立方混凝土冲毛、清仓以及养护需用水量 2000L；根据规范和实际计划 K_1、K_2、m、n 分别取为 1.05、1.05、30d、24h。计算可得三河口工程每小时需用水量 90.65m^3，按照 100m^3/h 的供水能力进行配管，从就近供水管路上采用 $DN150$ 支管接取。

根据季节采用通天然河水或制冷水冷却两种方式，天然河水冷却在供水池主管接 $DN150$ 支管供水，制冷水由移动制冷水机组接 $DN150$ 保温管路供至各层冷却水管进水口。供水管路根据供水情况布置，通过坝后交通桥架设相应的供水分管路，并在合适位置设置出水口，在出水口焊接供水岔管，并安装阀门。此外，应设置施工排水系统，坝内排水主要为坝基渗水、混凝土浇筑仓号施工弃水、雨水等，主要采用埋设排水主岔管、坝面设置临时集水坑、利用自然坡降或水泵进行抽排。

3. 施工供电布置

混凝土施工主要用电设备包括：皮带机、冲毛机、喷雾机、电焊机及仓内其他振捣设施，施工用电从临近的供电点接取。

7.3.1.2 施工道路布置

三河口大坝碾压混凝土施工主要利用场区内现有的道路、施工期临时道路以及桥梁，三河口施工道路布置如图 7.4 所示。高程 581.00m 以下碾压混凝土主要利用柳树沟拌和站处的"之"字路及上游围堰的堰后道路，由自卸车直接入仓浇筑。高程 581.00～644.00m 碾压混凝土主要利用左右岸坝顶的满管溜槽卸料，自卸车在仓内直接转料浇筑。钢筋、模板及其他施工材料的运输，充分利用现有的公路和临时道路，可方便地连通本工程混凝土拌和系统、施工工厂和仓库区、施工风水电供应设施、办公生活营地等，并与大坝基坑、坝肩施工道路相衔接到达各施工区域的相应部位。

图 7.4 三河口施工道路布置

针对碾压混凝土入仓道路，采用石渣逐层填筑路基，边坡用 2.0m×1.0m×1.0m 钢筋石笼防护，道路设计宽度 6～8m，路面采用 10cm 厚级配碎石和 20cm 厚 C25 碾压混凝

土铺筑，最大纵坡不超过 12%。为了避免入仓道路端部接触坝面部位的污染，道路回填前在坝面接触部位采用保温被和竹夹板进行防护。入仓道路在距入仓口约 50m 处设置车辆冲洗台，并在冲洗台与入仓混凝土路面之间设置石子脱水路段，脱水路面上限制行车速度为 15km/h，以保持路面的干净、完整，保证入仓汽车不对仓面造成污染、不将水带入仓内。

7.3.1.3 满管溜槽布置

根据碾压混凝土施工道路、拌和及仓面覆盖强度要求，满管溜槽分别布置在左、右岸高程 646.00m 平台处，如图 7.5 所示。满管溜槽单套输送能力 180～220m^3/h，满管型式采用（80cm＋60cm）×60cm 的梯形，标准节长 1.5m。满管安装根据进度计划和坝体碾压混凝土上升先后逐层、逐级安装拆移，出料口处超过 1.0m 的自由落差则加设专用垂直溜管，满管出口弧门控制卸料，为了避免和减小管内骨料分离，在满管溜槽内每 2.0m 安装缓冲装置。

满管溜槽运行时，在溜管内充满料后，进行溜料作业，并且保证溜管内始终充满料。根据出料流量的要求控制弧门开口大小，通过控制出料弧门的开度来满足输送能力的要求和物料在溜管中的运行速度，从而基本保证出料流量稳定。物料在溜管中运行速度控制在小于或等于 0.5m^3/s，混凝土在溜管中的运行速度越小，溜管的使用寿命越长。作业时尽量保证出料量与进料量平衡，即始终保持溜管内充满料，保证溜管在最佳状态下运行，所溜混凝土不出现骨料分离现象。

图 7.5 满管溜槽布置

7.3.1.4 拌和站布置

大坝碾压混凝土由位于大坝左岸的柳树沟混凝土高位拌和系统供应，如图 7.6 所示，灰浆拌制则利用坝基灌浆阶段形成的两个集中灰浆拌制站。

7.3.1.5 施工机械布置

碾压混凝土施工主要设备配置为：HL320－2S4500L 拌和楼 1 座、HL240－4F3000L

拌和楼 1 座、制浆站 2 个、满管溜槽 2 套、25t 自卸车 20 辆、HD130 振动碾 4 台、HD8VV 振动碾 1 台、SD13S 平仓机 2 台、真空吸污汽车 2 台、振捣臂（5 棒）2 台、长臂反铲（18m）2 台、$\phi130$ 振捣棒 15 条、$\phi100$ 振捣棒 8 条、板振捣夯 2 台、移动式喷雾机 8 台、仓内模板设备吊装配置 16/25t 仓面吊 3 台及工程 C7050 塔机和 M900 塔机各 1 台，部分机械如图 7.7 所示。

图 7.6　三河口枢纽高位拌和站

图 7.7　施工机械设备配置

7.3.2 碾压混凝土入仓与铺筑

7.3.2.1 碾压混凝土入仓方式

根据施工道路布置和各部位施工进度计划，选用合适的混凝土拌和系统，采用自卸汽车直接入仓、高速皮带机＋仓面自卸车转料、满管溜槽＋仓面自卸车转料的综合浇筑方式。为了避免和控制碾压混凝土在水平、垂直运输过程中骨料分离，自卸车运输混凝土须道路平整，行车平稳、匀速，自卸汽车装料、卸料的自由落差不大于 1.0m；满管采用梯形断面，每 2.0m 安装缓冲装置，出口采用弧门控制卸料；工作面摊铺后坡脚部位骨料集中部位采用人工辅助铺筑。

7.3.2.2 碾压混凝土入仓强度及设备配置计算

高位柳树沟拌和系统由 1 座 HL320－2S4500L 和 1 座 HL240－4F3000L 拌和楼组成，碾压混凝土制冷系统规模 392m³/h。自卸汽车直接入仓及满管溜槽入仓的最大仓面出现在高程 581.00m，最大仓面面积为 4312m²，其最大入仓强度为 215m³/h，该仓号施工时段为 2017 年 6 月，自卸车运输需做好保温、隔热措施。铺筑层厚为 34cm，每次摊铺厚度为 17cm 左右。低温季节（10 月至次年 4 月）每铺筑一层按 8h 计算，高温季节（5—9 月）每铺筑一层按 6h 计算。根据最大仓仓面面积、层厚以及层间允许浇筑时间可以计算出最大仓浇筑混凝土的强度为 215m³/h，基于碾压混凝土强度可依次计算出相关设备的配置。

1. 碾压混凝土自卸汽车配置

混凝土运输汽车运输过程中所需时间按下式进行计算：

$$T = t_1 + t_2 + t_3 + t_4 + t_5 \tag{7.2}$$

式中：t_1为汽车装料时间；t_2为重车行走时间；t_3为汽车卸料时间；t_4为空车返回时间；t_5为滞留损耗时间。

通过运输过程中各部分实际所需时间可计算出自卸汽车运输一次所需时间为 13min。考虑到开挖设备和拌和楼每罐出料方量，高位柳树沟拌和楼采用 25t 自卸汽车装料，每车装量为 9m³。通过以上分析最大仓碾压混凝土浇筑需配置 15 台 25t 自卸汽车，才能满足最低入仓强度。结合开挖阶段的设备和备用，配置 20 台 25t 自卸汽车。

2. 平仓机配置

平仓设备生产率为

$$Q_1 = W \times V \times D \times E / N_1 \tag{7.3}$$

式中：W 为平仓机作业宽度，1.2m；V 为平仓机作业速度，1.2～1.5km/h；D 为摊铺层厚度，0.34m；E 为平仓机作业效率，0.4；N_1为平仓机的摊铺次数，1 次（一层摊铺）。

通过式（7.3）可以计算出平仓设备生产率为 195.8～244.8m³/h，按最大仓面计算配置平仓机台数量，需配备 CASE850K 平仓机 2 台。

3. 大型振动碾

大坝碾压混凝土碾压主要采用 HD130 振动碾，其生产率为

$$Q_2 = U(B - b)HK / N_2 \tag{7.4}$$

式中：U 为振动碾碾压行走速度，1.3km/h；B 为振动碾作业宽度，2.135m；b 为要求

的重叠宽度，0.2m；H 为碾压层厚度，0.34m；K 为碾压作业综合效率，0.8；N_2为碾压遍数，取 8～10 遍。

通过式（7.4）可以计算出大型振动碾的生产率为 60.37～75.47m^3/h，按最大仓面计算配备振动碾数量，需配置 3 台 HD130 大型振动碾，另需配置 1 台 HD8 小型振动碾。

7.3.2.3 碾压混凝土卸料与铺料方式

大坝碾压混凝土施工根据分区仓面面积和施工季节采用大仓面通仓薄层连续短间歇铺筑施工，铺料方式主要采用平层通仓法。采用自卸汽车直接进仓卸料时，采用退铺法依次卸料，铺筑方向与坝轴线平行。铺筑厚度由混凝土拌和及碾压能力、温度控制要求、坝体分块尺寸和细部结构等因素确定，最终本工程铺筑厚度要求控制在 30cm 之内。在靠近模板、廊道、坝基陡坡面、止水片和管路的区域进行碾压混凝土浇筑时，先采用人工在下层混凝土表面摊铺一层厚 5cm 的水泥净浆（水灰比为 0.5），然后将二级配混凝土细心地摊铺在四周，再在其上浇洒少量水泥净浆，最后用手持强力插入式振捣器仔细振捣密实。碾压混凝土部分施工工序如图 7.8 所示。

图 7.8　碾压混凝土部分施工工序

施工质量对于大坝碾压混凝土工程来说是十分重要的，关系整个大坝日后的运行，因此，对大坝碾压混凝土工程的质量控制至为关键。为了验证三河口碾压混凝土大坝的施工质量是否符合要求，对大坝进行了取芯，如图 7.9 所示。根据取出芯样的观测，芯样表面光滑致密，骨料分布均匀，层间结合良好，客观反映了三河口碾压混凝土大坝的施工质量，也进一步说明我国碾压混凝土大坝的施工质量和工艺已达到国际先进水平。

图7.9　三河口碾压混凝土大坝取芯

7.3.3　碾压混凝土施工工艺说明

1. 碾压混凝土施工工艺流程

碾压混凝土升层施工工艺流程：测量放线→立模→止水安装→仓号清理→仓号验收→混凝土入仓、平仓、摊铺→预制块吊装→碾压→下一碾压层施工工序→该升层碾压完成→养护→缝面处理→转下一升层施工工序。

2. 横缝止水安装

所有止水接缝拼接成一道连续的水封。止水采用架立钢筋固定，按设计要求填充止水材料，安装好的止水做好保护，防止变形和撕裂。止水安装后采用全站仪测量，其偏差必须符合施工规范及设计要求。除止水片外，不能有固定的金属埋件通过伸缩缝。当混凝土浇筑停止后，采取合适的防护措施保护暴露在外的以及凸出边缘的和部分埋在混凝土内的止水片的端部不受破坏。其中，橡胶止水按照要求进行加热拼接。橡胶止水带接头处的抗拉强度不低于母材强度的75%。

止水铜片按其厚度分别采用折叠、咬接或搭接连接，搭接长度不得小于2cm。咬接或搭接必须双面焊接，不得铆接或仅搭接而不焊接。焊接接头表面光滑、无砂眼或裂纹，不发生渗水。在工厂加工的接头抽查，抽查数量不少于接头总数的20%，在现场焊接的接头，逐个进行外观和渗透检查合格。止水片接头处的抗拉强度不低于母材强度的75%。止水铜片在埋入混凝土之前应进行定位，架立止水铜片时，不得在止水铜片上穿孔，用焊接铅丝或其他方法加以固定。铜片止水鼻子中心线与接缝中心线的允许偏差为±5mm，定位后在鼻子空腔内填满塑性材料。大坝结构缝内止水铜片底端必须插入基础止水槽基座内，保证止水槽基座与基岩紧密结合不产生缝隙。

3. 施工碾压

碾压作业分条带进行，各条带由上游向下游与坝轴线平行碾压，间歇层面向上游倾斜5%，碾压作业采用搭接法，碾压条带间的搭接宽度10～20cm，端头部位搭接宽度不小于100cm。变态混凝土与碾压混凝土相邻区域混凝土碾压时与变态区域搭接宽度大于20cm。需作为水平施工缝停歇的层面或冷缝，达到规定遍数及压实容重后，进行1～2遍的无振碾压。每层碾压作业结束后，及时按网格布点检测混凝土压实容重，所测容重低于规定指标时，立即重复检测，找出原因，并立即采取处理措施。碾压采用HD130振动碾，碾压施工按照先无振碾压，然后有振碾压，再无振碾压的程序进行，直至核子密度仪检测的碾压密实度达到98.0%以上，混凝土容重达到设计要求为止。振动碾行走速度为1.0～1.5km/h，碾压遍数经试验确定。

三河口工程采用分区通仓薄层施工方式，碾压方式按平层铺料平仓碾压方式施工。经平仓形成一定长度的条带后及时碾压，确保碾压混凝土能在出机后的2h内碾压完毕。建筑物周边或大型振动碾无法碾压的部位采用小型振动碾或手持式小型振动碾压实，其允许压实厚度和碾压工艺通过试验确定。

4. 层间结合

碾压混凝土本身的物理力学指标并不差于常态混凝土，根据已建碾压混凝土大坝经验，只要配合比设计合理，施工速度、施工工艺、施工质量控制得到保证，层间结合完全能够达到设计要求。

碾压层的允许间歇时间严格控制在设计范围之内，即混凝土拌和物从拌和到碾压完毕的时间不超过2h，高温季节（5—9月）碾压混凝土，上一层混凝土覆盖的时间间隔不大于6h；低温季节（10月—次年4月）碾压混凝土，上一层混凝土覆盖时间不超过8h。为确保上游面二级配防渗碾压混凝土的层间结合良好，每一碾压层层面在覆盖上一层碾压混凝土前，喷洒2mm厚的水泥粉煤灰净浆。

5. 施工缝处理

整个碾压混凝土坝体必须连续浇筑，使之凝结成一个整体，不得有层间薄弱面和渗水通道。针对施工缝主要采用高压冲毛机冲毛，以清除混凝土表面浮浆及松动骨料，冲毛标准是露砂微露石。当实际层间间歇时间在混凝土初凝时间与终凝时间之间时，需将层面的松散物或积水清理干净，在层面上铺一层20～25mm厚的砂浆，其强度比碾压混凝土等级高一级，再继续碾压混凝土的摊铺和碾压作业。当层间间隔时间接近混凝土终凝时间或层面局部出现发白失水现象时，在层面铺洒一层约3mm厚的净浆，再继续进行碾压混凝土作业。上游防渗区内（二级配范围内），每个碾压层面铺水泥净浆或水泥掺合料浆，水泥净浆、水泥掺合料浆的配合比及其覆盖时间通过试验确定。冲毛时间根据施工季节、混凝土强度、设备性能等因素，经现场试验确定，不得提前冲毛。

碾压混凝土铺筑层面在收仓时要基本上达到施工计划规定的同一高程或预定的层面形状，不得出现高低不平现象。当出现降雨或其他原因造成施工中断时，对已摊铺的碾压混凝土料及时进行碾压。对于停止铺筑的碾压混凝土面碾压成不陡于 1：4 的斜面，并将坡角处厚度小于 15cm 的部分切除。当重新具备施工条件时，根据中断时间采取相应层面处理措施后继续施工（铺水泥粉煤灰净浆或水泥砂浆）。

6. 冷却水管施工

坝体碾压混凝土施工时需埋设冷却水管，为防止冷却水管在施工过程中受冲击或碾压损坏，冷却水管不得直接铺设在老混凝土或基岩面上。碾压混凝土冷却水管铺设在刚碾完的新混凝土面上，水管接头采用膨胀式防水接头，单根长度不超过 250m，且预埋冷却水管不能跨越横缝[26-27]。

冷却水管垂直水流方向布置，水平间距为 1.5m，垂直间距与浇筑层厚相同。冷却水管采用专用 HDPE 塑料水管，铺设时顺条带进行，冷却水管布置在每个浇筑块的底部，采用钢筋卡加固在已碾混凝土上。浇筑混凝土之前进行通水试验，通水压力 0.3～0.4MPa，检查水管是否堵塞或漏水，伸出混凝土的管头加帽覆盖或用其他方法予以保护，引入廊道或坝后的水管，做好标记，管口妥善保护，防止堵塞。混凝土浇筑过程中，水管中通以不低于 0.18MPa 压力的循环水，看是否有水流渗出，用压力表及流量计同时指示水管中通水的阻力情况。如果冷却水管在混凝土浇筑过程中受到任何破坏，立即停止浇混凝土直到冷却水管修复并通过试验后方能继续进行。坝段冷却水管铺设如图 7.10 所示。

图 7.10　坝段冷却水管铺设

7. 养护及喷雾

施工过程中，碾压混凝土的仓面保持湿润。正在施工和碾压完毕但未凝的仓面防止外来水流入。在施工间歇期间，碾压混凝土终凝后即开始洒水养护。对水平施工层面，洒水养护持续至上一层碾压混凝土开始浇筑为止，对于永久暴露面分层挂设喷淋花管进行长期淋水养护。

碾压混凝土采用 3m 厚碾压连续上升的方式进行，遇特殊气象条件，可采用 1.5m

厚。当连续碾压完一个浇筑层后，需加强混凝土的湿养护，养护时间不少于28d（上部覆盖混凝土部位养护至覆盖前），避免养护面干湿交替；碾压混凝土施工过程中，仓内采用移动式喷雾机喷雾：一是对仓内混凝土进行增湿保水作用，防止混凝土表面发干变白，影响碾压；二是改变仓面小气候，形成雾化区，使仓面温度降低，湿度增大。仓面喷淋式洒水养护如图7.11所示。

图7.11 仓面喷淋式洒水养护

8. *表面保护*

碾压混凝土施工按规范要求在日平均气温3～25℃情况下进行。当日平均气温高于25℃时，必须采取防高温和防日晒的施工措施，使施工仓面内气温控制在25℃以下。对太阳辐射较强的季节，仓面碾压混凝土表面在每小层碾压结束后立即覆盖2cm EPE片材表面保温，防止温度倒灌。当日平均气温低于3℃或遇气温骤降（指日平均气温在2～3d内连续下降6℃以上）时，为防止碾压混凝土的暴露表面产生裂缝，坝面及仓面（特别是上游坝面及过流面）必须覆盖保温材料，并适当延长拆模时间，所有孔、洞及廊道等入口设帘以防受到冷气的袭击，保温材料经保温试验确定。仓面保温措施如图7.12所示。

图7.12 仓面保温措施

对日气温变幅较大季节，延迟拆模时间或在拆模后立即覆盖相应的保温材料；有温控要求的碾压混凝土，根据温控设计采取相应的防护措施；低温季节和寒潮易发期，须有专门防护措施。周转使用的保护材料，必须保持清洁、干燥，以保证不降低保护标准。

9. *大坝上游面防渗涂料施工*

三河口大坝上游面防渗涂料施工区域包含1～10号坝段，总喷涂面积约4.9万m^2。其中2mm厚涂料3.7万m^2，2mm厚涂料1.2万m^2，喷涂材料选用聚脲。

根据大坝施工混凝土分层分段情况，初步将坝前防渗层施工按4层进行分段施工，即高程 501.00m→536.00m→559.00m→602.00m→646.00m，每次以 10m 的长度进行分区域施工，各层待混凝土强度满足龄期要求后实时安排施工。在大坝防渗层施工时，选择有丰富施工经验的工人进行施工，并由专业的技术人员对聚脲喷涂设备进行操作，保证聚脲涂层的厚度达到 2mm 或 4mm 且厚薄均匀。坝前喷涂区域长度、高差较大，因此施工时选用吊笼方式进行施工。涂料原料中可能有色浆沉淀，在将喷涂机器的抽料泵分别插入聚脲 A 料和 R 料原料桶之前，将盛装多元醇组分的桶通过滚动方式来使其物料混合均匀，确保喷涂聚脲层颜色均匀。开始正式喷涂作业前，在施工现场喷涂一块 500mm×500mm 大小、2mm 和 4mm 厚样片，在施工技术人员进行外观评定检查合格后，进行喷涂施工。

混凝土基层必须将油污、灰尘及松软杂质等清理干净，并保证干燥，如果混凝土基层潮湿，首先喷涂 1～2 道封闭底漆，底漆固化后再进行喷涂施工。喷涂作业时，喷枪垂直于待喷混凝土基层，保持与基层 100～200mm 距离匀速移动。按照先细部构造后整体顺序连续施工，一次多遍、交叉喷涂至设计厚度，不出现漏涂点或一次喷涂太厚。施工中如有异常情况的发生，立即停止作业，并报告施工技术人员，待施工技术人员检查、排除故障后再继续作业。本工程喷涂面积较大，喷涂施工无法一天完成，当天完成一部分面积，剩余部分次日采用同样的方法完成，搭接长度 150mm。

10. 预制混凝土构件安装

大坝主体预制构件主要为横缝及诱导缝成缝预制重力式模板等。拱坝坝身共设置 4 条诱导缝和 5 条横缝，均为径向布置，大坝不设纵缝。诱导缝结构采用预制混凝土重力式模板组装形成，模板长 1m、高 0.3m，每两块模板对接，在缝面上呈双向间断，预制块之间水平间距 100cm，上游坝面附近诱导块沿水平方向连续布置 3 块。横缝结构采用类似于诱导缝的预制混凝土重力式模板形成缝面，将间断布置方式改成沿缝面贯通布置，形成作用明显的横缝，模板长 1m、高 0.3m。

在专用预制场地按设计图纸要求提前备好适用数量的廊道、横缝及诱导缝预制件，预制件必须达到设计强度要求后方可拉运至工作面，预备吊装。在施工道路便利的情况下，可使用载重汽车直接将预制件拉运至施工仓号。利用 16t 吊车直接吊装到位，或选用布置在坝后的塔机调至仓内，然后再用 16t 吊车转运并吊装到位。吊装方法是：待碾压混凝土仓号准备时，通过测量放线，在上、下游模板上标定出结构缝位置，吊装前利用麻绳在混凝土面标定并画线，吊装时严格控制安装精度，再利用预留插件孔固定牢靠，满足设计图纸及有关监理指令要求。其施工工序为：预制块储备→测量放线→（混凝土完成碾压面上）画出结构缝位置线→单边吊装、加固→灌区管路安装→检查验收/对接吊装、加固→检查验收。

11. 接触灌浆系统安装

接缝灌浆的主要作用是在大坝蓄水前，用水泥浆灌注大坝横缝（诱导缝），保证坝体在蓄水后运行的整体性和有效传递应力。

（1）坝体预制块接触灌浆。拱坝坝身共设置 4 条诱导缝和 5 条横缝，均为径向布置，横缝（诱导缝）通过设置预制混凝土块拼装的方式成型，横缝（诱导缝）每个灌浆区内均布置有灌浆管路，并形成一个自封闭区，横缝（诱导缝）标准灌浆区高度为 6m。

为保证灌浆质量，减少处理工作，诱导缝标准灌区采用 3 套灌浆管路和 1 套排气、冲

洗管路；预制横缝标准灌区采用两套灌浆管路和一套排气、冲洗管路；预制横缝、预制诱导缝标准灌区高 6m，从下而上布置有 2～3 套进、回浆管和一套排气、冲洗管路。每套进、回浆管上均安装有灌浆橡胶套出浆盒，排气管为 $\phi40$ 钢管，进、回、冲洗管为外径 $\phi40$ 钢管。灌浆管路待预制块单边吊装到位后排气、灌浆预留孔贯通布置成型，及时安装灌浆管路及排气管路，而后对称布置吊装另一边预制块，其中横缝管路布置利用 $\phi6.5$ 盘条按间隔 50cm 加固牢靠，确保安装管路在碾压过程中无大的位移。加工 L 形、T 形专用接头，使灌浆管、排气管和冲洗管都能有效连接，横缝及诱导缝灌区均可设置重复灌区。

(2) 坝体现浇接触灌浆。浇筑混凝土前，先安装好进浆管、回浆管、底部出浆槽、顶部排气槽、排气管以及四周止浆片。其中，出浆槽和排气槽与模板紧贴，安装牢固。管道及附件的铺设有一定的倾斜度，使其具有自流排水效果，同时防止在浇筑过程中管路移位、变形或损坏。出浆槽和排气槽的盖板在浇筑前安装，盖板端部有 10cm 的搭接部分，搭接部位用沥青或焦油涂抹，以形成一连续完整的隔离面，盖板安全牢固锚在混凝土上，并无凹凸疵点。盖板贴合的混凝土面按图纸要求涂上稠水泥浆或其他批准材料，材料要保证能将盖板与混凝土之间的周围缝隙密封，不漏水、不漏浆。所有管路在连接过程中管口用堵头保护，管口保持高出混凝土面 1m，防止混凝土碾压浇筑过程中移位、变形和损坏。灌浆区各套进、回浆管路出露坝面长度不小于 30cm，按统一顺序排列，做好标记和记录，以防混淆，并做好孔口保护以免堵塞。

(3) 岸坡接触灌浆。在拟浇筑混凝土范围预埋接触灌浆管道，引管安装时严格控制平顺，管路转弯处平缓连接，减少灌浆压力的局部损失。为防止固结灌浆施工期间钻孔打断接触灌浆管，在灌浆管固定时一定要固定牢固，以免混凝土浇筑时管路错位。灌浆系统管路埋设在斜坡段，灌区完全覆盖需要较长时间。因此，灌浆管路露天暴露时间较长，为防止意外破坏，在管路安装完成后，必须有专人负责看管管路，并在每次浇筑混凝土前进行通水检查。在混凝土浇筑时段，灌浆系统及排气系统埋设完成以及混凝土浇筑覆盖灌区后，必须进行通水检查，在确认管路不存在问题后，进行下一步工序。灌浆管直接引至坝后，在安装时注意外引管口要整齐、有序并打钢印、挂号牌等标注。外露管口在施工过程中均采用橡胶塞或木塞严密封堵，妥善保护。

7.3.4 模板工程与钢筋工程

1. 模板工程

大坝碾压混凝土浇筑所用模板主要为翻升钢模板、异型模板和小型组合钢模板。所有定型钢模板均由专业模板厂承担加工制作，模板制造严格按照《水利水电工程模板施工规范》(DL/T 5110—2000) 实施。

翻升悬臂钢模板作为大坝上、下游主要模板，由上、下两块模板组成，上块承受施工时混凝土侧压力，下块作为上块的支承体，并固定在已浇筑混凝土面上，随着坝体上升互为支承，向上翻升[28]。依据三河口大坝各坝段长度特点以及使大坝整体建筑达到协调美化的形象，模板采用尺寸为 2.1m×3.0m（高×宽）规格，共制作了 558 块，总重量为 559.6t。针对无法使用大型悬臂翻升钢模板的部位，均采用专门设计的异形模板或小型组合钢模板，如需采用木模浇筑则需在木模表面贴PVC板，以保证混凝土成型外观质量。

模板的施工程序：安装→模板校正及复测→涂刷脱模剂→混凝土浇筑→拆模及维护→下一循环。模板的安装需采用16t仓面吊，安装时先将下层模板的各紧固件松除，用仓面吊吊至上层模板上，基本就位后将连杆连接，通过连杆进行内外向倾角微调，最后将相邻模板用U形卡固定。混凝土浇筑过程中，设置专人负责检查盯仓，紧固拉杆螺栓，防止模板跑模及监控承重支架稳定性。模板周边采用人工振捣的方式，同时卸料时注意控制吊罐位置，防止设备碰撞模板。模板拆除根据不同部位，在混凝土达到规定的拆模强度后才能拆除，拆模时要采用措施，不损伤混凝土及模板。模板拆除后要用电动钢刷或小铲对面板进行认真清理，并涂刷好脱模剂。模板根据使用情况定期轮流回厂检修，模板周转次数初步按40次考虑，周转40次以后将模板更换为新的模板。

2. 钢筋工程

碾压混凝土钢筋安装主要包括抗震钢筋、泄水孔周边、溢流面、电梯井等部位。钢筋安装程序：测量放点→制作架立筋→钢筋绑扎焊接→依据图纸检查钢筋根数、间距、型号→验收。钢筋安装前经测量放点以控制高程和安装位置，钢筋安装采用人工架设。钢筋安装的位置、间距、保护层及各部分钢筋的大小尺寸，严格按施工详图和有关设计文件进行。钢筋网采用绑扎预制混凝土块以保证保护层厚度，安装后的钢筋加固牢靠，且在混凝土浇筑过程中安排专人看护经常检查，防止钢筋移位和变形。

现场钢筋的连接采用手工电弧焊焊接和机械连接，对于能够采用机械连接的部位，优先考虑机械连接，机械连接接头钢筋直径不小于25mm时，采用螺纹套筒连接。若采用手工电弧焊焊接，钢筋直径小于28mm时，采用绑条焊接；钢筋直径小于25mm时，可视不同部位采用绑扎接头。钢筋接头分散布置，且满足设计文件、技术及规范要求，钢筋网交叉点的绑扎按设计文件、技术及规范要求绑扎。

钢筋在储存及运输过程中避免锈蚀和污染，钢筋堆置在仓库内，露天堆置时要垫高并加遮盖。钢筋加工时，首先对钢筋调直和清除污染，切割和打弯可在加工厂或现场进行。采用弯曲机打弯，不允许加热打弯。钢筋安装时，一般采用现场人工绑扎，绑扎前要放点划线，以保证安装位置准确。并采用架立筋固定，在混凝土浇筑过程中及时检查防止变动。按焊接部位和钢号选用焊条、焊机及焊接工艺，保证焊接质量。

7.3.5 特殊气候条件下碾压混凝土施工

1. 高温条件下碾压混凝土施工

三河口水利枢纽大坝碾压混凝土施工期间气温等于或高于25℃时，通过大幅度削减层间间隔时间，采取防高温、调节仓面小气候等措施，避免混凝土在运输、摊铺和碾压时，混凝土温度大幅度回升及表面水分迅速蒸发散失[29-30]。

(1) 出机口温控。通过骨料二次风冷，并采取加冰、加制冷水拌和等措施，使混凝土出机口温度尽量达到预冷混凝土的最低温度限值。控制混凝土细骨料的含水率6%以下，且含水率波动幅度小于2%。

(2) 混凝土运输过程中温控。在皮带机上搭设遮阳棚，避免阳光直射，减缓运输过程

中混凝土温升；采用具有环保和保温功能的全封闭保温防雨性自卸汽车，以有效控制混凝土在运输途中的温度回升。该措施在三峡工程中曾经成功使用，可满足要求。碾压混凝土碾压完成和变态混凝土振捣密实后立即覆盖等效热交换系数 $\beta \leqslant 10.0$kJ/(m^2·h·℃) 的保温卷材进行保温隔热。为防止新浇混凝土与保温被黏结，先在混凝土面铺一层塑料布，然后覆盖保温被。通过运输、浇筑过程中的各种防护措施，控制混凝土温度从出机口至碾压完成或振捣密实温度回升不大于 6℃；为了避免阳光直射满管表面，防止温度回升，满管表面包裹保温被；最大限度地缩短高温季节混凝土浇筑间歇时间，严格按照设计要求控制每一层的间歇时间。

（3）合理控制浇筑层厚及间歇期。在满足施工进度要求的同时，尽可能采取薄层、短间歇、均匀上升的浇筑方法；具体浇筑层厚根据温控、浇筑方式、结构型式和立模等条件统筹考虑后进行选定，控制在 3m 以内；利用较多的散热面进行自然散热，进一步降低混凝土水化热温升，从而有效降低坝体最高温度，层间间歇期不能过短也不能过长，控制混凝土层间间歇期不少于 5d。

（4）仓面措施。仓面碾压施工时，在仓号内布置移动式喷雾车进行喷雾，喷雾机可摆动机头。现场浇筑仓面喷雾，可降低周围环境温度 3～6℃，喷雾时控制水量，使雾滴直径达到 40～80μm，避免水分过量；在坝体的上、下游坝面进行淋水养护，以降低混凝土的温度，间歇层面进行洒水养护，保持混凝土面湿润，养护至下一升层混凝土施工；振动碾在碾压混凝土施工过程中，必要时可启动振动碾的淋水系统，进行淋水碾压，自行补水，防止粗骨料发白、发干；根据施工仓面的实际情况，掌握每个不同施工时段 VC 值的变化曲线，及时调整碾压混凝土施工中的 VC 值；坝体预埋的冷却水管及时通水冷却；选定合适高效的缓凝剂在碾压混凝土中掺入，以延长混凝土的凝结时间，保证碾压混凝土的施工时间。

2. 低温条件下碾压混凝土施工

碾压混凝土不得在－3℃以下的环境中进行浇筑，在气温骤降季节（10 月至次年 4 月），加强混凝土表面保护，新浇混凝土拆模后，立即覆盖等效热交换系数 $\beta \leqslant 9.0$kJ/(m^2·h·℃) 的保温材料，保护材料紧贴保护面。对坝体上、下游面及孔洞部位全年贴 30～50mm 厚聚苯乙烯泡沫塑料板。

（1）混凝土表面保护。对于上下游面、电梯井外壁等永久暴露面，施工期保温按外挂保温材料的全年保温方式，采用粘贴聚苯乙烯泡沫塑料（EPS）进行保温。施工方法：将聚苯板粘贴在混凝土表面，聚苯板粘贴前先在外表面涂刷一遍 KP－2K 水泥基双组分柔性防水涂料，待防水涂料干后再进行聚苯板粘贴。黏结剂为 KP－WDVS，具有良好的黏结性和高透气性，主要用于粘贴各种硬质聚合材料，如保温矿棉板、聚苯板等。KP－WDVS 黏结剂使用前要对基底进行预处理，包括清除基层表面粉尘、油垢和其他杂物，用量大约为 3～4kg/m^2。具体施工时可用条粘法和点粘法，采用点粘法时，粘贴范围均匀布点，点粘面积与聚苯板面积之比不小于 40%。板与板之间挤紧压实，不能有缝隙。粘贴完成后，在聚苯板表面采用抹、滚、刷的方法再均匀刷涂 1 道 KP－2K 防水涂料，其由无机材料（水泥基）和高分子材料复合而成，延伸性和耐水性好，变形适应性强，无毒质、无污染，是一种绿色材料。KP－2K 可任意选择刷涂、滚涂和喷涂的方法施工，无论施工面大小，形状如何，直面还是曲面，都可以形成整体性的防水涂膜，涂刷2～3遍，即可达到1.0～1.5mm厚。一般情况下，每道涂刷的时间间隔为3～6h，干燥快，成膜快，施工效率高。防水层涂刷时特别注意对接缝部位的封闭涂刷，每道涂刷完成后认真进行检查，防水涂层不得出现漏刷、裂纹、起皮、脱落等现象，且24h内不得有流水冲刷。

主坝在低温季节到来前完成坝面的全年保温，即完成当年施工混凝土越冬前的聚苯板粘贴工作，实际施工时，采用手压葫芦牵引的工作平台进行坝面保温板粘贴。另外，对于低温季节浇筑的混凝土，其上下游坝面在拆模后及时粘贴聚苯板，完成保温工作，具体施工时，可在大模板底部具有保温性能的封闭工作平台内进行操作。

(2) 横缝面及上表面临时保护。在低温季节或寒潮来临时，各坝块横缝面及上表面采取临时保护方式，保温采用玻璃棉保温被或聚氯乙烯卷材。施工方法：上表面保护直接用保温材料覆盖，保温材料之间搭接不小于30cm。横缝面临时保护利用大模板的爬升锥孔作为固定点张挂保温被，后用铅丝、木板、钢筋等加以固定，保温层之间搭接严密。因临时保温的部位多为低温期内近期浇筑的混凝土，所以保温量不大，横缝表面高度较小，利用大模板底部的工作平台或简易爬梯即可完成混凝土侧面保护。

(3) 混凝土低温期施工综合防裂措施。为满足混凝土防冻防裂要求，严格控制混凝土的浇筑温度满足设计温控标准。当外界日平均气温较低时，在混凝土运输和浇筑过程中通过运输设备临时保温、加快运输速度、仓面覆盖保温等措施以减少混凝土温度损失；一般情况下开盘时间最好放在白班，并在夜间气温达到最低之前收盘；为避免混凝土表面受冷击应力作用，凿毛清理工作放在上午10时以后、下午6时以前日照较好时段揭开保温材料进行，其他时段尽量避免凿毛；混凝土永久面和临时面严格按相应保温措施要求进行保温，所有通过坝体廊道、底孔以及其他具有相当尺寸的孔口，自该孔洞周围的混凝土开始浇筑起，对孔口进行封闭或者在坝面或其他暴露在外的表面设门，并随时使门处于关闭状态，进行挡风保温，防止冷空气对流；积极做好气象预报工作，在寒潮来临之前及时对大坝及重要结构部位混凝土表面进行保护。

3. 多雨条件下碾压混凝土施工

加强气象资料收集工作，及时了解雨情和其他气象情况，妥善安排施工进度。在降雨强度小于0.3mm/6min的条件下，可适当加大搅拌楼机口拌和物VC值，适当减小水灰比，卸料后立即平仓、碾压或覆盖，未碾压的拌和料暴露在雨中的受雨时间不超过10min；当降雨强度不小于0.3mm/6min时，暂停施工，已入仓的拌和料迅速平仓、碾压；如遇大雨或暴雨，来不及平仓碾压时，用防雨布迅速全仓面覆盖。待雨后，若仓面未碾压的混凝土尚未初凝，可恢复施工。若漏碾且已初凝而无法恢复碾压，以及被雨水严重浸入者，应予清除。

4. 多雾条件下碾压混凝土施工

雾天施工必须加强仓面照明，确保布料设备、平仓机、振动碾及其他设备的照明系统工作良好。采用仓面汽车转料时，自卸汽车必须安装防雾灯。仓面周边可安设防雾装置，以减少雾气影响，确保施工正常进行。

7.4 常态、变态、异种混凝土施工

7.4.1 常态混凝土施工

三河口工程常态混凝土施工主要包括：大坝基础垫层、2个泄洪放空底孔、3个泄洪表孔、闸墩、支撑大梁、启闭机室、溢流面抗冲耐磨混凝土、孔口门槽等部位二期混凝土、坝后电梯井、消力塘、集水井衬砌混凝土、灌浆平洞衬砌、断层处理洞衬砌、回填、地质平洞回填、导流洞封堵等。

常态混凝土主要工程量包括常态混凝土：37万 m^3，钢筋制安：1.84万t，铜止水：0.56万m，橡胶止水：0.8万m。工程量详见表7.4。

表7.4　　常态混凝土主要工程量统计

序号	部位及施工项目	单位	数量	备注
一	大坝			
1	C25混凝土基础垫层	m^3	8180	W6F100三级配
2	C30混凝土梁板柱	m^3	2950	二级配
3	廊道C25预制混凝土	m^3	3120	二级配
4	钢筋制安	t	710	
5	坝体内部盲沟型排水管	m	6110	管径150mm
6	大坝紫铜止水（厚度1.5mm）	m	2950	宽度650mm
7	653橡胶止水带	m	2950	
8	坝面高分子涂料	m^2	37000	2mm厚度
9	坝面高分子涂料	m^2	12000	4mm厚度
10	表孔C25混凝土（二级配）	m^3	78104	
11	表孔C30混凝土（二级配）	m^3	6536	
12	表孔C40混凝土（二级配）	m^3	7491	
13	表孔钢筋制作与安装	t	5687.4	
14	表孔C30二期混凝土（二级配）	m^3	600	F150
15	底孔C25W6F100混凝土（二级配）	m^3	32206	底孔上部
16	底孔C30W6F100混凝土（二级配）	m^3	30210	流道及梁板
17	底孔通气钢管M900	m	450	$\delta=12mm$
18	底孔钢衬锚筋（$\phi32$）	根	3418	$L=1.5m$
19	底孔钢筋制作与安装	t	4958.8	
20	C30底孔二期混凝土（二级配）	m^3	900	F150
21	进水口C30混凝土壁筒（二级配）	m^3	21770	W6F100

续表

序号	部 位 及 施 工 项 目	单位	数量	备　注
22	进水口钢筋制作与安装	t	1740	
23	C30 进水口二期混凝土（二级配）	m^3	400	F150
24	电梯井 C30 混凝土壁筒（二级配）	m^3	4617	
25	电梯井 C30 混凝土楼梯（二级配）	m^3	749	
26	电梯井 C30 混凝土回填（二级配）	m^3	1785	
27	钢筋制作与安装	t	515	
28	C30 电梯井二期混凝土（二级配）	m^3	300	
29	C25 微膨胀细石混凝土（二级配）	m^3	100	基础止水坑
30	灌浆平洞 C25 衬砌钢筋混凝土（二级配）	m^3	2931	
31	断层处理洞 C25 衬砌混凝土（二级配）	m^3	9380	
32	建基面断层回填混凝土 C25（二级配）	m^3	6960	
33	灌浆平洞钢筋制安	t	147	
34	断层处理洞钢筋制安	t	477.6	
35	洞子回填混凝土 C25（三级配）	m^3	21474	
36	回填混凝土 C30（二级配）	m^3	3426	
二	消力塘工程			
1	C30 混凝土（二级配）	m^3	118130	W6F100
2	C40 混凝土（二级配）	m^3	18220	W8F200
3	钢筋制安	t	4580	
4	紫铜止水（厚度 1.2mm）	m	2640	宽度 650mm
5	653 橡胶止水带	m	4915	
6	聚乙烯泡沫板	m^2	17370	
7	DN100 软式透水管	m	12845	
8	DN300 软式透水管	m	1090	
9	廊道排水孔	m	425	埋 DN55PVC 管
10	ϕ80 排水孔	m	990	护坦、二道坝底部
11	3ϕ28 锚杆束	束	2705	3 根一束，$L=6$m
12	集水井 C30 衬砌混凝土（二级配）	m^3	300	W6F150

7.4.1.1　常态混凝土施工整体规划

大坝基础垫层常态混凝土于 2016 年 9 月初开始浇筑，并对河床坝段坝基垫层常态混凝土浇筑进行合理规划；边坡坝段斜坡段基础垫层常态混凝土随碾压混凝土同时施工，混凝土浇筑设备主要为长臂反铲、溜槽。进水口坝段、底孔坝段常态混凝土与碾压混凝土之间设置临时施工缝，碾压混凝土与常态混凝土先后浇筑整体上升，施工至压力钢管底部1.5m位置时，再安装压力钢管钢衬，完成后对周边常态混凝土进行施工，混凝土浇筑设备主要为M900塔机、溜槽。针对表孔坝段常态混凝土施工，高程602.00m以上至坝顶部位常态混凝土按分层施工，溢流面以下1m范围C40常态混凝土浇筑时先预留台阶，后期采用拉模整体浇筑1m厚抗冲耐磨混凝土，坝顶2m常态混凝土分坝段浇筑。表孔坝段常态混凝土浇筑设备主要利用1台C7050塔机、1台M900塔机及2台SHB25梭式布料机。坝顶常态混凝土均按坝段分缝施工，混凝土浇筑设备主要为1台C7050塔机、1台M900塔机及2台SHB25梭式布料机。大坝2m垫层常态混凝土分8块跳仓浇筑完成，大坝高程602.00m以上常态混凝土主要以3m分层施工，局部遇孔口适当调整分层，其中坝顶层按2m分层施工；表孔坝段溢流面以下1m范围常态混凝土浇筑时预留台阶，采用拉模整体浇筑抗冲耐磨混凝土，分缝以不同特征线的相交部位为原则。大坝常态混凝土主要采用悬臂模板、组合钢模板施工，局部体型不规则处，如胸墙、闸墩、孔口等部位，制作定型钢模板施工。

7.4.1.2 施工总体布置

常态混凝土施工总布置主要包括施工区道路布置、坝体施工交通布置、施工供风布置、施工供水布置、施工排水布置、施工机械布置、混凝土运输及施工仓内设备规划等。

1. 施工区道路布置

常态混凝土工程施工道路主要利用上游围堰下基坑道路、高位系统“之”路、L3号路、左、右岸坝顶公路、左岸高程546.50m低位公路、通往消力塘临时施工道路、下游围堰下基坑道路。主要道路包括：①低位混凝土生产系统→下游基坑（低位混凝土生产系统→4号施工道路→下游围堰→消力塘底板）；②高位混凝土生产系统→下游基坑（高位混凝土生产系统→1号施工道路→2号施工道路→4号施工道路→下游围堰→消力塘底板）；③低位混凝土生产系统→大坝基坑（低位混凝土生产系统→4号施工道路→L1临时道路→下游围堰→消力塘底板）；④高位混凝土生产系统→大坝基坑（高位混凝土生产系统→L3施工道路→上游围堰→基坑）。

2. 坝体施工交通布置

坝后设计有五条永久马道，分别为：高程550.00m、高程565.00m、高程588.00m、高程610.00m、高程628.00m，作为坝体施工期水平交通通道，同时为满足接缝灌浆施工要求，在下游结构线部位每12m/18m设置临时钢结构水平通道。泄洪底孔及溢流坝段溢流表孔可通过临时水平钢栈桥进入施工作业面。根据大坝设计体形及施工特点，在每层水平通道之间设置垂直钢转梯，作为坝体施工期临时垂直交通，具体布置为：①在4号、5号坝段坝后分缝处设置一组钢转梯，作为大坝左岸的临时垂直交通设施；②在6号、7号两个坝段坝后设置一组钢转梯，作为右岸的坝体临时垂直交通设施。

3. 施工供风布置

大坝及消力塘常态混凝土施工用风主要为插筋钻孔，用风量较小，采用1台移动式21m^3/min电动空压机即可满足施工用风。

4. 施工供水布置

供水管路布置根据系统供水管路的布置情况，自主供水管路设置支管，然后通过坝后交通布置、坝内廊道架设相应的供水分管至施工部位接取使用。施工过程中随着坝体的上升延伸供水管路，出水口高程随坝体上升，仓内用水管路采用1寸软管接引。

5. 施工供电布置

常态混凝土施工主要用电设备包括：C7050塔机、M900塔机、MZQ1000门机、SHB25梭式布料机、HBT60混凝土泵、GCHJ70/70型冲毛机以及电焊机、振捣棒、喷雾机、水泵等电气设备，施工用电根据总平面布置就近接引到各施工部位使用。

6. 施工排水布置

常态混凝土施工排水主要包括：坝基渗水、雨水、冲洗废水、养护水等，施工期排水主要利用临时集水坑、排水沟向主集水坑抽排水再从主集水坑排出施工区域。

7. 施工机械布置

常态混凝土主要施工设备见表7.5。

表7.5　　常态混凝土主要施工设备

序号	名　称	规格型号	单位	数量	备　注
1	塔机	C7050	台	1	底部高程541.00m
2					底部高程602.00m
3		M900	台	1	底部高程511.00m
4					底部高程602.00m
5	门机	MZQ1000	台	1	底部高程511.00m
6	梭式布料机	SHB25	台	2	底部高程602.00m
7	混凝土泵	HBT60	台	2	

M900塔机主要承担大坝进水口、底孔、表孔坝段、消力塘上游、坝顶附属结构等部位的常态混凝土垂直运输任务及大坝施工材料的吊运入仓和金属结构与模板安拆工作；C7050塔机主要承担大坝进水口、底孔、表孔坝段、坝顶附属结构等部位的常态混凝土垂直运输任务及大坝施工材料的吊运入仓和金属结构与模板安拆工作；MZQ1000门机主要承担消力塘右岸边坡、底板、二道坝等部位的常态混凝土垂直运输任务和压力钢管安装及消力塘施工材料的吊运入仓和模板安拆工作；HBT60混凝土泵分别负责左岸消力塘边坡、导流底孔回填、断层处理洞衬砌、回填、灌浆平洞衬砌、地质平洞回填等部位的常态混凝土垂直输送。常态混凝土水平运输主要采用自卸汽车、搅拌罐车进行运输。

8. 混凝土运输及施工仓内设备规划

常态混凝土垂直运输主要采用C7050塔机、M900塔机、MZQ1000门机、SHB25梭式布料机、混凝土泵车浇筑，水平运输主要采用20t自卸汽车、25t自卸汽车和6m³、9m³混凝土罐车运输。

针对仓面作业机械配备，在底孔及表孔坝段常态混凝土施工部位体形小、钢筋多、金属埋件多的部位，大型平仓、振捣设备难以发挥效力，此部位混凝土浇筑均采用塔机吊罐浇筑，人工振捣。仓号止水及钢筋密集部位平仓机和振捣臂难以到达且施工质量不能保证，浇筑仓号模板周边、止水部位、钢筋密集部位采用人工平仓振捣以确保混凝土浇筑质量。大坝常态混凝土施工配备2台塔机、2台梭式布料机可满足大坝常态混凝土施工要求。另外根据仓号体型和混凝土工程量配备足够的手持式振捣棒以满足仓号施工要求。常态混凝土备仓施工主要起重工作为大型模板的安装拆除及金属结构安装、施工设备倒运等，主要采用2台塔机同时配备1台16t轮胎式汽车吊，以满足备仓期间的仓内起重吊运工作。

7.4.1.3 常态混凝土施工方法

1. 大坝基础垫层常态混凝土施工

三河口大坝5～6号河床坝段基础垫层混凝土厚度2m，基础垫层分8个区进行浇筑，其单块混凝土最大面积437m^2。大坝基础垫层常态混凝土按2.0m分层一次进行施工，主要采用溜槽、长臂反铲进行浇筑。

（1）基岩面处理。采用高压水冲洗基岩面上的杂物、泥土及松动岩石、淤泥、松散软弱夹层等，并排干积水。基岩面上的水锈和锚杆锈蚀采用钢丝刷刷除，部分附着力较强的水锈，采用人工凿除的方法清除。经清理和处理验收满足混凝土浇筑条件的基岩面和缝面，在浇筑混凝土前保持洁净和湿润。坝基面处理如图7.13所示。

图7.13 坝基面处理

基岩渗水用堵、引、排的方法进行处理。对无压或压力较小的裂隙水，用棉纱及水泥砂浆封堵；有一定压力的集中渗水，在渗水处打风钻孔埋管引出仓外；渗水点较密集，采用钻孔方法不能有效地排除渗水时，在仓位浇筑前，先将渗水引至基岩较低处形成临时的集水坑，混凝土浇筑至集水坑处时，及时抽排积水，并快速覆盖混凝土。

（2）模板施工。基础垫层混凝土主要为横缝及坝体下游面模板，采用大、小型钢模板施工，模板配置尺寸为3m×2.1m（宽×高）的大型模板及P1015、P3015及P6015小型钢模板，止水部位配置部分散木模补缝。

（3）混凝土浇筑。混凝土采用25t自卸汽车拉运，利用溜槽、长臂反铲入仓进行浇筑，以确保混凝土入仓强度满足要求。混凝土入仓后及时平仓振捣，随浇随平，不得堆积，并配置足够的劳力将堆积的粗骨料均匀散铺至砂浆较多处，但不得用砂浆覆盖，以免造成内部架空。

2. 底孔坝段常态混凝土施工

大坝底孔布置在 5 号、6 号坝段，孔口底板高程 550.00m，孔口尺寸 4m×5m（宽×高），底孔事故检修门至工作门之间，孔身段为钢衬结构，工作门以下为泄槽段。底孔坝段碾压混凝土施工至高程 548.50m，随后在仓面预埋底孔钢衬安装加固埋件，钢衬安装完成验收合格后浇筑常态混凝土。

（1）模板施工。底孔进口段根据设计体形制作两套异型钢模板投入施工现场使用，以确保进口段体形及施工质量，孔口封顶采用预埋定位锥安装型钢桁架支撑来完成进口段孔口封顶施工。所有水流经过部位均采用新制作或表面平整度好的既有模板，模板工艺均进行工序单独验收以确保过流面混凝土施工质量。

（2）混凝土浇筑。底孔混凝土主要采用一台塔机吊 $6m^3$ 卧罐进行浇筑，长臂反铲辅助浇筑。混凝土水平运输采用 20t、25t 自卸汽车和 $6m^3$、$9m^3$ 混凝土搅拌罐车，取料点位由自卸车拉至碾压仓内就近设置。底孔高程 548.50～550.00m 仓号孔身段钢衬底部 1.0m 范围内为确保混凝土密实度，采用浇筑高流态自密实混凝土，高流态混凝土采用塔机吊运入仓，借助仓内临时布置的溜槽冲灌到钢衬底部。底孔钢衬底部在混凝土浇筑前预埋接触灌浆系统，后期进行接触灌浆以确保钢衬周边混凝土施工质量。

由于高流态自密实混凝土呈流体状态，为确保混凝土在垂直吊运过程中不撒漏，在混凝土由搅拌罐车卸入卧罐前安排专人对卧罐底部卸料口进行封闭。通过借助在备仓搭设的临时专用溜槽导向冲灌到具体浇筑部位（钢衬底部），溜槽利用钢管脚手架搭设，顶部均设置卸料平台，溜槽布置在钢衬一侧间距控制在 3m 以内，溜槽角度在 60°左右，不得小于 45°。一个孔口的高流态自密实混凝土分两次浇筑完成，首先施工钢衬底部周边以外的常态混凝土，钢衬底部浇筑一层混凝土，钢衬底部周边采用台阶预留出高流态混凝土区域。在两侧常态混凝土浇筑到 1m 高程时浇筑第一次高流态混凝土，一次浇筑高度为 1.0m。第一次高流态自密实混凝土浇筑完后，继续施工两侧常态混凝土至 1.5m 高程，然后立即开始浇筑第二次高流态混凝土至两侧仓面高程，两侧混凝土可略高。

（3）施工质量保证措施。为确保底孔钢衬底部的混凝土与钢衬良好结合，避免架空及空洞，钢衬底部均设置灌浆系统。待钢衬底部混凝土龄期到达后，进行接触灌浆以确保钢衬底部混凝土施工质量。钢衬底部较平，所以高流态自密实混凝土浇筑时利用溜槽向钢衬底部冲灌，溜槽设置在钢衬施工面较为宽阔的一侧，高流态混凝土向钢衬底部冲灌浇筑时从钢衬一侧冲灌。严禁从两侧同时冲灌浇筑，以免两侧混凝土同时进入时中间产生空气集中无法排除。高流态自密实混凝土浇筑时表面会产生许多泡沫，及时安排人员用刮浆板将泡沫集中排出浇筑仓号。针对高流态混凝土自密实的特点，在高流态区域均安装铁管通水冷却，施工时适当加密铁管间距。冷却铁管在开仓前安装完成，并通有压水检查铁管，确认无异常情况方可开仓浇筑。此外，需确保混凝土的入仓强度，开仓前全面检查塔机、混凝土吊罐、混凝土运输设备，在确保施工设备状况良好的情况下开仓浇筑。仓号浇筑资源严格按工艺设计配备，开仓前逐项清点核对，确认无误后开仓浇筑。

3. 溢流表孔常态混凝土施工

三河口大坝 5～6 号坝段跨纵缝布置三个溢流表孔，孔口宽度 15m，堰顶高程 646.00m，其中左溢流面底部出口高程 603.57m，为收缩式喇叭口形式；中孔溢流面底部

出口高程 612.78m，出口为开放式喇叭口；右孔溢流面底部出口高程 603.00m，出口为收缩式喇叭口。溢流面两侧导墙均为 6m 宽，溢流表孔过水面均为 1m 厚度的抗冲耐磨混凝土。

（1）分层分缝。溢流表孔坝段 5 号、6 号坝段的溢流面采用预留台阶后期分缝整体施工，其他部位常态混凝土与两侧碾压混凝土分层基本相同，分层均按 3m 控制，遇台阶等可适当调整层厚。由于表孔坝段仓面面积较大，浇筑设备入仓强度有限，5 号、6 号坝段将分开施工。

（2）模板施工。溢流表孔出口段模板主要采用大型悬臂及多卡模板施工，局部体形不规则处加工制作异型模板以确保泄槽过流面施工质量；坝前、坝后牛腿部位采用预埋型钢立柱＋拉杆方式加固。所有水流经过部位均采用新制作或表面平整度好的既有模板，模板工艺均进行工序单独验收以确保过流面混凝土施工质量。

（3）混凝土浇筑。溢流表孔坝段常态混凝土垂直吊运主要采用两台塔机吊 $6m^3$ 卧罐和梭式布料机浇筑，塔机供料采用 20t 自卸汽车水平运输。塔机吊罐浇筑控制卸料高度不超过 1.0m，以防止由于卸料不当造成骨料分离。混凝土入仓后及时平仓振捣，随浇随平，不得堆积，并配置足够的劳力将堆积的粗骨料均匀散铺至砂浆较多处，但不得用砂浆覆盖，以免造成内部架空。抗冲耐磨混凝土均采用二次振捣工艺，以确保抗冲耐磨混凝土时施工质量，钢筋及预埋件密集部位加强振捣。溢流面 1m 常态抗冲耐磨混凝土预留台阶二期拉模整体浇筑，预留台阶部位二期浇筑前需对施工缝进行凿毛处理，并加强交接处振捣确保施工缝处结合良好。

4. 进水口坝段常态混凝土浇筑

三河口大坝左岸 7 号坝段为进水口坝段，进水口坝段主要常态混凝土量包括进水口压力钢管孔口周边常态混凝土、坝前闸门处常态混凝土和坝后电梯井常态混凝土。进水口坝段常态混凝土和碾压混凝土先后整体上升浇筑，主要采用塔机作为常态混凝土施工材料及混凝土浇筑的垂直吊运设备。进水口坝段取水口部位常态混凝土宽度 12m，在高程 528.50m 处遇坝前牛腿常态混凝土，主要采用塔机吊 $3m^3$ 罐浇筑；在高程 540.00m 以上时，采用塔机为主、仓内反铲配合的方式进行浇筑。

进水口 7 号坝段高程 528.50～646.00m 常态混凝土随碾压混凝土先后整体上升浇筑，施工分层主要依据浇筑设备的生产能力，仓号主要按 3m 分层施工，遇廊道等结构适当调整分层施工。进水口坝前牛腿采用组合模板施工、仓内预埋型钢立柱作为牛腿前后拉杆支撑，坝前、坝后牛腿部位采用预埋型钢立柱＋拉杆方式加固。

5. 电梯井常态混凝土施工

三河口大坝在 7 号坝段布置一座电梯井，截面尺寸 7m×9m，底部高程 513.00m（缓冲坑），顶部高程 656.00m（设备平台），采用 $C_{28}25$ 常态混凝土。电梯井结构沿高程分别在 515.00m、550.00m、565.00m、588.00m、610.00m、628.00m、646.00m 设置进出口。

（1）分层分缝。电梯井采用整体提升模板施工，随坝前碾压混凝土先后整体上升施工，分层主要按 3m 控制，局部分层厚度 1.5～2.5m。

（2）模板施工。电梯井井筒混凝土采用整体提升模板施工；电梯井外部模板采用多卡悬臂模板；休息平台、楼梯部位制作采用散装钢模板施工，局部异形部位采用木模板，楼梯间模板采用满堂钢管支撑。电梯井井筒混凝土整体提升模板采用大面钢板制作，面板厚度 6mm，边肋板采用 6mm 钢板，中肋板采用 5mm 钢板，模板背架采用［10 槽钢和∠100×63 角钢制作。

（3）混凝土浇筑。电梯井部位常态混凝土主要采用一台塔机吊 $3m^3$、$6m^3$ 卧罐进行浇筑，塔机供料采用 20t 自卸汽车从下游交通桥低位拌和站拉料，由低位公路经过交通桥、下游围堰、消力池基坑至取料点，取料地点为坝后消力塘高程 511.00m 供料平台。

塔机吊罐浇筑控制卸料高度按照 1.0m（距离模板）控制，以防止由于卸料不当造成骨料分离和防止吊罐碰撞模板造成危险。混凝土入仓后及时振捣，不得堆积，并严格控制下料厚度及强度，同时配置足够的劳力将堆积的粗骨料均匀散铺至砂浆较多处，不得用砂浆覆盖骨料集中部位，以免造成内部架空，造成缺陷。振捣设备主要采用 ϕ100 棒，ϕ50 软轴辅助振捣，严禁振捣棒撞击模板、拉筋。施工时安排专人指挥塔机下料，同时配备专职安全人员不少于 1 人、模板工 3 人现场盯仓，确保施工安全。

6. 坝顶常态混凝土施工

三河口大坝坝顶结构一般包括电缆沟、监测沟、门机轨道槽、门机轨道大梁、启闭机等结构。特点是工程量小，结构复杂，均为钢筋混凝土结构。

（1）坝顶结构混凝土施工。坝顶电缆沟、监测沟根据设计体形采用组合钢模板在后方加工厂拼装成整体定标准节模板，用载重汽车拉运到施工现场后采用塔机或仓面汽车吊吊装加固。梁、板、等小型结构采用组合钢模板施工，对于坝顶栏杆等小型结构采用维萨模板施工，确保外露永久面达到面装修效果。

坝顶常态混凝土厚度为 2m，按照设计横缝位置分块浇筑，共计 10 块。主要采用塔机吊 $6m^3$、$9m^3$ 卧罐浇筑，混凝土水平运输采用 20t 和 25t 自卸汽车。塔机取料地点为左岸高程 646.00m 坝顶平台，供料点初始布置在坝顶公路，随后供料点随着坝顶浇筑由坝边往中推进。坝顶永久面收面层均安装型钢刮轨，测量控制收仓面高程，误差不超过±3mm。收面时采用振动梁找平，抹面机收光抹平，局部抹面机不能到达部位采用人工抹面压光，通过以上措施确保坝顶混凝土表面平整、光洁、美观。

（2）门机轨道预制大梁安装。门机轨道 T 梁在坝顶高程 646.00m 进行预制安装，采用架桥机或 130t 吊车架设。安装前按 T 梁位置先安装橡胶支座，严格按设计进行安装，支座安装时保持混凝土垫石表面的平整、清洁，施工过程中必须保证支座上下面的水平，支座安装后的性能必须符合相关规定。

预制梁运输、起吊过程中，注意保持梁体的横向稳定，预制梁架设后采取有效措施加强横向临时支撑，并及时连接翼缘板和横隔梁接缝钢筋等，以增加梁体的稳定性和整体性。预制梁采用架桥机吊装架设，必须在预制梁之间的横隔梁和翼板湿接缝混凝土浇筑并达到混凝土强度设计等级的 90%后，同时采取压力扩散措施，方可在其上运梁。架桥机在桥上行驶时必须使架桥机重量落在梁肋上，对 T 梁进行施工荷载验算，验算通过后方可施工。

7. 混凝土裂缝预防措施

采取综合温控措施，使坝块实际出现的最高温度不超过坝体设计允许最高温度。控制

坝体实际最高温度的有效措施主要是降低混凝土浇筑温度、控制混凝土水化热温升以及对坝体及时进行通水冷却。

（1）降低混凝土浇筑温度。降低混凝土浇筑温度从降低混凝土出机口温度、减少运输途中和仓面的温度回升两方面着手。降低混凝土出机口温度主要采用风冷降低骨料温度、加冰和用低温水拌和等措施。减少运输浇筑过程中温度回升主要采取防晒隔热设施，加强施工管理，加快浇筑速度，避开高温时段浇筑，加强仓面降温与保温等措施。

（2）控制混凝土水化热温升。控制混凝土水化热温升主要通过采用发热量较低的中热硅酸盐水泥，选择较优骨料级配掺粉煤灰和优质高效外加剂，以减少水泥用量和延缓水化热发散速率，同时综合采用合理控制层厚、间歇期和通水冷却以及加强表面流水养护等措施。

（3）表面保护和养护。一般情况下大体积混凝土所产生的裂缝，大部分为表面裂缝。加强混凝土的表面保护和养护是防止表面裂缝产生最有效的措施，特别是混凝土浇筑初期内部温度较高时应注意表面保护和养护。本工程坝区气候特点是干、湿两季分明，冬季昼夜温差大。根据气候特点，大坝混凝土浇筑完成后立即覆盖保温防雨材料，防止混凝土表面受气温或降雨影响产生裂缝。

（4）加强特殊及主要部位的防裂。在大坝内孔洞周边和进、出口附近的仓号，在不同标号混凝土结合的仓号，在基础及新、老混凝土结合处间歇时间长的仓号均容易发生裂缝，要有针对性地制定专项措施。为了防止裂缝发生在以上仓号内，可采用纤维混凝土，从而增强混凝土抗裂能力。

8. 混凝土裂缝处理措施

主坝混凝土体积大，受自身和周围介质的影响，在温度、湿度变化和周边基础约束的作用下，会产生很大的约束力，容易产生裂缝。混凝土裂缝按照所产生的裂缝性质、所在部位、是否位于基础约束区及对结构应力和安全影响程度分为Ⅰ～Ⅳ裂缝，为了对裂缝进行正确和有效的修补，必须查明开裂原因，对裂缝进行全面检查和分类，确定裂缝的性状，评估其危害性。在此基础上，选定裂缝修补和补强方法。

针对Ⅰ类裂缝，大体积混凝土Ⅰ类裂缝原则上可不作处理，但需经监理人批准。而Ⅱ、Ⅲ、Ⅳ类裂缝均需处理，对于因施工工序之间的干扰而出现的长间歇面混凝土仓面可能产生的裂缝，在混凝土浇筑之前在骑缝铺设 ϕ28～32mm、长 3～8m、间距 20～25cm（架立筋 ϕ18～22mm，间距 25cm）钢筋网，以限制裂缝上延。同时新浇的混凝土尽可能采用纤维混凝土，增强对裂缝发展的约束，保证大坝混凝土的质量。在裂缝两侧开 V 形（或 U 形）槽，然后选择环氧类浆材 LPL，施工中配套使用 CD－15 型灌浆泵，采用贴嘴灌浆技术。

LPL 是双组分、无溶剂、低黏度、亲水型环氧树脂材料，A、B 组分均为稀状液体，A 组分无色，B 组分琥珀色；A、B 组分配制比例为 1.35∶1（体积比），混合后比重为 1.05～1.09kg/L。采用 LPL 材料灌注裂缝的工作程序为：裂缝检查→基面处理→灌浆嘴（孔）施工→压风试气→裂缝灌浆。LPL 材料采用 CD－15 型自动稳压灌浆泵进行灌注。CD－15 型自动稳压灌浆泵是用于双组分环氧树脂化学灌浆的配套设备，其系统工作原理是：将 A、B 两种组分分别适量储于供浆罐中，设备运行时，两种组分材料通过压缩空气送入CD－15配比箱内，并在配比箱内完成定量配比后，通过空气单向流动控制装置，由定量活塞泵压入混合器，充分完成混合后的LPL材料由输出端进入裂缝。

9. 抗冲耐磨混凝土裂缝预防及处理措施

（1）高强度抗冲耐磨混凝土裂缝产生的原因。混凝土早期裂缝主要与混凝土因水泥水化热引起的内外温差和干燥引起的内外湿差（特别在拆模后）有关。混凝土浇筑后，因水泥水化热作用，引起温度升高较快，加上混凝土的导热性能很差，导致混凝土内外出现温差。由于材料的热胀冷缩性，引起内部受压、外部受拉。当混凝土此时的抗拉强度小于外部温度拉应力时就要出现裂缝。低标号混凝土水泥用量少，水化热引起的升温较高标号混凝土低，因此，在温差相同时，高标号混凝土比低标号混凝土温度拉应力要大得多。在升温过程中，当混凝土内部和表面温差超过12℃时，高标号混凝土的实际拉应力大于其极限拉应力；表面温度降温梯度超过10℃时，高标号混凝土的实际拉应力大于其极限拉应力，都会引起裂缝产生。凡是拆模时即出现早期裂缝的，多是采用混凝土泵入仓，水泥用量较大或浇筑后遇到特别冷的天气未能很好地进行冬季保温，或同时具备上述两种因素，此时混凝土在升温过程中内表温差大于12℃，所以在拆模时混凝土就已经产生了裂缝。早期混凝土裂缝一般为表面裂缝，方向不定，数量较多，占裂缝总量的69%。

混凝土后期裂缝主要由基础温差引起，与施工分缝尺寸、混凝土弹模/基岩弹模等因素有关。对于混凝土底板或边墙，当混凝土块温度由最高降至最低（或稳定温度）时，由于受基岩的强约束，产生较大的拉应力，如果基础温差较大或分缝尺寸较大，产生的拉应力大于混凝土抗拉力，混凝土就会产生裂缝。

在无早期裂缝的浇筑块上，后期裂缝一般出现在浇筑块中间位置，而在已出现早期裂缝的浇筑块，后期裂缝只在已出现的裂缝上继续拉长加深。大多数后期裂缝是深层裂缝和贯穿性裂缝。此类裂缝数量较少，但危害最大。根据统计资料显示此类裂缝占总量的31%。

（2）抗冲耐磨混凝土裂缝的预防。

1）优化混凝土配合比。在满足强度等设计指标要求的情况下，掺加25%～40%的粉煤灰，尽量减少水泥用量，降低混凝土水化热温升，提高混凝土的后期强度及抗裂能力。

2）提高施工质量。加强混凝土浇筑过程中的振捣控制，保证混凝土内部组织密实，达到提高混凝土极限拉伸值的目的。

3）加强混凝土温度控制。高标号混凝土温控比低强度混凝土更难以控制。高强度混凝土温控有其特殊性，与低强度混凝土相比，其龄期3～7d温度提高的幅度远大于其强度提高的幅度。因此需采取比一般低强度混凝土更强的温控措施。在混凝土施工时降低浇筑温度，也就是降低最高温升和初始温差，达到降低表面拉应力的目的。这对防止早期温度裂缝非常有效。降低浇筑温度要控制3个环节：①加强预冷措施，控制骨料温度，利用冷水或掺加冰片拌和混凝土，降低水泥水化热；充分利用制冷设施来降低出机温度；②混凝土运输采用6m^3混凝土搅拌罐车或车厢采用保温隔热措施的自卸车，并尽快运至施工现场，减少运输途中的温度回升；③加强通水冷却措施，加快平仓和振捣速度，振捣完的混凝土及时覆盖保温材料，减少混凝土入仓振捣时的温度回升。

4）混凝土养护。冬季施工时，为防止混凝土表面洒水结冰造成内外温差过大出现裂

缝，使用 Sika 保水养护剂，刷在抗冲耐磨混凝土表面进行养护。该养护剂在 90d 后老化，自行剥落，不存在过水后有害物质污染江水的问题，同时覆盖泡沫塑料保温。夏季施工时，混凝土抹平收面，并能够抵抗水流破坏后，及时对抗冲耐磨混凝土进行表面蓄水或流水养护，使其表面始终处于饱和水潮湿状态 90d 以上。

（3）抗冲耐磨混凝土裂缝的处理措施。

1）环氧注浆处理。Sika 752 环氧树脂浆材为双组分化灌材料，按比例混合后，可在自然状态下或潮湿的混凝土表面无收缩固化。Sika 752 环氧树脂龄期 14d 的力学强度指标及适用条件见表 7.6。

表 7.6　　Sika 752 环氧树脂龄期 14d 的力学强度指标及适用条件

抗压强度/MPa	抗拉强度/MPa	与混凝土的黏结强度/MPa	与钢材黏结强度/MPa	被修补的混凝土表面允许温度/℃	可修补裂缝宽度/mm
64	27	3	9	3～40	0.2～0.5

用冲击钻沿裂缝钻孔，孔径 6mm、孔深 10cm、孔距 30cm 左右。用高压风水枪冲洗裂缝及周围混凝土表面，并用高压空气吹净缝内积水。在钻孔处安放灌浆嘴，同时用 Sika 731 环氧砂浆封闭裂缝及灌浆嘴底座，固化 24h。把分别包装的 Sika 752A、B 两种材料按 2∶1 的比例在干净的容器内混合并搅拌 3min。用环氧注浆泵将拌和好的浆液注入裂缝内，竖向缝自下而上，水平缝自一端向另一端，逐孔灌注，灌注压力为 0.4～0.6MPa。自然状态下养护，达到一定强度后用砂轮机把表面打平磨光。

2）特细水泥注浆处理。特细水泥（Sika Mikrodur R－U）其细度（最大颗粒通过 d95＜9.5μm，比表面积＞16000cm^2/g）有别于普通水泥。使用时添加 3%的外加剂（Sika Intraplast HE50）和水混合。特细水泥的力学强度指标及适用条件见表 7.7。

表 7.7　　特细水泥强度指标及适用条件

水灰比	密度/(kg/L)	比表面积/(cm^2/g)	抗压强度/MPa			修补裂缝宽度/mm
			1d	7d	28d	
0.55～0.65	3.0	16000	23	45	60	0.2

其施工方法及操作步骤与环氧树脂灌浆类似，不同的是环氧树脂灌浆沿缝面钻孔插入灌浆管，而特细水泥灌浆不需钻孔，只需沿缝面每隔 30～50cm 安装一只管座，管座上连接支管，竖直缝自下而上，水平缝从一端到另一端，逐孔灌注，灌浆压力约 0.6～1.2MPa。

10. 混凝土表面处理措施

（1）混凝土表面工艺。在混凝土施工过程中，由于模板固定不牢、拼接不严、安装不规范、欠修欠保养，造成面板凹凸变形，因混凝土振捣不足、不到位等因素造成混凝土出现超出规范要求的气泡、麻面、蜂窝、错台、挂帘、表面凹凸等质量缺陷，虽不影响混凝土的内在质量，却影响混凝土的表面光洁。影响混凝土外观质量的气泡、麻面、蜂窝、错台、挂帘、表面凹凸等缺陷的产生和防治涉及很多方面，在施工中稍有不慎就可能产生，根治起来难度很大，施工工艺粗糙是原因之一。

混凝土外观质量预防措施主要包括以下几种：

1）混凝土配合比优化。混凝土施工配合比中选用粒径适宜的粗骨料，严格控制混凝土的配合比及拌和时间；重视粗骨料的清洗和细骨料的筛滤工作；同时混凝土的坍落度、和易性不好将直接影响到混凝土的施工，拌制的混凝土具有良好的工作性能，不易产生离析现象；使用适量的减水剂，增大和易性，能提高气泡的振升速率。

2）混凝土的浇筑。模板作为混凝土外观质量的重要保证，其表面光洁、吸附力小、平整度高、拼缝严密是施工时所必须考虑的因素。模板制作考虑面板材料统一且拆卸方便，不刮碰结构棱角；同时为保证整体刚性，模板安装必须有足够的销轴连接件或支撑，所有这些，都是为混凝土表观平整、棱角分明、线型顺直流畅奠定良好的基础。为提高模板拼装精度，将拼缝形式设计成企口；立模时尽量优先选用大块件拼装模板，减少接缝数量；拆模时在保证混凝土强度的基础上，适当延长拆模时间；异形模板面板采用胶合板，模板表面隔离剂采用专用脱模剂。

混凝土体型向外倾斜部位，浇筑采用先内侧后外侧水平分层浇筑，并且要在混凝土初凝前将下层进行覆盖。为了防止吊罐卸料时混凝土溅到模板上，产生麻面现象，要尽量远离模板部位下料，并控制好下料堆积高度。混凝土施工振捣是关键，根据混凝土浇筑面积及时间合理安排人员和选择合适的振捣器及数量，采用两次振捣技术。两次振捣的时间间隔根据不同季节和温度确定，以提高混凝土的密实度和减少气泡产生。在模板附近的振捣适当延长振捣时间，以帮助气泡排出。振捣器在振捣新一层混凝土时机头稍插入到下层，便于两层的结合。混凝土振捣到浆体停止下沉，无明显气泡上升，表面平坦泛浆，呈现薄层水泥浆的状态为止，然后慢提振捣器。振捣不宜时间过长，否则会产生离析现象。

混凝土浇筑成型后，必须进行维护。拆模过程中，将模板沿接缝逐一取出，避免硬敲引起成型构件碰损、掉角；拆模后的结构物，不得作为物品的集放处及其他构件的架模支撑点，不得让油渍、砂浆等杂物飞溅、附着在成型后的混凝土表面上。

3）保持混凝土表面颜色一致。保持混凝土表面颜色一致，要求水泥、粉煤灰和外加剂品种应尽量选用同一厂家的产品，脱模剂的选择也尽量是同一类型的。保持模板表面清洁，不许有任何污物，对保持表面颜色一致也很重要。此外，施工过程中对已浇筑好的永久外露面采取有效的保护措施，避免油污对外观颜色的影响或其他硬物对外观的磨损、破坏。

（2）混凝土表面处理。为确保混凝土外观质量，对混凝土外露面的定位锥孔、错台、挂帘、蜂窝、麻面、气泡密集区、小孔洞、单个气泡以及混凝土表面残留木块、砂浆块、布条等进行处理。外露表面缺损、表面裂缝等缺陷，均修补和处理以免影响外观。根据现场施工情况割除混凝土外露面残留钢筋头、管件头。为避免新浇混凝土出现表面干缩裂缝，及时采取混凝土表面喷雾，或加盖聚乙烯薄膜等方法，保持混凝土表面湿润和降低水分蒸发损失。喷雾时水分不过量，要求雾滴直径达到 40～80μm，以防止混凝土表面泛出水泥浆液。

（3）修补材料。常用的修补材料有中热 525 号硅酸盐水泥、425 号白色硅酸盐水泥、107 胶水、水、粉煤灰、砂料、减水剂、引气剂、按一定的配合比配成的标号为 M45 的预缩砂浆和西卡胶皇黏结剂、环氧砂浆和回填混凝土。M45 缺陷处理砂浆配合比试验成

果见表 7.8。

表 7.8　　M45 缺陷处理砂浆配合比试验成果

砂浆标号	稠度/cm	水胶比	用水量/m^3	粉煤灰掺量/%	减水剂掺量/%	引气剂掺量/%	容重/(kg/m^3)	7d 强度/MPa	外观颜色
M45	3～5	0.5	185	25	0.6	0.005	2200	24.7	同常态

注 1. 水泥品种中热 525 号硅酸盐水泥，425 号白色硅酸盐水泥，粉煤灰品种为二级灰。
2. 减水剂品种为 JM－Ⅱ型，引气剂品种为 GK－9A 型。
3. 砂料由永久筛分系统生产细度模数为 1.5 左右。

主坝混凝土不同的部位所用混凝土的标号和级配不一样，导致混凝土外观颜色不一样，所以不同部位修面所采用的灰浆配合比不同。分别为：425 号白水泥、中热 525 号硅酸盐水泥、粉煤灰之比为 1∶3∶2.5，水、107 胶水之比为 1∶1；425 号白水泥、中热 525 号硅酸盐水泥、粉煤灰之比为 1∶2.5∶2.0，水、107 胶水之比为 1∶1；425 号白水泥、中热 525 号硅酸盐水泥、粉煤灰之比为 1∶2.0∶2.5，水、107 胶水之比为 1∶1；425 号白水泥、中热 525 号硅酸盐水泥、粉煤灰之比为 1∶1.5∶2.0，水、107 胶水之比为 1∶1。以上灰浆配合比是根据向家坝水电站进水口混凝土修面总结经验而选择的，在现场施工时根据混凝土表面的颜色进行适当的调整。

（4）混凝土质量缺陷修补方法及施工工艺。混凝土外露面一般在拆模后立即进行表面检查，查明表面缺陷的部位、类型、程度和规模。为减轻处理难度，处理时，可利用多卡模板下部工作平台进行。

1）不平整缺陷修补。横向接缝处或模板接缝处的错台、凸坎、未清除的砂浆块，根据平整度控制标准，对常见的小错台和凸坎直接用手持电动砂轮或角磨机磨平整后用砂纸磨光；对未清除的砂浆块铲除并用砂纸磨光；对大于 1cm 的错台，先用风镐凿除，预留 0.5～1.0cm 保护层，再用手持电动砂轮或角磨机磨平整后用砂纸磨光；对凿除超标准的凹坑，不得用锤击、斧砍，只用砂轮磨平。

2）对蜂窝、麻面的凿除和填补。对数量集中，超过规定的蜂窝、麻面，先进行凿除深度 2～4cm，再将填补面清洗干净，涂刷西卡胶皇黏结剂，后填补预缩砂浆压实、抹平，待 4～6h 后用砂纸磨光。养护 6～8d，养护温度控制在 20℃ 左右，养护期内不得受水浸泡和外力冲击。

3）混凝土表面气孔修补。对过流混凝土表面的气孔用干硬性预缩砂浆填充，干硬性预缩砂浆即普通水泥砂浆拌好后，码堆存放预缩 0.5～1.5h 使其体积预先收缩一部分，以减少修补后的体积收缩，避免与基材脱开；又因水灰比小，故强度较高，用于 525 号硅酸盐水泥拌制的预缩水泥砂浆，其强度可达到 50MPa 以上。

材料与配比：拌制预缩砂浆的水泥必须新鲜，无结块。可用河砂，也可用石英砂，但均需筛去粒径 1.6mm 以上的粗砂和 0.15mm 以下的粉砂，细度模数控制在 1.8～2.3。水胶比 0.3～0.4，灰砂比为 1∶2～1∶2.6，另可加入适量减水剂。

施工工艺：填补前对超标准的气泡，先凿成深度不小于 2cm 的坑，再以预缩砂浆填补；填补时分层铺料捣实，每层捣实厚度不超过 4cm。捣实可用硬木棒或锤头进行，每层捣实到表面出现少量浆液为度，顶层用拌刀反复抹压至平整光滑，最后覆盖养护 6～8d。

待强度增长后，用砂纸磨光。

4）表面外露拉杆头。对于外露拉杆头，先用戴圆筒头砂轮切割机将拉杆头周边 5cm 范围用专用掏孔机掏成圆孔，深度 2～3cm，再用砂轮切割机将拉杆头根部切除，然后将孔清洗干净，湿润；接着，涂刷西卡胶皇黏结剂，再用配合好的干硬性预缩砂浆填充，压实，抹平，待强度增长后，用砂纸磨光。

5）爬升锥孔的修补。对爬升锥孔凿毛、清污、冲洗、湿润，使其处于饱和面干状态，接着刷一道水灰比为 0.4～0.45 的浓水泥浆作黏结剂，再填补预缩砂浆压实、抹平，达到强度后用砂纸磨光。

（5）大坝坝面清理。在工程施工后，对混凝土表面及两侧边坡要进行清理。随着坝体的升高随时清理坝面，对于两侧边坡，利用坝肩两侧的施工交通梯进行清理，在必要时临时搭设架子。

7.4.2　变态混凝土施工

变态混凝土主要用于大坝上、下游面、止水埋设处、廊道周边和其他孔口周边等不能用振动碾碾压部位。通过在碾压混凝土摊铺层面注入适量的水泥净浆或粉煤灰水泥浆后，用振捣器振捣密实，形成新形态混凝土，加浆量为混凝土体积的 4%～6%，最终通过现场试验确定。

图 7.14　变态区掏槽加浆工艺

变态混凝土随着碾压混凝土填筑逐层施工，变态区采用人工捣机施工，加浆量采用自动灌浆记录仪控制，预埋件周边及自动注浆振捣机受空间影响区，人工辅助施工，碾压混凝土与变态混凝土交接处振捣完后采用振动平板夯夯打一遍。水泥净浆由设置的制浆站灰浆搅拌机拌制，通过专用输浆胶管送至仓面，向自动注浆振捣机供浆站供应浆液。自搅拌到掺和、振捣在 0.5h 内完成。在埋件埋设处的变态混凝土施工须特别细心设置专门的支撑结构，并妥善保护埋件，保证埋件构造的正确位置，埋件周围的碾压混凝土料摊铺必须细心，严禁骨料集中，洒铺好水泥粉煤灰净浆后，采用软轴振捣器仔细谨慎地进行振捣密实。变态区掏槽加浆工艺如图 7.14 所示。

7.4.3　异种混凝土施工

大坝河床部位基础面的常态混凝土浇筑完毕并刷毛后，间歇 3～7d，均匀摊铺砂浆或垫层混凝土，而后在其上摊铺碾压混凝土并继续上升。岸坡常态混凝土、闸墩及牛腿的常态混凝土，底孔门槽、钢管周围的常态混凝土与大坝碾压混凝土同步上升浇筑。

为了减小同层施工的碾压混凝土碾压震动对先浇常态混凝土的震动影响，并在两种不

同混凝土之间形成过渡区（50cm 以上），工程采取先浇碾压混凝土后浇筑常态混凝土的施工方式，以保证混凝土接触部位及混凝土整体质量。两种混凝土碾压振捣完成后在两个混凝土接触部位采用振动平板夯夯打一遍。

7.5 碾压混凝土拱坝温度监测

7.5.1 温度监测布置

温度监测包括大坝表面温度、库水温度、坝体内部混凝土温度及大坝基础温度。分别在距坝体上、下表面 5～10cm 处埋设温度计测量坝体表面温度，坝体上游表面温度计在蓄水后可作为库水温度计；温度采用网格布置，在布置有应变计、测缝计等可兼作温度监测设备的地方可同时布设温度计，起相互校核作用；基岩温度采用在基础面钻孔分段埋设温度计的方法，监测大坝基础温度分布。

温度监测断面与变形和应变断面重合，选取了 5 个主监测断面，监测布置情况如下：

1. 表面温度监测

在拱冠梁高程 645.00m、640.00m、634.00m、628.00m、619.00m、607.00m、595.00m、580.00m、557.00m、533.00m、512.00m 上下游各布置 1 支温度计监测表面温度。共布置 22 支表面温度计。上游侧表面温度计在蓄水后用来监测库水温度。

2. 坝体混凝土温度监测

为掌握施工期碾压混凝土温升规律及检验温控措施，在坝体监测断面按不同高程梯级网格布置温度计，在高程 527.00m、545.00m、560.00m、574.00m、586.00m、598.00m、610.00m、628.00m、634.00m、637.00m、640.00m、643.00m、645.00m 布置了温度计。

拱坝温度计测点信息统计见表 7.9。

表 7.9　拱坝温度计测点信息统计

序号	编号	坝段	桩　号	位　置	高程/m	安装时间
1	BT4-1	5号	坝 0+230.00	距上游面 0.3m	512.10	2016-12-30
2	BT4-2	5号	坝 0+230.00	距下游面 0.3m	512.00	2016-12-30
3	BT4-3	5号	坝 0+230.00	距上游面 0.3m	533.20	2017-07-18
4	BT4-4	5号	坝 0+230.00	距下游面 0.3m	533.20	2017-07-18
5	BT4-5	5号	坝 0+230.00	距上游面 0.3m	557.00	2018-03-22
6	BT4-6	5号	坝 0+230.00	距下游面 0.3m	557.00	2018-03-22
7	BT4-7	5号	坝 0+230.00	距上游面 0.3m	580.00	2018-07-11
8	BT4-8	5号	坝 0+230.00	距下游面 0.3m	580.00	2018-07-11
9	BT4-9	5号	坝 0+230.00	距上游面 0.3m	595.00	2018-12-07
10	BT4-10	5号	坝 0+230.00	距下游面 0.3m	595.00	2018-12-07
11	BT4-11	5号	坝 0+230.00	距上游面 0.3m	607.00	2019-06-29
12	BT4-12	5号	坝 0+230.00	距下游面 0.3m	607.00	2019-06-29

续表

序号	编号	坝段	桩　号	位　置	高程/m	安装时间
13	BT4 - 13	5 号	坝 0+230.00	距上游面 0.3m	619.00	2020 - 03 - 13
14	BT4 - 14	5 号	坝 0+230.00	距下游面 0.3m	619.00	2020 - 03 - 13
15	BT4 - 15	5 号	坝 0+230.00	距上游面 0.3m	628.00	2020 - 05 - 03
16	BT4 - 16	5 号	坝 0+230.00	距下游面 0.3m	628.00	2020 - 05 - 03
17	BT4 - 17	5 号	坝 0+230.00	距上游面 0.3m	634.00	2020 - 06 - 25
18	BT4 - 18	5 号	坝 0+230.00	距下游面 0.3m	634.00	2020 - 06 - 25
19	BT4 - 19	5 号	坝 0+230.00	距上游面 0.3m	640.00	2020 - 09 - 20
20	BT4 - 20	5 号	坝 0+230.00	距下游面 0.3m	640.00	2020 - 09 - 20
21	BT4 - 21	5 号	坝 0+230.00	距上游面 0.3m	643.00	2020 - 12 - 05
22	BT4 - 22	5 号	坝 0+230.00	距下游面 0.3m	643.00	2020 - 12 - 05
23	BT4 - 23	5 号	坝 0+230.00	距上游面 0.3m	645.00	2021 - 01 - 26
24	T2 - 1	2 号	坝 0+080.00	距上游面 2m	574.00	2018 - 06 - 25
25	T2 - 2	2 号	坝 0+080.00	距上游面 10m	574.00	2018 - 06 - 25
26	T2 - 3	2 号	坝 0+080.00	距下游面 10m	574.00	2018 - 06 - 25
27	T2 - 4	2 号	坝 0+080.00	距下游面 2m	574.00	2018 - 06 - 25
28	T2 - 5	2 号	坝 0+080.00	距上游面 2m	586.00	2018 - 07 - 29
29	T2 - 6	2 号	坝 0+080.00	距上游面 9m	586.00	2018 - 07 - 29
30	T2 - 7	2 号	坝 0+080.00	距下游面 9m	586.00	2018 - 07 - 29
31	T2 - 8	2 号	坝 0+080.00	距下游面 2m	586.00	2018 - 07 - 29
32	T2 - 9	2 号	坝 0+080.00	距上游面 2m	598.00	2018 - 12 - 29
33	T2 - 10	2 号	坝 0+080.00	距上游面 8m	598.00	2018 - 12 - 29
34	T2 - 11	2 号	坝 0+080.00	距下游面 8m	598.00	2018 - 12 - 29
35	T2 - 12	2 号	坝 0+080.00	距下游面 2m	598.00	2018 - 12 - 29
36	T2 - 13	2 号	坝 0+080.00	距上游面 3m	610.20	2019 - 04 - 20
37	T2 - 14	2 号	坝 0+080.00	距下游面 2m	610.00	2019 - 05 - 15
38	T2 - 15	2 号	坝 0+080.00	距上游面 2m	619.00	2019 - 06 - 03
39	T2 - 16	2 号	坝 0+080.00	距下游面 8m	619.00	2019 - 06 - 03
40	T2 - 17	2 号	坝 0+080.00	距下游面 2m	619.00	2019 - 06 - 03
41	T2 - 18	2 号	坝 0+080.00	距上游面 2m	628.00	2019 - 07 - 04
42	T2 - 19	2 号	坝 0+080.00	距上游面 7m	628.00	2019 - 07 - 04
43	T2 - 20	2 号	坝 0+080.00	距上游面 2m	634.00	2019 - 07 - 16
44	T2 - 21	2 号	坝 0+080.00	距上游面 6.1m	634.00	2019 - 07 - 16
45	T2 - 22	2 号	坝 0+080.00	距下游面 2m	634.00	2019 - 07 - 16
46	T2 - 23	2 号	坝 0+080.00	距上游面 5.3m	640.00	2019 - 08 - 19
47	T2 - 24	2 号	坝 0+080.00	距上游面 4.5m	645.00	2020 - 12 - 31

续表

序号	编号	坝段	桩 号	位 置	高程/m	安装时间
48	T3-1	4号	坝0+157.38	距上游面2m	527.50	2017-07-02
49	T3-2	4号	坝0+157.38	距上游面12m	527.40	2017-07-02
50	T3-3	4号	坝0+157.38	距下游面13m	527.40	2017-07-02
51	T3-4	4号	坝0+157.38	距下游面2m	527.50	2017-07-02
52	T3-5	4号	坝0+157.38	距上游面2m	545.00	2017-10-27
53	T3-6	4号	坝0+157.38	距上游面12m	545.00	2017-10-27
54	T3-7	4号	坝0+157.38	距下游面12m	545.00	2017-10-27
55	T3-8	4号	坝0+157.38	距下游面2m	545.00	2017-10-27
56	T3-9	4号	坝0+157.38	距上游面2m	560.00	2018-03-31
57	T3-10	4号	坝0+157.38	距上游面11m	560.00	2018-03-31
58	T3-11	4号	坝0+157.38	距下游面11m	560.00	2018-03-31
59	T3-12	4号	坝0+157.38	距下游面2m	560.00	2018-03-31
60	T3-13	4号	坝0+157.38	距上游面2m	574.00	2018-06-25
61	T3-14	4号	坝0+157.38	距上游面10m	574.00	2018-06-25
62	T3-15	4号	坝0+157.38	距下游面10m	574.00	2018-06-25
63	T3-16	4号	坝0+157.38	距下游面2m	574.00	2018-06-25
64	T3-17	4号	坝0+157.38	距上游面2m	586.00	2018-07-29
65	T3-18	4号	坝0+157.38	距下游面9m	586.00	2018-07-29
66	T3-19	4号	坝0+157.38	距上游面9m	586.00	2018-07-29
67	T3-20	4号	坝0+157.38	距下游面2m	586.00	2018-07-29
68	T3-21	4号	坝0+157.38	距上游面2m	598.00	2018-12-29
69	T3-22	4号	坝0+157.38	距上游面8m	598.00	2018-12-29
70	T3-23	4号	坝0+157.38	距下游面8m	598.00	2018-12-29
71	T3-24	4号	坝0+157.38	距下游面2m	598.00	2018-12-29
72	T3-25	4号	坝0+157.38	距上游面3m	610.00	2019-04-20
73	T3-26	4号	坝0+157.38	距下游面2m	610.00	2019-04-20
74	T3-27	4号	坝0+157.38	距上游面2m	619.00	2019-06-03
75	T3-28	4号	坝0+157.38	距上游面8m	619.00	2019-06-03
76	T3-29	4号	坝0+157.38	距下游面2m	619.00	2019-06-03
77	T3-30	4号	坝0+157.38	距上游面2m	628.00	2019-07-04
78	T3-31	4号	坝0+157.38	距上游面2m	634.00	2019-07-16
79	T3-32	4号	坝0+157.38	距下游面2m	634.00	2019-07-16
80	T3-33	4号	坝0+157.38	距上游面5.3m	640.00	2020-08-24
81	T3-34	4号	坝0+157.38	距上游面4.5m	645.00	2020-12-22
82	T4-1	5号	坝0+230.00	距上游面1m	526.80	2017-07-02

续表

序号	编号	坝段	桩 号	位 置	高程/m	安装时间
83	T4-2	5号	坝0+230.00	距上游面2m	526.80	2017-07-02
84	T4-3	5号	坝0+230.00	距上游面3m	526.80	2017-07-02
85	T4-4	5号	坝0+230.00	距上游面4m	526.70	2017-07-02
86	T4-5	5号	坝0+230.00	距上游面5m	526.80	2017-07-02
87	T4-6	5号	坝0+230.00	距上游面13m	526.80	2017-07-02
88	T4-7	5号	坝0+230.00	距下游面13m	527.00	2017-07-02
89	T4-8	5号	坝0+230.00	距下游面5m	526.80	2017-07-02
90	T4-9	5号	坝0+230.00	距下游面4m	526.80	2017-07-02
91	T4-10	5号	坝0+230.00	距下游面3m	526.70	2017-07-02
92	T4-11	5号	坝0+230.00	距下游面2m	526.80	2017-07-02
93	T4-12	5号	坝0+230.00	距下游面1m	526.70	2017-07-02
94	T4-13	5号	坝0+230.00	距上游面2m	545.00	2017-10-27
95	T4-14	5号	坝0+230.00	距上游面11m	545.00	2017-10-27
96	T4-15	5号	坝0+230.00	距下游面11m	545.00	2017-10-27
97	T4-16	5号	坝0+230.00	距下游面2m	545.00	2017-10-27
98	T4-17	5号	坝0+230.00	距上游面2m	560.00	2018-03-31
99	T4-18	5号	坝0+230.00	距上游面10m	560.00	2018-03-31
100	T4-19	5号	坝0+230.00	距下游面10m	560.00	2018-03-31
101	T4-20	5号	坝0+230.00	距下游面2m	560.00	2018-03-31
102	T4-21	5号	坝0+230.00	距上游面2m	574.00	2018-06-25
103	T4-22	5号	坝0+230.00	距上游面10m	574.00	2018-06-25
104	T4-23	5号	坝0+230.00	距下游面10m	574.00	2018-06-25
105	T4-24	5号	坝0+230.00	距下游面2m	574.00	2018-06-25
106	T4-25	5号	坝0+230.00	距上游面2m	586.00	2018-07-29
107	T4-26	5号	坝0+230.00	距上游面9m	586.00	2018-07-29
108	T4-27	5号	坝0+230.00	距下游面9m	586.00	2018-07-29
109	T4-28	5号	坝0+230.00	距下游面2m	586.00	2018-07-29
110	T4-29	5号	坝0+230.00	距上游面2m	598.00	2018-12-29
111	T4-30	5号	坝0+230.00	距上游面8m	598.00	2018-12-29
112	T4-31	5号	坝0+230.00	距下游面8m	598.00	2018-12-29
113	T4-32	5号	坝0+230.00	距下游面2m	598.00	2018-12-29
114	T4-33	5号	坝0+230.00	距上游面2.5m	610.00	2019-11-04
115	T4-34	5号	坝0+230.00	距下游面2m	610.00	2019-11-04
116	T4-35	5号	坝0+230.00	距上游面2m	619.00	2020-03-13
117	T4-36	5号	坝0+230.00	距上游面2m	619.00	2020-03-13

续表

序号	编号	坝段	桩 号	位 置	高程/m	安装时间
118	T4-37	5号	坝0+230.00	距下游面2m	619.00	2020-03-13
119	T4-38	5号	坝0+230.00	距上游面2m	628.00	2020-05-03
120	T4-39	5号	坝0+230.00	距上游面6.9m	628.00	2020-05-03
121	T4-40	5号	坝0+230.00	距下游面2m	628.00	2020-05-03
122	T4-41	5号	坝0+230.00	距上游面6.1m	634.00	2020-06-25
123	T4-42	5号	坝0+230.00	距下游面6.1m	634.00	2020-06-25
124	T4-43	5号	坝0+230.00	距下游面2m	634.00	2020-06-25
125	T4-44	5号	坝0+230.00	距上游面1m	637.00	2020-07-31
126	T4-45	5号	坝0+230.00	距上游面2m	637.00	2020-07-31
127	T4-46	5号	坝0+230.00	距上游面3m	637.00	2020-07-31
128	T4-47	5号	坝0+230.00	距上游面4m	637.00	2020-07-31
129	T4-48	5号	坝0+230.00	距上游面5m	637.00	2020-07-31
130	T4-49	5号	坝0+230.00	距下游面5.5m	637.00	2020-07-31
131	T4-50	5号	坝0+230.00	距下游面2m	637.00	2020-07-31
132	T4-51	5号	坝0+230.00	距上游面5.3m	640.00	2020-09-05
133	T4-52	5号	坝0+230.00	距上游面4.9m	643.00	2020-12-05
134	T4-53	5号	坝0+230.00	距上游面4.5m	645.00	2021-01-26
135	T5-1	7号	坝0+310.00	距上游面2m	545.00	2017-11-27
136	T5-2	7号	坝0+310.00	距上游面11.5m	545.00	2017-11-27
137	T5-3	7号	坝0+310.00	距下游面11.5m	545.00	2017-11-27
138	T5-4	7号	坝0+310.00	距下游面2m	545.00	2017-11-27
139	T5-5	7号	坝0+310.00	距上游面2m	560.00	2018-02-28
140	T5-6	7号	坝0+310.00	距上游面10.5m	560.00	2018-02-28
141	T5-7	7号	坝0+310.00	距下游面10.5m	560.00	2018-02-28
142	T5-8	7号	坝0+310.00	距下游面2m	560.00	2018-02-28
143	T5-9	7号	坝0+310.00	距上游面2m	574.00	2018-06-19
144	T5-10	7号	坝0+310.00	距上游面10m	574.00	2018-06-19
145	T5-11	7号	坝0+310.00	距下游面10m	574.00	2018-06-19
146	T5-12	7号	坝0+310.00	距下游面2m	574.00	2018-06-19
147	T5-13	7号	坝0+310.00	距上游面2m	586.00	2018-11-29
148	T5-14	7号	坝0+310.00	距上游面9m	586.00	2018-11-29
149	T5-15	7号	坝0+310.00	距下游面9m	586.00	2018-11-29
150	T5-16	7号	坝0+310.00	距下游面2m	586.00	2018-11-29
151	T5-17	7号	坝0+310.00	距上游面2m	598.00	2019-01-29
152	T5-18	7号	坝0+310.00	距上游面8m	598.00	2019-01-29

续表

序号	编号	坝段	桩　号	位　置	高程/m	安装时间
153	T5-19	7号	坝0+310.00	距下游面8m	598.00	2019-01-29
154	T5-20	7号	坝0+310.00	距下游面2m	598.00	2019-01-29
155	T5-21	7号	坝0+310.00	距上游面3m	610.00	2019-06-10
156	T5-22	7号	坝0+310.00	距下游面2m	610.00	2019-06-10
157	T5-23	7号	坝0+310.00	距上游面2m	619.50	2019-07-09
158	T5-24	7号	坝0+310.00	距下游面8m	619.50	2019-07-09
159	T5-25	7号	坝0+310.00	距下游面2m	619.20	2019-07-09
160	T5-26	7号	坝0+310.00	距上游面2m	628.00	2019-08-13
161	T5-27	7号	坝0+310.00	距上游面2m	634.00	2019-09-02
162	T5-28	7号	坝0+310.00	距下游面2m	634.00	2019-09-02
163	T5-29	7号	坝0+310.00	距上游面5.3m	640.00	2020-08-24
164	T5-30	7号	坝0+310.00	距上游面4.5m	645.00	2020-10-15
165	T6-1	9号	坝0+404.00	距上游面2m	586.00	2018-11-29
166	T6-2	9号	坝0+404.00	距上游面9m	586.00	2018-11-29
167	T6-3	9号	坝0+404.00	距下游面9m	586.00	2018-11-29
168	T6-4	9号	坝0+404.00	距下游面2m	586.00	2018-11-29
169	T6-5	9号	坝0+404.00	距上游面2m	598.00	2019-01-29
170	T6-6	9号	坝0+404.00	距上游面8m	598.00	2019-01-29
171	T6-7	9号	坝0+404.00	距下游面8m	598.00	2019-01-29
172	T6-8	9号	坝0+404.00	距下游面2m	598.00	2019-01-29
173	T6-9	9号	坝0+404.00	距上游面3m	610.20	2019-05-26
174	T6-10	9号	坝0+404.00	距下游面2m	610.50	2019-05-26
175	T6-11	9号	坝0+404.00	距上游面2m	619.40	2019-07-09
176	T6-12	9号	坝0+404.00	距上游面8m	619.30	2019-07-09
177	T6-13	9号	坝0+404.00	距下游面2m	619.30	2019-07-09
178	T6-14	9号	坝0+404.00	距上游面2m	628.00	2019-08-13
179	T6-15	9号	坝0+404.00	距上游面7m	628.00	2019-08-13
180	T6-16	9号	坝0+404.00	距上游面2m	634.00	2019-09-02
181	T6-17	9号	坝0+404.00	距下游面2m	634.00	2019-09-02
182	T6-18	9号	坝0+404.00	距上游面5.3m	640.00	2019-11-03
183	T6-19	9号	坝0+404.00	距上游面4.5m	645.00	2020-10-25
184	TJ4-1	5号	坝0+404.00	距上游面18m	495.00	2016-11-7
185	TJ4-2	5号	坝0+404.00	距上游面18m	500.00	2016-11-7
186	TJ4-3	5号	坝0+404.00	距上游面18m	502.00	2016-11-7
187	TJ4-4	5号	坝0+404.00	距上游面18m	504.00	2016-11-7

7.5.2 温度监测成果分析

7.5.2.1 坝体内部温度

为掌握施工期碾压混凝土温升规律及检验温控措施，在坝体5个主要监测断面按不同高程梯级网格布置温度计，高程梯级分别为527.00m、545.00m、560.00m、574.00m、586.00m、598.00m、610.00m、628.00m、634.00m、637.00m、640.00m、643.00m、645.00m。

1. 大坝主要温度控制要求

（1）设计容许最高温度。混凝土容许最高温度为控制性指标，通过控制出机口温度、浇筑温度，调整浇筑层厚、间歇时间，通水冷却或者浇筑过程中采取隔热保护、喷雾等措施来实现。坝体混凝土容许最高温度见表7.10和表7.11。

表7.10 坝体碾压混凝土容许最高温度

部 位	最 高 温 度/℃			
	11月至次年3月	4月、10月	5月、9月	6—8月
强约束区	26	26	26	26
弱约束区	28	28	28	28
非约束区	28	30	32	34

表7.11 坝体常态混凝土容许最高温度

部 位	允许最高温度/℃
基础常态混凝土垫层	30
基础约束区	32
上部无约束部位	36

（2）通水冷却要求。初期冷却：5—9月要求采用10℃的人工制冷水进行初期冷却，10月至次年4月采用天然河水进行初期冷却，通水时间为不少于20d，要求每24h交换一次通水方向，通水流量为1.2～1.5m³/h，控制降温速率不大于1.0℃/d。

中期冷却：10月初对5—9月浇筑混凝土进行中期冷却，采用天然河水，通水时间不少于15～30d。

后期冷却应连续进行，控制降温速率不大于0.5℃/d，通水水温不高于6～8℃，误差±1℃。

（3）后期冷却混凝土封拱温度控制要求见表7.12。

表7.12 后期冷却混凝土封拱温度控制要求

高程范围/m	646.00～602.00	602.00～560.00	560.00～540.00	540.00～504.80
封拱温度/℃	15	14	13	12

（4）坝区月度平均气温数据采用水电四局拟定的坝址区月平均气温资料见表7.13。

表7.13 坝址区月平均气温资料

月 份	1	2	3	4	5	6	7	8	9	10	11	12	年均
平均气温/℃	1.9	3.5	8.3	14.0	18.1	21.6	23.8	23.3	18.3	13.4	8.0	3.3	13.1

2. 各高程温度监测成果分析

（1）527.00m高程。在527.00m高程Ⅲ断面埋设了4支温度计，Ⅳ断面埋设了12支温度计，大坝浇筑初期最高温度统计见表 7.14，典型温度计测点过程线见图 7.15。

表 7.14　大坝 527.00m 高程浇筑初期最高温度统计（2021－07－15）

序号	测点编号	坝段	位　置	安装时间	到最高温天数/d	最高温度/℃	最高温度时间	最新测值/℃	备注
1	T3－1	4号	距上游面 2m	2017－07－02	5	42.2	2017－07－06	14.9	
2	T3－2	4号	距上游面 12m	2017－07－02	7	36.3	2017－07－08	16.0	
3	T3－3	4号	距下游面 13m	2017－07－02	7	35.9	2017－07－08	15.8	
4	T3－4	4号	距下游面 2m	2017－07－02	5	35.4	2017－07－07	—	坏
5	T4－1	5号	距上游面 1m	2017－07－02	5	42.7	2017－07－06	12.9	
6	T4－2	5号	距上游面 2m	2017－07－02	6	42.2	2017－07－07	13.0	
7	T4－3	5号	距上游面 3m	2017－07－02	6	42.0	2017－07－07	13.5	
8	T4－4	5号	距上游面 4m	2017－07－02	7	41.8	2017－07－08	13.8	
9	T4－5	5号	距上游面 5m	2017－07－02	6	42.2	2017－07－06	—	坏
10	T4－6	5号	距上游面 13m	2017－07－02	7	37.0	2017－07－08	15.2	
11	T4－7	5号	距下游面 13m	2017－07－02	7	36.8	2017－07－08	—	坏
12	T4－8	5号	距下游面 5m	2017－07－02	7	37.0	2017－07－07	14.3	
13	T4－9	5号	距下游面 4m	2017－07－02	7	36.5	2017－07－06	14.3	
14	T4－10	5号	距下游面 3m	2017－07－02	7	36.3	2017－07－08	14.7	
15	T4－11	5号	距下游面 2m	2017－07－02	6	36.5	2017－07－08	15.3	
16	T4－12	5号	距下游面 1m	2017－07－02	5	35.4	2017－07－07	—	坏

注　T4－5、T4－7、T4－12 受底孔主锚索加深钻孔影响损坏。

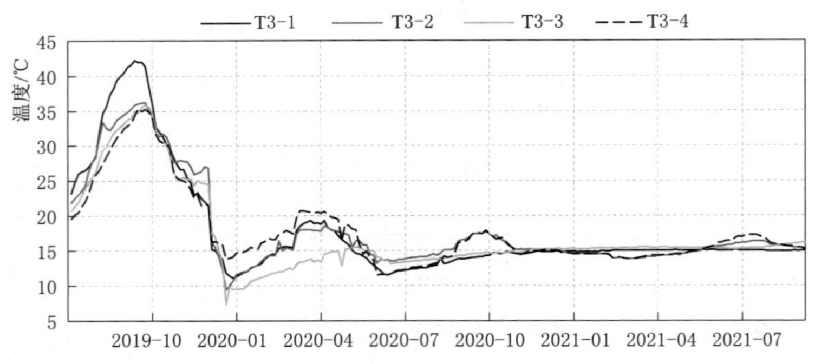

图 7.15　大坝 527.00m 高程典型温度计测点过程线

1）混凝土浇筑以后由于水化热的作用，混凝土温度逐渐上升，5～7d 达到最高温度。527.00m 高程温度计为 2017 年 7 月 1 日前后安装埋设，其中Ⅲ断面最高温度在 35.9～42.2℃之间，Ⅳ断面最高温度在 35.4～42.7℃之间。根据设计要求，温控要求不超过 34℃，但是 527.00m 高程温度计最高温度均达到或超过 34℃。

2）从分布规律来看，527.00m高程靠近上游侧的温度计最高温度较高（超过40℃），由于浇筑时间在夏季，上游侧受外界日照和气温影响较大；坝体中部的最高温度低于上游侧，最高温度在35～37℃之间。

3）该层混凝土温度较高的原因分析：4～5号坝段525.50～528.50m高程浇筑过程中混凝土入仓温度16～18℃，浇筑温度22～25℃，仓内气温19～25℃，过程中和收仓后采取的温控措施主要有预冷混凝土＋喷雾机＋保温条（4cm厚）覆盖＋通水冷却＋收仓面保湿和覆盖＋水平施工缝面、立面挂流养护综合措施。在浇筑中6台喷雾机故障率较高，仅剩2台正常运转，开仓次日（7月1日）坝后冷却机组出现非正常工况，冷却水出水温度异常偏高（为22℃）、回水温度24.7℃，截至7月7日19:00冷却机组才恢复正常运行。以上分析可以看出冷却机组和喷雾设施出现故障是导致本仓混凝土温度较高的主要原因。

4）混凝土到达最高温度后，随着冷却通水的进行，坝体温度逐渐降低。除T4-12测点在初冷期间降温速率为1.1℃/d外，其余测点初冷期间降温速率均低于1℃/d；后期冷却降温速率均在0.5℃/d以下，满足要求。

5）527.00m高程在2018年3月14—21日进行了接缝灌浆（灌浆高程504.50～527.00m），灌浆前527.00m高程坝体内部混凝土平均温度约为10℃，满足设计要求的封拱温度12℃。

6）目前[1] 527.00m高程除去靠近上下游的温度计外，其余内部测点平均温度为14.9℃，高于坝址区多年平均气温13.1℃。

（2）545.00m高程。在545.00m高程Ⅲ断面、Ⅳ断面、Ⅴ断面各埋设了4支温度计，浇筑初期最高温度统计见表7.15，典型温度计测点过程线见图7.16。

表7.15　　545.00m高程温度计浇筑初期最高温度统计（2021-07-15）

序号	测点编号	坝段	位　置	安装时间	到最高温天数/d	最高温度/℃	最高温度时间	最新测值/℃
1	T3-5	4号	距上游面2m	2017-10-27	7	34.3	2017-11-03	12.3
2	T3-6	4号	距上游面12m	2017-10-27	4	27.3	2017-10-30	16.8
3	T3-7	4号	距下游面12m	2017-10-27	5	27.0	2017-10-31	16.8
4	T3-8	4号	距下游面2m	2017-10-27	5	28.0	2017-10-31	19.1
5	T4-13	5号	距上游面2m	2017-10-28	3	35.9	2017-10-31	12.9
6	T4-14	5号	距上游面11m	2017-10-28	5	30.4	2017-11-01	13.8
7	T4-15	5号	距下游面11m	2017-10-28	4	35.6	2017-10-31	15.6
8	T4-16	5号	距下游面2m	2017-10-28	3	35.8	2017-10-30	15.3
9	T5-1	7号	距上游面2m	2017-11-27	4	19.3	2017-11-30	14.8
10	T5-2	7号	距上游面11.5m	2017-11-27	7	22.9	2017-12-03	17.8
11	T5-3	7号	距下游面11.5m	2017-11-27	5	21.3	2017-12-03	17.0
12	T5-4	7号	距下游面2m	2017-11-27	7	22.5	2017-12-03	17.5

[1] 本节所称“目前”，如无特别说明，均指2021年7月15日。

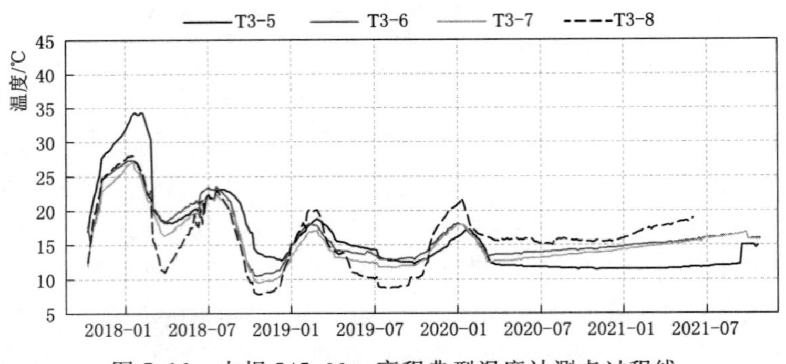

图 7.16 大坝545.00m高程典型温度计测点过程线

1）545.00m高程温度计为2017年10—11月安装埋设，12支温度计中除T3－5、T4－14最高温度超过容许最高温度30℃外（T3－5、T4－14分别超出4.3℃、0.4℃），其他温度计最高温度均低于容许最高温度，温控措施效果较好。T3－5靠近上游模板，可能受到变态区稀浆影响，最高温度略高。

2）混凝土到达最高温度后，随着冷却通水的进行，坝体温度逐渐降低。在初冷期间T3－7、T3－8、T4－16和T5－1测点极个别天数降温速率大于1℃/d，初冷期间绝大部分时间段降温速率均低于1℃/d；后期冷却降温速率均在0.5℃/d以下，满足要求。

3）545.00m高程在2019年3月8—17日进行了接缝灌浆（灌浆高程527.00～563.40m），灌浆前545.00m高程坝体内部混凝土平均温度约为12℃，满足设计要求的封拱温度13℃。

4）目前545.00m高程所有温度计测点平均温度为15.8℃，高于527.00m高程平均温度。

（3）560.00m高程。在560.00m高程Ⅲ断面、Ⅳ断面、Ⅴ断面各埋设了4支温度计，浇筑初期最高温度统计见表7.16，典型温度计测点过程线见图7.17。

表7.16　560.00m高程温度计浇筑初期最高温度统计（2021－07－15）

序号	测点编号	坝段	位　置	安装时间	到最高温天数/d	最高温度/℃	最高温度时间	最新测值/℃	备注
1	T3－9	4号	距上游面2m	2018－03－31	6	30.0	2018－04－05	14.3	
2	T3－10	4号	距上游面11m	2018－03－31	6	29.7	2018－04－05	14.9	
3	T3－11	4号	距下游面11m	2018－03－31	6	29.6	2018－04－05	14.5	
4	T3－12	4号	距下游面2m	2018－03－31	6	29.4	2018－04－05	—	坏
5	T4－17	5号	距上游面2m	2018－03－31	6	30.0	2018－04－05	13.7	
6	T4－18	5号	距上游面10m	2018－03－31	9	29.6	2018－04－08	14.4	
7	T4－19	5号	距下游面10m	2018－03－31	6	29.7	2018－04－05	—	坏
8	T4－20	5号	距下游面2m	2018－03－31	6	29.9	2018－04－05	14.9	
9	T5－5	7号	距上游面2m	2018－02－28	4	28.0	2018－03－03	15.0	

续表

序号	测点编号	坝段	位置	安装时间	到最高温天数/d	最高温度/℃	最高温度时间	最新测值/℃	备注
10	T5-6	7号	距上游面10.5m	2018-02-28	4	27.5	2018-03-03	16.3	
11	T5-7	7号	距下游面10.5m	2018-02-28	5	27.4	2018-03-04	16.5	
12	T5-8	7号	距下游面2m	2018-02-28	4	28.1	2018-03-03	18.7	

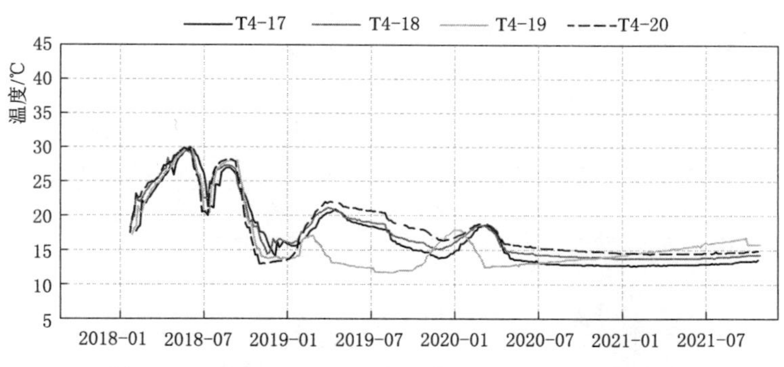

图 7.17 大坝 560.00m 高程典型温度计测点过程线

1）560.00m 高程温度计安装于 2018 年 3 月左右，混凝土浇筑后温度计最高温度为 30℃，出现在 T3-9 和 T4-17 测点，基本低于容许最高温度，温控措施效果较好。

2）混凝土到达最高温度后，随着冷却通水的进行，坝体温度逐渐降低。560.00m 高程在初冷期间存在个别天数降温速率超过 1℃/d 的情况，但大部分时段降温速率均低于 1℃/d；后期冷却降温速率均在 0.5℃/d 以下，满足要求。

3）560.00m 高程在 2019 年 3 月 8—17 日进行了接缝灌浆（灌浆高程 527.00～564.30m），灌浆前 560.00m 高程坝体内部混凝土平均温度约为 13.7℃，满足设计要求的封拱温度 14℃。

4）目前 560.00m 高程所有温度计测点平均温度为 15.3℃，与 545.00m 高程平均温度较为接近。

（4）574.00m 高程。在 574.00m 高程Ⅱ断面、Ⅲ断面、Ⅳ断面、Ⅴ断面各埋设了 4 支温度计，浇筑初期最高温度统计见表 7.17，典型温度计测点过程线见图 7.18。

表 7.17　574.00m 高程温度计浇筑初期最高温度统计（2021-07-15）

序号	测点编号	坝段	位置	安装时间	到最高温天数/d	最高温度/℃	最高温度时间	最新测值/℃
1	T2-1	2号	距上游面2m	2018-06-25	8	34.0	2018-07-02	16.2
2	T2-2	2号	距上游面10m	2018-06-25	13	32.7	2018-07-07	16.5
3	T2-3	2号	距下游面10m	2018-06-25	15	35.4	2018-07-09	15.7
4	T2-4	2号	距下游面2m	2018-06-25	15	34.8	2018-07-09	15.2
5	T3-13	4号	距上游面2m	2018-06-25	5	31.8	2018-06-29	17.2

续表

序号	测点编号	坝段	位　置	安装时间	到最高温天数/d	最高温度/℃	最高温度时间	最新测值/℃
6	T3－14	4 号	距上游面 10m	2018－06－25	7	31.3	2018－07－01	15.9
7	T3－15	4 号	距下游面 10m	2018－06－25	5	29.7	2018－06－29	16.2
8	T3－16	4 号	距下游面 2m	2018－06－25	4	33.0	2018－06－28	18.8
9	T4－21	5 号	距上游面 2m	2018－06－25	9	36.0	2018－07－03	15.3
10	T4－22	5 号	距上游面 10m	2018－06－25	13	29.3	2018－07－07	17.1
11	T4－23	5 号	距下游面 10m	2018－06－25	6	31.4	2018－06－30	16.3
12	T4－24	5 号	距下游面 2m	2018－06－25	6	33.4	2018－06－30	18.7
13	T5－9	7 号	距上游面 2m	2018－06－19	6	33.4	2018－06－24	16.8
14	T5－10	7 号	距上游面 10m	2018－06－19	5	31.3	2018－06－23	16.1
15	T5－11	7 号	距下游面 10m	2018－06－19	5	30.5	2018－06－24	16.7
16	T5－12	7 号	距下游面 2m	2018－06－19	5	32.2	2018－06－24	18.4

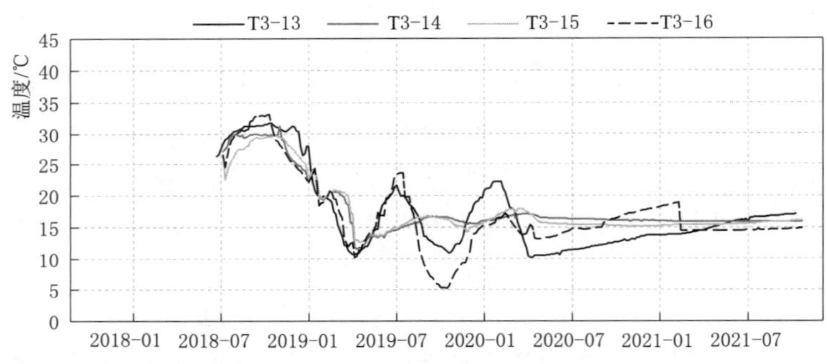

图 7.18　大坝 574.00m 高程典型温度计测点过程线

1）574.00m 高程温度计于 2018 年 6 月安装，此时混凝土容许最高温度 34℃，T2－3、T2－4、T4－21 测点最高温度分别为 35.4℃、34.8℃、36℃，最高超标 2℃，超标幅度不大，其余测点低于容许最高温度。

2）混凝土到达最高温度后，随着冷却通水的进行，坝体温度逐渐降低。574.00m 高程 T3－14、T3－16、T4－22 测点在初冷期间存在个别天数降温速率超过 1℃/d 的情况，其余测点降温速率均低于 1℃/d；后期冷却降温速率均在 0.5℃/d 以下，满足要求。

3）574.00m 高程在 2019 年 4 月 14—23 日进行了接缝灌浆（灌浆高程 563.40～578.40m），灌浆前 574.00m 高程坝体内部混凝土平均温度约为 14.1℃，基本满足设计要求的封拱温度 14℃。

4）目前 574.00m 高程所有温度计测点平均温度为 16.7℃，高于 560.00m 高程平均温度。

（5）586.00m 高程。在 586.00m 高程Ⅱ断面、Ⅲ断面、Ⅳ断面、Ⅴ断面、Ⅵ断面各

埋设了4支温度计，浇筑初期最高温度统计见表7.18，典型温度计测点过程线见图7.19。

表7.18　586.00m高程温度计浇筑初期最高温度统计（2021-07-15）

序号	测点编号	坝段	位　置	安装时间	到最高温天数/d	最高温度/℃	最高温度时间	最新测值/℃
1	T2-5	2号	距上游面2m	2018-07-29	4	42.0	2018-08-02	16.6
2	T2-6	2号	距上游面9m	2018-07-29	5	38.5	2018-08-03	15.8
3	T2-7	2号	距下游面9m	2018-07-29	6	39.4	2018-08-04	16.6
4	T2-8	2号	距下游面2m	2018-07-29	5	43.1	2018-08-03	16.7
5	T3-17	4号	距上游面2m	2018-07-29	4	43.2	2018-08-02	16.5
6	T3-18	4号	距上游面9m	2018-07-29	5	35.6	2018-08-03	16.0
7	T3-19	4号	距下游面9m	2018-07-29	4	36.9	2018-08-02	17.1
8	T3-20	4号	距下游面2m	2018-07-29	4	35.4	2018-08-02	20.2
9	T4-25	5号	距上游面2m	2018-07-29	5	42.7	2018-08-03	16.3
10	T4-26	5号	距上游面9m	2018-07-29	5	40.4	2018-08-03	17.2
11	T4-27	5号	距下游面9m	2018-07-29	5	40.8	2018-08-03	17.1
12	T4-28	5号	距下游面2m	2018-07-29	5	35.5	2018-08-03	18.2
13	T5-13	7号	距上游面2m	2018-11-29	9	27.8	2018-12-06	16.2
14	T5-14	7号	距上游面9m	2018-11-29	9	25.2	2018-12-06	16.6
15	T5-15	7号	距下游面9m	2018-11-29	9	25.4	2018-12-06	16.3
16	T5-16	7号	距下游面2m	2018-11-29	9	26.4	2018-12-04	17.1
17	T6-1	9号	距上游面2m	2018-11-29	9	29.3	2018-12-06	16.5
18	T6-2	9号	距上游面9m	2018-11-29	9	25.0	2018-12-06	16.9
19	T6-3	9号	距下游面9m	2018-11-29	7	24.5	2018-12-04	18.7
20	T6-4	9号	距下游面2m	2018-11-29	9	26.4	2018-12-06	16.9

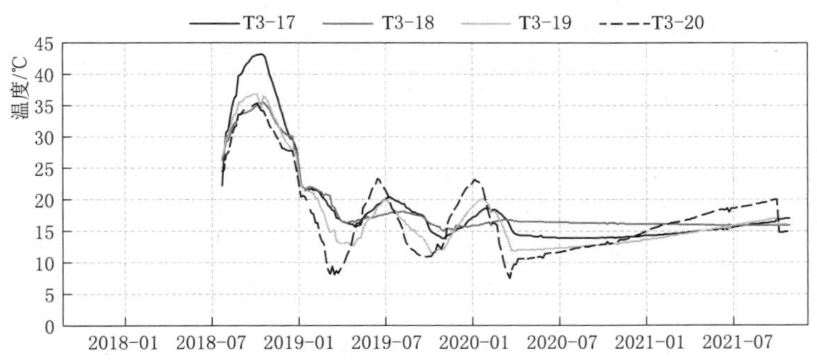

图7.19　大坝586.00m高程典型温度计测点过程线

1）586.00m高程左坝块Ⅱ断面、Ⅲ断面、Ⅳ断面温度计于2018年7月底安装，此时碾压混凝土容许最高温度34℃，从统计表可以看出所有测点的最高温度全部超标，靠近上游侧的测点受外界日照和气温影响较大，最高温度达43.2℃（T3-17），坝体中部最高温度低于上游侧，基本在 40℃以内。

586.00m 高程右坝块Ⅴ断面和Ⅵ断面温度计于 2018 年 11 月底安装，仅靠近上游侧的 T6－1 测点最高温度 29.3℃大于容许最高温度（28℃），其余测点最高温度均低于容许最高温度，右坝块最高温度控制较好。

2）586.00m 高程左坝块混凝土最高温度超标原因分析：

左半幅 2～5 号坝段高程 582.50～587.00m 浇筑时间 2018 年 7 月 24 日 22:20 开始浇筑，2018 年 7 月 30 日 12:00 收仓。因骨料储备量不足，浇筑期间骨料和混凝土拉运车队停运导致骨料拉运强度偏低，而高位系统骨料仓始终处于边储备边生产状态，胚层始终处于包面浇筑状态，浇筑历时偏长，较预期收仓时间滞后 2d。

在骨料拉运强度有限的情况下，为维持仓面浇筑，骨料风冷工作不充分，拌和物出机口温度有超高现象，加之白天日照强烈时段胚层间歇时间偏长，且未采取及时有效的保温覆盖工作，环境气温倒灌加快了胚层回温，根据温度计埋设当天的温度监测资料显示，586.00m 高程Ⅱ断面 T2－5 测点埋设当天连续 14h 监测结果表明，14h 内温度上升 9℃（25.9～34.3℃）。

综上分析，在本仓浇筑期间，骨料拉运强度不足＋骨料风冷工作不充分＋浇筑历时偏长＋胚层浇筑温度回温过快等不利条件的共同作用下产生混凝土最高温度超标问题。

3）混凝土到达最高温度后，随着冷却通水的进行，坝体温度逐渐降低。586.00m 高程左坝块温度计测点在初冷期间降温速率都有超过 1℃/d 的情况出现，右坝块温度计测点降温速率基本低于 1℃/d。

4）目前 586.00m 高程所有温度计测点平均温度为 17.0℃，略高于 574.00m 高程平均温度。

（6）598.00m 高程。在 598.00m 高程Ⅱ断面、Ⅲ断面、Ⅳ断面、Ⅴ断面、Ⅵ断面各埋设了 4 支温度计，浇筑初期最高温度统计见表 7.19，典型温度计测点过程线见图 7.20。

表 7.19　　598.00m 高程温度计浇筑初期最高温度统计（2021－07－15）

序号	测点编号	坝段	位　置	安装时间	到最高温天数/d	最高温度/℃	最高温度时间	最新测值/℃	备注
1	T2－9	2 号	距上游面 2m	2018－12－29	5	22.0	2019－01－03	15.1	
2	T2－10	2 号	距上游面 8m	2018－12－29	5	18.9	2019－01－03	15.5	
3	T2－11	2 号	距下游面 8m	2018－12－29	5	18.8	2019－01－03	18.7	
4	T2－12	2 号	距下游面 2m	2018－12－29	5	19.1	2019－01－03	15.9	
5	T3－21	4 号	距上游面 2m	2018－12－29	3	16.7	2019－01－01	20.2	
6	T3－22	4 号	距上游面 8m	2018－12－29	3	13.8	2019－01－01	15.4	
7	T3－23	4 号	距下游面 8m	2018－12－29	3	15.2	2019－01－01	15.5	
8	T3－24	4 号	距下游面 2m	2018－12－29	2	11.3	2018－12－31	17.4	
9	T4－29	5 号	距上游面 2m	2018－12－29	3	12.1	2019－01－01	16.9	
10	T4－30	5 号	距上游面 8m	2018－12－29	3	12.5	2019－01－01	18.3	

续表

序号	测点编号	坝段	位 置	安装时间	到最高温天数/d	最高温度/℃	最高温度时间	最新测值/℃	备注
11	T4-31	5号	距下游面8m	2018-12-29	4	14.9	2019-01-02	17.7	
12	T4-32	5号	距下游面2m	2018-12-29	4	25.0	2019-01-02	17.7	
13	T5-17	7号	距上游面2m	2019-01-29	3	21.3	2019-02-01	15.7	
14	T5-18	7号	距上游面8m	2019-01-29	3	20.4	2019-02-01	15.3	
15	T5-19	7号	距下游面8m	2019-01-29	4	20.0	2019-02-02	15.5	
16	T5-20	7号	距下游面2m	2019-01-29	3	26.4	2019-02-01	20.0	
17	T6-5	9号	距上游面2m	2019-01-29	3	20.2	2019-02-01	16.5	
18	T6-6	9号	距上游面8m	2019-01-29	4	20.2	2019-02-02	16.5	
19	T6-7	9号	距下游面8m	2019-01-29	4	19.1	2019-02-02	16.3	
20	T6-8	9号	距下游面2m	2019-01-29	3	16.8	2019-02-01	—	坏

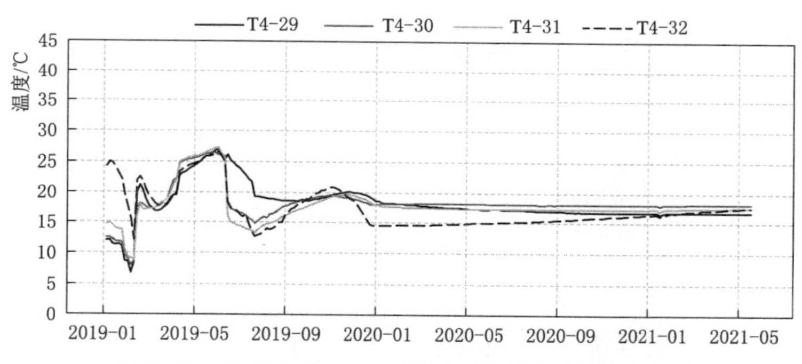

图7.20 大坝598.00m高程典型温度计测点过程线

1）598.00m高程温度计于2018年12月底和2019年1月底安装，此时处于冬季时段，混凝土最高温度控制效果较好，均低于容许最高温度（28℃）。混凝土浇筑初期最高温度为26.4℃，出现在T5-20测点。

2）混凝土到达最高温度后，随着初期冷却通水的进行，坝体温度逐渐降低。598.00m高程温度计测点在初冷期间降温速率都有个别天数超过1℃/d的情况出现，但大部分测点降温速率低于1℃/d。在初期冷却结束后，混凝土温度有所回升。

3）目前598.00m高程所有温度计测点平均温度为16.8℃，与586.00m高程平均温度接近。

（7）610.00m高程。在610.00m高程Ⅱ断面、Ⅲ断面、Ⅳ断面、Ⅴ断面、Ⅵ断面各埋设了2支温度计，浇筑初期最高温度统计见表7.20，典型温度计测点过程线见图7.21。

1）610.00m高程温度计于2019年4—6月期间安装，由于本高程存在廊道施工，为预留施工通道，监测耳洞和部分廊道段为后期常态混凝土浇筑，部分温度计安装在常态混凝土中；且本仓温度计均靠近上下游面，受外界日照、气温以及变态区混凝土温度影响，常态混凝土中最高温度39.4℃，碾压混凝土中最高温度32.9℃。

表 7.20　　610.00m 高程温度计浇筑初期最高温度统计（2021-07-15）

序号	测点编号	坝段	位　置	安装时间	到最高温天数/d	最高温度/℃	最高温度时间	最新测值/℃	备注
1	T2-13	2号	距上游面 3m	2019-04-20	3	32.9	2019-04-23	19.2	
2	T2-14	2号	距下游面 2m	2019-05-15	3	38.7	2019-05-18	17.8	常态
3	T3-25	4号	距上游面 3m	2019-04-20	5	32.8	2019-04-25	17.9	
4	T3-26	4号	距下游面 2m	2019-05-15	3	37.9	2019-05-18	18.5	常态
5	T4-33	5号	距上游面 2.5m	2019-11-04	4	38.1	2019-11-08	19.3	常态
6	T4-34	5号	距下游面 2m	2019-11-04	4	37.3	2019-11-08	20.0	常态
7	T5-21	7号	距上游面 3m	2019-06-10	2	38.9	2019-06-12	18.0	常态
8	T5-22	7号	距下游面 2m	2019-06-10	3	39.4	2019-06-13	17.9	常态
9	T6-9	9号	距上游面 3m	2019-05-26	4	36.4	2019-05-30	17.6	常态
10	T6-10	9号	距下游面 2m	2019-05-26	2	37.2	2019-05-28	18.0	常态

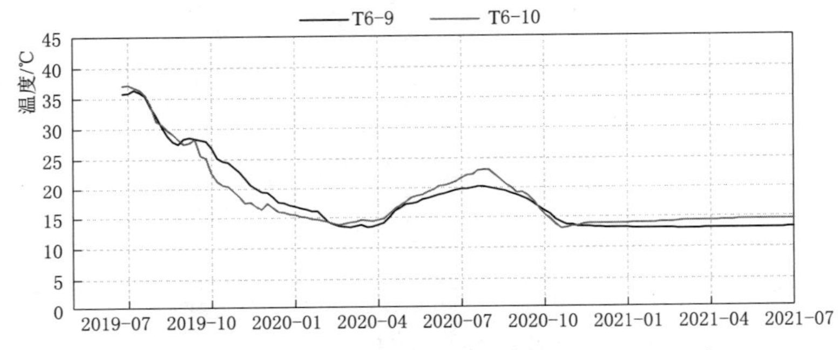

图 7.21　大坝 610.00m 高程典型温度计测点过程线

2）混凝土到达最高温度后，随着初期冷却通水的进行，坝体温度逐渐降低。610.00m 高程温度计靠近上下游面，在初冷期间降温速率都有个别天数超过 1℃/d 的情况出现，但大部分时段降温速率低于 1℃/d。

3）610.00m 高程温度计靠近上下游面，受外界环境温度影响较大，目前平均温度为 18.4℃，与以下高程平均温度相比略高。

（8）619.00m 高程。在 619.00m 高程Ⅱ断面、Ⅲ断面、Ⅴ断面、Ⅵ断面各埋设了 3 支温度计，浇筑初期最高温度统计见表 7.21，典型温度计测点过程线见图 7.22。

表 7.21　　619.00m 高程温度计浇筑初期最高温度统计（2021-07-15）

序号	测点编号	坝段	位　置	安装时间	到最高温天数/d	最高温度/℃	最高温度时间	最新测值/℃	备注
1	T2-15	2号	距上游面 2m	2019-06-03	6	38.0	2019-06-09	19.7	
2	T2-16	2号	距下游面 8m	2019-06-03	10	37.1	2019-06-13	15.9	
3	T2-17	2号	距下游面 2m	2019-06-03	6	38.1	2019-06-09	25.4	

续表

序号	测点编号	坝段	位置	安装时间	到最高温天数/d	最高温度/℃	最高温度时间	最新测值/℃	备注
4	T3-27	4号	距上游面2m	2019-06-03	5	38.7	2019-06-08	23.3	
5	T3-28	4号	距上游面8m	2019-06-03	7	38.9	2019-06-10	15.7	
6	T3-29	4号	距下游面2m	2019-06-03	15	39.3	2019-06-18	18.9	
7	T5-23	7号	距上游面2m	2019-07-09	6	38.2	2019-07-15	17.9	
8	T5-24	7号	距下游面8m	2019-07-09	9	34.5	2019-07-18	19.7	
9	T5-25	7号	距下游面2m	2019-07-09	4	34.0	2019-07-13	14.4	
10	T6-11	9号	距上游面2m	2019-07-09	4	37.3	2019-07-13	23.3	
11	T6-12	9号	距上游面8m	2019-07-09	6	33.1	2019-07-15	15.6	
12	T6-13	9号	距下游面2m	2019-07-09	6	36.3	2019-07-16	19.9	

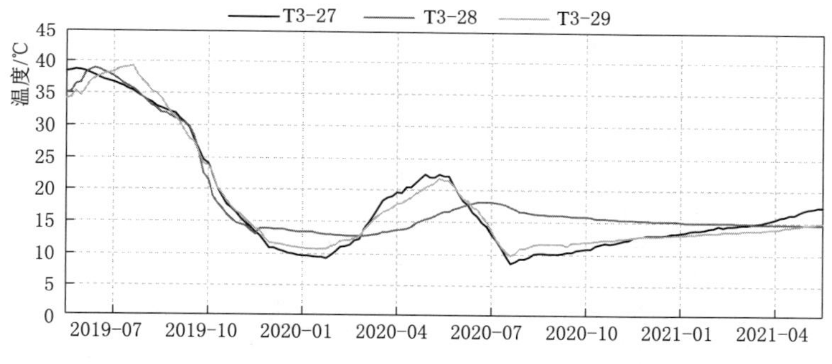

图7.22 大坝619.00m高程典型温度计测点过程线

1）619.00m高程温度计于2019年6—7月期间安装，此时处于夏季，外界气温较高，该仓混凝土浇筑厚度为4m，且每个断面3支温度计中两支靠近上下游面，受外界日照、气温以及变态区混凝土温度影响较大，最高温度为39.3℃，出现在T3-29测点。

2）混凝土到达最高温度后，随着初期冷却通水的进行，坝体温度逐渐降低。在初冷期间降温速率有个别天数超过1℃/d的情况出现，但大部分时段降温速率低于1℃/d。

3）619.00m高程温度计靠近上下游面，受外界环境温度影响较大，目前平均温度为19.1℃。

(9) 628.00m高程。在628.00m高程Ⅱ断面、Ⅵ断面各埋设了2支温度计，Ⅲ断面、Ⅴ断面各埋设了1支温度计。浇筑初期最高温度统计见表7.22，典型温度计测点过程线如图7.23所示。

1）628.00m高程温度计于2019年7—8月期间安装，由于本高程存在监测耳洞，为预留施工通道，监测耳洞部分为常态混凝土浇筑，部分温度计安装在常态混凝土中。此时处于夏季，外界气温较高，每个断面的温度计靠近上下游面，受外界日照、气温以及变态区混凝土温度影响较大，最高温度为39.2℃，出现在T3－30测点。

表7.22　　628.00m高程温度计浇筑初期最高温度统计（2021－07－15）

序号	测点编号	坝段	位　置	安装时间	到最高温天数/d	最高温度/℃	最高温度时间	最新测值/℃	备注
1	T2－18	2号	距上游面2m	2019－07－04	5	35.7	2019－07－09	24.6	
2	T2－19	2号	距上游面7m	2019－07－04	5	33.1	2019－07－09	19.7	常态
3	T3－30	4号	距上游面2m	2019－07－04	4	39.2	2019－07－08	24.5	
4	T5－26	7号	距上游面2m	2019－08－13	4	34.9	2019－08－17	18.7	
5	T6－14	9号	距上游面2m	2019－08－13	4	34.4	2019－08－17	19.9	常态
6	T6－15	9号	距上游面7m	2019－08－13	4	35.9	2019－08－17	20.6	

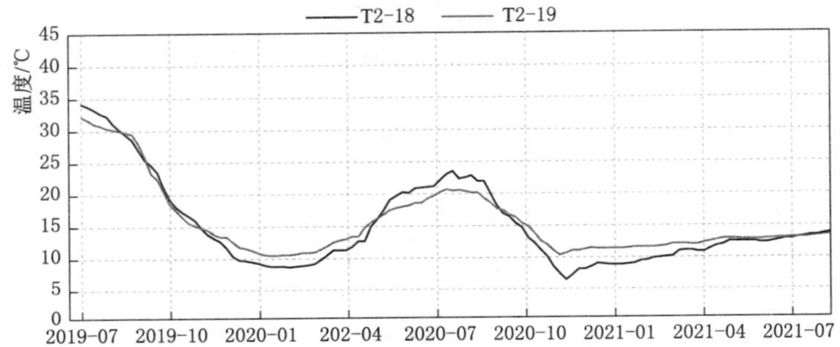

图7.23　大坝628.00m高程典型温度计测点过程线

2）混凝土到达最高温度后，随着初期冷却通水的进行，坝体温度逐渐降低。在初冷期间降温速率有个别天数超过1℃/d的情况出现，但大部分时段降温速率低于1℃/d。

3）628.00m高程温度计靠近上下游面，受外界环境温度影响较大，目前平均温度为21.3℃。

（10）634.00m高程。在634.00m高程Ⅱ断面埋设了3支温度计，Ⅱ断面、Ⅲ断面、Ⅴ断面、Ⅵ断面各埋设了2支温度计。浇筑初期最高温度统计见表7.23，典型温度计测点过程线见图7.24。

表7.23　　634.00m高程温度计浇筑初期最高温度统计（2021－07－15）

序号	测点编号	坝段	位　置	安装时间	到最高温天数/d	最高温度/℃	最高温度时间	最新测值/℃	备注
1	T2－20	2号	距上游面2m	2019－07－16	4	38.9	2019－07－20	25.5	
2	T2－21	2号	距上游面6.1m	2019－07－16	9	38.2	2019－07－25	16.4	
3	T2－22	2号	距下游面2m	2019－07－16	4	36.8	2019－07－20	21.0	
4	T3－31	4号	距上游面2m	2019－07－16	3	37.8	2019－07－19	26.4	

续表

序号	测点编号	坝段	位　置	安装时间	到最高温天数/d	最高温度/℃	最高温度时间	最新测值/℃	备注
5	T3-32	4号	距下游面2m	2019-07-16	6	36.3	2019-07-22	23.1	
6	T5-27	7号	距上游面2m	2020-09-02	5	37.8	2020-09-07	19.0	
7	T5-28	7号	距下游面2m	2020-09-02	3	35.6	2020-09-05	20.6	
8	T6-16	9号	距上游面2m	2020-09-02	6	36.0	2020-09-08	20.1	
9	T6-17	9号	距下游面2m	2020-09-02	3	34.7	2020-09-05	21.7	

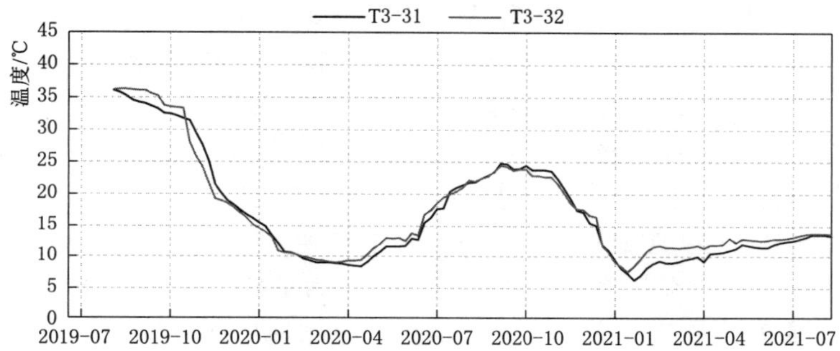

图 7.24　大坝 634.00m 高程典型温度计测点过程线

1）634.00m 高程温度计于 2019 年 7—9 月期间安装，此时外界气温较高，每个断面的温度计靠近上下游面，受外界日照、气温影响较大，最高温度为 38.9℃，出现在 T2-20 测点。

2）混凝土到达最高温度后，随着初期冷却通水的进行，坝体温度逐渐降低。在初冷期间降温速率有个别天数超过 1℃/d 的情况出现，但大部分时段降温速率低于 1℃/d。

3）634.00m 高程温度计靠近上下游面，受外界环境温度影响较大，目前平均温度为 21.5℃。

（11）640.00m 高程。在 640.00m 高程Ⅱ断面、Ⅲ断面、Ⅴ断面、Ⅵ断面各埋设了 1 支温度计。浇筑初期最高温度统计见表 7.24，典型温度计测点过程线见图 7.25。

表 7.24　640.00m 高程温度计浇筑初期最高温度统计（2021-07-15）

序号	测点编号	坝段	位　置	安装时间	到最高温天数/d	最高温度/℃	最高温度时间	最新测值/℃	备注
1	T2-23	2号	距上游面 5.3m	2019-08-19	2	30.4	2019-08-21	17.0	
2	T3-33	4号	距上游面 5.3m	2020-08-24	3	32.0	2020-08-27	17.6	
3	T5-29	7号	距上游面 5.3m	2020-09-14	4	36.6	2020-09-18	18.6	
4	T6-18	9号	距上游面 5.3m	2019-11-02	5	28.1	2019-11-07	17.0	

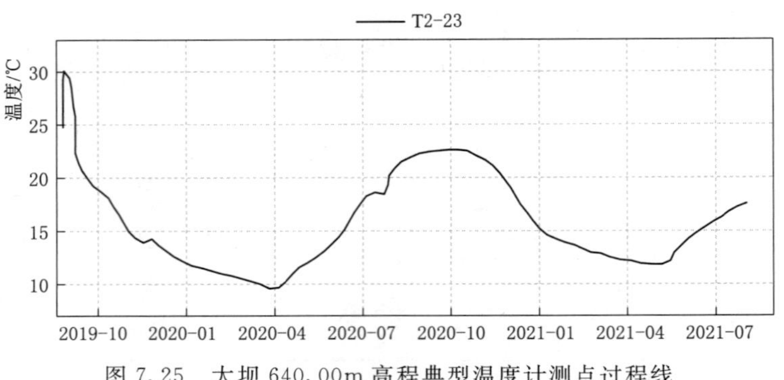

图 7.25 大坝 640.00m 高程典型温度计测点过程线

1）640.00m 高程温度计 T2－23 和 T6－18 于 2019 年 8 月底和 2019 年 11 月底安装，T3－33 和 T5－29 于 2020 年 8—9 月安装。T2－23 和 T3－33 埋设时处于夏季时段，混凝土最高温度控制效果较好，均低于容许最高温度。T5－29 于 2020 年 9 月安装，此时外界气温较高，受外界日照、气温影响较大，最高温度为 36.6℃。T6－18 埋设于冬季时段，混凝土浇筑初期最高温度为 28.1℃，温度控制效果较好。

2）混凝土到达最高温度后，随着初期冷却通水的进行，坝体温度逐渐降低。640.00m 高程温度计测点在初冷期间降温速率基本满足低于 1℃/d。在初期冷却结束后，混凝土温度有所回升。

3）目前 640.00m 高程温度计测点平均温度为 17.5℃，低于 634.00m 高程平均温度。

（12）645.00m 高程。在 645.00m 高程Ⅱ断面、Ⅲ断面、Ⅴ断面、Ⅵ断面各埋设了 1 支温度计。浇筑初期最高温度统计见表 7.25，典型温度计测点过程线见图 7.26。

表 7.25　645.00m 高程温度计浇筑初期最高温度统计（2021－07－15）

序号	测点编号	坝段	位　置	安装时间	到最高温天数/d	最高温度/℃	最高温度时间	最新测值/℃
1	T2－24	2 号	距上游面 4.5m	2020－12－30	4	31.3	2021－01－03	25.4
2	T3－34	4 号	距上游面 4.5m	2020－12－21	3	25.0	2020－12－24	25.0
3	T5－30	7 号	距上游面 4.5m	2020－10－19	2	39.2	2020－10－21	24.4
4	T6－19	9 号	距上游面 4.5m	2020－10－25	2	40.4	2020－10－27	23.9

1）645.00m 高程温度计于 2020 年 10 月和 2020 年 12 月底安装。T2－24 和 T3－34 埋设时处于冬季时段，混凝土最高温度控制效果较好，均低于容许最高温度。T5－30 和 T6－19 于 2020 年 10 月安装，埋设位置靠近表面，受外界日照、气温影响较大，最高温度为 40.4℃。

2）混凝土到达最高温度后，随着初期冷却通水的进行，坝体温度逐渐降低。645.00m 高程温度计测点在初冷期间降温速率基本满足低于 1℃/d。在初期冷却结束后，混凝土温度有所回升。

3）645.00m 高程温度计靠近表面，受外界环境温度影响较大，目前平均温度为 24.6℃。

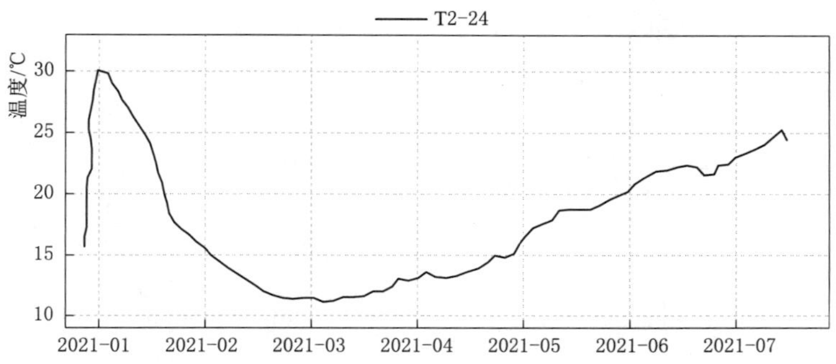

图 7.26　大坝 645.00m 高程典型温度计测点过程线

3. 综合分析评价

（1）最高温度情况。混凝土最高温度整体控制情况较好，大部分测点在容许温度范围内，但也存在部分高程夏季浇筑的混凝土最高温度超标的情况，但除个别靠上游侧测点受外界日照和气温影响超标略高外，其余大部分测点超标幅度基本在 3℃以内。

（2）通水冷却降温。绝大部分测点初期冷却通水降温速率低于 1℃/d，但也存在部分测点个别天数超标现象，但大部分测点超标幅度不大；后期冷却通水降温速率基本都低于 0.5℃/d。

（3）封拱温度。目前 645.00m 以下高程横缝和诱导缝已完成封拱灌浆，从温度计监测成果来看，各高程封拱温度基本都满足设计要求。

（4）目前坝体温度分布。为分析目前不同高程坝体温度分布情况，绘制了 2021 年 7 月 15 日坝体典型高程平均温度沿高程分布图，如图 7.27 所示。从分布图可以看出，目前 620.00m 高程以下坝体温度均在 18℃以内，620.00m 高程以上坝体温度在 20℃以上，各高程平均温度在 14.9～24.6℃。

4. 坝体表面温度

在Ⅳ断面（5 号坝段）645.00m、640.00m、634.00m、628.00m、619.00m、607.00m、595.00m、580.00m、557.00m、533.00m、512.00m 高程上下游各布置 1 支温度计监测表面温度，共布置 23 支表面温度计。上游侧表面温度计在蓄水后用来监测库水温度。

从监测成果来看：

（1）表面温度计埋设在坝体靠近表面模板的变态混凝土内，在埋设初期主要受到混凝土水化热和外界环境温度共同影响，特别是夏季安装的温度计，受到日照环境影响，其温度一般较高。随着一期冷却通水结束以后，表面温度主要受到外界气温的影响。

（2）表面温度计初期主要受到混凝土水化热影响，温度上升，之后随着一期冷却通水的进行，温度逐渐降低。一冷结束后，在 2017 年 4—8 月表面温度和坝址区月平均气温基本吻合，冬季由于表面及时覆盖保温材料，混凝土表面温度高于外界气温，2017 年和 2018 年冬季，坝体表面温度基本在 10℃以上。

（3）为分析目前不同高程坝体上下游温度分布情况，绘制了 2021 年 7 月 15 日坝体表面温度计上下游测温度分布过程线图，如图 7.28 所示。从分布图可以看出，目前坝体表面温度在 10℃以上，下游侧温度高于上游侧温度。

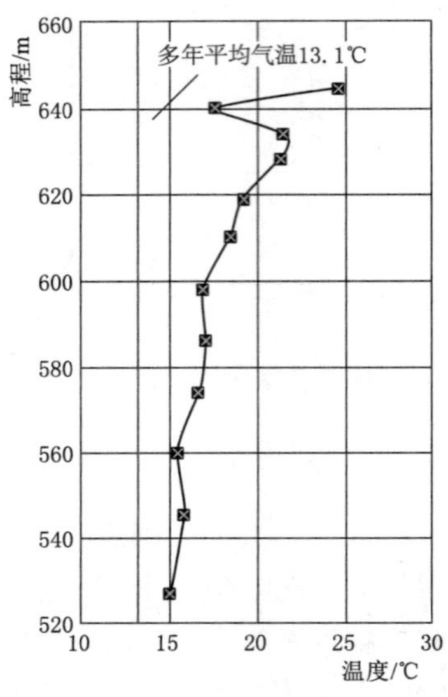

图 7.27　坝体典型高程平均温度沿高程分布（2021-07-15）

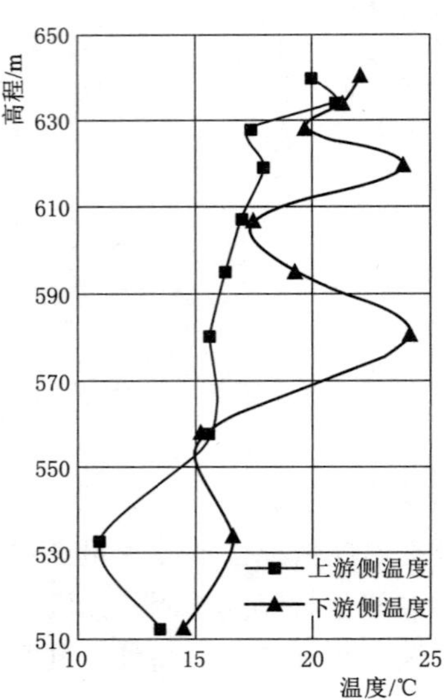

图 7.28　表面温度计上下游测温度沿高程分布过程线

（4）总体来看，坝体表面温度初期受水化热影响，后期受气温影响，后期温度变幅小于气温变幅，符合一般规律，冬季保温措施到位，表面温度无异常情况。

7.5.3　温度控制措施

首先从以下两方面对混凝土材料进行优化：一是采用低热水泥，在保证混凝土的施工强度前提下减少水化热；二是降低每方混凝土水泥用量，采用“双掺”技术，在混凝土中掺加一定量的粉煤灰（要求Ⅱ级灰以上），同时掺加高效减水剂，达到降低水泥用量、减少水化热温升的目的。同时还应降低混凝土浇筑温度，包括以下几个方面。

1. 降低出机口温度

（1）提高骨料堆高度。尽量加高成品料堆高度，当骨料堆高度不小于 6m 时，骨料温度接近月平均气温。

（2）骨料堆顶部喷雾降温。在骨料堆顶部用低温水和高压风混合形成雾状屏障，以反射阳光，减少阳光直射造成的骨料温升。喷雾时段一般为高温季节白天阳光照射时，阴天、雨大、夜晚不喷雾。

（3）骨料堆顶部搭设凉棚。在骨料堆顶部搭设凉棚，挡住直射阳光，以减少夏季白天阳光直射对骨料造成的温升，可使骨料有效降温 2℃以上。

（4）骨料运输过程降温。在骨料运输廊道的进风口安装喷雾装置，以降低皮带表面温度；在输送骨料上拌和楼的皮带机上搭遮阳棚，避免骨料受太阳光直接照射。

（5）采用低温水拌和。水温降低 1℃可使混凝土出机口温度降低 0.2℃左右。

2. 降低混凝土入仓温度和浇筑温度

适当降低浇筑温度以降低混凝土最高温升，从而减小基础温差和内外温差并延长初凝时间，对改善混凝土浇筑性能和现场质量控制都是有利的。

(1) 防晒隔热设施。在碾压混凝土运输过程中，采取搭设遮阳棚、凉水冷却车厢等措施，以尽量减少预冷混凝土的温度回升。

(2) 仓面喷雾降温。用低温水和高压风混合形成低温雾气，以反射阳光，改变仓面小环境，有效降低仓面气温，同时增加仓内湿度，减少 VC 值损失。

(3) 加快混凝土入仓覆盖速度，缩短混凝土暴露时间。对碾压混凝土，要求混凝土自出机口至仓面上层混凝土覆盖前的暴露时间不得大于 2.0～2.5h。

(4) 层间间隔时间尽量缩短。通过加大入仓强度等措施，控制层间间隔时间不宜大于 5h，并严格控制在 8h 以内。

(5) 尽可能利用早、晚或夜间气温较低的时段进行浇筑，避开早上 10:00 至下午 4:00 之间太阳辐射强烈的时段，当碾压混凝土连续碾压时间较长，不得不跨越白天时，应选择 2 个夜间＋1 个白天的浇筑时段。

根据浇筑进度安排，浇筑层厚建议采用 2～3m，其中约束区、孔口等部位可取 2m，非约束区部位取为 3m。浇筑间歇期一般取为 7d 左右，最小间歇期不宜小于 3d，最大浇筑间歇期不宜超过 14d。特别是在冬季低温季节，应尽量避免超过 14d 长间歇，防止因冬季长间歇导致降温幅度超标而引起表面裂缝。

5—9 月气温较高月份，采取骨料预冷措施降低浇筑温度，控制浇筑温度不超过 16℃，其他月份气温较低，温控难度相对较小，可采取自然入仓浇筑，综合采取温控措施控制浇筑温度，确保混凝土最高温度满足设计要求。

为满足约束区最高温度要求及满足接缝灌浆的要求，需要控制混凝土最高温度[19]，基础约束区混凝土安排在 10 月至次年 4 月低温季节浇筑。6—8 月高温季节，利用晚间浇筑，避开白天高温时段。对骨料进行预冷，混凝土生产采用加冷水拌和，降低混凝土出机温度；加强仓面喷雾降温，严格控制混凝土运输时间和仓面浇筑坯覆盖前的暴露时间，加快混凝土入仓速度和覆盖速度，降低混凝土浇筑温度。

通水冷却时埋设冷却水管，冷却水管距上下游面或横缝水平距离 0.75m，在覆盖之前应对冷却水管进行通水试验，检查水管是否堵塞或漏水可能。如发现水管堵塞或漏水，应更换水管或接头。一期通水：约束区建议在 5—9 月通水冷却，非约束区在 6—8 月通水冷却，具体可根据实际气温情况进行微调。通水水温为 12℃，通水流量为 1.0～1.5m^3/h，持续时间约 20d。二期通水：冷却水水温 10℃，通水流量 1.0m^3/h 左右，可根据实际降温情况调节流量大小，通水时间 40～60d，直至冷却至相应高程的封拱温度为止。要求在上层混凝土开始覆盖后即开始通水，管中水的流速控制在 0.6m/s 左右。其流量、流速应保证在管内形成紊流。单根循环水管长度要求不大于 250m，管中水流方向应每 24h 调换一次，混凝土每天降温不超过 1℃。

3. 表面保温及养护

表面保温及养护[20]必不可少，可以防止发生表面裂缝，因此采取如下措施：

(1) 高温季节浇筑时，应防止热量倒灌及混凝土表面干裂。采用湿养护法对新浇混凝土表面进行不少于28d的养护，养护从表面混凝土能抵抗养护水喷洒破坏时开始，养护应全面且不间断地进行。

（2）每年入冬时或寒潮来临之前，应将孔口、廊道、竖井等通风部位及时封堵，避免产生过大温降。

（3）遇到气温骤降和寒潮等极端不利气候因素时，应对坝体上、下游表面和仓面等裸露部位的混凝土进行表面保温工作。

（4）针对度汛时底孔孔口附近会出现较高的拉应力情况，为防止裂缝的产生，应特别注意加强孔口内的表面保温，并做好防护措施防止表面保温材料被水冲走。需在孔口处埋设足够的钢衬、钢筋，提高孔口部位的抗裂性能，防止裂缝的产生。

7.6　混凝土拱坝智能建造技术

随着我国经济的发展以及科学技术水平的提升，水利工程信息化和智能化技术的应用得到社会各界的高度重视。在三河口碾压混凝土拱坝施工中开展了一系列现代技术的探索与应用，在国内双曲拱坝施工中率先引入无人驾驶碾压筑坝技术、全过程施工信息管理系统、施工过程仿真与优化技术等，提高了大坝施工的信息化和效率，保证了碾压混凝土施工质量。

7.6.1　碾压混凝土大坝质量控制技术

混凝土浇筑碾压质量控制是碾压混凝土施工质量控制的主要环节之一，直接关系到大坝安全。在三河口大坝施工中，引汉济渭工程联合清华大学研发了“无人驾驶碾压混凝土智能筑坝技术”，探索了曲线碾压、作业区域规划与碾压避障的安全措施，通过对碾压机预先设置碾压速度、碾压轨迹、碾压次数等施工参数，通过机载传感器采集作业数据，实现混凝土碾压过程智能控制，有效克服人工驾驶碾压机作业碾压质量不稳定等缺点，极大提升工程进度和质量[31]。无人驾驶碾压技术由GPS基站、无人驾驶碾压机、通信中继站和远程监控中心构成，具有无线局域网通信、自主运行管理等特点，明显提高了碾压混凝土施工质量与筑坝效率，实现了水利工程的电气化、数字化、网络化、智能化。

本系统主要包括软件系统、硬件设备及现场服务。通过在碾压车辆上安装集成有高精度的GPS接收机的监测设备装置，对坝面碾压施工机械的碾压信息进行实时自动采集，监控对大坝浇筑碾压质量有影响的相关参数。实现碾压遍数、压实厚度、激振力状态及压实度的实时监控，系统主要实现如下功能：

（1）数据可视化子系统。根据监控信息实现大坝模型三维场景呈现，实现坝体每一层每一块碾压结果（包括碾压遍数、碾压高程、碾压轨迹和压实厚度等）的可视化查询。

（2）实时自动计算和统计仓面任意位置处的碾压遍数、压实厚度、压实后高程，并在大坝仓面施工数字地图上可视化显示，同时可供在线查询。

（3）当碾压机械运行速度、振动状态、碾压遍数和压实厚度等不达标时，系统自动给车辆司机、现场监理和施工人员发送报警信息，提示不达标的详细内容以及所在空间位置等，并在现场监理分控站PC监控终端上醒目提示，同时把该报警信息写入施工异常数据库备查。

（4）在每仓施工结束后，输出碾压质量图形报表，包括碾压轨迹图、碾压遍数图、压

实厚度图和压实后高程图等，作为仓面质量验收的辅助材料。

（5）可在业主总控中心和施工现场监理分控站对大坝混凝土碾压情况进行在线监控，实现远程和现场“双监控”。

（6）把整个建设期所有施工仓面的碾压质量信息保存至网络数据库，可供网络访问和历史查询。

1. GPS 监控系统关键技术

（1）碾压参数的实时监控。碾压参数主要涉及填筑碾压区各碾压机械的运行轨迹、运行速度和碾压遍数。要做到实时监控施工质量，无线通信的数据链必须具有点对多点、双向的高通信速率功能，以确保定位数据的实时反馈。解决此问题的最理想方案是选用电台或 GSM 手机方式。考虑到经济和实用性，系统采用了无线扩频通信技术，实现 GPS 基准站差分位置信息实时传输给各移动远端监控系统，同时，移动远端监控系统将各自的三维空间位置信息也实时反馈到监控中心，每间隔 1s 提供一次位置解算结果。这样，不仅在各碾压机械的监控系统显示屏上可以反映出自己的碾压状况，而且在监控中心和现场分控站也可以对各移动远端监控系统的碾压状况进行实时监控。

（2）移动远端监控系统的研制。为适应碾压施工的工作环境，方便碾压机械的安装及使用，不断探讨并改进移动远端监控系统的软、硬件。具体包括无线全向通信天线的选择、GPS 天线和通信天线的固定方式、机箱的设计与制作、机箱的散热及电源保障、软件操作等一系列具体实际问题，使得移动远端监控系统在应用中故障率低、操作简便、系统稳定，较好地解决了碾压施工工作环境恶劣和电源保障困难等具体实际问题。

（3）点对多点双向无线数据通信网络。系统选用无线扩频通信技术，解决了监控中心和现场分控站至多个移动远端之间的实时、双向、无线数据通信技术难题。建设的无线通信网络系统射频速率高（若同时使用 10 个移动远端，经测试不低于 100KB/s），系统支持点对点、点对多点以及网络中继的应用。

（4）操作简便及灵活的系统设计。系统应用涉及监控中心、中继站、现场分控站，多个移动远端监控系统等复杂内容，为了方便操作、管理和维护，系统在软、硬件设计方面作了精心细致的实用性研究。例如监控中心、中继站和现场分控站，只要有电源保证，系统就能够正常工作，而且，现场分控站可以根据施工需要而移动位置；移动远端监控系统充分考虑了碾压机械驾驶室的空间和司机的操作方便，整套系统的安装与拆卸都非常简便；系统软件尽量做到全自动化监控，比如，对移动远端监控系统的机箱操作，只要打开电源开关，系统就能够自动进入工作状态。

（5）系统设备的稳定性及安全保护措施。在整个系统的研制开发、工程试验及应用过程中，充分考虑了系统的安全保护措施和防范措施，对系统的软、硬件设备的稳定性作了不断的改进和完善，工程试验和应用多年来，从未出现过任何安全事故。例如，将监控中心设置在引汉济渭公司，GPS 基准站天线和无线通信天线安装在办公楼顶，考虑了防雷设施，这样不仅安全，便于管理，而且有稳定的电源保证；中继站选址在有稳定电源和便于管理的位置，将主要设备安置在固定机箱内，并增设有温控及散热装置；移动远端监控系统设备集成于一个特制的仪器机箱内，并用支架固定在碾压机械驾驶室内，机箱和支架采用专门材料加工，考虑了防振、散热等因素，坚固耐用。

考虑到工程填筑施工是全天候24h不间断的，而且是多台碾压机械同时作业，移动远端监控系统的电源保障及其稳定性极为重要。经过工程测试反复实验，对移动远端监控系统采用了碾压机械的电源并研制了专用电源模块，可以同时为GPS主机、通信设备、工控机和散热风扇等设备供电，并且解决了碾压机械点火瞬间对移动远端监控系统工作影响的电源技术难题。

2. 碾压质量监控硬件设备

GPS监控硬件系统主要由以下4部分组成：系统监控中心、现场分控站、GPS移动定位设备、GPS差分基准站。根据大坝填筑碾压施工监理及建设单位对系统监控的要求，监控中心设在引汉济渭办公楼固定房间，便于集中控制储存、分析碾压机械的位置及每个区域的碾压状况。

（1）系统监控中心。系统监控中心是本系统的核心，系统通过无线数据通信方式，将GPS基准站的差分数据不间断地实时发送给各GPS流动站，并接收各流动站反馈的位置信息。在系统监控中心内设有电子显示屏，能结合施工需要，实时显示大坝施工作业面上碾压机械的精确位置和状态。同时，系统的数据处理、分析、储存等均在此进行，并可将计算、分析结果打印输出，如图7.29所示。

（2）现场分控站。现场分控站的任务是接收来自中心控制的监控信息，使现场管理人员及时了解现场施工状态和施工质量情况，一旦出现质量偏差，及时指示相关机械操作人员进行返工、整改。现场分控站设置在大坝施工现场监理值班室。

（3）GPS移动定位设备。安装在碾压机械上的GPS流动站作为移动监测点，进行GPS移动观测，其观测项目主要是碾压机械的运行轨迹、运行速度和碾压遍数，并将有效的观测结果实时发送回中心控制室。同时在碾压机械操作室的小型显示屏上，由图表方式实时地显示碾压机械的运行参数，如图7.30所示。

图7.29　三河口水利枢纽施工管理控制中心

图7.30　三河口大坝无人碾压智能筑坝施工

（4）GPS差分基准站。GPS基准站是为了提高GPS系统的监测精度而采用差分GPS技术所需而设置的。差分GPS技术是将一台GPS接收机设置在已知点上作为基准站进行GPS观测，通过数据链，将基准站的GPS观测数据和已知位置信息实时发送给GPS流动站，与流动站的GPS观测数据一起进行载波相位差分数据处理，从而计算出流动站的空间位置，提高定位精度。基准站与系统监控中心一起放在中央控制室。

3. 碾压质量监控软件系统

碾压质量监控软件系统主要包括信息录入子系统、碾压过程自动监控子系统、碾压过

程报警子系统、报表输出子系统及数据可视化子系统。

（1）信息录入。开发仓面信息录入软件，实现仓面设计和仓面参数设定；提供满足现场碾压质量监控要求的仪器设备，并实现数据的自动采集；利用温控信息实时采集软件监测温度信息，并与成套监测仪器设备相匹配。

（2）碾压过程自动监控。实现碾压机行驶超速、激振力不达标或碾压超厚的自动监控；支持手机客户端，实现行驶速度、激振力及碾压超厚的自动报警，施工人员根据预警进行控制，如图 7.31 所示。

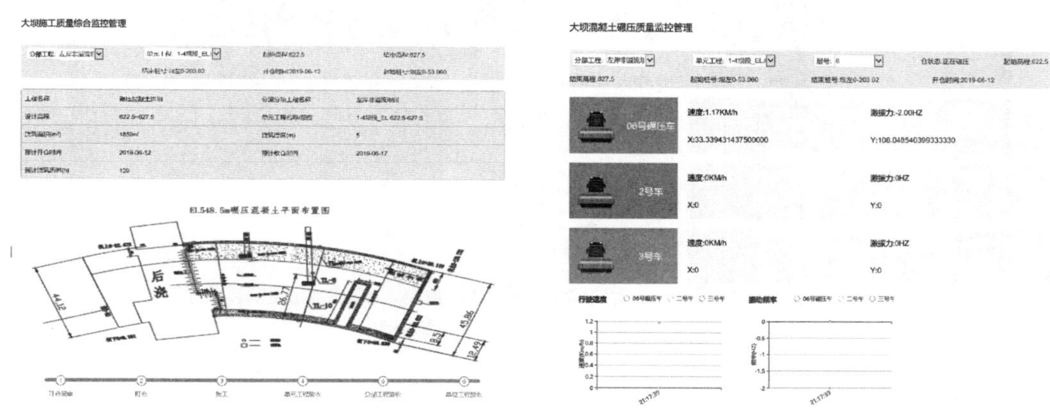

图 7.31　大坝混凝土碾压质量监控管理系统

（3）碾压过程报警。实现碾压监控综合分析与预警，对碾压设备现场施工情况进行实时和事后的分析处理，对施工中不合格、不达标的情况进行预警提示，协助现场监控及施工人员进行施工过程管理。报警要素主要包括但不限于超速预警、偏向预警、超厚预警、过碾预警、漏碾预警，如图 7.32 所示。

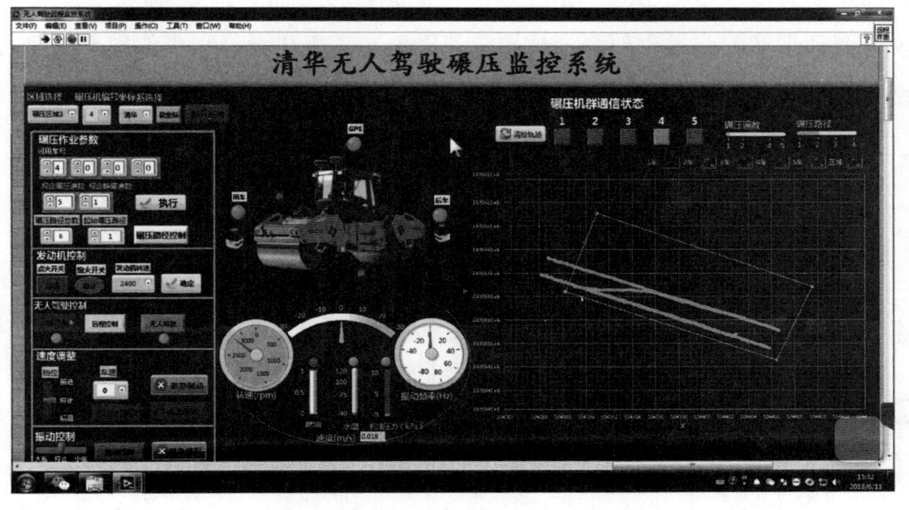

图 7.32　大坝无人碾压监控系统

(4) 报表输出。实现碾压质量报表的自动输出，系统通过监测的碾压机轨迹点坐标绘出碾压机行驶轨迹，根据轨迹计算碾压遍数、压实后高程分布，生成碾压轨迹图、碾压遍数图、压实后高程与厚度分布图等，如图 7.33 所示。

图 7.33　施工质量监控报表输出

(5) 数据可视化子系统。根据监控信息实现大坝模型三维场景呈现，实现坝体每一层每一块碾压结果（包括碾压遍数、碾压高程、碾压轨迹和压实厚度等）的可视化查询。

7.6.2　"1+10"全过程施工信息智能管理系统

"1+10"全过程施工信息智能管理系统基于 BIM 技术，将大数据、云计算、移动互联网和人工智能等新一代信息技术引入三河口水利枢纽工程的建设中，实现动态、集成和可视化管理，对大坝建设全过程的施工安全、施工进度、碾压质量、温度控制和坝体变形等信息实现智能采集、统一集成、实时分析与智能监控，如图 7.34 所示。实现了筑坝技术从被动监测到主动控制过程的根本性转变，降低了工程建设过程中的安全隐患与管理缺陷，有效确保了大坝施工安全与工程质量。

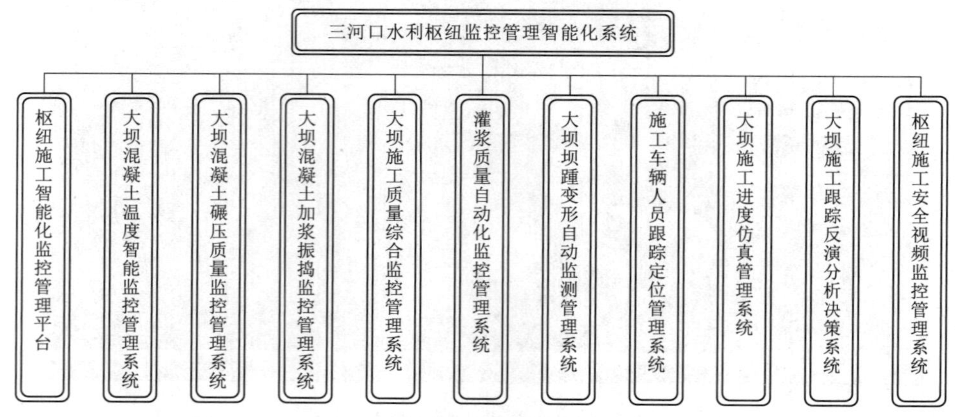

图 7.34　三河口水利枢纽监控管理智能化系统建设框图

1. 枢纽施工智能化监控管理平台

平台基于BIM的三维数字化技术、信息交换标准、数据存储及访问技术、信息集成技术，对工程各阶段的信息进行集成、共享和服务，确保数据的一致性和时效性，为业主、施工、监理、设计四方提供共享操作和管理平台，如图7.35所示。平台以BIM系统为纽带，统一协调大坝混凝土温度智能监控、碾压质量监控管理等10个监控管理系统，实现了模型和业务数据之间的联动交互。选取BIM模型上任意一个仓位，均可以看到该仓位的智能温控、碾压质量、施工质量、人员定位、施工进度、加浆振捣等详细信息。

图7.35 枢纽施工智能化监控管理平台

2. 大坝混凝土温度智能监控管理系统

裂缝控制一直是大体积混凝土施工的难点之一，大坝混凝土温度智能监控管理系统对影响温度控制及防裂的施工各环节因素进行全面监测、智能控制或人工干预，系统如图7.36所示。该系统运用自动化监测技术、GPS定位技术、无线传输技术、网络与数据库技术、信息挖掘技术、数值仿真技术、自动控制技术，实现了温控信息实时采集、温控信息实时传输、温控信息自动管理、温控信息自动评价、温度应力自动分析、开裂风险实时预警、温控防裂实时反馈控制。

该系统通过预先布置及埋设的传感器、温度计等硬件设备，对大坝混凝土从原材料、生产、运输、浇筑、温度监测、冷却通水到封拱进行全过程智能化、精细化及个性化管控。实际施工过程中，在混凝土拌和楼、浇筑仓面、通水冷却仓、混凝土表面等部位布置传感器。坝后马道安装有进水包、回水包、四通换向阀、流量测控装置以及分控站等设备，仓面内埋设冷却水管和温度传感器。收集的混凝土出机口温度、入仓温度、浇筑温度、仓面小气候、混凝土内部温度过程、温度梯度、通水冷却进出水水温、通水流量等信息经过运算转化为温控曲线，如图7.37所示。温控系统自动对大体积混凝土理论温度曲线与实测温度曲线进行对比，提取混凝土龄期、浇筑温度、覆盖时间等数据，根据相应的资料自主制订冷却通水方案，并通过无线网络将具体的通水指令发送至流量调节控制装置，通过电磁阀调整通水流量，以保证坝体温度始终处于受控状态。

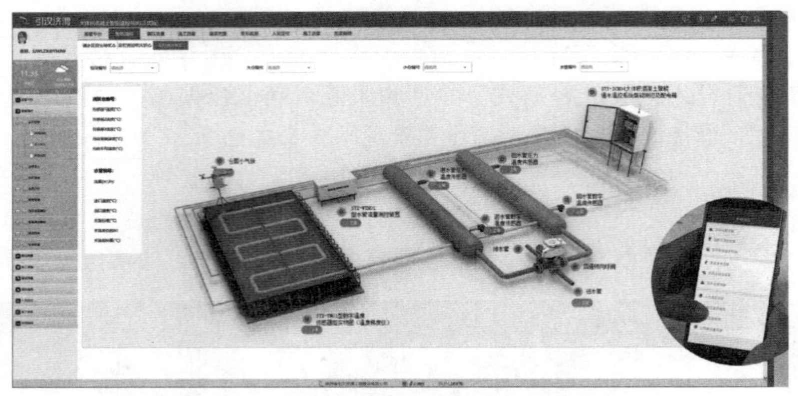

图 7.36　大坝混凝土温度智能监控管理系统

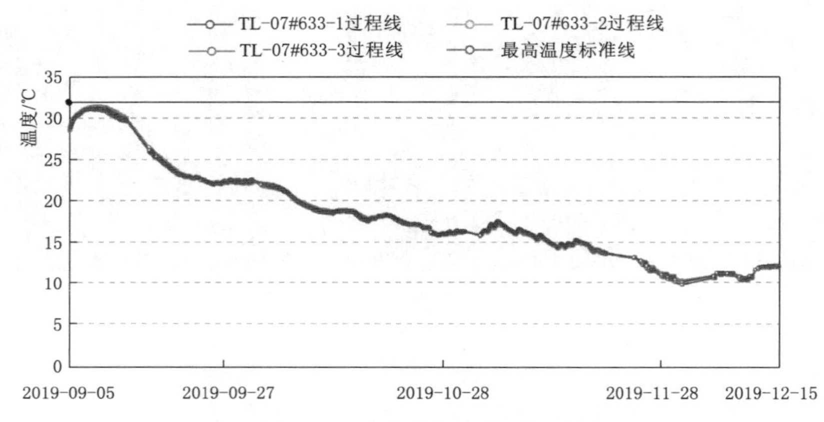

图 7.37　大坝内部温度过程线

3. 大坝混凝土碾压质量监控管理系统

混凝土碾压质量控制是碾压混凝土施工质量控制的主要环节之一。大坝混凝土碾压质量监控管理系统利用 GPS 全球卫星定位系统，通过高精度差分定位技术及物联网传感技术，实现对碾压填筑施工过程全方位数字化监控，动态分析与评价，如图 7.38 所示。

该系统通过在碾压车辆上安装具有高精度 GPS 接收机的监测设备，实时采集坝面碾压施工机械的碾压信息，监控对大坝浇筑碾压质量有影响的相关参数。动态采集和监测仓面碾压机械运行轨迹、运行速度、振动状态，实时自动计算和统计仓面任意位置处的碾压遍数、压实厚度、压实后高程，并在大坝仓面施工数字地图上可视化显示，同时可供在线查询。当出现碾压机行驶超速，激振力不达标和碾压超厚时，监控系统弹出报警窗口，将报警信息发送到施工人员和监理手机上，同时把该报警信息写入施工异常数据库备查。通过部署于碾压设备司机操作室内工业平板，实时图形化展示预先设定的最佳碾压轨迹、实时碾压轨迹与碾压覆盖区域，引导碾压设备依照导航线路进行碾压，避免漏碾或错碾，辅助司机驾驶操控。碾压混凝土浇筑完成后，系统生成本仓碾压质量评价报告，综合反映碾压质量。

图 7.38 大坝混凝土碾压质量监控管理系统

4. 大坝混凝土加浆振捣监控管理系统

碾压混凝土上下游变态混凝土是大坝防渗的第一个通道。大坝混凝土加浆振捣监控管理系统主要由混凝土振捣位置监测子系统、加浆浓度检测子系统、加浆量检测子系统、综合评价子系统、加浆振捣监管子系统五部分构成。可利用现代化的监测技术、数据传输技术、数据处理技术等，实现对混凝土振捣加浆施工的全过程监控、及时获取施工现场的各种状况，对出现的各类情况进行反映与处理，有效提高了混凝土的施工质量与监管能力。

该系统通过在加浆管路上安装密度计、流量计等，以及在施工人员身上佩戴振捣监测设备，实时监测加浆浓度、加浆量以及振捣频率。在系统中可以查看加浆质量的实时数据，包括设备名称、流量、浆液密度以及加浆区域等信息。通过系统以及移动端 APP，直接发送预警信息提示现场施工人员，由施工人员及时调整加浆量，从而确保变态混凝土的施工质量，如图 7.39 所示。

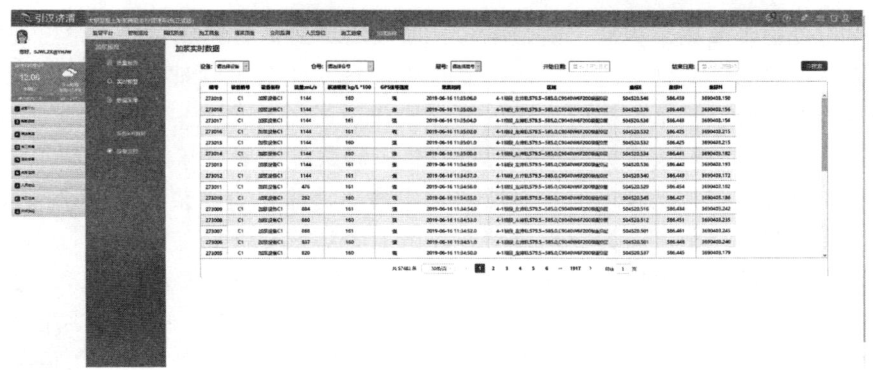

图 7.39 大坝混凝土加浆振捣监控管理质量报告

5. 大坝施工质量综合监控管理系统

大坝施工质量综合监控管理系统主要由勘察设计管理子系统、施工计划管理子系统、施工设计管理子系统、备仓开仓管理子系统、试验检测管理子系统、质量等级评定管理子系统六部分构成，如图 7.40 所示。该系统实现以施工单元（浇筑仓）为核心的大坝建设过程中重要业务数据的监控与采集、实时分析、反馈与共享；实现工程进度、质量的闭环管理。通过数字化的方式实现对各个环节的业务操作与控制，提供直观、人性的业务界面，数据采集全部依托日常业务开展，实现电子化填写审核、批准，相关的成果全部通过系统自动生成，缩短了工序质量的审核时间，方便了后期的资料查阅。

该系统可对单元工程列表进行直接展开和树状图形式展开两种查询，查询单位工程、分部工程、单元备料、仓面管理、开仓申请单、开仓要料单、盯仓管理、混凝土浇筑工序管理、混凝土成缝质量工序、混凝土外观质量检查工序、单元工程质量等级等施工质量表格资料。同时，该系统还提供模糊查询功能，可输入人名、仓位高程等搜索条件进行模糊搜索，系统将展示与搜索条件相关的所有单元工程名称，极大地提高了施工质量表格查询及质量责任追溯效率。

图 7.40　大坝施工质量综合监控管理系统

6. 灌浆质量自动化监控管理系统

在工程建设中，灌浆工程属于隐蔽工程，灌浆质量的优劣和灌浆过程中出现的质量隐患难以迅速直观监测到。针对这一问题，灌浆质量自动化监控管理系统以电子信息技术、数据库技术、无线网络技术为基础，在现场灌浆作业时，自动采集灌浆压力、灌浆流量、浆液比重等重要参数，经系统分析统计后自动生成灌浆施工记录和成果图表，减少了人工统计工作量，提高灌浆施工管理的时效性和工作效率，并生成灌浆施工记录和成果图表，减少数据流转环节，避免了人为数据改动，保证了灌浆施工质量，如图 7.41 所示。

该系统通过在灌浆廊道内布置灌浆记录仪，并在灌浆管路上安装压力、密度、流量传感器，通过廊道内的无线网络，将所采集的数据实时传输到系统当中，生成流量、压力及密度等参数与时间的关系曲线。管理人员在未到达现场、未拿到纸质资料的情况下，可在系统中及时查看当前正在进行的灌浆质量情况，有效监管施工过程。该系统实现了灌浆过程数字化、无人值守监控，不再依靠人工记录，既快捷又准确。

7. 大坝坝踵变形自动监测管理系统

对于 141.5m 高的三河口水利枢纽大坝，如何提高它的变形测量精度是个挑战。为了弥补传统监测方式的不足，解决施工期变形漏测问题，将大坝坝踵变形自动监测管理系统应用于大坝 3 个典型坝段。该系统主要由变形监测信息实时自动采集与存储模块子系统、

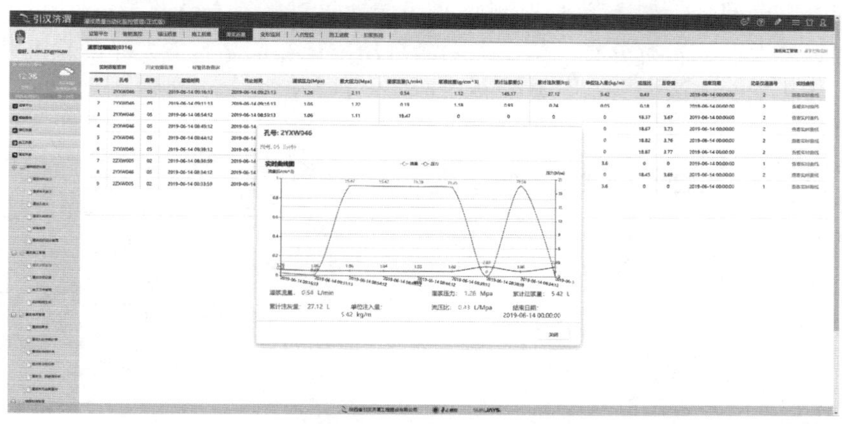

图 7.41　灌浆质量自动化监控管理系统

海量变形数据实时传输子系统、变形风险实时预警子系统、坝踵变形监测子系统四部分构成，如图 7.42 所示。通过埋设新型复合变形监测设备，捕捉大坝的微小变动，实时捕捉施工期坝体的变形，获取第一手资料，为后期大坝工作性态分析提供依据。

该系统满足典型坝段变形监测数据采集及节点控制设备数据实时交互。分类显示所采集的变形监测数据，通过直观对比采集的周期数据，进行大坝变形的分析及监测效果评估，实现变形监测数据的实时管理与评价。同时根据评价结果开发大坝变形风险预警系统软件，对施工要素进行智能预警及干预，通过人机互动方式对预警信息进行实时查询及播报，并及时通知施工人员进行处理。

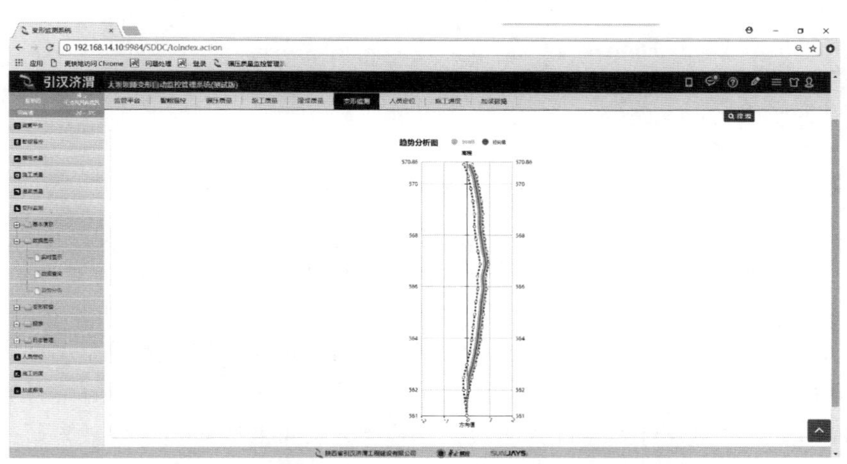

图 7.42　大坝坝踵变形自动监测趋势图

8. 施工车辆人员跟踪定位管理系统

为了保障施工安全、提高施工效率，施工车辆人员跟踪定位管理系统包含施工区导航图管理子系统、车辆及人员定位子系统、施工考勤自动统计子系统、施工人员及车辆轨迹追查子系统、违章时段和具体人员实时分析子系统、统计报表分析模块子系统、人车定位软件子系统等七个部分，如图 7.43 所示。该系统通过对施工人员及车辆轨迹的实时获知、违章时段和具体人员的实时分析、施工考勤的自动统计和信息智能发布的精准管控，做到对施工人员和施工车辆的实时信息及安全作业情况进行跟踪。

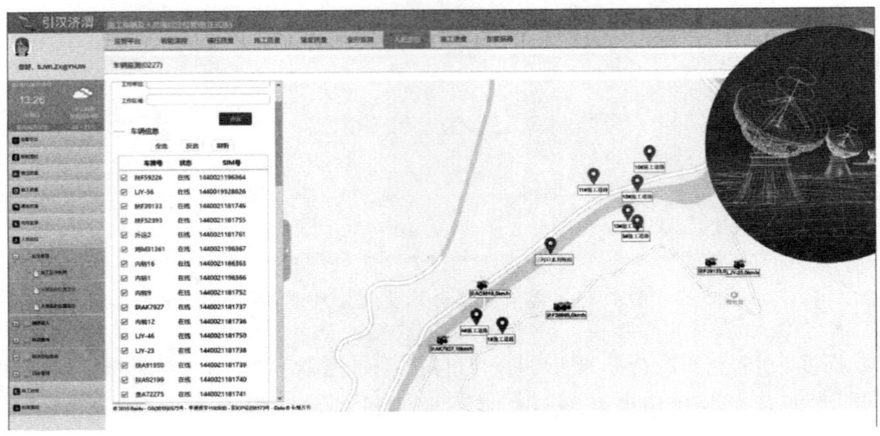

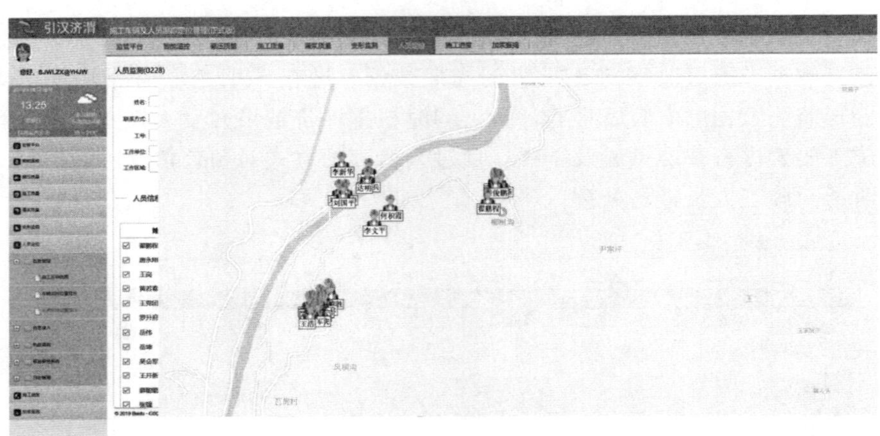

图 7.43　施工车辆人员跟踪定位管理系统

其中，人员、车辆定位子系统在地图上划定了施工活动范围，通过车辆和人员身上携带的定位设备，可对现场人员和车辆位置及轨迹进行实时采集。当车辆超速行驶或驶出施工范围时，系统会对违规行为进行智能预警，管理人员可及时对违规驾驶人员进行警告教育，保证了工区内施工车辆及人员的作业安全，优化了生产计划。视频监控子系统则是在施工区的重要区域进行视频监控全覆盖，可实现对现场监控的实时查看以及后期视频资料的调阅。

9. 大坝施工进度仿真管理系统

大坝施工进度仿真管理系统是面向工程进度管理与控制分析的功能系统，它以项目的工序分解管理为依据，采用可视化方式为用户提供工程进度计划编制、工程进度模拟演

示、进度计划过程审批、实际进度信息管理、工程建设动态显示、工程进度计划分析、工程进度报表定制和施工影响因素分析等一系列业务管理功能，如图 7.44 所示。

该系统通过建立工程三维单元模型，并在模型上叠加计划进度数据，在三维模型上进行工程进度演示、工程进度对比分析、施工强度对比分析、施工进度计划调整模拟等。通过此系统，可以根据所有已完成浇筑的单元工程浇筑强度、施工人员、机具、材料等信息，对选定的目标日期内的单元工程浇筑计划进行推演，对施工计划调整和修正作出有效指导。

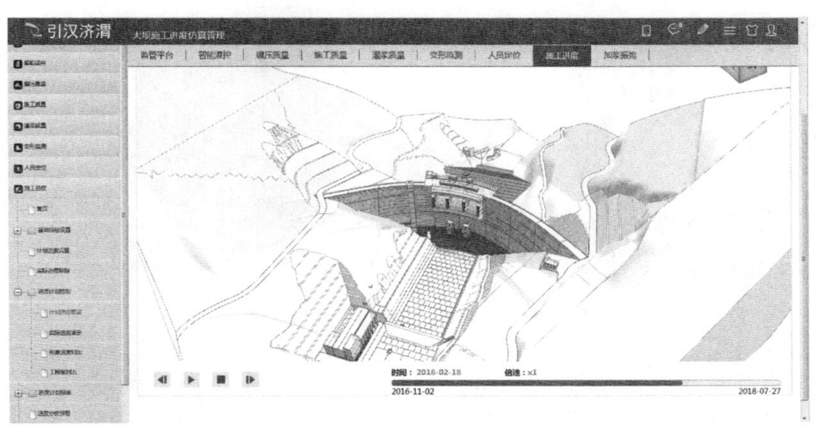

图 7.44　大坝施工进度仿真管理系统

10. *大坝施工跟踪反演分析决策系统*

大坝施工跟踪反演分析决策系统基于大坝混凝土智能温控系统以及大坝安全监测的相关数据信息，综合运用大体积混凝土温度场及温度应力三维有限元分析程序、AI 数据挖掘等技术，实现大坝混凝土和大坝基础在建设过程中的材料参数和边界条件的反演，确定能反映工程实际实施条件下的材料参数及边界条件。

该系统根据工程实际进度，基于反演材料参数和边界条件，对不同阶段或典型时间节点的大坝整体温度场和温度应力进行仿真分析和预测，通过分析计算成果，分析混凝土开裂风险，评估大坝工作形态及安全性，为温控措施和施工方案的动态优化调整提出合理有效的建议，供决策参考，并为竣工验收提供技术支持和参考依据，如图 7.45 所示。

11. *枢纽施工安全视频监控管理系统*

视频监控管理系统采用先进的计算机网络通信技术、视频数字压缩处理技术、视频监控技术和安全监测技术，对施工区进行无死角视频监控全覆盖，通过布设高清摄像头，实现高位搅拌站区域的监控、基坑区域的监控、左肩右肩区域的监控、右肩观景平台的施工区全景监控、低位搅拌站区域的监控等。

该系统实现了施工区域无死角自动监控，实时监控现场施工情况，永久存储重要部位及节点时段的视频资料，作为工程档案以备后期查阅。

7.6.3　施工过程仿真与优化

高碾压混凝土拱坝工程项目规模庞大，资源投入数量大，自然条件和技术条件复杂，

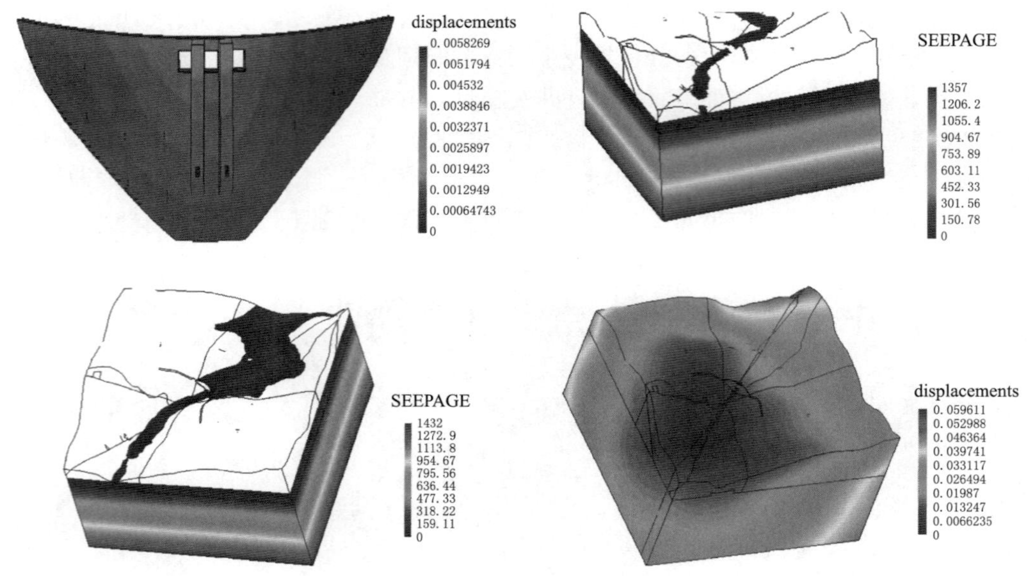

图 7.45　大坝施工跟踪反演分析决策

建设周期长，不确定性因素多，致使施工组织管理艰难，具有较大的风险性。必须编制指导和控制施工进度计划以及制定和论证混凝土坝施工方案。但由于本工程混凝土坝浇筑量大，常态混凝土和碾压混凝土交错进行浇筑，碾压混凝土施工需要混凝土拌和、运输、入仓高强度连续稳定的运行，施工约束条件十分复杂。传统的方法凭经验采用类比的方法按月升高若干浇筑层和混凝土浇筑强度等指标来控制施工进度，这种方法由于缺乏系统的定量计算分析，在论证施工各阶段的筑坝进度以及各坝段升高过程是否能满足大坝施工各方面的要求时缺乏充分的理论依据。可视化仿真模拟技术在建筑工程施工的应用为建筑施工过程分析提供了有效的工具。

在对混凝土坝浇筑施工系统分析的基础上，结合计算机仿真技术，对三河口大坝施工进行多方案的比选及优化设计。首先，对混凝土仓面施工进行设备运行的仿真，解决设备布置和运行相互协调的问题。其次，对三河口大坝混凝土施工系统进行分析，大坝混凝土施工系统由混凝土拌和子系统、混凝土运输子系统和混凝土浇筑子系统三个子系统构成，系统在一定的规则及约束条件下运行直至大坝混凝土浇筑完毕。最后，对三河口大坝混凝土施工拟采用的机械进行研究分析。对同类型机械在其他工程中的应用进行调研和资料收集，并根据本工程的实际情况，拟定多个浇筑方案。对各个浇筑方案进行计算机模拟计算后，通过对各个方案的计算结果的分析，论述每个方案的优缺点。最后进行方案比选，并提出方案优化的建议。

利用 DELMIA 软件通过二次开发，将施工仿真应用到三河口碾压混凝土拱坝，将施工过程可视化和数据化：采用 DELMIA 的 DPM 及 QUEST 对三河口碾压混凝土拱坝的仓面施工、人员施工安全、施工工艺过程、浇筑进度安排、资源配置等进行了施工过程仿真模拟，直观地反映了施工过程中复杂的时空关系、施工面貌、形象进度和工期控制，有效验证和指导了施工现场管理，如图 7.46 所示。

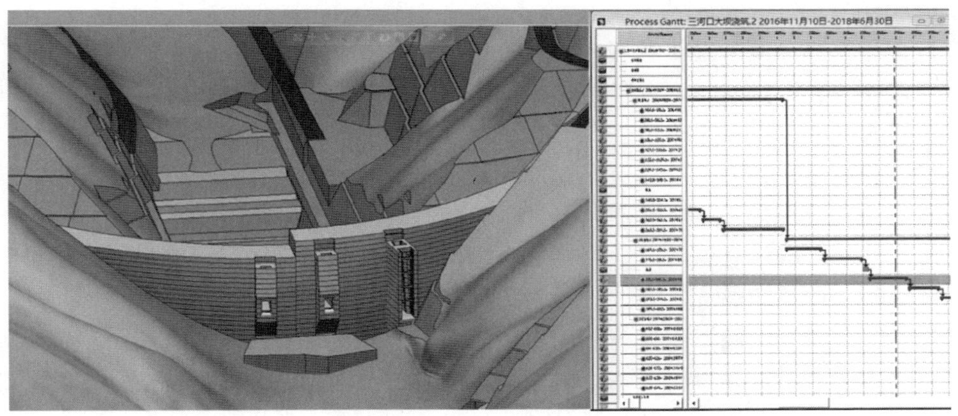

图 7.46 三河口碾压混凝土拱坝整体提升仿真

通过施工仿真模拟对本工程的施工过程、施工方案、资源配置进行了优化研究，提出了工期优化意见、最小碾压仓面、电梯井结构施工顺序、固结灌浆工序调整等成果并应用于工程实践，保证了施工质量和施工安全，缩短了施工工期，对工程建设发挥了重要作用，如图 7.47 所示。

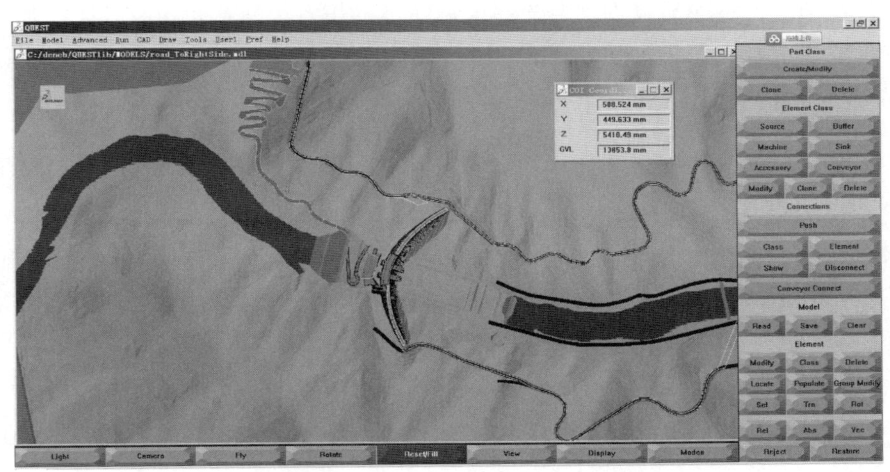

图 7.47 施工工艺数字模拟

7.7 小结

三河口枢纽大坝施工具有十分突出的特点和难点，为此，采用了一整套大坝施工创新技术和质量控制技术，圆满完成了工程的质量和进度目标。

（1）合理配置施工机具，保证坝体填筑质量和工期。对大坝填筑的开采、挖装、运输、碾压等主要设备进行组合配套计算和模拟优化，保证与现场条件、质量、工期等要求相协调；坝体边角等部位的细部施工，采用手持式振捣棒、液压夯板等小型新设备，强化了施工薄弱环节。

（2）合理安排混凝土施工程序和施工进度。本工程坝区气候特点是干、湿两季分明，冬季昼夜温差大。合理安排混凝土施工程序和施工进度是防止基础贯穿裂缝，减少表面裂缝的主要措施之一。在低温季节浇筑混凝土时，采用蓄热法施工，模板外侧挂保温被，仓面铺塑料薄膜后再在其上覆盖一层保温被或聚氯乙烯卷材进行保温，以充分利用混凝土自身的热量供给，使混凝土缓慢冷却，在受低温冲击之前达到规范所要求的混凝土强度。高温季节时，混凝土的入仓温度，根据浇筑部位、浇筑月份的不同，以混凝土的浇筑温度进行控制，混凝土的浇筑温度严格按"坝体混凝土温控分区图"进行控制。

（3）在碾压混凝土施工质量控制环节，建立了施工质量实时监测系统，该系统实现了智能化碾压施工。通过在碾压车辆上安装集成有高精度 GPS 接收机的监测设备装置，对坝面碾压施工机械的碾压信息进行实时自动采集，监控对大坝浇筑碾压质量有影响的相关参数，实现碾压遍数、压实厚度、激振力状态及压实度的实时监控。

（4）在对坝体内部混凝土温度和大坝表面温度的监测下，得到如下结论：混凝土最高温度整体控制情况较好，大部分测点在容许温度范围内，从温度计监测成果来看，各高程封拱温度基本都满足设计要求；坝体表面温度初期受水化热影响，后期受气温影响，后期温度变幅小于气温变幅，符合一般规律，冬季保温措施到位，表面温度无异常情况。通过施工现场监测，混凝土最高温度在设计范围内，整体温控效果满足了设计要求。

（5）碾压混凝土上下游变态混凝土是大坝防渗的第一个通道，为有效监控加浆振捣质量，研发完成了混凝土振捣加浆监控系统，实现混凝土振捣位置、加浆量、加浆浓度等的智能监控，从而有效确保变态混凝土的施工质量。

（6）三河口水利枢纽监控管理智能化系统基于 BIM 技术，融合了大数据、云计算、移动互联网和人工智能等新一代信息技术，实现了工程动态、集成和可视化管理，对大坝建设全过程的施工安全、施工进度、碾压质量、温度控制和坝体变形等信息实现了智能采集、统一集成、实时分析与智能监控。实现了筑坝技术从被动监测到主动控制过程的根本性转变，降低了工程建设过程中的安全隐患，有效确保了大坝施工安全与工程质量。

参考文献

[1] 王仁坤. 我国特高拱坝的建设成就与技术发展综述 [J]. 水利水电科技进展，2015，35（5）：13-19.

[2] WANG Renkun. Key technologies in the design and construction of 300m ultra-high arch dams [J]. Engineering，2016，2（3）：350-359.

[3] SHEN Xiaoming，NIU Xinqiang，LU Wenbo，et al. Rock mass utilization for the foundation surfaces of high arch dams in medium or high geo-stress regions：a review [J]. Bulletin of Engineering Geology and the Environment，2017，76（2）：795-813.

[4] 王仁坤，林鹏. 溪洛渡特高拱坝建基面嵌深优化的分析与评价 [J]. 岩石力学与工程学报，2008，27（10）：9.

[5] 王仁坤. 特高拱坝建基面嵌深优化设计分析与评价 [D]. 北京：清华大学，2007

[6] ZHANG Long, LIU Yaoru, YANG Qiang. Evaluation of reinforcement and analysis of stability of a high - arch dam based on geomechanical model testing [J]. Rock Mechanics & Rock Engineering, 2015, 48 (2): 803 - 818.

[7] QI Shengwen, WU Faquan, YAN Fuzhang, et al. Mechanism of deep cracks in the left bank slope of Jinping first stage hydropower station [J]. Engineering Geology, 2004, 73 (1): 129 - 144.

[8] 宋胜武，冯学敏，向柏宇，等. 西南水电高陡岩石边坡工程关键技术研究 [J]. 岩石力学与工程学报，2011，30 (1): 22.

[9] LIN Peng, MA Tianhui, LIANG Zhengzhao, et al. Failure and overall stability analysis on high arch dam based on DFPA code [J]. Engineering Failure Analysis, 2014, 45 (1): 164 - 184.

[10] 刘恋嘉，赵其华，韩刚. 叶巴滩水电站坝址区深部变形破裂特征 [J]. 岩土工程学报，2017，39 (3): 501 - 508.

[11] WEI Zhou, CHANG Xiaolin, ZHOU Chuangbing, et al. Failure analysis of high-concrete gravity dam based on strength reserve factor method [J]. Computers and Geotechnics, 2018, 35 (4): 627 - 636.

[12] SUN Guanhua, ZHENG Hong, LIU Defu. A three - dimensional procedure for evaluating the stability of gravity dams against deep slide in the foundation [J]. International Journal of Rock Mechanics & Mining Sciences, 2011, 48 (3): 421 - 426.

[13] GUO Lina, LI Tongchun, LU Shanshan, et al. Deep sliding stability analysis of gravity dam based on FEM strength reduction [J]. Advanced Materials Research, 2011, 243 - 249: 4608 - 4613.

[14] CHENG Heng, ZHANG Liaojun. Study on ultimate anti - seismic capacity of high arch dam [J]. Journal of Aerospace Engineering, 2013, 26 (4): 648 - 656.

[15] 陈厚群. 坝址地震动输入机制探讨 [J]. 水利学报，2006，(12): 1417 - 1423.

[16] 林皋，胡志强，陈健云. 考虑横缝影响的拱坝动力分析 [J]. 地震工程与工程振动，2004，(6): 45 - 52, 72.

[17] 涂劲，陈厚群，张伯艳. 小湾拱坝在不同概率水平地震作用下的抗震安全性研究 [J]. 水利学报，2006 (3): 278 - 285.

[18] VALLIAPPAN S, YAZDCHI M, KHALILI N. Seismic analysis of arch dams—a continuum damage mechanics approach [J]. International Journal for Numerical Methods in Engineering, 1999, 45 (11): 1695 - 1724.

[19] 张国新，刘有志，刘毅. “数字大坝”朝“智能大坝”的转变—高坝温控防裂研究进展 [C] // 中国大坝协会. 水库大坝建设与管理中的技术进展——中国大坝协会 2012 学术年会论文集. 郑州：黄河水利出版社，2012: 74 - 84.

[20] 林鹏. 大体积混凝土通水冷却智能温度控制方法与系统 [J]. 水利学报，2013，44 (8): 950 - 957.

[21] SU Huaizhi, LI Jinyou, WEN Zhiping. Evaluation of various temperature control schemes for crack prevention in RCC arch dams during construction [J]. Arabian Journal for Science and Engineering, 2014, 39 (5): 3559 - 3569.

[22] LI Chengmu. The long - term research results of autogenous volume deformation of MgO concrete [J]. Water Power, 1998, 58 (6): 53 - 57.

[23] LI Chengmu. The influences high content of fly ash on autogenous volume deformation of concrete with MgO [J]. Sichuan Water Power, 1999, 19 (S1): 72 - 75.

[24] LI Shouyi, REN Jinke, YANG Tingting, et al. Analysis of the influence of concrete mixed with MgO on the mass concrete thermal stress [C]. In: Proceedings of the 2010 Asia - Pacific Power and Energy Engineering Conference, Chengdu, China, 2010, 28 - 31.

[25] GAO Peiwei, LU Xiaolin, GENG Fei, et al. Production of MgO - type expansive agent in dam con-

crete by use of industrial by - products [J]. Building and Environment, 2008, 43 (4): 453 - 457.

[26] 朱伯芳,张国新,杨卫中,等.应用氧化镁混凝土筑坝的两种指导思想和两种实践结果 [J]. 水利水电技术,2005 (6):39 - 42.

[27] HONG Yongxing, LIN Ji, Vafai Kambi. Thermal effect and optimal design of cooling pipes on mass concrete with constant quantity of water flow [J]. Numerical Heat Transfer, Part A: Applications, 2020: 1 - 17.

[28] 张传虎,余文飞,商永红,等.双曲拱坝混凝土液压自爬升模板施工技术 [J]. 电力勘测设计,2020 (12):21 - 26.

[29] SUN Qiaorong, DING Bingyong, ZHENG Zaixin, et al. Study on temperature control and crack prevention of mass concrete for large powerhouse constructed in cold area [J]. Matec Web of Conferences, 2019, 275: 02009.

[30] 任喜平,李元来,刘炜山.大坝浇筑过程中温差裂缝形成研究及防控 [J]. 水利建设与管理,2020,40 (11):78 - 82.

[31] 史广生.高拱坝无人驾驶碾压筑坝技术实施与应用 [J]. 建筑技术开发,2020,47 (9):31 - 33.

第8章 供水系统与厂房

8.1 概述

供水系统与厂房是水电站关键的系统之一，关乎水轮发电机组、水冷主变的安全稳定运行[1]。供水系统中常见的技术供水方案有自流减压供水、顶盖取水、支流或地下取水、技术供水池+水泵供水、尾水取水+水泵供水、循环冷却器供水、小水轮发电机组供水等[2]。其选择应满足多层次要求，首先必须确保机组安全可靠，能够稳定运行；其次仪器操作应简单、方便，且易于维护、检修工作量小；最后应降低投资与运行费，设备布置应合理、美观[3]。通常，工作水头在70～140m时，宜采用自流减压供水方式；工作水头在140～160m时，可采用自流减压供水方式。减压阀的公称直径不宜大于500mm，当公称直径大于500mm时，应进行必要的试验研究。工作水头小于15m或大于140m时，宜采用水泵供水方式。选用其他供水方式时，应进行技术经济比较。当工作水头适合混流式机组时，如果顶盖泄压管的水流压力和流量满足技术供水要求，可采用顶盖取水的供水方式[3]。三河口水利枢纽位于汉中佛坪，属于汉江流域，其独特的地理条件使得水质及成分复杂，水中含渣。如果汛期来水中含有大量悬浮物，则易造成滤水器堵塞，引发减压阀堵塞、磨损、失效、发电机运行温度过高甚至电站被迫停机等问题，这将直接影响电站的安全运行和经济效益[4]。

水电站厂房是水电站中最重要的部分之一，是通过一系列的工程措施将压力水流平顺地引入水轮机，把水能转变为机械能，带动发电机，再经过主变压器升压后由输电线路送至电网。根据厂房在水电站枢纽中的位置及结构，厂房分为坝后式厂房、河床式厂房、引水式厂房。坝后式地面厂房施工布置合理，该布置方式可以提高工作效率，节约工期与投资，创造更大投产效益[5]。坝后式水电站厂坝间通常会设温度缝或沉降缝，使厂房和坝体结构相对独立，受力明确。同样，压力钢管过缝处会设伸缩节，以适应分缝两侧厂坝结构的相对变位，改善压力钢管的受力状态。当水电站布置为厂房顶溢流、厂前挑流式结构型式或下游出现高尾水时，则应采用厂坝联合的形式来解决结构布置和稳定性等方面的问题[6]。其中，厂坝的连接方式对结构的安全和工程造价有着重要的影响，很多学者对此展开了研究。分缝的厂坝结构不能简单地按独立结构分析，如不采用合理的厂坝连接形式，厂坝结构的稳定性将不能达到要求，从而加大混凝土方量；另外，取消厂坝间伸缩节是过缝管道结构型式的一个主要发展方向，合理的厂坝连接形式是取消伸缩节的必要条件[7]。水轮机是将水流流量转变为旋转机械能的一种水力机械，其通过主轴带动发电机再将旋转机械能转变为电能。由于三河口水利枢纽既有水泵抽水蓄水功能，又有水轮机发电供水功

能，两者不同时运行，因此提出了可逆式水泵水轮机。对于水泵水轮机来说，空化会影响水轮机组运行的效率、安全性、稳定性和可靠性[8]。三河口水利枢纽厂房安装间为二级建筑物，厂房安装间结构设计时，主要考虑四大件：发电子转子、发电机上机架、水轮机转轮、水轮机顶盖，其中发电机转子需要在安装间进行组装和修理，安装间楼板相应位置要适当地开一个检修孔。

三河口水利枢纽位于引汉济渭调水线路的中间位置，作为引汉济渭工程的重要水源地之一，起到连接黄三段和越岭段输水隧洞的作用。三河口水利枢纽的供水系统由进水口、压力管道、供水阀室、尾水系统及连接洞组成[9-13]。供水系统厂房布置于坝后，其建筑物等级为 2 级。供水系统厂房主要包括主厂房、副厂房、主变室、GIS 楼和进场道路。厂房平行于等高线布置。主厂房尺寸（长×宽×高）：70.24m×18.0m×43.2m，布置 2 台常规机组、2 台可逆机组。常规机组单机容量 20MW，可逆机组单机容量 10MW，电站总装机 60MW。

对三河口工程中的使用条件进行了分析，最终选取了水泵水轮机、发电电动机组和常规机组增加四象限变频器，使水泵水轮机变速运行以适应扬程/水头变幅，同时选定变频调速方案改善机组工作特性；用计算负荷选择施工变压器，并选用超大口径 *DN*2000 偏心半球阀。

进水口布置于坝身右侧坝体中，进水口形式为坝式进水口，设计引水流量 72.71m^3/s。常规机组、可逆机组、供水阀共用一个进水口。为保证下游河道水质和保护下游鱼类和其他生物生长，采用分层取水的方式。压力管道布置为坝内埋管、岸坡明管段、厂区明管段。压力管道直径 4.5m，管线长 28m。岔管采用非对称型 Y 形布置，主管直径 4.5m，岔管采用月牙肋岔管，分岔角为 65°，支管与机组蝶阀相接。可逆机组支管直径 1.5m。常规机组支管段直径 2.6m。此段岔管段为明管，岔管安装后，厂房基础回填。尾水系统由尾水闸、压力尾水管、导流洞改造尾水洞、尾水池、退水闸室组成。连接洞是控制闸至尾水池无压水流通道，总长度 197.815m，平底，断面形式为马蹄形，断面尺寸为 6.94m×6.94m，供水系统和厂房整体布置如图 8.1 所示[14]。

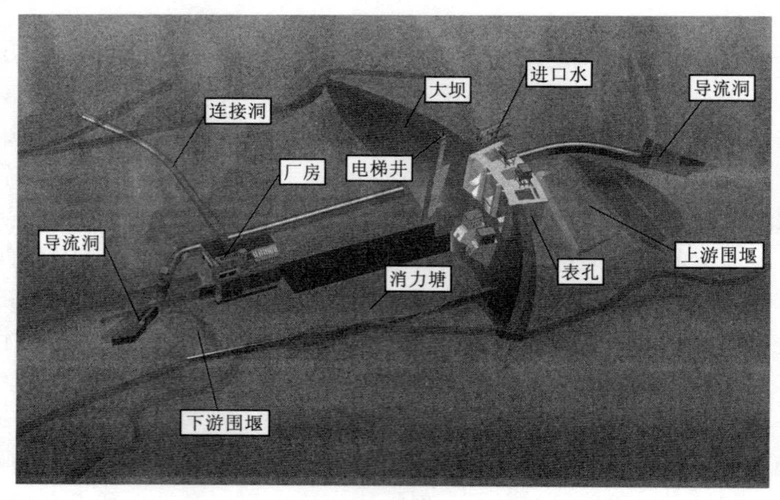

(a)

图 8.1（一）　供水系统和厂房整体布置图

(a) 供水系统平面布置图

(b)

图 8.1（二） 供水系统和厂房整体布置图

(b) 厂房整体照片

8.2 供水系统与厂房设计

供水系统包括进水口、压力管道、厂房、供水阀室、尾水系统、连接洞等 6 个部分，其中厂房周边建筑物的三维示意图如图 8.2(a) 所示。厂房为可逆机组与常规机组混合式厂房，厂房主要包括主厂房和副厂房。图 8.2(b) 为厂房纵剖图，图 8.2(c) 为副厂房平面图。主厂房主要安装水轮发电机组及其控制设备、组装和检修机组主要部件，副厂房主要布置控制设备、电气设备、辅助设备、必要的工作和生活用房，副厂房紧靠主厂房，主厂房在高程方向包括厂房屋顶（高程 572.87m)、安装间层（高程 545.87m)、发电机层（高程 537.07m)、水轮机层（高程 530.30m)、蜗壳层（高程 527.50m)、尾水管层（高程 521.40m)。系统运行时，分抽水、供水、发电等三个运行工况[15-16]：一是系统发电受阻时需满足供水要求，从引水压力管道经供水阀室减压进入连接洞至秦岭输水隧洞；二是系统抽水、不发电，可逆机组运行，双向机从尾水池（前池）抽水到三河口水库；三是系统发电，不抽水需满足供水要求，常规机组运行或常规机与双向机全开运行，水流经过机组，进入连接洞至秦岭输水隧洞。

8.2.1 抽水工况

1. 调压室的设置

对于可逆机组而言，抽水工况尾水池与尾水压力管道距离很近，大约 30m，水力过渡条件良好，不用设置尾水调压井。

2. 水头损失

三河口水利枢纽坝后厂房引水发电建筑物水头损失包括进口段和压力管道段局部水头损失和沿程水头损失两部分，采用《水电站调压室设计规范》(NB/T 35021—2014) 附录 A 所列公式和参数进行计算。

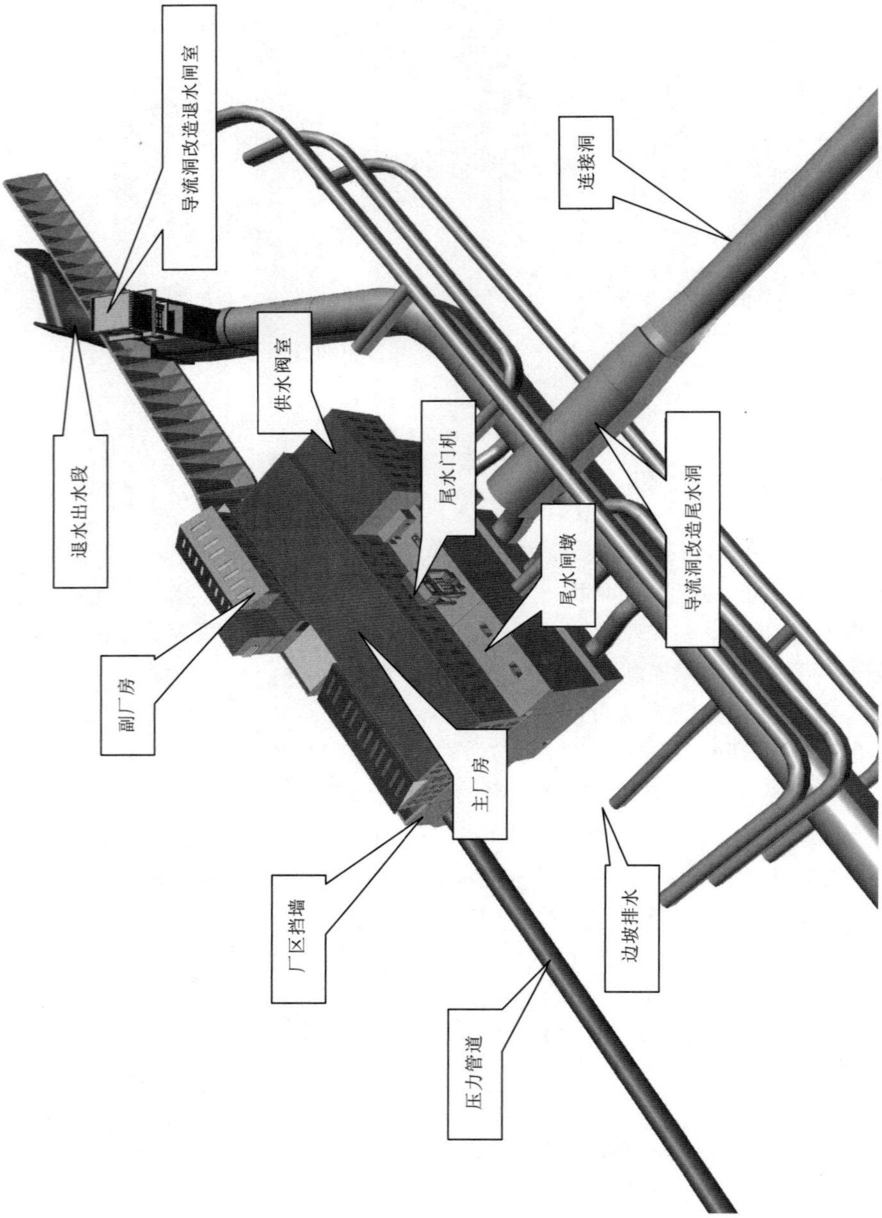

(a)

图 8.2（一）　供水系统厂房周边建筑物示意图

(a) 供水系统与厂房布置图

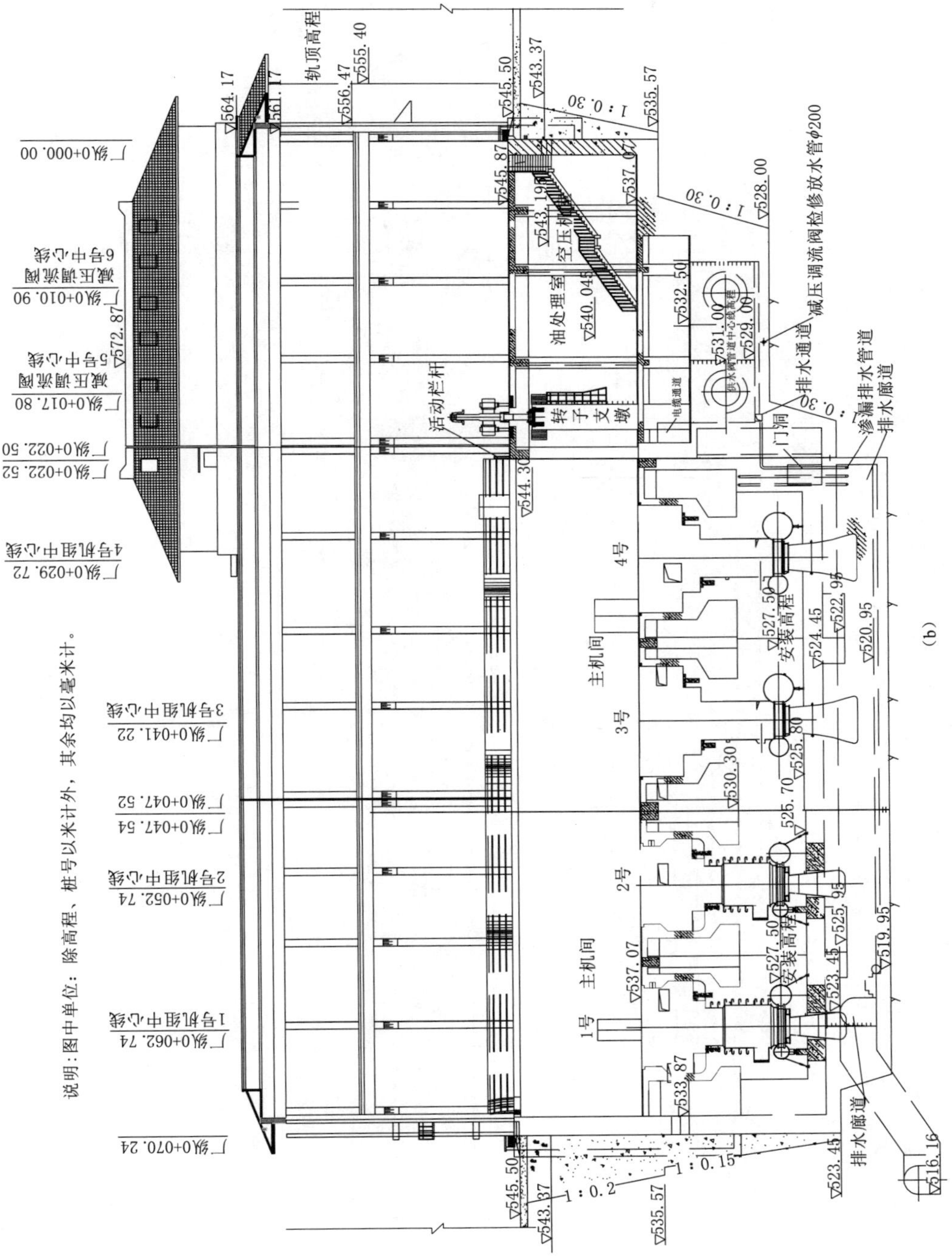

（b）

说明：图中单位：除高程、桩号以米计外，其余均以毫米计。

图 8.2（二）　供水系统厂房周边建筑物示意图

（b）厂房纵剖面图

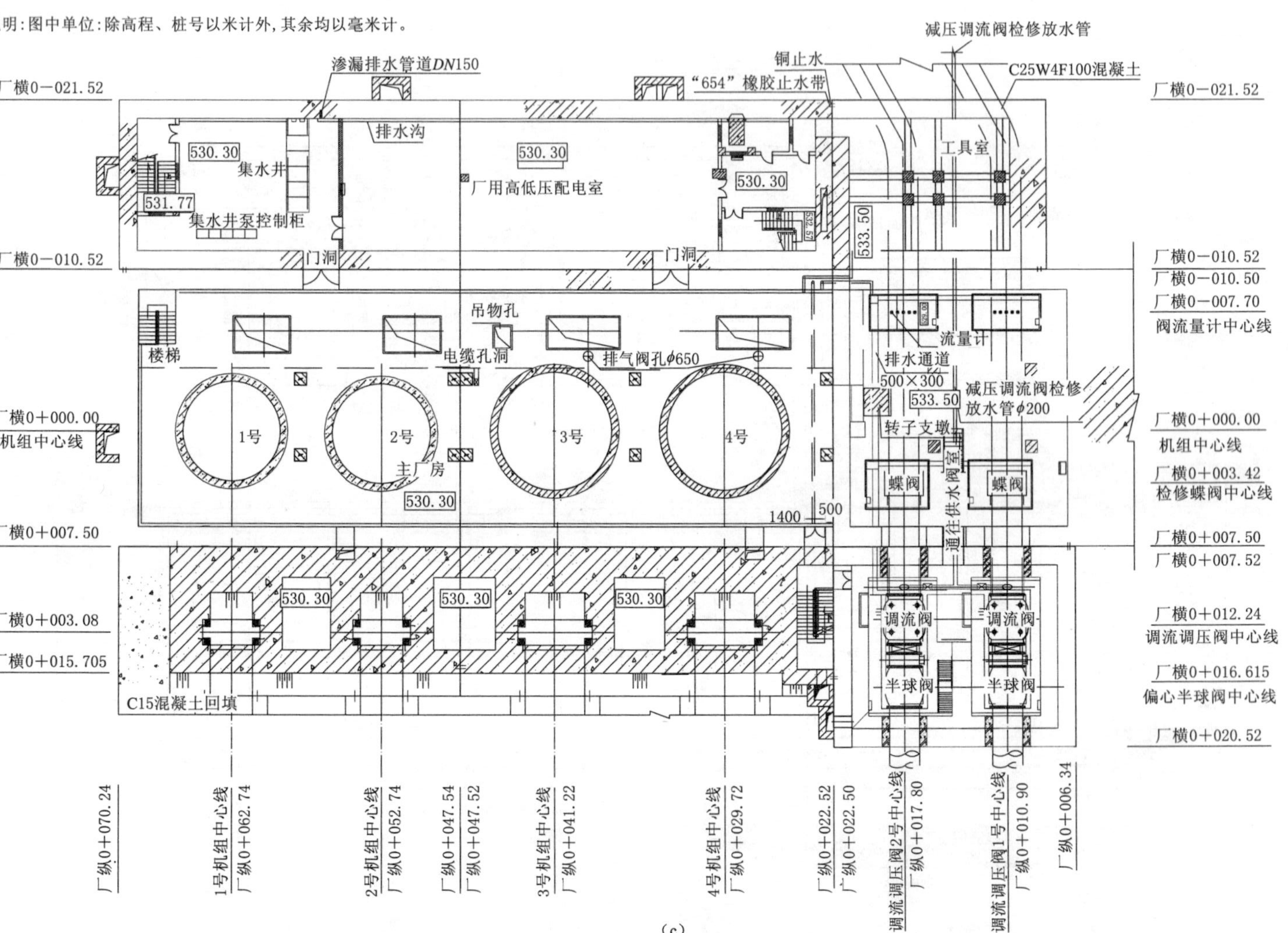

(c)

图 8.2（三）　供水系统厂房周边建筑物示意图

(c) 副厂房平面图

（1）局部水头损失计算公式。

$$h_j=\sum\xi_i\frac{v_i^2}{2g} \tag{8.1}$$

式中：h_j 为局部水头损失；ξ_i 为局部水头损失系数；v_i 为计算断面平均流速。

（2）沿程水头损失计算公式。

$$h_f=\sum\frac{v_i^2L_i}{C_i^2R_i} \tag{8.2}$$

$$C_i=\frac{1}{n_i}R^{\frac{1}{6}} \tag{8.3}$$

式中：h_f 为沿程水头损失；v_i 为第 i 段的断面平均流速；L_i 为第 i 段的流程长度；n_i 为第 i 段糙率；R_i 为第 i 段水力半径；C_i 为第 i 段谢才系数。

计算单台抽水运行工况与两台机组并联抽水运行工况下的水头损失，如图 8.3 和图 8.4 所示。

8.2.2 发电工况

1. 调压室的设置条件

抽水发电系统最大引水流量为 72.71m^3/s，压力管道设计断面直径为 4.5m，进水口底板高程为 543.65m。根据《水电站调压室设计规范》(NB/T 35021—2014)，引水发电系统设置上游调压室的条件为 $T_w>[T_w]$，T_w 按下式计算：

$$T_w=\sum\frac{L_iV_i}{gH_p} \tag{8.4}$$

式中：T_w 为压力水道中水流惯性时间常数，s；L_i 为压力水道及蜗壳和尾水管各分段的长度，m；V_i 为各分段内相应的流速，m/s；g 为重力加速度，m/s^2；H_p 为设计水头，m；$[T_w]$ 为 T_w 的允许值，规范取值 2～4s。

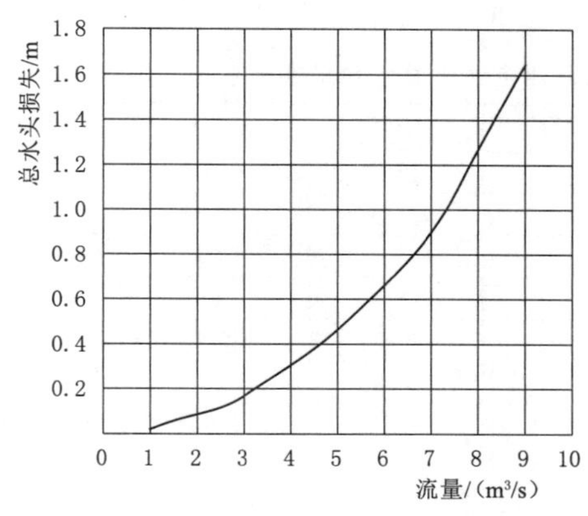

图 8.3 单台机抽水时流量与总水头损失关系曲线

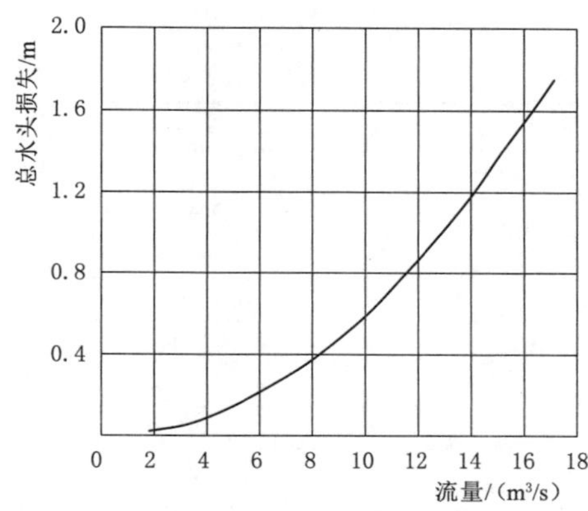

图 8.4 两台机抽水时流量与总水头损失关系曲线

经计算，引水发电系统压力水道中水流惯性时间常数 $T_w=1.193s<[T_w]$，根据规范规定，供水系统中可不设置调压室。

2. 水头损失

抽水发电洞水力损失计算时，结合机组运行工况，划分不同过流状况。在最大设计流量情况下，总水头损失 7.82m。供水系统厂房四台机组抽水运行工况下的水头损失见图 8.5。

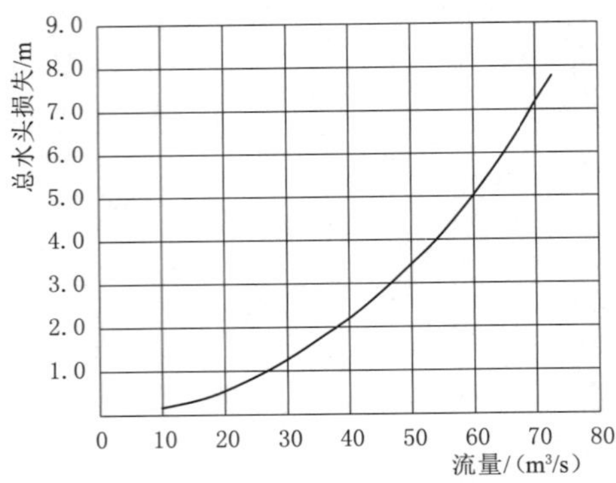

图 8.5　供水系统厂房四台机组抽水运行工况下的水头损失

8.2.3　发电受阻供水工况

发电水头受阻时，水库水位为 558～594m，有供水需求，最大供水流量为 $31m^3/s$。发电流量受阻时，水库水位为 594～643m，有供水需求，最大供水流量为 $6m^3/s$。利用调流调压阀消能供水。对于调流调压阀来讲，流量与水头损失对设备运行影响不大，故对此工况的水头损失不计算。

8.3　机电设备选型

8.3.1　水泵水轮机参数选择

1. 比转速和转速选择

水泵水轮机的同步转速主要通过比转速进行确定。水泵水轮机各个参数之间的合理组合是三河口电站设计中极其重要的一环，首先是比转速的确定，比转速是水泵水轮机技术经济的综合性指标，它反映了转轮的尺寸形状、过流能力、汽蚀、效率性能，同时也反映了可逆式水泵水轮机的设计制造水平。随着比转速的提高，机组同步转速相应提高，机组重量减轻，造价降低和厂房尺寸缩小，但空蚀系数随着比转速的上升而增大，机组空蚀特性将变得不利[17-23]。国内已建的 200m 以下水头部分抽水蓄能电站水泵水轮机参数见表 8.1。

表 8.1　国内已建的 200m 以下水头部分抽水蓄能电站水泵水轮机参数

项目		符号	单位	白山	白莲河	沙河	琅琊山	响水涧
电站所在地				吉林	湖北	江苏	安徽	安徽
装机容量			MW	2×167.5	4×300	2×50	4×150	4×250
比转速	T	n_s	m·kW	219.75	166	169	213.9	149.34
	P	n_q	$m\cdot m^3/s$	55.93	50.21	52.3	56	49.85
额定转速		n	r/min	200	250	300	230.8	250
运行水头（扬程）	T	H_{max}	m	123.9	217	121	147	220.05
		H_r	m	105.8	197	97.7	126	190
		H_{min}	m	105.8	187	93.8	115.6	175.4
	P	H_{max}	m	130.4	220	123	152.8	222.77
		H_{min}	m	108.2	194	97	124.6	180
		H_{max}/H_{min}		1.205	1.134	1.268	1.226	1.238
最小吸出高度		H_{smin}	m	−25	−52	−21	−32	−54
制造商				哈电	ALSTOM	ALSTOM	VA TECH	哈电
模型验收时间				2003年4月	2006年5月	1999年	2004年	2009年6月

表中机组在水泵工况的比转速 n_{sp} 在 48～60（m·m³/s 制），水轮机工况比转速 n_{st} 在 188～226（m·kW 制），吸出高度在－54～－9m 之间，考虑到本电站水头（扬程）变幅很大，从有利于机组稳定运行和减低汽蚀的可能性考虑，水泵设计工况的比转速 n_{sp} 应不大于 60（m·m³/s 制）。

由于本电站单机容量较小，设备的制造难度不大，主要问题是水泵水轮机模型转轮的研究。国内目前的抽水蓄能电站水头大部分在 200m 以上，而满足本电站运行条件的水泵水轮机转轮目前没有可用的，需要根据本电站的条件进行专门研发。为此，本工程进行了可逆机组转轮的研发，以求水泵水轮机组获得良好的性能。

经中水科水电科技开发有限公司（以下称"中水科"）用归纳统计方法对国内外 200m 以下水头一部分抽水蓄能电站的比转速进行分析，绘制出设计扬程和比转速的关系曲线，从曲线中查得三河口水泵水轮机设计扬程为 95m 时，水泵水轮机比转速取值范围在 n_q＝46.6～65.8（m·m³/s 制）内，对应的额定转速 n 在 472～667r/min 之间选择，因扬程变幅大，需用较低转速，所以选择水泵水轮机额定转速 n＝500r/min，相应地，比转速 n_q＝49.3（m·m³/s 制），属中等参数水平，适合本电站特点。

2. 水泵最优工况点的确定

水泵水轮机转轮主要是按水泵工况来设计的，由于水泵水轮机不可能同时满足两种工况最优转速的条件，考虑到水泵工况最优效率点扬程（水头）只为水轮机最优效率点水头的 77%左右，因此，水泵工况最高效率点选择在满足工程运行要求的前提下，尽可能偏向低扬程处，相应的水轮机工况运行范围才能较好地靠近高效区，使机组在运行概率较大的水轮机工况范围内，也有较高的效率。

3. 机组功率

水泵水轮机包括发电工况和抽水工况。对于三河口而言，以供水需求为主结合发电，因此，机组容量以抽水工况下的最大入力选择电机容量，水轮机工况按此容量确定相应的运行范围。本工程水泵工况运行扬程变幅极大，根据水泵水轮机模型研究结果，水泵最大入力发生在最小扬程、抽水流量最大的工况：扬程 70m，流量 12.24m³/s，水泵入力 9900kW。根据相应规范要求并留有适当余量，本阶段选配电机容量 12000kW，据此对水轮机工况的各运行水头出力进行复核，使机组的发电容量与视在功率接近相等。

4. 额定水头（水轮机工况）

与常规水轮机的设计不同，可逆式机组先以满足水泵工况的扬程及流量参数要求进行转轮设计，然后对水轮机工况进行复核，适当调整转轮设计。因此，水轮机额定水头的选择是以机组稳定运行为前提，在保证供水流量的条件下，结合电站水头分布特点比较而定，通过比较选定额定水头为 85m，相应额定出力 7.8MW，额定发电功率 7.5MW。水头大于 85m 的水轮机运行工况，按发电机设最大功率 10MW 考虑。

5. 水泵扬程及水轮机额定水头选择的主要结论

（1）初选的水泵水轮机在水泵工况下不会进入二次回流区。把水泵工况最优效率点定在偏低扬程处，这时应避免引起水泵在最高扬程处进入二次回流区，从而产生水力振动。根据经验，水泵最高扬程时的流量与水泵最优工况点的流量之比大于 0.7 时，则不出现二次回流，本电站最高扬程时流量与水泵最优工况点的流量之比为 0.82，所以在水泵工况的扬程范围内水泵水轮机不会进入二次回流区。

（2）充分利用电机设备容量。由于先计算出水泵设计最大输入轴功率，在设计水轮机最大出力时使其与之匹配，以达到电机出力入力平衡的要求。根据泵站设计规范要求，初选水泵最大轴入力为 11MW，据此配发电电动机功率 12MW。

综上所述，本电站所选的水泵水轮机参数对其稳定运行是有保证的。

6. 水泵水轮机水泵工况运行分析

根据“中水科”提供的水泵工况性能曲线，结合站上、站下特征水位变化情况，水泵工况设计净扬程、最高净扬程、最低净扬程工作点计算结果见表 8.2。设计扬程水泵工况运行特性曲线如图 8.6 所示。

表 8.2　　水泵工况工作点参数

水泵运行情况	单泵流量/(m^3/s)	总流量/(m^3/s)	扬程/m	效率/%	水泵轴功率/kW	对应站上水位/m	备　注
单泵运行	9.05	9.05	96.1	92.9	9385	640.3	水泵工况设计净扬程
2 泵并联运行	9	18	96.2	92.8	9322		
单泵运行	8.5	8.5	97.8	84.4	8360	643.0	水泵工况最高净扬程
2 泵并联运行	8.45	16.9	97.9	84.1	7878		
单泵运行	10.9	10.9	81.5	88.6	10456	628.5	水泵工况低净扬程
2 泵并联运行	10.8	21.6	82	88.4	10449		
单泵运行	9.18	9.18	40	88.6	4466	587.0	最低净扬程变频 75%
2 泵并联运行	9.13	18.26	40.72	88.4	4458		

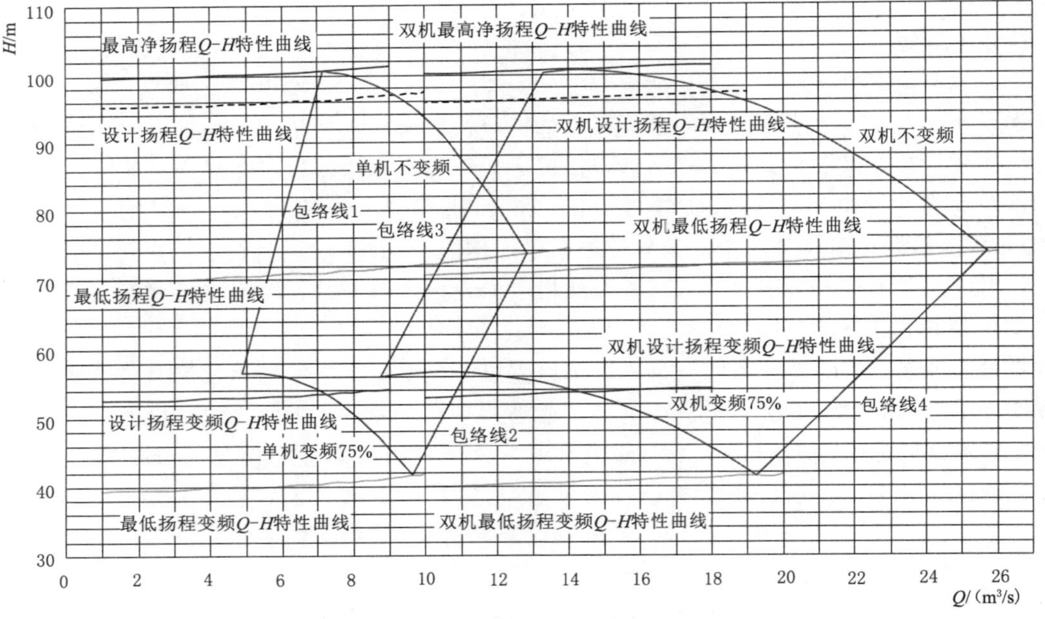

图 8.6　设计扬程水泵工况运行特性曲线

从表 8.2 和图 8.6 中可以看出，当水泵在设计扬程 96.2m（对应上游水位 640.3m）到低扬程 82.5m（对应上游水位 629.5m）这个区间内运行时，水泵水轮机以额定转速

500r/min 运行，泵站最大抽水量在 18.16～21.6m³/s 范围内变化，满足规划要求的 18m³/s 设计值；而当水泵在低扬程 82.5m（对应上游水位 629.5m）到最低扬程 40m（对应上游水位 587.0m）这个区间内运行时，水泵水轮机采用变频方式运行，转速在 500～375r/min 之间变动，泵站最大抽水量在 21.6～18.36m³/s 范围内变化，大于规划要求的 18m³/s 设计值；水泵在最低扬程 40m（对应上游水位 587.0m）以下，此时水泵水轮机不能投入运行，根据机组设备这一情况，对多年调水调节过程结果进行复核，认为由此对供水保证率产生的影响不大。对于水泵在设计扬程 96.2m（对应上游水位 640.3m）到最高扬程 97.80m（对应上游水位 643m）这个区间内运行时，水泵水轮机以额定转速 500r/min 运行，泵站最大抽水量在 18.16～17m³/s 范围内变化，小于规划要求的 18m³/s 设计值，但此时水库蓄水已达到高水位，据正常水位相差不到 2m。

从合理运行的角度分析，在相同的条件下，水库水位越高，补水的需求越小；水库水位越低，补水的需求越大。同时根据对年调水量调节计算成果分析，水库蓄水接近正常蓄水位时，有抽水运行的工况出现概率较低，因此，在设计扬程到最高扬程这个运行区间，水泵水轮机的抽水量也可基本满足要求。

由此，采用 2 台 12MW 水泵水轮机组和 2 台 20MW 水轮发电机组的混合式抽水蓄能电站布置方案是可以满足抽水任务要求的。

8.3.2 常规水轮机参数选择

根据电站水头、运行范围选择额定水头，初拟 98m、82m、75m 三个额定水头方案进行综合经济技术比较，选择额定水头。当额定水头 98m 时，机组在低水头发电受限制较大，过流量不能满足供水流量的保证要求。额定水头 75m 的转轮直径相对较大，投资较高。

从发电量来看，额定水头 98m 时，年发电量为 1.288 亿 kW·h；额定水头 82m 时，年发电量为 1.320 亿 kW·h；额定水头 75m 时，年发电量为 1.331 亿 kW·h。从机电设备、土建投资来看，额定水头 98m 的投资比额定水头 82m 的少约 149 万元，比额定水头 75m 的少约 170 万元。通过发电量和投资的比较，82m 额定水头方案选较为合适，其与加权平均水头比值 82/82.9=0.989，符合规范给出 0.9～1.0 的范围。根据初拟的额定水头参数，参考转轮型谱和国内制造厂现有模型转轮资料，从中选出适用于本电站且性能较优的模型转轮型号（HLA743、HLA801、HLA722C）进行比较，相应的转轮模型综合特性曲线分别如图 8.7～图 8.9 所示，模型参数见表 8.3。通过各机型参数计算，从各转轮模型综合特性曲线以及水轮机主要参数列表综合分析，见表 8.4。HLA743 型号的机组对供水流量要求符合程度比较好；HLA801 在低水头下，限制工况流量偏小，不能满足供水保证的要求；HLA722C 转轮直径相对较大，投资较大。

表 8.3 水轮机模型参数

转轮型号		HLA743	HLA801	HLA722C	转轮型号		HLA743	HLA801	HLA722C
使用水头/m		110	150	115	限制工况	Q_1/(L/s)	1120	1005	942
最优工况	n_{10}/(r/min)	73.5	72.8	76.8		η/%	90.8	89.9	89.2
	Q'_{10}/(L/s)	850	792	713		σ_m	0.13	0.093	0.105
	η/%	94.2	94.8	94.54		n_s/(m·kW)	286	253	260

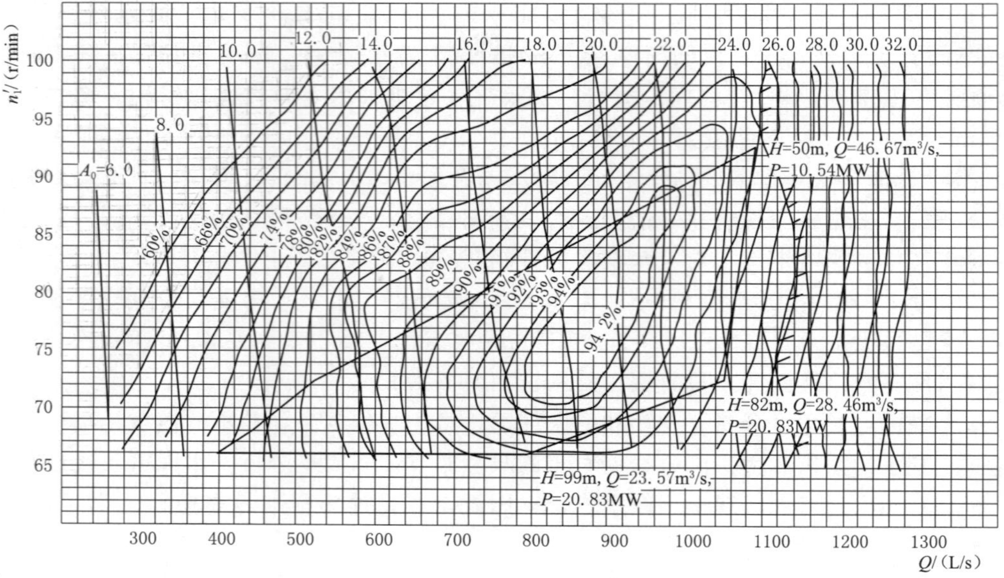

图 8.7 HLA743－37.2 转轮模型综合特性曲线

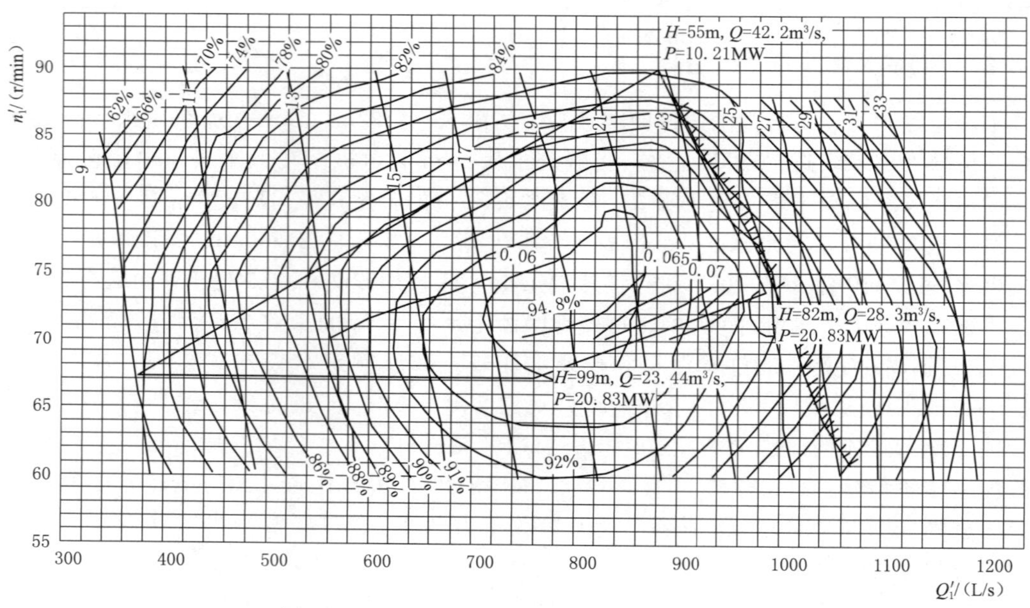

图 8.8 HLA801－36 转轮模型综合特性曲线

综合上述分析结果，选用 HLA743 水轮机作为代表机型进行设计。采用比转速数字表示对转轮型号，不用具体的型号表示，即为 HL250。将水泵水轮机的发电过流特性和 HLA743 水轮机的发电过流特性结合考虑，分析电站在不同水头下过流量对供水设计流量要求的满足程度，最后确定 HL250－LJ－180 机组参数（表 8.5）。电站过流能力对供水设计流量 72.71m^3/s 的程度满足检查，水泵水轮机和常规水轮机在供水发电工况下的过流量见表 8.6、表 8.7。

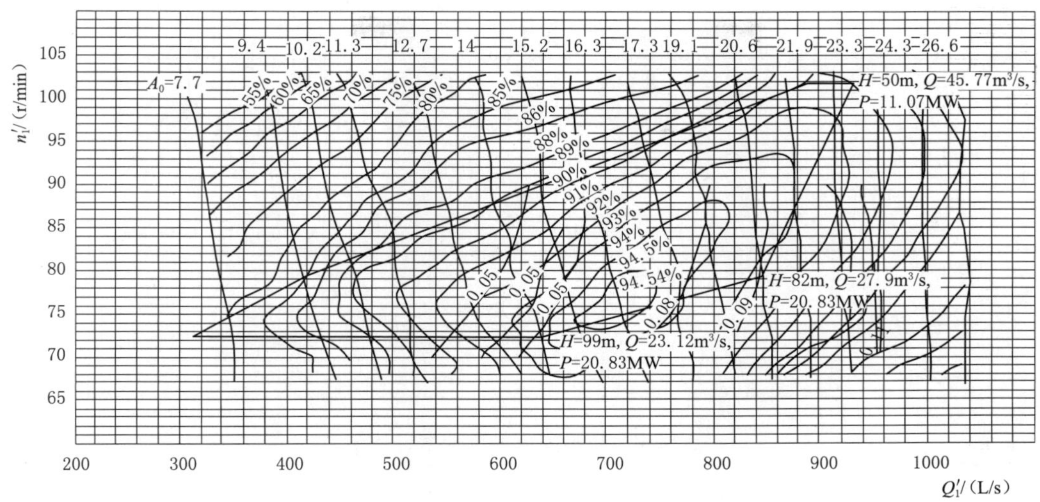

图 8.9 HLA722C－37.2 转轮模型综合特性曲线

表 8.4 **水轮机主要参数计算列表**

转轮型号	HLA743	HLA801	HLA722C	转轮型号	HLA743	HLA801	HLA722C
额定水头 H/m	82	82	82	n'_1/(r/min)	72.5	71.6	76.1
额定出力/MW	20.83	20.83	20.83	Q'_1/(L/s)	964	963	852
额定转速 n_r/(r/min)	375	375	375	η/%	91.0	91.5	92.8
转轮直径 D_1/m	1.75	1.78	1.92	H_s/m	－4.2	－1.30	－3.00
$Q_r/(m^3/s)$	28.46	28.30	27.90				

表 8.5 **水 轮 发 电 机 组 参 数**

项　　目	单位	参　数	备　注
型号		HL250－LJ－180	
水头 $H_{max}/H_r/H_{min}$	m	100/80/50	n＝300 时最小水头 30m
水轮机额定出力 N_r	MW	20.83	
额定流量 Q_r	m^3/s	29	
转轮直径 D_1	m	1.8	
额定转速 n	r/min	375	
额定效率 η_r	%	91.0	
最高效率 η_{max}	%	94.2	
吸出高度 H_s	m	－4.5	
安装高程	m	541.00	
发电机型号		SF20－16/4250	
发电机型式		立轴悬式	
额定容量	MVA/MW	25/20	
发电机额定效率	%	96	
绝缘等级		F	
额定功率因数		0.8（滞后）	
机组转动惯量 GD^2	$t \cdot m^2$	180	

表 8.6 水泵水轮机供水发电工况下过流量

水位/m	库容/万 m^3	水头 H/m	可逆机单机流量		常规机发电流量		站最大流量/(m^3/s)	电站出力/MW
			$Q_{小}$/(m^3/s)	$Q_{大}$/(m^3/s)	$Q_{小}$/(m^3/s)	$Q_{大}$/(m^3/s)		
643	67472.34	100	5.50	11.86	13.5	25.0	73.72	64.40
633	52779.90	90	6.18	11.18	13.3	27.0	76.36	60.00
623	40333.97	80	6.08	10.30	13.2	29.0	78.60	54.90
613	29989.28	70	6.28	9.45	13.2	27.3	73.50	44.90
608	25545.62	65	6.85	8.98	13.2	27.0	71.96	40.84
603	21559.50	60	水头65m以下不发电		14.0	25.3	50.60	26.51
593	14932.05	50			10.0	24.0	48.00	21.00

表 8.7 常规水轮机供水发电工况下过流量

水位/m	库容/万 m^3	水头 H/m	常规机发电流量		站最大流量/(m^3/s)	电站出力/MW
			$Q_{小}$/(m^3/s)	$Q_{大}$/(m^3/s)		
598	18034.11	55	10.69	25.0	50	24.01
583	9795.36	40	11.07	21.5	43	15.02
593	14932.05	50	10.54	24.0	48	20.95
578	7737.37	35	11.31	20.0	40	12.22
588	12187.97	45	10.54	22.5	45	17.68
573	5971.74	30	12.42	18.5	37	9.69

8.3.3 发电机、发电电动机机型及参数

常规发电机组机型及参数见表8.8。以下重点叙述发电电动机机型及参数。

表 8.8 常规发电机组机型及参数

发电机型号	SF20-16/4250	发电机型号	SF20-16/4250
发电机型式	立轴悬式	绝缘等级	F
额定容量/(MVA/MW)	25/20	额定功率因数	0.8(滞后)
发电机额定效率/%	96	机组转动惯量 GD^2/(t·m^2)	180

1. 额定容量

水泵工况最大入力为10MW，考虑模型试验、制造等的综合误差后，则水泵工况最大轴入力不大于11W，相应电动机功率要求不小于11MW，水泵工况的功率因数一般取0.95，考虑不确定性后取0.9，电动机工作容量为12.22VA。据此复核水轮机工况下的工作容量：在最大水头99.30m下水轮机出力10.74MW，发电机效率暂按98%计，发电电动机输出有功功率为10.52MW，功率因数取0.8，发电机视在功率为13.15MVA。根据两种工况比较，考虑到机组有可能超出力，电机留一定裕量，发电电动机功率选择12MW，容量为13.34MVA，功率因数0.9。

2. 额定功率因数的确定

本电站装机容量不大，对系统的需要影响很小，因此发电机额定功率因数取0.8(滞

后)。在抽水工况下,电动机功率因数取0.95。

3. 结构型式

根据本机组容量12MW、转速为500r/min,结合厂房布置的要求,推荐发电电动机采用悬式结构。发电电动机的结构型式最后根据制造厂家的经验来确定。

4. 冷却方式

随着计算技术准确性的提高与通风冷却技术的进步和发展,发电电动机磁轭通风冷却设计已日臻成熟,制造厂可以根据电机参数、运行特性、温升要求推导出机组通风的数学模型来准确计算出定、转子各部分温升和冷却所需的风量,并可通过小比例模型进行验证,因此推荐发电电动机组采用磁轭通风冷却方式。

5. 发电电动机的主要参数和结构型式

发电电动机的型式采用三相、立轴、悬式、空冷、可逆式同步电机,额定容量为13.5MVA,发电工况工作容量为13.15MVA,水泵工况工作容量为12.22MVA,额定功率为12MW,发电工况机组最大功率为10.8MW,电动机工况轴输出功率保证值为11.55MW,额定电压为10.5kV,调压范围在±5%范围内,额定功率因数在发电机工况时为0.8(滞后),在电动机工况时为0.95,额定频率为50Hz,额定转速为500r/min。

8.4 进水口及流道设计

8.4.1 进水口的布置

进水口及流道设计包括尾水系统设计与施工和连接洞设计与施工,施工流程包括洞室开挖、洞室支护、洞室衬砌和回填灌浆。

供水系统进水口布置于坝身右岸侧坝体中,进水口形式为坝式进水口,设计引水流量为72.71m^3/s。常规机组、可逆机组、供水阀共用一个进水口,满足其各自进水口高程要求,同时也满足供水阀在发电受阻水位情况下的供水需求。为保证下游河道水质,保护下游生物,有利于鱼类和其他生物生长,采用分层取水的方式。

进水口由拦污栅与进水闸两部分组成。供水阀在发电受阻需要供水时开始工作,并且在水库死水位时的工况时依然能够运行,此时供水流量与生态流量之和不大于31m^3/s。调流调压阀与机组进水口底板高程为543.65m,进水口设置一道拦污栅和一套机械清污设备。进水口采用分层取水方式,拦污栅由11节高9.2m、宽8.5m的分栅组成,由引水口底板高程543.65m一直到校核洪水位644.85m以上,拦污栅全部高度为101.2m,因进水口要兼顾出水口,在水流通过拦污栅时的流速小于1m/s,分层取水口可有效避免涡流的发生。在拦污栅后接分层取水闸门,分层取水闸门分上下两部分。先接下部取水闸门,下部取水闸门由5节9m×8.5m(高×宽)的叠梁门组成,控制543.65~588.65m的水层;其后部为上层取水口,取水闸门形式与下部叠梁门相同,控制590.65~635.65m的水层。后部接连通竖井,竖井底部通过渐变段与进水闸相通,闸室宽4.5m,设一孔口尺寸为4.5m×7.5m(宽×高)的事故检修门,采用固定式卷扬机启闭,以方便检修隧洞。检修平台高程为661.00m,为了减少上部检修平台的长度,避免伸入库区太长,故将事故检修门的轴线，斜向深入库区方向 80°。进水口顺水流方向总长 17.2m，闸底板厚 1.5m。为使水流平顺进入压力管道，减少水头损失，事故检修门后采用椭圆圆弧曲线，空口高由 7.5m 渐变为 4.5m，后接长 12.16m、截面为 4.5m×4.5m 的方形压力洞，在坝轴线前设方变圆渐变段，渐变段长 10m，与供水系统厂房压力管道相连[12-15]。

8.4.2　进水口的设计

1. 进水口底板高程确定

根据《水电站进水口设计规范》(DL/T 5398—2007)，结合水库运行中可能出现的最低水位，从防止产生贯通式漏斗漩涡考虑，进口闸门门顶部低于最低水位的淹没深度按下式计算：

$$S = CVd^{1/2} \tag{8.5}$$

式中：S 为最小淹没深度；C 为系数，对称水流取 0.55，边界复杂和侧向水流取 0.73；V 为闸孔断面平均流速，m/s；d 为闸孔高度，m。

经计算，在死水位 558.0m 时满足规范最小淹没深度要求。考虑影响旋涡产生的因素，保证进水口不产生漏斗状吸气旋涡，进水口底板高程还应考虑高于水库坝前淤积高程 529.10m，以及与供水系统厂房机组安装高程协调。

调流调压阀进水口底板高程的确定：通过计算进水口淹没深度 5.56m，进口孔口高度为 4.5m，则进水口高程不应高于 547.94m（558.00m－5.56m－4.50m）即可满足要求，因规划提供的水库最低运行水位高程为 544.00m，为了保证供水系统厂房在最低运行水位以下运行，最后确定引水发电洞下部进口的底板高程为 543.00m。

抽水发电进水口底板高程的确定：抽水机组最低抽水扬程的上水面高程为 594.00m，常规发电机组最小发电水头的上水面高程为 601.00m，为使进水口既满足抽水工况，又满足发电工况，按高程 595.00m 控制进水口水位，进水口高程不应高于 584.94m（595.00m－5.56m－4.50m）即可满足要求。从水工布置及碾压混凝土拱坝的特性来讲，两个进水口压力管道布置过于复杂，施工难度较大，并且坝体不好碾压，影响施工进度。因此，将机组进水口降至 543.00m，与调流调压阀同一进水口。

2. 流道设计

根据《水电站进水口设计规范》(DL/T 5398—2007) 附录 A 进水口体形中 A.0.12 中矩形喇叭口仅顶板收缩，底边和两侧边墙均不收缩时，可采用：

$$\frac{X^2}{(1.5D)^2} + \frac{Y^2}{(0.5D)^2} = 1 \tag{8.6}$$

式中：X 为椭圆曲线沿长轴方向的坐标，Y 为椭圆曲线沿短轴方向的坐标；D 为矩形孔口的高度或宽度。

本阶段供水系统进水口形式采用拦河闸式进水口，体形采用顶部收缩，两侧不变的体形最优。经计算，进水口曲线采用以下的椭圆曲线：

$$\frac{X^2}{12^2} + \frac{Y^2}{3.7^2} = 1 \tag{8.7}$$

椭圆曲线在工作门后的位置与 4∶1 直线相切直线段长 4.42m，高度由 7.5m 渐变到 4.5m，在坝轴线前由宽 4.5m 的矩形渐变为 4.5m 的圆形，渐变段长 10m，渐变段后接圆形压力管道。

进水口及流道设计包括尾水系统设计与施工和连接洞设计与施工，施工流程包括洞室开挖、洞室支护、洞室衬砌和回填灌浆。

8.4.3 引抽水钢管

钢管从起始点为进水口方变圆末端，设有 1 条钢管通过 6 个岔管接 6 条支管，其中 2 条支管接可逆机组、2 条支管接常规机组、2 条支管接调流调压阀供水。钢管最大静水头 112.42m，考虑 1.5 倍水锤后的设计水头为 168.63m，设计最大水头采用 170m。主管管径 ϕ4.5m，坝内管中心高程 545.25m，埋设长度 20m；通过"S"弯道接坝后管段，管中心高程 531.00m、管长约 240m。可逆机组支管管径 ϕ1.5m、中心间距 10m，常规机组支管管径 ϕ2.6m、中心间距 11.5m，调流调压阀支管管径 ϕ2m、中心间距 6.9m，6 条支管一字排开平行布置，与主管夹角均取 60°。由于设计水头不高、支管管径小，因此岔管采用结构简单、易制作的贴边岔管。坝后钢管均按明管设计，主管壁厚 27mm，常规机组壁厚 18mm，可逆机组壁厚 14mm，供水支管壁厚 16mm，岔管及连接段壁厚 30mm，钢管和岔管材质均为 Q345C。直管和弯管段工程量为 1398t，其中岔管重 156.8t。

在电站钢管主管末端设有临时生态放水管，封堵闸门下闸后临时从此放生态水至二道坝后，钢管管径 ϕ1.0m，壁厚 10mm、管长 15m，材质为 Q345C，末端装有 1 台 DN1000 的蝶阀，当整个工程的生态放水系统可以正常使用后，截断此处水流。

8.4.4 尾水系统设计与施工

尾水系统由尾水闸、压力尾水管、导流洞改造尾水洞、尾水池及退水闸室组成。水流方向为：大坝进水口→压力钢管→厂房机组利用→尾水闸门→压力尾水管→导流洞改造尾水洞→尾水池→连接洞[7,9-11]。

进入压力尾水管前，水流先流经尾水闸，尾水闸施工先浇筑一期混凝土，二期混凝土待进行尾水闸门安装时浇筑，二期混凝土主要为尾水闸门槽、底坎及门楣混凝土[12-14]。厂房工程共 6 条尾水支洞，有 3 种断面形式，常规机组压力尾水支洞断面为城门洞形，衬砌采用钢筋混凝土现浇结构；供水阀压力管道及可逆机组压力尾水支洞断面为圆形，采用钢衬结构。常规机组压力尾水支洞衬砌长 16.93m，可逆机组压力尾水支洞长 16.67m，供水阀压力管道衬砌长 12.85m，衬砌厚度均为 80cm。开挖及衬砌分两次进行，一次开挖及衬砌与基坑开挖同期进行，二次开挖及衬砌在导流洞下闸后进行。

1. 开挖施工工艺

洞室开挖主要采用全断面开挖法施工，中部采用掏槽法爆破，周边成型采用光面爆破法。尾水支洞开挖施工工艺流程如图 8.10 所示。

对于地质条件较差部位，采用短进尺弱爆破，控制超欠挖，减轻对围岩的振动。采取超前预报、超前锚杆支护和塌方处理确保尾水支洞开挖顺利进行。超前预报是指每施工循环一次，根据平洞新进尺揭示的工程地质情况，预测判断下一循环地质情况，在每次爆破

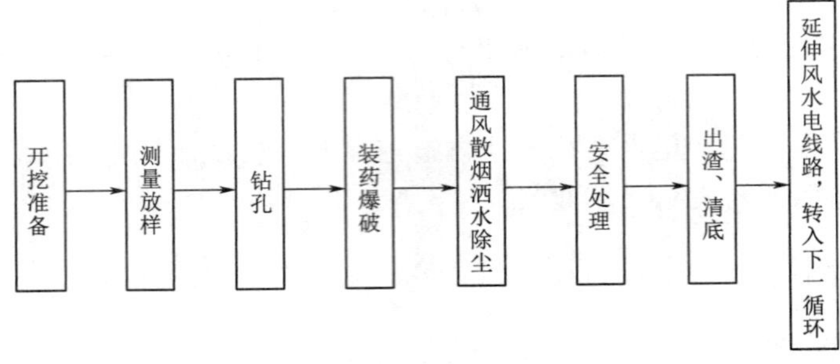

图 8.10　尾水支洞开挖施工工艺流程图

前修改爆破参数。超前锚杆施工是指在遇到地质条件较差、围岩不稳定的情况时，及时设置超前锚杆和随机锚杆，锁定危险岩体，确保施工安全后，再进行下一循环爆破施工。在塌方处理过程中，未确定塌方处理方案前，切忌盲目地抢先清除塌方体，否则易导致更大的塌方；如有地下水活动，先排除积水再治塌方；对一般性塌方，在塌方暂时稳定之后，进入观察岩壁是否稳定，并及时支护钢管架等加固塌体四周围岩，以托住顶部，防止塌方继续扩大。

2. 洞室支护施工

尾水支洞开挖支护包括 C20 混凝土喷护（100mm）、$\phi 8$ 钢筋网（网格尺寸 20cm×20cm）、$\phi 20$ 锚杆（单根长 2m，入岩石 1.9m，间排距 1.5m，交错布置）。锚杆施工工艺流程如图 8.11 所示。

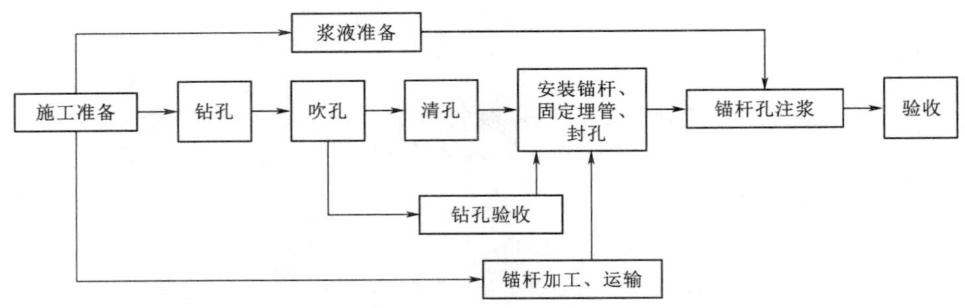

图 8.11　锚杆施工工艺流程图

钻孔完成后及锚杆安装和注浆前，将风管插入孔底，用风将孔内岩屑吹出孔外。完整岩石部位的下倾锚杆孔，采取先注浆后插杆的方法进行施工，在钻孔内注满水泥砂浆后立即将锚杆插入孔内。仰锚杆孔及易塌孔部位的锚杆孔，采取先插杆后注浆的方法进行施工，灌浆管、排气管与锚杆同时安装，然后在孔口安装止浆环，止浆环安装后，即可向孔内注入水泥砂浆，直至排气管出浆为止。锚杆孔注浆后，在砂浆凝固前不得敲击、碰撞和拉拔锚杆，然后采用喷锚机进行喷射混凝土。临时搅拌站拌料，由人工手持喷头进行分层施喷。喷射混凝土施工工艺流程如图 8.12 所示。

喷射混凝土施工首先安装调试喷射机，先注水后通风，清通管路，用高压水冲洗受喷面，对遇水硬化地层采用高压风清扫。按每层 3～5cm 厚进行分层施喷，每层喷混凝土在前

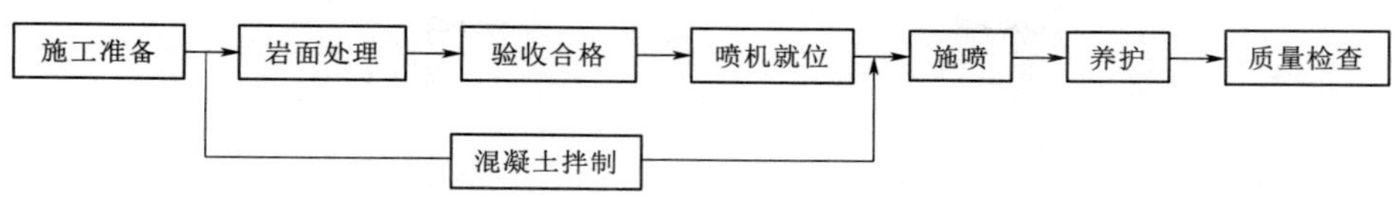

图 8.12 喷射混凝土施工工艺流程图

一层喷混凝土终凝后进行，若终凝后 1h 以上再喷，则用高压水冲洗前一层喷射混凝土面。喷嘴口与受喷面垂直，并保持 60～100cm 的喷射距离，喷射顺序应自下而上。喷射混凝土回弹率，边墙不应大于 15%，顶拱不应大于 25%。喷层厚度以埋设的铁钉等标志物来控制，各部位喷射混凝土施工完毕，喷射混凝土厚度须将标志物埋入混凝土内，表示喷层已达到设计要求的厚度，否则，补喷至设计厚度。喷混凝土完毕终凝 2h 后，喷水养护，养护时间为 14d。当气温低于 5℃时，不进行喷水养护。

3. 洞室衬砌施工

3 号、4 号尾水支洞衬砌混凝土分为底板、边墙和顶拱三部分进行施工，浇筑的顺序依次为底板混凝土、边墙混凝土、顶拱混凝土。1 号、2 号尾水支洞及 5 号、6 号供水阀压力管道衬砌混凝土全断面一次施工。常规机组尾水支洞衬砌及底板混凝土施工工艺流程如图 8.13 所示，常规机组尾水支洞边墙及顶拱混凝土施工工艺流程如图 8.14 所示，可逆机组尾水支洞及供水阀压力管道衬砌混凝土施工工艺流程如图 8.15 所示。

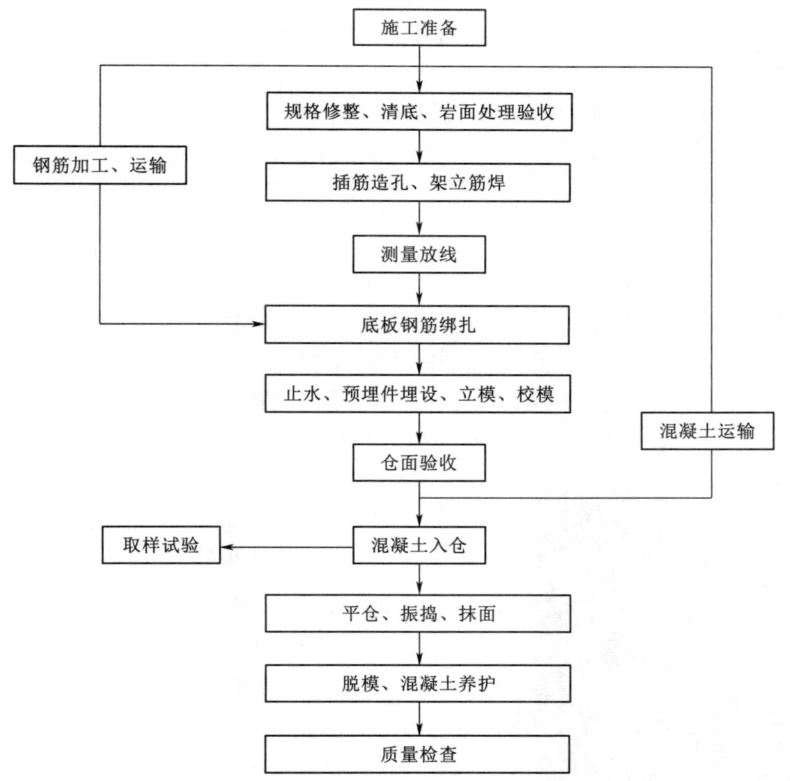

图 8.13 常规机组尾水支洞衬砌及底板混凝土施工工艺流程图

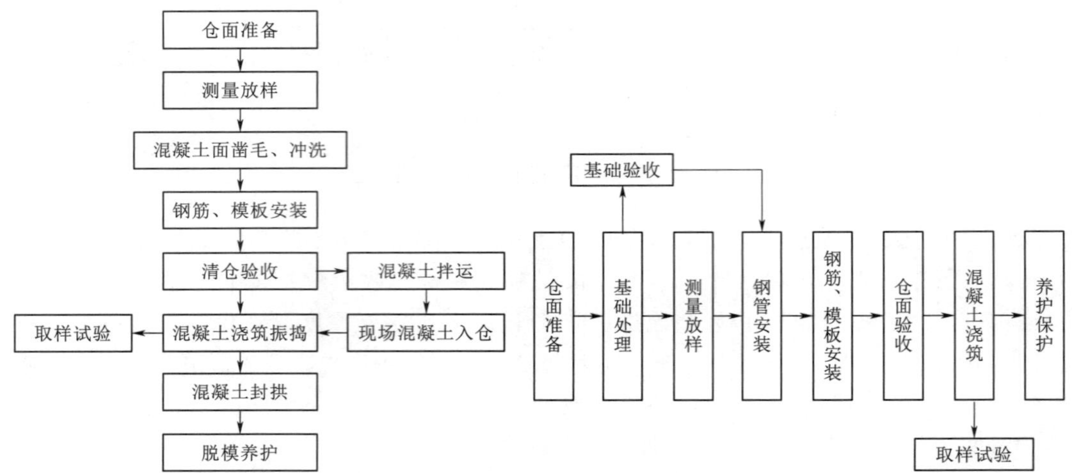

图 8.14　常规机组尾水支洞边墙及顶拱混凝土施工工艺流程图

图 8.15　可逆机组尾水支洞及供水阀压力管道衬砌混凝土施工工艺流程图

尾水洞与导流洞之间为永久缝，设置铜止水，填充低发泡聚氯乙烯泡沫板，端头采用聚硫密封胶封头。衬砌采取分段施工，施工缝缝面需凿毛处理。凿毛在混凝土终凝后进行，以露出粗砂或小石为准。

4. 回填灌浆施工

可逆机组尾水管及供水阀尾水管为钢管，与混凝土为不同材料，为保证结合良好，故在接触部位底部 120°范围内进行接触灌浆。在施工过程中，压力钢管没有预留灌浆孔，且二次补焊对钢管过水稳定性存在影响，故采用自密实混凝土进行浇筑，不进行接触灌浆。顶拱衬砌混凝土浇筑时的入仓条件及振捣条件有限，混凝土难以充实，故需在顶拱 120°范围内回填灌浆。

8.4.5　连接洞设计与施工

连接洞是控制闸至厂房尾水池无压水流通道，双向过流。洞室的围岩为微风化结晶灰岩及变质砂岩，夹伟晶岩脉及石英脉，裂隙不甚发育，多呈闭合状，岩体完整。岩层走向与洞线方向夹角大于 60°，洞室位于地下水位以下，洞顶以上围岩厚度 51～219m。洞室围岩属基本稳定的Ⅱ类，围岩坚固系数 f 为 8，单位弹性抗力系数 K_0 为 18MPa/cm。因此，连接洞设计为无压明流洞，平底，洞底部高程 542.65m，总长度 L 为 187.835m，过流能力按三河口水库供水系统厂房发电后最大供水流量 70.0m^3/s 设计，断面型式为马蹄形，断面尺寸 6.94m×6.94m。连接洞开挖后，进行 C20 混凝土喷护，喷护厚度 100mm，对洞室过水断面进行钢筋混凝土衬砌，厚度 0.3m，单面配置构造钢筋。导流洞顶拱开孔，水流经尾水管至尾水池后进入连接洞，现场施工如图 8.16 所示。

图 8.16　连接洞现场施工图

1. 洞室开挖

连接洞段采用全断面开挖法施工，中部采用楔形掏槽法爆破，周边成型采用光面爆破法。尾水池段采用台阶法，分上下两部分爆破，上半部分的中部爆破采用楔形掏槽法爆破，周边成型采用光面爆破法；下半部分采用垂直孔爆破，周边成型采用光面爆破法。洞室开挖施工工艺流程如图 8.17 所示。

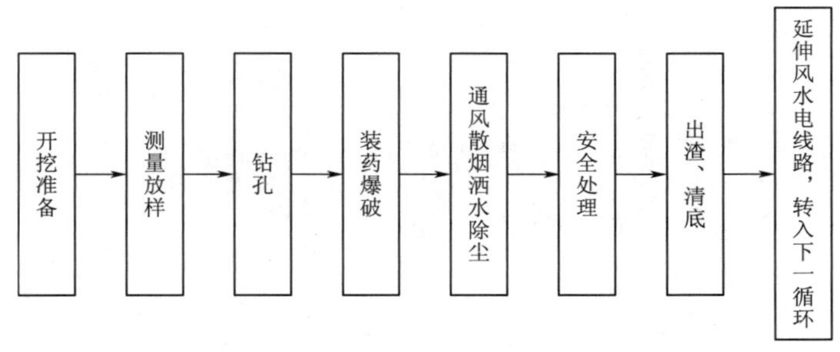

图 8.17 洞室开挖施工工艺流程图

测量放样是由专业测量人员采用全站仪进行放样，仪器定期进行率定，并定期进行测量控制网的复核，以确保测量工序质量。钻孔施工由熟练的钻孔机械操作人员严格按设计钻爆图纸进行钻孔作业，每排炮孔由现场质检员按“平、直、齐”的要求进行检查验收。装药爆破是由炮工按设计钻爆参数认真进行装药，装药后均用炮泥堵塞严实。装药完成后，由爆破员全面检查，连接爆破网，拆除排架，撤退工作面所有设备、施工管线和材料等到安全位置。爆破后启动配置的轴流式通风机进行通风，通风 30min 后，由安全员佩戴仪器及安全防护装置进入工作面，确认空气质量满足施工安全要求后，进行下一道工序的施工。爆破后，由人工进行工作面危石处理，必要时采用随机锚杆加固处理。危石处理结束后即进行出渣施工。出渣采用装载机配合 25t 自卸车出渣至上蒲家沟渣场。风、水、电系统在安全处理和出渣施工完毕后，视实际情况向前延伸。

2. 锚喷支护施工

连接洞支护施工应紧跟开挖，滞后不多于 2 个循环。Ⅱ类围岩支护方式为喷 10cm 厚 C25W4F150 混凝土。Ⅲ类围岩支护方式为喷 10cm 厚 C25W4F150 混凝土，挂钢筋网 ϕ8@200×200，打 ϕ20 锚杆，L 为 3.0m，入岩 2.8m，间排距 1.5m，梅花形布置。Ⅳ类围岩支护方式为喷 15cm 厚 C25W4F150 混凝土，挂钢筋网 ϕ8@200×200，打 ϕ20 锚杆，L 为 3.0m，入岩 2.8m，间排距 1.5m，梅花形布置。Ⅴ类围岩支护方式为设置 20a 型工字钢拱架，间距 0.5m，喷 20cm 厚 C25W4F150 混凝土，挂钢筋网 ϕ8@200×200，打 ϕ20 锚杆，L 为 3.0m，入岩 2.8m，间排距 1.5m，梅花形布置。实际连接洞为Ⅱ类围岩。锚杆施工采用喷射机进行喷射混凝土。临时搅拌站拌料，由人工手持喷头进行分层施喷。喷射混凝土施工工艺流程如图 8.18 所示。

当围岩有大面积渗漏且渗漏量不大时，在喷混凝土前用高压风清扫，开始喷混凝土时，由远及近，先喷射干拌混凝土，临时加大速凝剂掺量，缩短终凝时间，逐渐合拢喷射混凝土。水止住后按正常配合比喷射混凝土封闭。当围岩节理漏水时，采取挖排水通道处理后，再喷射混凝土。当围岩有集中渗水时，采用埋设排水管法或钻孔法将水引出，待该

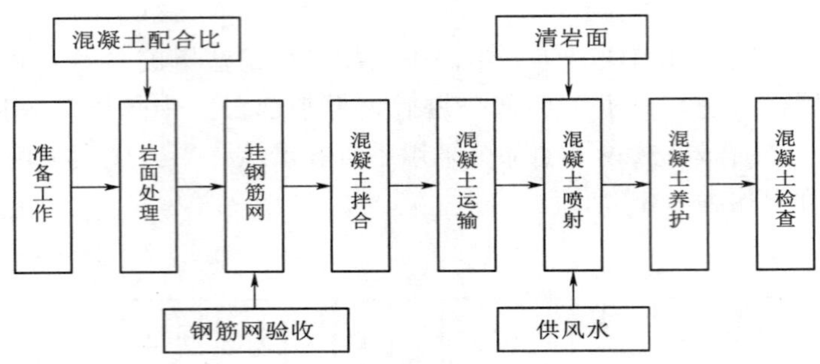

图 8.18 喷射混凝土施工工艺流程图

部位喷混凝土完毕，采用灌浆方法进行综合处理。

3. 衬砌混凝土施工

衬砌及底板混凝土施工工艺和边墙及顶拱混凝土施工工艺流程如图 8.19 和图 8.20 所示。

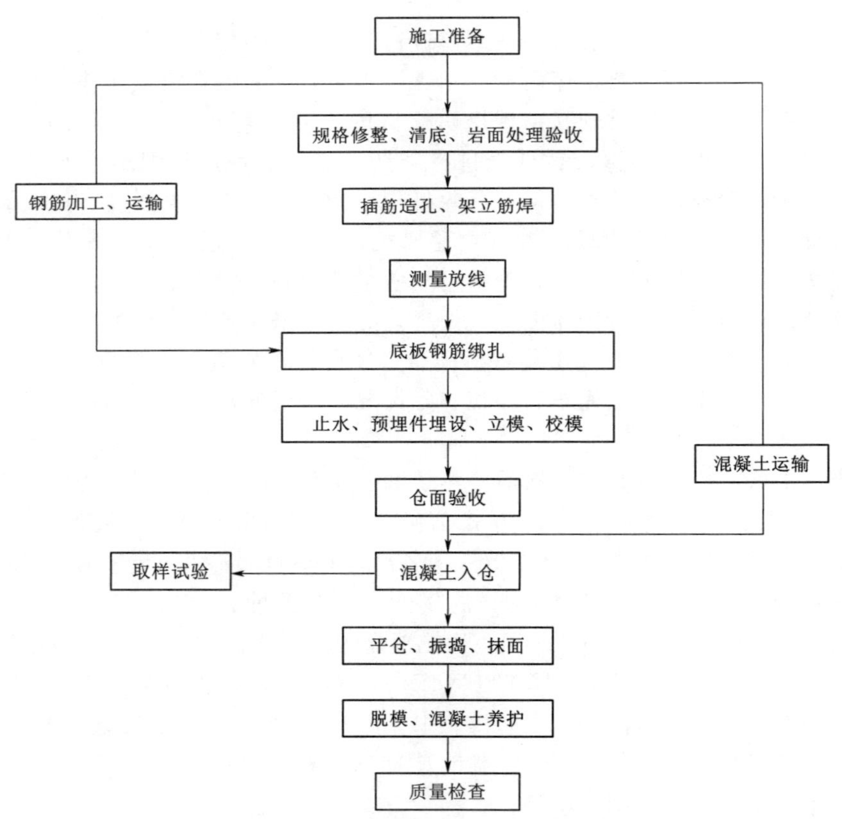

图 8.19 衬砌及底板混凝土施工工艺流程图

连接洞洞身每 15m 设置一个施工缝，缝内埋设 654 型橡胶止水带，两端变形缝位置设置铜止水。止水材料均应有质量合格证明，经试验室抽检合格后方可投入使用。橡胶

止水片连接采用硫化热粘接。

连接洞两端变形缝需设置铜止水，并填充经沥青浸泡后的麻绳，中间变形缝需设置654型橡胶止水带。连接洞洞身需设置654型橡胶止水带，施工缝缝面需进行凿毛处理。凿毛在混凝土终凝后进行，以露出粗砂或小石为准。

4. 回填灌浆施工

衬砌混凝土由于浇筑时的入仓条件及振捣条件有限，混凝土难以充实，利用回填灌浆将空隙填实。Ⅱ类围岩衬砌未设置回填灌浆孔，仅设有排水孔，Ⅲ、Ⅳ、Ⅴ类围岩衬砌设置回填灌浆孔，后期兼作排水孔。连接洞实际岩层性质为Ⅱ类围岩，不需要进行回填灌浆及固结灌浆。

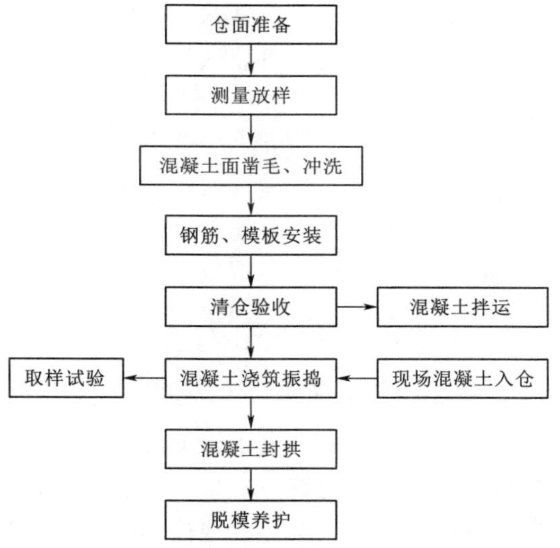

图 8.20 边墙及顶拱混凝土施工工艺流程图

8.5 供水阀设计

厂房中供水阀主要分为调流调节阀和蝶阀。

调流调节阀在三种情况下工作：①系统不抽水、在库水位594～643m之间，机组发电流量受阻时，有供水需求，供水最大流量6m³/s，最小流量2m³/s；②在库水位558～594m之间，机组发电水头受阻，有供水需求，供水最大流量31m³/s（设计），最小流量2m³/s；③在特枯年库水位544～558m之间，按规划要求，需向下游供水，供水最大流量18m³/s（设计），最小流量2m³/s。根据调流调节阀的运行工况，以及各个区间范围内供水流量的大小进行调流调节阀管径及台数的计算设计，根据计算确定选取2台供水阀，管径D为2.0m。

供水阀室布置在厂区内安装间下游侧，阀室长22.5m，宽13m，高30m。布置2台调流调压阀，调流调压阀管径D为2.0m。阀前阀后分别安装蝶阀与闸阀。阀间距6.9m。检修平台尺寸为8.5m×13.0m，平台高程为545.37m，楼梯布置于检修平台上游侧，沟通上下交通。供水阀室建基面高程526.60m，底板与侧墙厚1.5m。阀室大门设在阀室左侧。阀室设1台20/5t吊钩桥式起重机。轨顶高程为551.87m。2台调流调压阀后接供水压力管道与导流洞衔接，压力管道直径D为2.0m，管道间距6.9m。调流调压阀后压力管道衬砌支护型式按照设计断面进行开挖，C20混凝土喷护厚100mm，ϕ8@200×200挂网，喷护同时采用ϕ20锚杆支护，单根长度L为2.0m，1.5m×1.5m（排距×间距）梅花形布置，C25钢筋混凝土衬砌，衬砌厚0.7m，对顶拱120°范围内回填灌浆，对底拱120°范围内接触灌浆。

三河口水利枢纽工程坝后厂房设有2台可逆式机组用于抽水，发电采用2台常规水轮发电机组及2台可逆式机组，每台机组各配备一套供水蝶阀。主要作用为：在水轮发电机组检修时关闭，截断上游来水；机组长期停机时，静水关闭阀门以减少导水机构的水流漏损和磨蚀；如机组出现事故或导叶失灵，为防止机组过速，动水将紧急关闭。

供水阀室设置 5 号、6 号供水成套设备 2 套，主要包括调流调压阀、伸缩节、法兰短管、半球阀、变径管等部件。其中调流调压阀有三种功能：①调节流量；②调节压力；③截断介质。该阀具有良好的耐气蚀特性，阀体内壁的筋板兼有整流板的作用，可以分散水流，减少气蚀。该阀可自动调节预先设定的管道介质参数，使之在一定精度内保持恒定，且精确范围也可以进行调整。

8.5.1　调流调节阀设计与施工

1. 调流调节阀设计

三河口水利枢纽的供水阀是供水的重要设备，采用 *DN*2000 调流调压阀，既可以实现消能，也可以实现调节流量。该阀门供水流量大、调节幅度大，在国内外尚比较少见。在我国一些工程中，已经发现该型阀门的流量、流速、气蚀、振动等阀门性能不能完全满足工程设计要求，为确保采购的阀门参数、特性符合设计要求，开展了调流调压阀仿真计算及关键参数研究。

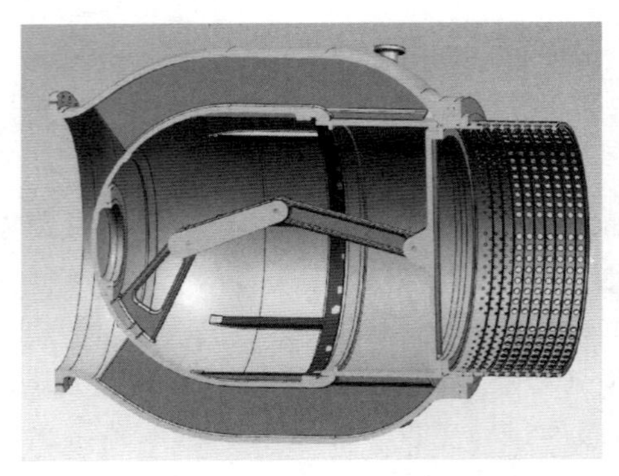
图 8.21　*DN*2000 调流调压阀三维设计图

首先进行了 *DN*2000 调流调压阀 3D 计算流体力学（CFD）仿真的流态计算，初拟结构尺寸；其次，按照缩尺比例模型（1∶5）原理设计 *DN*400 调流调压阀测试模型机，并进行相似度及相关流场分析；最后，通过实验验证其关键参数和流量特性，符合要求后确定 *DN*2000 调流调压阀的设计参数，其三维设计图如图 8.21 所示。研究过程中制定了“模型试验内容及验收标准”“*DN*2000 - 1.6MPa 调流调压阀验收标准”，开辟了我国调流调压阀研究的先河，对调流调压阀仿真计算、加工、试验和验收起到了示范作用。

（1）阀门结构方案。阀门结构方案采用套筒式调流调压阀，需要全新设计的部件是套筒。开孔方案需要根据流场 CFD 计算和气蚀分析的结果确定。

（2）阀门流阻系数确定。阀门在不同开度下的流阻系数是重要参数，根据阀门系统设计方案，初步选定 *DN*2000 阀门的流阻系数。确定节流套筒上两段式开孔方案，将阀门在高水头工况的开度范围设置为 0～30%，在 30%以上的开度，流量增长的速度设定为 30%以下开度的两倍，同时，保证阀门在最低工况下的流量满足设计要求，同时还有一定的裕度，最终得到了阀门的流阻系数，计算得到阀门分别在水头为 96m、61m、16m 和 11m 的工况下的流量特性。

（3）阀门流场分析。在方案设计阶段选取几个典型工作点进行了 CFD 分析，分别代表了阀门不同的工作极限，采用 ANSYS Fluent 软件中的湍流模型开展有限元分析，对节流套筒的 4 种不同开孔方案进行了模拟，确定了小孔＋大孔方案，且孔为锥形孔。

小孔的最小直径为 24.6mm，在 30％开度以下，每 5％开度有 64 个孔，共有 384 个孔；大孔的最小直径均为 49.2mm，在 30％开度以上，每 10％开度有 64 个孔，共有 448 个孔。整个活塞共计有 832 个孔。经过比选，该方案性能最好，具有优越的抗气蚀性能（图 8.22）。

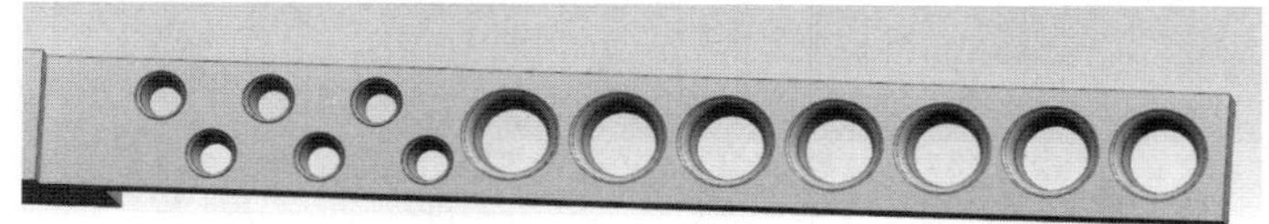

图 8.22　节流套筒 1/64 扇形段孔的布置方案

（4）流场和气蚀分析。对水头 96m、61m、16m 和 11m 工况进行了流场和气蚀分析，设计方案的流量满足设计要求，并且流量与开度呈现出清晰的两段线性的特征。CFD 分析结果显示设计方案具有优越的抗气蚀性能，没有出现任何气蚀的现象。

（5）*DN*400 模型机设计和制造。为了使 *DN*400 模型机能够尽量准确地模拟原型机的工作特性，*DN*400 模型机在设计时应严格遵守相似设计的准则。经过比较，选用欧拉数准则，认为只要小孔的形状是相似的，前后压力一致，则小孔内的速度应该一致。既然流速一致，则阀门的流量就和小孔总的流通面积呈线性关系，因此，在相同开度和水头下，*DN*400 模型机的流量能够和原型机的流量保持同一比例关系。*DN*400 模型机结构设计严格按照原型机的 5∶1 的比例进行缩小设计。对 *DN*400 模型机进行了 CFD 分析，对流阻系数、流量、气蚀等进行验证，满足精度要求。根据 *DN*2000 调流调压阀相似性计算结果制造了 *DN*400 模型机，其阀体、阀轴、阀芯、消能部件（套筒）所用材料与 *DN*2000 调流调压阀相同，加工精度和装配精度也完全相同。

（6）*DN*400 模型机试验。模型机试验目的为：通过试验验证 CFD 仿真的流态计算结果与流场测试契合度，验证 CFD 计算的准确性；测量阀门的流阻系数、最大流量、流量系数、阀门流量调节特性、气蚀特性、振动特性等；通过实际测试结果验证与 CFD 计算契合度，验证所采用程序进行的仿真流态计算的可靠性，验证流阻系数、最大流量、流量系数、阀门流量调节特性、气蚀特性、振动特性与计算符合性；确认阀门符合设计要求、避免阀门振动对工程其他建筑造成破坏。主要开展了流阻系数测试、最大流量测试、流量系数测试、流量调节特性测试、气蚀特性测试、振动和噪音测试等。通过对比试验结果和 CFD 结果，发现 *DN*400 模型机的 CFD 分析结果除了在 100％开度的误差偏大外，在其余开度与试验数据的偏差小于 5％，完全达到了设计要求。同时，模型试验机的试验也证明设计方案是合理的，实现了两段线性的设计目标。这种偏差有可能来自活塞末端的泄流，建议适当延长活塞 100％开度以后的长度，以提高密封效果。

2. 调流调节阀施工

偏心半球阀安装在尾水压力钢管与调流调压阀之间，主要作用是检修。当调流调压阀需要检修时，则需关闭偏心半球阀阻挡尾水水源，其他状态时，此阀保持常开状态。供水成套设备安装工艺流程如图 8.23 所示。

对设备基础进行清理检查，复测供水阀室前、后压力钢管中心、高程，复测调流调压

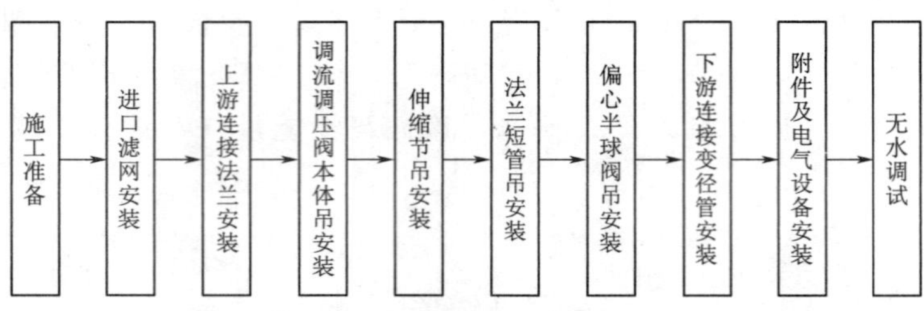

图 8.23 供水成套设备安装工艺流程图

阀与偏心半球阀基础板各项尺寸，确保满足设计和规范要求。

根据已测量的阀本体基础板至进水口钢管的距离，将压力钢管修割好并打磨好坡口、连接的单片法兰吊至对应的安装部位，并将法兰按标准套入深度套入压力钢管，然后将调流调压阀吊装至安装位，采用中心线的方式将压力钢管管口、调量调压阀调整同心，同时保证阀体垂直度、水平度以及方位距离满足规范要求并做好相应记录；阀体调整完成后，将上游法兰用螺栓锁固，并将法兰点焊固定，使阀体牢靠。吊装伸缩节与调流调压阀法兰连接，并调整其中心、高程、法兰垂直度等，直到满足设计和规范要求。吊装法兰短管与伸缩节法兰连接，并调整其中心、高程、法兰垂直度等，同时采用中心线的方式将伸缩节与直管段调整同心，同时保证各法兰面的垂直度以及方位距离满足规范要求并做好相应记录。吊装偏心半球阀与法兰短管法兰连接，采用中心线的方式调整阀体的同心度，同时调整阀体法兰垂直度、阀体水平度以及方位距离满足规范要求并做好相应记录，调整螺栓支撑，并与基础板焊接牢靠。测量尺寸，将多余的压力钢管进行气割，并将余下的压力钢管修割好并打磨好坡口，将连接段吊装至安装位置，与偏心半球阀连接，并用螺栓锁固，调整连接段与压力钢管的同心度，使其圆度与错牙满足规范要求，准备焊接工作。连接环缝焊接前的坡口必须清理干净，用砂轮机抛光坡口，直至发出金属光泽；焊条必须在150℃左右的烤箱中烘烤1h，然后放在恒温箱中待用；焊接质量必须遵循《水利水电工程压力钢管制造安装及验收规范》(SL 432—2008)；焊后打磨连接焊缝内表面，并按设计和规范要求进行超声波无损探伤。

调流调压阀与偏心半球阀部分设备包括电气盘柜、电缆、自动化元件等设备，依据设计图纸和规范的要求进行安装调试。无水调试需将阀体开关试验设备通电，进行打开与关闭调试，经多次重复测试，阀芯要求灵活并无卡阻现象；同时进行工作密封动作试验，工作密封与止水面接触应严密，用0.05mm塞尺检查，密封动作应灵活，行程符合设计要求。静水联动调试。

8.5.2 供水蝶阀设计与施工

三河口水利枢纽工程坝后厂房设有2台可逆式机组用于抽水，发电采用2台常规水轮发电机组及2台可逆式机组，每台机组各配备一套供水蝶阀。水轮机进水蝶阀安装在水电站压力钢管与蜗壳之间，主要作用有：在水轮发电机组检修时关闭，截断上游来水；机组长期停机时，静水关闭阀门以减少导水机构的水流漏损和磨蚀；机组出现事故或导叶失灵的情况下，为防止机组过速，动水紧急关闭。

蝶阀安装的主要内容有：蓄能罐式液控双密封蝶阀，上、下游连接短管（含进人门），接力器，高速进排气阀，蝶阀旁通阀及管道和附件（包括电动及手动旁通阀、伸缩节），供货范围内设备之间的连接管路、电缆及附件，蝶阀预埋件，蝶阀的电控装置专用械具和自动化元件；蝶阀设备及其附件收货、仓管、清点、转运、清洗、组装。蝶阀安装工艺流程如图 8.24 所示。

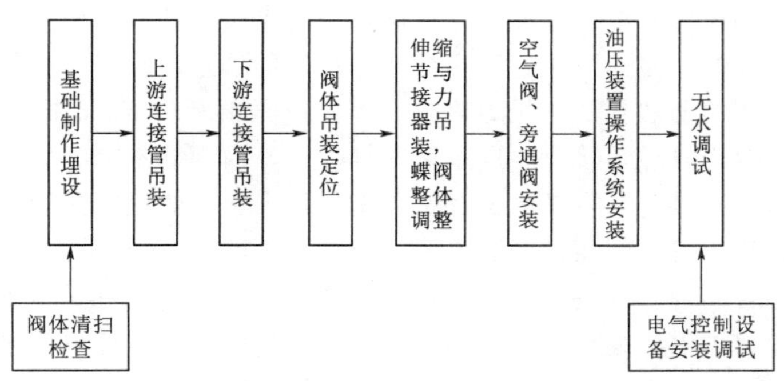

图 8.24　蝶阀安装工艺流程图

根据放置的机组中心、高程样线，正确埋设进水蝶阀基础螺杆和基础板、接力器基础螺杆和基础板、油压装置基础板等埋件；并对基础螺杆和基础板进行加固，验收；浇筑埋件二期混凝土。

上游连接管安装是根据已测量的蝶阀本体中心线至进水口钢管的距离和上游连接管尺寸，将压力钢管修割好并打磨好坡口，压力钢管腰线以下部位焊接 2 块支撑钢板（600mm×100mm×20mm），与压力钢管焊接，长度为 200mm，顶部焊接吊耳挂装 5t 手拉葫芦，利用厂房桥机从蝶阀吊物孔将上游连接管吊装至距压力钢管最近处，利用手拉葫芦和厂房桥机配合缓慢移向上游，将上游连接管放置于自制的基础支撑上，检查与进水钢管间焊缝间隙和错牙，并作调整，调整后加固。

下游连接管安装是根据已测量的蝶阀本体中心线至蜗壳进口管的距离和下游连接管尺寸，将蜗壳进口管修割好并打磨好坡口，蜗壳进口管腰线以下部位焊接 2 块支撑钢板（600mm×100mm×20mm），与蜗壳进口管焊接，长度为 200mm，顶部焊接吊耳挂装 3t 手拉葫芦，下游连接管顶部焊接吊耳，利用厂房桥机从蝶阀吊物孔将下游连接管吊装至距蜗壳进口管最近处，水轮机层蜗壳进口管顶部钢套管设置 16 号工字钢横梁挂装钢丝绳与 5t 手拉葫芦，利用 2 个手拉葫芦和厂房桥机缓慢移向下游，将下游连接管放置于自制的基础支撑上，检查与蜗壳进口管焊缝间隙和错牙，并作调整，调整后加固。

蝶阀本体吊装前上游连接管密封盘根已安装完成，利用厂房桥机将蝶阀本体吊至对应的安装部位；与基础板上基础螺栓相连。保证阀体垂直度、水平度以及方位距离满足规范要求并做好相应记录，上游连接管与蝶阀本体使用 8 个螺栓紧固。伸缩节吊装前蝶阀本体下游侧密封盘根已安装完成，伸缩节吊装前压缩 2cm，吊入蝶阀本体与下游连接管中间，伸缩节与蝶阀本体使用 8 个螺栓紧固。上游连接管与蝶阀本体、蝶阀本体与伸缩节、伸缩节与下游连接管各使用 8 个螺栓紧固后，割除压力钢管与蜗壳进口管临时加固件，利用厂房桥机与 5t 手拉葫芦整体进行微调，再次检查上下游焊缝间隙和错牙，直至满足规范要求。利用厂房桥机，将接力器吊至对应的安装部位；用连接螺栓将接力器连接在基础板上。将液压站整体吊至安装位置，根据放置的中心轴线和高程样点，调整液压站方位、高程、水平和垂直度；符合设计要求后，用安装螺栓将其连接在基础垫板上；复测其方位、高程、水平和垂直度，并记录。

操作系统管路配置首先要对切割后的管口用磨光机进行打磨。根据设计图的配装走向计算配装管路支架的位置并放样，安装管路固定用的支架及其基础板。之后逐段配装管路和安装阀门，注意控制管路安装位置（坐标及标高）的偏差。阀门安装前应清理干净，保持关闭状态。安装阀门与法兰的连接螺栓时，螺栓应露出螺母2～3扣，螺母宜位于法兰的同一侧。平焊法兰与管道焊接时，应采取内外焊接，内焊缝不得高出法兰工作面，所有法兰与管道焊接后应垂直。法兰密封面及密封垫不得存在影响密封性能的缺陷，垫圈尺寸应与法兰密封面相符。管路焊接按照国家标准和制造厂的有关规定进行，从事焊接施工的人员必须持有满足合同规定的资格证书，焊条、焊丝均应符合有关焊接部位的技术要求。焊接部位的检查应按国家标准和制造厂的要求进行，并提交由监理单位签字的检验合格的文件。管路焊接时，焊接方法与焊接规范按制造商提供的工艺文件规定或经监理工程师批准的焊接工艺评定报告执行。焊缝要按制造商的要求作相应的无损探伤检查。无损探伤检查前要将无损探伤的检查方法、程序及计划报监理单位审批。对从事无损探伤的检测人员至少要达到ASNT－TC－1AⅡ级的水平。无损探伤检查完成后，要按技术文件的要求对现场进行清理，不得遗留任何影响设备运行的东西。

管路在焊接完毕后和正式安装前均要进行水压强度耐压和严密性试验，其中强度耐压试验的压力为1.5倍额定工作压力，保持15min无渗漏及裂纹等异常现象。管路清洗则先用电磨机将管内焊瘤管打磨干净，再利用管道清洗机对所有管道进行有效清洗，最后用压缩空气吹干。将经耐压和清扫完毕的油气水管路及附件加密封垫片逐段安装就位，以实现管路回装。管路回装完成后，对操作系统注油。油泵调试需手动转动油泵，检查油泵转动灵活情况；在有油状态下通电，点动检查各油泵电机电源的正确性；检查油泵动作控制回路的正确性并进行模拟动作；关闭油泵加载阀出口阀门，按规范要求进行油泵空载及加载试验，以确保各项指标符合要求。用油泵向压力罐注油，并逐步加压至额定，系统应无渗漏及异常现象。在进行油压装置调试时，手动启动与停止油泵要正常；将油泵置于自动工作状态，当排油使液压站油压降至启泵压力时，油泵应能自动启动，启泵后，当油压上升至停泵油压时，油泵应能自动停止，如果油压继续下降至备用泵启动位置时，备用泵应能启动；当液压站油位过低时，油泵应能自动停泵。

操作系统注油、建压应开启主供油阀，通过主配压阀向操作系统油管路及接力器注油；在低油压下进行接力器和蝶阀动作试验时，接力器和蝶阀操作系统应动作灵活，无卡阻现象；在进行系统升压试验时，再次检查系统管路渗漏情况；在进行蝶阀开启、关闭调试时，记录全开和全关时间；在进行工作密封动作试验时，工作密封与止水面接触应严密，0.05mm的塞尺不得通过，密封动作应灵活，行程符合设计要求。在进行检修密封试验时，当进气阀门关闭，密封未充气时，其间隙应符合设计要求；充气应无间隙。静水联动具备的条件包括机组具备启动试运转条件、调速系统投入使用、导叶全关、上游水道异物已清理完毕。尾水管、压力钢管、蜗壳依次充水成功。审查蝶阀操作流程是否正确，各

部位及自动化原件是否运行正常。

进行联动调试时，蝶阀处于初始状态：活门全关，锁定投入，工作、检修密封投入，手动旁通阀全开，自动旁通阀全关。执行现地自动开蝶阀操作，观察锁定退出情况，记录自动旁通阀开启后蝶阀前后端平压时间、压差值，观察密封退出状况，记录蝶阀全关至全开的动作时间、位置状况，观察自动旁通阀在蝶阀全开后的关闭情况，记录自动开蝶阀整个过程所需时间。执行现地自动关闭蝶阀，记录蝶阀从全开至全关的动作时间、位置状况、密封投入处情况、锁定投入情况和自动关蝶阀整个过程所需时间。当蝶阀现地自动开关流程满足设计要求后，执行中控室上位机远程开关蝶阀操作。

8.6 可逆机组设计

由于三河口水泵工况的扬程变化范围在10～100m之间，抽水量的变化范围在0～18m^3/s之间，不可能由单转速的一种机型来满足如此宽泛的流量-扬程变化幅度。因此在委托“中水科”研发水泵水轮机转轮时，以最大限度地满足抽水流量较集中区域所对应的扬程范围（即15～18m^3/s流量区间的70～100m扬程范围）为设计参数。对于更低扬程（低于70m）的抽水工况，水泵水轮机本身不能满足要求，需要通过其他方式进行解决。

对于70m以下的扬程，从必要性和可行性的角度考虑，结合工程任务需求和设备性能可行进行综合分析，确定的方案才是经济合理且可行的。通过规划专业对多年调水调节成果进行分析，认为抽水扬程控制在40～100m时，基本可以满足工程任务的要求，40m以下出现抽水工况的概率很小，舍弃40m以下的抽水工况，对供水保证率的影响程度有限，是可以接受的。对规划专业认可的40～100m的抽水扬程变化范围，现有水泵水轮机机组可满足其中80～100m的扬程范围，对于40～70m的扬程范围，拟定出不同解决方案进行分析比较。其一是针对40～70m的扬程范围另外选配转轮，其二是对现有机组采用变转速方式运行，增加相应的设备和功能。对这两个方案进行比较后，认为变转速机组方案具有技术先进、土建投资省、设备利用率高的优点。

可逆式机组采用可变转速电机是扩大水泵水轮机的运行水头/扬程范围并获得较好性能指标的有效途径之一。目前应用于抽水蓄能工程的可变转速电机的变速方式大体可分为两类：一类是变极调速；另一类是变频调速。

同步电机变极调速的研究早在20世纪30年代就已经开始，30—50年代提出了关于同步电机转子变极的基本原理，并制造了极比24/28的双速同步发电机，应用于美国弗拉提隆（Flatiron）抽水储能电站。50—70年代对同步电机转子变极的研究进一步深化，并在近似计算的基础上制作了模型电机研究，应用中除抽水储能电站外，也在常规水力发电站中开始了应用。从70年代迄今，理论研究更加深入，各种数值计算方法在仿真分析和设计中应用，应用实例逐步增多，单机容量进一步增大，并开始提出在双速同步电动机中应用。

双速同步电机应用于国外的水电站主要有：美国弗拉提隆水电站，变极比为24/28；瑞士奥瓦·斯平（Ova Spin）水电站，变极比为12/16；日本苏巴里（Subari）水电站，变极比为12/14；奥地利马尔塔（Malta）水电站，变极比为12/16；瑞士法特斯（Farttes）水电站，变极比为10/12等。应用于国内的水电站主要有：北京密云电站，变极比为22/24；潘家口水电站，变极比为42/48；安徽响洪甸抽水蓄能电站，变极比为12/16等。

近年来，无论是在理论研究还是设计手段等方面，国内双速电机均取得了重大进展。相对于变频调速，变极调速更为简便易行。同步电机变极调速需要同时改变定子绕组和转子绕组的极对数，相对而言，定子采用双绕组，转子采用集中式绕组的方案更为成熟，其结构简单、维护方便、转速稳定、可靠性高、容易制造，使用寿命长。

同步电机变频调速与变极调速技术相比，变频调速技术发展及应用的速度要快一些。该技术起始于20世纪70年代，发达国家开始研制连续调速抽水蓄能机组。1990年，日本将此项技术应用于矢木泽（Yagisawa）抽水蓄能电站改造，成功地完成了从研制到实用于工程的转化，并逐步实现了大型抽水蓄能机组的连续调速。我国的云南牛栏江-滇池补水工程泵站扬程范围为233.3～185.85m，采用变频调速技术，变频器的容量为23MW。

变频调速在我国广泛应用于变速电动机的驱动、同步调相机、燃气轮机和抽水蓄能机组的启动，在轧钢、煤矿、电气机车、长距离输送管道等行业已属成熟技术。变频器等电子设备也随着时代的发展，价格逐步走低。另外，变频调速的范围很大，据了解，其调速范围可在额定转速的30%～100%之间实现连续调速。

潘家口蓄能电站的发电电动机采用了变极与变频联合变速的方式。ABB公司为该电站提供的3台98MVA电动发电机均采用了变极变速方式，两挡转速分别为125r/min与142.8r/min。水泵水轮机的水轮机工况在整个水头范围内都使用125r/min转速运行；水泵工况在扬程61.4～85.7m范围内以142.8r/min运行；在36～66.4m范围内按125r/min运行。为了提高低水头/扬程段的运行稳定性和综合效率，该电站将启动变频器功率由9MW增至60MW，用于1台机组的定子侧变频调速。其改造的初衷是：在分挡变速的基础上，当电站水头小于54m时，该台机组可利用启动变频器使水轮机工况转速在80～125r/min范围内连续可调；当扬程低于65m时，该台机组可利用启动变频器使其水泵工况转速在107.7～130.6r/min范围内连续可调。该工程试验性地实现了1台机组部分扬程段的连续调速。

对于三河口发电电动机而言，推荐抽水工况下采用变频调速方式。首先与变极调速相比，变频调速水泵机组的流量和扬程变化具有连续性，所覆盖的水头、流量范围要宽泛，更能满足工程的要求，而变极调速的水泵机组在73～80m扬程范围不能满足抽水要求；其次机组容量不大，无功功率无须补偿，谐波相对很小，也不需解决，并且这个容量的变频器投运较多。根据小水电的特点，变频装置和自动控制设备还可大大简化；小机组的机械、电气强度有较大裕度，可以适应变速运行的需要。

对于20MW常规水轮发电机组而言，推荐采用变极方式变速运行，以扩大水轮机发电水头适应范围，既增加供水流量调节的灵活性，降低放水消能设备的工作压力，同时又可增加发电量，更符合节能减排的方针。结合水轮机的性能，20MW水轮发电机组采用300r/min和375r/min两个转速。

针对三河口水利枢纽水力参数变化幅度大的特点，提出了可逆式水泵水轮机。其水力

机械设备包括进水管扩散段里衬、肘管里衬、锥管里衬、基础环、座环、蜗壳、机坑里衬以及上述部件涉及的基础板、插筋、锚固件、定位件及进人门等埋入部件。水轮发电机组埋件安装范围包括水轮机埋入部分、发电机基础预埋件和附属设备埋件和埋管。水轮机埋入部分包含尾水管肘管里衬、锥管里衬、底环、座环、转轮室、蜗壳、机坑里衬以及这些部件涉及的基础板、插筋、锚固件、定位件及进人门等埋入部件。

8.6.1 水泵（水轮机）埋入部分安装总流程

水泵（水轮机）埋入部分安装总流程包括肘管里衬安装、肘管里衬混凝土浇筑、锥管里衬安装、锥管里衬混凝土浇筑及座环蜗壳支墩混凝土浇筑、座环基础环安装、蜗壳安装、机坑里衬安装、混凝土浇筑等步骤。水泵（水轮机）埋入部分总施工流程如图 8.25 所示。

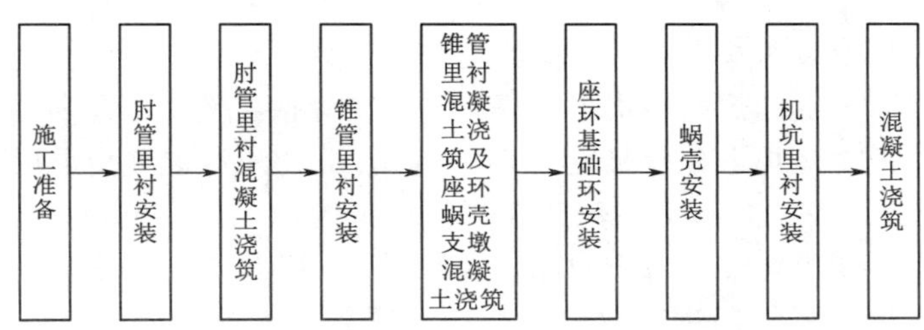

图 8.25 水泵（水轮机）埋入部分总施工流程图

8.6.2 肘管里衬安装

肘管里衬安装流程包括肘管吊装、肘管安装、肘管焊接和混凝土浇筑等步骤。肘管吊装时在机坑内放置出里衬各断面高程控制点、里程及中心控制线，测量每节肘管的周长，并标出进水管口和出水管口的腰线和中心线。水泵机组肘管进口第 1 节和水轮机肘管出口第 1 节作为定位节，放置在已经调好了的支墩上，并做好支撑防护。

肘管安装时，首先调整组合缝间隙、错牙，符合设计要求后，再进行纵缝焊接。在进口断面和出口断面按照样点位置挂棉线检查，用螺旋千斤顶、导链、拉紧器等进行调整，检查里衬高程及位置，最后加固。调整分瓣件组合缝间隙、错牙，符合设计要求后，再进行纵缝焊接。用螺旋千斤顶、导链、压码等调整进水侧管口的高程、中心、到中心线的距离、开档、周长和环缝错牙，验收合格后点焊、加固，然后焊接环缝，并安装所有肘管管节的锚筋、锚板等。检查肘管的进水管口的高程、水平、同心度、圆度，合格后进行验收。

肘管焊接前用磨光机打磨肘管里衬各部位的坡口，使坡口及其边沿 20mm 范围内无铁锈，并露出金属光泽。施焊时，环缝焊采取分段退步对称焊接，每段长度小于 500mm，由 6～8 名焊工对焊，每层厚度 4～5mm。后一层与前一层焊接方向相反，接头错开 100mm 以上。每一条环缝焊接完成后，均需对肘管里衬的施焊部位及整体尺寸进行测量，以此了解变形规律，来确定是否调整焊接顺序及焊接进度。焊缝在焊接完毕后需打磨光滑，过流面焊高在 1.5mm 之内，最后对焊缝进行整体验收。

在混凝土浇筑过程中，根据水平和中心方位的监测数据，随时与现场监理和土建承包人进行协调沟通，调整混凝土浇筑方位和顺序，以保证肘管浇筑混凝土后的安装质量。

8.6.3　锥管里衬安装

锥管里衬安装流程包括锥管里衬吊装、锥管里衬安装、锥管与肘管组合环缝的焊接和浇筑混凝土。锥管里衬吊装需调整千斤顶高程，比尾水管顶部设计高程应高 15mm 左右，以留出调整余量，在肘管顶面焊接临时挡块，以保证锥管吊装定位准确。锥管里衬安装则用导链、楔子板、拉锚等精确调整其方位、中心、高程。利用“米”字支撑、千斤顶等调整进水管口与肘管上管口同心度。检查其检修平台主梁墩和进人门的方位。满足设计要求后，按照设计要求对锥管里衬进行加固，焊接与肘管连接的环缝。焊接调整完后，复测里衬的中心、圆度、同心度和高程，各数据均应符合设计要求。

锥管与肘管组合环缝的焊接采用手工焊。为减少焊接变形，由 4 名电焊工组成对称同方向施焊，采用分段退步焊，分段长度为 500～600mm。所有焊缝均采用多层多道焊，并先用 ϕ3.2 焊条打底，焊厚 3～5mm，且各层间接头应错开 100mm 以上。对于间隙满足要求的焊缝，按设计要求施焊；对于间隙偏大的焊缝，先堆焊，满足要求后再施焊；对于间隙偏小的焊缝，用碳弧气刨进行背面清根，然后封底焊。在焊接过程中设专人监测变形，根据变形情况随时调整焊接顺序。且环缝焊接完后，均对锥管整体尺寸进行测量，根据测量结果了解焊接的变形规律，并决定是否调整焊接顺序及焊接进度。焊缝焊接完成后，先对焊缝进行外观检查，然后检查锥管上管口各控制部位的尺寸。

安装蜗壳排水管和测压管等附件，合格后浇筑混凝土。在浇筑过程中，混凝土不能从高处直接卸到里衬上，同时防止振捣器与里衬接触，控制混凝土浇筑速度、浇筑位置以及浇筑高程，每一仓浇筑高程不能超过 1.5m，以免使锥管出现位移和变形。

8.6.4　座环安装

座环（含基础环）安装流程包括座环吊装、座环（含基础环）安装和混凝土浇筑。座环吊装需根据座环直径，在机坑内放出座环安装地样，在混凝土支墩预埋基础上均匀摆放 8 对楔子板，楔子板高程高于设计高程 2mm，8 组楔子板整体水平不大于 2mm，且其位置不影响座环地脚螺栓就位。根据机组轴线和座环上的轴线标记，确定座环吊装就位大致方位，并在混凝土面标记垂直 2 个方向的座环就位方位点，将座环吊入机坑缓慢地落到楔子板上。

座环吊装就位后，检查座环中心方位和水平高程。先根据测量数据，对应调整座环方位、中心，保证其方位、半径偏差在规范内，然后调整座环水平，使之符合设计要求。对不合格项进行精细调整，确保座环/基础环全部安装数据合格，然后根据最终高程确定锥管配割量。打紧楔子板，安装座环/基础环加固拉紧器。合格后点焊拉紧器、楔子板、锚杆。安装座环上环加固“米”字支撑，对座环进行进一步加固。配割锥管，并对坡口位置进行打磨处理，然后进行锥管凑合节安装。凑合节安装完成后，分 4 点对称焊接凑合节与

基础环对接环缝。安装和焊接凑合节与锥管环缝保护扁铁，此条焊缝需在基础环、座环混凝土浇筑后进行焊接。由 4～8 名焊工对称同方向施焊，采用分段退焊法，分段长度为500～600mm。焊接方式为手工焊接，焊接完成后，按照设计要求进行探伤检查。按照图纸设计要求进行基础环附件预埋安装。根据水平和中心方位的监测数据控制混凝土浇筑速度、浇筑位置以及浇筑高程，每一仓浇筑高程不能超过 1.5m，以免使出现位移或者变形。

8.6.5 蜗壳安装

蜗壳安装流程包括定位节安装、其他管节的安装、凑合节的安装、蜗壳的焊接、蜗壳附件的安装埋设和蜗壳混凝土浇筑。

蜗壳挂装先挂装定位节，其他管节挂装将对称进行，最后挂装凑合节。定位节吊装到位后，调整其位置，检测管口的方位、垂直度、高程，合格后，在定位节外缘用千斤顶支承，拉紧器固定定位节，按要求将其与座环上、下结合位置进行点焊。

其他管节的安装严格按蜗壳挂装顺序依次挂装其他蜗壳管节，每个方向挂装的管节数量根据所挂的蜗壳重量加以控制和调整；同时按要求支撑、调整与定位节相邻的管节及焊缝的错牙与间隙；调整合格后，在主焊缝背面点焊环缝及与座环上下环板之间的焊缝。每个挂装方向调整好 3 条环缝后开始焊接第 1 条环缝。采取边挂边焊接的方式依次安装其他管节。

其他管节安装、焊接完成后，在蜗壳与座环上下环板焊接前，进行凑合节的安装。瓦块吊装前，测量所有瓦块的几何尺寸及凑合节安装位置的尺寸，确定切割位置及余量，切割前需进行预热。先吊装底部瓦块，将瓦块调整到位，瓦块尽量贴近蜗壳。按实际位置划切割线，采用半自动火焰切割，切割完毕后，将瓦块调整到位，点焊瓦块，按此方法安装其他瓦块。瓦块坡口采用气刨加工，并用角磨机打磨出金属光泽。蜗壳延伸段挂装时，校核压力钢管实际中心。以压力钢管实际中心和蜗壳定位节出口实际中心连线作为延伸段的中心控制线。按逆时针顺序依次挂装调整蜗壳延伸段。

蜗壳的焊接顺序为：管节之间的环缝焊接→凑合节纵缝焊接→凑合节环缝焊接→蜗壳与座环上下环板对接缝焊接。采用手工电弧焊和 CO_2 气体保护焊。焊条按要求进行烘烤、保温。坡口打磨干净，无油渍、污锈等；焊缝按要求预热，焊接采用多层、多道、分段退步焊，焊缝焊接时，先焊主缝（大坡口侧），主缝焊完 70%后，背缝进行气刨清根、打磨，PT 或 MT 检查合格之后，再进行背缝焊接，背缝焊完 70%后，焊接主缝直至完成，最后焊接完成背缝。蜗壳焊前预热采用履带式加热片加温，用红外线测温仪测温，用温度控制柜调节温度。蜗壳在焊接完成后，后热温度和保温时间按照要求进行，再缓慢降温，并进行消氢处理。蜗壳的所有现场焊缝需按照要求进行探伤检查。

蜗壳附件的安装埋设按照图纸要求配割、安装蜗壳进人门；配割、安装蜗壳测压头；配割埋设安装蜗壳盘形阀阀座。

蜗壳混凝土浇筑前，蜗壳、座环应加固牢靠；混凝土浇筑时合理进行分层分块，控制混凝土浇筑上升速度，并用百分表在蜗壳顶部进行监测。

8.6.6　机坑里衬安装

机坑里衬安装流程包括机坑里衬安装、机坑里衬焊接、接力器基础的安装、机坑里衬附件安装、配割、焊接和混凝土浇筑。

在座环上放置机坑里衬的安装样点，并焊限位块。将机坑里衬吊入机坑就位。调整检查机坑里衬与座环的同心度等尺寸，满足要求后，将机坑里衬与座环焊接。

机坑里衬焊接在组合焊接时先焊接纵缝、后焊接环缝。纵缝焊接时，先焊中间焊缝，后焊接上、下两侧纵缝；采用分段退步焊，尽量减少里衬的变形。纵缝焊完后，重新检查机坑里衬的中心径、圆度、高程、水平，合格后准备焊接与座环上环面连接的环缝。环缝焊接由 8 人同时对称施焊，采用分段退步焊，直至全部焊完。焊完后，对焊缝进行 100% PT 检查，并复查里衬的各项尺寸，合格后验收。蜗壳混凝土浇筑到接力器底板高程时，进行接力器基础板的安装。

接力器基础的安装则是将接力器基础板分别吊装到位，注意其方位，按基础板上所标记的样点和图纸要求的布孔方位，将基础板调正。调整接力器基础板方位、高程、垂直度，中心到机组 X 轴线的距离，中心到机组 Y 轴线的距离，同时接力器基础板顶部对机组中心的距离相对于底部应大一些，两台接力器基础板应安装在同一个平面上，各项尺寸均应符合规范要求。以上尺寸检查合格后，将接力器基础板点焊在机坑里衬上。将接力器基础板和机坑里衬焊接起来，注意焊接时的电流不应过大，且应对称施焊，从而减少座板的扭变形。在焊接过程中，应对接力器基础板的垂直度和平行度进行监控，随时调整焊接顺序。焊接完成后，复测接力器基础板的方位、中心、垂直度和平行度。对机坑里衬和接力器基础板进行整体加固，要求加固牢靠，验收后可浇筑混凝土。

机坑里衬附件工序要按照设计图纸配割机坑里衬上的水轮机进入门、通风口、接力器里衬、接线端子箱、照明灯具凹坑及各种管道口；按照设计图纸安装埋设焊接通风管、接力器里衬、接线端子箱、照明灯具凹坑及各种管道。

混凝土浇筑前，机坑里衬、接力器基础必须加固牢靠；混凝土浇筑时合理进行分层分块，控制混凝土浇筑上升速度；根据水平和中心方位的监测数据调整混凝土浇筑方位和顺序。

8.6.7　发电机（电动机）设备基础预埋

发电机（电动机）设备基础安装流程包括基础螺杆预埋和基础板预埋。基础螺杆预埋是在设计尺寸位置放置好控制线架，在线架上放好控制点，把基础螺杆及其套管放到对应位置，用水准仪控制调整基础螺杆顶部高程，用钢卷尺调整基础螺杆中心以及位置，各项尺寸满足规范要求后对其进行加固。基础板预埋需清理二期预留坑，放置方钢或者垫板，调整其方位、高程、水平。安装基础板调整其中心、高程、水平度符合设计要求。调整完成后，进行加固、复测，无误后浇筑混凝土，然后再进行复测。安装场工位基础板预埋施工工艺与机坑内基础板预埋施工工艺相同，但没有地脚螺栓安装。

8.6.8　主阀基础埋件安装

主阀基础埋件主要包括施工准备、基础螺杆预埋、基础螺杆混凝土浇筑、基础板预埋

和混凝土浇筑。

出水阀基础埋件主要包括蝶阀阀座基础螺杆、基础板和接力器支座基础螺杆、基础板。在设计尺寸位置放置好控制线架，在线架上放好控制点，吊装阀座基础螺杆及其套管到对应位置，用水准仪控制调整基础螺杆顶部高程，用线锤控制调整基础螺杆垂直度，满足尺寸要求后对其进行加固，再浇筑一期混凝土。

复核蜗壳出口法兰的轴线位置、高程，根据设计尺寸放置出水阀底板安装控制点，并对出水阀底板进行分中。吊装出水阀底板至安装位置，以蜗壳出口法兰面高程为基准通过水准仪调整出水阀底板高程，用框式水平仪调整底板水平，用放置好的控制点通过挂钢琴线来调整，保证两基础板中心距。复核尺寸无误后加固，并进行二期混凝土浇筑。混凝土凝固后，再次复核蜗壳出口管法兰面、出水阀基础板及压力钢管三者之间的轴线、高程、距离。

8.7 小结

供水系统与厂房包括进水口、压力管道、厂房、供水阀室、尾水系统、连接洞等 6 个部分，厂房为可逆机组与常规机组混合式厂房。系统运行时分抽水、供水、发电等 3 个运行工况。在抽水工况中，三河口水利枢纽坝后厂房引水发电建筑物水头损失包括进口段和压力管道段局部水头损失和沿程水头损失两部分，采用《水电站调压室设计规范》(NB/T 35021—2014) 中的公式和参数进行计算；在发电工况中，抽水发电系统最大引水流量为 72.71m^3/s，压力管道设计断面直径为 4.5m，进水口底板高程为 543.65m。在发电受阻供水工况中，利用调流调压阀消能供水，对于调流调压阀，水头损失可不计。

本章详细分析了水泵水轮机比转速和转速、最优工况、机组功率、额定水头和工况运行情况、发电机和发电电动机参数，认为采用 2 台 12MW 水泵水轮机组和 2 台 20MW 水轮发电机组的混合式抽水蓄能电站布置方案可以满足规划提出的抽水任务要求。将水泵水轮机的发电过流特性和 HLA743 水轮机的发电过流特性结合考虑，分析电站在不同水头下过流量对供水设计流量要求的满足程度，最后确定 HL250 - LJ - 180 机组参数；从额定容量、额定功率因数、结构型式和冷却方式中确定了发电机主要参数和结构型式。

供水系统进水口布置于坝身右岸侧坝体中，由拦污栅与进水闸两部分组成，形式为坝式进水口，设计引水流量为 72.71m^3/s，通过计算确定了调流调压阀进水口底板高程和抽水发电进水口底板高程。根据供水阀的运行工况，以及各个区间范围内供水流量的大小，进行供水阀管径及台数的计算设计，通过计算确定选取 2 台管径为 2.0m 的供水阀。对于可逆机组设计，结合水轮机的性能和 20MW 常规水轮发电机组，推荐采用 300r/min 和 375r/min 两个转速运行方式，以扩大水轮机发电水头适应范围。

三河口水利枢纽是引汉济渭工程的调蓄中枢，承担着抽水、供水、发电等任务。本工程的难点有两个：一是大流量、高消能率、宽运行范围供水阀的选型与设计；二是小容量、高水头变幅水泵水轮机机组设计。厂房施工过程中整体施工难度较小，除施工过程中因变更钢结构屋面为现浇混凝土屋面，其屋面浇筑高度及跨度较大，给施工造成一定难度外，无其他较大难度施工项目。

参 考 文 献

[1] 刘向阳. 阿尔塔什水电站技术供水系统设计 [J]. 陕西水利，2020 (9)：250-251，260.
[2] 岑美. 高水头大容量机组技术供水方案研究 [J]. 科技创新与生产力，2018 (6)：52-54，57.
[3] 马朵，张军智，张延锋. 国内中高水头电站机组技术供水方式选择 [J]. 大电机技术，2019 (5)：53-56，63.
[4] 李明桥，赵妍，刘君，等. 汉江某水电站技术供水系统安全高效运行设计改造 [J]. 西北水电，2019 (4)：69-72.
[5] 唐子龙，巴军军. 阿海水电站厂房施工布置实施与探讨 [J]. 水力发电，2012，38 (11)：62-64.
[6] 吴海林，覃事河，周宜红. 坝后式水电站厂坝连接形式优化研究 [J]. 水力发电学报，2010，29 (6)：156-160.
[7] 张伟，伍鹤皋，吴海林. 坝后式水电站厂坝连接形式研究 [J]. 水电能源科学，2005 (6)：36-38，91.
[8] 尤立峰. 水利工程施工中造价控制研究 [J]. 内蒙古水利，2020 (1)：68-69.
[9] 刘启钊，胡明. 水电站 [M]. 4版. 北京：中国水利水电出版社，2010.
[10] 金钟元，伏义淑. 水电站 [M]. 北京：中国水利水电出版社，1994.
[11] 全钟元. 水力机械 [M]. 北京：水利电力出版社，1984.
[12] 陈婧，张宏战，王刚. 水力机械 [M]. 北京：中国水利水电出版社，2015.
[13] 李菊根. 水力发电实用手册 [M]. 北京：中国电力出版社，2014.
[14] 李珍照. 中国水利百科全书：水工建筑物分册 [M]. 北京：中国水利水电出版社，2004.
[15] 顾圣平，田富强，徐得潜. 水资源规划及利用 [M]. 北京：中国水利水电出版社，2009.
[16] 李仲奎，马吉明，张明. 水力发电建筑物 [M]. 北京：清华大学出版社，2007.
[17] GB/T 15468—2020 水轮机基本技术条件 [S]
[18] DL/T 5398—2007 水电站进水口设计规范 [S]
[19] 水电水利规划设计总院. 水工设计手册 第8卷 水电站建筑物 [M]. 北京：中国水利水电出版社，2013.
[20] NB/T 35056—2015 水电站压力钢管设计规范 [S]
[21] SL 279—2016 水工隧洞设计规范 [S]
[22] GB/T 28528—2012 水轮机、蓄能泵和水泵水轮机型号编制方法 [S]
[23] NB/T 10135—2019 大中型水轮机基本技术规范 [S]

第9章 金属结构

9.1 概述

水工金属结构是水利水电工程的重要组成部分，是保证大坝和工程安全的重要设施，也是现代水电厂房建设施工的主要工程项目，其施工跨度较大，安装成本高。在其设计时，除了必要遵循的原则，还应充分考虑枢纽周围地形和布置的客观条件，使之成为有利于运行和节省投资的因素。应该做到：在不影响设施安全和用途的情况下，尽量节省工程量；有条件共用的设备设施尽量共用，不要割离相关联系而设计重复的设备，以致增加费用；设计需要启闭的设施时，应考虑尽量减少启闭容量，能分离组合的就采用分离组合办法，以提高稳定性和灵活性。一般而言，水工金属结构主要包括各种闸门、拦污栅、升船机、各类启闭机，以及操作闸门、拦污栅的附属设备，如抓梁、吊杆、锁定装置等。金属结构安装主要为供水系统流道中的结构设备，保证引水过程中将水流稳定输送至秦岭输水隧洞为三河口水利枢纽金属结构安装的最终目标。

在经济快速发展的同时，人们对生态环保的意识越来越强。叠梁门沿高度方向分为多节，用叠梁门挡住水库中下层低温水，启闭机提起或放下最上层一节门叶，让水库表层水通过取水口叠梁门顶部进入机组引水流道。根据不同库水位及水温要求来调节取水高度，降低了大型水库水温分层带来的危害，减少了下泄低温水对下游河道珍稀鱼类繁殖和农作物灌溉的负面作用。

对多层取水口水力特性进行研究时，大多数学者采用水工模型试验的方法[1]。VERMEYEN[2-3]对格伦峡谷坝（Glen Canyon Dam）分层式取水口的水头损失、漩涡情况、流速分布、临界淹没水深以及压力等进水口水流特性进行了研究；张晓莉等[4]对马来西亚巴贡水电站进水口导水叠梁的设置高度及必要性进行了研究分析；高学平等[5]对糯扎渡水电站分层取水进水口不同工况的水头损失进行了测定，同时提出了相应的运行水深，论证了多层取水口能有效地取用水库不同层水体；柳海涛等[6]对光照水电站多层取水口水头损失和脉动压力等水流特性进行了研究分析，同时对叠梁门墩的体形进行了优化。电站进口前加设叠梁门后，其局部水流条件变得极其复杂。章晋雄等[7-8]利用模型试验，对锦屏一级水电站叠梁门分层取水进水口的流态、流速分布、压力及水头损失等水力特性进行了研究；段文刚等[9]利用模型试验和数值模拟方法，全面论述研究了叠梁门分层取水进口水流流态、门顶最小运行水深、水头损失和叠梁门反向附加水击压力等内容；黄智敏等[10]通过水工模型试验，研究了底层取水或叠梁门取水两种布置方案下乐昌峡水电站进水口的流态、入流漩涡及水头损失等内容；王海龙等[11]对河道天然水温数据进行了统计分析，确定了糯扎渡水电站叠梁门分层取水设施的运行时段、运行水位和下泄水温的调控目标；张倩倩等[12]利用有限元软件 Fluent，应用 $k-\varepsilon$ 紊流模型，结合模型试验，对水电站半圆形分层取水进水口不同叠梁门运行方式下的水流流速、流态和水头损失进行了研究；郑铁刚等[13]利用动网格模拟技术对叠梁门运行调度进行了研究，分析论述了水温-水动力耦合作用机理及取水层范围和厚度变化规律等。

近年来，随着越来越多的高水头、大流量水利枢纽工程建设并投入使用，水工钢闸门作为调节泄水建筑物流量的重要结构，也正向着大孔口、大泄量的大型化方向发展[14]。闸门可以封闭水工建筑物的孔口，并能按需全部或局部开启这些孔口，可靠地调节上下游水位，以获得防洪、灌溉、引水发电、通航、过木以及排除泥沙、冰块以及其他漂浮物等效益，是水工建筑物的重要组成部分之一[15]。一般地，按照结构形式的不同，闸门分为平面闸门、弧形闸门、人字闸门等[16]。平面闸门结构型式简洁，加工维修方便，但闸门门槽处水力条件较差，不适合应用于高流速的流道中。弧形闸门可在动水中启闭，并能以任意开度运行，无须设置门槽，使流道内水流流态较好，目前作为工作闸门广泛应用于各类流道中[17]。

随着水利枢纽工程规模的不断增加，上下游水位差不断加大，作用在弧形钢闸门上的推力也不断增大，对承担由弧形闸门传来的集中荷载并将其传递到闸墩的支承体的要求也越来越高[18]。传统的弧形钢闸门支承体形式主要为钢筋混凝土锚块式和钢筋混凝土深梁式。钢筋混凝土锚块式支承形式通常用于表孔弧形钢闸门跨度较大的情况，具有体形简单、施工便捷、造价经济等优点，但也存在着受力钢筋多，不易布置，在闸墩颈部位置存在较大的拉应力区域和明显的应力集中现象，支铰定位精度不易控制等缺点[19]。钢筋混凝土深梁式支承形式一般适用于孔口宽度较小高度较大的高水头泄洪孔口的弧门支承，具有改善闸墩受力偏心现象，整体稳定性能好，可较好地抵抗高烈度地震及高速水流的强烈震动等优点，但存在支铰定位精度要求高难度大，钢筋混凝土深梁不易施工且工程量较大等问题[20]。

弧形钢闸门支承钢梁结构综合了钢梁抗震性能好、装配准确快速和深梁式支承形式有效改善闸墩和支承体受力状态的优点。与钢筋混凝土结构相比，钢梁具有自重较轻、抗震性能好、加工生产及检测实现工业化、装配准确快速、施工时长较短、部件易于更换等优点[21-22]。肖阳[23]采用有限元计算方法，探讨了弧门支承钢梁主要构件尺寸和结构布置对支承钢梁力学性能的影响规律，并研究了拉锚系数与预应力闸墩及支承钢梁的应力和位移的关系。董克青等[24]依据某水电站的实际资料，建立了水库、引流道、工作闸门和蜗壳组成的三维有限元模型，对比计算了实际工况和设计工况。

作为闸门体系的重要分支，事故闸门可在泄水建筑物或其他设施出现事故时紧急使用，一般需要动水闭门而截断水流，其门叶结构通常采用平板型式，通过启闭设备完成闸门的升降过程。随着高库大坝的建设，事故平板闸门的应用水头越来越高。闸门动水闭门过程中门体所受载荷及水流流态变化极其复杂，由此引起的闸门振动问题在水利工程中也屡见不鲜。不少学者早已对此进行了相关的试验研究。1964 年，NAUDASCHER 等[25]以前倾角 $\alpha=15°$、$\alpha=30°$、$\alpha=45°$的闸门底缘为模型试验对象，给出门顶水柱压力及底缘上托力试验数据，得出 α 采用 30°时上托力系数随闸门开度的变化规律。刘昉等[26]通过数值模拟

研究了闸门底缘型式对启闭力的影响，模拟结果表明5种不同底缘型式中，前倾角底缘型式闸门在落门过程中启闭力最小，最有利于闸门的落门。徐国宾等[27]采用数值模拟的方法研究了闸门启闭过程中底缘体形及启闭速度对动水垂直力的影响，结果表明，二者均会对启闭力产生影响，且底缘倾角对启闭力的影响较大。肖兴斌等[28]通过模型试验对门槽水力特性及闸门持住力的影响因素进行了探究，结果表明底缘体形、水流流态等因素的改变对门槽空化特性及闸门持住力的影响较大。姜凯[29]以泄洪洞事故闸门为研究对象，通过物理模型试验，研究了闸门底缘体形、上游水头及闸门开度等参数对闸门水力特性的影响。

在水利工程中，水工建筑物的振动问题一直难以解决。其中，水工闸门的振动是绝大多数水工建筑物破坏的根本原因[30-33]，由于其结构和工作条件的复杂性，使得在工程运用中存在着诸多的安全性问题。闸门振动是一种特殊的水力学问题，涉及水流条件、闸门结构以及水流和闸门之间的相互作用，属于流体诱发振动。长期以来，已有大量学者对此类问题进行了探索和研究。例如，THANG等[34]研究了闸门振动与下泄水流的关系，从试验结果得出，在较小的下泄流量范围内，闸门会发生剧烈的周期性振动，在这个范围之外，闸门只出现很小的随机振动；JONGELING[35]对闸门自激振动的产生条件进行了试验研究，结果表明闸门自激振动不仅与闸门开度有关，还受闸门的折减速度影响，当闸门底缘倾角采用45°或60°时有利于抑制自激振动的发生；谢智雄等[36]应用ANSYS对弧形闸门有限元模型进行计算，得出不同工况下的支铰反力、闸门应力、位移挠度等物理指标，并采用不同计算模式对闸门自振特性进行了计算；潘锦江[37]对常见弧形闸门和平面闸门的振动问题进行了探讨，提出避免或减轻闸门振动的有效措施；林敦志[38]以闸门振动机理为依据，对闸门振动的振源及相应措施进行了研究。

事故闸门在关闭过程中，门体水动力荷载受到底缘流速、闸门体形、作用水头及通气补气等多种因素的影响，这在闸门水力设计及研究中一直是重点和难点[39-42]。在平面闸门的启闭机选型设计阶段，合理、安全而又经济的启闭容量在很大程度上取决于闸门的支承条件，从而受控于支承摩擦系数的选取。张黎明[43]对几种水工闸门启门力摩擦系数原型观测成果进行了研究，给定了不同条件下支承摩擦系数参考值。高仕赵等[44]对行走支承滑动摩擦系数进行了研究，基于黏着理论的滑动摩擦系数计算方法，将滑动摩擦问题转化成接触面之间的犁沟效应和黏着效应。美国Folsom大坝上的3号闸门因在设计阶段没有考虑支铰摩阻力矩，从而酿成事故[45]；Cowlitz Falls水闸门在门叶开启过程中出现卡阻现象，同时闸门轮轴产生大面积破坏[46]。平面钢闸门经过多年运行后，门叶结构受水流及空气侵蚀作用会出现严重的腐蚀现象。根据《水利水电工程金属结构报废标准》(SL 226—1998)[47]，构件蚀余厚度小于6mm时必须更换；主要构件产生锈蚀时应进行刚度、强度复核，不满足要求的必须进行更换；闸门更换构件总数不超过30%，否则应予以报废处理。

与其他机械式启闭机相比，液压启闭机拥有传动效率高、故障率低、运行过程稳定以及良好的带载锁定功能，对诸多重要水利水电大型金属结构的运行已成为不可替代的启闭设施。因此，液压启闭机启闭系统的故障管理与维修也逐渐成为各个已建工程的日常管理工作重点。水闸液压启闭系统的机械和电气部分在维护不到位时容易发生故障，杨波[48]

结合工程实例，研究分析了液压启闭机运行中的故障问题，并提出相应的维修措施。余德沙等[49]根据启闭机液压系统结构特点，总结了其调试工作的技术要点以及日常维护与常见故障的处理方法。陈树亮[50]以某新建引水站闸门和启闭机现场检测为例，介绍了水工闸门启闭力检测的内容、方法和结果。

油缸是液压启闭机的关键部件，其在潮湿环境下的防锈蚀寿命决定液压启闭机的使用寿命。周益等[51]以某大型水电站泄洪深孔液压启闭机复杂运行工况下出现油缸锈蚀为例，从油缸结构特点、缸体内壁锈蚀和活塞杆锈蚀等方面进行了分析，为国内外同类型高水头液压启闭机设计、运行和维护提供了参考依据。董家等[52]利用有限元，对液压启闭机油缸及活塞杆整体进行了受压稳定性分析，研究了影响液压缸活塞杆整体挠度的因素。殷勇华等[53]针对启闭各种闸门的液压缸的特点，提出了液压缸稳定性计算的新方法，将液压缸简化为二阶变截面的压杆，应用Matlab软件，得到液压缸临界载荷的校核公式。卢建军[54]介绍了弧形闸门液压启闭机电气液压控制系统组成，基于液压启闭机在升降过程中双缸运动不同步问题，分析了双缸运动不同步的原因，提出了一种全新的双缸同步运动控制算法，使液压启闭机运动更加安全同步。

9.2　泄流表孔金属结构

三河口水利枢纽泄洪表孔采用浅孔形式，沿拱坝中心线相间于两个底孔之间，形成三表孔两底孔的布置格局。其孔口尺寸为15m×15m（宽×高），堰顶高程628.00m。溢流表孔采用挑流方式消能，大坝下游设置消力塘。其金属结构包括叠梁门、工作闸门和液压启闭机等。

9.2.1　表孔叠梁门

1. 工程概况

泄洪表孔3孔共用1扇15m×15m－15m的叠梁检修闸门。闸门单扇设计水头为15m，由5节叠梁组成，包括3节上节门体及2节下节门体。每节门体之间靠橡胶止水连接成整体，并且上部3节门体、下部2节门体结构型式相同，可以分别互换。闸门非工作状态时存放于坝顶左底孔上游门库内。其运行方式为：静水闭门、动水开启最上节叠梁闸门0.1m，节间充水平压后静水启闭其余各节闸门。闸门重约138t，单孔埋件重约20t，闸门主要材质为Q345C、埋件主要材质为Q235B。埋件由主轨、反轨和底坎等组成，均为二期混凝土内安装。泄洪表孔检修闸门特性详见表9.1。

2. 主要工程量

依据施工设计图纸（YHJW－SHK－BK－JS－1），表孔叠梁门下节门叶单节重29635kg，上节门叶单节重26107kg，合计工程量见表9.2。

3. 主要资源配置

泄洪表孔检修闸门安装施工过程中所用主要机械设备、施工人力资源计划见表9.3、表9.4。

表 9.1　泄洪表孔检修闸门特性

名　称	单位	特　性	名　称	单位	特　性
孔口型式		露顶式	闸门重量	t	138.1
闸门型式		叠梁闸门（分5节）	闸门材质		Q345C
孔口数量	孔	3	埋件重量	t	10.06
闸门数量	扇	1	埋件材质		Q235B
孔口尺寸（宽×高）	m×m	15×15.5	吊点中心距	m	9.3
设计水头	m	15	闸门运行方式		静水启闭
总水压力	kN	17100	充水方式		节间充水平压
支承型式		滑块支承	启闭机容量及型式		门机 2×320kN－20m（配自动抓梁）
支承中心距	m	15.34			

表 9.2　表孔叠梁检修闸门安装主要工程量

序号	名　称	单位	材　料	数量	单重/t	总重/t
1	上节门叶结构	节	Q345C 焊接件	3	26.107	78.321
2	下节门叶结构	节	Q345C 焊接件	2	29.635	59.27
3	配重		Q235			0.5
合计						138.091

表 9.3　施工主要机械设备配置

序号	名　称	规　格　型　号	单位	数　量
1	S1200K64 塔机		台	1
2	50t 汽车吊		辆	1
3	40t 平板拖车		辆	1
4	8t 载重汽车		辆	1
5	电焊机	BX3－500	台	4
6	角磨机	ϕ160	台	4
7	千斤顶	16t/5t	个	5
8	倒链	15t	个	8
9	倒链	5t、3t	个	各 15
10	钢丝绳	ϕ30、ϕ20、ϕ16	m	各 20
11	焊条保温桶		个	6
12	水准仪	C300	台	1
13	全站仪	TS06plus	台	1

表9.4　施工人力资源计划

工种	电焊工	起重工	安装工	技术	司机	普工	测量	合计
人数	4	2	6	2	2	6	2	24

4. 表孔叠梁门安装

(1) 准备工作。闸门安装前要进行图纸审核，确定施工组织设计、质量保证措施以及安全文明施工等施工技术措施；清点检修闸门门叶及其配件的数量，检查各结构部件在运输、存放过程中是否有损伤，检查各构件的安装标记，确保装配准确；检查门叶的几何尺寸，如有超差，应制定相应措施进行修复后再安装；施工用具准备齐全、充足，随取随用，若损坏应及时修理、替换，安装测量工具应经相关部门校验并在有效期内使用；对门槽进行检查（含土建和金结），防止安装时卡槽；项目总工程师或项目技术负责人组织专业技术人员召集全体作业人员开会进行技术交底。

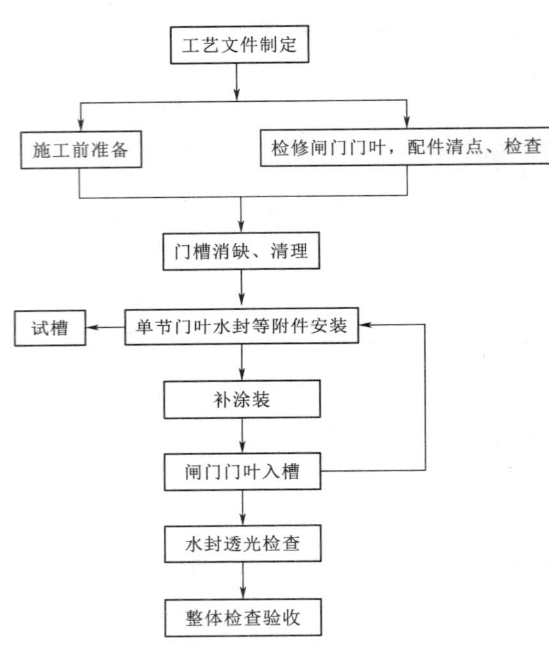

图9.1　表孔检修闸门安装工艺流程图

(2) 安装流程。安装前，要对闸门主要尺寸进行复测，修正门叶结构在运输或存放过程中可能产生的变形。门机将门叶由门库内提至坝面后，用枕木垫于下方，检查尺寸，对止水、侧轮等附件进行安装，对碰伤部位进行补涂料。闸门下放前进行尺寸测量，各项偏差尺寸满足设计要求后，再行下放。全部门叶安装好后，整体复测各控制尺寸并记录，清除门叶上的所有杂物。待全部工作完毕后，报请监理人进行验收。具体的安装工艺流程如图9.1所示。

(3) 闸门安装。安装单位宜采用先进合理的工艺措施进行测量、定位、安装，投标人应按图纸和技术说明书的要求进行安装，安装闸门的各项性能应符合施工图纸的要求。平面闸门的安装应遵守《水利水电工程钢闸门制造、安装及验收规范》(GB/T 14173—2008) 第8.2节的规定，水封的安装应符合施工安装图纸的规定；各节叠梁闸门应有良好的互换性，保证闸门启闭顺利，滑块工作面不在同一平面的误差不大于2mm，水封工作面误差不大于2mm，水封工作面到滑块工作面之距误差不大于1mm；闸门主支承部件的安装调整工作，经测量校正后进行，所有主支承面要调整到同一平面上，误差不大于图纸的规定。闸门安装完毕后，应清除所有杂物，在滑动、滚动等活动部位涂抹或灌注润滑脂。

闸门吊运过程中若有变形，在安装时进行彻底处理。检修闸门附件安装完成后，应清除门叶上的所有杂物，下门过程中采用肥皂水将轨道面及水封润滑，经监理人检查合格

后，对安装过程中门体涂层损坏部位进行补涂油漆。门叶安装就位在底坎上放两根同等高程枕木，防止叠梁闸门吊入门槽内下降时，门叶底缘与底坎相碰，待门叶下降到一定位置后再撤去道木，待门叶放到底后，调整两侧，使止水压缩量相同，底止水橡皮与底坎接触良好，底止水橡皮压缩量符合要求，并做好检测记录。

泄洪表孔叠梁检修闸门单节最大重量为29.635t，采用40t平板拖车运至坝顶。卸扣应光滑平整，不能有裂纹、锐边、过烧等缺陷，不能超过规定的安全负荷。侧向限位导轮安装前，所有部件要进行清理。安装后的轮子要保证能均匀转动，无抖动、卡阻等不正常现象。反向滑块装好后检查滑道工作面与止水座面、反向支撑滑块工作面的相对位置是否满足施工设计图要求。闸门装配后，主滑块及反向滑块工作面平面度误差不大于1.5mm。

按设计图纸安装闸门水封时，将橡胶水封按需要的长度切割，与水封压板一起配钻螺栓孔，采用专用空心钻头使用旋转法加工，水封孔径比螺栓直径小1mm，水封的黏接、安装偏差等质量要求符合《施工招标文件》及《水利水电工程钢闸门制造、安装及验收规范》(GB/T 14173—2008) 的有关规定。

防腐包括门叶节间部位、损伤部位，油漆涂层损坏部位、安装连接部位按照图纸要求喷锌防腐，最小厚度160μm，封闭漆采用60μm防锈漆封闭；第一道和第二道面漆采用150μm饮用水专用涂料。涂漆前，钢材除锈等级不低于Sa2.5级，Rz60～100μm。预处理前，应将闸门表面整修完毕，并将金属表面铁锈、氧化皮、油污、焊渣、灰尘、水分等污物清除干净。

9.2.2 表孔工作闸门

1. 工程概况

泄洪表孔采用浅孔布置形式，设有3扇双主梁直支臂结构的露顶式弧形工作闸门。弧形工作闸门设计水头（启闭水头）16.2m，孔口尺寸为15m×16.7m（宽×高），弧面半径为18m。弧门为双吊点，动水启闭，门叶分为7节，节间采用加焊缝连接成整体。闸门由液压启闭机启闭，闸门操作方式为动水启闭，可局开运行，但不得停留在振动或水流紊乱的位置。泄洪表孔弧形工作闸门特性详见表9.5。

表9.5　泄洪表孔弧形工作闸门特性

序号	名　称	单位	特　性
1	孔口型式		露顶式
2	闸门型式		双主梁直支臂结构
3	孔口数量	孔	3
4	闸门数量	扇	3
5	孔口尺寸	m×m	15×16.7
6	设计水头	m	16.2
7	总水压力	kN	21000
8	弧面半径	m	18
9	支铰高度	m	9

续表

序号	名 称	单位	特 性
10	支承型式		球铰
11	支承中心距	m	8.5
12	闸门重量	t	230
13	闸门材质		Q345C
14	埋件材质		Q235B
15	吊点中心距	m	13.8
16	闸门操作方式		动水启闭，可局开运行
17	启闭机容量及型式		液压机 QHLY2×2500kN－7.2m
18	启闭机运行速度	m/min	0.5

2. 主要工程量

泄洪表孔弧形工作闸门单套安装工程量为229990kg，门槽埋件工程量32946.8kg。表孔弧形工作闸门安装总工程量为690.105t，门槽安装总工程量为103.467t。其安装工程量及主要构件单重见表9.6～表9.8。

表9.6　　表孔弧形工作闸门安装工程量（单孔）

序号	名 称	数量	材 料	单重/kg	总重/kg	附注
一	门体结构				129609	
1	单节门叶结构（一）	1	Q345C焊接件	12628	12628	
2	单节门叶结构（二）	1	Q345C焊接件	11223	11223	
3	单节门叶结构（三）	1	Q345C焊接件	11613	11613	
4	单节门叶结构（四）	1	Q345C焊接件	26207	26207	
5	单节门叶结构（五）	1	Q345C焊接件	16952	16952	
6	单节门叶结构（六）	1	Q345C焊接件	15621	15621	
7	单节门叶结构（七）	1	Q345C焊接件	35365	35365	
二	支臂装置				67994	
1	支臂装置	2	Q345C焊接件	33997	67994	
三	支铰结构				28726	
1	支铰结构	2	装配件40CrNiMoA	14363	28726	
四	辅助水封装置				740	
1	底水封压板16mm×140mm×14950mm	1	Q345C	263	263	
2	底水封16mm×140mm×14950mm	1	SF6674	87	87	
3	侧水封 $L=17540$	2	SF6674	75	150	
4	侧水压板10mm×70mm×17370mm	2	Q345C	96	192	
5	橡胶垫板10mm×70mm×17540mm	2	SF6674	24	48	

续表

序号	名　称	数量	材　料	单重/kg	总重/kg	附注
五	侧轮结构				536	
1	侧轮结构	8	装配件	67	536	
六	紧固件				559	
1	垫圈 42	88	65Mn		5	门叶与支臂连接件镀锌
	螺母 M42	88	8 级		45	
	螺栓 M42×170	88	8.8 级		240	
2	垫圈 42	40	65Mn		3	支铰与支臂连接件镀锌
	螺母 M42	40	8 级		20	
	螺栓 M42×240	40	8.8 级		155	
3	垫圈 30	32	65Mn		2	门叶与支臂连接件镀锌
	螺母 M30	32	8 级		6	
	螺栓 M30×130	32	8.8 级		32	
4	垫圈 30	32	65Mn		1	门叶与底水封连接件 A2－70
	螺母 M30	32	A2－70		3	
	螺栓 M30×130	32	A2－70		9	
5	垫圈 16	288	65Mn		2.5	门叶与底水封连接件 A2－70
	螺母 M16	288	A2－70		10	
	螺栓 M16×90	288	A2－70		24	
	螺栓 M16×130	2	A2－70		0.5	
6	螺栓 M24×70	16	A2－70		1	
七	护栏-镀锌钢管 $DN40\times3.5$	2	Q235 焊接件	300	600	
八	其他				1226	
1	门背爬梯钢筋 $\phi30$	2		600	1200	
2	轴端挡板	8	Q345C	3	24	
3	橡胶板 20mm×150mm×220mm	2	SF6674	1	2	
总计/kg					229990	

表 9.7　　表孔弧形工作闸门门槽安装工程量（单孔）

序号	名　称	数量	材　料	单重/kg	总重/kg	附　注
1	检修闸门上节反轨	2	Q235B 焊接件	499.6	999.2	左右对称各 1 件
2	检修闸门上节主轨	2	Q235B 焊接件	823.9	1647.8	左右对称各 1 件
3	检修闸门下节反轨	4	Q235B 焊接件	493	1972	左右对称各 2 件
4	检修闸门下节主轨	4	Q235B 焊接件	812.7	3250.8	左右对称各 2 件

续表

序号	名　称	数量	材　料	单重/kg	总重/kg	附　注
5	检修闸门底坎	2	Q235B 焊接件	1096	2192	左右对称各 1 件
6	弧形闸门上节侧轨	2	Q235B 焊接件	972	1994	左右对称各 1 件
7	弧形闸门下节侧轨	6	Q235B 焊接件	833	4998	左右对称各 3 件
8	弧形闸门底坎	2	Q235B 焊接件	749	1498	左右对称各 1 件
9	钢筋 ϕ20；L=900	358			810	检修闸门连接钢筋
10	连接筋 ϕ20；L=300	144			108	
11	连接筋 ϕ20；L=450	144			162	
12	连接筋 ϕ20；L=600	70			105	
13	钢筋 ϕ20；L=900	426			960	弧形闸门连接钢筋
14	连接筋 ϕ20；L=1100	84			231	
15	连接筋 ϕ20；L=1600	84			336	
16	液压机挂点一期埋件	8	Q235B 焊接件	555	4400	
17	支铰埋件	2	Q235B 焊接件	2211	4422	
18	连接钢板 16×300×350	30	Q235B		396	弧形闸门连接件
19	槽钢 [25b；L=2000	30	Q235B		1830	
20	连接筋 ϕ20；L=1300	30			98	
21	连接筋 ϕ20；L=650	60			83	
22	连接筋 ϕ20；L=1300	30			98	
23	角钢∠100×6，L=16000	2	Q235	155	310	
24	连接筋 ϕ16；L=350	66			31	
25	埋件定位螺栓	64	5.8 级		11	埋件节间连接
26	埋件定位螺母	64	5 级		4	埋件节间连接
总计/kg					32946.8	

表 9.8　　表孔弧形工作闸门安装支撑排架工程量

序号	项　目	单位	工程量	序号	项　目	单位	工程量
1	施工平台	t	2.5	3	马道板	m^2	36
2	交通排架	t	1.25	4	垂直转梯	t	4.0

3. 闸门安装

（1）安装工艺流程。安装工艺流程如图 9.2 所示。

（2）准备工作。

1）进行图纸审核，制定施工组织设计、焊接工艺、质量保证措施以及安全保证措施等技术文件，报监理工程师审批，组织施工技术交底。

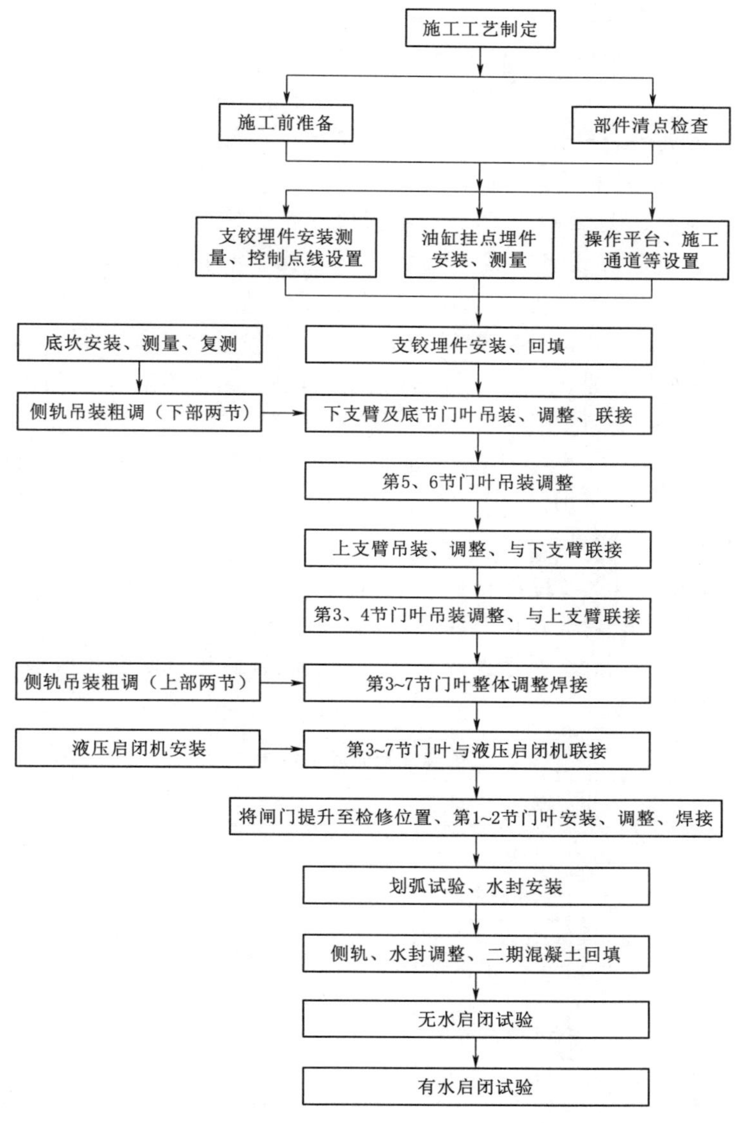

图 9.2 表孔弧形工作门安装工艺流程图

2）安装前将泄洪表孔弧形工作门底板处的杂物清理干净，门槽及铰座支撑梁处的一期混凝土进行凿毛并清理，保证安装场地的清洁。工作门下游为临空面，要求在门槽孔口周围设置防护栏杆。

3）在支铰埋件处搭设临时施工平台和通道。

4）在埋件位置两侧边墙和孔口底板上设置安装基准点和控制点。测量点线使用红油漆标识，做到明显、牢固和便于使用，且在安装过程加以保护，保留到安装验收完成。

5）安装用各种工器具准备齐全，起重机具事先进行安全检查，测量工具经相关部门校验并在有效期内。

6）安装前，将门叶螺栓连接面上的浮锈、油漆等使用钢丝轮清理干净。

（3）运输和吊装。

1）弧门单件最大吊装单元重量35.4t（第7节门叶结构），门叶结构采用40t平板拖车运输，小型构件采用载重汽车运输。

2）运输路线为：4号路→1号路→左岸坝顶→表孔S1200K64塔机卸车。

3）根据大坝垂直起重设备布置，大坝坝顶表孔中心位置布置一台S1200K64塔机，左、右表孔弧门吊装半径最大为39.4m，塔机起重量为30.9t。根据门叶结构安装位置，塔机回转半径为35.375m，额定起重量为35t，第7节门叶结构重量超过塔机额定起重量，故采用350t汽车吊站从坝顶表孔下游对其进行吊装，350t汽车吊站吊装半径为22m，主臂长36.1m，起吊重量为45t。

4）厂家出厂前设置了4个吊耳，吊装时，最不利工况下，选用20t卸扣，钢丝绳最小破断拉力规范拟选用ϕ34钢丝绳。

4. 弧门安装

（1）支铰埋件安装。支铰埋件自重2.21t，根据安装位置，使用S1200K64塔机吊装，首先用塔机将支铰埋件吊装至表孔安装位置，再用倒链、千斤顶等将支铰埋件向安装位置移动，到位后再用倒链、千斤顶等进行调整，调整就位后与一期预埋槽钢焊接。支铰埋件的安装允许偏差见表9.9。

表9.9　　支铰埋件安装允许偏差　　单位：mm

序号	检测项目	允许偏差
1	里程	±1.5
2	工作面中心高程	±1.5
3	支承大梁长度中心线对孔口中心线距离	±1.5
4	倾斜度	L（大梁水平投影尺寸）/1000
5	支承大梁两端高差	<0.5
6	支承大梁与铰座连接面的扭曲度	<0.5

（2）底坎、侧轨吊装。底坎、侧轨吊装时，在吊钩上加辅助吊绳，直接吊入门槽。底坎吊装就位后，进行临时调整，保证其顶面两端高差不大于2mm，底部采用型钢垫实，并与一期预埋插筋焊接加固，且加固牢靠，之后进行二期混凝土回填。侧轨吊装前检查侧水封座面的曲率半径等是否符合设计要求，合格后进行吊装。吊装就位后，对侧轨进行粗调，调整完成后与一期插筋临时固定。

（3）支铰结构及支臂安装。待支铰埋件二期混凝土回填浇筑、等强满足设计强度要求后，对支铰埋件进行变形复测，检查其安装偏差是否满足上述质量要求，合格后进行支铰结构及下支臂的安装。

支铰结构单侧自重14.363t，下支臂结构重15.359t，根据塔机起吊重量，将支铰

结构及下支臂在坝面上拼装成整体进行吊装，拼装时，将支铰结构的固定铰与活动铰临时固定，防止吊装时转动，吊装就位后与支铰埋件预埋的 M56 螺柱连接固定，之后拆除固定铰与活动铰的临时固定结构，采用塔机或倒链将下支臂缓慢落至表孔溢流面上，溢流面与下支臂接触部位采用方木进行防护。支铰埋件及支铰结构的安装允许偏差见表 9.10。

表 9.10　支铰埋件及支铰结构的安装允许偏差　单位：mm

序号	检测项目	允许偏差	序号	检测项目	允许偏差
1	铰座中心对孔口中心的距离	±1.5	4	单个铰座轴孔倾斜度	≤L/1000
2	铰座里程	±2.0	5	两铰座轴孔的同轴度	≤1.0
3	铰座高程	±2.0			

注　铰座轴孔倾斜系指任何方向的倾斜，L 为轴孔宽度。

（4）弧门门体及上支臂安装。根据设计图纸，表孔弧形闸门共 7 节，第 7 节门叶结构重 35.365t，采用 350t 汽车吊站位与表孔下游坝面上进行吊装就位，吊装时，需接上一定长度辅助吊绳，以保证吊点的安全范围。由于门叶与侧轨间隙较小，在吊装过程中，要把底节门叶位置摆正，待其稳定后方可下落。底节门叶落在底坎顶面上后暂不进行摘钩，采用塔机或倒链缓慢将下支臂提升与底节门叶进行装配，装配满足要求后采用螺栓将底节门叶与下支臂联接。

第 5、6 节门叶重 16.952t、15.621t，采用塔机进行吊装，与底节门叶拼装。吊装就位后，进行测量及调整。门叶调整时，要特别检查门叶节间间隙和门叶上游面板错台，以及门叶半径是否符合设计要求。调整合格后，将其与底节门叶焊接固定。第 5、6 节门叶安装完成后安装支臂竖杆及斜杆，之后安装上支臂，上支臂安装就位后安装第 4 节门叶，门叶重 16.207t，采用塔机吊装，吊装时由上游往下游靠近上支臂结构，对准与上支臂连接螺栓孔后进行调整、螺栓连接及与下部门体的焊接。第 4 节门叶安装完成后，安装第 3 节门叶结构，门叶重 11.613t，采用塔机吊装。

由于坝顶门机大梁及交通桥施工影响，第 3 节门叶安装完成后，第 1、2 节门叶暂不安装，将弧门液压启闭机安装完成后进行联门，待门机大梁及交通桥施工完成后将门叶起升至与坝面平齐进行第 1、2 节门叶的安装。

（5）门体安装检查。当闸门和埋件安装完成后，对门体与支臂组装后的各几何尺寸进行检测，结果符合表 9.11 的要求后，方可进行门叶节间和支臂联接系结构的焊接。门叶节间和支臂联接系结构的焊接，按照事先制定的焊接工艺进行，焊接过程中随时检测门体和支臂的焊接变形情况，注意对焊接变形的控制，并根据变形趋势随时调整焊接顺序。焊接完成后，对门体和支臂的整体结构尺寸进行全面复测，检查焊接后闸门的整体状态，达到设计和规范要求后进行闸门附件的安装。

门叶拼装除要满足上表检测项目外，为保证止水要求，需对止水座面平面度、门叶底缘直线度、止水螺栓孔至门叶中心和门叶底缘的距离进行复查。

（6）划弧试验。液压启闭机安装、调试并联门后提升闸门，进行划弧试验。在门叶起

表 9.11　门叶拼装后主要检测项目及质量标准　单位：mm

序号	检测项目	质量标准
1	支臂中心与铰座中心不吻合值	≤2.0
2	支臂中心至门叶中心距离（2800/2mm）	±1.5
3	铰座中心线至面板外缘半径 R（13000mm）	±4.0
4	两铰轴中心至面板外缘半径 R 相对差	≤3.0
5	侧水封工作面对门叶中心线距离	±2.0
6	常规止水橡皮工作面平面度	≤2.0
7	橡胶水封的接头	胶合接头处不得有错位、凹凸不平和疏松现象
8	橡胶水封的螺孔位置及孔径	与门叶及水封压板上的螺孔位置一致，孔径应比螺栓小1.0mm
9	橡胶水封在其压板螺栓均匀拧紧后的端部高度	至少应低于橡胶水封自由表面8.0mm
10	常规止水橡皮实际压缩量与设计压缩量之差	−1.0～+2.0
11	门叶处在工作位置时，吊耳孔中心线至底坎常规水封工作面的垂直距离	±2.0
12	门叶处在工作位置时，吊耳孔中心线至铰轴中心线的水平距离	±0.5
13	连接螺栓根部与钢板的贴合	严密，无间隙
14	支臂节间连接板间及支臂两端与门叶、铰座连接板组合面之接触面	应有75%以上的面积紧贴，且边缘最大间隙不应大于0.8mm；连接螺栓紧固后，用0.3mm塞尺检查其塞入面积，应不小于25%
15	弧面焊缝焊完后必须磨平，表面粗糙度 Rz	≤6.3μm
16	弧面焊缝处样板与面板间隙（样弧弦长不小于1.5m）	≤2.0
17	门体表面的清理	外壁上临时支撑割除和焊疤清除干净并磨光
18	门体局部凹坑焊补	凡凹坑大于板厚10%或大于2.0mm，则需补焊磨光
19	安装焊缝两侧防腐蚀表面处理	彻底清除铁锈、氧化皮、焊渣、油污、灰尘、水分等，使之露出灰白色金属光泽
20	安装焊缝两侧防腐蚀涂料涂装	涂装的层数、每层厚度、间隔时间均按设计要求和厂家说明书规定进行。经外观检查，涂层均匀，表面光滑，颜色一致，无皱皮、脱皮、气泡、流挂、漏刷等缺陷

落时检测门叶弧面与门槽埋件的间隙尺寸，检查弧门和门槽的配合情况，确定底坎、侧水封座二期埋件的安装位置，并调整门槽，使底坎与门体底水封配合严密；门槽侧止水座基面曲率半径的偏差与门叶面板外弧的曲率半径偏差方向一致。达到设计要求后将门槽加固牢靠，以确保各水封的安装压缩量符合设计要求。

（7）水封及侧轮装置安装。使用液压启闭机将弧门提升至安装检修位置或便于水封安装的位置，进行闸门水封和侧轮装置安装。弧形闸门的水封，根据橡胶水封的到货情况，按所需长度粘接好后再与水封压板一起配钻螺栓孔。水封橡皮在粘接过程中不得拖拉及折

弯。所有止水螺栓孔均需配钻，止水橡皮的螺孔位置与门叶和止水压板上的螺孔一致，孔径应比螺栓直径小1.0mm，并严禁用火烫孔，采用空心钻头使用旋转法钻孔。压板上螺栓孔为ϕ17mm，水封螺孔为ϕ15mm，螺栓直径为M16。止水橡皮安装后，侧水封工作面对门叶中心线距离允许偏差为±1.5mm，止水工作表面的平面度允许偏差不大于2.0mm。侧轮装置按施工图纸装配在门叶上，为了保证受力均匀，应确保侧轮顶面在同一平面上。

（8）水封座、侧轨最终安装调整。根据门体划弧试验的检测结果进行侧水封座、侧轨二期埋件的最终安装调整。用液压启闭机将弧门提起，调整侧轨、侧水封座。根据埋件安装偏差要求结合门体划弧试验的成果，综合进行侧水封座的安装调整，埋件安装偏差按照规范执行。侧轨、侧水封座安装质量对闸门的止水效果至关重要，安装时根据闸门检测的数据进行侧轨安装。侧轨、侧水封座与闸门配合的间隙满足相关规范要求，保证侧止水5mm的压缩量，并保证左右侧压缩量相同。按设计及规范要求将埋件就位调整完毕、测量合格后，及时与一期混凝土中的预留插筋焊牢。搭接钢筋与一期预埋钢筋采用双面贴角焊，焊高不小于8mm，搭接长度不少于200mm。严禁将加固材料直接焊接在侧轨的工作面上或水封座板上。

5. 焊接

焊接既要保证焊接质量，同时要控制焊接变形。焊接前制定防止焊接变形的具体措施。泄洪底孔工作弧门现场施焊的焊缝主要有各门叶节间前后面板、侧面的水密焊缝及角焊缝、上下支臂间联结杆件的组合角焊缝等，它们均为三类焊缝。

（1）焊接材料。闸门安装所用焊接材料必须具有出厂质量证明，所选用的焊接材料与所施焊的钢种相匹配：母材材质为Q235，则选用E4303焊条；母材材质为Q345B，则选用E5015焊条。焊接材料按《水利水电工程钢闸门制造、安装及验收规范》（GB/T 14173—2008）规范的有关要求进行保管、烘焙、发放及回收。

（2）焊接一般要求。

1）闸门焊接时，如遇有风速超过10m/s的大风和雨天、雪天以及环境温度在5℃以下，相对湿度大于90%时，焊接处应有可靠的防护屏障和保护措施，否则禁止施焊。

2）施焊前，将坡口及其两侧10～20mm范围内的铁锈、熔渣、油垢、水迹等清除干净，并检查坡口间隙、角度等是否满足设计及焊接要求，对于局部间隙过大部位，先进行堆焊处理，打磨符合规定要求后，方可焊接。

3）定位焊应符合下列规定：定位焊工艺和对焊工的要求与正式焊缝相同；定位焊长度应在50mm以上，间距为100～400mm，厚度不宜超过正式焊缝厚度的1/2，且最厚不超过8mm，定位焊的引弧和熄弧点在坡口内或引弧板上，严禁在母材其他部位引弧（正式焊缝的焊接也严禁在母材其他部位引弧）；定位焊后的裂纹、气孔、夹渣等缺陷均应清除。

（3）焊接顺序。焊接过程根据焊缝类别进行焊接质量控制，焊接时严格按制定的焊接工艺要求进行焊接，门体的焊接顺序由中间向四周延伸，先立焊、后平焊，同一条焊缝根据其长度、数量、位置等由2名或4名合格焊工同时对称焊接，焊接过程中随时检查焊接变形情况，主要检测面板弧面的变化，以便技术人员根据变形情况随时采取措施，改变焊接顺序等，避免门叶焊接变形。门体的焊接参数见表9.12。

表 9.12　　焊接参数

焊条直径/mm	焊接位置	电流/A	电压/V	焊接速度/(cm/min)	焊接方法
ϕ3.2	平角焊	100～135	22～25	10～12	手工焊
	立角焊	90～120	22～25	8～10	
	横焊	115～130	20～24	6～8	
ϕ4.0	平角焊	140～175	24～26	10～16	
	横焊	150～175	24～26	10～15	

(4) 安装焊缝检查。

1) 弧形闸门的面板组合安装，不允许面板及吊耳的组合处有错牙，焊接完毕后应磨平。安装完毕后应使用样板检查其弧面变形度，保证焊接变形在允许范围内，样板弦长不得小于 1.5m。

2) 所有焊缝均进行外观检查，焊缝的外观质量应符合《水利水电工程钢闸门制造、安装及验收规范》(GB/T 14173—2008) 规范表 4.4.1 的规定。焊缝无损探伤长度占焊缝全长的百分比应符合表 9.13 中的规定。

表 9.13　　焊缝无损检测比例

钢种	板厚/mm	射线探伤/%		超声波探伤/%	
		一类	二类	一类	二类
低合金钢	≥32	25	10	100	50
	<32	20	10	50	30

3) 焊缝内部质量检测应符合《水利水电工程钢闸门制造、安装及验收规范》(GB/T 14173—2008) 第 4.4.3 条规定，焊缝内部质量检测可选用射线或超声波检测。无损检测在焊接完成 24h 后进行。无损检测人员必须持有国家有关部门签发并与其工作相适应的资格证书。评定焊缝质量由Ⅱ级以上的检测人员担任。

4) 泄洪底孔弧门探伤采用超声波无损探伤，超声波探伤按《船舶钢焊缝超声波检测工艺和质量分级》(GB/T 3559—2011) 标准评定，检验等级为 B 级，一类焊缝 BI 级为合格，二类焊缝 BⅡ级为合格。

5) 对有缺陷的安装焊缝，根据制定的焊接规程进行修补处理，然后再检查，同一部位返修次数不得超过 2 次。

6. 闸门防腐

闸门门体及埋件安装完成后，对焊缝区域及涂装破损部位进行补涂处理。焊缝区域及涂装破损部位经喷砂预处理合格后，涂装底层、封闭漆和第一层面漆涂装所采用的防腐材料品种、性能和颜色与制造厂所使用的一致，并按设计技术要求和《水工金属结构防腐蚀规范》(SL 105—2007) 进行验收。

7. 无水启闭试验和有水启闭试验

闸门在安装完成后，在无水条件下做全行程启闭试验。首先清理门叶上和门槽内所有杂物并检查油缸的连接情况，再进行启闭试验，检查闸门运行轨迹是否正确、密封性是否

良好等。闸门启闭时，在止水橡皮处浇水润滑；闸门启闭过程中检查止水橡皮有无损伤、侧轮装置的运行情况是否良好、闸门升降过程有无卡阻。闸门全部处于工作部位、在支承装置和轨道接触后，用灯光或其他方法检查止水橡皮的压缩程度，不应有透亮或有间隙。在条件允许时，工作闸门应做动水启闭试验。

8. 资源配置

闸门安装所需主要设备、劳动力、材料见表 9.14～表 9.16。

表 9.14　闸门安装所需主要设备及检测仪器

序号	设备和仪器名称	型号规格	数量	序号	设备和仪器名称	型号规格	数量
1	汽车吊	350t	1台	11	经纬仪	TDJ2E	1台
2	塔机 S1200K64	63t	1台	12	水准仪	AL328	1台
3	平板拖车	40t	1辆	13	全站仪		1台
4	电焊机	ZX7－500	4台	14	钢卷尺	50m、20m、10m、5m	各1把
5	角磨机	电动 ϕ150	2台	15	钢板尺	1m、0.3m、0.15m	各2把
6	手拉葫芦	5t、10t、20t	各2台	16	游标卡尺	0～300mm、500mm	各1把
7	千斤顶	10t、16t、32t	各2台	17	千分尺	500mm、300mm	各1把
8	气割装置		2套	18	塞尺		2把
9	焊条保温桶		8只	19	百分表	0～5mm	2块
10	防腐器具		1套				

表 9.15　闸门安装所需劳动力组合

项　目	序　号	工　种	人　数
直接生产人员	1	安装工	20
	2	电焊工	8
	3	起重工	4
	4	电工	2
	5	探伤工	2
管理人员	1	技术人员	2
	2	质检人员	2

表 9.16　闸门安装主要材料用量

序号	名　称	型号及规格	单位	数量	备　注
1	钢板	δ=12～30mm	t	3	材质为 Q235
2	型钢	各种型号	t	15	支撑、吊点、平台
3	钢管	ϕ60～159	t	2	
4	圆钢	ϕ20～32	t	3	
5	枕木		m^3	1	
6	马道板		m^3	1.5	

9.2.3　表孔液压启闭机

1. 工程概况

三河口水利枢纽大坝工程泄洪表孔弧形工作闸门启闭设备采用液压启闭机 QHLY2×2500kN－7.1m 进行启闭，额定启门力 2×2500kN，靠自重闭门。液压机每台泵站配有两个油泵电机组，一工作、一备用，液压机可现地、远程控制。左表孔液压启闭机泵站布置在左底孔启闭机闸房 665.50m 高程；中、右表孔液压启闭机泵站布置在右底孔启闭机闸房 665.50m 高程，中表孔液机泵站布置在左侧，右表孔液机泵站布置在右侧，两泵站间距 800mm。

本工程每台液压启闭机由一站双缸、电气动力控制系统、专用工具等组成，其主要技术参数见表 9.17。液压系统包括压力、方向、速度三个基本控制回路。压力控制回路具有卸载和调压功能，用于油泵—电机组空载启动，提供弧门开启时液压缸有杆腔工作油压、弧门关闭时无杆腔工作油压和打开安全锁定阀块中液控单向阀的控制油压；方向控制回路通过主回路上三位四通电磁换向阀电磁铁的得电与失电，切换换向阀油口的工作位置，改变液压油的流向，从而实现液压缸活塞杆的伸缩动作，即弧门的关闭与开启动作控制。速度控制回路为：液压启闭机液压缸的有杆腔回路、无杆腔回路均设置调速阀，自动调整液压缸有杆腔进、回油量，从而使闸门启闭速度符合控制要求。

表 9.17　　QHLY2×2500kN－7.1m 液压启闭机主要技术参数

序号	项　目	油　缸	备　注
1	额定启门力/kN	2×2500	最大拉力
2	额定闭门力/kN	自重闭门	
3	启门油缸活塞速度/(m/min)	约 0.7	可调
4	闭门油缸活塞速度/(m/min)	约 0.5	可调
5	工作行程/mm	7000	
6	最大行程/mm	7100	
7	液压缸内径/mm	480	
8	活塞杆直径/mm	240	
9	油箱容积/L	4000	
10	系统压力/MPa	20	
11	系统工作流量/(L/min)	200	
12	油泵最大排量/(mL/r)	140	
13	电机功率/kW	75(共 2 台,其中 1 台工作、1 台备用)	
14	电机转速/(r/min)	1480	
15	单缸自重	13t	

2. 液压启闭机安装

(1) 概述。液压系统的现场安装包括液压泵站的安装和站外管路二部分。液压设备为较精密设备，其对安装的清洁度有严格的要求，因此安装时应保证清洁安装。液压设备的

就位应按照有关图纸、技术资料的要求准确就位及安装。

（2）工艺流程。安装工艺一般流程为：测量放线→一期基础埋件安装→固定机架及轴承座安装、调整及检测→油缸及附件装配吊装→油泵—电机组、油箱及附件装配吊装→油箱与油泵—电机组间连接并调整→液压管路安装、试压和冲洗→液压管路、油缸和泵站系统连接→电气控制系统安装→液压启闭机调试→验收，如图 9.3 所示。

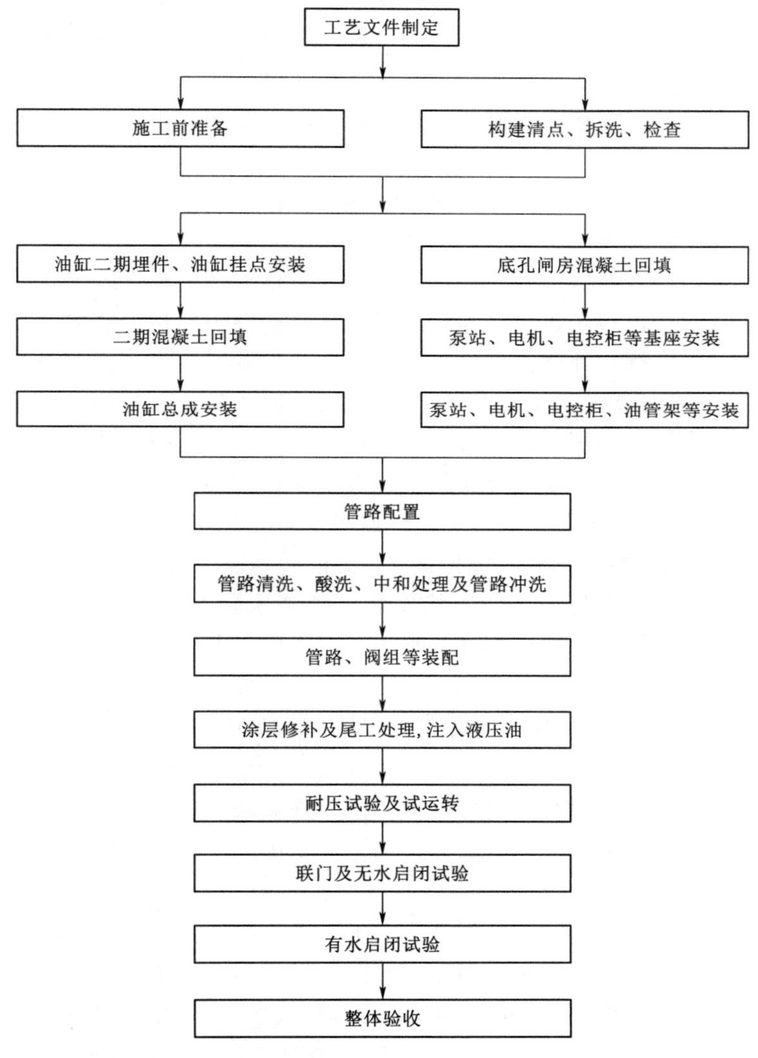

图 9.3　液压启闭机安装工艺流程图

上述安装顺序可根据实际情况调整，油缸总成和泵站总成可同步进行安装；液压管路安装、试压和冲洗可根据施工进度安排适当提前进行。

（3）安装技术要求。安装的技术要求为：液压启闭机油缸挂点的安装偏差应符合施工图纸的规定，未规定时，油缸支承中心点里程偏差不大于±2mm，高程偏差不大于±5mm；油液在注入系统以前必须过滤后使其清洁度达到 NAS1638 标准中的 8 级；液压泵站油箱在安装前必须检查其清洁度，所有的压力表、压力控制器、压力变送器等均必须校验准确；液压启闭机电气控制及检测设备的安装应符合施工图纸和制造厂技术说明书的规定，电缆安装应排列整齐，全部电气设备应可靠接地。

(4) 一期埋件安装。一期埋件包括油缸挂点基础埋件、油箱和油泵—电机组埋件等焊接结构。油箱和油泵—电机组埋件安装在665.50m高程，埋件安装工序为：测量放点→埋件安装调整、检测→螺栓与一期插筋连接或焊接→加固、测量→混凝土浇筑→复测。

一期埋件的安装几何位置控制基准采用精度高的全站仪测量安装控制轴线和高程。油箱与电机—泵的基础埋件安装时，为方便后期油箱与电机—泵之间管路的连接，除须对两组埋件各自的高程及水平度进行控制外，还须控制两者之间的相对高差及轴线方向的相对偏差（±5mm）。

(5) 油缸挂点安装。液压机挂连接板与埋件焊接，焊接前采用测量仪器进行位置控制，便于液压机挂点安装准确定位。油缸挂点埋件吊装到安装部位时，先将一期预埋件与挂点支承连接板点焊固定，安装在已放线好的位置；挂点连接板安装完成后，液压机挂点固定时可利用倒链、千斤顶等进行调整；通过测量，调整满足相关技术要求后，连接板与预埋件、挂点之间进行焊接加固。油缸挂点安装后的控制偏差为：挂点安装高程水平差不大于5mm，纵横轴线安装偏差不大于2mm，总体安装水平误差为±5mm。

(6) 液压油缸吊装。液压缸安装时，检查油缸挂点、闸门门叶耳环位置及尺寸是否符合图纸要求。吊装液压缸时，要区分与弧门门叶连接的左右侧各不相同，以防装反；吊装前，要将活塞杆全部缩回，并将吊头使用钢丝绳固定住，以防止吊装时活塞杆外伸。在空载试运行正常、耐压试验合格及油缸有杆腔充满压力油后，方可进行活塞杆与闸门的连接。

(7) 液压泵站安装。液压系统的现场安装包括液压泵站的安装和站外管路安装两部分。设备在初就位后，测量各总成部分的水平是否正确，各连接管路油口对应法兰等位置是否正确，有无错位现象。调整各总成的高度（可采用垫片进行调整），保证各连接管路的准确对应，不得采用强力对正或紧固方式连接。垫片应均匀放置，保证基础的均匀受力。低压油管的密封件在安装前应检查其弹性是否符合密封要求，如不符合，应重新配置。紧固件预紧力正确，不得有密封件漏装、紧固件短缺或预紧不到位等现象。设备各管路连接完成后，设备底脚和预埋钢板进行焊接，采用断续焊，焊缝高5mm、长40mm，焊缝间距40mm。

泵站总成机架安装的相对安装高程差不大于10mm。对泵站进行循环冲洗时，冲洗油应呈紊流状态，并将油液加热到合适温度。管路冲洗时间不少于48h；冲洗后，在冲洗设备的回油过滤器前取样，检测油液清洁度，油液清洁度等级不低于NAS1638中8级标准为合格。采购的原装液压油在加入油箱前应进行最少3次过滤，过滤精度不低于10μm，过滤后的油液清洁度等级不低于NAS1638中8级标准。泵站总成应做耐压试验，试验压力为其额定压力的1.25倍。

(8) 液压系统管道安装。液压管路需在液压启闭机缸体和泵站安装验收后进行。管道安装一般在所连接的设备及元件安装完毕后进行。根据工作压力及使用场合选择管件，管子必须有足够强度，内壁光滑清洁，无砂、锈蚀、氧化铁皮等缺陷。外径在14mm以下，可用手和一般工具弯管，直径放大弯管推荐采用弯管机冷弯，弯管半径R一般应大于3

倍管道外径。为了防震，在直角拐弯处两端必须增加一个固定支架，管子应用管夹固定在牢固的地方，不能使铁板直接接触管子。管子敷设位置应便于管接头及管夹等的连接和检修，并应靠近设备或基础。管端切口平面与管子轴线垂直度误差不大于管子外径的0.1%。弯管的椭圆度小于8%，对不锈钢管子只能采用冷弯。所有对接管接头及法兰焊缝均为Ⅰ类焊缝，焊接采用氩弧焊。对焊接的管口，应成对开 V30°的坡口。

采用目测法检测时，在回路开始冲洗后15～30min内应开始检查过滤器，此后可随污染物的减少相应延长检查的间隔时间，直至连续过滤1h后，在过滤器上无肉眼可见的固体污染物，则为冲洗合格。对于液压系统要求精度较高时一般不能采用目测法检测，必须采用颗粒计数法检验。样液应在冲洗回路的最后一根管路上抽取。液压系统的允许污染等级不应低于NAS1638标准中的8级。最后安装时，不准有沙子、氧化铁皮、铁屑等污物进入管道及阀内，冲洗完成后应封堵油口，避免再次污染。

管道安装完成后，应进行耐压试验，以检查其密封、强度及变形是否符合设计要求。工作压力不大于16MPa时，试验压力为其工作压力的1.5倍；工作压力大于16MPa且不大于19.2MPa时，取试验压力为24MPa；当工作压力大于19.2MPa时，试验压力为其工作压力的1.25倍。本套系统压力为20MPa，试验压力为20×1.25=25MPa。在试验压力下保压2min，不能有外部泄露、永久变形和破坏现象。

(9) 电气控制系统的安装。电气控制系统与液压启闭设备的接线必须严格按照端子接线图进行，连接时仔细检查，确保接线正确。检查油缸行程检测装置（如CIMS传感器）信号线不能与动力线布置在一起。选择传输线用扭绞双线，可用在RS-422的缆线，其范围较广。电缆由4对扭绞双线（最小$4\times2\times0.25mm^2$，最大$4\times2\times0.75mm^2$）组成，每对双线屏蔽和绝缘，4对双线由聚氯乙烯（PVC）包封。CIMS采用的信号线应该用多股软线，不允许用独根硬线（硬线没有良好的柔韧性，焊接性差，容易脱落），传感器与信号线的接线方式需满足防水等级要求（防水差会造成信号线之间因有水汽而短接，从而损坏传感器）。CIMS电缆线应采用整根，中间不允许有接头，为达到绝缘效果，电缆线与CIMS连接的时候需套热缩管，避免信号线之间的短接。结合外露部分需用厂家配置的专用防水接头。CIMS通信电缆的公称外径应不大于12mm。

(10) 液压油及系统清洁度。考虑到本工程环境温度，建议采用美孚46号抗磨液压油。液压油过滤及系统清洁度不低于NAS1638标准8级。弧门液压启闭机系统单套运行用油450OL（包括油缸）。另外，管路冲洗用油约需400L（平均每孔），管路冲洗后的液压油不能用于系统运行。

3. 液压启闭机的调试

调试是对安装好的液压启闭机设备（含液压系统、电气现地控制系统）进行检查、测试、试验和参数调整，以保证启闭机设备的工作正常运行。在确认机、电、液设备安装满足要求，各压力表、压力继电器、阀件完好，球阀按照系统要求开、关到位后，按照厂家编制的液压启闭机系统调试大纲进行机、电、液调试。启闭机调试可分三个阶段：启闭机的手动、自动以及有水联合调试。液压启闭机的空载、负荷试验、无水及有水条件下的启闭试验可以验证启闭机操作闸门的运行动作、设备的整体性能和安装质量以及液压系统的各种保护功能和主要技术参数，实现启闭机操作闸门的运行速度符合技术要求。

（1）压力试验。启动液压泵站电机，空载运行10～30min，观察泵站运行噪声是否有异常、压力是否稳定，并检查有无漏油现象。压力试验前，应排净系统中的空气。液压系统的耐压试验压力为液压系统设计工作压力的1.25倍，所有液压控制回路均须进行耐压试验。试验压力应按工作压力的25%、50%、75%、100%逐步升级，每升高一级稳压2～3min，达到试验压力后，持压2min，然后降到工作压力，全面检查所有焊缝和连接口有无漏油以及管道有无永久性变形。若有异常应立刻处理，并重复试验。系统中的液压缸、压力继电器、压力传感器等元件不得参加压力试验。

（2）压力调整。按照设计值规定，初步调整各压力阀。在各调试阶段，观察压力设定值是否满足使用工况，如不符合可进行二次调整，并记录备查。

（3）液压辅件状态检查。根据设定值进行复核及调整压力发讯器。在调试阶段，观察压力设定值是否满足使用工况，如不符合可进行二次调整，并记录备查。同时对其他液压发讯辅件（温度、液位、油水分离器、蝶阀、压力传感器等）进行性能检查，观察是否工作正常。

（4）动作调整。按电控指令进行液压系统的各项动作，检查各项动作是否符合设计要求；检查各手动操纵机构动作是否正常。

（5）速度调整。本系统通过流量控制阀控制活塞杆伸出速度，以及手动变量泵控制活塞杆缩回速度来设定及调整启闭门速度。因手动变量泵已按速度要求在工厂内整定完成，一般情况下，现场不建议再次调整。

（6）液压启闭机与弧形闸门联调试验。油缸与弧形闸门联调试验前，需对活塞杆有杆腔进行充油，伸缩活塞杆3～5次直至排净腔内空气。液压缸出厂时，吊头上的关节轴承、透盖、调整环、油封已安装就位，并设有专用包装。现场安装时检查有无损坏、部件有无污染。对联门轴、挡圈及闸门上的连接尺寸进行认真检测，确认符合图纸要求后，对安装部件进行清理后再安装。液压启闭机活塞杆吊头与弧形工作门吊耳通过销轴连接。销轴穿入后，在销轴两端安装卡板，利用卡板限制销轴的窜动。活塞杆吊头与闸门连接后，在闸门不承受水压力下，进行启门和闭门工况的全行程往复动作3次，整定和调整好高度显示仪、限位开关和电气元件的数据和动作位置，检测电动机的电流、电压和油压的数据及全行程启、闭的运行时间。

（7）负载试验具备的条件。现场环境温湿度范围、通风、洁净度等满足要求；对设备可能给环境带来的有毒有害物质、噪声、振动等影响已采取符合要求的处理及防护措施；液压启闭机系统安装、空载调试满足相关规定，系统各项控制动作准确有效、各项保护功能运行正常，且启闭机机架固定牢靠，地脚螺栓螺母无松动等；清除弧形闸门门叶上和门槽内所有杂物并检查吊耳部位连接可靠，保证闸门运行不受卡阻，升降自如；启闭机室内调试所用试验仪器、仪表、专用测试设备及工具准备齐全，所需备用件、试件及易耗材料应按要求备齐，并摆放整齐，不得妨碍人员行走；必需的防护、防火措施、灭火器材等按规定布置到位。

（8）液压启闭机与闸门联合运行试验。液压启闭机空载调试完成且与弧形闸门连接后，对液压启闭机做全面检查，确认各溢流装置及压力继电器的调定值，全面检查无误后再进行启闭试验。闸门在动水情况下进行有水联合调试，对闸门和液压启闭机的功能性进

行试验和检查，检查水封漏水量和闸门在升降过程中有无振动。检测电动机的电流、电压和油缸内的油压及全行程启、闭运行时间。

4. 防腐涂装

启闭机设备在运输、安装、调试过程中造成的设备表面的油漆损伤、脱落，在设备安装调试完成后用油漆进行补涂。锁定装置和机架颜色为橘红色，泵站颜色为蓝色。涂料品种、干膜厚度见表9.18。

表9.18　启闭机设备涂漆要求

设备名称	品种	涂料名称	干膜厚度/μm
启闭机油缸外露表面	底漆	水性环氧底漆	240
	面漆	水性聚氨酯	40

5. 资源配置

劳动力组合及液压启闭机安装所需主要设备和材料见表9.19、表9.20。

表9.19　液压启闭机安装所需劳动力

序号	工　种	人数	序号	工　种	人数
1	技术管理人员	2	4	起重工	3
2	安装工	5	5	电工	4
3	电焊工	3	6	其他人员	3

表9.20　液压启闭机安装所需设备及材料

序号	名　称	规格型号	数量	序号	名　称	规格型号	数量
1	塔机	S1200K64	1台	11	千斤顶	10t、30t	6台
2	汽车吊	50t	1台	12	弯管机		1台
3	平板拖车	40t	1台	13	水平仪		1台
4	倒链	2～5t	5个	14	经纬仪		1台
5	直流电焊机	ZX-500	2台	15	压线钳		2把
6	氩弧焊机		1台	16	角磨机		4台
7	空压机		1台	17	水平规		1个
8	汽车	8t	1台	18	内径千分尺		1个
9	带子绳	ϕ19、ϕ28、ϕ39	各4对	19	塞尺		1把
10	卡环	2t、5t、25t	各4对				

6. 液压启闭机的维护

(1) 液压启闭机的主要保养须知。启闭机泵房内应清洁、干燥、空气流通，避免灰尘、杂物等污染液压设备；环境温度为10～35℃，相对湿度小于70%为宜；液压泵组、阀组及液压辅件的使用和保养按有关产品使用要求进行；油箱中油液应保持正常油位，不能低于油位计指示的最低油位。液压油应经常保持清洁、纯净，加入油箱的液压油应经过过滤，滤油精度为 10μm；经常检查设备的使用情况，检查液压系统有无渗漏，机件紧固螺栓等有无松动，发现异常及时处理；对启闭机的易损件，如活塞杆的密封圈 3～5 年定期检查，高压软管等也要注意检查保养和更换；经常检查电磁阀、调压阀、压力继电器等装置是否灵活准确，安全可靠；在启闭机长期停止工作前，应在各轴套处加入指定润滑脂保养。

（2）维护保养。维护保养分为例行保养、定期保养和磨合保养。每班作业前后及运行中，为及时发现隐患，保持良好的运行状态，应及时进行清洁、检查、紧固松动的部位。在设备运行时，值班人员应随时观察设备运行有无卡阻异常现象、观察油缸及泵站至油缸的管路系统有无漏油现象。每年定期小修，检查软管是否有鼓裂现象、各紧固件是否有松动、油管和油缸等漏油量是否超过规定值；定期（一般在 3 个月之内）应检查一次缸旁阀组的保护是否有效；中修为 3 年，检查油缸密封件、各运动部位铰接轴套等部位的磨损情况，视磨损的轻重，更换易损件；每五年对设备进行一次大修，对油缸的活塞、导向套、轴套等零件进行清洗检查，清洗所有轴承及运动部位，除锈喷漆，需要更换的进行更换。

（3）液压缸的维护。一般来说，一旦液压缸投入运行，则它们很少需要维护或者不需要维护。当一个新的系统制造并投入使用后，在初始阶段，对液压缸工作是否正常以及有无油泄漏应进行定期检查。同时，也应对活塞杆的运行痕迹进行检查，以确定系统运行情况。定期检查各密封部位，应特别注意活塞与缸体的密封情况，如有因损坏导致内泄漏超过要求，应予以更换。

（4）液压系统的维护。禁止在闸门开启状态下处理液压系统的各种故障。各压力继电器、溢流阀等经调试符合要求后，不得随意改变其工作状态。油箱中的液压油应经常保持在正常液位，对其应作定期检查。液压油应经常保持清洁，当向油箱内灌油时，无须拆除空气滤清器，从注油滤油器处加入即可。定期对液压油进行油质分析和净化处理，每年进行一次。液压油的更换应根据油质情况、系统运行情况等来确定。

7. 液压传动系统的检查与常见故障

（1）液压系统的日常检查和定期检查。液压设备通常采用日常检查和定期检查的方法，具体的项目和内容见表 9.21、表 9.22，以保证设备的正常运行。

表 9.21　　日常检查的项目和内容

检查时间	项　目	内　容
在设备运行中监视工况	压力	系统压力是否稳定在规定范围内
	系统噪声、振动	有无特别异常
	油温	是否在 5～55℃范围内，不得大于 60℃
	漏油	全系统有无漏油
	电压	是否在额定电压±5%范围内
在启动前检查	油位、电机转向	是否正常
	行程检测装置	是否正常
	手动、自动循环	是否正常
	调速阀	是否处于调定状态并锁好
	电磁阀	是否处于原始状态

表 9.22　　**定期检查的项目和内容**

定期检查项目	内　　容	备　　注
螺钉及管接头	定期紧固：1.10MPa 以上系统，每月一次；2.10MPa 以下系统，每 3 月一次	
液压泵注油口检查	1. 在第一次（最好每次）运行前必须通过液压泵的注油口加入同型号的液压介质； 2. 如果长时间（暂定超过 60d）不运行，在重新运行前须向液压泵的注油口加入同型号的液压介质	
回油过滤器、空气滤清器	每月一次定期检查（报警除外）	油污过脏更换滤芯，空滤器颗粒变色取出烘干、晒干或更换
油箱、管道、阀板	定期检查：大修时	
密封件	按环境温度、工作压力、密封件质量等具体规定	
油液污染度检测	本系统液压油第一次更换为 12 个月，提前一周取样化验，数量 300～500mL/次	更换系统规定相同牌号及清洁度达到 NAS1638 8 级的液压油
压力表	按设备使用情况，规定检验周期	一般无特殊情况校验周期可设 3～5 年
高压软管	根据使用工况规定更换时间	更换液压油时同时检查
液压元件	根据使用工况，规定对泵、阀、缸等等元件进行性能检测	本系统进口泵、阀件出现问题时才需检测

（2）液压传动系统的常见故障及排除方法。全面了解液压传动系统出现的故障原因，要熟悉液压系统传动原理及过程，认识各种液压元件的控制原理和操作方法，同时还要熟悉电气控制操作原理，正确分析和判断故障原因。液压系统常见故障及排除方法见表 9.23。

表 9.23　　**液压系统常见故障及排除方法**

故障现象	故　障　分　析	排　除　方　法
不出油、输油量不足、压力上不去	电机转向不对	点动检查电机转向
	吸油管或过滤器堵塞	疏通管道，更换滤芯，换新油
	轴向间隙或径向间隙过大	检查更换有关零件
	连接处泄漏	紧固连接螺钉、管接头，更换密封圈，避免泄漏，严防空气混入
	油液黏度太大或油液温升太高	正确选用油液，控制温升
噪声严重、压力波动大	密封漏气或油液中有气泡	连接密封处，回油口在液面以下
	油位低	加油液
	闸门制造及导向问题	改善闸门原因
	油温低或黏度高	选用合适牌号油液
	泵轴承损坏	触摸轴承部位温升
	其他原因	总体改善

9.3 泄洪放空底孔金属结构

三河口水利枢纽大坝工程共布置两孔泄洪放空底孔，分别布置在3～5坝段，进口底板高程为550.00m，相间布置在3个泄洪表孔中间。其金属结构包括弧形工作闸门、工作闸门启闭机、检修桥机、事故闸门、事故闸门启闭机闸房钢排架、底孔钢衬等。

9.3.1 底孔弧形工作闸门安装

1. 工程概况

双主梁直支臂偏心铰结构的潜孔式弧形工作闸门布置在坝后悬挑牛腿处。底孔弧形工作闸门的设计水头为93.5m，孔口尺寸为4m×5m（宽×高），弧门为单吊点，门叶分为3节，节间采用螺栓连接并没有封水焊缝。其门体由门叶、支臂、偏心铰结构，以及侧向导轮、起吊和止水装置组成；其埋件由框型止水埋件、门楣、侧轨、钢衬和铰座支撑梁等组成。门楣顶止水为转铰止水装置，采用圆头P型SF7774橡塑水封；框形弧面水封为山形LD-19橡胶复合水封；辅助侧水封为方头P型LD-19橡胶复合水封。底孔弧形工作闸门单套安装工程量为199798kg，其中门槽埋件工程量97435kg，门体41720kg，左、右泄洪底孔弧形工作闸门总安装工程量为399596kg。

2. 闸门安装

闸门安装的工艺流程如图9.4所示。大坝坝后正对5号横缝位置布置一台M1500塔机，其起重参数如图9.5所示。弧门单件最大吊装单元为铰链，重量达36t，大型构件采用60t平板拖车运输，小型构件采用载重汽车运输。下节门叶自重为12.451t，吊装时，需接上一定长度辅助吊绳，保证吊点的安全范围。门叶与侧轨间隙较小，在吊装过程中，要把底节门叶位置摆正，待其稳定后方可下落。底节门叶落在底坎顶面上后进行临时加固，且安装时偏向上游100mm处放置，以便下支臂的吊装。中节门叶自重12.445t，吊装就位后，要检查门叶节间间隙及门叶上游面板是否有错台，以及门叶半径是否符合设计要求，待调整合格后用螺栓将其与底节门叶紧固连接。上节门叶自重16.824t，吊装就位时，向上游偏移200mm，以便上支臂的吊装。顶节门叶要与下部门叶进行整体调整，同时也要与弧门上支臂进行调整、配合，待门叶及支臂全部吊装调整完成后，使用螺栓将其与上支臂和中节门叶进行连接固定。支臂安装完成后，可进行门叶整体调整。

泄洪底孔工作弧门现场焊接既要保证焊接质量，也要控制焊接变形。焊接前要制定防止焊接变形的具体措施。根据焊缝类别进行焊接质量控制，焊接时严格按制定的焊接工艺要求进行焊接，焊接处有可靠的防护屏障和保护措施，门体的焊接参数见表9.24。焊缝均应进行外观检查，焊缝无损探伤长度占焊缝全长的百分比要符合表9.25中的规定。

闸门门体及埋件安装完成后，对焊缝区域及涂装破损部位进行补涂处理。闸门及埋件防腐具体要求见表9.26。

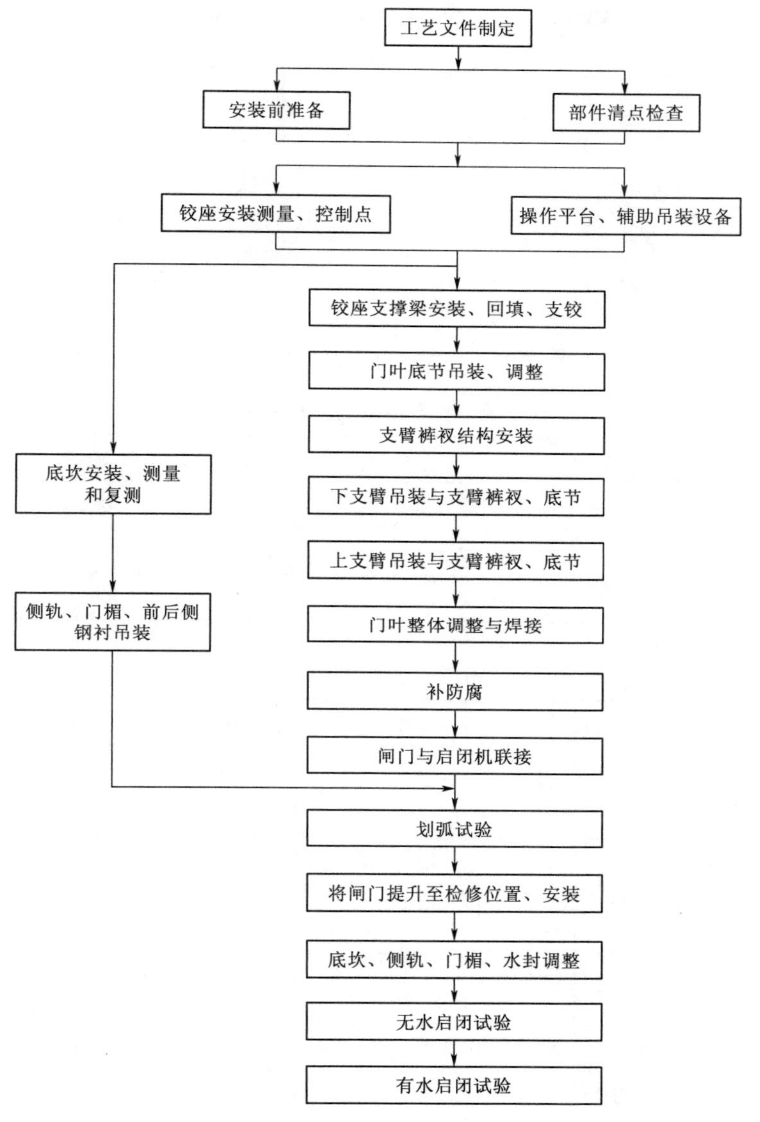

图 9.4　闸门安装工艺流程图

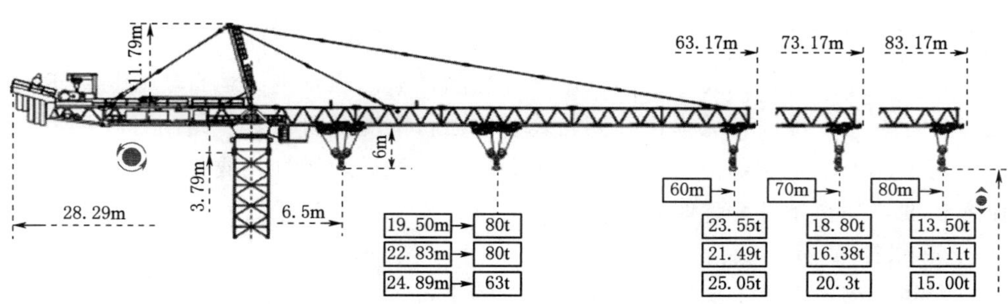

图 9.5　塔机起重参数

表 9.24　**焊　接　参　数**

焊条直径/mm	焊接位置	电流/A	电压/V	焊接速度/(cm/min)	焊接方法
ϕ3.2	平角焊	100～135	22～25	10～12	手工焊
	立角焊	90～120	22～25	8～10	
	横焊	115～130	20～24	6～8	
ϕ4.0	平角焊	140～175	24～26	10～16	
	横焊	150～175	24～26	10～15	

表 9.25　**焊缝无损检测比例**

钢　种	板厚/mm	射线探伤/%		超声波探伤/%	
		一类	二类	一类	二类
低合金钢	≥32	25	10	100	50
	<32	20	10	50	30

表 9.26　**闸门及埋件防腐要求**

设备名称	品种	涂料名称	干漆膜厚/μm	颜色	备　注
闸门结构	底层	无机富锌底漆	160		除锈等级不低于Sa2.5级，粗糙度*Rz*为60～100μm
	封闭漆	ST－H624防锈漆	60		
	第一道面漆	ST－H848饮用水专用涂料	150	与厂家同	
	第二道面漆	ST－H848饮用水专用涂料	150	与厂家同	
门槽埋件迎水面（除主轨工作面和不锈钢水封座板表面）	底层	无机富锌底漆	100		除锈等级不低于Sa2.5级，粗糙度*Rz*为60～100μm
	封闭漆	ST－H624防锈漆	50		
	第一道面漆	ST－H848饮用水专用涂料	100	与厂家同	
	第二道面漆	ST－H848饮用水专用涂料	100	与厂家同	
门槽埋件背水面	底漆	H06－4环氧富锌底漆	70		除锈等级不低于Sa1.0级
	封闭涂料	无机改性水泥浆	1500		

闸门在安装完成后，在无水条件下做全程启闭试验。检查闸门运行轨迹是否正确、密封性是否良好、止水橡皮有无损伤、侧轮装置的运行情况是否良好、闸门升降过程有无卡阻等。闸门全部处于工作部位，在支承装置和轨道接触后，用灯光或其他方法检查止水橡皮的压缩程度，并在条件允许时，对工作闸门进行动水启闭试验。

3. 资源配置

闸门安装工程量大，工期紧张，安装所需的设备、人工、材料较多。闸门安装所需的主要设备、劳动力组合、材料见表9.27～表9.29。

表 9.27　　闸门安装所需主要设备及检测仪器

序号	设备和仪器名称	型号规格	数量	序号	设备和仪器名称	型号规格	数量
1	汽车吊	50t	1台	12	喷涂机械		1套
2	塔机 M1500	63t	1台	13	经纬仪	TDJ2E	1台
3	平板拖车	60t	1辆	14	水准仪	AL328	1台
4	载重汽车	8t	1辆	15	全站仪		1台
5	卷扬机	10t、5t	各1台	16	扭力扳手	LJS－Ⅲ	2把
6	电焊机	ZX7－500	4台	17	钢卷尺	50m、20m、10、5m	各1把
7	角磨机	电动 ϕ150	2台	18	钢板尺	1m、0.3m、0.15m	各2把
8	手拉葫芦	5t、10t、20t	各2台	19	游标卡尺	0～300mm、500mm	各1把
9	千斤顶	10t、16t、32t	各2台	20	千分尺	500mm、300mm	各1把
10	气割装置		2套	21	塞尺		2把
11	焊条保温桶		8只	22	百分表	0～5mm	2块

表 9.28　　闸门安装所需劳动力

项　目	序　号	工　种	人　数
直接生产人员	1	安装工	20
	2	电焊工	8
	3	起重工	4
	4	电工	2
	5	探伤工	1
管理人员	1	技术人员	2
	2	质检人员	2

表 9.29　　闸门安装主要材料用量

序号	名称	型号及规格	单位	数量	备　注
1	钢板	δ=12～30mm	t	3	材质为 Q235
2	型钢	各种型号	t	15	支撑、吊点、平台
3	钢管	ϕ60～159	t	2	
4	圆钢	ϕ20～32	t	3	
5	枕木		m^3	1	
6	马道板		m^3	1.5	

9.3.2　底孔弧形工作闸门启闭机安装

1. 工程概况

枢纽大坝工程左右泄洪放空底孔弧形工作闸门分别由1台QHSY3200kN/1000kN－8.5m主液压启闭机和1台QHSY3200kN/1000kN－3.2m副液压启闭机操作，启闭机容量为3200kN/1000kN。启闭机总体布置形式为单吊点，中部支承式双作用液压启闭机。液压启闭机布置于5号坝段（左底孔）、6号坝段（右底孔）后高程568.00m的机房内。液压启闭机安装时主要使用的起重运输设备为M1500塔机、50t汽车吊、60t拖车。

主、副液压启闭机由油缸、共用泵站、电气动力控制系统、专用工具等组成。液压缸用于操作弧形工作门，采用“2机1站”方式驱动和控制，可在动水中全行程启闭闸门。液压启闭机主要技术参数见表9.30。液压启闭机的调试、资源配置、液压启闭机的维护和液压传动系统的常见故障及排除方法与9.2.3小节相同。

表9.30　3200kN/1000kN液压启闭机主要技术参数

序号	项　目	主机油缸	副机油缸	备　注
1	额定启门力/kN	3200	3200	最大拉力
2	额定闭门力/kN	1000	1000	最大推力
3	启门油缸活塞速度/(m/min)	0.7	0.7	可调
4	闭门油缸活塞速度/(m/min)	0.5	0.5	可调
5	工作行程/mm	8306	2881	
6	最大行程/mm	8500	3200	
7	缸径/mm	560	540	
8	活塞杆径/mm	300	260	
9	有杆腔设计额定压力/MPa	19	19	
10	无杆腔设计额定压力/MPa	5	5.5	
11	有杆腔工作压力/MPa	18.22	18.2	
12	无杆腔工作压力/MPa	4.06	4.4	
13	安装角度/(°)	96.13/83.82		
14	油箱容积/L	4000		
15	系统压力/MPa	20		
16	系统工作流量/(L/min)	130		
17	液压泵额定排量/(mL/r)	100		
18	电机功率/kW	55		每台泵站设有两套油泵电机组，1台工作1台备用
19	液压油牌号	46号抗磨液压油		生物降解液压油
20	液压泵站动力电源	AC 380V，50Hz		

2. 液压启闭机安装

液压系统的现场安装包括液压泵站的安装和站外管路两个部分。液压设备为较精密设备，安装时应保证清洁安装。液压设备的就位按照有关图纸、技术资料的要求准确就位及安装。液压启闭机安装按埋件安装、油缸总成安装、泵站总成安装、液压管路安装、电气系统安装和机、电、液联合调试等步骤进行，其详细的工艺流程如图9.6所示。安装顺序可根据实际情况调整，油缸总成和泵站总成可同步进行安装；液压管路安装、试压和冲洗可根据施工进度安排适当提前进行。

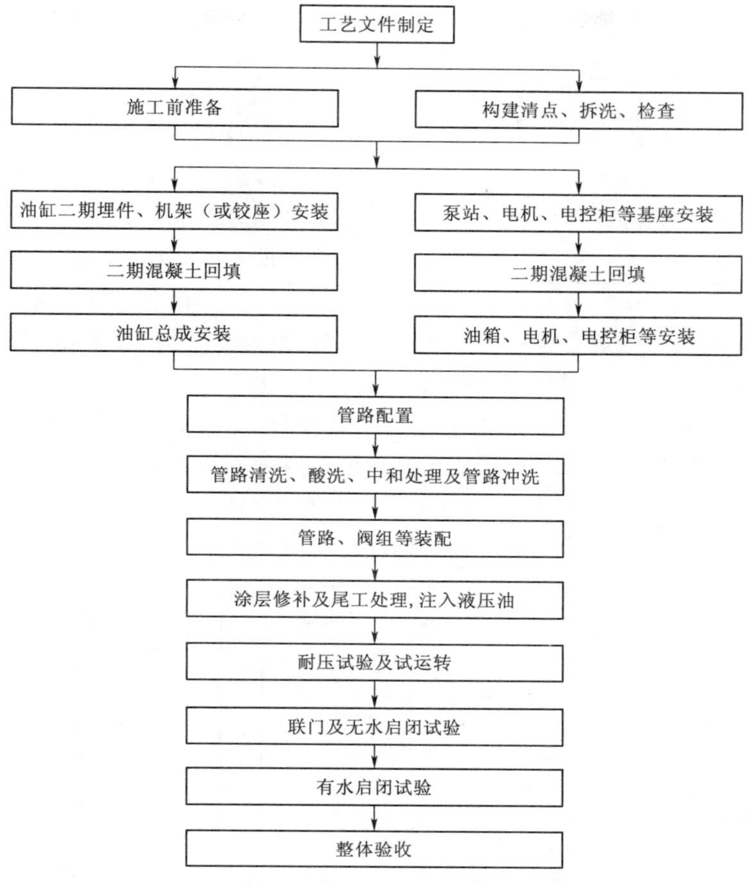

图 9.6 液压启闭机安装工艺流程图

9.3.3 底孔检修桥机安装

1. 工程概况

为满足液压启闭机后期运行过程中的检修需求，在启闭机室各布置1台HS250kN-12m检修桥机，桥机轨距为7.6m，轨顶高程579.00m。检修桥机主要由桥机、大车轨道装置、大车供电装置、小车行走机构等组成，额定起重量25t，起升高度12m，主要承担液压启闭机运行、维护和检修的吊装任务，检修桥机的主要技术性能参数见表9.31。

表 9.31 检修桥机的主要技术性能参数

项目	起重量/t	起升高度/m	起升速度/(m/min)	工作级别	轨道/(kg/m)
起升机构	25	12	0.25～2.5	M3	—
大车行走机构	—	—	2～20	M2	43
小车行走机构	—	—	—	M3	—
大车最大轮压	89kN				
电源	AC 380V，50Hz				

表9.32 底孔检修桥机安装的工程量 单位：t

序号	项目	工程量
1	桥机	14.760
2	大车轨道装置	3.118
3	大车供电装置	0.957
合计		18.835

2. 安装工程量

底孔检修桥机安装的工程量见表9.32。

3. 检修桥机安装

检修桥机安装前，要根据设计图纸和技术规范要求，编制安装工艺措施报监理部审批，安装过程中按照监理审批的工艺文件执行；技术人员对参加安装的工人进行技术交底，并对到货的起重设备按照相关要求进行检查。同时，安装前应对设备的所有零部件进行仔细检查，如发现在运输中引起的一些损伤现象，应在安装前加以修理；清除零部件上的铁锈及污垢；桥机安装之前，仔细清理轨道上的杂物，然后用水平仪和全站仪检查其水平度、直线度和高差及桥机轨道的跨度，以满足安装要求。检修桥机钢轨型号为P43，轨距为7.6m，轨道长度为17.198m，轨道安装及验收按照《水电工程启闭机制造安装及验收规范》(NB/T 35051—2015) 执行。检修桥机安装工艺流程如图9.7所示。

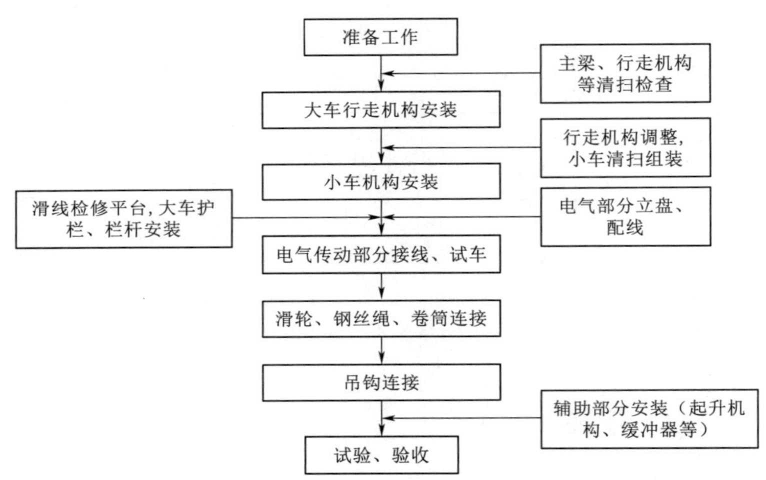

图9.7 检修桥机安装工艺流程图

检修桥机主要部件有大车行走机构、主梁、小车行走机构、电动葫芦等，大车行走机构与主梁可在地面组装后整体吊装，整体重量为14.76t（含桥机电葫芦），表孔区域布置的S1200塔机满足整体吊装要求。吊装时钢丝绳选择按照最大吊装重量18.835t考虑，采用四点吊装方式，钢丝绳之间的夹角按照60°计。本工程钢丝绳用于机动起重设备，安全系数选用5，钢丝绳的安全系数见表9.33。单根钢丝绳所需的拉力 $F=(1.2\times18.836/4\times10/\sin60°)\times5=326.25$kN。钢丝绳的力学性能见表9.34。

大车行走机构吊装前，先在验收合格的安装间段轨道上划分大车行走机构四组行走轮平衡梁中心的位置，并打上冲眼记号，四点连线应成矩形，两对角线相等，其差值应符合规范要求。行走机构吊装应按编号进行，车轮组中心对正冲眼，所有轮子与轨面应接触良好，轮槽中心线与轨道中心线重合，偏差不大于0.5mm。安装时先将大车主梁、端梁用

表 9.33　　钢丝绳的安全系数

使用情况	安全系数 K	使用情况	安全系数 K
缆风绳用	3.5	用作吊索，无弯曲	6～7
用于手动起重设备	4.5	用作绑扎吊索	8～10
用于机动起重设备	5～6	用于载人的升降机	14

表 9.34　　钢丝绳力学性能

直径		钢丝绳的抗拉强度/MPa				
钢丝绳/mm	钢丝/mm	1400	1550	1700	1850	2000
		钢丝破断拉力总和/kN				
6.2	0.4	20.00	22.10	24.30	26.40	28.60
7.7	0.5	31.30	34.60	38.00	41.30	44.70
9.3	0.6	45.10	49.60	54.70	59.60	64.40
11.0	0.7	61.30	67.90	74.50	81.10	87.70
12.5	0.8	80.10	88.70	97.30	105.50	114.50
14.0	0.9	101.00	112.00	123.00	134.00	114.50
15.5	1.0	125.00	138.50	152.00	165.50	178.50
17.0	1.1	151.50	167.50	184.00	200.00	216.50
18.5	1.2	180.00	199.50	219.00	238.00	257.50
20.0	1.3	221.50	234.00	257.00	279.50	302.00
21.5	1.4	245.50	271.50	298.00	324.00	350.50
23.0	1.5	281.50	312.00	342.00	372.00	402.50
24.5	1.6	320.50	355.00	389.00	423.50	458.00
26.0	1.7	362.00	400.50	439.50	478.00	517.00
28.0	1.8	405.50	499.00	492.50	536.00	579.50
31.0	2.0	501.00	554.50	608.50	662.00	715.50
34.0	2.2	606.00	671.00	736.00	801.00	—
37.0	2.4	721.50	798.50	876.00	953.50	—
40.0	2.6	846.50	937.50	1025.00	1115.00	—

高强螺栓拼接成桥架，地面组装时将起重机支承在桥机跨度临时搭起的架子上，支架垫在主梁的下盖板靠近主梁两端变截面处。桥架吊装时，在桥架的两端应拴挂拽拉绳，当吊起桥架升至略高于轨道顶面时，拉动拽拉绳，使桥架旋转对正轨道后，轻放至轨道上。

小车在左岸 4 号坝段组装成整体，吊装小车行走机构组装后，各个车轮应受力均衡，多车轮运行平稳，不得出现部分车轮超载和部分车轮受力不均衡的现象，规范要求与大车行走机构相同。桥机主要部件安装完成后，按照图纸要求安装司机室、检修平台及栏杆等部件。钢丝绳缠绕按照小车总图上的主起升钢丝绳缠绕图及副起升钢丝绳缠绕图进行。当吊钩下放到最低位置时，卷筒上的钢丝绳除固定绳尾的圈数外，必须不少于 2 圈。钢丝绳缠绕前要整体放出进行破劲，也可以采用其他破劲措施，防止出现吊装时钢丝绳打绞。整个安装过程的质量控制标准见表 9.35、表 9.36。

表 9.35　　组装桥架主要质量控制要求（跨度 $S=7.6$m）

序号	项　目	允　许　偏　差
1	车轮量出的跨度偏差（轮中心距）	±2mm
2	装配后主梁上拱度	6.84～10.64mm，且最大上拱应在跨中 76mm 范围内
3	桥架对角线偏差	≤5mm
4	小车轨距偏差	±3mm
5	同一截面小车轨道高程差	≤5mm
6	小车轨道处轨道顶部高差和侧向错位值	±1mm
7	轨道接头处间隙	春秋季 4mm（10～20℃），夏季 2mm（25～40℃）
8	轨道表面倾斜度	不大于轨道表面宽度的 2.5/1000
9	轨道中心线直线度	±2mm

表 9.36　　车轮与轨道安装间隙控制

配用轨道形式与规格						车轮槽宽/mm	侧隙/mm
轻轨	钢轨类型/(kg/m)	15	18	22	24	70	16.5～9.5
	轨顶面宽 b/mm	37	40	50	51		
重轨	钢轨类型/(kg/m)	33	38	43	50	90	15～10
	轨顶面宽 b/mm	60	68	70	70		
方钢轨	$B\times b$/（mm×mm）	40×40、42×42、45×45、48×48、50×50				70	15～20
		60×60、63×63、65×65、70×70				90	15～10

4. 桥机的调试及荷载试验

桥机需做合格试验及载荷起升能力试验。合格试验是在额定起升重量、标准电压及电动机额定转速时做各方向的动作试验和测试，以检查桥机的各项设计参数是否达到要求。载荷起升能力试验分为静载负荷实验和动载荷试验。静载荷试验为 1.25 倍额定载荷，主要验证桥机及其部件的承载能力。动载试验为 1.1 倍额定载荷，主要验证桥机各机构及制动器的功能。

进行空载试验时，要分别开动各机构，检查传动系统、控制系统和安全装置动作的灵活性、准确性和可靠性，各运行机构开行次数不得少于 3 次。

空载试验合格后，在标准电压和电机额定转速下做升降试验和测试，按规范要求进行额定荷载的静载荷试验，检验桥机参数是否满足设计要求。在做静载荷试验时，将小车置于大梁的中部，载荷按 50%、75%、100%、125%额定载荷逐渐加载试验，布置好测量桥机大梁挠度和轨道下沉值的仪器。依次吊起重物离地面约 200mm，停留 10min，监视抱闸和电源，并检查桥机和各部位无异常，测量桥机大梁的挠度和轨道下沉值并做记录后卸去负荷，再检查各部位有无异常、桥架主梁有无永久变形。静载荷试验后，全面检查金属结构，应无永久变形、无裂纹（包括焊缝）、无油漆剥落或没有对起重机的性能与安全

有影响的损坏，连接处无松动或损坏等现象。

静载荷试验完成后，进行动载荷试验。试验时用主钩吊起 1.1 倍额定载荷，离地面 200mm，停止 10min，观察有无异常现象，再继续升高 1m 做升降试验，查验制动器的制动情况。动负荷试验时应检查联轴器、齿轮等传动部分有无异常，制动器是否灵敏可靠，轴承、电动机、电气部分温度是否正常，测量并记录起升机构速度。

5. 资源配置

安装所需设备、人工、材料见表 9.37、表 9.38。

表 9.37　闸门安装所需主要设备及检测仪器

序号	设备和仪器名称	型号规格	数量	序号	设备和仪器名称	型号规格	数量
1	汽车吊	50t	1台	10	水准仪	AL328	1台
2	塔机 S1200	63t	1台	11	全站仪		1台
3	平板拖车	60t	1辆	12	扭力扳手	LJS-Ⅲ	2把
4	载重汽车	8t	1辆	13	钢卷尺	50m、20m、10m、5m	各1把
5	电焊机	ZX7-500	2台	14	钢板尺	1m、0.3m、0.15m	各2把
6	角磨机	电动 ϕ150	2台	15	游标卡尺	0～300mm、500mm	各1把
7	焊条烤箱		1台	16	千分尺	500mm、300mm	各1把
8	焊条保温桶		4只	17	塞尺		2把
9	经纬仪	TDJ2E	1台	18	百分表	0～5mm	2块

表 9.38　检修桥机安装所需劳动力组合

项　目	序　号	工　种	人　数
直接生产人员	1	安装工	8
	2	电焊工	2
	3	起重工	4
	4	电工	2
管理人员	1	技术人员	1
	2	质检人员	2
合计			19

9.3.4 底孔事故闸房钢排架

1. 工程概况

放空泄洪底孔事故闸房钢排架位于左（右）泄洪底孔事故塔顶，上游钢柱桩号为底下 0+005.30，下游钢柱桩号为底下 0+020.30；左右宽度 11m，其中心线与底孔孔口中心线重合，柱底板高程为 633.50m，柱顶钢平台高程为 665.25m。放空泄洪底孔事故闸门钢排架共制作安装 2 套，单套钢排架工程量为 442128kg，两套钢排架工程量为 884256kg。泄洪底孔闸房排架原设计为混凝土结构，调整为钢结构。钢排架主要钢板材质为 Q355C，其板厚度偏差应符合 GB/T 709 规定的 C 类钢板要求。钢排架安装过程中存在下列两种工况。

工况一：在坝顶未浇筑完成时，钢排架高程为底高程 634.50m 至启闭机层高程 665.50m，钢排架顶部平台上安装事故闸门固定卷扬式启闭机 QPQ5500kN－28m，钢排架为临时钢排架。启闭机在大坝施工期启闭事故闸门，施工期间闸前水位不超过 8m。

工况二：大坝浇筑至坝顶 646.00m 高程时，钢排架高程为坝顶高程 646.00m 至启闭机层高程 665.50m，钢排架顶部平台上继续安装其他桥机、液压泵站、电气等设备，并建设上部闸房、启闭机层铺装、栏杆等，钢排架为永久钢排架。

2. 主要工程量

放空泄洪底孔事故闸门钢排架共制作安装 2 套，本书中工程量为 1 套工程量。单套钢排架工程量为 442128kg，其主梁结构、钢排架柱、平台、混凝土的具体工程量见表 9.39～表 9.42。

表 9.39　　主梁结构工程量

序号	名　称	材料	数量	单重/kg	总重/kg	备　注
1	柱结构 1	Q355C	4	9860	39440	—
2	主梁 1	Q355C	1	6932	6932	—
3	圈梁 1	Q355C	3	7802	23406	—
4	主梁 2	Q355C	2	3783	7566	—
5	主梁 3	Q355C	1	6733	6733	—
6	挑梁 1	Q355C	10	249	2490	—
7	挑梁 2	Q355C	13	251	3263	—
8	柱结构 2	Q355C	2	5848	11696	—
9	主梁 4	Q355C	2	1160	2320	—
10	主梁 5	Q355C	1	14600	14600	—
11	主梁 6	Q355C	2	1233	2466	—
12	圈梁 2	Q355C	2	2525	5050	—
13	圈梁 3	Q355C	2	3121	6242	—
14	机架座板	Q355C	4	230	920	—
15	圈梁 3 连接钢板	Q355C	12	51	612	20×260×1250
16	圈梁 3 连接螺栓	A2－70	192	0.13	25	M20×70
17	圈梁 3 连接螺母	A2－70	192	0.03	5	M20
18	垫圈	65Mn	192	0.01	2	20
19	焊缝	—	—	—	2700	—
合计/kg					136468	

表 9.40　　钢排架柱工程量

序号	名　称	材料	数量	单重/kg	总重/kg	备　注
1	地脚螺栓	Q355	132	29.6	3907.2	JB/ZQ 4364　M48×2000
2	螺母	—	264	0.744	196.5	GB/T 6170　M48 4.6
3	垫板	Q355	132	3.32	438.3	25mm×130mm×130mm
4	焊钉	—	998	0.66	658.7	GB/T 10433　22mm×200mm

续表

序号	名 称	材料	数量	单重/kg	总重/kg	备 注
5	下柱	Q355C	6	15210.34	91262	—
6	下部1号拉梁	Q355C	8	1751	14008	—
7	下部2号拉梁	Q355C	4	2331	9324	—
8	1号中柱	Q355C	2	10078	20156	—
9	2号中柱	Q355C	4	9564	38256	—
10	上部1号拉梁	Q355C	8	2326	18608	—
11	上部2号拉梁	Q355C	6	3702	22212	—
12	1号上柱	Q355C	2	12022	24044	—
13	2号上柱	Q355C	4	11508	46032	—
14	柱内爬梯钢筋	Q235	550	1.262	695	$\phi 16$ $L=800$
15	柱内筋板连接钢筋	Q235	750	1	750	$\phi 12$ $L=1100$
16	焊缝	—	—	—	5300	—
合计/kg					295847.7	—

表 9.41 **平台工程量**

序号	名 称	材料	数量	单重/kg	总重/kg	备 注
1	压型钢板	Q355B	1	5495	5495	GB/T 12755—2008 YXB65-185-555 (B) 228m^2
2	栓钉	Q355	900	0.226	204	GB/T 10433—2002，$d=16$mm，$L=120$mm
3	收边板	Q235B	1	785	785	收边板 $t=5$mm，高 200mm，$L=100$m
4	堵头板	Q235	1	88	88	堵头板 $t=5$mm，高 70mm，$L=80$m
5	工字钢 20b	Q235B	102m		3175	次梁工字钢
6	焊缝				65	次梁焊缝
合计/kg					9812	

表 9.42 **混凝土工程量**

名 称	标号	数量	单柱方量	总方量
柱内自密实混凝土	C30	6	31m^3	186m^3

3. 工艺流程

钢排架施工工艺流程如图 9.8 所示。

4. 钢排架的制作

钢排架在专业加工厂进行制作，根据构件长度搭设制作平台。钢排架主要由钢排架柱、柱间拉梁及钢平台梁构成。钢排架柱为箱型结构型式；下部拉梁为 H 形钢结构型式；上部拉梁为箱型结构型式；钢平台主要圈梁为箱型结构型式，其余梁系为 H 形钢结构型式。其中单元最重构件为钢平台主梁 5（14.6t），单元最长构件为钢排架柱的上柱

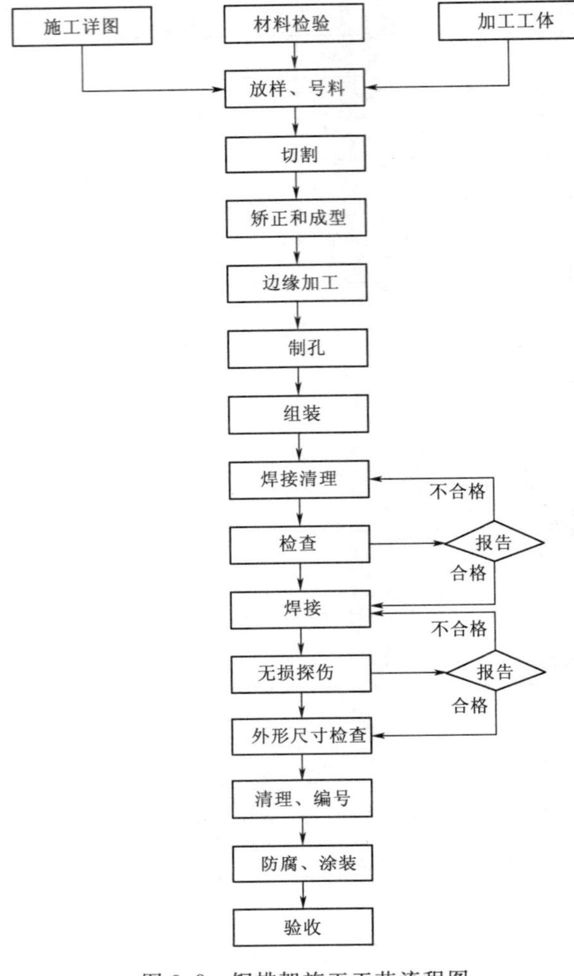

图 9.8　钢排架施工工艺流程图

(9.25m)。下柱1长度为7m，下柱2长度为6m，中柱长度为7.25m。钢排架整体重量为442128kg（含焊缝）。钢排架最重吊装单元14.6t，在坝顶S1200K64塔机2倍率、工作幅度30m时吊重为20t，满足起吊要求。

凡长度要拼接的翼腹板料要先进行焊接，并经无损探伤合格，矫平拼缝后，方可下料。钢板拼接加工坡口形式如图9.9所示。

隔板的下料主要是箱型梁（柱）隔板，其尺寸、形状的精度直接影响箱型梁（柱）的质量，下料时必须保证每块隔板的尺寸、形状符合要求。先用切割机气割隔板成直条，而后再横向切割成单块隔板。隔板中心孔洞可用圆规气割圆弧段（浇筑混凝土用），孔洞必须位于板中心，并应先划线，定中心，不得割偏。最后要除净所有割渣及毛刺等。

栓钉焊接前要进行相关的焊前检查，然后再进行焊接施工。在正式焊接前选用与实际工程设计要求相同规格的焊钉、瓷环及相同批号、规格的母材（母材的厚度不应小于16mm，且不大于30mm），并采用相同的焊接方式与位置进行工艺参数的评定试验，以确定在相同条件下施焊的焊接交流、焊接时间之间的最佳匹配关系。焊接时采用的规范参数为：焊接电流范围1300～2200A，焊接时间0.5～1.1s，栓钉伸出长度为3～5mm，见表9.43。以上为参考参数，焊接前必须通过焊接试件进行参数调整，至连续两只栓钉试验确认合格为止，然后才能在构件上焊接其他栓钉。

表 9.43　　栓 钉 焊 接 参 数

序号	栓钉直径/mm	焊接时间/s	焊接电流/A	伸出长度/mm	备　注
1	16	0.70	1350	3～4	平台压型钢板
2	19	0.90	1660	3～4	—
3	22	1.10	1900	4～5	钢柱
4	25	1.30	2200	5～6	—

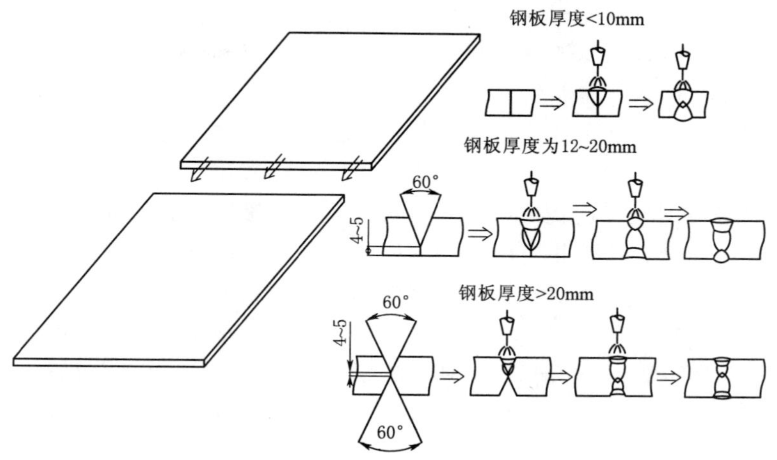

图 9.9 钢板拼接加工坡口形式图

施工完成后，在施工方自检的基础上，会同监理进行检查验收。栓焊接头外观与外形尺寸应符合表 9.44 的要求。

表 9.44 **栓钉焊接质量控制**

外观检查项目	合格要求	图例
焊缝形状	360°范围内，焊缝高＞1mm，焊缝宽＞0.5mm	焊钉焊后高度 焊缝高度 焊缝宽度

5. 钢排架安装

钢排架安装前的施工准备如下：

(1) 安装前对构件的外形尺寸、螺栓孔径及位置、连接件位置及角度、焊缝、栓钉焊进行全面检查，在符合设计文件和有关标准的要求之后，方能进行安装工作。

(2) 钢结构安装前，应根据定位轴线和标高基准点复核和验收土建施工单位设置的支座预埋件的平面位置和标高。支承面的施工偏差应满足《钢结构工程施工质量验收规范》(GB 50205—2001) 的要求。轴线控制：将轴线控制网用全站仪引测施工层的轴线，同时检查下一节钢柱的整体垂直度，为钢柱的对接定位及垂直度调整方向提供参考数据，防止累计误差超过允许偏差。

(3) 吊装就位：根据图纸要求及钢柱编号，校对钢柱规格、尺寸是否符合设计和技术规范的要求，核对无误后，利用钢柱上的吊耳作为起吊点，进行吊装就位。

(4) 临时固定：钢柱就位时，上下节钢柱对正，用 8 块 400mm×200mm×20mm 的连接钢板将上下钢柱进行临时焊接（钢柱的四面各2块），以保证钢柱的稳定。

（5）校正：钢柱就位后按照先调整标高，再调整扭转，最后调整垂直度的顺序，以相对标高控制法，用经纬仪、全站仪对轴线、标高、垂直度、位移、错位量进行校正。

（6）标高的控制：由于钢柱为分节安装，需控制每节标高，待每层柱安装完毕后，整体进行复核。

（7）钢柱焊接：钢柱校正就位后，开始对上下钢柱接头焊缝施焊。焊接时遵循“对称同步等速”的焊接原则，从柱相对的两个面同时等速对称焊接。焊缝成全熔透焊缝。随时观察垂直度有无变化，以减小对钢柱的垂直度影响，防止变形。

（8）超声波探伤检查：每层柱焊接完毕，待焊缝冷却至工作环境，按照《钢结构施工质量验收规范》(GB 50205—2001）和《船舶钢焊缝超声检测工艺和质量分级》(GB/T 13559—2011)，对焊缝进行超声波探伤检测，合格后，再绑扎下柱外围的钢筋。

6. 主要制作及安装控制要点

零件和部件的加工时，材料切割前均划线或用样板，采用数控切割机、半自动氧-乙炔火焰切割机或型钢切割机进行切割，上述方法无法进行时，采用手工割枪切割。切割后的材料边缘质量、尺寸偏差等均应符合设计图纸、招标文件的规定；采用型钢矫正机等机械设备进行矫正，矫正、成形后的构件用直尺、样板等检查，其表面质量及结构尺寸均应符合招标文件的规定；采用包边机、铣床或火焰切割法进行边缘加工，火焰切割法主要采用半自动火焰切割机进行，火焰切割后的坡口、边缘等用砂轮打磨切割缺陷；加工后的构件尺寸、坡口尺寸等符合设计图纸及招标文件的要求。本工程除对接焊缝坡口外，坡口加工角度为45°，钝边2mm，腹板及翼板对接焊缝坡口采用非对称双V形60°坡口，腹板与翼板角焊缝采用K形45°坡口。钢排架制作质量主要控制标准见表9.45。

表 9.45　钢排架制作质量主要控制标准

项　目		允　许　偏　差/mm
截面高度 h		±2.0
截面宽度 b		±2.0
腹板中心偏移		1.5
端板与腹板垂直度		$h/500$ 且不应大于 2.0
侧弯矢高		$L/2000$ 且不应大于 10.0
扭曲		$h/250$ 且不应大于 10.0
梁截面连接处对角线		3
梁长度		$\pm L/2500$
柱脚底板平面度		5.0
柱、梁连接处的腹板中心线偏移		2.0
柱位置公差		≤10
柱间距偏差		≤5
柱轴线垂直度		$H\leqslant 10$m，$H/1000$；$H>10$m，$H/1000$，且小于 25
平台高程		≤5
腹板局部平面度 f	$t\leqslant 14$mm	5.0
	$t>14$mm	4.0

在每道工序施工前都必须对其材质、规格及质量标准核实后方能施工。腹板开K形坡口，在其组装前，要在翼板内侧预划线并装配定位板。钢立柱主焊缝采取CO_2气体保护焊打底，以保证焊透。引弧板和引出板装配保证装配缝隙良好。气割前，应将钢材切割区域表面50mm范围内的锈蚀、污物清理干净并进行烘烤去除表层水分，防止切割产生气爆，同时切口上不得产生裂纹，并不宜有大于1.0mm的缺棱。钢材冷矫正后钢材表面应无明显的凹痕损伤，表面划痕深度不大于0.5mm。热矫正时，加热温度不得超过800℃。在垫平矫正后应缓慢冷却，严禁用冷水急冷。柱、梁内的所有隔板下料必须保证几何尺寸，箱形梁的两腹板下料要保证直线度，偏差应小于1mm。组对前，翼板置于平台上保证平直度。柱、梁是否扭曲，关键在组对隔板与腹板，因此要保证组对隔板保持90°，严格控制腹板与翼板、隔板的间隙。定位焊应牢固，不能产生开裂现象。上下翼板及腹板的对接焊缝应保证在焊后的平直度。组对平台、模具要保证坚实、不变形。并保证平直度，以保证组对质量。上下柱连接处应设置定位板，临时固定装置，以便于组装。上下柱连接处截面，必须保证几何尺寸，绝不能有大的偏差，以免造成组装困难。根据焊接工艺要求，按焊接顺序进行施焊。下料、焊接对其容易变形的特点采取相应的措施。钢板加工完后，严格控制其直线度旁弯。组对前先划线，确定允差。柱、梁焊接时制定工艺参数，控制线能量，保证焊后各部尺寸符合图纸要求。

7. 钢排架焊接

钢板焊接采用手工电弧焊、CO_2气体保护焊或埋弧焊，焊接材料应符合钢板材质的要求。焊接材料设专人保管、烘烤和发放，其存放和运输过程中要防潮，因此存放的库房内要通风良好，室温不低于5℃，相对湿度不高于60%，材料距地面和墙面的距离大于300mm。仓库管理部门要定时记录储存室的温度和相对湿度，以保证材料的存放环境达到要求。焊接材料实行三级管理，设备物资部门设一级库，焊接作业区设二级库，施焊人员要配备保温筒。

焊接的一般程序为：坡口及其两侧清理→定位加固焊焊接→正式焊接→检验。为避免焊接缺陷（如气孔等）的产生，拟焊面及坡口两侧各50mm范围内的氧化皮、铁锈、油污及其他杂物需清除干净，每一道焊完后也应及时清理。定位焊长度一般取80mm，间距约300mm，厚度为6mm。施焊前检查定位焊质量，如有裂纹、气孔及夹渣等缺陷时需清除。

当气体保护焊环境风速大于2m/s或其他焊接方法大于8m/s，以及相对湿度大于90%、环境温度低于－5℃，并在雨天和雪天进行露天施焊时，需采取有效的防护措施，若无防护措施，则应停止焊接工作。

焊缝焊接完成后，先通过目视、检验尺等对其进行外观检查。焊接完成后，钢板内壁的残留物和焊缝需及时清除和磨平。并在焊接完成24h后进行内部质量无损检测。一类焊缝进行100%超声波探伤检查。评定焊缝质量由Ⅱ级或Ⅱ级以上的无损检测人员担任。

8. 钢排架防腐

表面预处理前将钢材表面的焊渣、毛刺、油污等污物用钢丝刷、不锈钢刷、角向磨光机等工具清理干净。钢排架内外壁均采用喷射除锈。喷射用铁矿砂应无尘、洁净、干燥、有棱角。喷射用的压缩空气利用油水分离器过滤，除去油水。喷丸除锈采用喷射方式进行，以空压机风作为动力。除锈后，用干燥的压缩空气吹净，或用吸尘器清除灰尘，涂装前如发现钢板表面污染或返锈，需重新处理到原除锈等级。并且当空气相对湿度超过85%，环境气温低于5℃且钢板表面温度低于大气露点以上3℃时，不得进行除锈。预处理后的表面不应再与人手等物体接触，防止再度污染。需进行清洁度和粗糙度的质量检查，表面清洁度达到Sa2.5级，Rz60～100μm。喷涂料前，应使用刷子和真空吸尘器清除残留砂粒等杂物。

9. 主要资源配置

投入施工的主要施工设备、主要人员、材料配置见表9.46～表9.48。

表9.46　主要施工设备配置

序号	设备名称	型号及规格	数量/个	序号	设备名称	型号及规格	数量/个
1	平板拖车	40t	1	16	CO_2 气体保护焊机	NBC-400	2
2	汽车吊	50t	1	17	水准仪	020B	1
3	汽车吊	25t	1	18	经纬仪	NI002	1
4	载重汽车	8t	3	19	数字式超声波探伤仪	汉威 HS-600	1
5	型材切割机	J1G93-400	1	20	角磨机	电动 ϕ150mm	4
6	移动式空气压缩机	0.9m^3/min	1	21	塔机	S1200K64	1
7	焊条烘干箱	YHC-60	1	22	钢板尺	—	3
8	焊条保温桶	—	12	23	钢卷尺	—	3
9	电焊机	ZX7-400	8	24	冲击钻	—	2
10	直流电焊机	ZX5-630	1	25	搅拌罐车	—	2
11	气割设备	—	4	26	振捣棒	—	3
12	倒链	1t、3t、5t	各8	27	数控火焰切割机	SDYQ-5.0	1
13	电动扳手	—	2	28	铣床	X53K	1
14	高压无气喷涂设备	—	1	29	12m刨边机	B81120A	1
15	半自动切割机	CG1-30	1	30	自动埋弧焊机	MZ-1250	2

表9.47　主要人员配置

序号	工　种	人　数	序号	工　种	人　数
1	技术员	1	6	管理人员	2
2	安全员	1	7	起重工	2
3	电工	4	8	司机	4
4	电焊工	12	9	普工	10
5	安装工	10	合计		46

表 9.48　**材　料　配　置**

序号	名　称	数量	单位	总计	备　注
1	无机改性水泥浆	1	项	1	—
2	环氧云铁封闭漆	1	项	1	—
3	锌铝合金防腐	1	项	1	—
4	耐候型脂肪族聚氨酯面漆	1	项	1	—
5	C30 混凝土	1	m^3	55	铺装层用
6	运输加固及定位板钢材	1	t	5	工程量由监理以实际发生计量
7	防火涂料	1	项	1	—

9.3.5 底孔事故闸门

1. 工程概况

底孔分别设有 1 扇 4m×7.6m－93m 事故闸门，型式为潜孔式平面闸门，滚轮支撑，单吊点，采用布置在顶部钢排架上的 QPQ5500kN 固定卷扬式启闭机及吊杆进行启闭。泄洪放空底孔闸门的具体特性见表 9.49。

表 9.49　**泄洪放空底孔闸门特性**

序号	名　称	特　性
1	孔口型式	潜孔式
2	闸门型式	多主梁焊接平面结构
3	孔口数量	2 孔
4	闸门数量	2 扇
5	孔口尺寸（宽×高）	4m×7.6m
6	设计水头	93m
7	总水压力	28282kN
8	支承型式	滚轮支承
9	吊点中心距	单吊点
10	单扇闸门重量	137.3t（门叶）＋190.4t（加重）
11	闸门材质	Q345C＋锻钢 50CrMo
12	单扇闸门埋件重量	127.7t
13	埋件材质	Q345B
14	闸门运行方式	动水闭门，旁通管充水平压后小于 16.5m 水头差启门
15	启闭机容量及型式	固定卷扬式启闭机 QPQ5500kN－28m

2. 主要工程量

泄洪底孔事故闸门工程量见表 9.50。

表 9.50　　泄洪底孔事故闸门工程量

序号	名　称	数量	单重/kg	总重/kg
1	闸门上节加重箱	1	16502	16502
2	闸门侧向导轮	6	58	348
3	螺栓 M24×120	48	—	11.4
4	垫圈 24	48	—	0.4
5	螺母 M24	2	—	4.5
6	封板 45mm×700mm×1650mm	2	408	816
7	封板 45mm×770mm×1650mm	2	448.8	897.6
8	封板 45mm×700mm×1350mm	2	333.8	667.6
9	封板 45mm×770mm×1350mm	2	367.2	734.4
10	封板 40mm×1005mm×1590mm	2	501.8	1003.6
11	封板 45mm×700mm×1200mm	2	296.7	593.4
12	封板 45mm×770mm×1200mm	2	326.4	652.8
13	下节加重箱	1	17824	17824
14	上节门叶结构	1	26834	26834
15	螺栓 M30×120－8.8－Zn.D	60	—	52
16	垫圈 30	60	—	1
17	螺母 M30	60	—	11
18	封板 40mm×1150mm×1170mm	4	422.5	1690
19	螺栓 M24×80	80	—	45
20	垫圈 24	80	—	1
21	封板 45mm×900mm×970mm	2	308.4	616.8
22	中节门叶结构	1	14525	14525
23	M30×140－10.9S	228	—	245
24	垫圈 30	228	—	3.9
25	螺母 M30	228	—	42
26	临时锁定梁	2	580.7	1161.4
27	螺栓 M36×300－8.8－Zn.D	30	—	88
28	垫圈 36	30	—	0.5
29	螺母 M36－8.0－Zn.D	30	—	22
30	下节门叶结构	1	27301	27301
31	封板 45mm×970mm×1040mm	2	356.4	712.8
32	加重块 100mm×200mm×940mm	1388	137.2	190433.6
33	反向滑块	6	8	48
34	螺栓 M24×940	24	—	14.5
35	滚轮结构	10	1735	17350
36	水封装置	1	2938	2938
37	焊缝	—	—	3500
合计				653384.4

3. 泄洪底孔事故闸门安装

泄洪底孔闸门安装工艺流程如图 9.10 所示。

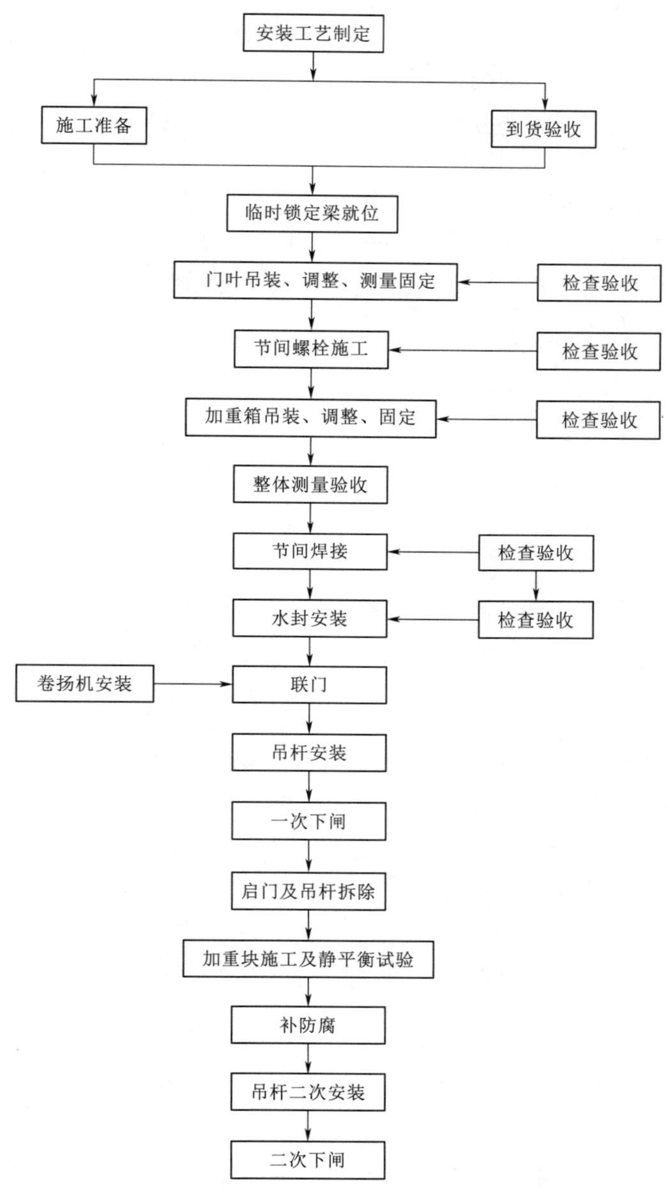

图 9.10 泄洪底孔闸门安装工艺流程图

闸门拼装前对门槽进行清理及检查，门槽的清理包括门槽主反轨、侧轨、导轨道面上的混凝土沾浆、杂物等物品，清除后为防止后续施工继续污染，可用润滑脂涂抹。

下节门叶重 34.24t，采用 S1200K46 塔机将下节门叶吊装至临时锁定梁上，并利用焊接在钢排架上的吊耳与门叶侧面临时锁定梁部位的螺栓用缆风绳固定，并在门叶水封座板中心部位垂挂直径为 0.25～0.3mm 的细钢丝线检测门叶垂直度，调整满足要求后进行下道工序。吊装中节门叶结构（17.995t），吊装就位后在节间设置脚手架及防护网并在门叶水封座板中心悬挂垂线进行门体垂直度检测，同时采用 M30 普通螺栓进行临时固定（节与节间原则上不少于 8 颗）且对称加固。中节门叶调整合格后，吊装上节门叶，上节门叶重 33.783t，就位后采用 M30 普通螺栓临时固定并进行门叶整体调整施工。门叶之间及上节门叶与下节加重箱之间采用高强螺栓连接，门叶结构调整合格后进行高强螺栓施工，高强螺栓终拧扭矩为 1755N·m，初拧扭矩、复拧扭矩为终拧扭矩的 50%。

泄洪底孔事故闸门现场需焊接的焊缝有：上、下节加重箱节间焊缝，门叶节间及门叶与下节加重箱间的封水焊缝，加重块安装部位封板焊缝，滚轮调平后固定焊缝，加重箱锁定部位焊缝，水封座板与垫板之间的角焊缝。焊缝无损探伤长度占焊缝全长的百分比不少于表 9.51 的规定。

表 9.51　　焊接无损探伤长度

钢　种	板厚/mm	超声波探伤/%	
		一类焊缝	二类焊缝
碳素钢	<38	50	30
	≥38	100	50
低合金钢	<38	50	30
	≥38	100	50

注　局部探伤部位包括全部丁字缝及每个焊工所焊焊缝的一部分。

泄洪底孔事故门水封装置为“山”形水封。止水橡皮安装后平直，两侧止水中心距离和顶止水中心至底止水底缘距离的允许偏差为±3.0mm，止水表面的平面度为 2.0mm。闸门处于工作状态时，止水橡皮压缩量符合图样的规定。止水橡皮的螺孔位置与门叶或止水压板上的螺孔位置一致，孔径比螺栓直径小 1.0mm，在安装过程中严禁烫孔。当均匀拧紧螺栓后，其端部至少低于止水橡皮自由表面 8.0mm。根据门槽埋件测量成果，检测到货门叶止水橡皮顶面与定轮踏面间尺寸，调整门叶止水橡皮，使门叶止水橡皮顶面与定轮踏面间尺寸与门槽主、反轨间距相匹配。门叶止水橡皮顶面与定轮踏面间距以及滑道与定轮踏面间距偏差控制在－1～＋3mm。

吊杆安装完成后将闸门锁定至门楣位置（由上至下第 2 节吊杆），收到业主指令后将闸门落至底坎上挡水。在下闸前，对底坎位置进行清理。同时逐孔进行启闭试验，在全行程运行一次，检查闸门是否有卡阻现场，运行是否平稳，在最低位置时，止水是否严密，有条件的情况下用灯光或其他方法检查止水橡皮的压缩程度，不应有透亮或有间隙。由于闸门为上游止水，在支承装置和轨道接触后检查。闸门下闸完成后，左孔闸门处于闭门状态，门槽顶部在高程 641.00m 左右设置封堵平台，封堵平台二次利用，安装时避开吊杆位置，并在门槽及吊杆与封堵平台间的间隙采用棉纱塞严，右孔闸门提升至门楣位置，使生态水不断流，同样在门槽顶部设置封堵平台，防止上部混凝土浇筑时杂物落入门槽。

4. 主要资源配置

泄洪底孔事故闸门安装施工的主要设备配置情况见表 9.52，安装劳动力计划见

表 9.53。

表 9.52　　泄洪底孔事故闸门安装施工主要设备配置

序号	设备名称	型号及规格	单位	数量
1	塔机	S1200K46	台	1
2	平板拖车	40t	辆	1
3	载重汽车	8t	台	1
4	电焊机	ZX－400	台	5
5	吊车	50t	台	1
6	千斤顶	16t/5t	个	5
7	倒链	15t	个	8
8	倒链	5t、3t	个	各 15
9	钢丝绳	ϕ30、ϕ20、ϕ16	m	各 20
10	焊条烘烤箱	—	个	1
11	焊条保温桶	—	个	6

表 9.53　　泄洪放空底孔事故闸门安装劳动力计划

序号	工种	人数	序号	工种	人数
1	管理人员	2	5	司机	3
2	电焊工	4	6	安装工	10
3	普工	8	7	起重工	2
4	电工	1	合计		30

9.3.6　底孔钢衬安装

1. 工程概况

放空泄洪底孔事故闸门进水口，起始桩号为左（右）底上 0＋010.406 至泄洪洞末端设有钢衬。钢衬为左、右两孔，分别布置在 5 号坝段和 6 号坝段内，坝内钢衬底板高程 550.00m，出口段钢衬安装高程 543.17～558.049m。钢衬面板采用双相复合钢板，材质为 2205＋Q345B，厚度为 4mm＋16mm。其分片制作，现场拼装组焊，背面焊有 T 形梁或筋板，筋板设有通浆孔。钢衬外壁设有“∩”形 ϕ32（Ⅲ级）锚筋，锚筋外形长度 L 为 1.2m，左右钢衬锚筋数量共 6268 根，锚筋工程量 106.556t。单条钢衬平均工程量 431.489t（含锚筋），左右钢衬合计总工程量 862.978t（含锚筋）。

2. 主要工程量

本标段放空泄洪底孔钢衬分左、右底孔，共 2 条。安装工程量为：2 条×431.489t/条＝862.978t（不包含内支撑附件）。详见表 9.54。

表 9.54　　三河口大坝工程左（右）放空泄洪底孔钢衬安装工程量

编号	数量	单重/kg	合重/kg	备　注
1	2	8170	16340	左右孔
2	4	12930	51720	左右孔
3	2	1664	3328	左右孔
4	2	4050	8100	左右孔
5	12	3835	46020	左右孔
6	2	3891	7782	左右孔
7	2	2136	4272	左右孔
8	2	2773	5546	左右孔
9	4	3499	13996	左右孔
10	4	7665	30660	左右孔
11	4	8301	33204	左右孔
12	4	5673	22692	左右孔
13	4	3008	12032	左右孔
14	4	535	2140	左右孔
15	2	4727	9454	左右孔
16	2	2296	4592	左右孔
17	20	3934	78680	左右孔
18	4	4727	18908	左右孔
19	12	7295	87540	左右孔
20	8	6885	55080	左右孔
21	8	6668	53344	左右孔
22	4	6209	24836	左右孔
23	4	5085	20340	左右孔
24	4	2600	10400	左右孔
25	2	1837	3674	左右孔
26	2	2742	5484	左右孔
27	2	3945	7890	左右孔
28	1	4768	4768	左孔
29	1	3684	3684	左孔左侧
30	4	4903	19612	左孔左侧
31	1	2675	2675	左孔左侧
32	1	2878	2878	左孔右侧

续表

编号	数量	单重/kg	合重/kg	备　注
33	4	5273	21092	左孔右侧
34	1	3975	3975	左孔右侧
35	1	4768	4768	右孔
36	1	3975	3975	右孔左侧
37	4	5273	21092	右孔左侧
38	1	2878	2878	右孔左侧
39	1	2675	2675	右孔右侧
40	4	4903	19612	右孔右侧
41	1	3684	3684	右孔右侧
42			1000	定位板
左右钢衬合计			756422	
43	2×3134 根	53278	106556	锚筋 ϕ32（Ⅲ级），6268 根
单条合计平均重量			431489	其中，左底孔（钢衬＋锚筋）：78.057t＋53.278t＝431.335t
左右钢衬重量合计			862978	其中，右底孔（钢衬＋锚筋）：378.365t＋53.278t＝431.643t

注　钢衬重量不含内支撑重量。

3. 总体规划

消力塘布置有 1 台 M1500－63 固定式塔机，1 台 MZQ1000－30 高架门机与土建施工共用，用于泄洪放空底孔钢衬的安装；需要时配备 1 台 50t 汽车吊、1 台 25t 汽车吊用于辅助起吊工作。将钢衬单片运输至 M1500 塔机或 MZQ1000 门机下方，吊至坝面放空泄洪底孔安装区进行安装。在安装部位附近适当部位布置工具房、电焊机、空压机等施工设备。工具房为集装箱式，小型设备、工器具等统一放置于工具房内便于用塔机吊放，工具房可兼作值班室。电焊机等设备摆放在起重笼内，吊放到工作位置。安装现场就近从土建施工时布置的配电设施接引电缆线，设置小型配电盘，用于设备安装时的供电。主要施工人员见表 9.55，拟投入本工程的设备见表 9.56。

表 9.55　　拟投入本工程的施工人员

序号	岗位名称	数量	备　注
1	安装工	12 人	安装一、二班。每个班组 6 名安装工、10 名焊工、2 名起重工
2	焊工	20 人	
3	起重工	4 人	
4	电工	2 人	综合班
5	无损检测人员	1 人	
6	司机	2 人	
7	辅助人员	8 人	

表 9.56　　拟投入本工程的设备及工器具

序号	名　称	型号规格	数　量	序号	名　称	型号规格	数　量
1	塔机	M1500	1 台	14	螺丝刀（一字、十字）	75～300mm	各 2 把
2	高架门机	MZQ1000	1 台	15	角磨机	电动 ϕ150mm	4 台
3	汽车吊	50t	1 台	16	千斤顶	5t 、10t、20t	15 台
4	汽车吊	25t	1 台	17	卡环	5t、10t、25t	各 2 付
5	拖 车	60t	1 辆	18	钢板尺	1000mm	2 把
6	逆变焊机	ZX7－500	2 台	19	钢卷尺	5m、10m、50m	各 2 把
7	逆变焊机	ZX7－400B	10 台	20	直角尺	300mm、500mm	各 2 把
8	CO_2 气体保护焊机	NB500	10 台	21	超声波探伤仪	汉威 HS－600	1 台
9	手拉葫芦	5t、10t、20t	15 台	22	X 射线探伤仪	XXQ－3005	1 台
10	焊条烘干箱	ZYHC80	1 台	23	水准仪	AL328	1 台
11	移动式空压机	0.9m^3/min	1 台	24	经纬仪	TDJ2E	1 台
12	砂轮切割机		1 台	25	焊缝尺		2 把
13	活动扳手	8－12	各 2 把	26	履带式加热板	300mm×1000mm	12 片

4. 钢衬安装

(1) 泄洪放空底孔钢衬安装。

1) 钢衬结构特点。钢衬由进口段、孔身段和出口段组成，结构如图 9.11 所示。孔身体段钢衬典型断面尺寸为 4.0m（宽）×7.7m（高）。钢衬衬板材料为不锈钢复合钢板，复层材质（过流面层）为奥氏体-铁素体型双相不锈钢 022Cr23Ni5Mo3N（S22053/2205），厚度 4mm，基层材质为热轧低合金高强度结构钢 Q345B，厚度 16mm。钢衬单节设计为对接环缝不在同一截面上，施工难度大，如图 9.12 所示。

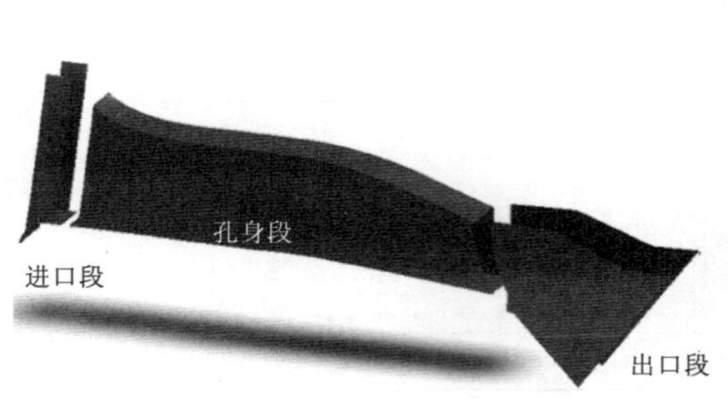

图 9.11　钢衬结构示意图
（肋板、通气孔和锚筋未示意）

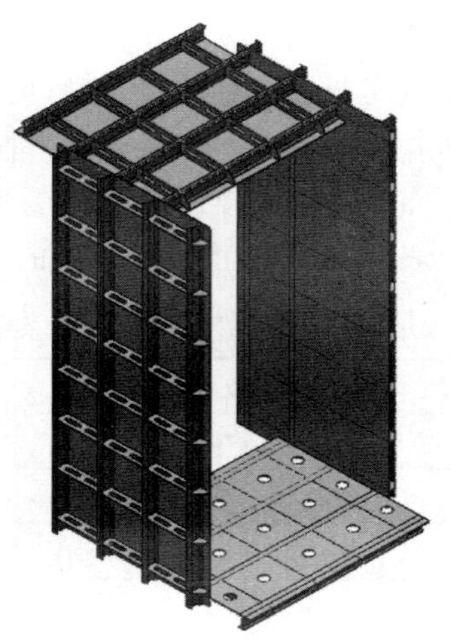
图 9.12　钢衬单节结构

2）钢衬的吊装。坝内钢衬底面高程为550.00m，出口段钢衬安装高程为543.17～553.82m。考虑到放空底孔处于坝体下游面，单片钢衬到货后卸至大坝下游消力塘MZQ1000高架门机或M1500固定式塔机起吊范围内，水垫塘部位的顶面高程为514.00m，考虑到起吊半径、臂架长度、吊物重量等综合因素，使用M1500固定式塔机作为钢衬的起吊设备。

3）安装工艺简述。由于单节钢衬顶、底板错缝的结构型式不适于节段框架安装，因此采用单片安装。为最大程度减少塔机占用时间，并将钢衬安装所占用的直线工期时间缩短，以减小对大坝浇筑的影响。在钢衬下部设置支承轨道和支撑腿进行支承，在两侧设置可调节的撑杆进行支撑固定。

4）安装方案。安装工艺流程如图9.13所示。单孔钢衬安装将始装节定在孔身段进水口事故闸门门槽上、下游，分别向中间进行安装，以加快安装进度。孔身段底板一次吊装就位，调整好后安装侧板，最后盖顶板，调整、固定。

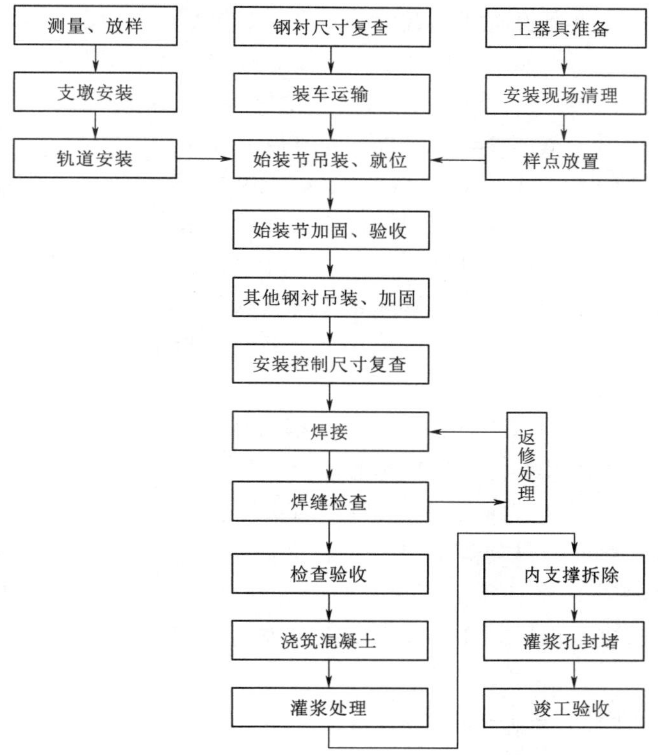

图9.13 钢衬安装工艺流程图

5）进水口段、孔身段、出口段的安装。

a. 安装准备、轨道敷设。大坝混凝土浇筑接近钢衬底衬高程548.50m后进行钢衬轨道安装。支承钢架是实现钢衬调整、定位安装的基础，故底座必须牢固、可靠，在混凝土浇筑至各钢衬安装高程时，分别在底座下相应部位插筋固定埋件以进行支承钢架固定。为便于钢衬调整、移动，底座上安装I20工字钢作为移动轨道，其安装高度按照工字钢顶部低于钢衬底部理论安装高程50～70cm，需避开钢衬周围的钢筋网。对支撑轨道的顶面高程进行测量，按实测值推算出的安装高度在钢衬对应位置底部的加劲肋上焊接支腿，以减少钢衬安装时的高程调整工作，实现快速就位安装。

b. 安装基准控制点、线的测放。为了保证钢衬安装的准确性，在每节管口下部中心点的投影点位置设置控制样点，用以控制钢衬的安装几何位置。另外，还设立高程水准控制点来控制钢衬的高程。根据设计图纸，采用全站仪放置钢衬安装时用的里程、中心、高程等控制样点，并经监理人检查认可。所有测量仪器必须达到测量规范要求并经国家认可的检测部门校正。样点位置预埋金属块，并保证金属块的牢固性，然后在其表面用钢针划出明显线条，交点打上样冲，样冲直径不宜超过 1.0mm。

c. 始装节安装。孔身段始装节定在进水口事故闸门门槽上、下游端部，由始装节开始向中部逐节进行安装。始装节安装的要点是控制管口中心、高程和里程，并进行加固。安装时，先进行中心的调整，用千斤顶调整钢衬，用吊线锤方法进行监控，使钢衬的下中心点的投影点对准预埋的控制点，并将钢衬调整到要求的高程。合格后在钢衬支腿与轨道间隙之间打入楔形铁，重新检测和调整中心、高程、里程，这样反复数次，直到满足安装设计要求后进行加固。加固完成后再次进行中心、高程、里程的检测，并做好记录。钢衬始装节的安装质量的控制好坏，直接影响到其余管节安装的质量，必须严格控制安装位置。始装节就位后须用全站仪复核其里程、高程以及孔口中心线。

d. 其余管节安装。始装节安装加固合格后进行后续钢衬安装，采用千斤顶调整，使管节的上、下游管口中心、里程、高程符合安装设计要求，并进行压缝，注意控制钢衬错边和环缝间隙。当钢衬调整和初步加固完成后，检查钢衬的接缝错边情况，以及轴线偏差、管口的中心偏差和里程偏差。钢衬起点、终点以及弯段起点、终点部位均应作为检测控制的重点。始装节的里程偏差不超过±5mm，弯管起点里程偏差不大于±10mm，始装节两管口垂直度偏差不大于 3mm。

e. 安装过程。因采用底板一次铺设、单节框架依次安装的方式，安装前需整体放样，并焊接定位板，以便于吊装就位。依次吊装两个单片侧板，用吊垂线和直角尺检查的方式控制相关尺寸。检查上下开口的尺寸和相互位置关系，合格后用内支撑在内侧进行支撑加固，以防止在焊接钢衬面板纵向焊缝时产生较大焊接变形。内支撑采用井形，与钢衬内壁接触面设置橡胶板，用螺杆调节顶紧。当所有项目均满足要求后再次进行加固，防止环缝焊接产生移位。进水口段、孔身段内支撑及安装加固示意如图 9.14 所示，钢衬孔身

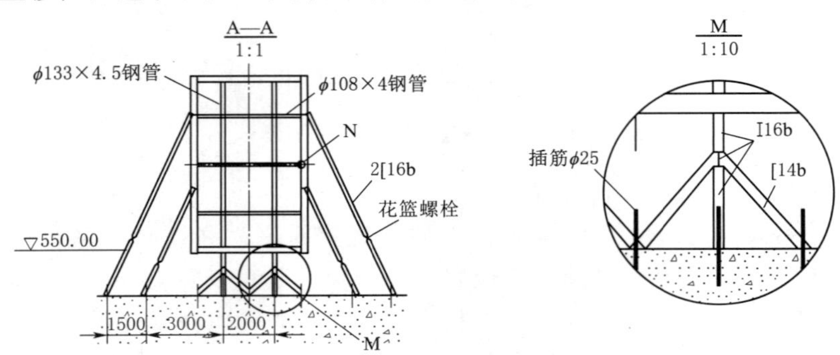

图 9.14　进水口段、孔身段内支撑及安装加固示意图

段安装过程如图 9.15 所示，出口段钢衬安装步骤示意如图 9.16 所示。

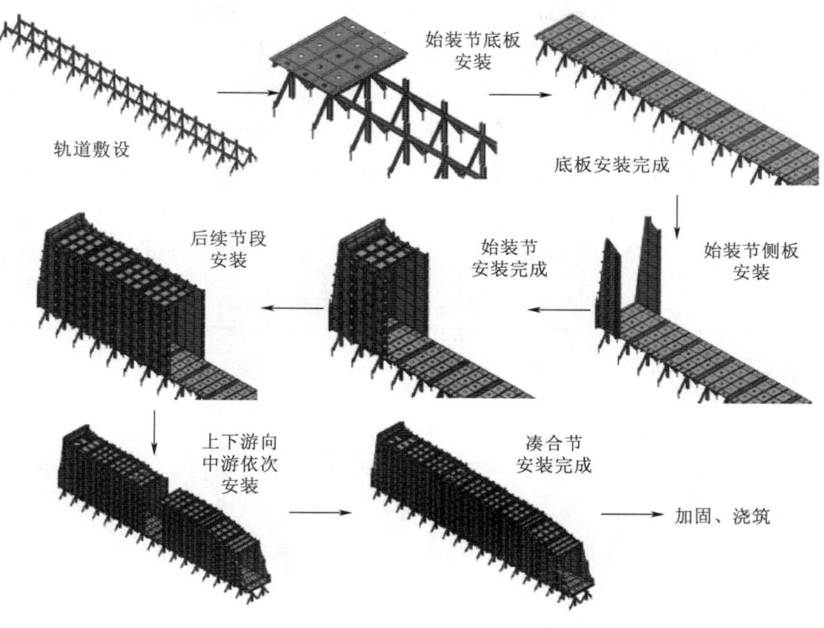

图 9.15 钢衬孔身段安装过程示意图

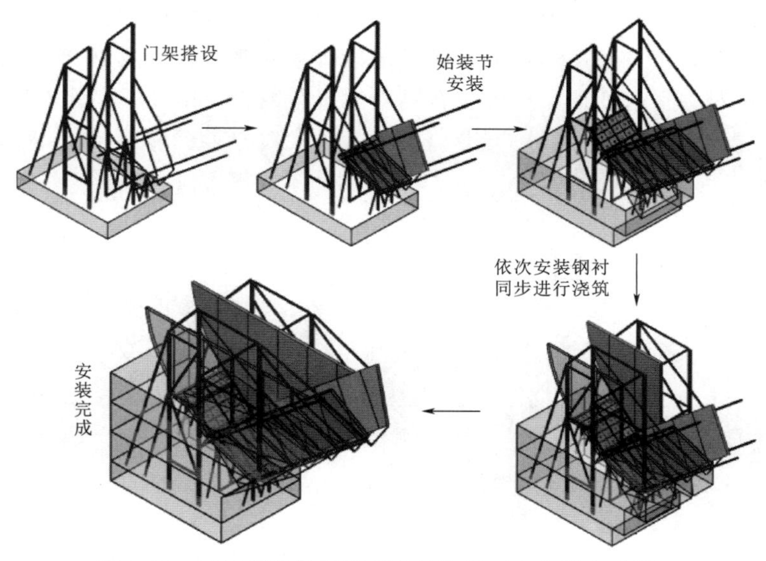

图 9.16 出口段钢衬安装步骤示意图（内支撑未示意）

6）钢衬拼缝、固定。钢衬就位后进行拼缝、固定。钢衬拼缝时，先对钢衬底衬、侧衬、顶衬的中线进行对位、焊接固定焊，然后以此 4 点为起点，分 4 组朝同一方向进行拼缝。钢衬固定分为底座支承固定、钢衬内部支撑、外部槽钢斜拉固定。钢衬内支撑待混凝土浇筑完成后拆除，支承钢架和侧向拉槽钢则与钢衬一同永久埋于混凝土内。

钢衬定位后，将焊接固定在底衬肋板上的支腿与轨道焊接连接，使钢衬与支承钢架形成一个刚性整体结构。在混凝土浇筑时，为防止由于钢衬两侧混凝土浇筑不均衡而造成其发生侧向移动，则在钢衬两侧沿水流方向布置槽钢侧向拉杆；为防止由于混凝土侧向和顶部压力造成钢衬变形，则在钢衬内部设置井形内支撑。根据工程施工合同，钢衬制作单位应按框架单元（包含钢衬安装内支撑）交付安装单位，但因本工程钢衬结构型式不适用于框架组装后安装，因此将钢衬单节框架组装焊接、内支撑制作及装配交由安装单位完成。内支撑根据钢衬分节情况，一般取距管口 0.5m 进行布置，并将各钢衬支撑连接成刚性较强的整体，其工程量预估见表 9.57。

表 9.57　　钢衬安装内支撑材料工程量估算

序号	名　称	规　格	数　量	总重/kg
1	竖撑	ϕ133×4.5	680m	9697.48
2	横撑	ϕ108×4.0	1760m	18057.60
3	横向连接角钢	∠56×5	880m	3740.88
4	调节丝杠	M36	780 套	1170.00
5	橡胶板	δ10	780 块	78.00
小计/kg				32743.96

（2）钢衬焊接。

1）单节钢衬组拼焊接。单节钢衬组拼焊接在组拼胎模上进行，先焊接面板之间的组合焊缝，然后焊接加劲肋对接焊缝，最后焊接加劲肋与面板的组合焊缝。四角的组合焊缝同时安排 4 名焊工焊接，单条焊缝采取跳跃分段焊接。加劲肋对接焊缝焊接时对称进行，以防钢衬受热不对称引起变形。所有复合钢板焊接必须先焊接基层焊缝，后焊接过渡层和复层焊缝。复合钢板对接焊缝坡口尺寸（坡口型式以制造厂家为准）及焊接层道如图 9.17 所示。

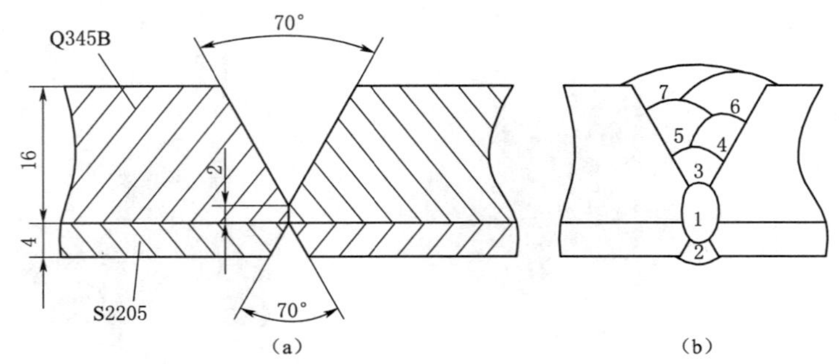

图 9.17　合钢板对接焊缝坡口尺寸（坡口型式以制造厂家为准）及焊接层道
（a）复合钢板对接焊缝坡口尺寸；（b）复合钢板对接焊缝焊接层道

2）钢衬工地安装焊缝焊接。钢衬工地安装焊缝涉及平焊、立焊和仰焊等多个焊接位置的焊缝焊接，安装加固经复测合格后先进行加固定位焊，加固定位焊缝在基层外侧，定位焊缝需严格按正式焊缝的要求进行焊接。正式焊缝焊接时，先焊内侧过渡层和复层焊

缝，外侧连同定位焊一并清根后焊接基层焊缝，焊接时遵循对称和分段退步焊的原则。

钢衬焊接时需做好防风和防雨措施，在孔身段设置移动式防雨篷对焊缝部位进行保护，内侧焊缝焊接时将管口一端进行封闭以防止穿堂风和挡住外来大风。防雨防风棚使用状态如图 9.18 所示。

3）锚筋焊接。钢衬外布置有锚筋，锚筋按图纸规定焊接在加劲肋上，搭接长度按设计图纸和有关规范确定。

4）检验、缺陷处理。焊缝内部或表面发现有裂纹时，必须进行分析，找出原因，制定措施并报监理人批准，方可进行返修。焊缝内部缺陷须采用碳弧气刨或砂轮清除干净，并用砂轮修磨处理，补焊前严格检查确认缺陷消除后，方可进行返修。返修的焊缝用 UT 或 RT 复验，同一部位的返修次数一般不超过 2 次。超过 2 次需制订可靠的技术措施，经监理人批准后，方可返修，并做记录。

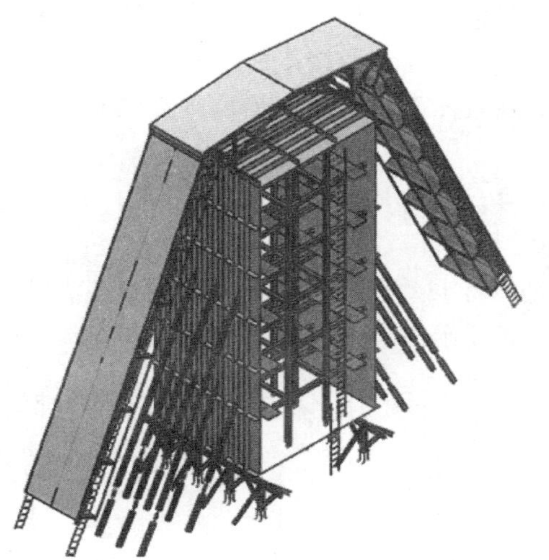

图 9.18　防雨防风棚使用状态示意图

（3）钢衬安装质量主要控制标准。安装后钢衬迎水面局部平面度公差不大于 3mm；对于弧形工作闸门前的钢衬，每 8m 长度范围内直线度公差不大于 4mm；弧形工作闸门后的钢衬，局部平面度公差不大于 2mm，每 8m 长度范围内直线度公差不大于 3mm；对于弧形工作闸门前的钢衬，应避免“八”字或倒“八”字形状，垂直度不大于 1/1000 且不大于 4mm，平行度误差不大于 1/1000 且不大于 4mm，组合处错位不大于 2mm，焊接后打磨平整，错台不应大于 0.5mm。其余安装尺寸应符合《水利水电工程钢闸门制造、安装及验收规范》(GB 14173—2008）中 8.1.10 的要求，即水平钢衬高程极限偏差为±3mm；侧向钢衬至孔口中心线距离极限偏差为＋6～－2mm；表面平面度公差为 4mm；垂直度公差为高度的 1/1000 且不大于 4mm；组合面错位应不大于 2mm。

（4）迎水表面缺陷修整。钢衬内表面的突起处，应打磨平整，不平度不大于 0.5mm，手摸处不应有凸起感。局部凹坑，若其深度不超过 2mm 时，应使用砂轮打磨，使钢板厚度渐变过渡，剩余钢板厚度不得小于原厚度的 90%；超过上述深度的凹坑，应按监理工程师批准的措施进行补焊，并按“安装技术要求”的规定进行质量检验。

（5）安装焊缝及油漆损坏部位补涂。在安装焊缝两侧各 200mm 范围内以及涂层损坏处，内外表面按规定进行除锈及补刷涂料。

（6）内支撑拆除。钢衬内支撑待混凝土浇筑已覆盖钢衬顶部一定高程后，方可拆除，拆除后的内支撑从上、下游出口处吊出。

（7）接缝灌浆。混凝土浇筑结束后，用木槌锤击洞室段底部和侧墙，如脱空面积大于 $0.5m^2$ 时做好标记，进行接缝灌浆。第一次灌浆初凝后，再次锤击钢衬内表面，如发现脱空面积大于 $0.5m^2$ 时，再次进行接缝灌浆，直至脱空符合要求。接缝灌浆压力值不大于

0.15MPa，应严格控制灌浆压力，避免局部鼓包。灌浆时应及时清理外流的浆液，如黏结混凝土应采取合理措施清理，避免出现钢衬表面的破损。灌浆后螺栓拧紧，表面用不锈钢焊条封孔，表面不锈钢焊厚度不小于 3m。

（8）灌浆孔封堵。混凝土浇筑且接缝灌浆完成后，旋下保护孔塞。灌浆孔封堵前进行临时保护。封堵时按照事先制定好的封堵工艺进行，将灌浆孔内的灰浆等杂物清除干净，然后旋上孔塞及防渗石棉，封焊灌浆孔。将塞焊部位焊缝打磨平整，用着色渗透探伤检查焊缝表面有无裂纹，最后进行灌浆孔部位的清理除锈，补刷涂料。

9.4　供水系统金属结构

供水系统金属结构主要包括两大部分：闸门及埋件、启闭设备和压力钢管，涉及闸门门体及闸门轨道以及厂房段压力钢管和支管安装。

9.4.1　闸门门体及闸门轨道设计与施工

1. 施工特性

金属结构安装时涉及多种金属结构安装种类，分布在厂房的各个施工部位。安装主要内容包括闸门、门槽埋件、启闭机设备、各种阀门及流量计等。因此，开工前应合理安排施工计划，将人员、设备配置到位，考虑好各种协调因素，做好相关技术工艺、组织准备工作。金属结构安装过程中，要利用土建混凝土浇筑的起吊设备进行吊装，避免各工序相互干扰，直接影响土建施工。

2. 施工程序

闸门门体及闸门轨道施工工艺流程为：闸门及启闭机→一期埋件安装→闸门及启闭机按照门槽安装方法进行安装→启闭机（门机）安装→门叶安装（门机未安装完成前用塔机安装）。其二期埋件一般取混凝土浇筑至闸门顶部以上位置时开始安装，后续埋件安装滞后混凝土 2～3 节埋件高度施工。启闭机待其平台形成后开始安装。

3. 施工方法

（1）一期埋件制作及安装。一期埋件制作和安装包括各类闸门一期埋件、启闭机基础埋件等。门库及闸门一期埋件的主要类型通常为一期插筋、预埋锚板、预埋管等，主材材质一般为 Q235、Q345，型材主要为螺纹钢、圆钢、槽钢及工字钢，其制作遵循设计及国家规范要求。

一期埋件的安装与混凝土施工同步进行，随厂房混凝土上升自下而上的顺序进行。同时，各类一期埋件安装根据相应厂房混凝土的实际浇筑进度而定。一期插筋埋设结合土建进度同步进行，以安装测量点为基准进行安装。预埋锚板按照要求埋设后进行加固，以免混凝土浇筑时产生移位。预埋管安装时应对管口进行封闭保护。

（2）平面闸门门槽埋件安装。平面闸门门槽埋件安装的技术方案为：待安装单元由平板运输车运至塔机吊物点或闸室顶部，利用塔机等现场起重设备吊装至安装位置，通过链条葫芦及千斤顶等调整到位后安装。安装过程中，必要时可搭设脚手架、自制专用吊篮等以方便施工。安装的程序为：安装准备→底坎吊装、就位、固定→检查验收→二期混凝土

浇筑→主、反轨、门楣（如果有）吊装、就位、固定→检查验收→门槽二期混凝土浇筑→打磨、清理→防腐涂装→复查验收→拆除临时设施。

底坎安装时，按照设置的孔口中心线、门槽中心线及底坎高程进行定位、调整。底坎吊装到位后，利用5t手拉葫芦以及千斤顶调整、精确定位。定位时，先焊接少量锚筋（不少于8根）与埋件连接焊缝，底坎定位无误后将其与一期插筋焊接牢固。焊接时，先焊接底坎间连接焊缝，后焊底坎与插筋连接焊缝。按照从中间往两边、偶数焊工对称施焊的焊接原则进行焊接。安装完成经检查合格后，在5～7d内浇筑二期混凝土，浇筑时应注意防止偏击并采取措施捣实混凝土。

主、反轨安装以门槽中心线、孔口中心线作为安装基准，分节进行安装。主、反轨安装单元起吊就位后，利用5t手拉葫芦以及千斤顶进行精确调整、定位。主、反轨调整符合要求后，先焊接主、反轨、门楣节间连接焊缝，后焊接主、反轨与锚筋连接焊缝。

各埋件焊接完成后，打磨各接头部位焊缝表面，特别是各工作表面（含水封工作面）必须保证平缓过渡，打磨平整。埋件安装完成后进行检查验收，合格后清除所有安装临时支撑、吊耳及其他杂物等，并对安装焊缝两侧各100mm以及安装损坏部位进行涂装。

4. 门机轨道安装

安装方案主要采用待安装单元由平板运输车运至尾水平台，利用塔机吊运至待安装部位，通过链条葫芦及千斤顶等调整到位后安装。安装前检查各向弯曲及扭曲偏差是否符合标准，清理、校正安装面的插筋，并测量放出梁的中心线高程点（即轨道中心线），测量跨距。

轨道安装时，从轨道起点选定轨道两端部位置的锚筋、垫板，用水平仪进行调整定位并焊接牢固，每节轨道（12.5m）一般设4块进行调整。然后将轨道吊到上述垫板上，安装压板对其进行加固，再将该节轨道其余垫板连同锚杆、压板逐一安装。在此过程中用仪器检测轨道两端高程、里程及轨道间的跨度，轨道的接头在左、右、上三面的偏移不应超过1mm，接头留有间隙。轨道的伸缩缝应与混凝土的伸缩缝相错，两平行轨道的接头应错开，焊接加固完毕复测合格后浇筑二期混凝土。其余轨道根据混凝土浇筑情况逐段进行安装。挡头安装时，根据门机缓冲器安装情况，调整挡头安装位置，使轨道两侧挡头与缓冲器均能接触。

5. 闸门安装

各分节门叶在堆放场时，将侧轮装置、滑块等附件与门叶结构组装成一体，并做出安装标记。各安装单元用平板运输车运至闸室顶部，利用土建施工塔机或已安装完毕的尾水门机将各单节门叶吊入门槽并锁定在尾水平台上进行立式拼装。安装的工艺流程为：锁定装置就位→底节门叶单元就位、调整、锁定→顶节门叶单元就位、调整→顶节、底节门叶单元连接→闸门提出孔口锁定→水封组装→无水下门试验。

门叶单元安装时，采用土建施工塔机或已安装完毕的门机吊装底节门叶单元吊入闸室内，并用锁定装置锁定在安装平台，使节间连接位置处于安装工作平台处，进行立式拼装。因各分节门叶单元在金属结构堆放场，即已将侧轮装置、滑块等附件与门叶结构组装成一体，故组装时，仅需将各节间单元焊接或螺栓连接或销轴连接即可。门叶定位后，焊接节间采用定位焊，定位焊长度取80mm，间距300mm，焊缝高度取6mm。为控制门叶焊接变形，焊接过程中宜取较小焊接规范，并采用吊锤方式检测其整体平面度。节间采用螺栓连接时，螺栓应均匀拧紧，节间橡皮的压缩量应符合设计要求。底节门叶结构就位后，利用启闭机依次吊装各门叶单元，就位、连接时，根据在堆放场内所设安装标记进行调整，门叶整体平面度采用垂线方式检测。门叶组装完成后，进行水封装置组装，组装前采用专用水封钻具加工水封部位螺栓孔，严禁采用烫孔法。同时，要对焊缝区和损伤区进行防腐，再对整个闸门进行最后一道面漆涂刷。

安装完毕后进行静平衡试验，将闸门自由地吊离地面 100mm，通过滚轮的中心测量上、下游方向与左、右方向的倾斜，单吊点平面闸门的倾斜不超过门高的 1/1000，且不大于 8mm，如超过规定时，进行配重调整。各扇闸门利用尾水门机逐孔进行下闸试验时，入槽前清除门槽内所有杂物，将滑块支承面涂钙基油脂，水封橡皮与不锈钢水封座接触面在闸门下降和提升全程采用清水冲淋润滑。下门过程中要用塞尺配合灯光检测，以确认闸门滑块与主轨承压面的配合、水封橡皮压缩量、门叶与门槽间的配合间隙等项目是否符合设计要求。

6. 启闭机安装

(1) 固定卷扬式启闭机安装。退水闸门启闭机采用固定式卷扬机，型号为 QPQ2×1000kN－22m，布置在导流洞封堵处，启闭平台高程为 562.52m。固定卷扬式启闭机动滑轮组吊耳与闸门吊耳相连。它由起升机构［起升机构包括卷筒装置、减速器（含润滑油）、电动机、液压推杆制动器、联轴器、动滑轮组、定滑轮组、导向滑轮组、平衡滑轮装置、荷载限制器、高度指示器、行程限制器、钢丝绳等］、机架及电控系统等组成。固定卷扬式启闭机的安装工艺流程如图 9.19 所示。

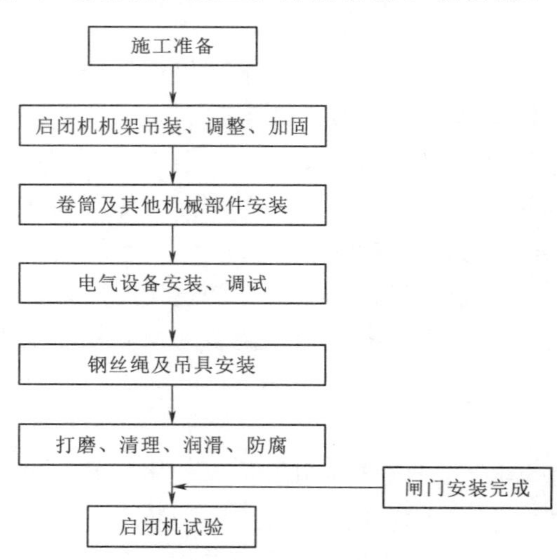

图 9.19　固定卷扬式启闭机的安装工艺流程图

启闭机安装前，认真清理各安装部件，并清除各类杂物。确认安装启闭机的基础建筑物稳固安全，在混凝土强度尚未达到设计强度时，不准拆除和改变启闭机的临时支撑，更不得进行调试和试运转。启闭机机架吊装至启闭机平台一期门槽位置后，以测量放样设置的起吊纵、横向中心线为基准，利用手拉葫芦、千斤顶调整启闭机机架位置。调整完成经检查符合要求后，将机架与一期门槽连接，连接需符合设计及规范要求。大吨位启闭机卷筒装置需作为单元运输、吊装。卷筒装置吊装至轴承座上后，采用千斤顶等调整工具进行开式齿轮中心距及齿轮间隙的调整。最后进行启闭机相关附件安装。高强螺栓施工采用专用扭力扳手拧紧，最后采用检测扭力扳手抽检。钢丝绳安装前，先消除缠绕应力再进行装配。钢丝绳安装时，应有序逐层缠绕在卷筒上，不得挤叠或乱槽。当吊具在下极限时，钢丝绳留在卷筒上的圈数应符合设计要求。当吊具在上极限位置时，钢丝绳不缠绕到光圈部分。

启闭机安装完成后，拆除所有安装用的临时焊件，修整好焊缝，打磨焊缝表面，保证其表面粗糙度与原构件一致。启闭机安装完成并检查合格后，清除启闭机上渣滓及其他杂物，并对启闭机金属结构表面进行全面清理、清洗。减速器、制动器及联轴器等按照设计或使用说明要求加注润滑油，各转动部位按设计及规范要求灌注润滑脂。涂装范围包括安装焊缝两侧未涂装的钢材表面、局部油漆破损部位、安装过程中表面涂装损坏的部位以及启闭机安装完成后整体涂装面漆（不小于 50μm 的干膜厚度）。

启闭机接电试验前，认真检查全部接线并须符合图样要求，整个线路的绝缘电阻须大于 0.5MΩ，方可通电试验，并采用本机自身电气设备试验，试验中电动机和电气元件温升不得超过各自允许值，若有触头等元件有烧灼者应予更换。联机调试合格的上述装置，其供调整的螺栓等部位，应用专门的油漆涂封。试验按空载试验、荷载试验和动水启闭试验先后进行。空载试验应符合施工图纸和技术规范要求的各项规定。荷载试验时，先将闸门在门槽内进行无水和静水条件下的试验，全行程升降。启闭机安装调试时期，若水库水位达不到正常高水位，动水试验需水位条件满足后进行。

（2）尾水启闭门机安装。尾水 2×125kN 单向门机，启闭容量 2×125kN。尾水 2×125kN 单向门机安装单元运至尾水平台后，采用土建施工塔机进行起吊安装，单向门机安装完成并经试验后方可启闭闸门。因门机安装占地面积较大，可先对施工场地进行清理。测量放样基准点、线，准备安装用的加固工装、排架脚手管、工器具等。单向门机安装前确定 4 号机所在位置的平台为安装位置，根据门机主要部件尺寸准备一块安装场地作安装平台（作为设备临时存放场地），场地高程为 545.50m。

单向门机轨道验收合格后，利用已布置的塔机把行走轮吊装到轨道预定安装位置上，调整主动轮与从动轮的间距，再将行走轮连接钢梁吊装就位，并按要求用螺栓与行走轮连接，检查合格后将行走机构固定。门机行走机构验收合格后，利用塔机把下横梁、支腿等分别吊装到行走机构的连接钢梁上。根据图纸要求，调整钢梁倾斜度、水平位置等主要控制尺寸，合格后用螺栓把下横梁与行走机构连接，支腿与下横梁连接，并用角钢、钢丝绳等把支腿固定。支腿及横梁安装完并按要求固定后，用塔机把主梁吊装就位，调整钢梁位置及支腿倾斜度等，合格后用高强螺栓连接主梁与支腿。门架形成后，用塔机先将承重梁架吊装就位，然后吊装卷扬装置及其他起升机构，最后与承重梁架进行组装。

门机安装完毕后进行试运转。试运转前对减速器、轴承以及各运转部位等加注润滑油（脂），清除轨道两侧异物，检查所有机械部件、连接部件、各种保护装置的安装情况，检查钢丝绳固定牢固及缠绕方向符合情况，钢丝绳在缠绕前充分放劲，消除扭力，钢丝绳在缠绕过程中不允许发生硬弯、扭结、砸扁平等有损钢丝绳强度和寿命的情况。钢丝绳的固定螺钉等安装齐全，并有防松装置。若安装过程中，钢丝绳被污染，要将钢丝绳清洗干净并按规定涂抹防腐油脂。开式齿轮的啮合侧隙和接触斑点、制动轮摆动值、制动器的闸瓦退距、联轴器两轴的同轴度和端面间隙以及其他调试项目均应符合有关规范及施工图样要求，并测出数值做记录。检查各种电机接线正确情况及其电机转向正确情况等。用手转动各机构的制动轮，使最后一根轴（卷筒轴等）旋转一周，不得有卡阻现象。

9.4.2　厂房段的压力钢管及支管设计与施工

厂房段的压力钢管包括供水压力管道的主管、尾水钢衬、渐变管、岔管和支管及其部件、生态放水管等，分布在不同高程和部位，板厚8～30mm，钢管直径为0.6～4.5m。

1. 施工特性

本工程钢管规格较多，且各规格型号的钢管安装期交叉、重叠，施工中要特别注意合理安排钢管进场计划。并且在钢管安装过程中，存在安装时段集中、工作面重叠、强度极不均衡等问题。压力钢管内壁是高速过流面，因此内壁的平整度、管节的压缝组装质量以及焊缝焊接变形的控制标准都很高，且焊缝长度较长，焊接量大，应采取严格的焊接工艺控制焊接变形，保证焊接质量。

2. 压力钢管安装

压力钢管一般以3m为标准节单元节长度，均由直管段、渐变段、机组支管段等组成。采用施工塔机或75t吊车进行吊装，逐节牵引就位焊接。钢管安装施工与土建施工交叉进行，且存在相互干扰，直接影响总体工期。供水压力钢管及机组支管均属于埋管，故在混凝土浇筑时预留出钢管的部位，待钢管安装后回填混凝土。

第一节钢管安装前，要根据已复核的基准进行中心、高程的调整，检查合格后，用型钢临时将钢管固定于预埋的锚筋上，然后将第二节管段运至安装位置，以第一节钢管为基准调整第二节钢管的中心和高程。弯管安装时，将其下中心对准第一节钢管的下中心，如有偏移可在相邻管口上，各焊一块挡板，在挡板间用千斤顶顶转钢管，使其中心一致。第一节安装好后，为保证管道不发生位移，可先浇筑混凝土。

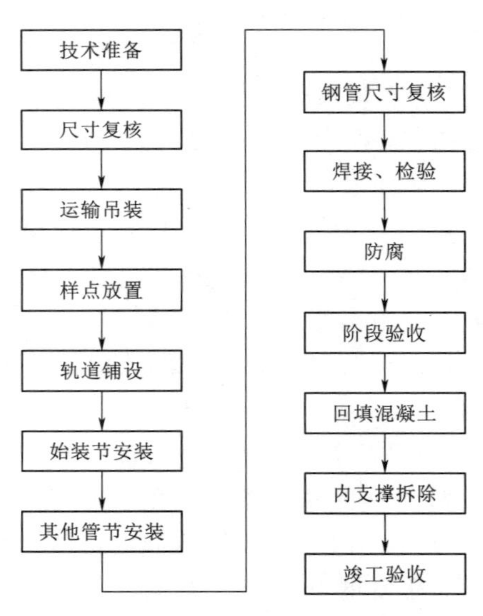

图9.20　钢管安装流程图

岔管采用在加工场组装检查合格后，再分段用汽车运至施工点安装的方法。安装过程与直管段基本相同，先将岔管分部分运到安装地点组合好，之后再与支管同时进行对接。当岔管全部组装完毕后，对支管的中心、高程、里程和倾斜进行复核，无误后将临时支撑焊牢，再进行施焊工作。在混凝土浇筑后进行管道内支撑的切除。

钢管安装流程如图9.20所示。

3. 钢管安装技术措施

（1）安装控制点、线设置。钢管安装控制点为：高程、里程、中心桩号控制点线。利用土建控制网，采用全站仪在合适位置，布置安装控制点线，用来控制钢管安装的高程、里程、中心桩号。控制点线采用水泥钢钉固定，用油漆明显标记。钢管高程利用水准仪进行测量控制，里程采用钢卷尺控制，中心线利用经纬仪控制。

（2）安装支撑轨道布置。尾水压力钢管水平段以钢管中心线为基准，布置2条钢支墩和轨道，道顶面高程比钢管最底面高程低20.00～30.00mm，钢支墩和轨道利用型钢制

造，钢支墩和轨道应具有足够的强度和刚度，以保证钢管吊装就位、调整和加固不发生超过设计标准的位移。

（3）定位节安装。钢管安装由定位节开始按照顺序逐节进行。定位节就位后须用全站仪复核其里程、高程以及孔口中心线。定位节安装时，先进行中心的调整，用千斤顶调整管节，用吊线锤进行监控，使钢管的下中心点和两腰点的投影点对准预埋的控制点，并将管节调整到要求的高程。合格后在管节与支墩间隙之间打入楔形铁，重新检测和调整中心、高程、里程，这样反复数次，直到满足安装设计要求后进行加固。加固完后再次进行中心、高程、里程的检测，并做好记录。其安装质量的好坏直接影响到其余管节安装的质量，必须严格控制安装位置。

（4）其余管节安装。定位节安装加固合格后，进行相邻节的安装，采用千斤顶调整管节，使管节的上、下游管口中心、里程、高程符合安装设计要求后，进行压缝，并注意控制钢管错边和环缝间隙。当钢管调整完成后，检查钢管的焊缝错边情况、轴线偏差、管口的中心偏差和里程偏差。钢管起点、终点以及弯段起点、终点部位均作为检测控制的重点。钢管安装中心的极限偏差应符合表 9.58 的规定。

表 9.58　钢管安装中心极限偏差

钢管内径/m	始装节管口中心的极限偏差/mm	与蜗壳、伸缩节连接的管节及弯管起点的管口中心极限偏差/mm	其他部位管的管口中心偏差/mm
$2<D\leqslant 5$	5	10	20
$5<D\leqslant 8$	5	12	25

钢管的直管、弯管以及附件与设计轴线的平行度误差应不大于 0.2%。始装节的里程偏差不应超过±5mm。始装节两端管口垂直度偏差不应超过±3mm。钢管安装后，管口圆度偏差不应大于 $5D/1000$；至少测量两对直径。沿环缝两侧管口，相邻两内表面之间的最大错位不超过规定的要求。其余项目的偏差不超过设计图纸要求和规范规定。当所有项目均满足要求后进行环缝的焊接。

（5）岔管的安装。岔管分体制造完成后分节运输到岔管安装位置，然后进行岔管的整体拼装。岔管拼装完成并检查合格后进行焊接，焊后再对各焊缝进行检验。岔管整体检查完成后进行岔管的水压试验。

（6）岔管水压试验。水压试验的压力值为设计压力的 1.25 倍，即 2.5MPa。水压试验时，应逐步缓慢升压，达到设计内水压后，稳压 30min，再升压至试验压力。达到试验压力后，再稳压 30min，然后降压至设计内压，稳压 30min 以上，以便有足够时间观测和检查。整个试验过程中，随时检查钢管的渗水和其他异常情况。试验完成后割去临时闷头，余留的管壁长度应满足施工图纸的规定。

（7）凑合节的安装。凑合节安装时，要根据实际测量的两节安装钢管之间的间隙，现场对凑合节进行配割。主要安装步骤如下：

1）测量凑合节位置的实际距离及凑合节的弧长和宽度等尺寸。

2）焊接卡板将凑合节吊到预定位置。调整凑合节坡口加工边与已装钢管对齐，根据已装钢管划出凑合节的切割位置线。用磁力半自动切割机沿切割位置线外偏约 1.5mm 处小心地切割凑合节多余部分，尽量保证切割后焊缝间隙不大于3mm。

3）凑合节安装后进行焊接。焊接前进行错边量的检查，环缝错边量不大于3.0mm，合拢缝坡口间隙不大于3mm，合拢缝若需要堆焊时，堆焊前的间隙不应大于5.0mm，按照规范要求对焊缝进行无损检测和焊缝返修。

（8）钢管的焊接。钢管定位焊应采用已批准的方法进行焊接。为尽量减少变形和收缩应力，施焊前应选定定位焊焊点和焊接顺序。施焊前，应对钢管主要尺寸（高程、里程、周长、圆度等）再次进行检查，有偏差时应及时校正。焊接应从约束较大的部位开始，环缝采用多层多道焊，由偶数个焊工对称焊接。环缝焊接应逐条焊接，管壁上不得随意焊接临时支撑或脚踏板等构件。

（9）钢管接触灌浆。钢管接触灌浆指地下埋管在管外混凝土凝固收缩后，对钢管外壁与混凝土之间进行灌浆，使钢管结构能更好地与混凝土共同工作。应严格按照技术规范要求进行灌浆操作。

9.5 小结

金属结构是水利水电工程重要的组成部分，其施工难度较大，工期要求时间短，因此施工过程中要严格把控质量，各部位按照规范及设计要求施工，保证金属结构在施工与运行期间平稳安全。本章对三河口水利枢纽金属结构中的泄流表孔、泄洪放空底孔以及供水系统金属结构的设计和安装要点等进行了详细的介绍，其金属结构布置合理，各种设备选取合适，施工安全可靠，各方面达到了枢纽金属结构设计的设定目标，对以后类似工程的金属结构设计与安装具有较强的借鉴意义。

参考文献

[1] 彭娴. 多层进水口水力特性数值模拟研究［D］. 天津：天津大学，2014.

[2] VERMEYEN T B. Glen canyon dam multi - level intake structure hydraulic model study［M］. US Department of Interior，Bureau of Reclamation，Technical Service Center，Water Resources Services，Water Resources Research Laboratory，1999.

[3] VERMEYEN T B. An overview of the design concept and hydraulic modeling of the Glen Canyon dam multi - level intake structure［C］. Proceedings of Waterpower，1999.

[4] 张晓莉，王晓萌. 马来西亚巴贡水电站进水口模型试验［J］. 西北电力，2005（2）：59 - 62.

[5] 高学平，董绍尧，宋慧芳，等. 水电站进水口分层取水水力学模型试验研究［C］. 水力学与水利信息学进展，2007，299 - 305.

[6] 柳海涛，孙双科，陈能平，等. 光照水电站分层取水进水口水力特性研究［C］. 水力学与水利信息学进展，2007，306 - 311.

[7] 章晋雄，张东，吴一红，等. 锦屏一级水电站分层取水叠梁门进水口水力特性研究［J］. 水力发电学报，2010，29（2）：1 - 6.

[8] 游湘，唐碧华，章晋雄，等. 锦屏一级水电站进水口叠梁门分层取水结构对流态及结构安全的影响［J］. 水利水电科技进展，2010，30（4）：46 - 50.

[9] 段文刚，黄国兵，侯冬梅，等. 大型电站叠梁门分层取水进水口水力特性研究［J］. 中国水利水电科

学研究院学报，2015，13（5）：380－384，390.

[10] 黄智敏，何小惠，钟勇明，等. 乐昌峡水电站进水口水力模型试验研究［J］. 水电站设计，2011，27（2）：73－77.

[11] 王海龙，陈豪，肖海斌，等. 糯扎渡水电站进水口叠梁门分层取水设施运行方式研究［J］. 水电能源科学，2015，33（10）：79－83.

[12] 张倩倩，徐国宾，宿辉，等. 叠梁门电站进水口流场数值模拟研究［J］. 水电能源科学，2018，36（5）：79－82.

[13] 郑铁刚，孙双科，柳海涛，等. 叠梁门分层取水水温-水动力动态过程模拟及分析［J］. 水利学报，2020，51（3）：305－314.

[14] 王正中，张雪才，刘计良. 大型水工钢闸门的研究进展及发展趋势［J］. 水力发电学报，2017，36（10）：1－18.

[15] 郑克红. 高水头弧形钢闸门三维有限元分析［D］. 南京：河海大学，2005.

[16] 何运林. 水工闸门动态［J］. 水力发电学报，1993（3）：87－97.

[17] 林利芬，张开会. 弧形闸门的有限元分析在液压缸选型中的应用［J］. 时代农机，2015，42（12）：44－45.

[18] 陈震，徐远杰. 基于弹塑性损伤模型的预应力闸墩非线性有限元分析［J］. 武汉大学学报（工学版），2010，43（4）：481－484.

[19] 司建辉，简政，乔明秋. 拱形空腔预应力锚块优化［J］. 武汉大学学报（工学版），2014，47（2）：185－188.

[20] MAO G P. Replacement practice for part column－body concrete by supporting beam and cutting column［J］. Construction & Design for Project，2004.

[21] 范崇仁. 水工钢结构［M］. 北京：中国水利水电出版社，2008.

[22] 陈绍蕃. 钢结构设计原理［M］. 4 版. 北京：科学出版社，2016.

[23] 肖阳. 弧形钢闸门支承钢梁力学性能研究［D］. 西安：西安理工大学，2020.

[24] 董克青，桂林，刘凯. 水电站工作闸门动水关闭数值模拟分析［J］. 西南民族大学学报（自然科学版），2014，40（3）：428－433.

[25] NAUDASCHER E，KOBUS H E，RAO R P R. Hydrodynamic analysis for high－head leaf gates［J］. Journal of the Hydraulics Division，1960，90（3）：155－192.

[26] 刘昉，赵梦丽，冷东升，等. 不同底缘形式的平板闸门水力特性数值模拟［J］. 水利水电科技进展，2017，37（5）：46－50.

[27] 徐国宾，訾娟，高仕赵. 平面闸门启闭过程中的动水垂直力数值模拟研究［J］. 水电能源科学，2012，30（10）：132－135.

[28] 肖兴斌，王列. 高水头斜门槽水力特性及闸门持住力研究［J］. 水电工程研究，2001（3）：60－68.

[29] 姜凯. 事故闸门动水闭门水力及爬振特性研究［D］. 天津：天津大学，2018.

[30] 章晋雄，吴一红，张东，等. 高水头平面闸门动水关闭的水动力特性数值模拟研究［J］. 水力发电学报，2013，32（5）：184－190.

[31] 章继光，王克成，贾新斌. 我国低水头弧形钢闸门失事原因初探［J］. 陕西水力发电，1987（1）：37－44.

[32] 章继光. 我国闸门振动研究情况综述［J］. 水力发电，1985（1）：36－42.

[33] 周以达. 关于低水头水工钢结构弧形闸门流激振动的分析［J］. 工程技术，2016（12）：307.

[34] THANG N D，NAUDASCHER E. Vortex－excited vibrations of underflow gates［J］. Journal of Hydraulic Research，1986，24（2）：133－151.

[35] JONGELING T H G. In－flow vibrations of gate edges［C］. International Conference on Flow Induced Vibrations，England，1987.

[36] 谢智雄，周建方. 大跨度弧形闸门的自振特性研究 [J]. 水利电力机械，2006，28 (5)：18－20.
[37] 潘锦江. 闸门振动问题探讨 [J]. 水利水电科技进展，2001，21 (6)：36－39.
[38] 林敦志. 闸门振动现象及振动特性分析 [J]. 科技资讯，2010 (16)：116－116.
[39] 陈仰熙. 水口水电站溢洪道事故检修闸门动水关闭试验 [J]. 水电站机电技术，1998 (1)：68－69.
[40] 曹以南，曾云军. 深孔链轮闸门在漫湾电站的应用 [J]. 云南水力发电，1995 (4)：22－27.
[41] 余俊阳，易春，罗文强，等. 小湾拱坝放空底孔闸门设计研究 [C]. 水电 2006 国际研讨会论文集，2006.
[42] 龙朝晖. 溪洛渡水电站深孔事故闸门和工作闸门的设计 [J]. 水电站设计，2003，19 (1)：12－19.
[43] 张黎明. 几种水工闸门启门力摩擦系数原型观测成果分析 [J]. 水力发电，1987 (8)：37－42.
[44] 高仕赵，徐国宾. 平面闸门行走支承滑动摩擦系数计算方法 [J]. 天津大学学报：自然科学与工程技术版，2014，47 (5)：383－388.
[45] TODD R V. Folsom spillway gate failure and lessons learned [C]. Energy and Water: Sustainable Development, Washington, 1997.
[46] 杨立信. 俄罗斯几座大坝事故情况简介 [J]. 大坝与安全，2002 (1)：36－38.
[47] SL 226—1998 水利水电工程金属结构报废标准 [S]
[48] 杨波. 水闸中液压启闭系统常见故障分析及维修工艺 [J]. 黑龙江水利科技，2021，49 (5)：184－187.
[49] 余德沙，周益，毛延翩，等. 浅谈水电站闸门启闭机液压系统现场调试及维护 [J]. 水电与新能源，2021，35 (8)：61－64.
[50] 陈树亮. 水工闸门的启闭力检测 [J]. 广西水利水电，2020 (3)：15－17.
[51] 周益，余德沙，毛延翩，等. 液压启闭机油缸锈蚀原因分析与修复研究 [J]. 水电站机电技术，2021，44 (1)：60－63.
[52] 董家，赵建平，严根华，等. 大型液压启闭机活塞杆挠度影响因素数值研究 [J]. 水利与建筑工程学报，2020，18 (5)：192－197.
[53] 殷勇华，王孟. 水工液压启闭机液压缸稳定性计算研究 [J]. 机械制造与自动化，2015，44 (1)：29－31.
[54] 卢建军. 弧形闸门液压启闭机同步运动控制算法的研究 [J]. 工程建设与设计，2020 (8)：149－150.

第 10 章　大坝安全监测与成果

10.1　概述

目前，我国拥有的水坝数量居世界首位。截至 2021 年 9 月，已建成各类水坝 98478 座，总库容 8983 亿 m^3，其中，大中型水库 4628 座，总库容 8342 亿 m^3。中国高坝技术引领全球。目前全球已建、在建 200m 的高坝 96 座，中国占 34 座；250m 以上高坝 20 座，中国占 7 座[1]。我国三峡工程、锦屏一级双曲拱坝、水布垭面板堆石坝、龙滩碾压重力坝等一批大型、超大型工程的建设，均代表了当代世界先进的筑坝技术水平。这些大坝在防洪、灌溉、发电、供水、航运和旅游等方面发挥了巨大的社会效益和经济效益，为我国的经济发展和社会进步作出了巨大贡献[2]。然而，由于绝大部分大坝是在 20 世纪 50—70 年代建造的，当时技术水平落后，经济条件较差，统筹规划不完全，相当一部分大坝未执行基本建设程序，存在防洪标准低、工程质量差和安全隐患多等问题[3-4]。水利部 1991 年统计资料显示，全国水库溃坝失事 3242 座，其中大型水库溃坝失事 2 座，占总溃坝数的 0.06%；中型水库溃坝失事 121 座，占总溃坝数的 3.73%；小型水库溃坝失事 3119 座，占总溃坝数的 96.21%[5]。在国内外都有溃坝造成重大人员伤亡的惨痛教训。1889 年美国 19m 高的南佛克土石坝溃决（死亡 2209 人）；1900 年美国科罗拉多大坝坍毁；1923 年意大利格里诺坝以及西班牙的托斯坝倾覆；1943 年德国 40m 高的默内重力坝溃决（死亡 1200 人）；1959 年法国 66.5m 高的马尔巴塞拱坝溃决，死亡 421 人；1963 年意大利 261.6m 高的瓦伊昂拱坝因库区滑坡涌浪翻越坝顶，死亡近 2000 人；1976 年美国 93m 高的提顿土石坝溃决，400km^2 农田被淹，2.5 万人无家可归；1975 年 8 月，中国河南省的板桥、石漫滩两座大型水库和田岗、竹沟两座中型水库的梯级连溃事件，造成 29 个县 2.6 万人惨遭灭顶之灾，1100 万人无家可归，12000km^2 的土地受淹，这是有史以来最惨重的溃坝损失[6]；1993 年 8 月，位于青海省的沟后水库发生垮坝，造成 300 多人死亡[7]。可见，大坝的安全问题已经对人类生命和财产构成了潜在威胁。

对于大型复杂的水利水电工程，除及时采取有效的工程措施外，布设完善、先进的安全监测系统，及时埋设监测设施进行监测，并及时对监测成果进行分析和反馈，是工程安全施工和动态设计的重要保障。在大坝工程施工及运行过程中，安全监测体系均以“耳目”作用直接指导、反馈工程问题的处理，监控工程施工期和运行期的安全，检验已实施的工程措施的效果，并为水利水电工程的实践积累经验。研究、完善监测评价体系与预警机制是十分必要的。因此，监测工作在大坝工程建设期和运行期的安全管理中具有举足轻重的作用[7]。

大坝安全监测经历了大坝原型监测、大坝安全监测、大坝安全监控三个发展阶段。

大坝原型观测的主要目的是研究大坝的实际变形、温度和应力状态，重点是检验设计，改进坝工理论[8]。第一次进行外部变形监测的是德国建于 1891 年的埃斯巴赫混凝土重力坝，而最早利用专门仪器进行监测的是在 1903 年建于美国新泽西州的布恩顿重力坝上所做的温度监测。1908—1909 年澳大利亚对南威尔士州 12m 高的巴伦杰克溪拱坝进行坝体变位观测，瑞士于 1919—1920 年在蒙特萨尔文思拱坝上安装了世界上第一座永久观测仪。原型观测需要埋设仪器和安装设备，需求是技术发展的基础。利用振弦原理和差动电阻原理研制应变计、钢筋计、渗压计、测缝计、土压力计等，成为现代原型观测仪器中两个主要系列[9]。这两个系列仪器的出现，大大地促进了大坝应力应变观测的发展，是现代观测技术发展中一个重要的里程。我国的大坝原型观测开始于 20 世纪 50 年代初。早期在淮河上游几座闸坝，后来在三门峡、新安江及上犹江、流溪河等混凝土坝埋设了观测仪器，这时的仪器主要靠进口，品种和数量都较少。20 世纪 50 年代末期南京水利科学研究所开始研制钢弦式传感器，主要应用于土石坝观测。20 世纪 70 年代后差动电阻式传感器产品质量和数量有了很大提高，成功应用于一些大型水利工程中，极大地方便了水电厂的观测和管理工作，很大程度上推动了我国大坝安全观测的进展。

随着社会对大坝安全的日益关心，20 世纪 80 年代之后大坝监测的目的逐渐发生了转变，开始以监测建筑物性状变化和安全状态为主，从原型观测转为安全监测。大型设计院都设立了安全监测设计室，把变形监测、渗流渗压监测、应力应变和温度监测等作为常规监测项目。监测仪器及设备研制生产已有相当规模，品种也越来越多，特别是自动化监测技术取得了很大进展[9]。为了加强大坝安全管理，水利部和电力工业部先后成立了大坝安全管理机构，发布了一系列的管理办法。水利电力部于 1987 年 9 月颁发《水电站大坝安全管理暂行办法》，能源部于 1988 年 8 月颁发《水电站大坝安全检查施行细则》，1988 年 5 月水利部建立了水利大坝安全监测中心，使我国大坝安全管理和安全监测技术的发展步入正轨。

20 世纪 90 年代以后，我国水利水电开发蓬勃发展，三峡工程、小浪底工程、二滩水电站、龙滩水电站、溪洛渡水电站、向家坝水电站、锦屏水电站、水布垭水电站等一批大型水利水电工程陆续完工或正在建设。随着西部水电资源的大规模开发，我国兴建的水库大坝数量和规模不断增加，对安全监测技术提出了更高的要求[9]。安全监测技术进入了一个飞跃发展的新阶段。随着科技进步以及工程实践经验的不断积累、监测仪器设备的改进和完善，安全监测工作中存在的影响可靠性、稳定性、耐久性的问题逐步得到了解决。同时，随着监测设计和监测资料分析反馈方法的不断改进、计算机和信息化技术的应用，及时分析反馈监测信息、及时了解建筑物运行状态、及时对发现的问题采取防范措施等成为可能[7]。

国外 20 世纪 50 年代以前，有关观测资料的研究与分析主要是对测值进行定性描述和解释。国外的大坝变形监控模型研究起源于意大利的 Faneli 和葡萄牙的 Rocha 等从 1955 年开始应用统计回归方法来定量分析大坝的变形观测资料，这是变形监控模型发展的开始；1958 年，ROCHA 等[10]将大坝横断面各层内的平均温度和温度梯度作为温度影响因子，并以函数的形式表示水位因子；1963 年，日本首次在定量分析中引入了多元回归分析的

方法，中村庆一等所建立的位移监测值统计方程，从众多的可能有关因子中，挑选出对位移有显著影响的因子，并对方程的有效性进行统计检验，使监测模型的研究前进了一大步。1967年，WIDMANN[11]发现对大坝有影响的温度是气温，而气温的影响包括年平均气温及观测时的温度偏离年平均气温这两个方面，对于水荷载影响还应该考虑水位的上升、下降等变化过程，这对大坝变形监控模型的向前发展意义非凡，极大地提高了模型预测精度。

20世纪80年代，BONALDI等[12]提出了混凝土大坝变形的确定性模型和混合模型，即把理论计算值与实测数据有机地结合起来，这丰富了变形监控模型，与统计模型统称为变形监控三大常规模型。1977年，FANELI等提出采用有限单元法计算荷载分量，并与实测数据结合，构建了大坝的变形确定性模型和混合模型，用以监控大坝的安全状况；1984年，PEDRO[13]采用定量和定性分析相结合的方法，对观测序列建模；1986年，PURER[14]提出了用混合回归模型来分析Kops拱坝的观测资料，此模型的优点是在影响因子中增加某一因变量的前期值作为自变量参加回归分析计算，其结果表明所得荷载计算回归残差比一般回归解法可减少一半，复相关系数也有所增加，提高了模型理论计算回归精度；1985年，GUEDES应用多元线性回归来拟合原因量与效应量之间的关系，深化了回归方法的研究；1996年，LUC E. CHOUINARD采用主成分回归分析对Idukki拱坝的监测资料建模计算，通过引入主要影响因子，忽略次要影响因子，极大地简化了监控模型，提高了模型计算效率与精度。

随着20世纪末人工智能技术的迅速发展，新理论和新方法被引入到大坝安全监测资料分析中。作为人工智能技术的典型代表，人工神经网络（ANN）建模方法已较为成功地应用于大坝变形性态分析，对拥有较长序列的大坝变形监测资料分析与预报尤为适合。除了人工神经网络，遗传算法、免疫算法、小波神经网络、支持向量机等多种人工智能方法也成功应用于大坝变形统计模型建模，这些新模型的建立，在大坝变形性态分析与安全评价中取得了不错的效果，这也是未来发展的方向。

20世纪70年代以前，我国对大坝监测资料的研究与分析主要以定性描述和解释为主。例如，通过绘制过程线以及根据统计计算得到的简单特征值的最大值、最小值来分析大坝的运行性态。1974年开始，河海大学陈久宇等[15-16]应用统计回归方法来分析安全监测资料，提出了时效分量的指数、多项式、双曲函数、对数等模型，并用于监测资料分析结果的物理解释；20世纪80年代中期，WU等[17]深入分析影响大坝变形的因子，从徐变理论出发，推导了坝体顶部时效位移的表达式，并提出利用时间周期函数模拟坝内温度变化等产生的周期荷载；同期吴中如等[18-19]还提出了裂缝开合度统计模型的建立和分析方法、坝顶水平位移的时间序列分析法及连拱坝位移确定性模型的原理和方法。河海大学首先把确定性模型的理论用于佛子岭连拱坝结构性态分析，取得了很好的效果。吴中如应用统计数学、时间序列、灰色系统理论和模糊数学等多种数理方法发展和完善了完整的大坝与坝基安全监控模型体系，这些模型被成功应用于三峡、龙羊峡、陈村、佛子岭等重大水利水电工程中。之后，顾冲时等[20]通过对前期工作的不断发展和创新，提出了300m级高坝和充分考虑结构渐变或突变的复杂水工结构时空安全监控建模理论、反分析技术和变形安全监控指标拟定方法以及综合反映碾压混凝土坝层面厚度影响的安全监控模型和方法，确定了我国在该领域的国际前沿地位。

10.2 安全监测设计

10.2.1 监测设计依据及原则

1. 设计依据

三河口水利枢纽主要由碾压混凝土拱坝、坝身泄洪系统、供水系统和连接洞等建筑物组成。根据《混凝土坝安全监测技术规范》(DL 5178—2003，以下简称《规范》)[21]、《碾压混凝土坝设计规范》(SL 314—2004)[22]、《混凝土拱坝设计规范》(SL 282—2003)[23]、《水电站厂房设计规范》(SL 266—2001)[24]等并结合建筑物的等级、高度、结构型式与地形地质条件等，设置必要的监测项目。工程安全监测设计遵循“有效、合理和可靠地监控工程安全运行以及必要的设计反馈研究”的原则[25]，以混凝土拱坝安全监测为核心，同时兼顾其他建筑物安全监测。

2. 设计原则

依据本工程的等级、规模、结构型式、地形地质条件、地理环境等特点，及各建筑物和地基的工作状况，监测设计遵循以下原则[26]：

(1) 保证各建筑物的安全监测为主，校核设计以验证设计的合理性。

(2) 监测项目在较全面地反映建筑物运行工况的基础上，有针对性地突出重点，力求少而精，并使各观测项目相互协调，便于资料分析和相互验证。

(3) 在监测断面的选择和测点布置上，先考虑结构特殊、地质条件复杂的部位，其次是最高坝段或有代表性等因素的断面，并照顾分布的均匀性。

(4) 在满足精度的前提下，力求观测方便、直观，各监测值可相互对比、校核。

(5) 各监测仪器、设施的选择，应在可靠、耐久、经济、实用的前提下，力求先进和便于实施观测，设计宜采用先进技术或为后期技术改进留有余地。

(6) 各项观测设施，应随施工进展，及时埋设、安装、观测，以便能监测施工期和蓄水初期建筑物的运行工况。

(7) 及时安装仪器设备，保证数据的可靠性、实时性、连续性和一致性，为建筑物的安全分析评价提供有效合理的初始值、基准值以及必要的监测数据成果。

3. 监测项目的确定

三河口水利枢纽碾压混凝土拱坝洪水标准按2级挡水建筑物确定，洪水标准没有提高，只是建筑物级别提高为1级，因此，监测设计按2级建筑物标准考虑。根据《规范》规定，2级建筑物应具备的观测项目有位移（坝体、坝基）、裂缝、混凝土温度、气温、渗漏量、扬压力、绕坝渗流等[27]。在具体工程中结合大坝结构和地质条件，适当地予以增减，并针对具体部位设置专门观测项目。

根据枢纽建筑物及工程地质的特点，仪器监测项目有大坝变形监测，大坝应力应变及大坝混凝土温度监测，渗流渗压监测，大坝边坡及厂房后边坡、双向机组厂房基础开挖及

厂房结构监测等。

10.2.2 环境量监测

环境量监测包括坝区气温监测、降水量监测、上下游水位监测等项目。在坝顶右岸下游侧 646m 平台设置观测房，观测房附近的百叶箱内设置一套自记温度计，进行坝区气温监测。同时设置一套自记雨量计，监测坝区降水量。坝上游水位采用人工水尺和自计水位计两种方法监测，以相互校核和检验，上游的水尺和自计水位计各 2 个；对于下游水位及水垫塘水位，在水垫塘左、右岸边坡各绘制一个人工水尺，水尺精度 0.1m，同时设置一台自计水位计，共同对拱坝下游水位进行观测。

10.2.3 大坝安全监测

1. 变形监测

(1) 水平位移。坝体和坝基的水平位移采用交会法和垂线法进行监测。拱冠及坝顶拱端的变形是拱坝变形监测的重点。由于三河口拱坝较长、坝顶设水平外观测点，坝体水平位移监测除了在拱冠处设置一条垂线组外，还需在左、右岸 1/4 拱处各设置一条垂线组；同时为了监测坝肩水平位移，在左右坝肩的隧洞内各设置一条垂线组，大坝水平位移变形共设置五条垂线组进行监测。

拱坝坝顶和坝基水平位移（mm）的监测精度要求为：坝顶径向位移量中误差限值为±2.0mm，切向位移量中误差限值为±1.0mm；坝基径向、切向位移量中误差限值为±0.3mm。

拱冠梁处布置的垂线组正垂从坝顶钻孔至 520m 灌浆廊道，右、左 1/4 拱处布置的垂线组正垂分别从坝顶钻孔至 565m 灌浆廊道，并充分利用沿程坝内廊道条件，尽可能多地增加测点和减小施工难度，3 组垂线正垂分别在中层灌浆廊道内分节；另外，根据坝后泄洪中孔工作闸门室的交通布置情况，拱冠梁处正垂增加一个测站。分别从基础灌浆廊道钻孔深入基岩至变形可忽略处形成倒垂孔，《混凝土坝安全监测技术规范》（DL/T 5178—2016）规定：钻孔深入基岩深度可取坝高的 1/4～1/2，根据垂线处坝基高程坝基岩体的完整情况，同时考虑倒垂孔深应低于帷幕灌浆孔深，在拱冠梁处倒垂锚点高程 425.00m，左、右岸 1/4 拱处倒垂孔锚点高程 460.00m，深入基岩约 76m，约占整个坝高的 1/2。

为了利用两岸灌浆隧洞而设更多的坝基变形测点，两岸拱端倒垂线分别从左右岸坝顶隧洞测站 646m 钻孔至灌浆隧洞 610m 灌浆道，设置倒垂测点，从 610m 灌浆隧洞钻孔至 545m，形成垂线组的倒垂。

五条垂线组与廊道或隧洞相交位置均设“T”盲肠廊道，作为垂线测站。并且为了增加垂线测站，在每层廊道之间增设耳洞，大坝坝体及坝基水平变形监测共布置 22 个测点，其中 17 个正垂测点和 5 个倒垂测点。根据系统的自动化及防潮性能，选用双向光电式（CCD）坐标仪对平面位移进行测量。鉴于大坝变形监测在大坝运行期间的重要性，为了安全起见，要求坐标仪有人工测读功能。

通过这五条垂线组可观测到：坝体变形的水平位移，将同一观测断面各测点径向位移连线，可得到观测断面的挠度曲线；坝基及两坝肩变形的水平位移。

根据设计计算成果，坝体最大位移为 13.0cm。根据本工程垂线分节情况，按工程类比，初拟倒垂线孔的有效孔径不小于 100mm，正垂孔的有效孔径不小于 127mm。为了避免造孔对大坝混凝土碾压施工的干扰，正垂孔采用钻孔方式成孔，为防止钻孔孔洞过大，要求垂线钻孔的孔斜率控制在 1‰以内。

为给基础廊道提供水准校核基点，拱冠梁垂线组倒垂孔采用双标倒垂，钻孔有效孔径规定为 ϕ168，在孔内埋设 ϕ168×8mm 的无缝钢管作为护壁管，内装 ϕ127×6mm 的无缝钢管，再内套 ϕ102×6mm 的铝管，选用双金属标仪对坝基水准校核基点进行测量。

同时，为监测拱坝在两岸山体变形、水压力和温度荷载等因素作用下拱圈弦长的变化，选择在坝顶 646.00m 及坝后 587.50m 桥两端设置平面变形测点，采用全站仪监测其距离，作为对弦长的监测。

（2）垂直位移。大坝垂直位移观测采用精密水准法，而考虑到坝基廊道内的温度、亮度等测量工作条件及精度要求，坝基垂直位移采用可实现自动化的静力水准法进行观测。

混凝土拱坝的坝顶和坝基垂直位移的监测精度为：坝顶位移量中误差限值是±1.0mm，坝基位移量中误差限值是±0.3mm。

在坝顶每个坝段各设 1 个水准测点，共计 10 个测点。在大坝右岸下游侧稳定基岩上设双金属标作为水准线路的基准点，距坝肩约 1km；在左右岸附近稳定的基岩上设岩石标作为工作基点。观测时采用往返测回，形成闭合水准线路。

水准路线测量中误差精度要求为不大于 0.5mm/km，使用 S0.5 级的精密水准仪和铟瓦水准尺按一等水准测量的规定进行施测。所以要求：①尽量设置固定测站和固定转点，以提高观测精度和速度；②应严格按《国家一、二等水准测量规范》要求施测；③精密水准路线闭合差不得超过规范规定；④水准基点到工作基点的联测次数要按规定执行，联测尽可能安排在外界条件相近的情况下重复观测；⑤水准环线分段观测，各段往、返测高差不得超过 $d=2R^{1/2}$（R 为公里数）。

根据坝基灌浆廊道的布置情况，在坝基上游灌浆廊道内布置 4 个静力水准测点，其布置位置对应坝顶测点断面。坝基垂直位移观测校测基点用拱冠梁处布置的双金属标倒垂进行校核。

2. 坝体接缝监测

坝体接缝主要包括横缝、诱导缝及坝基混凝土与基岩接缝。

横缝及诱导缝监测采用单向测缝计垂直于缝面的布置，考虑接触缝灌浆的需要，每个灌区布置 1～2 支，沿高程呈梅花形布置。测缝计既可以测缝的开合度，又可以测温度。在诱导缝上布置测缝计不仅可以反映诱导缝的工作状态，同时也可以为拱坝封拱时机提供可靠的依据。

为了监测基础接缝可能出现的变位，在每个坝段基础上、下游部位垂直于缝面各布置 1 支测缝计，以监测坝基错动。

为了监测坝基岩体自开挖至拱坝运行后的变形情况，随着坝基开挖、支护施工，安装埋设多点位移计并持续观测。多点位移计每组 3 个钻孔，孔深分别为 5m、15m、35m，左右坝基边坡各布置 3 套。

3. 渗流渗压监测

渗流渗压监测包括大坝坝基扬压力、坝体混凝土渗透压力、绕坝渗流监测、帷幕监测、渗漏量监测及水质分析。

（1）坝基扬压力监测。坝基扬压力是坝体稳定计算时的主要荷载之一，在设计时帷幕前一般按全水头、帷幕后一般按 0.2～0.3 倍水头考虑。由于渗透压力和坝址处的地质条件、帷幕及排水效果有关，具有不确定性，因此对坝基扬压力进行监测是非常必要的。通过监测，可以判断渗透压力对大坝稳定及安全的影响，并对大坝帷幕和排水的效果进行检验。

由于拱坝坝体较薄、河床较窄、坝基地质条件较好，因此，仅在拱坝基础设置 1 个横向监测断面、1 个纵向观测断面。根据坝体结构及地质情况，将横向监测断面设在拱坝坝体最高的拱冠梁处（同变形及应力应变 1 个断面）；将纵向观测断面设在坝基灌浆廊道内。横向监测断面仪器布置：由于水库蓄水后坝前会有泥沙淤积，因此，在帷幕前不是全水头，为了监测灌浆帷幕前坝基扬压力情况，在帷幕前坝踵处设置 1 支渗压计；在帷幕后排水帷线上布置 1 个测压管，在坝趾部位布置 1 支渗压计，同时为了了解消力塘的脉动压力，在护坦底板下设置 3 个测压管。纵向观测断面布置 9 个测压管，测压管均布置在排水帷幕上，其中 1 个和横向观测断面共用，管底伸入基岩 0.5～1.0m。

所有测压管均在孔口安装压力表，并在管内放入渗压计，以便于遥测和实现后期自动化观测。测压管安装应在固结和帷幕灌浆结束之后进行，以免管内堵塞。坝基扬压力监测共布置 13 个测压管，15 支渗压计。

（2）坝体混凝土渗透压力监测。选取拱冠梁剖面，分别在 520.00m、565.00m、610.00m 高程廊道上游的碾压施工层面上布设渗压计，以监测碾压层面的渗压情况，其高程根据施工碾压层面实际高程进行调整。渗压计布置在上游二级配防渗混凝土内，每个高程布置 3 支，测点距上游面距离分别为 1.3m、2.5m、5.0m，可测得坝体防渗层内不同位置的渗透压力分布情况。坝体渗透压力观测共计 9 支渗压计。

（3）绕坝渗流监测。为了了解绕坝渗流对两岸坝基渗压的影响及下游两岸边坡自身的渗透稳定性，在坝下游侧布置水位观测孔，观测大坝下游近坝区岸坡地下水位的变化，掌握坝后岸坡地下水位分布情况。在两岸边坡帷幕后各设 2 个绕坝渗流观测断面，每个观测断面设 4 个水位观测孔。布置绕坝渗流孔位时，尽量利用上坝交通洞、施工支洞和灌浆廊道等地下洞室，并和帷幕观测孔统筹考虑，以便合理地布置测点，减少施工工程量，降低施工难度。

水位孔用地质钻机钻孔，施工造孔时应取芯并进行地质描述，其孔底高程根据水文地质及钻孔情况确定，孔底伸入地下水位线以下 2～5m。在钻孔内全孔段安装花管，放入渗压计进行自动化观测。绕坝渗流共布置水位观测孔 16 个，渗压计 16 支。

（4）帷幕监测。为了监测防渗帷幕的防渗效果，考虑在靠坝肩部位、断层破碎带以及帷幕端部等典型部位布置测压管，并在管内安装渗压计进行渗压监测。因坝基帷幕后已埋有扬压力测压管和渗压计，帷幕监测布置时仅对两坝肩帷幕进行监测，同时，为了减少钻孔工程量，将钻孔渗压计布置在底层和中层灌浆隧洞内。在左、右岸高程 520.00m、565.00m、610.00m 灌浆廊道内分别布置 2 个测压管，合计 12 个测压管，所有测压管均在孔口安装压力表，并在管内放入渗压计。孔底穿过原推测地下水位线 2～5m。

（5）渗漏量监测。大坝的渗流量由两岸帷幕渗流量和坝体及坝基渗流量等组成，其中坝体和坝基渗流量关系到坝体的工程质量，是工程最关心的问题之一；两岸帷幕渗流量则关系到工程的效益和帷幕的耐久性。渗流量监测应以能分测两岸帷幕渗流量和坝体及坝基渗流量为原则，以了解各处渗流量的大小，从而监测各处坝基防渗及排水效果，对工程安全和运行做出较准确的判断。

根据帷幕及坝基排水的布置情况，分别在左、右岸 610.00m、565.00m、520.00m 高程灌浆隧洞和坝基的交接部位的排水沟上设梯形量水堰，分别观测两岸帷幕渗流量；在基础高程 520.00m 灌浆廊道集水井的前边布置量水堰观测大坝总的渗流量，量水堰的堰板形式根据渗流计算成果确定，初步选用梯形堰。渗流量观测共布置 7 个量水堰，量水堰上水头用堰流计及水尺进行观测。用总的渗流量减去两岸帷幕渗流量得到坝体及坝基渗流量。

（6）水质分析。由于三河口水利枢纽的重要性，水质分析应做全套分析项目，分析项目为色度、水温、气味、浑浊度、pH 值、游离二氧化碳、矿化度、总碱度、硫酸根、重碳酸根及钙、镁、钠、钾、氯等离子。其中物理分析项目宜现场进行分析。

定期、定点采取水样进行水质分析，以了解地下水水质变化情况。水样采取点为扬压力测压管、基础排水孔、地下水长期观测孔、渗流水部位和库水，进行主要的物理化学指标监测，并将水质传感器接入自动化数据采集系统，通过分析，确定库水、渗透水及析出物的物理性质和化学组成，以掌握渗透水及析出物的来源及发展趋势。

4. 大坝应力应变及温度监测

大坝应力应变及温度监测包括混凝土应力应变监测、坝体孔口和闸墩监测、大坝温度监测等项目。

（1）混凝土大坝应力应变监测。根据大坝应力计算成果，在地震特殊荷载组合下压应力和拉应力均最大，但由于该组合为瞬间荷载，其应力不易捕捉；在基本荷载组合下坝体最大压应力和最大拉应力均发生在 646.00m 高程拱冠部位，综合考虑坝体应力计算成果、各荷载组合的发生频率及混凝土的受力特点，选择左、右 1/4 断面及拱冠断面，同渗流及变形监测为一个监测断面。

坝体应力应变的水平监测沿拱冠梁不同高程按 20～40m 的间距在拱冠部位 520.00m、540.00m、570.00m、610.00m 高程布设应力应变监测仪器，水平截面仪器分别距上、下游 2.0m，监测仪器主要采用五向应变计组，其中 4 支平行于坝面，另 1 支垂直于坝面，并在每组应变计旁边埋设 1 支无应力计，无应力计距应变计组 1.0m，距坝上、下游表面 2m；拱端部位在 570.00m、610.00m 高程，分别在距上、下游 2.0m 及水平截面中部处布置五向应变计组，并在每组应变计旁边埋设 1 支无应力计，无应力计距应变计组 1.0m，距坝上、下游表面 2m。共布置 22 组五向应变计组，无应力计 22 支。

在两拱肩不同高程坝轴线处，分别在坝段与基岩接触拱肩槽部位布置压应力计，直接监测坝体切向拱推力，除拱冠坝段外，其余每个坝段分别设置 1 支，合计 8 支。

为了监测坝踵、坝址部位的应力情况，在拱冠梁坝踵部位布置 3 支单向应变计和 1 支无应力计，在坝址部位布置 2 支单向应变计。应变计均布置在垫层混凝土内，呈竖向布置。

(2) 坝体孔口和闸墩监测。泄洪建筑物由 3 个泄洪表孔和 2 个底孔组成，闸墩挡水推力较大，所以对坝体孔口及闸墩进行监测，监测内容包括坝体孔口局部混凝土钢筋应力、闸墩混凝土应力和钢筋应力等。

1) 表孔局部结构监测。在 3 个表孔弧门支撑大梁与表孔闸墩结合部位和弧门支铰部位，监测断面为 6 个，每个断面分别布置 3 组五向应变计组、1 支无应力计、3 支钢筋计和 2 支测缝计进行观测，监测仪器均带测温功能。

2) 底孔局部结构监测。在左右底孔洞边缘、出口闸墩及弧门支撑大梁内均埋设钢筋计，孔洞周边的应力应变计（带测温功能）与坝体观测设计相结合来选定，具体测点位置分别如下。

沿孔道中心线选择 3 个典型断面，即进口断面、中间断面和出口断面。进口断面和中间断面每个断面分别埋设 3 组钢筋计，底板中心线布置一组 3 支，1/2 侧墙高的边壁布置一组 2 支，孔口底部角缘附近布置一组 3 支；出口断面埋设 6 组钢筋计，与前面两个断面布置相同，只是在孔口顶部与二期混凝土结合部位增加 3 组钢筋计，每组 2 支，采用钢筋计 54 支。

3) 闸墩监测。分别在表孔闸墩和弧门支撑大梁内的主、次锚索及受拉钢筋和斜筋上埋设钢筋计 4 支，同时在混凝土里布置 4 组五向应力应变计组、4 支无应力计以及 4 套锚索测力计（6 点式）进行安全监控。整个表孔闸墩监测布置 24 支钢筋计、24 支五向应力应变计组。

(3) 大坝温度监测。温度监测内容包括大坝表面温度、库水温度、坝体内部混凝土温度及大坝基础温度。分别在距坝体上、下表面 5～10cm 处埋设温度计测量坝体表面温度，坝体上游表面温度计在蓄水后可作为库水温度计；温度计采用网格布置，在布置有应变计、测缝计等可兼作温度观测设备的地方同时布设温度计，起相互校核作用，将上、下游表面温度和坝内温度结合，就可得到平面及剖面的温度分布；采用在基础面钻孔分段埋设温度计的方法，监测大坝基础温度分布。

根据坝体结构布置观测断面，选取拱冠梁，左、右 1/4 梁作为温度观测断面，为更好地测量拱向温度场，在拱向观测截面的适当部位埋设温度计。

1) 表面温度观测。在左、右 1/4 梁下游面 645.00m、610.00m、580.00m、555.00m 高程，拱冠梁 645.00m、610.00m、580.00m、555.00m、535.00m、520.00m、510.00m 高程布置温度计观测表面温度，共 15 支温度计，其位置控制在距表面 5～10cm。

2) 库水温度观测。在库水位上部，由于受水位变化和日照影响，库水温度变化较大；水库底部受来水泥沙、异重流等影响，温度变化较水库中部大。仪器布设时，也应考虑监测坝体温度场的边界温度分布规律。拟在 3 个断面 645.00m、642.00m、638.00m、633.00m、627.00m、620.00m、612.00m、603.00m、593.00m、582.00m、570.00m、557.00m、543.00m、528.00m、512.00m 高程布置水温度计，水温度计共计 41 支。温度计位置控制在距坝上游面 5～10cm。库水温度监测也作为环境量监测中水温监测项目。

3) 坝体内部混凝土温度监测。在拱冠梁及左 1/4 梁坝体监测断面，坝内温度计按不同高程梯级网格布置。为了尽快地掌握施工期碾压混凝土温升规律及检验温控措施，底部测点较密，拱坝坝体混凝土温度计布置在观测截面的中心部。在 638.00m、593.00m、

557.00m、528.00m、512.00m 高程观测截面中心位置布置温度计，共计 29 支。

4）基础温度观测。在拱冠梁基础中部布置一组温度计，温度计采取钻孔埋设，孔深 10m（孔径 ϕ56），孔内埋设 4 支温度计，以观测基岩在混凝土水化热温升时对基础的温度传递和基础不同深度下温度分布，同时可根据温度分布了解坝基渗流情况。4 支温度计距孔口距离分别为 1.0m、3.0m、5.0m、10m。

5. 雾化监测

三河口水利枢纽泄洪雾化是在表孔、底孔全部泄洪情况下形成的雾化源，是拱坝坝体泄水抛洒和水舌入水激溅形成的雾化。通过雾化观测，可研究泄洪雾化对枢纽环境影响，研究雾化引起的各种灾害的防治安全措施。

雾化监测包括雨区、雨强、水舌风的测定。雾化监测采用电测、人工测量及摄影三种方法。电测设备包括雨量传感器和雨量采集仪，并配以数据采集分析系统，由计算机同步采集各点的降雨量。上述项目在运行初期布置临时测点和监测。

6. 压力引水管道监测

压力引水管道主管段共设 3 个监测断面，其中 $A—A$ 断面（管 0+010.50）位于进口坝体埋管段，$B—B$ 断面（管 0+120.00）位于地坪埋管段，$C—C$ 断面（管 0+210.00）位于主变厂房埋管段；支管段监测共设 6 个分支监测断面，即每个支管各设一个监测断面。每个监测断面布置 4 支钢板应力计，均按轴对称布置。钢板应力计紧贴压力钢管外侧，用来观测钢管应力情况。

7. 厂房监测

本厂房采用地面厂房布置形式，除进行常规结构监测外，有必要对机组周围混凝土支撑结构的受力情况和振动反应进行监测，以及时全面地反映机组运行后相关结构的工作状况。厂房建基于基岩，需对厂房基础进行监测。在机组段设置 3 个监测断面，安装监测仪器，以此为代表监测施工期和运行期厂房结构的受力情况及由机械、水流等引起的振动反应。每个监测断面布设内容如下。

（1）应力应变监测。在厂房底板沿上下游方向布置 5 组二向应变计组，配套安装 5 支无应力计；在发电机风罩、机墩及引水管周围混凝土内布置 9 组五向应变计组，配套安装 9 支无应力计，以监测相应部位混凝土结构的应力应变。

（2）基岩变形监测。在厂房基础内沿上下游方向安装 3 套四点式基岩变位计，分别深入基岩 25m。

（3）接缝位移监测。在厂房底板与基岩接触部位，沿上下游方向布置 6 支测缝计，以监测其间的接缝位移。

（4）渗流监测。在厂房底板与基岩接触部位，沿上下游方向布置 4 支渗压计，监测相应部位的水压力变化。

（5）振动监测。采用 1 套 24 位振动仪，每套 8 组三分量拾振器，共包括振动加速度计 8 组、三向振动加速度计 8 组，沿不同高程分别置于 2 号机组风罩、机墩层板等部位，进行机组结构振动监测。

8. 坝肩开挖边坡

坝肩开挖边坡范围较大，边坡高 50～70m。根据两坝肩开挖边坡的实际情况，初步拟定在左、右坝肩开挖边坡各选取 2 个断面，其中 1 个布置在拱肩槽上游侧顺向坡，1 个布置在坝肩拱端部位。

（1）边坡位移监测。坝肩边坡垂直变形监测用布设水准监测点的方式，其工作基点和校核基点同大坝一致。用测斜孔和多点位移计对坝肩边坡水平变形进行监测。为了能在边坡开挖初期即能监测到其变形值，将顶部测斜孔布置在边坡起坡线外，采用垂直固定式测斜仪进行观测，以便在开挖前先进行该部分孔的施工，测斜孔为竖直向，孔径为 110mm，分别深入基岩 40m。多点位移计沿开挖边坡布置在各开挖马道上，孔口距马道 1m 左右；多点位移计采用四点式，其锚点最大深度根据开挖边坡的风化深度和裂缝发育情况确定，一般为 30～40m。

（2）边坡支护监测。每个断面布置 3～5 支锚杆测力计对支护锚杆工作状况进行监测，锚杆测力计主要布置在长锚杆上裂隙发育部位，根据边坡裂隙发育情况选取部分长锚杆呈组布置测力计。每个断面布置 3～5 台锚索测力计对锚索工作状态进行监测，锚索测力计布置原则如下：锚索测力计的布置应具有代表性，其监测应能反映锚索群的运行状况及处理边坡的整体稳定性；锚索测力计应能为锚索张拉施工服务，其布置应能反映出周边锚索张拉施工对已张拉锚索应力影响的一般规律，用于锚索张拉施工及校正锚索索定应力设计值。

9. *厂房边坡*

根据厂房开挖边坡的地形地质情况、稳定计算成果及其加固措施，厂房边坡监测以规模较大的边坡作为观测重点。在厂房后背边坡上选取 3 个观测断面，每个断面每级马道上布设水准观测点，对边坡的垂直位移进行监测，其校核采用坝体基准点；布置多点位移计和测斜孔对边坡的水平位移进行观测，多点位移计沿开挖边坡布置在各开挖马道上，孔口距马道 1m 左右，多点位移计共 8 套，为四点式；测斜仪采用垂直固定测斜仪，2 套，共 8 个测点，用于监测边坡的水平位移，测斜孔为竖直向，孔径为 110mm，分别深入基岩 40m。同时，对边坡喷锚部位进行锚杆应力监测，共设锚杆应力计 8 支。

10. *导流洞堵头监测*

导流洞封堵段堵头承受最大水头达 115m，设计堵头长 25m，断面为 8m×11.5m 的城门洞形，封堵段的围岩类别为Ⅲ类围岩，观测断面初步拟定为 2 个。主要的监测内容为：堵头变位、应力、堵头渗压和渗漏量。

每个监测断面均设置单向测缝计，以监测堵头顶拱、边墙以及收缩缝处的接触缝变形，共计 10 支。为监控堵头的围岩变位情况，拟定每个断面布置多点位移计 3 支，其钻孔深度约 30m，钻孔直径 75mm，合计 6 支多点位移计；为监测堵头的受力状态，拟定每个断面布置五向应力应变计 2 组，无应力计 2 支，合计 4 组应力应变计，无应力计 4 支；为监测堵头地下水位及灌浆帷幕运行状况，在左右岸堵头布置相同的典型渗压监控观测点，初步拟定每个断面布置渗压计 4 支，合计 8 支；为监测堵头渗漏水量情况，拟定每个断面布置自动渗流量计 1 支，合计 2 支。导流洞在机组厂房部位改建成尾水洞；为了监测尾水洞的衬砌和围岩结构应力等，在尾水洞的部位布设 2 个监测断面；主要的监测内容为衬砌和围岩的应力应变等。为监控尾水洞的围岩变位情况，拟定每个断面布置多点位移计 3 支，其钻孔深度约 30m，钻孔直径 75mm，合计 6 支多点位移计；为监控尾水洞衬砌的结构应力，拟定每个断面布置应力应变计和钢筋计，每个断面布置3组；为监测衬砌的外水压力，初步拟定每个断面布置渗压计4支，监测地下水位对衬砌的影响。导流洞堵头监控测点数量少，传感器要稳定可靠，施工期和运行期交通及观测条件差，考虑采用自动化数据采集。

10.2.4　巡视检查

巡视检查是重要的监测项目，应指派专业技术人员严格按照规范及有关规定进行。巡视检查可分为：日常巡视检查、年度巡视检查和特别巡视检查。日常巡视检查应做好记录，必要时应附上照片或简图，发现问题应及时通知建设管理各单位；年度巡视检查应在每年汛期、汛后全面进行，巡视检查结束后，应及时编制简要巡视报告；若遇到特殊情况，如大暴雨、大洪水、汛期、地下水位长期持续较高、库水位骤降、强地震、大药量爆破或爆破失控、围岩变形情况或结构受力状况发生明显变化以及建筑物出现异常等，应进行特别巡视检查，必要时也可采用多媒体图像监视系统进行监测。

10.2.5　监测自动化系统

1. 监测自动化数据系统设计

大坝安全监测自动化数据系统涉及两个方面的内容：自动数据采集系统和工程安全监测信息管理系统。自动数据采集系统，主要是把分布在各建筑物的各类永久监测仪器的观测数据按照事先给定的时间间隔准确无误地采集、传送到指定位置，并按照一定的格式储存起来。工程安全监测信息管理系统，主要是对采集系统和人工采集来的观测数据进行管理、初步分析、处理，实时掌握工程的运行状况，为及时、准确判断工程的安全性态提供可靠的依据，对整个工程实现在线和离线监控。监测系统若以人工观测为主，不能适应现代企业管理的需要，并且人工观测仪器的精度和频次受到一定限制，难以保证数据的可靠、实时和一致性[28-29]。

三河口水利枢纽工程安全监测系统包括大坝、水垫塘、主厂房、主变室、工程高边坡等，工程部位和测点数量多，而且较为分散，靠人工观测运行管理人员工作量极大，对所采集数据进行人工处理分析，达不到安全监控的目的，在汛期和紧急情况下更无法进行及时处理分析。监测自动化数据系统不但能够及时采集到大坝安全所关注的数据，而且能够及时分析处理，及时了解大坝运行性态，如发现异常问题可以及时采取相应措施，防患于未然。

2. 监测自动化系统设计原则

（1）符合规范要求，满足运行需要。

（2）技术先进、实用可靠。自动化数据采集系统应采用国内外的先进技术成果，长期稳定性好，抗干扰能力强，技术成熟，准确可靠，能适应水工建筑物的恶劣工作环境，具有可靠的防雷保护措施，并具有人工测量接口。

（3）高度兼容性。系统能够与本工程布设的各类仪器设备可靠连接，易于数据传输，适应埋设安装的监测仪器设备。

（4）易扩展性。系统应具备分步实施或系统扩展性能使用灵活、维护方便，后续扩展不会对整个系统造成影响。

（5）信息管理系统的界面友好、实用，既能为日常报表提供简易操作环境，又能为进一步离线和在线分析提供足够的技术数据支持。

3. 监测自动化系统网络

（1）自动化数据采集系统。大坝及电站厂房安全监测系统实现自动化数据采集，自动化数据采集系统由传感器、集线箱、便携式计算机、前端数据采集单元MCU、监控软件、中心数据采集计算机、扫描仪及打印机组成。其中集线箱和前端数据采集单元MCU的数量主要由传感器数量决定。初步拟定每台数据采集仪连接传感器的最大数量为32支，考虑系统余量及传感器连接方便程度的因素，每台数据采集仪留出2支的富余通道。

在各层廊道的垂线坐标仪位置布置自动化数据采集测站，大坝监测的传感器以尽可能短的距离连接到附近的测站的数据采集仪MCU中，为施工方便，当传感器电缆长度接近时，连接到上层廊道位置的数据采集仪MCU中；电站厂房拟定在主厂房和主变室分别设置。大坝和电站厂房的测站通过系统通信总线引至大坝监测室，进行集中数据采集和监控管理。

（2）通信方式。大坝及电站厂房监测自动化数据采集系统通信接口与方式应结合工程实际灵活地选用配置。结合工程枢纽与监测布置特点，大坝及电站厂房自动化数据采集设备与系统之间的数据通信接口方式如下：

1）大坝自动化数据采集系统由传感器集线箱、前端数据采集单元MCU和远程数据采集计算机等构成。大坝各层廊道中布置测站，每个测站设置多台MCU，远程计算机设置在坝顶中心监测室。

大坝自动化数据采集系统拟定采用光纤接口的总线型连接组网方式，实现系统的高速数据通信、抗电磁干扰以及抗雷暴，从而保障系统的可靠安全运行。

2）电站厂房监测自动化数据采集系统测站拟定布置在主厂房和主变室，每个测站设置多台MCU。各部位的每台MCU之间拟定采用光纤接口的浓线型连接组网方式；各部位节点MCU通过光纤系统总线或网关引至坝顶中心监测室，进行集中的数据采集和监控，以解决数据通信系统易受到厂房电器干扰的问题。

3）库区与近坝区监测的测点位置较为分散，拟定其数据采集系统测站为坝顶中心监测室，以便进行集中的数据采集与控制。其连接采用分布式网络布置，采用有线数据传输。

4）异地远程数据通信主要解决超远程对现场监测数据的传输、共享与监控问题。随着现代通信技术的发展，异地数据通信链路也越来越丰富多样，如：公众通信网络中的专线方式、ADSL方式、GPRS接入方式以及卫星数据通信方式等都可提供越来越可靠的通信手段，实现异地超远程数据通信与监控，以及实现接入网络进行信息发布和数据共享与传输。

4. 监测自动化系统总体功能

（1）监测功能。能以各种方式采集到本工程所包含的各类传感器数据，并能够对每支传感器设置其警戒值，如测值超过警戒值，系统能够以多种方式进行报警。

（2）显示功能。显示建筑物及监测系统的总貌、各监测项目概貌、监测布置图、过程线、监测数据分布、监控图、报警状态等。

（3）操作功能。在监控主机上可实现监视操作，输入输出，报告现有测值状态，调用历史数据，评估运行状态；根据系统工作状况发出相应的报警提示；整个系统的运行管理、修改系统配置、系统测试、系统维护、系统备份等。

（4）数据通信功能。能够实现现场级和管理级的数据通信，前者为测控单元之间或者测控单元与监测站监控主机之间的数据通信；后者为监测中心局域网内部以及同其他网络之间的数据通信。

（5）综合信息功能。能够进行在线监测、数据库管理、监测数据处理、大坝性态离线分析以及安全评价、预测预报、图表制作、图文资料管理等工作。

（6）系统自检和诊断功能。系统具有自检功能，能够在管理主机上显示故障部位及类型，为及时维护提供方便；系统发生故障时能够以屏幕文字声音等多种方式提示。

（7）远程操作功能。对授权用户，可在远程实现上述功能或者部分特别功能。

（8）网络浏览功能。能够建立与电厂 MIS 网络的连接，可与网内务站点通过 Web、Fttp 等进行信息交流与数据通信。可通过 Web 等方式发布和访问与本系统有关的实时数据和图表等资料信息。

10.2.6　工程量

（1）安全监测建筑工程量见表 10.1。

表 10.1　安全监测建筑工程量

序号	名　称	单位	数量	备　注
一	拱 坝 安 全 监 测			
（一）	大 坝 变 形 监 测			
1	边角网基准点观测墩	个	12	每个观测墩 1.5m^3
2	边角网工作基点观测墩	个	20	
3	表面水准观测墩	个	11	
4	水准点及工作基点	个	20	
5	C20 钢筋混凝土	m^3	100	
6	土石方开挖	m^3	500	
7	变形监测网施工便道	m	2000	局部有台阶及钢筋护拦
8	双金属标钢管	m	30	ϕ127
9	双金属标铝管	m	30	ϕ102
10	护壁钢管	m	30	ϕ168
11	双金属标钻孔	m	30	ϕ168
12	静力水准观测墩	个	4	
13	正倒垂线观测墩	个	22	
14	垂线钻孔	m	500	有效孔径 ϕ127
		m	400	有效孔径 ϕ168

续表

序号	名　称	单位	数量	备　注
15	垂线管护壁管	m	500	ϕ168，δ8mm，钢管
		m	400	ϕ127，δ6mm，钢管
16	裂缝计钻孔及灌浆	m	117	ϕ108，不取芯
17	基岩变位计钻孔	m	360	
（二）	大坝渗流渗压监测			
1	绕坝渗流钻孔	m	300	ϕ108，不取芯
2	量水堰	座	7	C20 混凝土
3	量水堰堰板	块	7	1m×1.5m，δ8mm 钢板
4	测压管	m	500	ϕ50，δ3mm，双面，镀锌钢管
5	护壁管	m	2320	ϕ56，PVC
6	混凝土	m^3	12	C20
7	电缆护管	m	870	ϕ56，PVC
（三）	大坝应力应变及温度监测			
1	基岩温度计钻孔	m	30	ϕ56，不取芯
2	电缆护管	m	1390	ϕ56，PVC
（四）	断　　层			
1	多点位移计钻孔	m	700	ϕ89
2	测斜管钻孔	m	2000	ϕ109
3	测斜管钻孔孔口保护设施	个	50	
4	表面观测墩	个	30	
5	电缆护管	m	1000	ϕ75，PVC
二	厂　房　监　测			
1	岩石变位计钻孔	m	100	ϕ89
2	渗压计钻孔	m	20	ϕ108，不取芯
3	测缝计钻孔	m	30	ϕ108，不取芯
4	电缆护管	m	600	ϕ75，PVC
三	边坡开挖监测			
（一）	坝肩边坡开挖监测			
1	表面水准观测墩	个	13	
2	测斜管钻孔及灌浆	m	700	ϕ110
3	多点位移计钻孔及灌浆	m	320	ϕ108
4	测斜管钻孔孔口保护	个	16	
5	电缆护管	m	1500	ϕ75，PVC
（二）	厂　区　边　坡			
1	表面水准观测墩	个	8	

续表

序号	名　称	单位	数量	备　注
2	测斜管钻孔及灌浆	m	350	ϕ110
3	多点位移计钻孔及灌浆	m	240	ϕ108
4	测斜管钻孔孔口保护	个	8	
5	电缆护管	m	800	ϕ50，PVC
四	导流洞堵头监测			
1	测缝计钻孔	m	20	ϕ108，不取芯
2	渗压计钻孔	m	40	ϕ108，不取芯
3	多点位移计钻孔及灌浆	m	180	ϕ75，PVC
4	电缆护管	m	500	ϕ50，PVC
五	其　他			
1	观测房	m^2	20	

注　δ 为厚度。

（2）安全监测设备及安装工程量见表 10.2。

表 10.2　安全监测设备及安装工程量

序号	名　称	单位	数量	备　注
一	环境量监测			
1	水尺	条	3	陶瓷水尺
2	遥测水位计	支	3	
3	自记温度计	套	1	
4	自记雨量计	套	1	
5	百叶箱	个	1	
二	拱坝安全监测			
（一）	大坝变形监测			
1	正垂油桶	套	17	正垂系统
2	重锤	个	17	
3	夹线装置	套	17	
4	垂线坐标仪	台	17	
5	ϕ1.5 铟钢丝	m	500	
6	倒垂浮筒	套	5	倒垂系统
7	锚头	个	5	
8	ϕ1.0 铟钢丝	m	400	
9	垂线坐标仪	台	5	
10	双金属标系统	套	1	
11	双金属标仪	台	1	

续表

序号	名　称	单位	数量	备　注
12	全站仪	台	1	
13	强制对中基座	个	32	
14	精密水准仪	台	1	进口
15	精密水准尺	个	3	每个 3m
16	水准标	个	31	B－2
17	尺台或尺桩	个	30	
18	静力水准仪	套	1	4 测点，线路全长 200m
19	测缝计	支	234	
20	多点位移计	套	6	
21	电缆	km	50	5 芯
（二）	大坝渗流渗压及帷幕绕渗监测			
1	渗压计	支	52	
2	压力表	个	41	
3	测压管	个	41	
4	测压管孔口装置	套	41	
5	堰流计	套	7	
6	水质监测	项	1	
7	电缆	km	50	5 芯
（三）	大坝应力、应变及温度监测			
1	单向应变计	支	3	
2	五向应变计	组	64	
3	无应力计	套	53	
4	压应力计	套	8	
5	钢筋计	支	96	
6	锚索测力计	台	24	
7	测缝计	支	12	
8	温度计	支	160	
9	电缆	km	120	5 芯
（四）	雾　化　监　测			
1	雨量器	台	2	
2	摄像机	台	1	
3	雾化监测	项	1	
（五）	断　层　监　测			
1	四点式多点位移计	套	15	
2	测斜仪	套	2	

续表

序号	名　称	单位	数量	备　注
3	测斜管	m	2000	
4	强制对中基座	个	30	
（六）	其　他			
1	集线箱	台	25	32 通道
2	便携式数据采集仪	台	5	
三	厂 房 监 测			
（一）	压力引水管道监测			
1	钢板应力计	套	44	
2	二向应变计组	组	12	
3	无应力计	支	2	
4	电缆	km	15	5 芯
（二）	地 面 厂 房 监 测			
1	二向应变计组	组	15	
2	无应力计	支	15	
3	测缝计	支	18	
4	渗压计	支	12	
5	基岩变位计	套	9	四点式
6	振动仪	套	3	8 组三分器
7	电缆	km	40	5 芯
（三）	其　他			
1	集线箱	台	4	32 通道
2	便携式数据采集仪	台	1	
四	边 坡 监 测			
（一）	坝肩开挖边坡监测			
1	固定式测斜仪	台	10	4 个测点
2	锚杆测力计	台	20	
3	锚索测力计	台	20	
4	测斜管	m	700	ϕ71（铝合金）
5	电缆	km	20	5 芯
（二）	厂房后边坡监测			
1	多点位移计			
2	活动式测斜仪	台	3	5 个测点
3	锚杆测力计	套	12	
4	测斜管	m	500	ϕ71（铝合金）
5	电缆	km	10	5 芯

续表

序号	名　称	单位	数量	备　注
（三）	其　他			
1	集线箱			
2	便携式数据采集仪	台	1	
五	导流洞堵头监测			
1	测缝计			
2	多点位移计	套	12	四点式
3	五向应力应变计	组	8	
4	无应力计	支	8	
5	渗压计	支	16	
6	自动渗流量计	支	2	
7	电缆	km	10	5 芯
8	集线箱	台	5	32 通道
9	便携式数据采集仪	台	1	
六	监测自动化系统			
（一）	测量单元及网络			
1	数据采集单元 MCU	台	60	16 通道
2	中继器	台	2	
3	防雷器	台	1	
4	配电箱	台	1	
5	通信光纤	m	10000	估算
6	通信电缆	m	5000	估算
（二）	监控计算机系统			
1	工业计算机	台	3	
2	显示器	台	3	
3	UPS	台	2	
4	打印机	台	2	
5	扫描仪	台	1	
6	绘图仪	台	1	
7	办公设备	套	1	
8	配电箱	台	1	
9	维修工具	套	1	
10	调试维修载波电话	台	1	
11	调试维修对讲机	台	1	
12	光端机	对	10	
13	工控机	台	1	

续表

序号	名　称	单位	数量	备　注
（三）	软　件　系　统			
1	网络测控软件	套	1	
2	系统创建	套	1	
3	系统故障及自检子系统	套	1	
4	远程传输和控制子系统	套	1	
5	在线数据采集子系统	套	1	
6	数据处理软件	套	1	
7	数据管理处理系统	套	1	
8	报表制作子系统	套	1	
9	图形制作子系统	套	1	
七	施　工　期　监　测			
1	施工期监测、维护			
2	监测资料整理法分析	项	1	
3	枢纽建筑物巡视检查	项	1	

10.3　大坝安全监测

10.3.1　安全监测成果分析

1. 坝体

（1）坝体水平位移。

1）一般规律性分析。一般来说，随着库水位上升，拱坝径向向下游位移，切向向两岸位移。三河口拱坝初期蓄水阶段（2019 年 12 月 30 日至 2020 年 3 月 12 日）径向向下游位移，最大为 2.49mm，出现在 565.00m 高程Ⅳ断面（5 号拱冠梁坝段）PL4－4 测点，发生时间为 2020 年 3 月 10 日；切向普遍向右岸位移，位移量较小，最大位移为 1.69mm，说明这一阶段水头作用下大坝拱向推力还较小。初期蓄水结束后，随着气温回升，坝体向上游位移，最大位移量为 3.32mm，说明温度荷载影响大于水压荷载影响。

正常蓄水阶段（2021 年 2 月 25 日至 2021 年 7 月 15 日）径向向下游位移，最大为 5.56mm，出现在 588.00m 高程Ⅳ断面（5 号拱冠梁坝段）PL4－3 测点，发生时间为 2021 年 5 月 7 日；切向向两岸位移，其中左坝段Ⅲ断面向左岸位移了 0.12mm，右坝段Ⅴ断面向右岸位移了 3.57mm，可以看出水压荷载对水平位移的影响较大。

2）典型测点位移变化过程分析。以 565.00m 高程Ⅳ断面（5 号最高坝段）PL4－4 测点为例进行测点位移变化过程分析。PL4－4 测点于 2019 年 11 月 26 日取得基准值，到 2019 年 12 月 29 日初期蓄水前，由于气温等外界因素影响，坝体径向向下游位移了 0.54mm。565.00m 高程径向位移和库水位相关关系见图 10.1。

导流洞下闸后和库水位 3 个变化阶段相对应，该测点径向位移有一定的相关性。

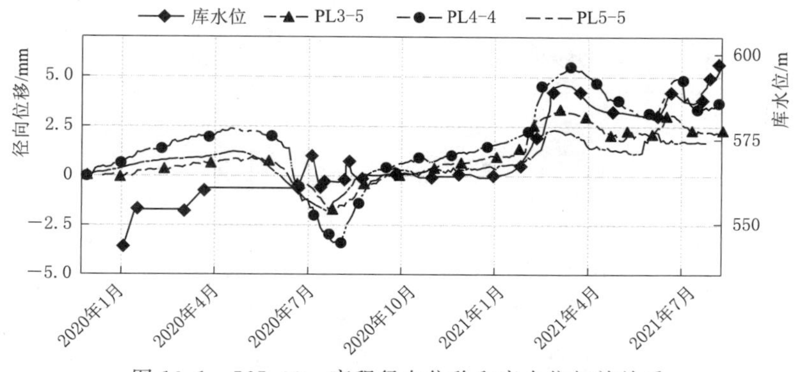

图 10.1　565.00m 高程径向位移和库水位相关关系

第一个增长阶段：水位从 533.2m 上升至 543.0m（2019 年 12 月 30 日至 2020 年 1 月 6 日），径向位移从 0.64mm 增长到 1.01mm。

第二个增长阶段：水位基本维持在 543.0～544.8m（2020 年 1 月 7 日至 2020 年 3 月 2 日），径向位移从 1.01mm 增长到 2.05mm。该增长阶段呈现出持续时间长和增长速率较低的特点，说明径向位移受水位影响存在一定的滞后性。

第三个增长阶段：水位从 544.8m 上升至 550.0m（2020 年 3 月 3 日至 2020 年 3 月 12 日），径向位移从 2.05mm 增长到 2.32mm。2020 年 3 月 12 日底孔过流后，随着气温的回升，坝体径向逐渐向上游位移，符合拱坝变形的一般规律，至 2020 年 9 月 2 日径向位移为−3.26mm。2020 年 6 月 12 日至 2020 年 6 月 18 日，由于汛期暴雨，库水位从 550.5m 上升至 566.3m，径向位移从−1.26mm 增长到−0.82mm，可以看出坝体径向位移对库水位变化比较敏感。2021 年开始坝体主要发生向下游的径向位移，大小的变化趋势和库水位相似。

3）空间分布规律。由于三河口拱坝 565.00m 高程以下切向位移较小，普遍向右岸位移，位移量不大，此处只针对径向位移的空间分布规律进行分析。各坝段沿高程径向位移分布见图 10.2。

从沿高程方向分布来看，同一个坝段高程越高，径向位移越大，目前[1] 588.00m 高程位移最大，位移值最大为 1.25mm，565.00m、545.00m 及 515.00m 高程位移依次减小；从左右岸方向分布来看，最高坝段Ⅳ断面径向位移最大，Ⅲ、Ⅴ断面径向位移较小，符合一般规律；Ⅱ断面（2 号坝段）和Ⅵ断面（9 号坝段）倒垂测点位于 565m 廊道左右岸灌浆平洞内，所测位移为基岩位移，位移变化微小，在 0.3mm 以内。综上所述，大坝水平位移规律性正常，受水压荷载和温度荷载共同影响，目前位移量还不大，无异常变化。

（2）坝体垂直位移。为监测坝体内部垂直变形，在 515m 和 565m 灌浆廊道内各布置 1 套静力水准线，在两岸灌浆廊道内分别设置双金属标作为静力水准线的校核基点。仪器布设位置及特征值统计见表 10.3、表 10.4。515.00m 高程廊道典型双金属标过程线和典型静力水准过程线分别如图 10.3、图 10.4 所示。

[1] 本节所称“目前”，如无特别说明，均指 2021 年 7 月 15 日。

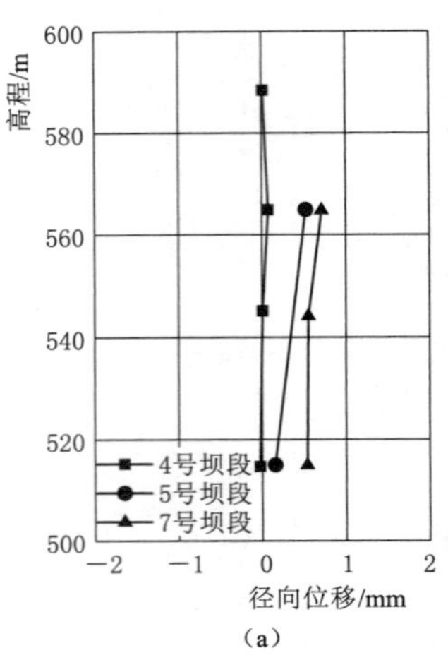

(a)

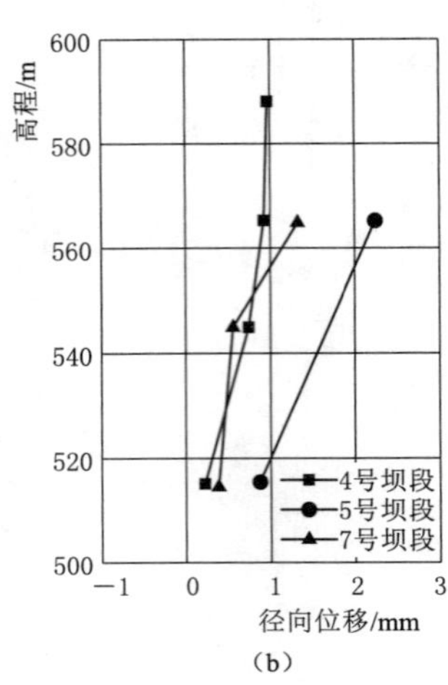

(b)

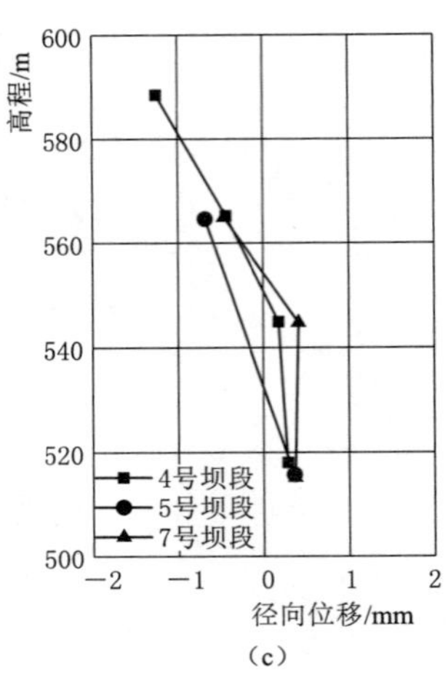

(c)

图 10.2　各坝段沿高程径向位移分布

(a) 蓄水前 (2019-12-29); (b) 蓄水后 (2020-03-22); (c) 蓄水前 (2020-12-29)

表 10.3　**双金属标测点位置及特征值统计**　单位：mm

序号	测点编号	位　置	最大值	最大值出现时间	最小值	最小值出现时间	变幅	最新测值 (2021-07-15)
1	DS1	515m 左灌浆洞内	0.66	2021-02-27	−0.07	2019-12-01	0.73	0.53
2	DS2	515m 右灌浆洞内	0.07	2020-01-12	−0.59	2021-05-01	0.66	−0.55
3	DS3	565m 左灌浆洞内	0.62	2020-03-11	−0.74	2021-03-01	1.36	−0.39
4	DS4	565m 右灌浆洞内	0.09	2019-12-03	−0.30	2020-12-07	0.39	−0.12

表 10.4　**静力水准测点位置及特征值统计**　单位：mm

序号	测点编号	位置	最大值	最大值出现时间	最小值	最小值出现时间	变幅	最新测值 (2021-07-15)
1	AL2-1	515m 左灌浆洞内	0.66	2021-02-27	−0.07	2019-12-01	0.73	0.53
2	AL2-2	515m 左灌浆洞内	2.32	2021-04-02	−0.53	2019-12-31	2.85	1.88
3	AL2-3	515m 左灌浆洞内	1.23	2021-03-18	−0.16	2020-06-18	1.39	0.68
4	AL2-4	5 号坝段	2.60	2021-04-02	−0.41	2020-01-13	3.01	2.13
5	AL2-5	6 号坝段	2.50	2021-03-09	−0.28	2020-01-10	2.78	1.38
6	AL2-6	515m 右灌浆洞内	1.46	2021-03-09	−0.34	2019-12-01	1.80	0.78
7	AL2-7	515m 右灌浆洞内	1.66	2021-02-22	−0.25	2019-12-24	1.91	0.89
8	AL1-1	565m 左灌浆洞内	0.37	2021-05-21	−0.34	2021-07-13	0.71	−0.21
9	AL1-2	565m 左灌浆洞内	0.35	2021-06-30	−0.30	2021-03-10	0.65	0.26
10	AL1-3	3 号	0.32	2021-05-01	−0.36	2021-06-20	0.68	−0.15
11	AL1-4	4 号	0.77	2021-05-01	−0.26	2021-03-03	1.03	0.63
12	AL1-5	5 号	0.86	2021-05-01	−0.32	2021-03-03	1.18	0.61
13	AL1-6	6 号	0.86	2021-05-01	−0.30	2021-03-03	1.16	0.70

续表

序号	测点编号	位置	最大值	最大值出现时间	最小值	最小值出现时间	变幅	最新测值(2021-07-15)
14	AL1-7	7号	0.17	2021-05-01	-0.74	2021-04-04	0.91	-0.21
15	AL1-8	8号	0.21	2021-04-12	-0.44	2021-05-02	0.65	-0.06
16	AL1-9	565m右灌浆洞内	0.28	2021-04-12	-0.63	2021-06-20	0.91	-0.43
17	AL1-10	565m右灌浆洞内	0	2021-03-27	-0.22	2021-01-18	0.22	-0.12

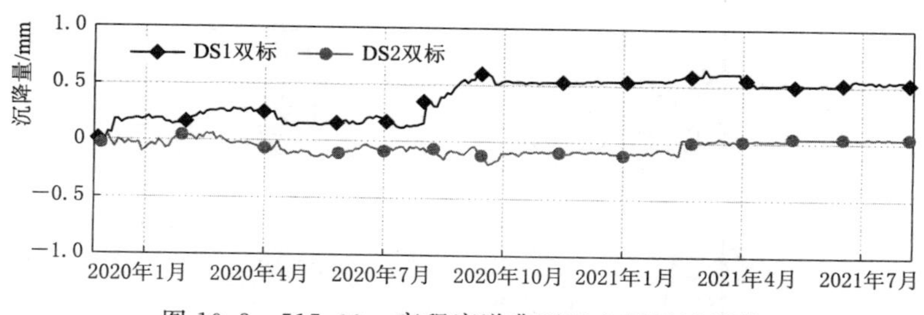

图10.3 515.00m高程廊道典型双金属标过程线

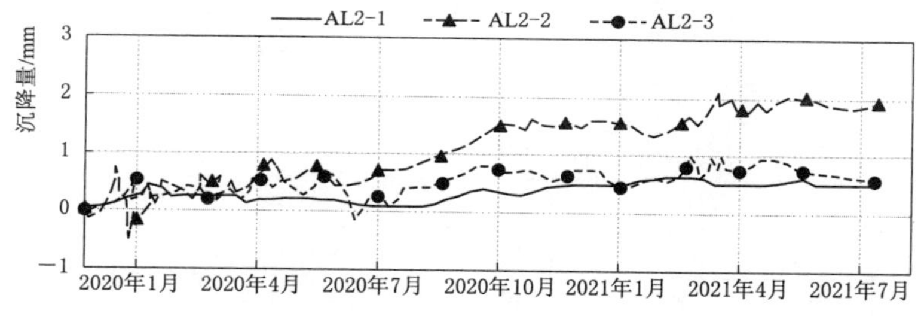

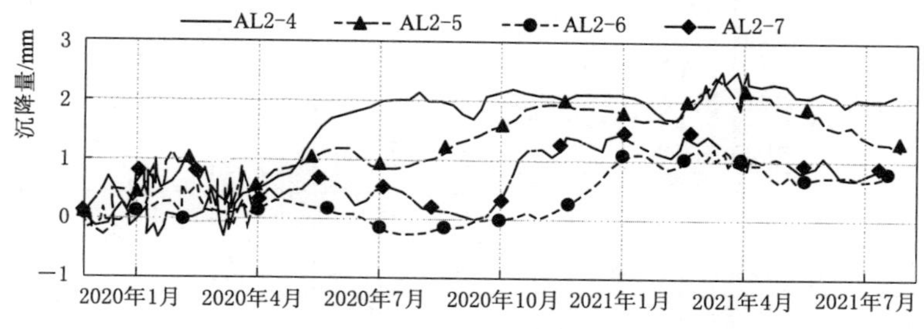

图10.4 515.00m高程廊道典型静力水准过程线

从双金属标和静力水准过程线图和特征值表可以看出，515m和565m双金属标位于廊道左右灌浆平洞内，所测位移为基岩位移，目前沉降规律不明显，变化微小，在1mm以内；安装在515m廊道内的静力水准，普遍处于下沉状态，下沉量基本在2mm以内。AL2-4、AL2-5位于坝体廊道混凝土上，垂直位移变化更为明显；从目前测值来看，565m廊道内静力水准普遍处于上抬状态，上抬量基本在1mm以内。

(3)基岩变形。

1)基岩竖向位移。在5个主监测断面的基岩处埋设了垂直向多点位移计监测基岩的竖向变形，每个断面沿上下游向布置了 4 组多点位移计（四点式），共布置了 20 组多点位移计。四点式多点位移计各测点据孔口的距离分别为 5m、10m、20m、35m。主监测坝段多点位移计特征值统计见表 10.5，表中最新测值为 2021 年 7 月 15 日测值。

表 10.5　　多点位移计测点特征值统计　　单位：mm

序号	编　号	测点深度	最大值	最大值出现时间	最小值	最小值出现时间	变幅	最新测值（2021-07-15）
1	MJ2-2-1	孔口	0.06	2018-05-25	−0.49	2019-09-30	0.55	−0.34
2	MJ2-2-2	20m	0.08	2018-05-25	−0.11	2019-10-14	0.19	0.01
3	MJ2-2-3	10m	0	2018-05-20	−0.19	2018-11-16	0.19	−0.13
4	MJ2-2-4	5m	0	2018-05-20	−0.35	2021-04-13	0.35	−0.30
5	MJ2-3-2	20m	0.01	2018-06-22	−0.51	2021-05-18	0.52	−0.49
6	MJ2-3-3	10m	0	2018-05-20	−0.54	2020-03-15	0.54	−0.43
7	MJ2-3-4	5m	0.35	2018-10-26	−0.01	2018-07-21	0.36	0.23
8	MJ2-4-1	孔口	0	2018-05-20	−2.44	2021-06-04	2.44	−2.35
9	MJ2-4-2	20m	0.68	2018-12-15	0	2018-05-20	0.68	0.49
10	MJ2-4-3	10m	0.29	2018-12-15	−0.22	2021-04-01	0.51	−0.04
11	MJ2-4-4	5m	0.11	2018-12-01	−0.31	2021-06-04	0.42	−0.26
12	MJ3-1-1	孔口	0	2017-05-31	−3.05	2021-07-15	3.05	−3.05
13	MJ3-1-2	20m	0.70	2021-07-08	0	2017-05-31	0.70	0.67
14	MJ3-1-3	10m	0.76	2021-07-05	0	2017-06-01	0.76	0.65
15	MJ3-1-4	5m	0	2017-05-31	−1.96	2021-03-22	1.96	−1.85
16	MJ3-2-1	孔口	0	2017-05-14	−5.98	2021-07-15	5.98	−5.98
17	MJ3-2-2	20m	0.16	2017-08-25	−1.07	2019-12-01	1.23	−0.95
18	MJ3-2-3	10m	0	2017-05-14	−1.90	2021-05-23	1.90	−1.76
19	MJ3-2-4	5m	0	2017-05-14	−3.75	2021-07-13	3.75	−3.73
20	MJ3-3-1	孔口	0.03	2017-05-15	−3.94	2021-07-15	3.97	−3.94
21	MJ3-3-2	20m	0.01	2017-05-15	−0.95	2020-12-21	0.96	−0.90
22	MJ3-3-3	10m	0	2017-05-15	−1.76	2021-02-05	1.76	−1.73
23	MJ3-3-4	5m	0	2017-05-15	−0.93	2021-06-11	0.93	−0.90
24	MJ3-4-1	孔口	0.01	2017-05-25	−0.49	2021-07-15	0.50	−0.49
25	MJ3-4-2	20m	2.89	2021-06-27	0	2017-05-14	2.89	2.89
26	MJ3-4-3	10m	1.48	2021-03-22	−0.05	2017-05-20	1.53	1.44
27	MJ3-4-4	5m	0.99	2021-06-27	−0.02	2017-05-20	1.01	0.98
28	MJ4-2-1	孔口	0	2016-11-14	−8.06	2021-07-12	8.06	−8.00
29	MJ4-2-2	20m	0	2016-11-14	−3.44	2020-08-25	3.44	−3.06
30	MJ4-2-3	15m	0	2016-11-14	−4.34	2021-07-03	4.34	−4.34
31	MJ4-3-1	孔口	0.11	2018-08-13	−0.48	2021-06-24	0.59	−0.46

续表

序号	编　号	测点深度	最大值	最大值出现时间	最小值	最小值出现时间	变幅	最新测值（2021-07-15）
32	MJ4-3-2	20m	0.14	2018-08-13	-0.06	2021-04-19	0.20	-0.01
33	MJ4-3-3	10m	0.18	2018-07-06	-0.33	2016-11-24	0.51	-0.24
34	MJ4-3-4	5m	0.09	2018-08-13	-0.32	2021-06-24	0.41	-0.29
35	MJ4-4-1	孔口	0	2016-11-20	-1.56	2020-08-10	1.56	-1.44
36	MJ4-4-2	20m	0.31	2021-04-23	-0.20	2016-12-12	0.51	0.26
37	MJ4-4-3	10m	0.01	2016-11-20	-0.96	2019-11-13	0.97	-0.75
38	MJ4-4-4	5m	0	2016-11-18	-1.57	2019-03-31	1.57	-1.36
39	MJ5-1-1	孔口	0	2017-05-08	-1.79	2021-06-20	1.79	-1.76
40	MJ5-1-2	20m	1.42	2019-04-13	-0.08	2017-07-12	1.50	1.40
41	MJ5-1-3	10m	0.64	2017-11-23	-0.27	2017-08-17	0.91	0.35
42	MJ5-1-4	5m	2.08	2018-08-18	-0.17	2017-07-12	2.25	2.02
43	MJ5-2-1	孔口	0	2017-05-24	-0.66	2021-05-03	0.66	-0.64
44	MJ5-2-2	20m	0.50	2017-11-18	0	2017-05-24	0.50	0.30
45	MJ5-2-3	10m	0.50	2021-05-01	0	2017-05-24	0.50	0.48
46	MJ5-2-4	5m	0.72	2017-11-18	0	2017-05-24	0.72	0.63
47	MJ5-3-1	孔口	0	2017-05-24	-2.31	2021-07-13	2.31	-2.30
48	MJ5-3-2	20m	2.39	2017-09-14	0	2017-05-24	2.39	1.56
49	MJ5-3-3	10m	0.58	2017-07-20	-0.46	2021-05-13	1.04	-0.44
50	MJ5-3-4	5m	0.34	2017-07-20	-1.54	2021-07-11	1.88	-1.52
51	MJ5-4-1	孔口	0	2017-05-25	-3.92	2021-01-08	3.92	-3.76
52	MJ5-4-2	20m	2.17	2018-09-22	-0.86	2017-08-09	3.03	1.72
53	MJ5-4-3	10m	2.30	2018-11-23	-1.03	2017-08-09	3.33	2.01
54	MJ5-4-4	5m	0	2017-05-25	-3.37	2021-01-08	3.37	-3.19
55	MJ6-1-1	孔口	0	2018-08-30	-0.26	2018-09-13	0.26	-0.09
56	MJ6-1-2	20m	0.19	2021-06-18	0	2019-10-14	0.19	0.11
57	MJ6-1-3	10m	0.30	2021-06-18	0	2018-08-30	0.30	0.23
58	MJ6-1-4	5m	0.11	2021-06-18	-0.06	2021-03-18	0.17	0.03
59	MJ6-2-1	孔口	1.54	2019-11-21	-0.01	2018-08-31	1.55	1.26
60	MJ6-2-2	20m	0.16	2019-11-21	-0.45	2018-11-23	0.61	-0.13
61	MJ6-2-3	10m	0.32	2018-10-06	-0.69	2019-03-24	1.01	-0.58
62	MJ6-2-4	5m	0.59	2019-11-21	-0.18	2018-09-22	0.77	0.29
63	MJ6-3-1	孔口	0	2018-08-30	-3.23	2021-04-13	3.23	-3.21
64	MJ6-3-2	20m	0	2018-08-30	-0.33	2020-10-08	0.33	-0.28
65	MJ6-3-3	10m	0	2018-08-30	-1.88	2021-06-03	1.88	-1.79

续表

序号	编　号	测点深度	最大值	最大值出现时间	最小值	最小值出现时间	变幅	最新测值(2021-07-15)
66	MJ6-4-1	孔口	0.12	2021-05-18	−0.09	2018-09-13	0.21	0.08
67	MJ6-4-2	20m	0	2018-08-30	−0.18	2021-06-23	0.18	−0.12
68	MJ6-4-3	10m	0.05	2018-09-08	−0.10	2021-06-23	0.15	−0.03
69	MJ6-4-4	5m	0	2018-08-30	−0.14	2018-11-09	0.14	−0.07

a. Ⅱ断面（2号坝段）。2号坝段多点位移计安装在569.00m高程，除MJ2-4-1测点外，其余测点位移变化基本在±0.5mm以内，变化量较小，如图10.5所示。MJ2-4-1为该组测点的孔口位移，目前位移为−2.35mm。

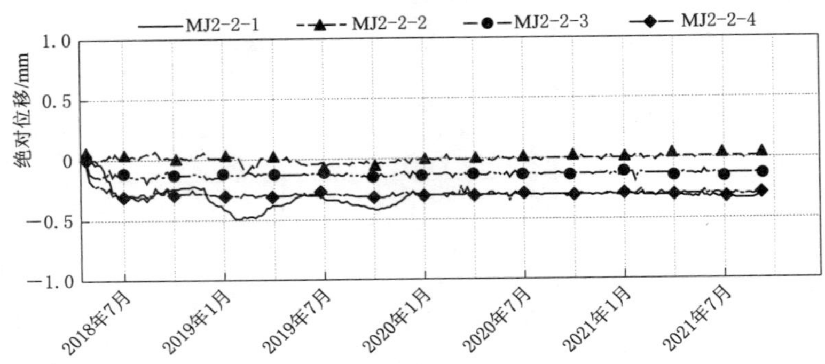

图10.5　Ⅱ断面典型多点位移计过程线

b. Ⅲ断面（4号坝段）。4号坝段多点位移计安装在519.70m高程，坝段中部的MJ3-2和MJ3-3两组测点均表现为受压状态，目前最大压缩量分别为5.98mm（图10.6）和3.97mm。靠近上游侧的MJ3-1测点孔口和5m处的位移处于压缩状态，压缩量为3.05mm（孔口）和1.85mm（5m处），10m和20m深处位移略微处于伸长状态，位移在0.8mm以内。靠近下游侧的MJ3-4测点位移略处于伸长状态，位移最大为2.89mm。

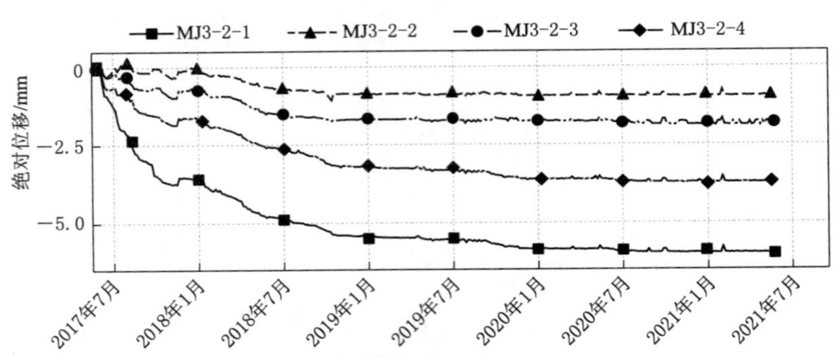

图10.6　Ⅲ断面典型多点位移计过程线

c. Ⅳ断面（5号坝段）。Ⅳ断面位于拱冠坝段，仪器安装在504.50m高程。从监测数据来看，该断面测点基本处于压缩状态，其中MJ4-2孔口位移量最大，最大压缩量为

8.00mm，如图 10.7 所示。

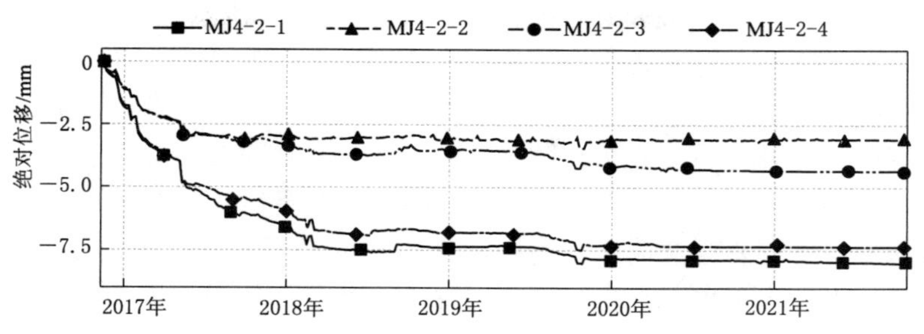

图 10.7　Ⅳ断面典型多点位移计过程线

d. Ⅴ断面（7 号坝段）。Ⅴ断面位于 7 号坝段，仪器安装在 520.00m 高程，从监测数据来看，如图 10.8 所示，靠近上游侧两组测点除孔口位移处于压缩状态（位移量分别为−1.76mm和−0.64mm）外，其余测点处于拉伸状态，变形量基本在 2mm 以内。靠近下游侧两组测点孔口和 5m 处位移呈压缩状态，10m 和 20m 深处测点呈拉伸状态，位移量变化在−3.76～2.01mm 之间。

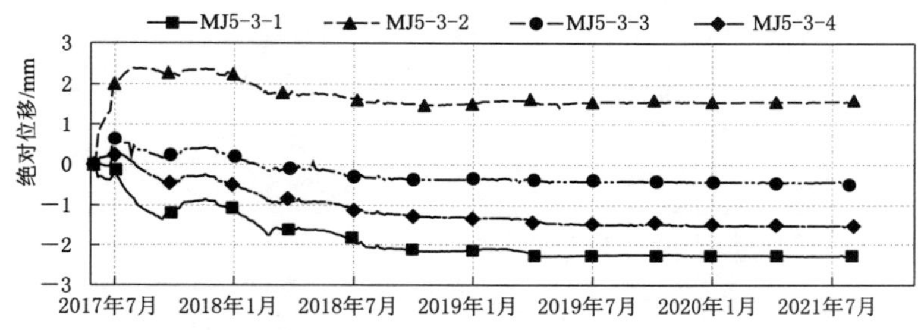

图 10.8　Ⅴ断面典型多点位移计过程线

e. Ⅵ断面（9 号坝段）。Ⅵ断面位于 9 号坝段，仪器安装在 582.00m 高程，从监测数据来看，如图 10.9 所示，靠近上游侧和下游侧的两组测点位移量变化较小，变幅在 0.5mm 以内。MJ6－2 位移量不大，在−0.58～1.26mm 之间；MJ6－3 主要呈压缩变形，孔口最大压缩位移为 3.21mm。

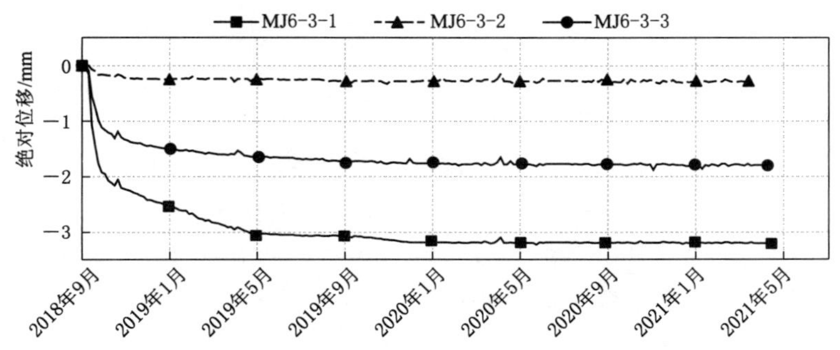

图 10.9　Ⅵ断面典型多点位移计过程线

总体来看基岩变形规律性较好，位移量变化不大，目前在－8.00～2.89mm之间变化，大部分测点位移趋于稳定。一般随着混凝土浇筑高程的增加，坝基主要呈现压缩变形，其中最大压缩变形出现在最高坝段基础中部位置（Ⅳ断面5号坝段MJ4－2孔口位移）。从空间分布来看，最高坝段Ⅳ断面处位移变化最大，其次为Ⅲ断面和Ⅴ断面，Ⅱ断面和Ⅵ断面总体变化较小。从统计表可以看出，同一组多点位移计中，一般孔口位移变化最大，符合一般规律。综上所述，基岩竖向位移变化规律正常，变形量不大，无明显异常变化。

2）基岩水平向位移。为监测大坝基岩水平向变形，布置了水平向多点位移计（四点式），共布置了6组。水平向多点位移计测点深度及特征值统计见表10.6。

表10.6　水平向多点位移计测点深度及特征值统计　单位：mm

序号	编　号	测点深度	最大值	最大值出现时间	最小值	最小值出现时间	变幅	最新测值（2021-07-15）
1	MJ1-1	孔口	0.55	2020-04-11	－0.08	2019-07-08	0.63	0.38
2	MJ1-2	20m	0.11	2019-07-07	－0.38	2020-04-03	0.49	－0.18
3	MJ1-3	10m	0.13	2019-07-07	－0.50	2020-04-03	0.63	－0.31
4	MJ1-4	5m	0.48	2020-04-11	－0.17	2019-10-28	0.65	0.34
5	MJ2-1	孔口	0.27	2018-05-19	－0.13	2017-11-05	0.40	0.00
6	MJ2-2	20m	0.18	2018-04-14	0	2017-10-28	0.18	0.14
7	MJ2-3	10m	0.26	2018-04-28	－3.64	2019-10-07	3.90	－3.51
8	MJ2-4	5m	0.22	2018-09-01	－0.01	2017-10-29	0.23	0.07
9	MJ3-2	20m	0.43	2021-04-21	－0.03	2017-11-02	0.46	0.41
10	MJ3-3	10m	0.56	2021-03-29	－0.03	2017-11-02	0.59	0.51
11	MJ3-4	5m	0.05	2021-04-20	－0.26	2019-02-03	0.31	0.03
12	MJ4-1	孔口	0	2018-04-15	－0.36	2020-07-25	0.36	－0.31
13	MJ4-4	5m	0.91	2021-07-01	0	2018-04-15	0.91	0.89
14	MJ5-1	孔口	0	2018-04-15	－1.48	2019-11-13	1.48	－1.45
15	MJ5-2	20m	0.53	2021-03-28	－0.07	2018-07-01	0.60	0.45
16	MJ5-3	10m	0	2018-04-15	－0.82	2020-04-03	0.82	－0.70
17	MJ5-4	5m	0	2018-04-15	－0.62	2021-06-25	0.62	－0.59
18	MJ6-2	20m	0.45	2020-04-11	－0.16	2020-09-10	0.61	－0.13
19	MJ6-3	10m	0.35	2020-07-19	－0.94	2021-07-15	1.29	－0.94
20	MJ6-4	5m	0.29	2020-07-19	－0.58	2021-06-02	0.87	－0.56

从特征值表可以看出，基岩水平向位移整体变化较小，除MJ2-3测点外，其余测点位移量变幅基本在1mm以内；基岩水平向位移最大出现在MJ2-3测点（10m深），呈压缩变形，最大压缩变形为3.64mm；其位移增长主要出现在2018年4月至2019年4月，之后位移趋于稳定；目前蓄水位对基岩水平向位移影响较小，变幅在0.3mm以内，说明大坝拱向作用还不明显；总体来看，基岩水平向位移普遍较小，目前测值已较为稳定。

（4）建基面接缝变形。从坝基测缝计过程线图（图10.10）可以看出，坝基测缝计绝

大部分测点开合度都处于张开状态，但总体来看开合度不大，最大开合度为 2.36mm，出现在 JJ5－2 测点，发生时间为 2020 年 1 月 11 日。测缝计开合度主要变形发生在上部混凝土开始浇筑后的几个月内，并受到温度变化的影响；随着坝基固结灌浆结束之后，开合度基本处于稳定状态，变化幅度较小。总体来看，坝基测缝计变化规律正常，固结灌浆后开合度变化较小，无异常变化。

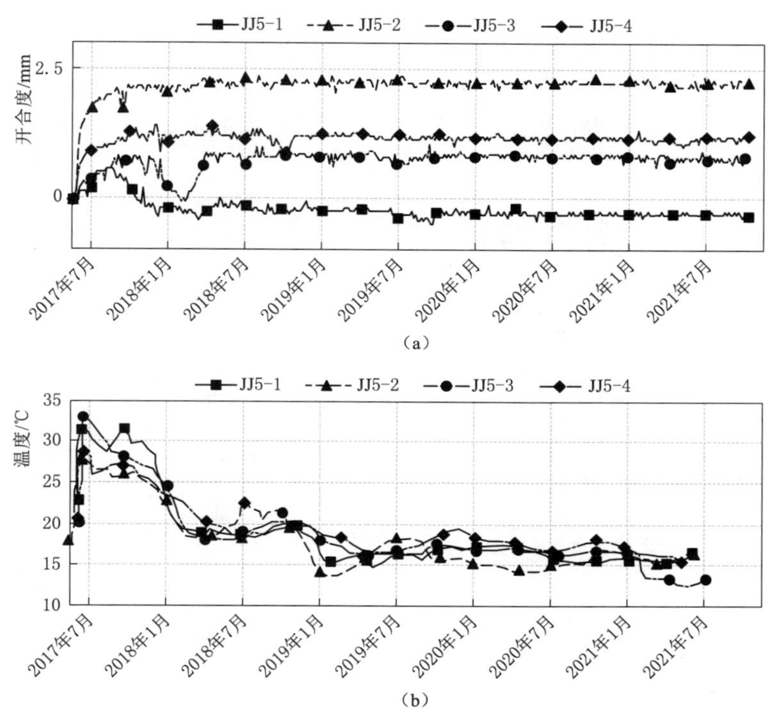

图 10.10　坝基测缝计典型测点过程线

(a) 开合度过程线；(b) 温度过程线

(5) 横缝及诱导缝变形。为监测拱坝接缝开合度情况以及评价接缝灌浆效果，在拱坝横缝及诱导缝上埋设了测缝计。由监测成果可知，在接缝灌浆之前，接缝开合度和坝体温度呈负相关变化，即：温度上升，开合度减小；温度下降，开合度增大。在接缝灌浆前夕，经过后期冷却通水，此时接缝开合度较大，接缝开合度最大为 13.41mm，出现在 3 号诱导缝 628.00m 高程的 J(3y)09 测点。

坝体横缝和诱导缝接缝目前进行了五期灌浆，灌浆相关情况见表 10.7。

表 10.7　　大坝接缝灌浆时间统计

序号	名　称	开始时间	结束时间	备　注
1	504.50～527.40m 高程	2018－03－14	2018－03－21	
2	527.40～563.40m 高程	2019－03－08	2019－03－17	
3	563.40～578.40m 高程	2019－04－14	2019－04－23	

续表

序号	名　称	开始时间	结束时间	备　注
4	578.40～615.90m 高程	2020-01-03	2020-01-10	1 号、2 号诱导缝及 5 号横缝 602.40m 以上未灌浆
5	615.90～636.90m 高程	2020-04-04	2020-04-19	
6	602.00～645.00m 高程	2021-03-09	2021-03-17	

接缝灌浆后开合度情况分析如下。

2018 年 3 月进行了第一期接缝灌浆，灌浆高程 504.50～527.40m，灌浆后该区域测缝计特征值统计见表 10.8（统计时段：灌浆后至 2021 年 7 月 15 日），典型测缝计过程线见图 10.11。

表 10.8　　大坝 527.00m 以下高程灌浆后测缝计特征值统计　　单位：mm

序号	测点名称	缝号	高程/m	最大值	最大值出现时间	最小值	最小值出现时间	变幅
1	J(1y)01	1y	509.00	0.46	2021-07-04	0.37	2018-04-02	0.06
2	J(5h)01	5h	509.00	1.67	2019-02-16	1.64	2018-04-14	0.03
3	J(5h)02	5h	509.00	4.63	2019-02-24	4.37	2018-09-30	0.26
4	J(1y)02	1y	527.00	6.93	2018-04-02	6.60	2020-09-10	0.33
5	J(1y)03	1y	527.00	5.96	2018-04-14	5.86	2018-08-04	0.10
6	J(5h)03	5h	527.00	7.80	2019-05-04	7.06	2018-10-06	0.74
7	J(2y)01	2y	527.00	0.93	2019-03-17	0.89	2020-02-25	0.04
8	J(2y)02	2y	527.00	2.99	2019-03-03	2.86	2018-09-22	0.13

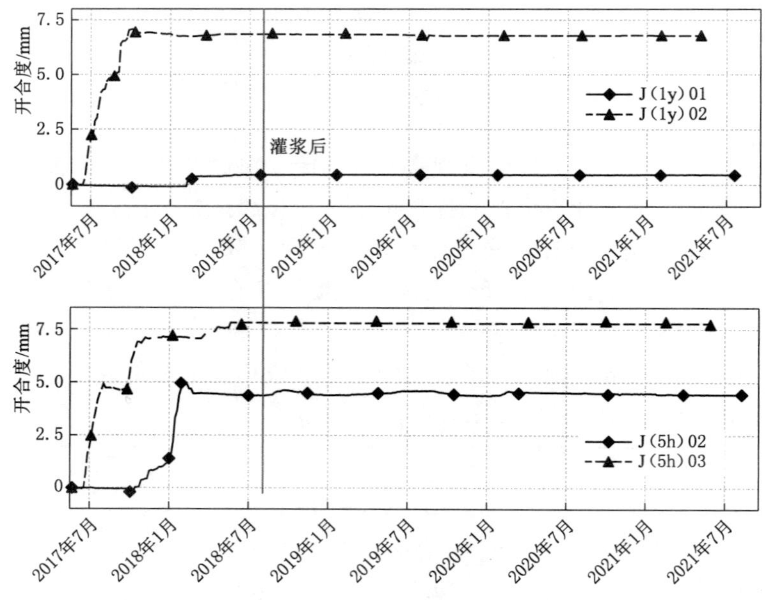

图 10.11　527.00m 高程以下典型测缝计过程线

从表 10.8 和图 10.11 可以看出，527.00m 以下高程接缝灌浆以后，接缝开合度变化较小，除 J(5h)03 测点变化了 0.74mm 以外，其余测点变幅基本在 0.3mm 以内，说明 527.00m 以下高程整体接缝灌浆效果良好。J(5h)03 测点位于 527.00m 高程，处于两次灌浆高程的临界处，其上部接缝开合以及 2019 年上部接缝灌浆时，可能对其开合度还有一定影响。

2019 年 3 月进行了第二期接缝灌浆，灌浆高程 527.40～563.40m，灌浆后该区域测缝计特征值统计见表 10.9（统计时段：灌浆后至 2021 年 7 月 15 日），典型测缝计过程线如图 10.12 所示。

表 10.9　527.00～563.40m 高程灌浆后测缝计特征值统计　单位：mm

序号	测点名称	缝号	高程/m	最大值	最大值出现时间	最小值	最小值出现时间	变幅
1	J(3y)01	3y	545.00	3.89	2021-02-22	3.31	2020-09-20	0.58
2	J(3y)02	3y	545.00	0.04	2019-03-31	−0.08	2021-07-11	0.12
3	J(1y)04	1y	545.00	1.41	2020-01-20	1.23	2021-07-15	0.18
4	J(5h)04	5h	545.00	6.57	2020-02-18	6.04	2019-09-30	0.53
5	J(5h)05	5h	545.00	6.18	2020-02-18	5.51	2021-07-15	0.67
6	J(2y)03	2y	545.00	−0.27	2019-04-06	−0.32	2021-05-01	0.05
7	J(3y)03	3y	557.00	0.03	2020-05-29	−0.03	2019-11-13	0.06
8	J(1y)05	1y	557.00	2.02	2021-03-03	1.81	2020-10-26	0.21
9	J(1y)06	1y	557.00	2.05	2021-04-04	1.88	2020-10-26	0.17
10	J(5h)06	5h	557.00	8.27	2020-08-02	6.91	2019-03-24	1.36
11	J(2y)04	2y	557.00	−0.05	2019-04-27	−0.10	2020-07-12	0.05
12	J(2y)05	2y	557.00	0.13	2019-08-11	−0.02	2019-04-13	0.15
13	J(4y)01	4y	557.00	0	2021-06-23	−0.05	2019-03-31	0.05

从相关图表可以看出，527.00～563.40m 高程接缝灌浆以后，接缝开合度变化较小，除位于 557.00m 高程的 J(5h)06 测点变化了 1.36mm 外，其余测点变幅大部分在 0.3mm 以内，说明 527.00～563.40m 整体接缝灌浆效果良好。

2019 年 4 月进行了第三期接缝灌浆，灌浆高程 563.40～578.40m，灌浆后该区域测缝计特征值统计见表 10.10（统计时段：灌浆后至 2021 年 7 月 15 日），典型测缝计过程线如图 10.13 所示。

表 10.10　563.40～578.40m 高程灌浆后测缝计特征值统计　单位：mm

序号	测点名称	缝号	高程/m	最大值	最大值出现时间	最小值	最小值出现时间	变幅
1	J(2h)01	2h	577.00	2.13	2020-09-02	1.70	2019-10-14	0.43
2	J(3y)04	3y	577.00	9.26	2021-03-01	7.54	2019-08-30	1.72
3	J(3y)05	3y	577.00	−0.11	2021-04-01	−0.25	2020-10-08	0.14
4	J(1y)07	1y	577.00	2.10	2019-09-07	1.53	2020-06-18	0.57

续表

序号	测点名称	缝号	高程/m	最大值	最大值出现时间	最小值	最小值出现时间	变幅
5	J(5h)07	5h	577.00	11.35	2021-03-21	9.50	2019-08-30	1.85
6	J(5h)08	5h	577.00	10.48	2020-03-06	8.99	2019-09-14	1.49
7	J(2y)06	2y	577.00	1.73	2019-06-29	1.33	2020-02-05	0.40
8	J(4y)02	4y	577.00	3.09	2021-03-22	1.96	2019-09-07	1.13
9	J(4y)03	4y	577.00	0.23	2021-06-04	−0.22	2020-03-06	0.45

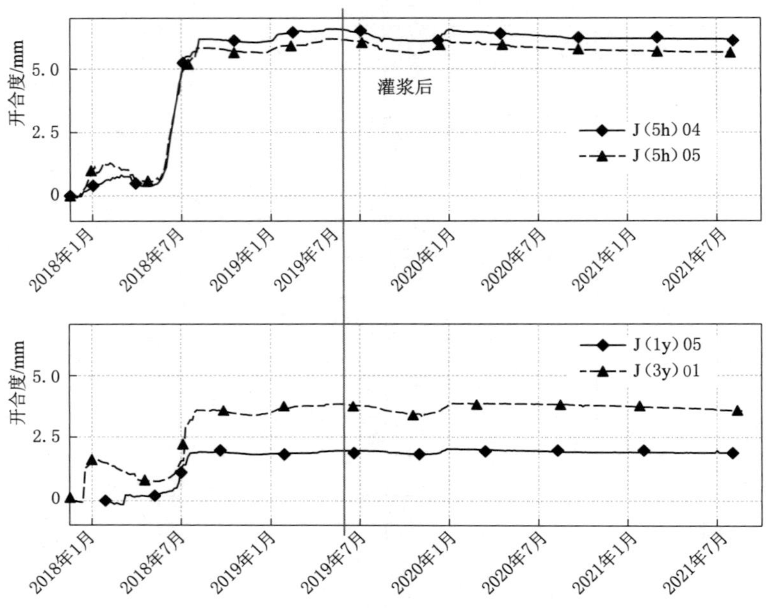

图 10.12　527.00～563.40m 高程典型测缝计过程线

从相关图表可以看出，563.40～578.40m 高程接缝灌浆以后，大部分测点接缝开合度变化较小，J(3y)04、J(5h)07、J(5h)08、J(4y)02 测点经过冬季气温下降后开合度略微张开，变幅在 1.13～1.85mm 之间；除此 4 点外，其余测点变幅基本在 0.5mm 以内，说明 563.40～578.40m 整体接缝灌浆效果良好。

2020 年 1 月进行了第四期接缝灌浆，灌浆高程 578.40～615.90m，灌浆后该区域测缝计特征值统计见表 10.11（统计时段：灌浆后至 2021 年 7 月 15 日），典型测缝计过程线如图 10.14 所示。

表 10.11　578.40～615.90m 高程灌浆后测缝计特征值统计　单位：mm

序号	测点名称	缝号	高程/m	最大值	最大值出现时间	最小值	最小值出现时间	变幅
1	J(2h)02	2h	595.00	2.17	2020-08-02	2.11	2020-01-18	0.06
2	J(2h)03	2h	595.00	3.27	2020-03-05	3.12	2021-02-22	0.15

续表

序号	测点名称	缝号	高程/m	最大值	最大值出现时间	最小值	最小值出现时间	变幅
3	J(3y)06	3y	595.00	5.24	2020-08-17	4.39	2020-01-18	0.85
4	J(1y)08	1y	595.00	0.33	2021-03-23	−0.08	2020-10-08	0.41
5	J(1y)09	1y	595.00	0.07	2021-01-24	−0.22	2020-09-02	0.29
6	J(5h)09	5h	595.00	4.65	2020-08-17	4.41	2020-01-18	0.24
7	J(2y)07	2y	595.00	−0.09	2021-04-23	−0.20	2020-04-19	0.11
8	J(2y)08	2y	595.00	−0.07	2020-05-14	−0.20	2021-06-11	0.13
9	J(4y)04	4y	595.00	1.56	2020-10-08	0.63	2020-01-18	0.93
10	J(3h)01	3h	595.00	3.82	2021-01-24	2.99	2020-01-18	0.83
11	J(3h)02	3h	595.00	3.22	2021-03-23	2.35	2020-09-20	0.87
12	J(1h)01	1h	610.00	−0.11	2021-03-07	−0.22	2021-07-03	0.11
13	J(1h)02	1h	610.00	0.13	2021-02-05	0.05	2021-07-13	0.08
14	J(2h)04	2h	610.00	8.49	2021-04-16	8.23	2020-01-18	0.26
15	J(3y)07	3y	610.00	11.56	2021-03-29	11.03	2020-01-18	0.53
16	J(3y)08	3y	610.00	10.44	2021-01-24	9.85	2020-01-18	0.59
17	J(4y)05	4y	610.00	9.43	2021-03-04	8.14	2020-10-26	1.29
18	J(4y)06	4y	610.00	0.07	2020-05-22	−0.01	2021-06-12	0.08
19	J(3h)03	3h	610.00	5.73	2021-04-21	5.25	2020-01-18	0.48
20	J(4h)01	4h	610.00	1.12	2021-01-24	0.97	2020-09-10	0.15
21	J(4h)02	4h	610.00	3.70	2021-01-24	3.38	2020-09-20	0.32

从表 10.11 和图 10.14 可以看出，578.40～615.90m 高程接缝灌浆以后，J(3y)06、J(4y)04、J(3h)01、J(3h)02、J(4y)05 测点随着冬季气温下降后开合度略微张开，变幅在 0.83～1.29m 之间，除 5 测点外，其余测点变幅在 0.4mm 以内，说明 578.40～615.90m 整体接缝灌浆效果良好。

2020 年 4 月进行了第五期接缝灌浆，灌浆高程 615.90～636.90m，灌浆后该区域测缝计特征值统计见表 10.12（统计时段：灌浆后至 2021 年 7 月 15 日），典型测缝计过程线如图 10.15 所示。

表 10.12　615.90～636.90m 高程灌浆后测缝计特征值统计　单位：mm

序号	测点名称	缝号	高程/m	最大值	最大值出现时间	最小值	最小值出现时间	变幅
1	J(1h)03	1h	628.00	0.41	2021-01-24	0.05	2020-05-29	0.36
2	J(2h)05	2h	628.00	10.57	2021-02-05	10.18	2020-10-08	0.39
3	J(2h)06	2h	628.00	−0.01	2021-03-23	−0.10	2021-06-27	0.09
4	J(3h)04	3h	628.00	6.77	2021-01-24	5.99	2020-08-02	0.78
5	J(3h)05	3h	628.00	5.17	2021-01-24	4.42	2020-10-08	0.75

续表

序号	测点名称	缝号	高程/m	最大值	最大值出现时间	最小值	最小值出现时间	变幅
6	J(4h)03	4h	628.00	7.75	2021-03-29	7.66	2020-12-21	0.09
7	J(3y)09	3y	628.00	13.84	2021-06-14	13.03	2020-04-25	0.81
8	J(4y)07	4y	628.00	8.49	2021-03-02	6.00	2020-04-25	2.49

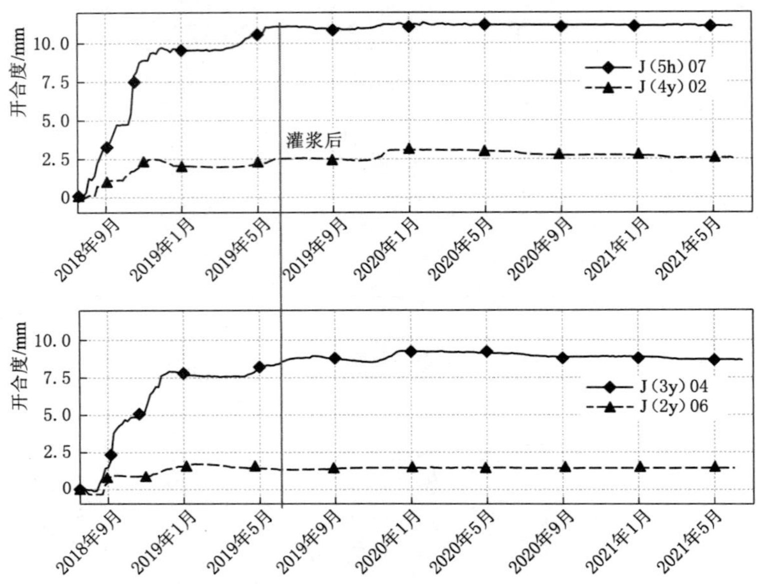

图 10.13　563.40～578.40m 高程典型测缝计过程线

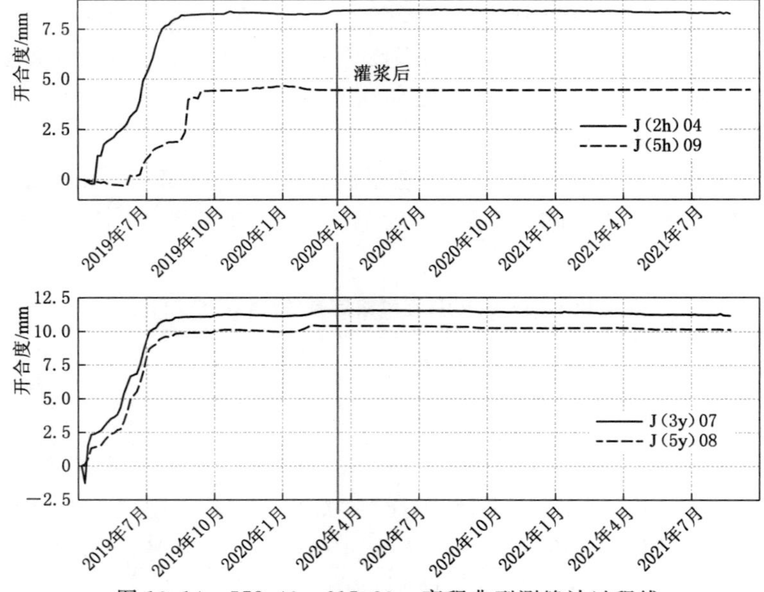

图 10.14　578.40～615.90m 高程典型测缝计过程线

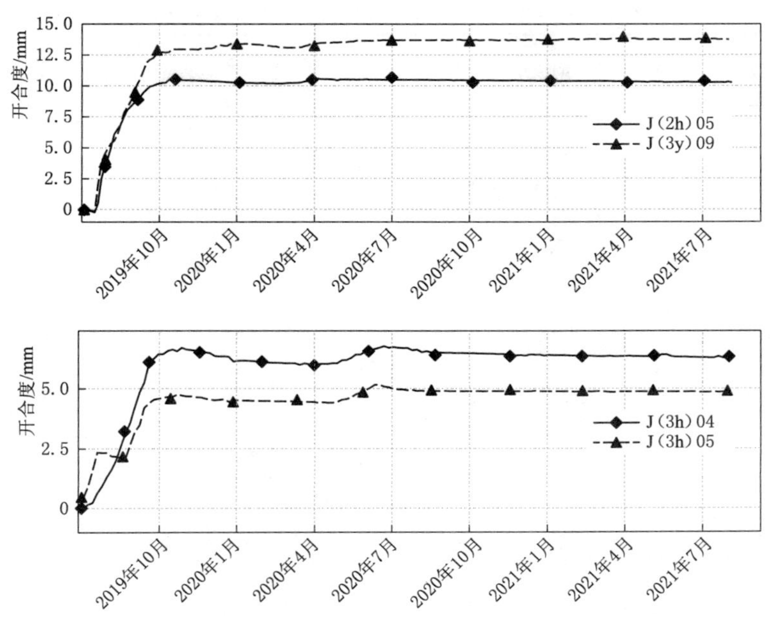

图 10.15　615.90～636.90m 高程典型测缝计过程线

从表 10.12 和图 10.15 可以看出，615.90～636.90m 高程接缝灌浆以后，接缝开合度变化较小，除 J(4y)07 测点变化了 2.50mm 外，其余测点变幅基本在 0.4mm 以内，说明 615.90～636.90m 整体接缝灌浆效果良好。J(4y)07 测点受冬季气温下降后开合度略微张开，变化了 2.50mm，2021 年 3 月后该测点开合度变幅较小，处于稳定状态，如图 10.16 所示。

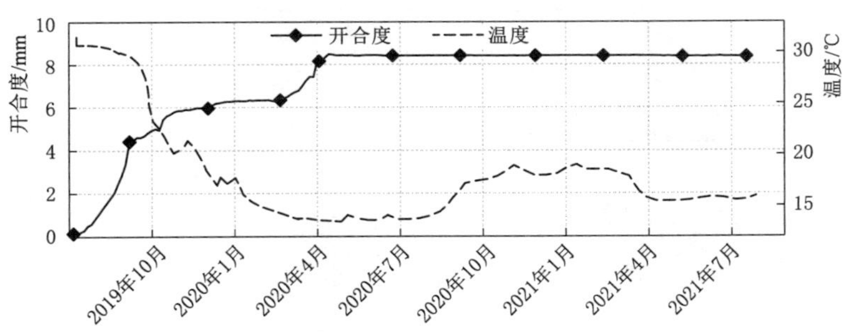

图 10.16　J(4y)07 测点过程线

2021 年 3 月进行了第六期接缝灌浆，灌浆高程 602.00～645.00m，灌浆后该区域测缝计特征值统计见表 10.13（统计时段：灌浆后至 2021 年 7 月 15 日），典型测缝计过程线见图 10.17。

从表 10.13 和图 10.17 可以看出，602.00～645.00m 高程接缝灌浆以后，J(3h)06、J(4y)08、J(4y)09、J(1h)04 测点变幅在 1.40～3.05mm 之间，除此 4 测点外，其余测点变幅在 0.4mm 以内，说明 602.00～645.00m 整体接缝灌浆效果良好。

表 10.13　602.00～645.00m 高程灌浆后测缝计特征值统计　单位：mm

序号	测点名称	缝号	高程/m	最大值	最大值出现时间	最小值	最小值出现时间	变幅
1	J(1y)10	1y	610.00	0.99	2021-06-17	0.91	2021-03-23	0.08
2	J(5h)10	5h	610.00	1.38	2021-04-28	1.28	2021-07-15	0.10
3	J(5h)11	5h	610.00	1.20	2021-06-23	0.86	2021-05-07	0.34
4	J(2y)09	2y	610.00	0.19	2021-05-20	0.13	2021-07-15	0.06
5	J(1y)11	1y	628.00	−0.02	2021-03-30	−0.14	2021-07-06	0.12
6	J(1y)12	1y	628.00	0.19	2021-03-25	0.01	2021-07-15	0.18
7	J(2y)10	2y	628.00	0.56	2021-06-05	0.45	2021-03-23	0.11
8	J(2y)11	2y	628.00	0.56	2021-04-19	0.42	2021-07-15	0.14
9	J(4h)04	4h	645.00	1.22	2021-03-23	0.15	2021-07-15	1.07
10	J(4h)05	4h	645.00	0.33	2021-03-23	−0.66	2021-07-15	0.99
11	J(3h)06	3h	645.00	0.39	2021-03-23	−1.36	2021-07-15	1.75
12	J(4y)08	4y	645.00	0.59	2021-03-26	−2.25	2021-07-15	2.84
13	J(4y)09	4y	645.00	0.79	2021-04-01	−2.26	2021-07-15	3.05
14	J(1y)13	1y	645.00	1.33	2021-03-26	0.99	2021-07-15	0.34
15	J(2y)12	2y	645.00	1.19	2021-03-23	−0.22	2021-07-15	1.41
16	J(3y)10	3y	645.00	0.53	2021-03-23	−0.11	2021-07-15	0.64
17	J(3y)11	3y	645.00	0.56	2021-03-23	−0.06	2021-07-15	0.61
18	J(1h)04	1h	645.00	2.63	2021-03-23	1.23	2021-05-31	1.40
19	J(1h)05	1h	645.00	1.01	2021-03-23	0.05	2021-07-10	0.96
20	J(2h)07	2h	645.00	0.62	2021-03-23	−0.10	2021-07-15	0.72

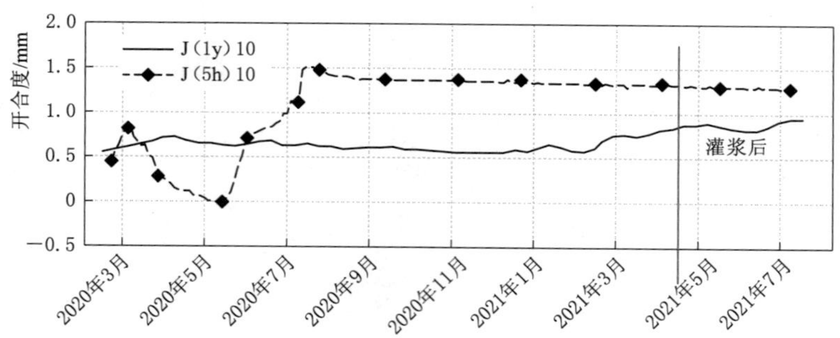

图 10.17　602.00～645.00m 高程典型测缝计过程线

J(4y)08 和 J(4y)09 测缝计安装在 645.00m 高程 4 号诱导缝 7～8 号坝段处，接缝灌浆后 J(4y)08 和 J(4y)09 两测点开合度变化较小。2021 年 3 月底时，两测点开合度突变为压缩状态。J(4y)08 距离上游面 2m，J(4y)09 距离下游面 2m，从图 10.18 可以看出，靠近上游侧 J(4y)08 测点开合度由 0.56mm（2021 年 3 月 29 日）变化至−0.19mm（2021 年 3

月 30 日）。靠近下游测 J(4y)09 开合度由 0.79mm（2021 年 4 月 3 日）变化至−0.03mm（2021 年 4 月 4 日）。目前两测点测值分别为−2.25mm 和−2.26mm，后续将继续关注。J(4y)08 和 J(4y)09 两测点位于 645.00m 高程灌浆结合处，可能对其开合度还有一定影响。

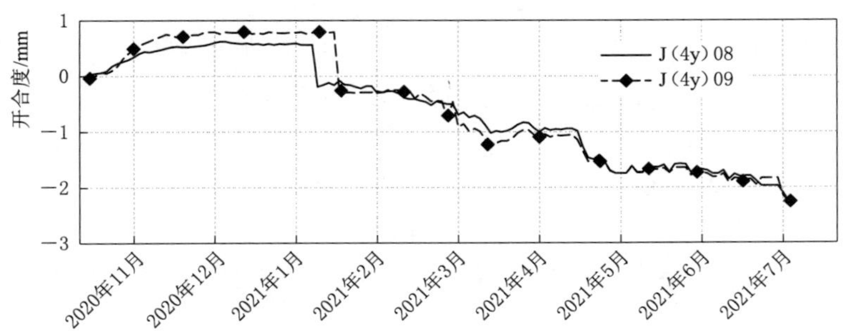

图 10.18 J(4y)08、J(4y)09 测点过程线

总体来看，六期接缝灌浆整体效果良好，除 15 个测点变幅超过 1mm 外，其余大部分接缝测缝计灌浆后变幅小于 0.4mm。

（6）渗流渗压监测。

1）坝基渗压计。拱坝设置了 5 个横向监测断面和 2 个纵向监测断面来观测坝基扬压力情况。帷幕前渗压水头与库水位相关关系见图 10.19。

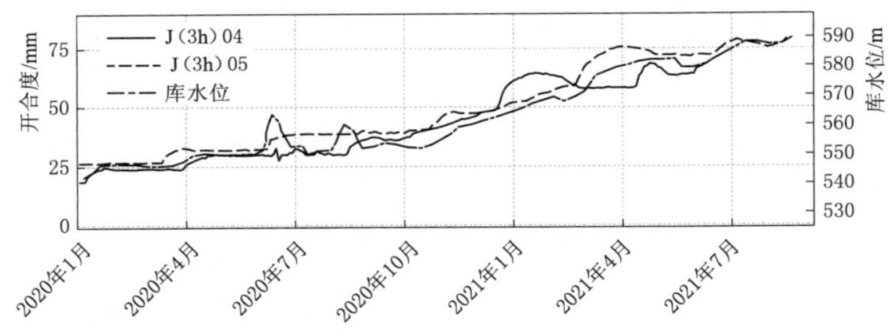

图 10.19 帷幕前渗压水头与库水位相关关系

从图 10.19 可以看出，坝基渗透压力主要受上游水位、周边岩体地下水位、降雨等多种因素影响。上游侧帷幕前渗压水头主要受上游水位和降雨影响。帷幕前渗压水头变化具体可分为四个阶段：

第一阶段（2019 年 12 月 30 前）：该阶段大坝未蓄水，帷幕前渗压水头基本稳定，部分渗压计水头增大与坝前基础黏土（黏土内含有饱和水）回填有关（回填高程 507.50～535.00m）。

第二阶段（2019 年 12 月 30 日至 2020 年 3 月 12 日）：该阶段导流洞下闸蓄水至底孔过流，帷幕前渗压水头随上游水位上升而增大，上游水位稳定后帷幕前渗压水头基本处于稳定状态。

第三阶段（2020 年 3 月 12 日至 2021 年 2 月 24 日）：该阶段库水位主要受降雨影响，渗压水头受降雨影响较小。

第四阶段（2021 年 2 月 24 日至 2021 年 7 月 15 日）：该阶段底孔下闸蓄水后，帷幕前渗压水头随上游水位变化而变化。目前帷幕前最大水头为 79.02m，出现在 5 号坝段 P4－1 测点。

2）横向分布规律分析。5 个横向监测断面中，Ⅱ断面和Ⅵ断面基础高程较高，渗压水头相对较小。横向分布规律主要针对Ⅲ断面和Ⅳ断面这两个断面进行分析，两个断面目前渗压水头横向分布见图 10.20、图 12.21。从上游侧到下游侧渗压水头一般逐渐减小，以Ⅲ断面为例来看，帷幕前 P4－1 测点水头为 79.02m，帷幕后向下游侧水头依次为 16.79m、12.47m、10.03m。Ⅳ断面（4 号坝段）P3－4 渗压水头高于 P3－2 和 P3－3 测点，该测点从安装以后就一直存在一定的渗压水头值，应该是受到下游侧岸坡地下水位影响，目前水头值为 15.54m。

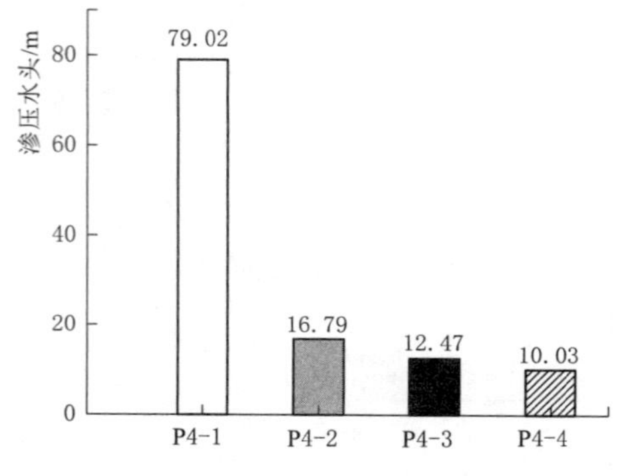

图 10.20 Ⅲ断面（4 号坝段）
基础渗压水头横向分布图

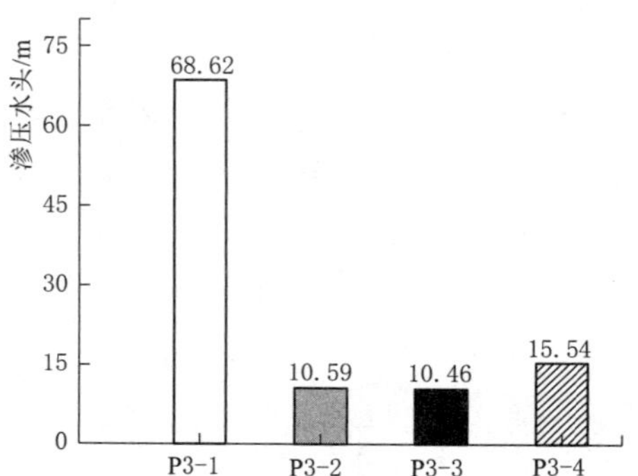

图 10.21 Ⅳ断面（5 号坝段）
基础渗压水头横向分布图

3）纵向分布规律分析。排水孔前后的两个纵向断面目前渗压水位分布见图 10.22。

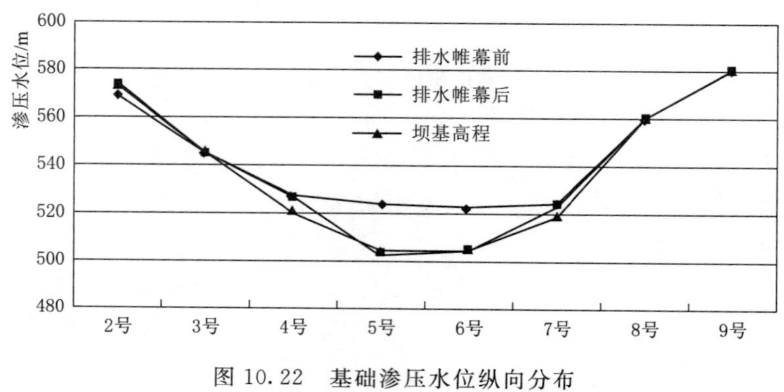

图 10.22 基础渗压水位纵向分布

从渗压水位纵向分布图来看：由于本次蓄水库水位较低，基础高程比较高的几个坝段渗透压力一般较小，目前存在渗透压力的坝段主要集中在 4～7 号坝段；排水孔前的纵向

断面渗压水位明显高于排水孔后的纵向断面，目前最高渗压水位 30.94m，出现在 5 号坝段 PJ4 测点。5 个断面帷幕后 2 号测点渗透水头分别为 6.32m、10.59m、16.79m、9.64m 和 4.54m，分别占上游水头（m）的比例为 26%、15%、19%、13%、37%；5 个断面帷幕后 2 号测点水头占比不大，其中Ⅵ断面水头占比最大，Ⅴ断面水头占比最小，总体来看水头折减情况较好。

从坝基渗压监测成果来看，渗透压力变化符合一般变化规律，横断面从上游侧向下游侧渗压水头逐渐减小，纵断面渗透水头主要出现在基础高程比较低的几个坝段。目前帷幕前最高水头 79.02m，出现在 P4－1 测点（5 号坝段 503.50m 高程），帷幕后最高水头 30.94m，出现在 PJ4 测点（5 号坝段 503.50m 高程）。

a. 廊道测压管。在 515.00m 高程廊道内布置了测压管来监测扬压力情况，其中在基础坝段布置 7 套，灌浆平洞里左右岸各布设 2 套，共布置 11 套测压管。515.00m 高程廊道内测压管扬压水位纵向分布见图 10.23。

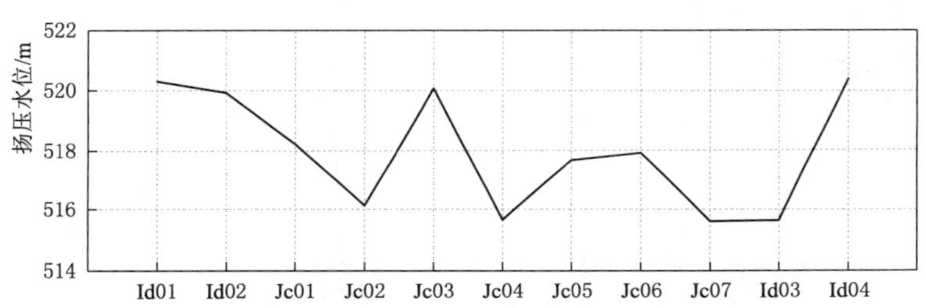

图 10.23　515.00m 高程廊道内测压管扬压水位纵向分布

从分布图可以看出，基础坝段坝基扬压水位普遍不高，在 515.81～520.79m 之间；两岸灌浆平洞内扬压水位受库水位和岸坡地下水共同影响，略高于基础坝段扬压水位，特别是左岸平洞内更明显（扬压水位 522.00m），结合Ⅲ断面 4 号坝段 519.70m 高程 P3－4 测点可以侧面印证左岸地下水位略高。目前扬压水位在 515.38～522.00m 之间，防渗帷幕折减系数均满足设计要求，基础坝段扬压水位较小。

b. 电梯井基础渗压。电梯井渗压计历史最高水头基本在 10m 以内，目前渗压水头不大，均在 5m 以内。

c. 坝体渗透压力。坝体渗压计布置及过程线见图 10.24 和图 10.25，从坝体渗压计监测成果可以看出：

（a）Ⅳ断面桩号为坝 0＋230，位于 5 号坝段，在 514.00m 高程上游侧埋设了 3 支渗压计，P4－5 测点距上游面 1m，P4－6 测点距上游面 3.5m，P4－7 测点距上游面 8.5m。目前这 3 支渗压计中，P4－5 和 P4－6 测点均存在渗压水头，P4－6 测点渗压水头最大，P4－5 测点次之，P4－7 测点处于无压状态。

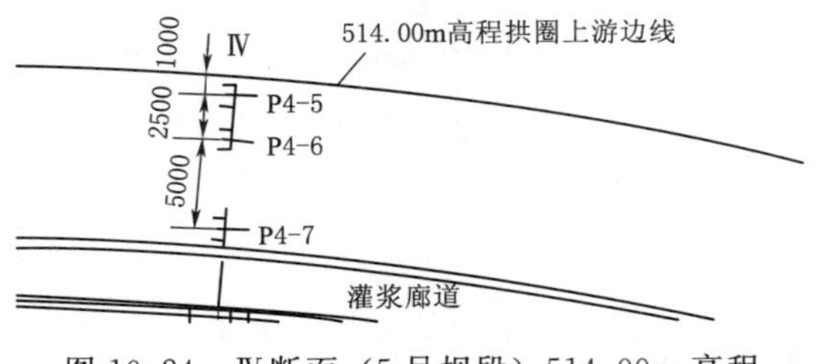

图 10.24　Ⅳ断面（5 号坝段）514.00m 高程坝体渗压计布置

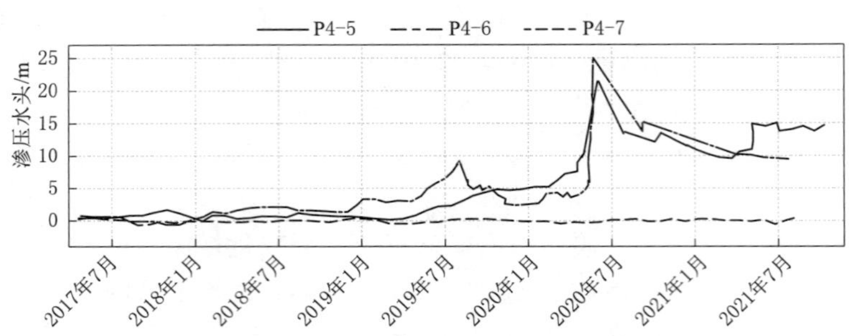

图 10.25　Ⅳ断面（5 号坝段）514.00m 高程坝体渗压计过程线

（b）P4-6 测点渗压水头测值有 6 个较为明显的变化阶段，如图 10.26 所示，简述如下：

第一阶段（2017 年 12 月 16 日至 2018 年 2 月 4 日）：此时该部位混凝土正在进行后期冷却通水，温度从 24.7℃降至 14.6℃，渗压计从无压状态增大到 1.69m 水头，本次增大应该是由于混凝土降温造成该支渗压计附近出现渗漏通道。

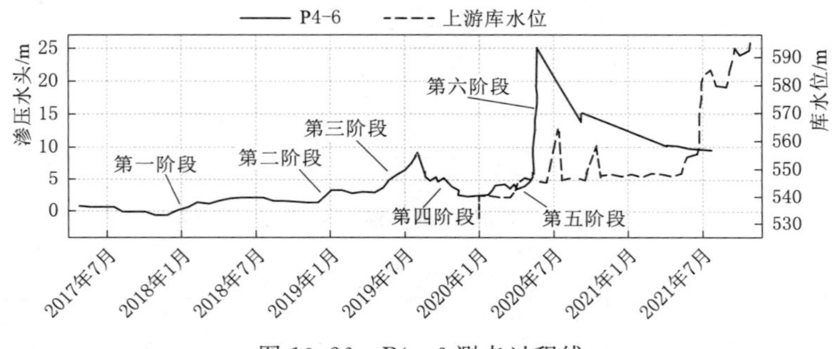

图 10.26　P4-6 测点过程线

第二阶段（2018 年 12 月 16 日至 2019 年 1 月 10 日）：此时坝前正在进行黏土回填，回填高程为 507.50～535.00m，当雨水和施工用水进入时，会造成坝前水位上升，几个主监测断面基础上游侧渗压计测值增大也从侧面印证了这点。此时渗压水头从 0.94m 增大至 3.86m。

第三阶段（2019 年 6 月 22 日至 2019 年 10 月 7 日）：该阶段增大应该是这个时间段降雨量较大所造成，6 月 21 日晚上游围堰水位已超过 550m，坝前积水幅度变化也较大。在 2019 年 7 月 14 日渗压水头达到最大 12.49m 后开始下降。

第四阶段（2019 年 10 月 7 日至 2020 年 1 月 9 日）：该阶段主要由于此时在 515.00m 高程廊道渗压计两侧范围（间距 2m）布设 3 个检查孔压水进行排查，造成渗压计泄压，渗压水头下降，渗压水头下降至 1.65m；之后渗压水头基本稳定，维持在 1.65～3.20m 之间。

第五阶段（2020 年 1 月 9 日至 2020 年 4 月 25 日）：该阶段由于坝前水位上升，造成测点渗压水头增大，最大渗压水头为 6.37m，渗压水位为 520.37m，出现在 2020 年 2 月 12 日；之后渗压水头基本稳定，维持在 3.75～6.11m 之间。

第六阶段：出现在2020年4月25日之后，该阶段由于测点P4-6附近的检查孔开始灌浆作业，造成测点P4-6渗压水头突增，最大渗压水头为25.36m；之后随着灌浆作业的结束，对检查孔封堵作业后，渗压水头开始逐渐下降，目前渗压水头为11.85m。

（c）P4-5测点渗压水头测值有4个较为明显的变化过程，如图10.27所示，具体变化过程简述如下：

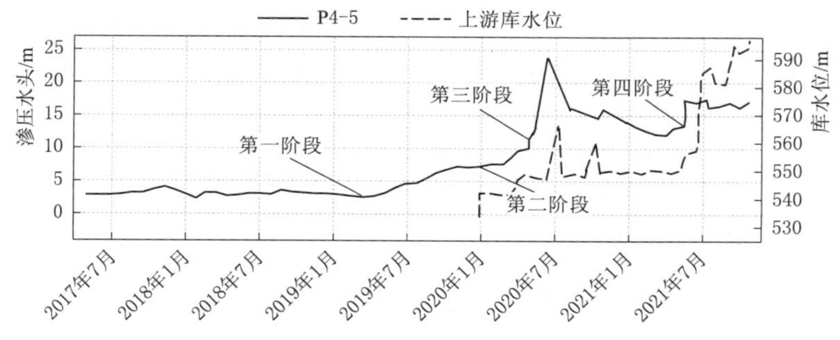

图10.27 P4-5测点过程线

第一阶段（2017年12月16日至2019年12月30日）：P4-5测点渗压水头从坝前黏土回填（2017年12月16日）后开始逐渐增长，但此时增长速率还比较缓慢，从2018年12月15日至2019年6月22日，从基本无压状态增长到2.19m水头；之后随着降雨增多，受坝前水位变化影响，渗压水头增长较快，截至2019年12月30日，渗压水头为5.63m。该测点的变化规律反映了此处渗漏通道是在坝前水头的作用下逐渐扩展的。

第二阶段（2019年12月30日至2020年4月25日）：该阶段由于坝前水位上升，造成测点渗压水头增大，最大渗压水头为8.67m，出现在2020年3月9日。

第三阶段：出现在2020年4月25日之后，该阶段由于测点P4-5附近的检查孔开始灌浆作业，造成测点P4-5渗压水头突增，最大渗压水头为23.73m，之后随着灌浆作业的结束，对检查孔封堵作业后，渗压水头开始逐渐下降。

第四阶段（2021年2月23日至2021年3月8日）：底孔下闸蓄水后，坝前库水位持续上升，该测点水头增长较快，渗压水头由蓄水前12.59m增长到18.41m，之后该测点水头变幅在2m以内，目前渗压水头为18.40m。

（d）综合分析。从空间分布上来看，P4-5和P4-6测点渗透压力有变化，P4-7为无压状态，说明渗漏通道扩展深度已到达距上游面3.5m（P4-6测点）处，但未到达8.5m（P4-7测点）处；从时间分布上来看，P4-6测点渗透压力最早有变化，说明渗漏通道不是从上游面P4-5测点位置水平发展过来的，否则应该是更靠近上游侧的P4-5测点最先变化。从两个测点的渗透压力变化速度情况来看，P4-6测点渗压水头变化更为灵敏，说明此处渗漏通道较为畅通，P4-5测点渗压水头变化则相对缓慢，说明此处渗漏通道还不是很畅通，存在一定的阻渗作用。

（e）渗流量。量水堰安装在515.00m高程廊道集水井左右，从目前测值来看，总渗流量不大，总渗流量为1.108L/s。

d. 应力应变。

(a) 坝体应力应变。坝体应力应变的水平监测截面沿拱冠梁不同高程按 10～30m 的间距布置，各个横断面根据坝基高程从下往上布设，水平截面仪器分别距上、下游 2.0m，水平截面中部根据高程不同布置 1～2 套。监测仪器主要采用五向应变计组，在每组应变计旁边埋设 1 支无应力计。

(b) 各高程应变成果分析。

a) 512.00m 高程。在 512.00m 高程Ⅳ断面埋设了 4 组五向应变计和 4 支无应力计，五向应变计组安装示意如图 10.28 (a) 所示，典型测点过程线见图 10.28 (b)。

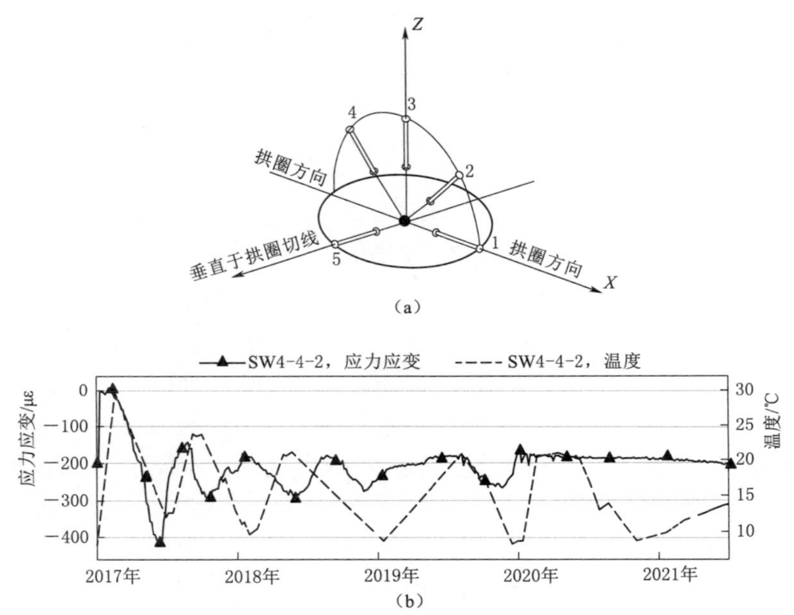

图 10.28 512.00m 高程五向应变计组安装示意及典型应变计测点过程线

(a) 五向应变计组安装示意；(b) 测点过程线

从测点过程线图可以看出，坝体应力应变和温度存在一定的负相关关系，即：温度升高，应力应变向压应变方向变化；温度降低，应力应变向拉应变方向变化。512.00m 高程应变计组在冬季埋设，目前大部分测点呈现受压状态，12 支应变计中仅 2 支出现拉应变，其中 1 支拉应变在 30με 以内，仅 SW4-4-3 测点拉应变为 208με。SW4-4-3 测点过程线见图 10.29，该测点拉应变主要出现在初期混凝土降温阶段，2018 年以后拉应变变化幅度不大，基本处于稳定状态。512.00m 高程无应力应变与温度相关性较为明显，一般表现为温度上升，无应力应变增大；温度下降，无应力应变减小。512.00m 高程无应力计由于取基准值的时候温度较低，后续随着温度上升，无应力应变均为正值，最大为 309με（N4-5 测点）。

b) 533.00m 高程。在 533.00m 高程Ⅲ断面、Ⅳ断面各埋设了 4 组五向应变计和 4 支无应力计，典型测点过程线见图 10.30。

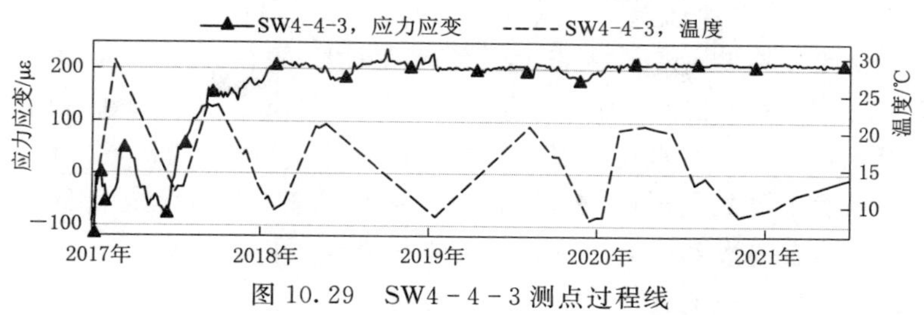

图 10.29 SW4-4-3 测点过程线

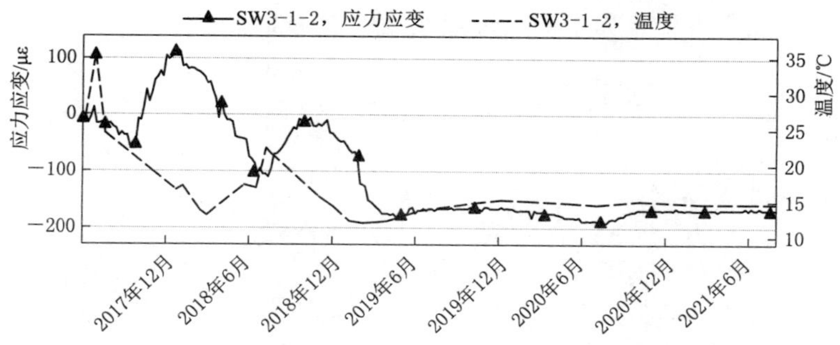

图 10.30 533.00m 高程典型应变计测点过程线

从测点过程线图可以看出，533.00m 高程应变计出现拉应变的测点较多，约有一半测点出现拉应变，从目前测值来看，除了 SW3-1-1 测点外，其余测点拉应变基本在 100με 以内；最大压应变为−342με，出现在 SW3-2-2 测点。533.00m 高程应变计在 2018 年 7 月安装，正值夏季时节，混凝土最高温度较高，后期随着温度的降低，逐渐出现拉应变。从出现拉应变较大的 SW3-1-1 测点来看，拉应变增长主要出现在通水冷却降温阶段，2021 年 7 月 15 日测值为 162με。533.00m 高程无应力计测值均为负值，目前无应力应变在−287～−60με 之间，未见异常变化。

c）557.00m 高程。在 557.00m 高程Ⅲ断面、Ⅳ断面、Ⅴ断面各埋设了 4 组五向应变计和 4 支无应力计，典型测点过程线见图 10.31。

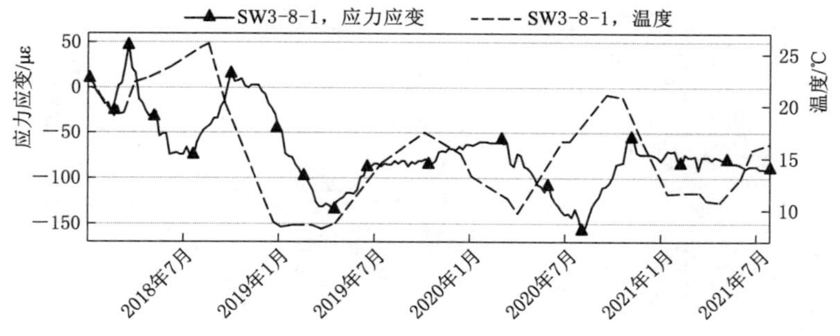

图 10.31 557.00m 高程典型应变计测点过程线

从测点过程线图可以看出，坝体应力应变和温度存在一定的负相关关系，557.00m 高程应变计最大拉应变为 194με，出现在 SW3-5-5 测点，发生时间为 2019 年 1 月 2 日；

最大压应变为−289με，出现在 SW3-6-3 测点，发生时间为 2021 年 3 月 1 日。从目前测值来看，大部分测点均处于受压状态，35 支应变计中有 14 支为拉应变，其中Ⅲ断面 4 支、Ⅳ断面 10 支。Ⅳ断面拉应变测点出现较多，这主要由于Ⅳ断面 4 组应变计埋设在底孔附近常态混凝土中，其初始水化热温升较高，后续随着冷却降温，逐渐出现拉应变。从目前测值来看，虽然部分测点出现拉应变，但拉应变值普遍不大，除 SW3-5-5 测点拉应变为 161με 外，其余绝大部分测点的拉应变在 100με 以内。557.00m 高程无应力计测值无异常变化，目前无应力应变在−307～63με 之间。

d）580.00m 高程。在 580.00m 高程Ⅱ断面、Ⅲ断面、Ⅳ断面、Ⅴ断面各埋设了 4 组五向应变计和 4 支无应力计，典型测点过程线见图 10.32。

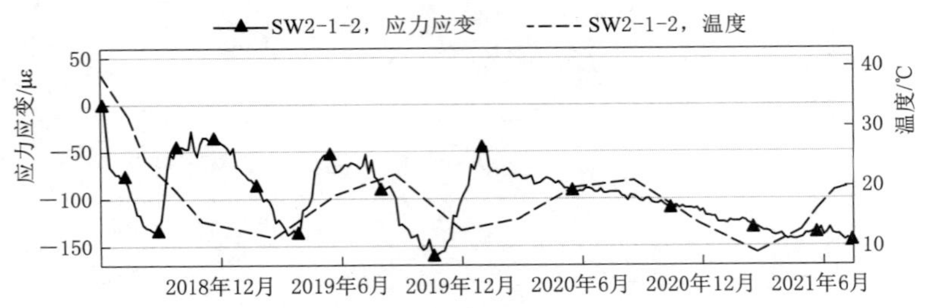

图 10.32　580.00m 高程典型应变计测点过程线

从测点过程线图可以看出，580.00m 高程应变计测值主要以受压为主，从目前测值来看，大部分测点处于受压状态，64 支应变计中有 10 支为拉应变，其中Ⅱ断面 1 支、Ⅲ断面 4 支、Ⅳ断面 1 支、Ⅴ断面 4 支。从目前测值来看，虽然部分测点出现拉应变，但拉应变值普遍不大，最大拉应变为 118με，出现在 SW5-7-5 测点，其余测点的拉应变基本在 70με 以内；最大压应变为 369με，出现在 SW3-12-3 测点。580.00m 高程无应力计测值无异常变化，目前无应力应变在−150～142με 之间。

e）595.00m 高程。在 595.00m 高程Ⅱ断面、Ⅲ断面、Ⅳ断面、Ⅴ断面、Ⅵ断面各埋设了 3 组五向应变计和 3 支无应力计，典型测点过程线见图 10.33。

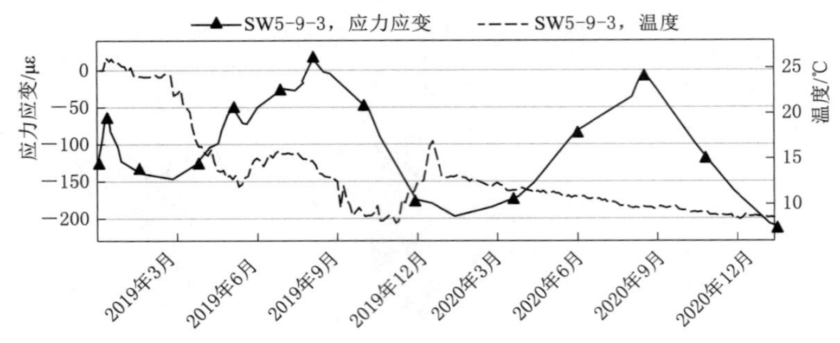

图 10.33　595.00m 高程典型应变计测点过程线

从测点过程线图可以看出，595.00m 高程应变计测值主要以受压为主，从目前测值来看，大部分测点均处于受压状态，但也存在部分拉应变，统计的 63 支应变计中有 21 支

为拉应变，其中Ⅱ断面1支、Ⅲ断面6支、Ⅳ断面7支、Ⅵ断面7支。从目前测值来看，在出现拉应变的测点中，大部分测点拉应变在100με以内；有8个测点拉应变在100～200με之间；有1个测点的拉应变大于200με，出现在SW3-15-2测点，拉应变为218με。目前该测点变幅不大，处于稳定状态。总体来看，595.00m高程应变计大部分测点为压应变，但也存在部分拉应变，有1个测点拉应变较大，超过200με，后续测值需要进一步关注。595.00m高程无应力计测值无异常变化，目前无应力应变在-141～178με之间。

f）607.00m高程。在607.00m高程Ⅱ断面、Ⅲ断面、Ⅳ断面、Ⅴ断面、Ⅵ断面各埋设了3组五向应变计和3支无应力计，典型测点过程线见图10.34。

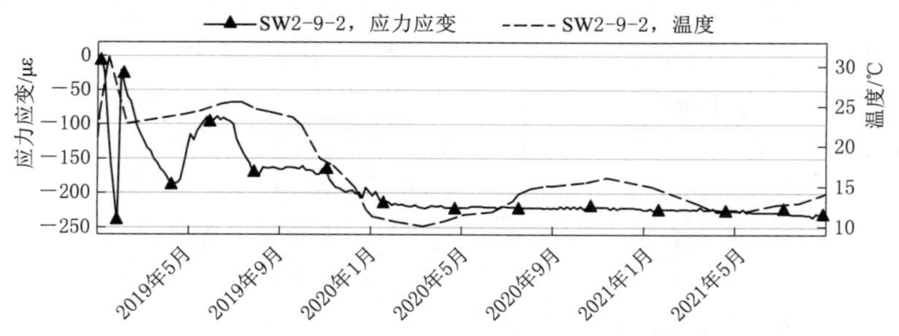

图10.34 607.00m高程典型应变计测点过程线

从测点过程线图可以看出，607.00m高程应变计测值于2019年3—6月埋设，从目前测值来看，大部分测点均处于受压状态，但部分测点也存在拉应变。目前63支应变计中有16支为拉应变，其中Ⅱ断面4支、Ⅲ断面1支、Ⅳ断面2支、Ⅴ断面5支、Ⅵ断面4支。拉应变主要出现在初期和后期通水冷却阶段，从目前测值来看，虽然部分测点出现拉应变，但大部分测点拉应变值不大，基本在100με以内。有2个测点的拉应变大于200με，其中最大拉应变357με，出现在SW4-21-2测点。目前这2个测点变幅不大，处于稳定状态。607.00m高程无应力计测值无异常变化，目前无应力应变在-133～170με之间。

g）619.00m高程。在619.00m高程Ⅱ断面、Ⅲ断面、Ⅳ断面、Ⅴ断面、Ⅵ断面各埋设了3组五向应变计和3支无应力计，典型测点过程线见图10.35。

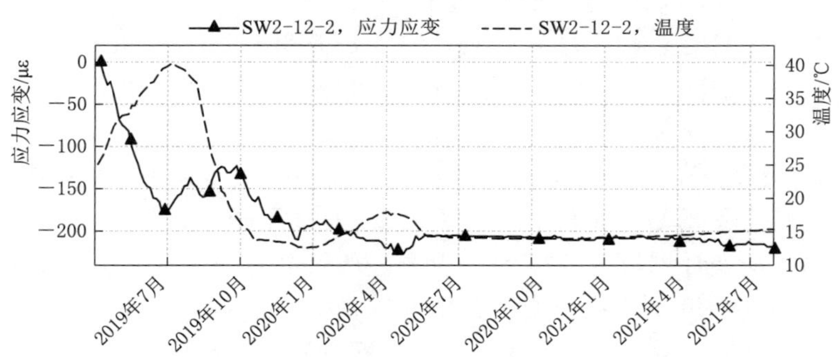

图10.35 619.00m高程典型应变计测点过程线

从测点过程线图可以看出，619.00m高程Ⅱ断面、Ⅲ断面、Ⅴ断面、Ⅵ断面应变计于2019年6月和7月安装，Ⅳ断面于2020年3月安装。应力应变随温度呈一定的负相关关系，从目前测值来看，大部分测点处于受压状态，75支应变计中有17支为拉应变，其中Ⅱ断面1支、Ⅲ断面1支、Ⅳ断面8支、Ⅴ断面5支、Ⅵ断面2支。Ⅳ断面出现拉应变较多主要是由于Ⅳ断面3组应变计埋设在表孔常态混凝土中，其初始水化热温升较高，后续随着冷却降温，逐渐出现拉应变。从目前测值来看，虽然部分测点出现拉应变，但拉应变值普遍不大，最大拉应变为216$\mu\varepsilon$，出现在SW5-16-3测点，其余测点的拉应变基本在70$\mu\varepsilon$以内；最大压应变为$-554\mu\varepsilon$，出现在SW5-17-5测点。619.00m高程无应力计测值跟温度呈正相关关系，目前无应力应变在$-164\sim39\mu\varepsilon$之间，无异常变化。

h）628.00m高程。在628.00m高程Ⅱ断面、Ⅵ断面各埋设了2组五向应变计和2支无应力计，Ⅲ断面、Ⅴ断面各埋设了1组五向应变计和1支无应力计，Ⅳ断面埋设了3组五向应变计和3支无应力计，典型测点过程线见图10.36。

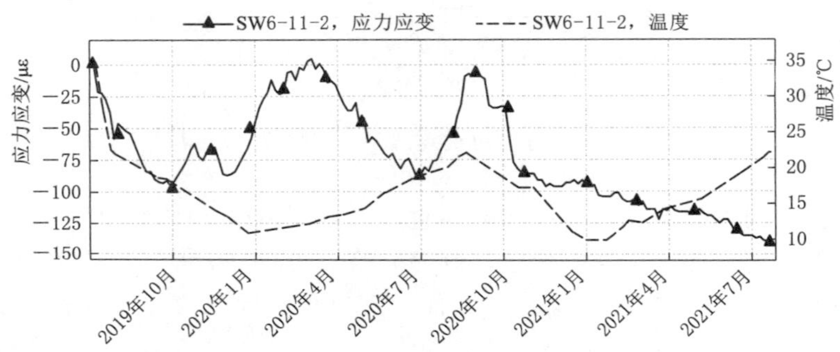

图10.36 628.00m高程典型应变计测点过程线

从测点过程线图可以看出，628.00m高程应变计测值主要以受压为主，从目前测值来看，大部分测点均处于受压状态，但也存在少部分拉应变，统计的43支应变计中有15支为拉应变，其中Ⅱ断面1支、Ⅲ断面1支、Ⅳ断面9支、Ⅴ断面2支、Ⅵ断面2支。Ⅳ断面出现拉应变较多主要是由于Ⅳ断面3组应变计埋设在表孔常态混凝土中，其初始水化热温升较高，后续随着冷却降温，逐渐出现拉应变。从目前测值来看，在出现拉应变的测点中，大部分测点拉应变基本在50$\mu\varepsilon$以内。最大拉应变为160$\mu\varepsilon$，出现在SW4-28-1测点；最大压应变为$-191\mu\varepsilon$，出现在SW2-14-3测点。628.00m高程无应力计测值无异常变化，目前无应力应变在$-432\sim-42\mu\varepsilon$之间。

i）634.00m高程。在634.00m高程Ⅱ断面、Ⅲ断面、Ⅳ断面、Ⅴ断面、Ⅵ断面各埋设了2组五向应变计和2支无应力计，典型测点过程线见图10.37。

634.00m高程应变计测值主要以受压为主，从目前测值来看，大部分测点处于受压状态，46支应变计中有9支为拉应变，其中Ⅱ断面3支、Ⅲ断面1支、Ⅳ断面1支、Ⅴ断面3支、Ⅵ断面1支。从目前测值来看，虽然部分测点出现拉应变，但拉应变值普遍不大，最大拉应变为173$\mu\varepsilon$，出现在SW2-17-4测点，其余大部分测点的拉应变基本在80$\mu\varepsilon$以内。634.00m高程无应力计测值无异常变化，目前无应力应变在$-174\sim23\mu\varepsilon$

之间。

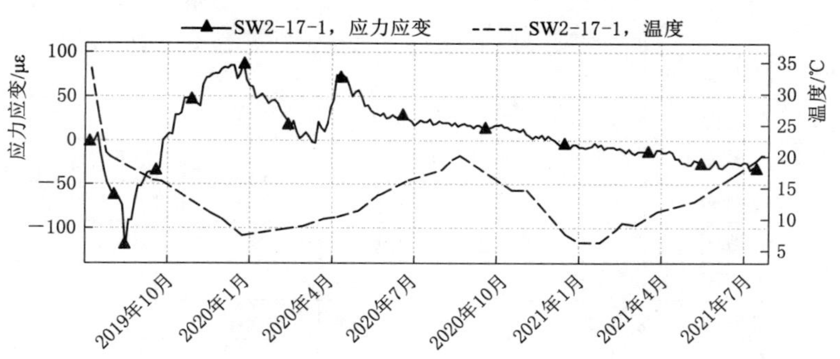

图 10.37 634.00m 高程典型应变计测点过程线

j）640.00m 高程。在 640.00m 高程Ⅱ断面、Ⅲ断面、Ⅳ断面、Ⅴ断面、Ⅵ断面各埋设了 2 组五向应变计和 2 支无应力计，典型测点过程线见图 10.38。

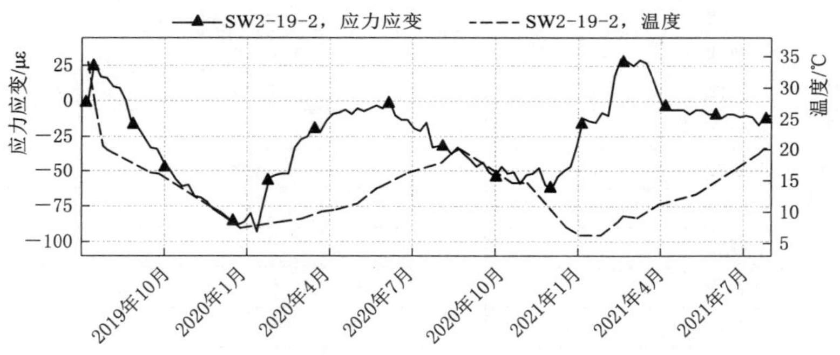

图 10.38 640.00m 高程典型应变计测点过程线

640.00m 高程应变计测值主要以受压为主，从目前测值来看，大部分测点处于受压状态，43 支应变计中有 7 支为拉应变，其中Ⅱ断面 3 支、Ⅵ断面 3 支、Ⅵ断面 1 支。从目前测值来看，虽然部分测点出现拉应变，但拉应变值普遍不大，最大拉应变为 143με，出现在 SW4－32－4 测点，其余测点的拉应变基本在 50με 以内。640.00m 高程无应力计测值无异常变化，目前无应力应变在－277～48με 之间。

（c）综合分析。为更好地了解坝体应力应变的分布情况，对目前各应变变化区间内的测点个数进行了统计，统计信息见表 10.14。

表 10.14 坝体应变计测点分布区间统计

高程/m	断面	测点个数				汇总
		≤0με	0～100με	100～200με	＞200με	
512.00	Ⅳ断面	13	1	1		15
533.00	Ⅲ断面	9	3	2	1	15

续表

高 程 /m	断 面	测 点 个 数				汇 总
		≤0με	0～100με	100～200με	>200με	
557.00	Ⅲ断面	15	1	3		19
	Ⅳ断面	6	8	2		16
580.00	Ⅱ断面	17	1			18
	Ⅲ断面	15	2			17
	Ⅳ断面	15	1	2		18
	Ⅴ断面	7	3	1		11
595.00	Ⅱ断面	12	1			13
	Ⅲ断面	7	3	2	1	13
	Ⅳ断面	7	5	2		14
	Ⅴ断面	11				11
	Ⅵ断面	5	3	4		12
607.00	Ⅱ断面	10	2	1	1	14
	Ⅲ断面	11	1			12
	Ⅳ断面	8			2	10
	Ⅴ断面	10	4	1		15
	Ⅵ断面	8	3	1		12
619.00	Ⅱ断面	14	1			15
	Ⅲ断面	14	1			15
	Ⅳ断面	7	7	1		15
	Ⅴ断面	10	4		1	15
	Ⅵ断面	13	2			15
628.00	Ⅱ断面	7	1			8
	Ⅲ断面	4	1			5
	Ⅳ断面	6	7	2		15
	Ⅴ断面	3	2			5
	Ⅵ断面	8	2			10
634.00	Ⅱ断面	7	2	1		10
	Ⅲ断面	7	7			14
	Ⅳ断面	8	1			9
634.00	Ⅴ断面	7	2	1		10
	Ⅵ断面	8	1			9
640.00	Ⅱ断面	7	3			10
	Ⅲ断面	9				9
	Ⅳ断面	4	1	2		7
	Ⅴ断面	7				7
	Ⅵ断面	9		1		10
汇总	总个数	345	87	30	6	468
	百分比/%	73.72	18.59	6.41	1.28	100

从统计表中可以看出，目前大部分应变计测点处于受压状态，占应变计总数的73.72%；在受拉的123个测点中，大部分测点应力应变在100με以内（87个），在100～200με之间的有30个，大于200με的有6个。

a）拉应力出现较多的部位主要在533.00m高程、595.00m高程、607.00m高程和619.00m高程，出现的拉应变的原因可能是受温度等多种因素影响。

b）拉应变大于200με的6个测点出现在Ⅲ断面（533.00m高程和595.00m高程）、Ⅱ断面、Ⅳ断面（607.00m高程）和Ⅴ断面（619.00m高程），这几个拉应变较大部位在蓄水阶段，需重点关注。

c）总体来看，坝体应力应变变化规律正常，大部分测点处于受压状态，虽然存在少部分拉应变，但拉应变值大部分在100με以内。

(d) 拱肩基础压应力。在两拱肩不同高程处，分别在坝段与基岩接触拱肩槽部位布置压应力计，直接监测坝体切向拱推力，除拱冠梁坝段外，其余每个坝段分别设置2支（1号和10号坝段各布置1支），共布置14支压应力计。大坝压应力计典型测点过程线见图10.39。

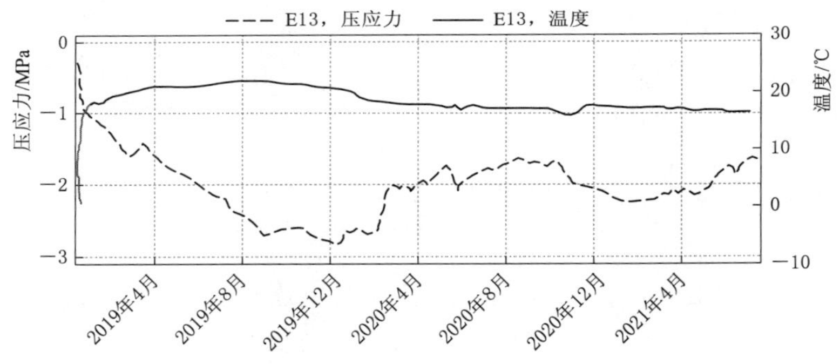

图10.39 大坝压应力计典型测点过程线

从压应力计过程线图可以看出，随着坝体浇筑高程的增加，坝体与基岩接触部位的压应力也随之有所增大。截至2021年7月，各测点处于受压状态，最大压应力为3.72MPa，出现在545.00m高程3号坝段的E4测点。总体来看，坝基接触压应力未见异常变化。

(e) 电梯井应力应变。在电梯井556.00m、604.00m、637.00m高程各选取了1个截面，对电梯井的结构进行应力应变监测，每个截面布设了4组仪器，每组仪器布设2支钢筋计，1支应变计和1支无应力计。电梯井共布置了24支钢筋计、12支应变计和12支无应力计。

a）电梯井应力应变。电梯井典型应变计过程线见图10.40。

从过程线图可以看出，应力应变与温度存在一定的相关关系，部分测点存在一定的拉应变。截至2021年7月，最大拉应变为76με，出现在S(dtj)8测点；最大压应变为30με，出现在S(dtj)6测点。总体来看，应力应变不大，无明显异常变化。无应力计测值主要受温度影响，与温度呈正相关关系，即：温度上升，无应力应变增大；温度下降，无应力应

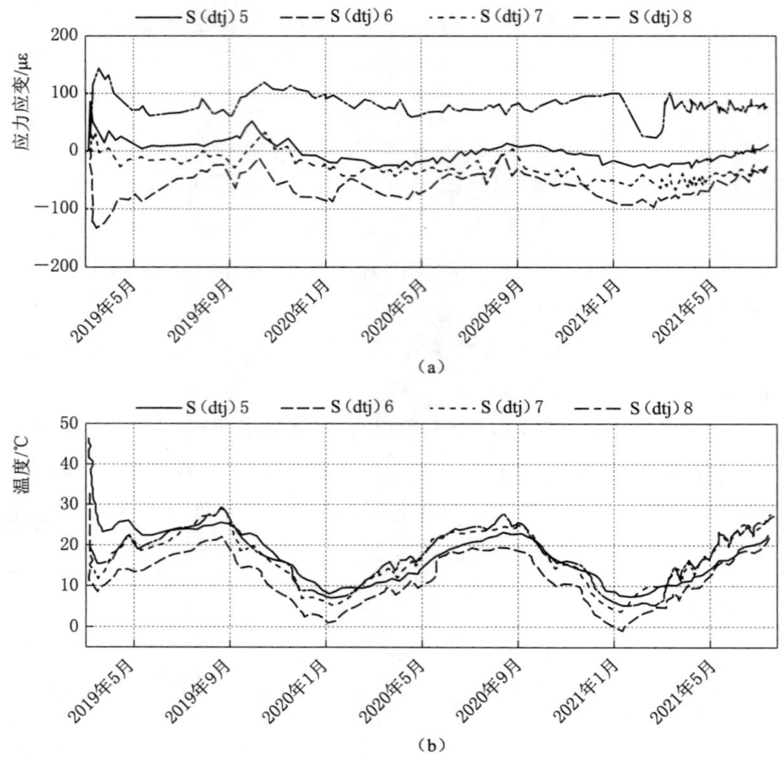

图 10.40　电梯井典型应变计过程线

(a) 应力应变过程线；(b) 温度过程线

变减小。目前无应力应变在−179～44με之间，无异常变化。

b）电梯井钢筋应力。电梯井典型钢筋计过程线见图 10.41，电梯井钢筋计特征值见表 10.15。

表 10.15　　　　电梯井钢筋计特征值统计

序号	测点名称	高程/m	最大值/MPa	最大值时间	最小值/MPa	最小值时间	变幅/MPa	最新测值/MPa
1	AS(dtj)1	556.00	0	2018-01-10	−42.91	2018-08-04	42.91	−39.95
2	AS(dtj)2	556.00	22.26	2018-01-25	−15.13	2021-07-15	37.39	−15.13
3	AS(dtj)3	556.00	0	2018-01-10	−50.82	2018-09-08	50.82	−49.93
4	AS(dtj)4	556.00	19.55	2018-01-25	−16.38	2021-06-15	35.93	−14.06
5	AS(dtj)5	556.00	9.22	2018-02-04	−32.15	2020-08-25	41.37	−19.99
6	AS(dtj)6	556.00	19.99	2018-02-04	−20.01	2018-01-11	40.01	−1.62
7	AS(dtj)7	556.00	3.02	2018-02-04	−57.86	2021-07-13	60.88	−56.76
8	AS(dtj)8	556.00	57.84	2020-09-02	−20.86	2018-01-12	78.70	55.62
9	AS(dtj)9	604.00	20.79	2019-03-06	−23.60	2021-06-15	44.39	−22.32
10	AS(dtj)10	604.00	27.26	2019-03-13	−13.68	2019-08-24	40.94	−10.32
11	AS(dtj)11	604.00	36.39	2019-03-12	−5.75	2021-07-11	42.14	−3.51

续表

序号	测点名称	高程/m	最大值/MPa	最大值时间	最小值/MPa	最小值时间	变幅/MPa	最新测值/MPa
12	AS(dtj)12	604.00	37.90	2019-03-17	-6.13	2019-09-07	44.03	4.09
13	AS(dtj)13	604.00	10.05	2020-07-25	-20.46	2019-03-06	30.51	5.61
14	AS(dtj)14	604.00	27.82	2019-03-24	-25.42	2020-07-04	53.24	-17.68
15	AS(dtj)15	604.00	28.97	2019-03-14	-9.72	2019-10-28	38.69	-1.28
16	AS(dtj)16	604.00	22.84	2021-07-12	-20.17	2019-10-28	43.01	19.59
17	AS(dtj)17	637.00	26.95	2019-12-04	-8.16	2021-07-15	35.11	-8.16
18	AS(dtj)18	637.00	21.46	2019-12-20	-14.29	2021-07-13	35.75	-11.05
19	AS(dtj)19	637.00	24.27	2019-12-04	-7.87	2021-07-15	32.15	-7.87
20	AS(dtj)20	637.00	32.75	2019-12-04	-14.51	2021-07-12	47.26	-13.36
21	AS(dtj)21	637.00	39.65	2019-12-04	-7.26	2021-07-11	46.91	-7.16
22	AS(dtj)22	637.00	44.21	2019-12-04	-2.54	2021-07-14	46.75	-0.43
23	AS(dtj)23	637.00	9.13	2019-12-04	-17.50	2021-07-02	26.63	-16.24
24	AS(dtj)24	637.00	4.88	2019-12-04	-34.47	2020-08-02	39.35	-27.62

注 最新测量时间为 2021-07-15。

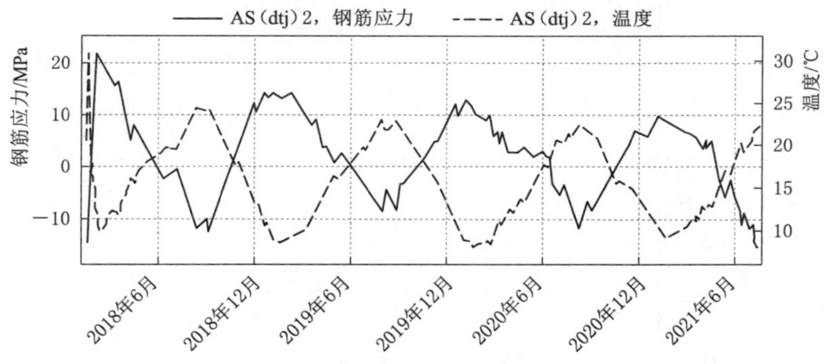

图 10.41 电梯井典型钢筋计过程线

从过程线图可以看出，电梯井钢筋应力主要受温度影响，与温度呈负相关关系，即：温度上升，钢筋应力向压应力方向变化；温度下降，钢筋应力向拉应力方向变化。由表 10.15 可知，从测值上来看，钢筋应力变化不大，最大钢筋拉应力为 57.84MPa，出现在 AS(dtj)8 测点，发生时间为 2020 年 9 月 2 日。从 2021 年 7 月 15 日测值来看，大部分测点处于受压状态，钢筋压应力最大为 56.76MPa，出现在 AS(dtj)7 测点；出现钢筋拉应力的测点有 4 个测点，但拉应力普遍不大，在 60MPa 以内。总体来看，电梯井钢筋应力变化规律正常，钢筋应力不大，无异常变化。

(f) 底孔及闸墩应力应变。沿左底孔中心线选取了 3 个典型断面，即：进口 *A*—*A* 断面（左底上 0−008.00）、中间 *B*—*B* 断面（左底下 0+008.50）和出口 *C*—*C* 断面（左底下 0+013.50），每个断面布置 8 支钢筋计、4 支应变计、2 支无应力计，钢筋计均按轴对称布置在主筋上。

a）底孔应力应变。底孔典型应变计过程线见图 10.42，底孔应变计特征值统计见表 10.16。

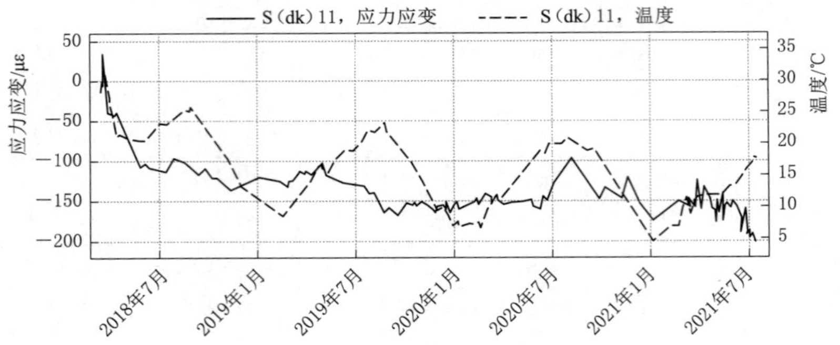

图 10.42　底孔典型应变计过程线

表 10.16　　**底孔应变计特征值统计**　　单位：με

序号	测点名称	最大值	最大值时间	最小值	最小值时间	变幅	最新测值（2021-07-15）
1	S(dk)01	98	2018-07-13	−98	2021-03-04	196	−50
2	S(dk)02	38	2018-10-28	−210	2018-12-15	248	−67
3	S(dk)03	105	2020-08-25	−175	2018-10-23	280	102
4	S(dk)04	3	2020-07-19	−253	2018-10-22	256	−41
5	S(dk)06	207	2021-03-13	−166	2018-10-23	373	81
6	S(dk)07	179	2020-06-06	−203	2018-10-26	382	112
7	S(dk)08	90	2018-10-28	−182	2018-10-23	272	10
8	S(dk)09	0	2018-02-14	−248	2018-12-15	248	−64
9	S(dk)10	39	2018-03-10	−374	2021-01-08	413	−295
10	S(dk)11	34	2018-03-24	−199	2021-07-15	233	−199
11	S(dk)12	210	2018-03-10	−255	2021-02-22	465	−50
12	S(dk)13	266	2019-11-21	0	2019-09-25	266	175
13	S(dk)14	140	2019-10-01	−92	2021-03-18	232	−31

从过程线图和特征值统计可以看出，底孔应力应变历史最大拉应变 266με，出现在 S(dk)13 测点，发生时间 2019 年 11 月 21 日。目前底孔绝大部分测点呈受压状态，有 4 个测点呈受拉应状态，最大拉应变为 175με，出现在 S(dk)13 测点。总体来看，底孔周边混凝土内虽然存在少部分拉应变，但拉应变量值整体不大。

b）底孔钢筋计。底孔钢筋计典型测点过程线见图 10.43，底孔钢筋计特征值见表 10.17。底孔钢筋应力与温度呈负相关关系，即：温度上升，钢筋应力向压应力方向变化；温度下降，钢筋应力向拉应力方向变化。从测值上来看，底孔钢筋应力以受拉为主，历史最大钢筋拉应力为 194.91MPa，出现在 R(dk)07 测点，发生时间为 2020 年 12 月 21 日；

历史最大钢筋压应力为 50.13MPa，出现在 R(dk)18 测点，发生时间为 2018 年 2 月 11 日。从 2021 年 7 月 15 日测值来看，大部分测点处于受拉状态，其中钢筋拉应力最大为 175.12MPa，出现在 R(dk)07 测点，其余测点的钢筋拉应力在 60MPa 以内。底孔钢筋出现较多拉应力的原因分析如下：钢筋计安装在靠近底孔表面的钢筋上，该部位离冷却水管较远，部分测点在初期温升较高，最高温度达四十几摄氏度，而由于靠近表面，冬季降温时温度又降至几摄氏度，较大的温降幅度应是引起较多拉应力的主要原因。

表 10.17　　底孔钢筋计特征值统计　　单位：MPa

序号	测点名称	最大值	最大值时间	最小值	最小值时间	变幅	最新测值 (2021-07-15)
1	R(dk)01	65.74	2021-02-22	−25.53	2018-06-22	91.27	55.52
2	R(dk)02	91.19	2020-07-04	−28.55	2018-06-23	119.74	79.42
3	R(dk)03	36.14	2019-01-02	−8.44	2021-07-14	44.57	−8.43
4	R(dk)04	34.88	2018-12-22	−2.54	2018-10-27	37.42	11.82
5	R(dk)05	28.87	2019-01-19	−19.64	2021-05-26	48.51	−14.09
6	R(dk)06	65.19	2019-01-10	−39.32	2021-07-13	104.50	−38.24
7	R(dk)07	195.91	2021-01-08	−0.74	2018-10-21	196.65	175.12
8	R(dk)08	18.04	2020-01-06	−6.09	2020-08-10	24.13	−3.35
9	R(dk)09	120.54	2021-01-24	−18.24	2018-06-23	138.78	68.72
10	R(dk)10	75.01	2021-01-24	−18.22	2018-06-22	93.23	44.10
11	R(dk)11	30.44	2019-01-10	−19.43	2021-07-14	49.87	−19.42
12	R(dk)12	98.69	2021-02-07	−7.42	2020-07-12	106.10	62.30
13	R(dk)13	114.63	2021-01-08	−8.10	2018-10-22	122.73	63.11
14	R(dk)14	146.11	2021-01-24	−13.30	2018-10-22	159.41	71.43
15	R(dk)15	43.75	2019-01-02	−18.14	2021-07-14	61.89	−18.12
16	R(dk)16	42.81	2019-01-10	−10.64	2021-07-14	53.45	−10.62
17	R(dk)17	39.37	2018-03-24	−50.07	2018-02-11	89.44	14.59
18	R(dk)18	38.57	2018-03-24	−50.13	2018-02-11	88.70	6.91
19	R(dk)19	9.01	2018-04-14	−32.03	2020-09-10	41.04	−30.11
20	R(dk)20	5.57	2018-03-07	−30.15	2020-08-10	35.72	−25.12
21	R(dk)21	56.15	2021-01-08	−6.30	2018-03-23	62.45	24.94
22	R(dk)22	34.20	2021-01-24	−6.19	2018-03-26	40.39	8.60
23	R(dk)23	8.50	2018-03-07	−42.13	2021-07-12	50.63	−42.10
24	R(dk)24	12.95	2018-03-24	−28.09	2020-08-10	41.04	−22.20
25	R(dk)25	29.16	2019-12-29	−3.78	2021-06-09	32.94	1.67
26	R(dk)26	17.25	2019-09-29	−17.34	2021-07-08	34.60	−14.21
27	R(dk)27	24.66	2019-10-03	−7.75	2021-03-04	32.41	4.18
28	R(dk)28	21.66	2019-09-29	−11.93	2021-06-29	33.59	−6.48

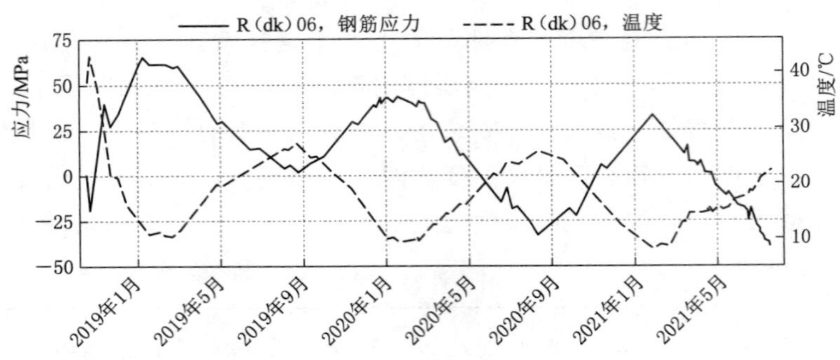

图 10.43　底孔钢筋计典型测点过程线

目前钢筋应力最大的 R(dk)07 测点过程线见图 10.44，从图上可以看出，该测点钢筋应力增大主要出现在 2019 年 5—6 月期间，有一个明显增大的台阶，钢筋应力从 12.88MPa 增大至 164.53MPa，存在较大的钢筋拉应力，从 2019 年 7 月后至今拉应力随着温度周期性变化，钢筋应力基本处于稳定状态。总体来看，底孔钢筋应力变化规律正常，钢筋应力以拉应力为主，但大部分钢筋拉应力在 60MPa 以内，无异常变化。

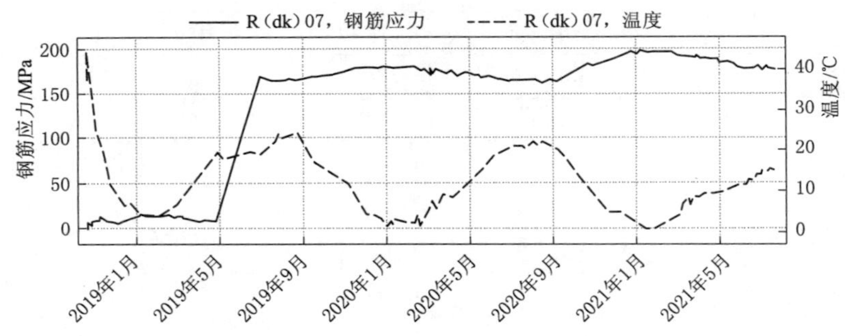

图 10.44　底孔钢筋计 R(dk)07 过程线

c）底孔锚索测力计。在左右底孔闸墩选取了部分工作锚索安装了锚索测力计，用来观测锚索力变化情况，共安装了 16 台仪器，典型测点过程线见图 10.45。

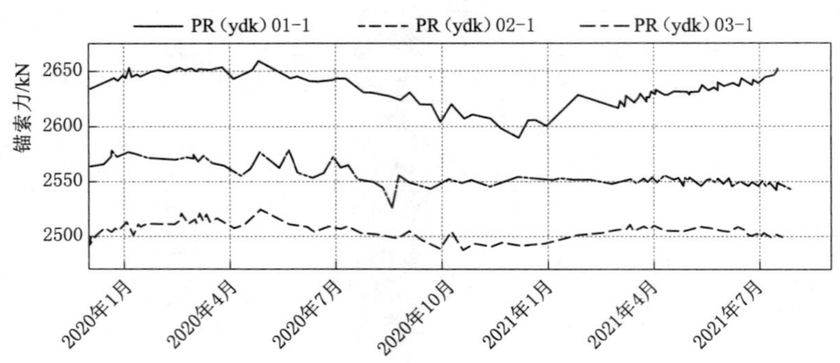

图 10.45　底孔锚索测力计典型测点过程线

从过程线图可以看出，底孔锚索自2019年年底安装以来，荷载逐渐有所损失，但与设计荷载相比目前损失率不大，损失率在5%以内。截至2021年7月，底孔主锚索力在2375～2650kN之间，次锚索力在2132～2450kN之间。

2. 下游消能建筑物

（1）变形。下游消能建筑物主要包括消力塘和二道坝，主要监测项目有消力塘渗流监测、底板锚筋桩应力监测、二道坝基础变形监测。在二道坝坝轴线底部布置了3套三点式多点位移计，用来监测坝基岩内部变形情况。三点式多点位移计各测点据孔口的距离分别为5m、15m、30m。二道坝典型多点位移计过程线见图10.46。

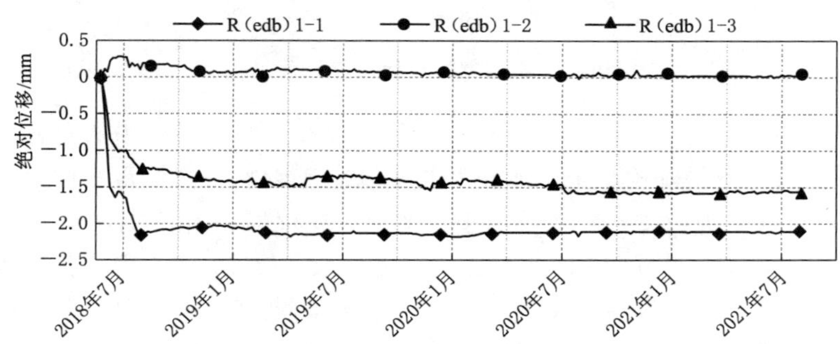

图10.46 二道坝典型多点位移计过程线

从过程线图可以看出，二道坝基岩变形普遍不大，R(edb)1埋设在消力塘中心线左侧20m位置，安装时间最早，随着二道坝坝体浇筑，位移主要为压缩变形，历史最大压缩位移为2.18mm（孔口位移）；R(edb)2和R(edb)3埋设时间为2018年12月底，除R(edb)2位移（孔口位移）为−2.10mm外，截至2021年7月其余位移值较小，位移绝对值均在2mm以内。总体来看，二道坝基岩位移较小，截至2021年7月已趋于稳定，无异常变化。

（2）渗流。在消力塘底板布置3个监测断面，每个断面布置3支渗压计，监测消力塘底板渗透情况。各测点特征值统计见表10.18，典型测点过程线见图10.47。

表10.18 消力塘渗压计测点特征值统计 单位：m

序号	编 号	桩 号	最大水头	最大水头时间	最新测值 (2021-07-15)
1	P(xlt)01	消0+066.00	10.12	2020-12-08	7.34
2	P(xlt)02		9.56	2020-12-16	6.93
3	P(xlt)03		2.00	2021-07-12	1.89
4	P(xlt)04	消0+141.50	6.95	2021-01-26	4.40
5	P(xlt)05		3.45	2019-08-11	无压
6	P(xlt)06		6.19	2021-01-26	2.89
7	P(xlt)07	消0+196.50	9.88	2021-01-09	5.54
8	P(xlt)08		5.35	2020-12-12	4.16
9	P(xlt)09		6.00	2021-01-07	4.60

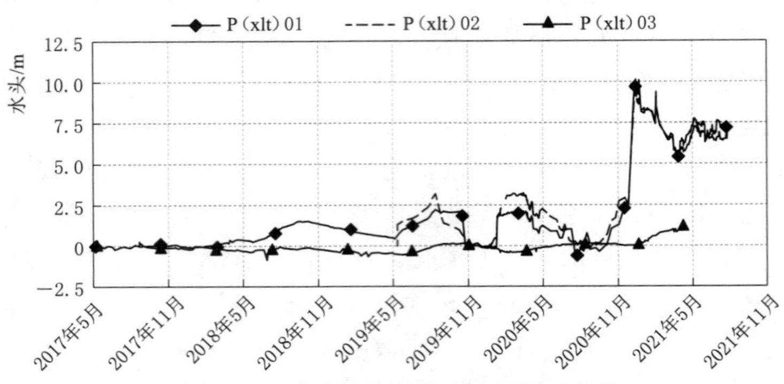

图 10.47　消力塘底板典型渗压计过程线

从过程线图和特征值表可以看出，消力塘基础存在一定的渗压水头，特别是在施工期的时候，渗压水头主要受降雨、地下水位和排水孔施工影响。初期蓄水后渗压水头普遍不高，基本在 5m 以内。从 2020 年 12 月 5 日开始，9 支仪器中有 7 支仪器渗压水头普遍出现不同程度升高，除 P(xlt)03 和 P(xlt)05 测点基本未增加外，其余测点渗压水头在 5.35～10.12m 之间，其中 P(xlt)01、P(xlt)02 和 P(xlt)07 测点水头增幅更为明显。目前渗压计水头与之前相比有所降低，渗压计水头值在 1.89～7.35m 之间。

（3）渗流量。在消力塘排水廊道布置 *A*、*B* 个监测断面，其中 *A* 断面布置 2 套梯形量水堰，*B* 断面布置 1 套三角堰，量水堰上水头采用人工测针进行监测。量水堰 WEr1、WEr2 安装在消力塘排水廊道左右，WEr3 安装在厂区排水廊道。从目前测值来看，消力塘渗流量大于厂区渗流量，总体来看渗流量不大，总渗流量为 1.530L/s。

（4）应力。在水垫塘底板锚杆上布置钢筋计，位置与渗压计监测断面重合，监测底板拉筋受力情况，典型测点过程线见图 10.48，消力塘钢筋应力测点特征值统计见表 10.19。

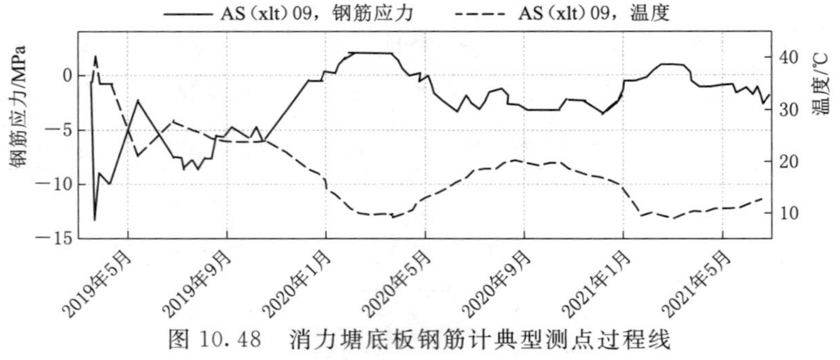

图 10.48　消力塘底板钢筋计典型测点过程线

表 10.19　　**消力塘钢筋应力测点特征值统计**　　单位：MPa

序号	编号	桩号	最大值	最大值时间	最小值	最小值时间	变幅	最新测值（2021-07-15）
1	AS(xlt)01	消 0+066.00	0.19	2019-10-28	−29.28	2018-04-20	29.48	−1.14
2	AS(xlt)02		2.19	2019-05-11	−97.98	2020-10-18	100.17	−67.65
3	AS(xlt)03		22.81	2020-03-05	−5.63	2017-08-31	28.44	9.76

续表

序号	编号	桩号	最大值	最大值时间	最小值	最小值时间	变幅	最新测值 (2021-07-15)
4	AS(xlt)04	消 0+141.50	16.69	2019-02-03	-1.45	2018-07-06	18.14	13.84
5	AS(xlt)05		16.84	2019-08-11	-56.21	2020-10-18	73.06	-48.45
6	AS(xlt)06		71.29	2017-12-19	0	2017-01-12	71.29	39.95
7	AS(xlt)07	消 0+196.50	1.02	2019-03-19	-16.60	2021-07-15	17.62	-16.60
8	AS(xlt)08		0	2019-05-30	-27.39	2019-06-29	27.39	-12.75
9	AS(xlt)09		2.35	2020-01-20	-13.48	2019-03-19	15.83	-2.29

从过程线图和特征值表可以看出，消力塘钢筋应力和温度呈一定的负相关关系。钢筋计自安装后应力普遍不大，截至 2021 年 5 月，钢筋应力在-67.65～39.95MPa 之间，无异常变化。

3. 供水系统

(1) 压力钢管应力。压力引水管道主管段共设 3 个监测断面，其中 *A*—*A* 断面（管 0+010.50）位于进口坝体埋管段，*B*—*B* 断面（管 0+120.00）位于地坪埋管段、*C*—*C* 断面（管 0+210.00）位于主变厂房埋管段；支管段监测共设 6 个分支监测断面，即每个支管各设一个监测断面。钢板计典型测点过程线见图 10.49，压力钢管钢板计测点特征值统计见表 10.20。

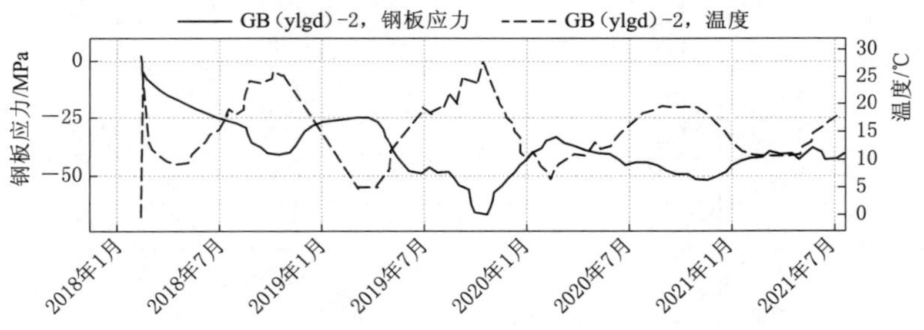

图 10.49 压力钢管钢板计典型测点过程线

表 10.20 **压力钢管钢板计测点特征值统计** 单位：MPa

序号	编号	断面	最大值	最大值时间	最小值	最小值时间	变幅	最新测值 (2021-07-15)
1	GB(ylgd)-1	*A*—*A* 断面	6.66	2017-11-26	-115.00	2019-08-24	121.67	-100.32
2	GB(ylgd)-2	*A*—*A* 断面	0.94	2017-11-26	-67.90	2019-08-24	68.84	-40.83
3	GB(ylgd)-3	*A*—*A* 断面	4.22	2017-12-13	-61.03	2019-09-22	65.24	-42.13
4	GB(ylgd)-4	*A*—*A* 断面	12.09	2017-11-29	-47.73	2019-12-01	59.82	-13.53
5	GB(ylgd)-5	*B*—*B* 断面	1.48	2018-11-27	-59.34	2019-12-01	60.82	-33.85
6	GB(ylgd)-6	*B*—*B* 断面	36.56	2020-03-15	-32.07	2019-03-15	68.62	25.09
7	GB(ylgd)-7	*B*—*B* 断面	11.67	2019-08-24	-33.78	2019-01-02	45.45	-10.49

续表

序号	编号	断面	最大值	最大值时间	最小值	最小值时间	变幅	最新测值（2021-07-15）
8	GB(ylgd)-8	*B*—*B* 断面	2.31	2018-11-27	-37.81	2019-09-30	40.12	-18.46
9	GB(ylgd)-10	*C*—*C* 断面	5.16	2019-09-02	-18.79	2021-03-18	23.95	-0.31
10	GB(ylgd)-11	*C*—*C* 断面	0	2019-08-22	-144.43	2021-05-01	144.42	-97.19
11	GB(ylgd)-12	*C*—*C* 断面	0.01	2019-08-22	-72.16	2019-11-21	72.17	-50.77
12	GB(ylgd)-13	1—1 断面	20.78	2019-08-24	-1.63	2018-12-30	22.41	3.78
13	GB(ylgd)-14	1—1 断面	5.47	2019-01-10	-52.42	2021-01-24	57.89	-44.41
14	GB(ylgd)-15	1—1 断面	11.97	2019-01-10	-6.43	2021-07-05	18.40	-4.45
15	GB(ylgd)-16	1—1 断面	0.15	2018-12-30	-46.68	2021-04-13	46.82	-38.83
16	GB(ylgd)-17	2—2 断面	0	2018-12-26	-30.45	2019-02-16	30.45	-10.85
17	GB(ylgd)-18	2—2 断面	1.99	2019-01-02	-60.49	2021-01-08	62.49	-40.66
18	GB(ylgd)-19	2—2 断面	27.10	2019-06-15	0	2018-12-26	27.10	20.42
19	GB(ylgd)-20	2—2 断面	2.44	2019-01-10	-12.24	2019-02-16	14.67	-4.30
20	GB(ylgd)-21	3—3 断面	0	2019-04-12	-23.29	2020-01-11	23.29	-10.61
21	GB(ylgd)-22	3—3 断面	5.81	2019-04-26	-51.40	2021-04-05	57.21	-42.16
22	GB(ylgd)-23	3—3 断面	13.90	2019-04-26	-23.62	2021-01-08	37.52	-10.68
23	GB(ylgd)-24	3—3 断面	0	2019-04-12	-67.01	2021-03-01	67.01	-52.23
24	GB(ylgd)-25	4—4 断面	8.06	2019-08-11	-21.81	2020-01-11	29.87	-3.55
25	GB(ylgd)-26	4—4 断面	26.98	2019-04-26	-18.97	2021-01-08	45.96	-4.11
26	GB(ylgd)-27	4—4 断面	10.09	2019-04-24	-46.73	2020-01-11	56.81	-35.04
27	GB(ylgd)-28	4—4 断面	0	2019-04-12	-80.27	2020-03-15	80.27	-64.30
28	GB(ylgd)-29	5—5 断面	2.27	2019-04-05	-13.72	2020-12-05	15.98	-9.90
29	GB(ylgd)-30	5—5 断面	19.80	2019-04-13	-54.60	2019-09-14	74.40	8.80
30	GB(ylgd)-31	5—5 断面	0	2019-03-29	-40.85	2020-03-05	40.85	-33.63
31	GB(ylgd)-32	5—5 断面	0	2019-04-05	-39.22	2020-06-06	39.22	-30.38
32	GB(ylgd)-33	6—6 断面	27.18	2019-05-11	-0.24	2019-03-24	27.42	12.67
33	GB(ylgd)-34	6—6 断面	28.64	2019-04-05	-7.97	2019-12-25	36.61	10.17
34	GB(ylgd)-35	6—6 断面	0	2019-03-29	-81.05	2020-01-11	81.05	-62.73
35	GB(ylgd)-36	6—6 断面	0	2019-03-29	-36.22	2021-03-01	36.22	-22.17

从过程线图和特征值表可以看出，钢板应力和温度呈一定的负相关关系，即：温度上升，钢板应力向压应力方向变化；温度下降，钢板应力向拉应力方向变化。在已安装的35支钢板计中，目前有29支处于压应力状态，其中最大钢板压应力为100.32MPa，出现在GB(ylgd)1测点；有6支处于拉应力状态，其中最大钢板拉应力为25.09MPa，出现在GB(ylgd)6测点，拉应力远小于钢管的屈服强度。总体来看，压力管道钢板应力拉应力较小，无异常变化。

（2）厂房基础变形。在厂房基础选取了3个断面，每个监测断面上各布置了3套基岩变位计（*A*—*A* 断面取消1套），共安装8套基岩变位计，深入基岩15m。在仪器安装初

期，随着厂房基础混凝土的浇筑，仪器测值变化较为明显，之后测值变化逐渐趋缓。从2020年9月2日测值来看，厂房基岩变形较小，除RT(cf)04测点位移为−2.04mm（压缩变形）外，其余测点变形绝对值均在1mm以内。总体来看，厂房基岩变形量较小，无异常变化。

（3）渗流。在厂房底板与基岩接触部位，3个监测断面各布置5支渗压计（$A—A$断面取消一支），监测相应部位的渗透压力变化，共布置14支渗压计。厂房基础存在一定的渗压水头，特别是从2020年6月开始，大部分测点水头开始上涨，但涨幅不大，这应是受汛期降雨较多两岸地下水位升高的影响。历史最大水头为9.78m，出现在P(cf)08测点。从分布规律来看，$C—C$断面安装高程相对较高，在527.00m左右，渗透压力相对较小，目前除P(cf)13测点渗压水头为1.21m外，其余基本处于无压状态；$A—A$断面和$B—B$断面安装高程在520.00m左右，目前这两断面渗压水头在2.25～8.31m之间。总体来看，厂房基础渗透压力较小，无异常变化。

（4）应力应变。在厂房底板3个监测断面各布置了5组二向应变计，配套安装5支无应力计（$A—A$断面取消一组），以监测相应部位混凝土结构的应力应变，共布置14组两向应变计组。厂房基础混凝土应力应变在初期温降阶段，产生了一定的拉应变，目前大部分测点拉应变在150$\mu\varepsilon$以内，只有SE(cf)03-2、SE(cf)04-2、SE(cf)10-1这3个测点的拉应变较大，目前拉应变分别为215$\mu\varepsilon$、315$\mu\varepsilon$、396$\mu\varepsilon$。压应变除SE(cf)15-2测点外，其余测点压应变均在200$\mu\varepsilon$以内。厂房基础混凝土出现较大拉应变的原因分析如下：混凝土浇筑后水化热温升较高，大部分测点温度达到了四五十摄氏度，由于基础混凝土浇筑层不厚，之后的降温幅度较大，降温速率也较快，从过程线也可以看出，拉应变基本都出现在初期温降阶段[16]。初期温度上升较高后降温较快应该是出现较多拉应变的主要原因。虽然在埋设后初期出现了较多的拉应变，但之后随着温度变化的逐渐平稳，应力应变未出现进一步增大，测值变化也较为稳定，加上基础混凝土均配有钢筋，目前出现的拉应变对结构整体性应该影响不大。

4. 边坡

（1）坝肩及两岸边坡。用多点位移计对坝肩开挖边坡深部变形进行监测，多点位移计沿开挖边坡布置在各开挖马道上，孔口距马道1m左右；四点式多点位移计水平布置，各点距孔口距离分别为5m、10m、20m、35m。左岸布置3组，右岸布置2组，共5组。典型测点过程线见图10.50。

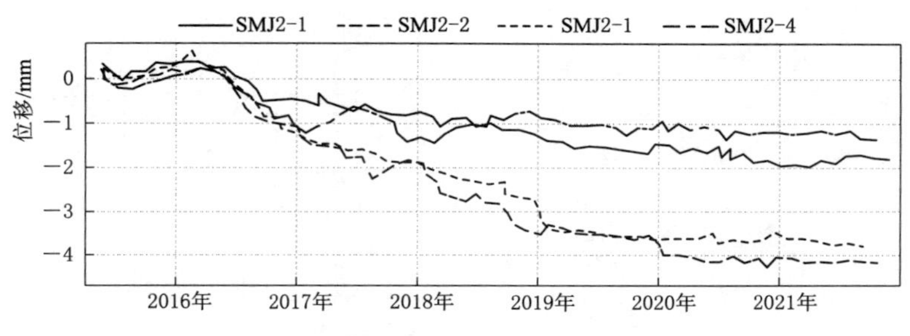

图10.50 坝肩多点位移计典型测点过程线

从过程线图可以看出，坝肩多点位移计测值普遍不大，自2015年5月安装以来，除SMJ2-1这组测点外，其余测点位移绝对值在1mm以内；SMJ2-1测点主要呈压缩变化，位移量在-4.13～-1.39mm之间，位移变化趋势目前已趋缓。总体来看，坝肩基岩位移变化较为稳定，无明显异常变化。

（2）左右岸边坡。在左右岸坝肩边坡上布置15个综合标点进行边坡表面变形观测。典型测点过程线见图10.51。外观变形观测成果表中左坝肩 X 轴正方向指向正北，Y 轴正方向指向正西；右坝肩 X 轴正方向指向正南，Y 轴正方向指向正东，H 方向沉降为正。从以上相关监测图表可以看出，左右岸坝肩边坡位移较小，位移量基本在10mm以内。

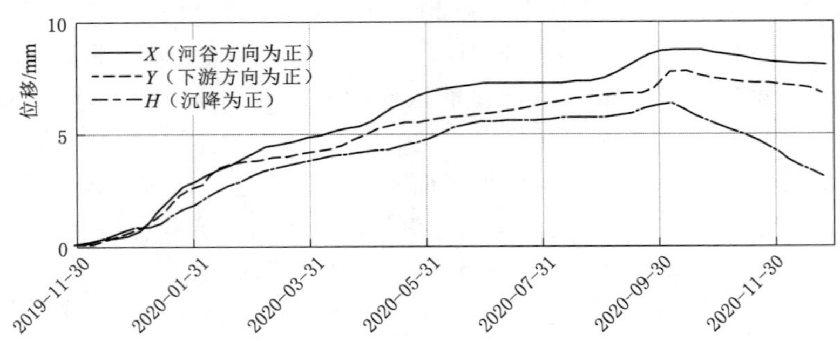

图10.51　左岸坝肩边坡典型综合标点ZBJ01过程线

深层变形监测。在左右岸坝肩边坡上布置了测斜孔来进行边坡深层变形观测，2020年5月改装为固定测斜仪，固定测斜仪典型位移过程线见图10.52。测斜仪位移为正表示向河谷方向移动。从测斜孔观测成果可以看出，左右岸边坡内部深层位移普遍不大，除CXK(BJBP)4-2测斜孔外，其余测点绝对位移均在15mm以内变化。CXK(BJBP)4-2测斜孔有一定的位移变化量，该测点安装在左岸边坡725.90m高程，主要位移发生在39m深处，一年以来位移有向河谷位移的变化趋势，但总位移量不大，最大位移了22mm，目前位移变化已趋缓。测斜孔自2020年5月改装为固定测斜仪后，根据监测成果来看，左右岸坝肩边坡深层位移不大，基本在15mm以内。总体来看，左右岸边坡深层位移变化量不大。

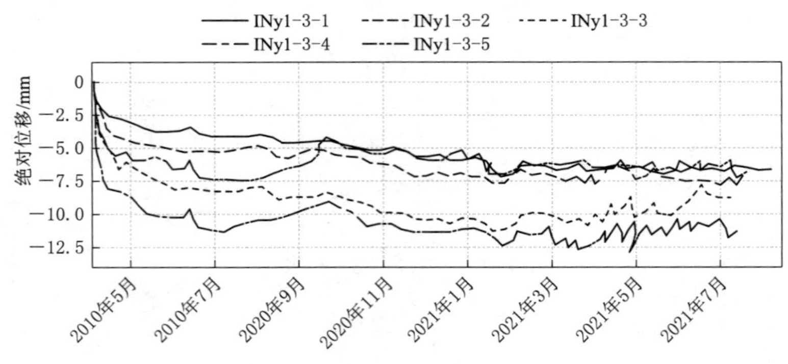

图10.52　右岸坝肩边坡典型测点位移过程线

(3) 消力塘边坡。

1) 变形监测。在消力塘左右岸边坡各布置了 6 组固定测斜仪来观测边坡内部深层变形，测斜仪位移典型分布图见图 10.53。从固定测斜仪监测成果来看，消力塘左右岸边坡固定测斜仪自安装以来，主要向临空面方向位移，从位移量来看，大部分测点位移量不大，除 INxlt03 测点外，其余测点位移绝对值基本在 20mm 以内。INxlt03 测点最大位移值接近 40mm，但该测点位移量主要发生在 2018 年边坡施工期间，自 2019 年以来，位移变化幅度不大。总体来看，消力塘边坡位移变化量不大，无明显异常变化。

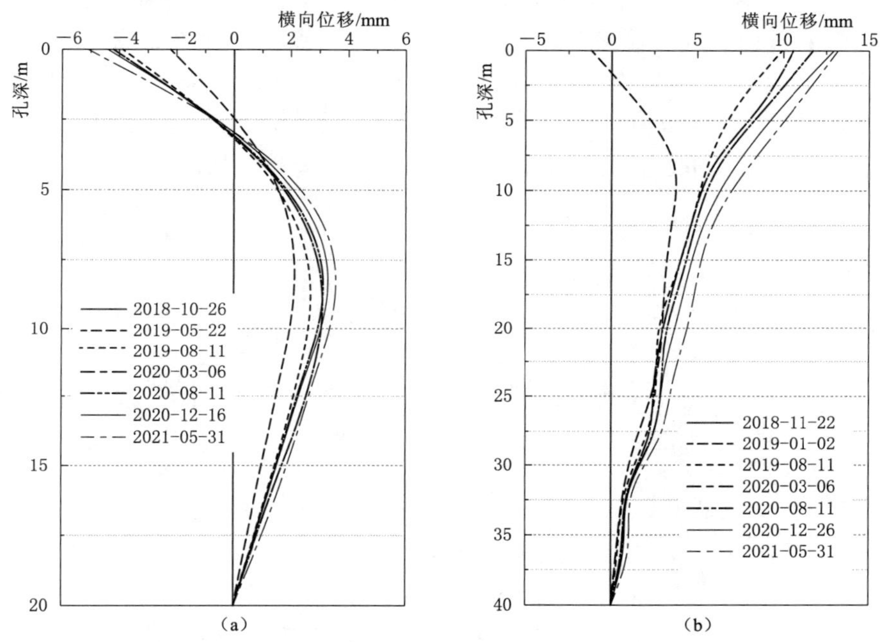

图 10.53 消力塘边坡固定测斜仪典型位移分布

(a) INxlt04 测斜管累计位移分布；(b) INxlt05 测斜管累计位移分布

2) 支护监测。在消力塘左右岸边坡各选取了 3 组锚索安装了锚索测力计来观测锚索力情况，PR(xlty)2－1 测点过程线见图 10.54。

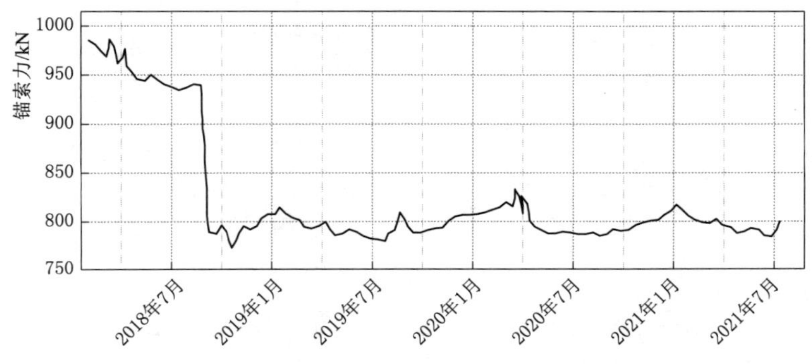

图 10.54 右岸锚索测力计 PR(xlty)2－1 测点过程线

从消力塘边坡锚索测力计监测成果来看，除 PR(xlty)2－1 测点外，其余测点荷载损失率均在 10%以内，锚索力在 928.4～1034kN 之间。PR(xlty)2－1 测点在 2018 年 8 月 25 日—9 月 8 日锚索荷载损失较大，锚索力从 940.3kN 降至 795.9kN，之后测值变化稳定，未出现进一步损失。根据施工单位提供的资料，该时间段附近正在进行钻孔和固结灌浆，距离该锚索最近约 4m，PR(xlty)2－1 测点在该时间段内荷载力损失较大，可能是受到施工扰动而发生变化，而该锚索附近位移变化不大，边坡监测部位应该还是处于稳定状态。

(4) 厂房边坡。

1) 表面变形监测。在厂房后边坡选取了 3 个断面，每个断面每级马道上布设综合标点，对边坡的表面变形进行监测，共布置 12 个外观测点。典型测点过程线见图 10.55。外观变形观测成果表中 X 轴正方向指向正南，Y 轴正方向指向正东，H 方向沉降为正。从图 10.55 可以看出，厂房后边坡位移变化量较小，位移量在 10mm 以内。

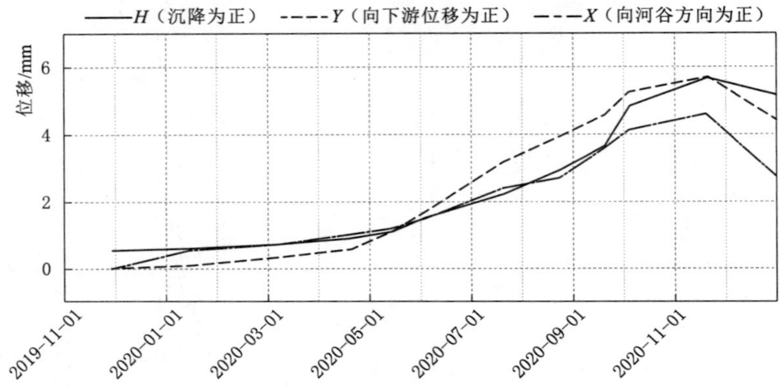

图 10.55　厂房边坡典型测点 CFBP01 过程线

2) 深层变形监测。在厂房后边坡选取了 3 个断面，每个断面布置了四点式多点位移对边坡的深部位移进行监测，多点位移计沿开挖边坡布置在各开挖马道上，孔口距马道 1m 左右，各测点距孔口分别为 5m、10m、20m 和 35m，共布置了 6 组多点位移计。典型测点过程线见图 10.56。从过程线图可以看出，厂房多点位移计自安装以来，测值较为稳定。从 2021 年 7 月 15 日测值来看，目前位移在－1.49～1.15mm 之间，位移量较小，无异常变化。

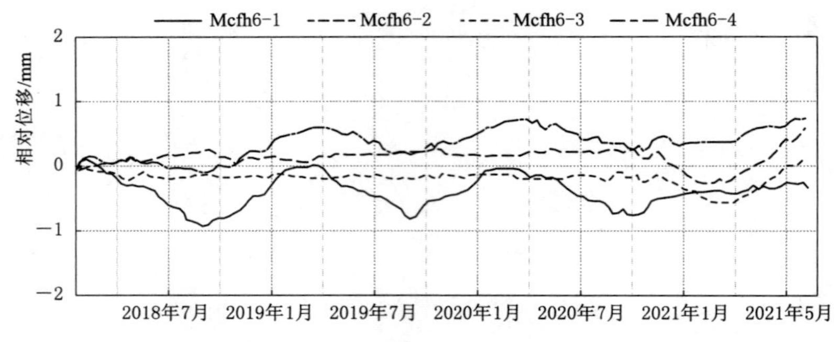

图 10.56　厂房边坡多点位移计典型测点过程线

3）支护监测。对边坡喷锚部位进行锚杆应力监测，共布置了6支锚杆应力计。典型测点过程线见图10.57。从过程线图可以看出，锚杆应力和温度呈一定的负相关关系，总体来看，厂房后边坡锚杆应力不大，目前锚杆应力在70MPa以内。

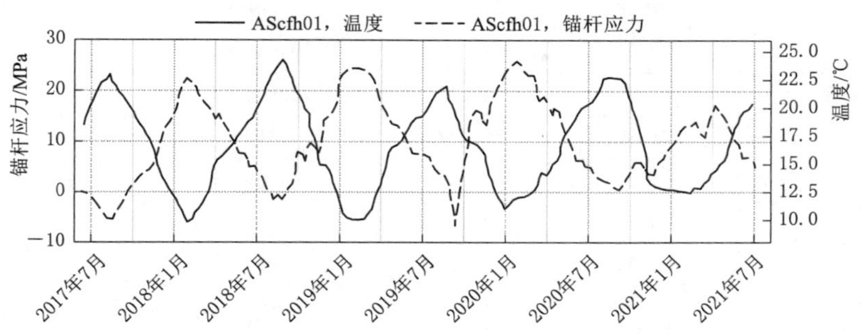

图10.57　厂房边坡锚杆应力计典型测点过程线

在厂房后边坡选取了4组锚索安装锚索测力计来观测锚索荷载情况，共布置了4台锚索测力计。从过程线图10.58可以看出，厂房边坡锚索自安装以来，荷载逐渐有所损失，但截至2021年8月损失率不大，除PRcf4损失率为17.4%外，其余测点小于10%，锚索力在837～962kN之间。

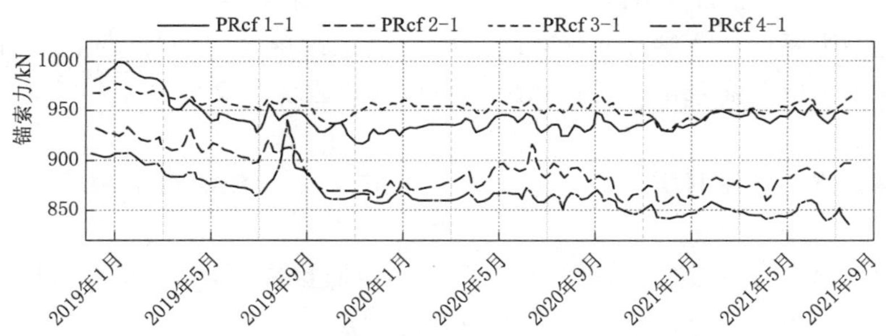

图10.58　厂房边坡锚索测力计测点过程线

4）地下水位监测。在边坡马道上钻孔埋设测压管，管内安装渗压计，用来监测地下水位情况，深入至地下水位至少1m以下，共布置16套测压管（已安装10套）。厂房边坡测压管水位特征值统计见表10.21。从特征值表可以看出，厂房边坡测压管水位在533.08～575.00m之间，水位较为稳定，变化幅度较小，未见异常变化。

表10.21　　厂房边坡测压管水位特征值统计　　单位：m

序号	编　号	仪器高程	最高水位	最高水位时间	最新测值（2021-07-15）
1	P(cfh)01	537.18	538.04	2019-06-17	537.50
2	P(cfh)02	543.27	557.69	2019-10-07	555.16
3	P(cfh)03	547.60	562.54	2019-11-05	557.50
4	P(cfh)04	590.43	590.56	2020-01-05	无压
5	P(cfh)05	536.68	541.59	2021-06-10	540.24

续表

序号	编　号	仪器高程	最高水位	最高水位时间	最新测值（2021-07-15）
6	P(cfh)06	564.50	565.27	2021-05-02	565.14
7	P(cfh)07	537.28	538.27	2021-07-05	538.27
8	P(cfh)08	532.99	543.57	2019-10-28	533.08
9	P(cfh)09	547.87	549.85	2019-08-30	547.99
10	P(cfh)10	574.39	580.02	2019-12-01	575.00
11	P(cfh)11	564.00	564.63	2021-05-19	564.51
12	P(cfh)12	513.78	536.63	2019-08-03	533.89
13	P(cfh)13	542.54	556.38	2019-10-28	550.90
14	P(cfh)14	552.99	566.12	2019-09-14	561.80
15	P(cfh)15	544.50	546.47	2021-06-09	546.35
16	P(cfh)16	564.20	565.18	2021-04-02	565.15

5. 导流洞堵头

导流洞封堵段选取了 4 个监测断面。主要的监测内容为：堵头变位、应力和堵头外水压力。为监控堵头变位情况，在顶拱和边墙布设单向测缝计，*A*—*A*、*B*—*B* 断面布置测缝计各 3 支，*C*—*C* 断面布置测缝计 6 支，*D*—*D* 断面布置测缝计 5 支。为监测堵头的受力状态，拟定每个断面在顶拱和底板之间沿中心线布设单向应变计 3 组，无应力计 3 支。为监测堵头地下水位及灌浆帷幕运行状况，在顶拱和边墙布设渗压计，每个断面布置渗压计 3 支。

（1）接缝监测。导流洞堵头共埋设了 17 支测缝计，导流洞堵头测缝计特征值统计见表 10.22。

从测点特征值表可以看出，在接缝灌浆前夕，经过冷却通水降温，此时接缝开合度较大，最大为 3.05mm，出现在 *D*—*D* 断面 Jdlfd4 测点。

2020 年 5 月 30 日进行了接缝灌浆，灌浆后测缝计特征值统计见表 10.23（统计时段：灌浆后至 2021 年 7 月 15 日），典型测点过程线见图 10.59。导流洞堵头接缝灌浆以后，接缝开合度变化较小，测点变幅均在 0.5mm 以内，说明导流洞堵头整体接缝灌浆效果良好。

表 10.22　　导流洞堵头测缝计特征值统计　　单位：m

序号	编号	位置	断面	最大值	最大值时间	最小值	最小值时间	变幅	最新测值（2021-07-15）
1	J1	侧墙中部	*A*—*A* 断面	1.02	2020-05-22	−0.01	2020-02-23	1.03	1.04
2	J2	侧墙上部		0.82	2020-05-22	0	2020-02-16	0.82	1.18
3	J3	顶拱		1.46	2020-05-14	−0.06	2020-03-16	1.52	1.50
4	J4	侧墙中部	*B*—*B* 断面	0.66	2020-05-22	0	2020-03-08	0.66	1.07
5	J5	侧墙上部		1.15	2020-05-22	−0.15	2020-03-08	1.30	1.61
6	J6	顶拱		1.78	2020-05-22	0	2020-03-21	1.78	2.16

续表

序号	编号	位置	断面	最大值	最大值时间	最小值	最小值时间	变幅	最新测值(2021-07-15)
7	Jdlfc1	中心线	C—C断面	1.15	2020-05-09	−0.01	2020-03-06	1.16	0.83
8	Jdlfc2	中心线右		1.35	2020-05-09	0	2020-03-05	1.35	0.80
9	Jdlfc3	中心线		1.76	2020-05-09	0	2020-03-07	1.76	1.68
10	Jdlfc4	中心线左		1.73	2020-05-22	−0.06	2020-03-08	1.79	1.67
11	Jdlfc5	中心线		2.30	2020-05-22	−0.02	2020-03-08	2.32	1.99
12	Jdlfc6	中心线		2.56	2020-05-22	−0.06	2020-03-21	2.62	2.46
13	Jdlfd1	中心线	D—D断面	2.45	2020-05-22	−0.11	2020-03-26	2.56	2.59
14	Jdlfd2	中心线右		2.43	2020-05-22	0	2020-04-01	2.43	2.72
15	Jdlfd4	中心线		3.05	2020-05-14	−0.05	2020-04-01	3.10	3.45
16	Jdlfd5	中心线		2.03	2020-05-22	−0.12	2020-04-14	2.15	2.47

表 10.23　导流洞堵头灌浆后测缝计特征值统计　单位：m

序号	测点名称	位置	最大值	最大值时间	最小值	最小值时间	变幅
1	J1	侧墙中部	1.05	2021-07-06	0.99	2021-04-03	0.06
2	J2	侧墙上部	1.19	2021-06-24	0.79	2020-07-04	0.40
3	J3	顶拱	1.50	2021-07-07	1.28	2020-08-02	0.22
4	J4	侧墙中部	1.07	2021-05-22	0.70	2020-07-04	0.37
5	J5	侧墙上部	1.64	2021-05-25	1.25	2020-07-04	0.39
6	J6	顶拱	2.17	2021-05-22	1.76	2020-07-04	0.41
7	Jdlfc1	中心线	1.12	2020-07-25	0.71	2021-05-11	0.41
8	Jdlfc2	中心线右	1.24	2020-07-04	0.77	2020-09-28	0.47
9	Jdlfc3	中心线	1.73	2020-07-04	1.65	2021-05-12	0.08
10	Jdlfc4	中心线左	1.74	2020-07-04	1.63	2021-05-18	0.11
11	Jdlfc5	中心线	2.31	2020-07-04	1.92	2021-05-18	0.39
12	Jdlfc6	中心线	2.59	2020-07-25	2.45	2021-07-07	0.14
13	Jdlfd1	中心线	2.60	2021-07-09	2.43	2020-07-25	0.17
14	Jdlfd2	中心线右	2.73	2021-07-09	2.53	2020-08-25	0.20
15	Jdlfd4	中心线	3.46	2021-07-07	2.98	2020-07-25	0.48
16	Jdlfd5	中心线	2.49	2021-07-07	2.03	2020-07-04	0.46

（2）渗压监测。导流洞共埋设了 6 支渗压计，典型测点过程线见图 10.60。导流洞堵头 *A*—*A* 断面安装在止水前，存在一定的渗压水头，特别是从 2021 年 2 月底开始，3 个测点水头同时上涨，历史最大水头为 52.17m，发生时间为 2021 年 6 月 19 日，出现在 P1 测点。目前 *A*—*A* 断面渗压水头在 41.40～46.88m 之间。*B*—*B* 断面（导 0+271.00）渗压计安装在 *A*—*A* 断面（0+252.50）渗压计后，P5 测点在 2021 年 4 月 23 日前基本处于

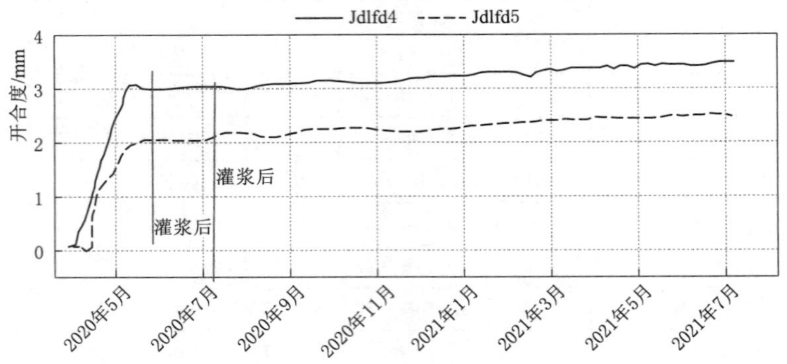

图 10.59　导流洞堵头典型测点过程线

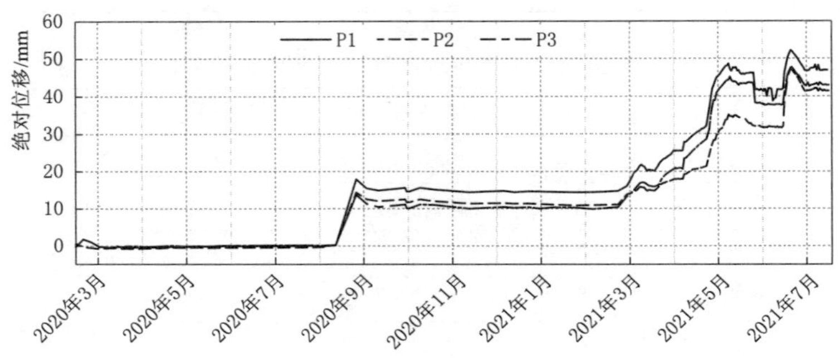

图 10.60　导流洞堵头渗压计典型测点过程线

无压状态，从2021年4月24日后水头开始逐渐增长，但涨幅不大，目前水头值在3m以内，后续将继续关注。

（3）应力应变监测。导流洞共埋设了6支单向应变计和6支无应力计，导流洞应变计测点特征值统计见表10.24，无应变计测点特征值统计见表10.25。导流洞堵头应力应变历史最大拉应变为420με，出现在S3测点，发生时间为2020年5月9日。目前导流洞堵头除S3测点拉应变为382με外，其余测点均为受压状态。最大压应变为250με。S3测点拉应变主要出现初期混凝土降温阶段，2020年5月以后拉应变变幅较小，处于稳定状态。导流洞堵头无应力计测值无异常变化，目前无应力应变在−103～40με之间。

表10.24　　导流洞应变计测点特征值统计　　单位：με

序号	编号	位　置	最大值	最大值时间	最小值	最小值时间	变幅	最新测值 (2021-07-15)
1	S1	A—A断面中心线	31	2020-02-12	−179	2021-04-29	210	−173
2	S2		35	2020-02-18	−155	2021-04-03	190	−151
3	S3		420	2020-05-09	−45	2020-03-18	465	382

续表

序号	编号	位　置	最大值	最大值时间	最小值	最小值时间	变幅	最新测值（2021-07-15）
4	S4	B—B 断面中心线	0	2020-02-22	−258	2020-10-01	258	−250
5	S5		0	2020-03-06	−90	2020-05-14	90	−36
6	S6		0	2020-03-19	−216	2021-05-26	216	−205

表 10.25　导流洞无应变计测点特征值统计　　单位：με

序号	编号	位　置	最大值	最大值时间	最小值	最小值时间	变幅	最新测值（2021-07-15）
1	N1	A—A 断面中心线	112	2020-02-13	−23	2021-06-19	135	−18
2	N2		11	2020-02-17	−166	2020-05-14	177	−81
3	N3		55	2020-03-18	−60	2020-09-02	115	−51
4	N4	B—B 断面中心线	164	2020-02-29	0	2020-02-22	164	40
5	N5		58	2020-03-07	−111	2020-05-09	169	−103
6	N6		70	2020-03-23	−56	2020-05-14	126	−46

10.3.2 监测成果总结

通过以上对监测成果的分析，可以得出以下结论：

（1）初期蓄水阶段大坝径向向下游位移，最大为 2.39mm（PL4-4 测点），切向位移量值较小，规律不明显。初期蓄水结束后，径向位移主要受气温影响，目前最大位移为−1.25mm。切向普遍向右岸位移，最大位移为−1.99mm，可以看出截至 2021 年 7 月 15 日，温度荷载对水平位移的影响大于水压荷载的影响。大坝水平位移量值不大，无异常变化。

（2）截至 2021 年 7 月 15 日，大坝基础沉降量值不大，呈下沉状态，下沉量基本在 2mm 以内。

（3）基岩变形总体规律性较好，随着混凝土浇筑高程的增加，坝基主要呈现压缩变形；从空间分布来看，最高坝段Ⅳ断面处位移变化最大，其次为Ⅲ断面和Ⅴ断面，Ⅱ断面和Ⅵ断面总体变化较小；基岩位移量变化不大，截至 2021 年 7 月 15 日，测值在−7.86～2.55mm 之间变化，位移趋于稳定。

（4）坝基测缝计绝大部分测点开合度都处于张开状态，但总体来看开合度不大，最大开合度为 2.36mm（JJ5-2 测点），主要变形量发生在上部混凝土开始浇筑后的几个月内，并受到温度变化的影响；之后随着坝基固结灌浆结束，开合度基本处于稳定状态，变化幅度较小。

（5）在接缝灌浆之前，接缝开合度和坝体温度呈负相关变化，在接缝灌浆前夕，经过后期冷却通水，此时接缝开合度较大，接缝开合度最大为 13.30mm，出现在 3 号诱导缝

628.00m高程的J(3y)09测点。从接缝灌浆后636.90m高程以下测缝计测值来看，除5个测点变幅大于1mm外，其余接缝测缝计灌浆后变幅大部分小于0.4mm，说明五期接缝灌浆整体效果良好。

（6）坝基渗透压力变化符合一般变化规律，横断面从上游侧向下游侧渗压水头逐渐减小，纵断面渗透水头主要出现在基础高程比较低的几个坝段。截至2021年7月15日，帷幕前最高水头40.27m，出现在P4-1测点（5号坝段503.50m高程），帷幕后最高水头20.80m，出现在PJ4测点（5号坝段503.50m高程）。515廊道测压管基础坝段坝基扬压水位低于两岸灌浆平洞内扬压水位，目前基础坝段扬压水位较小，折减系数基本满足设计要求。

（7）坝体渗压计除Ⅳ断面（5号坝段）514.00m高程出现渗透压力以外，565.00m和610.00m高程上游侧渗压计基本都处于无压状态。Ⅳ断面514.00m高程渗压计在施工期出现一定的渗压水头，渗压水头为6～8m，先后采取了钻孔检查、压水试验、灌浆处理等措施进行检查处理，目前测值较为稳定。

（8）截至2021年7月15日，基础廊道渗流量不大，总渗流量为0.724L/s。

（9）左右岸坝肩绕坝渗流水位主要受地下水位和降雨等因素影响，截至2021年7月15日，从测值来看，除左岸UP(zrb)7测点水头为14.08m外，其余两岸绕坝渗流渗压水头不大，基本在10m以内，无异常情况。

（10）基岩温度计在大坝浇筑初期温度较高，从深度分布来看，越深的测点温度越低，之后随着靠近建基面的坝体温度的逐渐稳定以及坝前黏土回填等因素影响，从2019年以来基岩温度较为稳定，基岩温度稳定在17～18℃。

（11）坝体内部混凝土最高温度总体控制情况较好，大部分测点在容许温度范围内，但也存在部分高程夏季浇筑的混凝土最高温度超标的情况，除个别靠上游侧测点受外界日照和气温影响超标略高外，其余大部分测点超标幅度不超过3℃。绝大部分测点初期冷却通水降温速率低于1℃/d，但也存在部分测点个别天数超标现象，但大部分测点超标幅度不大；后期冷却通水降温速率基本都低于0.5℃/d。截至2021年7月15日，坝体温度基本在18℃以内，各高程平均温度为11.3～17.3℃。

（12）坝体表面温度初期受水化热和环境温度影响，后期受气温影响。后期温度变幅小于气温变幅，符合一般规律。冬季保温措施到位，表面温度无异常情况。

（13）坝体应力应变变化规律正常，大部分测点处于受压状态，虽然存在少部分拉应变，但拉应变值大部分在100$\mu\varepsilon$以内。

（14）坝体与基岩接触部位的压应力随着坝体浇筑高程的增加也随之有所增大，截至2021年7月15日，各测点均处于受压状态，最大压应力为4.18MPa，出现在560.00m高程8号坝段的E10测点。

（15）电梯井周边混凝土目前应力应变不大，最大拉应变为100$\mu\varepsilon$，出现在S(dtj)8测点；大部分钢筋计测点处于受压状态，个别测点受拉，但拉应力普遍不大，均在20MPa以内。

（16）底孔部分测点存在拉应变，但除S(dk)13测点拉应变为192$\mu\varepsilon$外，其余测点拉应变均在100$\mu\varepsilon$以内；底孔钢筋应力变化规律正常，底孔钢筋应力变化规律正常，钢筋应

力以拉应力为主，但大部分钢筋拉应力在 100MPa 以内。需要关注的是 5 个钢筋应力大于 100MPa 的测点，截至 2021 年 7 月 15 日，钢筋应力为 192.67MPa 的 R(dk)07 测点，拉应力增长尚未完全稳定，需进一步关注。

（17）二道坝基岩变形普遍不大，R(edb)1 测点历史最大压缩位移为 2.18mm，其余两组测点位移绝对值基本在 1mm 以内。

（18）消力塘基础目前存在一定的渗压水头，除 P(xlt)03 和 P(xlt)05 测点基本未增加外，截至 2021 年 7 月 15 日，其余测点渗压水头在 4.49～9.65m 之间，其中 P(xlt)01、P(xlt)02 和 P(xlt)07 测点水头增幅更为明显，后续需进一步关注；消力塘排水廊道渗流量略大，总渗流量为 4.145L/s；消力塘锚杆应力普遍不大，锚杆应力在 －77.50～55.20MPa 之间。

（19）截至 2021 年 7 月 15 日，压力钢管钢板计大部分测点处于压应力状态，个别处于拉应力状态，最大钢板拉应力为 24.02MPa，出现在 GB(ylgd)-19 测点，拉应力远小于钢管的屈服强度。

（20）左右岸边坡表面位移不大，位移量基本在 10mm 以内，内部深层位移普遍不大，绝对位移基本在 15mm 以内变化。

（21）消力塘左右岸边坡内部变形主要向临空面方向位移，从位移量来看，大部分测点变形量在 20mm 以内。边坡锚索除 PR(xlty)2 测点外，其余测点荷载损失率均在 10％以内，锚索力在 917～1054kN 之间，PR(xlty)2 测点荷载损失略大，可能受周边钻孔和固结灌浆影响。

（22）厂房后边坡表面位移不大，位移量在 10mm 以内；厂房边坡多点位移计测值较为稳定，位移量较小，截至 2021 年 7 月 15 日，位移在－1.57～1.03mm 之间；厂房锚杆应力和温度呈一定的负相关关系，锚杆应力普遍不大，应力基本在 60MPa 以内；厂房边坡锚索荷载损失率不大，基本小于 10％；厂房边坡测压管水位在 533.02～574.62m 之间，水位较为稳定，变化幅度较小。

（23）库区滑坡体位移量较小，在 20mm 以内，无异常情况。

（24）导流洞堵头接缝灌浆以后，接缝开合度变化较小，变幅均在 0.5mm 以内；导流洞堵头应力应变基本处于受压状态；导流洞堵头 *A—A* 断面（止水前）存在一定的渗压水头，渗压水头在 10.00～14.58m 之间，*B—B* 断面处于无压状态。

总体来看，三河口水利枢纽各监测部位工作性态基本正常。

10.4 环境监测

10.4.1 环境监测布置原则

（1）环境空气监测。监测点位需具有较好的代表性，能客观反映一定空间范围内的环境空气质量水平和变化规律，客观评价城市、区域环境空气状况，污染源对环境空气质量的影响，满足为公众提供环境空气状况健康指引的需求；监测点位需具有可比性，同类型监测点设置条件尽可能一致，使各个监测点获取的数据具有可比性；环境空气质量评价城市点应考虑城市自然地理、气象等综合环境因素，以及工业布局、人口分布等社会经济特点，在布局上应反映城市主要功能区和主要大气污染源的空气质量现状及变化趋势，从整体出发合理布局，监测点之间相互协调；应结合城乡建设规划考虑监测点的布设，使确定的监测点能兼顾未来城乡空间格局变化趋势；监测点位置一经确定，原则上不应变更，以保证监测资料的连续性和可比性；监测点位附近不能有阻碍空气流通的高大建筑物、树木或其他障碍物；监测点周围环境状况相对稳定，所在地点地质条件需长期稳定和足够坚实，所在地点应避免受山洪、雪崩、山林火灾和泥石流等局地灾害影响，安全和防火措施有保障；监测点附近无强大的电磁干扰，周围有稳定可靠的电力供应和避雷设备，通信线路容易安装和检修；采样口离地面的高度应在 1.5～15m 范围内，在建筑物上安装监测仪器时，监测仪器的采样口离建筑物墙壁、屋顶等支撑物表面的距离应大于 1m；当某监测点需设置多个采样口时，为防止其他采样口干扰颗粒物样品的采集，颗粒物采样口与其他采样口之间的直线距离应大于 1m。

（2）水质监测。水质采样监测点位的布设原则如下：在对调查研究和对有关资料进行综合分析的基础上，根据水域尺度范围，考虑代表性、可控性及经济性等因素，确定监测断面类型和采样点数量，并不断优化，尽可能以最少的断面获取足够的代表性环境信息；有大量废（污）水排入江、河的主要居民区、工业区的上游和下游，支流与干流汇合处，湖泊、水库出入口，应设置监测断面；饮用水源地和流经主要风景游览区、自然保护区、与水质有关的地方病发病区、严重水土流失区及地球化学异常区的水域或河段，应设置监测断面；监测断面的位置要避开死水区、回水区、排污口处，尽量选择河床稳定、水流平稳、水面宽阔、无浅滩的顺直型河流；监测断面应尽可能与水文测量断面一致，以便利用其水文资料；在河宽小于 50m 时，只设置一条中泓垂线；河宽 50～100m 时，在左右近岸有明显水流处各设一条垂线；河宽 100～1000m 时，设左、中、右三条垂线（中泓、左、右近岸有明显水流处）；河宽大于 1500m 时，至少要设置 5 条等距离的采样垂线；污水采样的位置应在采样断面的中心，在水深大于 1m 时，应在表层下 1/4 深度处采样，水深小于或等于 1m 时，在水深的 1/2 处采样。

（3）声环境监测。噪声监测点位的布设原则如下：传声器距地面 1.2m 以上，远离其他反射体 1m 以上。环境噪声测量，传声器水平设置，背向最近反射体；测点一般应选在施工场地法定边界外 1m，高度 1.2m 以上对应被测声源，距任一反射面不小于 1m 的位置，根据声源布局对同一个被测单位可视实际情况布设多个测量点位，但应包括距噪声敏感建筑较近处，以及噪声排放较强的位置；测量应在无雨雪、无雷电天气，风速 5m/s 以下时进行。

10.4.2　环境监测质量管控措施

为保证监测工作科学、公正、合理，监测过程应严格按照各项操作规范进行，所有监测人员持证上岗，严格按照《环境监测质量管理技术导则》(HJ 630—2011)[30] 与质量管理体系文件中的规定开展工作。所用监测仪器通过计量部门检定并在检定有效期内，做好相关记录。各类记录及分析测试结果，按相关技术规范要求进行数据处理和填报，并进行三级审核。

（1）环境空气监测。严格按照《环境空气质量手工监测技术规范》（HJ 194—2017）和《环境空气质量标准》（GB 3095—2012）要求和规定进行全过程质量控制，采集样品时满足相应规范要求，对采样准备工作和采样过程实行质量监督。在采样前后，按规定对采样仪器的气密性进行检查，监测仪器采用标气标定，对使用的仪器进行流量和浓度校准。样品运输过程中采取措施保证样品性质稳定，避免沾污、损失和丢失。样品分区存放，并有明显标识，避免混淆。

（2）水质监测。水质样品的采集、运输、保存严格按照《地表水和污水监测技术规范》（HJ/T 91—2002）、《水质采样、样品的保存和管理技术规定》（HJ 493—2009）和《水质采样技术导则》（HJ 494—2009）的技术要求进行。采样时控制采样污染，尽可能使样品容器远离污染，避免对采样点水体的搅动，彻底清洗采样容器及设备，安全存放采样容器，避免瓶盖和瓶塞的污染，避免用手和手套接触样品，确保采样设备在采样点的方向是顺风向；采样后检查每个样品中是否存在巨大颗粒物，如存在应弃掉样品重新采样；样品采集后添加保护剂，在 1～5℃冷藏并暗处保存，及时送回实验室；运输时将容器的外（内）盖盖紧，注明样品信息。分析样品时，对样品保存剂如酸、碱或其他试剂进行空白试验，使其纯度和等级达到分析的要求。

（3）声环境监测。噪声监测按照《声环境质量标准》（GB 3096—2008）和《工业企业厂界环境噪声排放标准》（GB 12348—2008）中的规定进行，噪声测量仪要符合《声级计电声性能及测量方法》（GB 3785—1983）的规定。测定前后对仪器工作状态进行检验，并做好相关记录，其中噪声测量仪器在每次测量前后须在现场用声校准器进行声校准，其前、后校准示值偏差不得大于 0.5dB，否则测量无效。

10.4.3 环境监测工作成果

通过历年保质保量的监测工作，证明了引汉济渭工程的环保工作成效，是对环保工作成果的肯定。在各个建设单位积极配合下，重视环保工作，保障了施工期的建设工作，未对秦岭生态造成影响。

10.5 小结

为解决三河口枢纽工程安全监测问题，结合三河口工程的具体情况，布置了一套全面反映大坝工程特性，整体控制大坝安全，同时兼顾其他建筑物安全监测的监测系统。监测系统包括大坝变形监测，大坝应力应变及大坝混凝土温度监测，渗流渗压监测，大坝边坡及厂房后边坡、双向机组厂房基础开挖及厂房结构监测等项目。建立了大坝安全监测自动化数据系统，对采集系统和人工采集来的观测数据进行管理、初步分析、处理，实时掌握工程的运行状况，为及时、准确判断工程的安全性态提供了可靠的依据，对整个工程实现在线和离线监控。对监测资料收集整理和分析，各数据变化规律正常，测值在经验值及规范、设计规定的允许值以内。总体来看，三河口水利枢纽各监测部位工作性态基本正常。

参 考 文 献

[1] 钮新强. 大坝安全与安全管理若干重大问题及其对策 [J]. 人民长江，2011，42（12）：1-5.

[2] 吴中如. 中国大坝的安全和管理 [J]. 中国工程科学，2000（6）：36-39.

[3] 蒋丹蕾. 冷水孔水库大坝安全评价研究 [D]. 扬州：扬州大学，2020.

[4] 郑守仁. 我国水库大坝安全问题探讨 [J]. 人民长江，2012，43（21）：1-5.

[5] 杨杰，吴中如. 大坝安全监控的国内外研究现状与发展 [J]. 西安理工大学学报，2002（1）：26-30.

[6] 赵二峰. 大坝安全的监测数据分析理论和评估方法 [M]. 南京：河海大学出版社，2018.

[7] 赵志仁，徐锐. 国内外大坝安全监测技术发展现状与展望 [J]. 水电自动化与大坝监测，2010，34（5）：52-57.

[8] 唐崇钊，陈灿明，黄卫兰. 水工建筑物安全监测分析 [M]. 南京：东南大学出版社，2015.

[9] 王德厚. 大坝安全与监测 [J]. 水利水电技术，2009，40（8）：126-132.

[10] ROCHA M. A quantitative method for the interpretation of the results of the observation of dams [C]// VI Congress on Large Dams，Report on Question 21 New York，1958.

[11] WIDMANN R. Evaluation of deformation measurements performed at concrete dam [C]// Commission Internationals of Grands Banrages，1967.

[12] BONALDI P，FANELLI M，GIUSEPPETTI G，et al. Pseudo Three-dimensional analysis of the effect of basin deformations on dam displacements：comparison with experimental measurements [M]. Springer Berlin Heidelberg，1982.

[13] PEDRO J. Stress evaluation in concrete dams，the example of verosa dam [C]// International Conference on Safety of Dams，Coimbra，1984.

[14] PURER E. Application of statistical methods in monitoring dam behavior [J]. Water Power and Dam Construction，1986，38（12）：16-19.

[15] 陈久宇，林见. 观测数据的处理方法 [M]. 上海：上海交通大学出版社，1987.

[16] 陈久宇. 应用实测位移资料研究刘家峡重力坝横缝的结构作用 [J]. 水利学报，1982（12）：14-22.

[17] WU Z R，WANG Z R. Dynamic monitoring model of space displacement field of concrete dam [C]// International Symposium on Monitoring Technology of Dam Safety，1992.

[18] 吴中如. 混凝土坝安全监控的确定性模型及混合模型 [J]. 水利学报，1989（5）：64-70.

[19] 吴中如，阮焕祥. 混凝土坝观测资料的反分析 [J]. 河海大学学报，1989（2）：13-21.

[20] 顾冲时，吴中如. 探讨混凝土坝空间位移场的正反分析模型 [J]. 工程力学，1997，14（1）：138-144.

[21] DL 5178—2003 混凝土坝安全监测技术规范 [S]

[22] SL 314—2004 碾压混凝土坝设计规范 [S]

[23] SL 282—2003 混凝土拱坝设计规范 [S]

[24] SL 266—2001 水电站厂房设计规范 [S]

[25] 吴中如. 水工建筑物安全监控理论及其应用 [M]. 南京：河海大学出版社，1990.

[26] 王玉洁. 混凝土面板堆石坝监测设计综述 [J]. 大坝与安全，2006（1）：1-4.

[27] 苏怀智，吴中如. 大坝工程安全监测仪器优化设计［J］. 南昌工程学院学报，2005（3）：5-9.
[28] 彭虹. 大坝安全监测系统及其自动化［J］. 大坝观测与土工测试，1995（4）：3-8.
[29] 刘世煌. 试谈安全评价中的安全监测资料分析［J］. 大坝与安全，2017（1）：34-43.
[30] HJ 630—2011 环境监测质量管理技术导则［S］

三河口水利枢纽坝址原始地貌

三河口水库成功截流

大坝坝基开挖鸟瞰图

大坝基坑清理

大坝坝肩开挖

大坝施工全貌

2016 年 11 月，大坝首仓混凝土开始浇筑

大坝底孔施工

真空满管溜槽及皮带机安装运行

大坝碾压混凝土采用满管溜槽及皮带机浇筑

施工缝混凝土外观

大坝外表面保温

大坝摊铺碾压

大坝无人碾压智能筑坝施工

大坝表孔浇筑

坝顶常态混凝土采用履带式布料机浇筑

大坝浇筑现场俯瞰

三河口水利枢纽施工道路布置

水垫塘混凝土采用 MZQ1000 门机及 M1500 塔机浇筑

高标准建设的水利枢纽高位拌和站

导流洞进水口

导流洞出水口

大坝成功应对首次预警洪水

大坝底孔首次泄水

碾压混凝土坝的芯样

芯样的局部放大

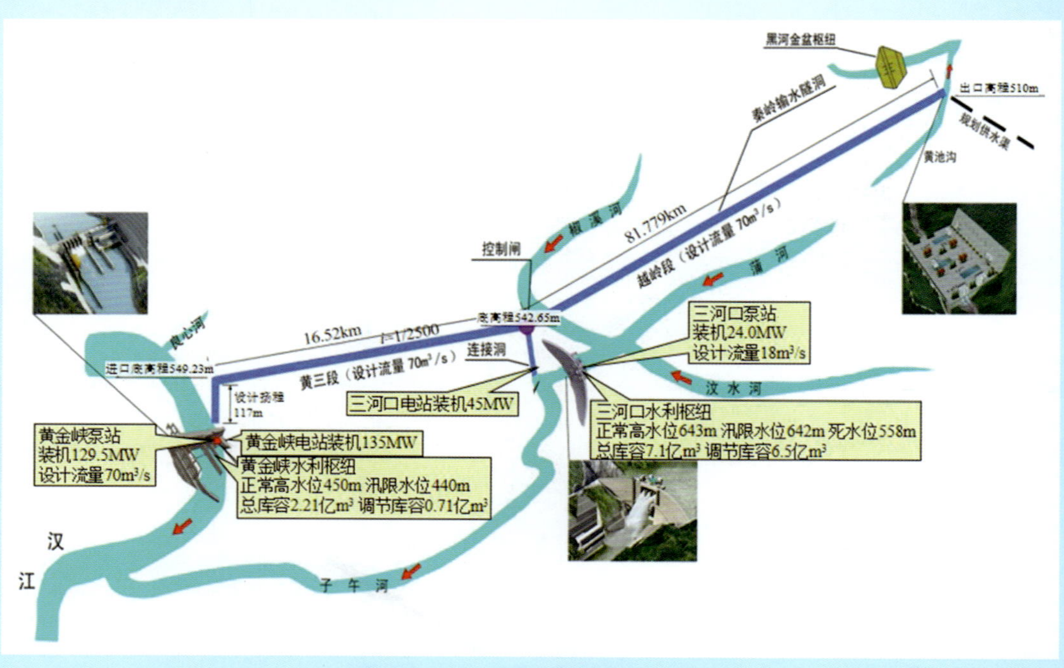

引汉济渭工程总体方案布置示意图

三河口水利枢纽施工管理控制中心

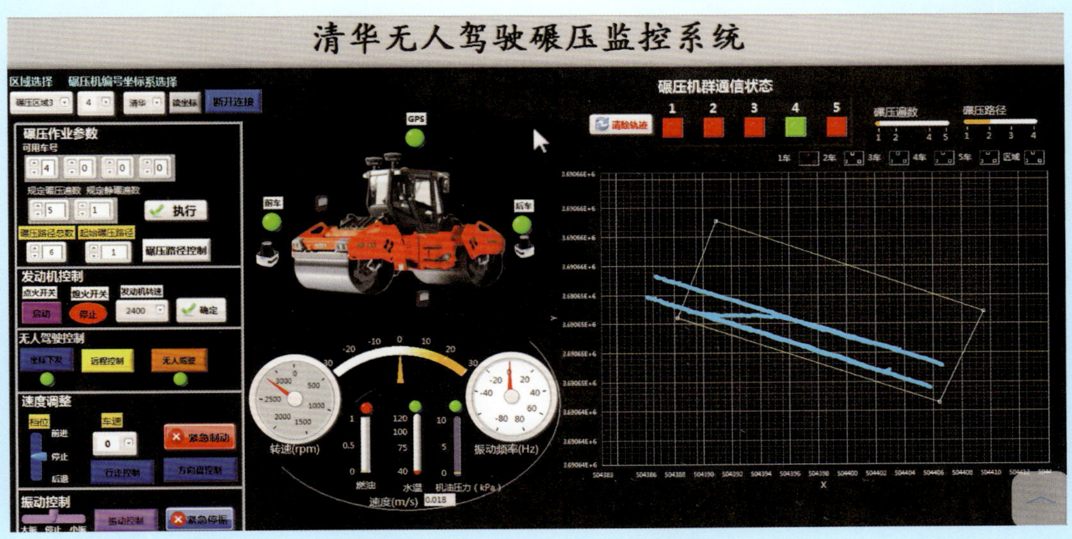

大坝无人驾驶碾压监控系统

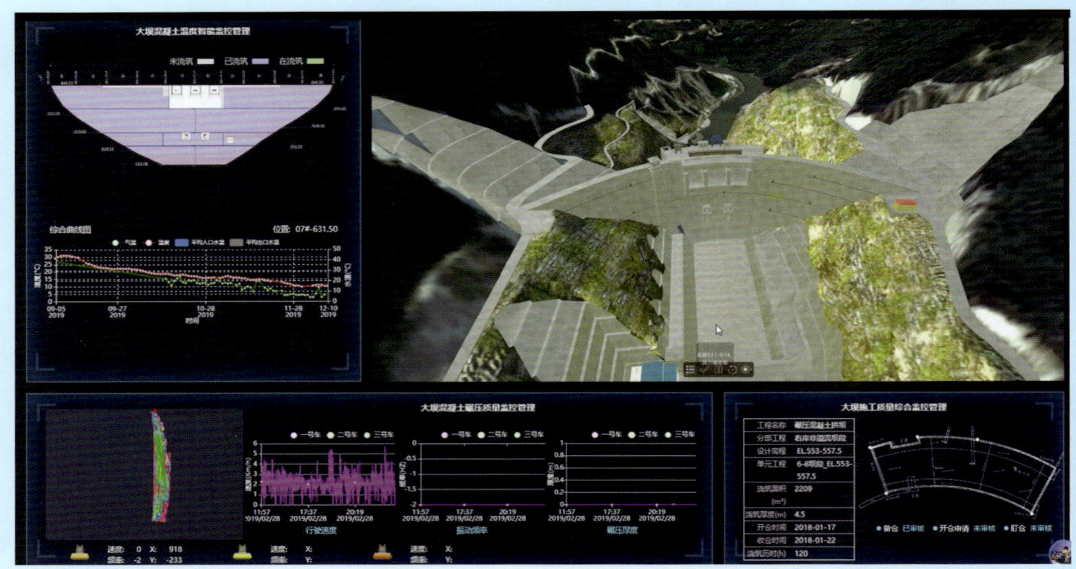

枢纽施工智能化监控管理平台

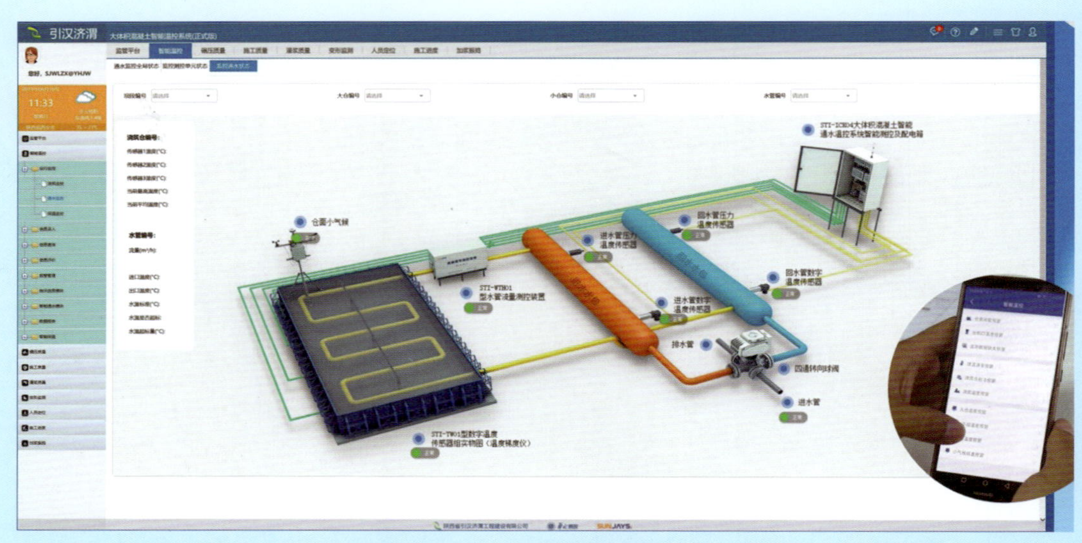

大坝混凝土温度智能监控管理系统